河南省“十四五”普通高等教育规划教材

工程力学

（理论力学与材料力学）

（应用型本科适用）

主　编　张春梅　段翠芳
副主编　王文堂　李　娜
参　编　刘华博　花少震　李　伟
　　　　姜楠楠　郭学周　吴豪琼

机 械 工 业 出 版 社

本书是响应教育部关于“推动本科高校向应用型转变，是党中央、国务院重大决策部署，是教育领域人才供给侧结构性改革的重要内容”的号召而编写的，是河南省教育厅立项建设的“十四五”普通高等教育规划教材之一。

本书注重强化学生的工程意识，注意培养学生解决工程实际问题的能力，编写中针对专业岗位的工作任务、工作过程对工程力学的要求，设计学习性工作任务，突出了应用性。

本书内容涵盖“工程力学（理论力学和材料力学）”课程大纲的基本要求。全书共四个模块二十四个典型工作任务。模块一静力学包括：静力学基础、平面汇交力系、平面力偶系的平衡问题、平面任意力系的平衡问题、空间力系和摩擦六项任务。模块二运动学包括：点的运动学、刚体的基本运动、点的合成运动和刚体的平面运动四项任务。模块三动力学包括：质点动力学的基本方程、动量定理、动量矩定理、动能定理、达朗贝尔原理和虚位移原理六项任务。模块四材料力学包括：轴向拉伸与压缩、剪切与挤压、圆轴扭转、弯曲、应力状态与强度理论、组合变形、压杆稳定、动载荷与交变应力八项任务。书后附有部分习题答案和型钢表，每个任务后均有思考与练习，每道例题均有题目分析和关键点解析。此外，每个任务均有配套的视频资源。

书中每个模块后编有应用及拓展，结合当前我国“一带一路”建设，介绍了一些工程项目，以培养学生的家国情怀和大国工匠精神，体现应用型本科的精髓。

本书可作为应用型本科院校、高等专科学校、高等职业学校、成人高校机械类及近机械类专业力学课程的教材，也可供相关的工程技术人员参考。

图书在版编目（CIP）数据

工程力学：理论力学与材料力学：应用型本科适用 / 张春梅，段翠芳主编．—北京：机械工业出版社，2022.7（2023.8 重印）
河南省“十四五”普通高等教育规划教材
ISBN 978-7-111-70367-9

Ⅰ.①工…　Ⅱ.①张… ②段…　Ⅲ.①工程力学-高等学校-教材
Ⅳ.①TB12

中国版本图书馆 CIP 数据核字（2022）第 041837 号

机械工业出版社（北京市百万庄大街 22 号　邮政编码 100037）
策划编辑：张金奎　　责任编辑：张金奎
责任校对：郑　婕　张　薇　封面设计：王　旭
责任印制：张　博
北京建宏印刷有限公司印刷
2023 年 8 月第 1 版第 3 次印刷
184mm×260mm · 25.5 印张 · 629 千字
标准书号：ISBN 978-7-111-70367-9
定价：69.90 元

电话服务　　网络服务
客服电话：010-88361066　　机　工　官　网：www.cmpbook.com
010-88379833　　机　工　官　博：weibo.com/cmp1952
010-68326294　　金　书　网：www.golden-book.com
封底无防伪标均为盗版　　机工教育服务网：www.cmpedu.com

前　　言

“工程力学”是各高等工科院校机械类及近机械类专业开设的一门重要专业技术基础课，也是工科学生学习的第一门与工程相关的课程。该课程内容主要包括静力学、运动学、动力学和材料力学四个模块。通过学习该课程，学生能够解读力的性质，感悟工程结构的平衡条件；分析运动，揭示工程结构的运动规律；追根溯源，探寻机构运动的根本原因；分析变形，洞察变形固体的承载能力，能对工程结构进行力学分析和工程计算。该课程在学生职业能力和工程素质的培养中占有重要地位。

近年来，随着高等教育教学的改革，教育部发出了关于“推动本科高校向应用型转变，是党中央、国务院重大决策部署，是教育领域人才供给侧结构性改革的重要内容”的号召，高校的教学结构也相应做了调整。“工程力学”也从系统化的讲授理论知识转到以解决典型工程任务为目的的教学模式，以满足培养社会适应度高、具有一定技术创新能力的高素质应用型人才的需要。创新的讲解方法非常需要满足使用要求的教材，适逢河南省立项建设“十四五”普通高等教育规划教材，本书得以入选，这在极大程度上促进了应用型本科教学探索的进程。

在编写本书时，我们借鉴了诸多力学教材，结合编者的教学及实践经验，对内容做了精心的选择和编排，使其具有如下主要特点：

首先，在内容编写上，突出工程力学的基本概念、基本理论、解决问题基本方法的阐述，比如典型例题都有题目分析、题目求解、题目关键点解析等环节，注重培养学生分析问题、解决问题的条理性，有利于学生举一反三、融会贯通。

其次，编写过程中开展了校企合作，针对专业岗位的工作任务、工作过程对工程力学知识提出的要求，设计学习性工作任务。尽可能省略烦琐的理论推导过程和实用价值较小的内容，增加了与实践结合的工程实例，注重强化学生的工程意识，注意培养学生解决工程实际问题的能力，尽量将抽象的力学理论具体化，深入浅出、简明易懂，进一步突出了应用性，为学生后续专业课的学习打好基础。

再次，在编写过程中贯彻“育人为本、德育为先”的教育方针，通过在各模块中加入弘扬社会主义核心价值观的案例和“应用及拓展”园地，介绍了如下几方面内容：①当前的一些建设项目及大国重器，比如我国自主生产的、穿隧道运架一体机运送上千吨的混凝土箱梁，世界瞩目的亚洲第一高墩大桥——洛河特大桥，世界上相对高度最高的桥——北盘江第一桥，世界第一长桥——丹昆特大桥，建筑规模超大、施工难度空前和建造技术顶尖的港珠澳大桥等；②我国最高科学技术奖获得者、时代楷模——刘永坦及其设计的我国首部具有全天时、全天候、超远距离探测能力的新体制雷达；③到现在已走过 60 余年光辉历程的我国航天事业，它的自力更生、自主创新的发展道路及“特别能吃苦、特别能战斗、特别能攻关、特别能奉献”的深厚博大的航天精神；④材料力学知识在大型飞机设计制造中的应用。通过这些介绍，激发学生科技报国的家国情怀和使命担当，培养学生探索未知、追求真理、勇攀科学高峰的责任感和使命感，培养学生作为未来的工程技术人员，在今后的工作岗位上爱岗敬业、安全节约的工程素质和可持续发展理念。

参加本书编写的有：河南工学院张春梅（内容简介，前言，目录，主要符号表，绪论，模块二的任务三)、段翠芳（模块一的任务五，模块三的任务二，模块四的任务四)、王文堂(模块一的任务六，模块二的任务一、二、四，各模块的应用及拓展)、李娜（模块三的任务三，模块四的任务一，任务五)、刘华博（模块四的任务六、七、八，附录)、花少震（模块三的任务一、四，模块四的任务二、三)、李伟（模块一的任务四)、姜楠楠（模块一的任务一、二、三，习题答案)、吴豪琼（模块三的任务六)，河南奥林斯特科技有限公司郭学周(模块三的任务五)。本书由张春梅、段翠芳统稿。

限于编者水平，书中难免有疏漏或不妥之处，竭诚欢迎读者批评指正。

编　者

主要符号表

符号	量的名称	符号	量的名称
$\boldsymbol{a}$	加速度	I	冲量、惯性矩
$\boldsymbol{a}_a$	绝对加速度	$\boldsymbol{p}$	动量
$\boldsymbol{a}_e$	牵连加速度	I_x、I_y、I_z	冲量在 x、y、z 轴上的投影
$\boldsymbol{a}_r$	相对加速度	J	转动惯量
$\boldsymbol{a}_C$	科氏加速度	k	弹簧刚度系数、应力集中系数
$\boldsymbol{a}_t$	切向加速度	$\boldsymbol{L}_O$	质点系对点 O 的动量矩
$\boldsymbol{a}_n$	法向加速度	L_x、L_y、L_z	质点系对 x、y、z 轴的动量矩
$\boldsymbol{a}_{BA}^t$	点 B 相对于基点 A 的切向加速度	$\boldsymbol{M}_O$	力系对点 O 的主矩
$\boldsymbol{a}_{BA}^n$	点 B 相对于基点 A 的法向加速度	$\boldsymbol{M}_O(\boldsymbol{F})$	力对 $\boldsymbol{F}$ 点 O 之矩
m	质量	$\boldsymbol{M}$	力偶矩、主矩
A	面积	M_x、M_y、M_z	力偶矩在 x、y、z 轴上的投影
C	质心、重心	$M_x(\boldsymbol{F})$、$M_y(\boldsymbol{F})$、$M_z(\boldsymbol{F})$	力对 x、y、z 轴之矩
d	力臂、力偶臂、直径	E	机械能、弹性模量
e	偏心距	t	时间
$\boldsymbol{M}_f$	滚动阻力偶	n	转速、安全因数、法向单位矢量
f_s	静摩擦因数	P	功率
f	动摩擦因数	q	载荷集度
$\boldsymbol{F}$	力	R、r	半径
$\boldsymbol{F}_T$	柔性约束力	$\boldsymbol{r}$	矢径
$\boldsymbol{F}'_R$	主矢	s	路程、弧长、弧坐标
$\boldsymbol{F}_R$	合力	$\boldsymbol{F}_I$	惯性力
$\boldsymbol{F}_{Ax}$、$\boldsymbol{F}_{Ay}$	A 处的约束力分量	T	周期、动能、扭矩
$\boldsymbol{g}$	重力加速度	β	角、表面加工质量系数
ΔE	能量损失	φ	相对扭转角
$\boldsymbol{v}$	速度	ψ	截面收缩率
$\boldsymbol{v}_a$，$\boldsymbol{v}_e$，$\boldsymbol{v}_r$	绝对速度、牵连速度、相对速度	ε	纵向线应变、尺寸系数
$\boldsymbol{v}_{BA}$	平面图形上点 B 相对于基点 A 的速度	μ	长度系数、泊松比
p	内压力	$\sigma_{0.2}$	名义屈服极限
V	势能、体积	W_z	抗弯截面系数
W	功、重力	ε'	横向线应变
$\boldsymbol{F}_N$	法向约束力、轴力	α	角加速度、倾角、线膨胀系数

（续）

符号	量的名称	符号	量的名称
δ	滚动摩阻因数、厚度、伸长率	σ_-	压应力
ρ	曲率半径、回转半径、密度	σ_m	平均应力
ξ	阻尼比	σ^0	极限应力
ω	角速度	σ_p	比例极限
ω_0	固有频率	σ_e	弹性极限
F_{cr}	临界载荷	σ_s	屈服极限
F_Q	剪力	σ_b	强度极限
G	切变模量	σ_j	挤压应力
h	高度	A_j	挤压面面积
I_p	极惯性矩	F_j	挤压力
W_p	抗扭截面系数	$[\sigma]$	许用正应力
I_{xy}	惯性积	τ	切应力、切向单位矢量
l	长度、跨度	$[\tau]$	许用切应力
λ	柔度、长细比、频率比	y	挠度
$\|n\|_w$	稳定安全因数	θ	梁截面的转角、单位长度相对扭转角
$[\sigma_+]$	许用拉应力	σ_{cr}	临界应力
σ_{-1}	对称循环时的疲劳极限	$[\sigma_-]$	许用压应力
σ	正应力	k_d	动荷系数
σ_+	拉应力		

目　录

模块二　运　动　学

模块三　动　力　学

模块四　材料力学

绪 论

1. 工程力学的主要内容及其任务

工程力学是研究物体机械运动一般规律及构件承载能力的一门学科，是一门专业技术基础课，也是工科类学生接触的第一门工程技术相关的理论课程。一方面，工程力学是独立的学科，通过对工程实际问题进行分析研究，直接用工程力学理论解决机械运动相关的各种问题；另一方面，工程力学结合其他技术学科对工程问题进行分析计算，并在工程实践中加以应用和验证，从而推动工程技术的发展。所以，工程力学搭建了基础课与专业课的桥梁，是学习后续课程的基础。工程力学主要内容包括理论力学和材料力学两个部分，分为四个模块，即静力学、运动学、动力学、材料力学。

静力学主要研究物体在力系作用下的平衡规律，包括物体的受力分析、力系的等效替换、建立各种力系的平衡条件和平衡方程，是设计各种结构与机构静力计算的基础；运动学主要从几何的角度研究物体运动的一般规律，包括点和刚体的简单运动、点的合成运动、刚体的平面运动等；动力学主要研究作用于物体上的力和运动之间的关系，探究产生运动的根本原因；材料力学主要研究构件的承载能力，即物体在外力作用下的强度（构件在外力作用下抵抗破坏的能力）、刚度（构件在外力作用下抵抗弹性变形的能力）、稳定性（细长杆在压力作用下保持原有直线平衡形态的能力）问题。作为应用型本科的一门专业基础课程，这里只讲授最基础的知识。

“工程力学”是既与工程又与力学密切相关的课程，在工程设计中具有极其重要的地位和作用。从自然科学到工程技术、从人造卫星到海上航行、从高铁技术到水利工程、从普通机械到智能制造，从公路到桥梁、从植物的生长到人类的日常活动，工程力学的理论无处不在，我们用下面两个例子来说明。

图 0-1 为小型精压机的传动机构，F 为压头，当曲柄 OA 以一定的转速转动时，通过杆件 AD、DBE、O_1B、EF 等一系列的传动，压头 F 便可以获得一定速度和加速度压向被加工零件，从而实现精压加工。为设计这个结构，从力学计算来说，包括下述四个方面的内容。

首先，必须确定作用在各个杆件上的约束力的大小和方向。概括来说就是对小型精压机的传动机构处于静止平衡状态时进行受力分析和力学计算。这是静力学所要研究的问题。

其次，为实现精压运动，需要分析各杆件的运动形式、运动参数，以及压头 F 的运动轨迹、速度和加速度。这是运动学研究的内容。

再次，要分析施加什么样的主动力，才可以使压头 F 获得预计的运动轨迹、速度、加速度。这是动力学研究的内容。

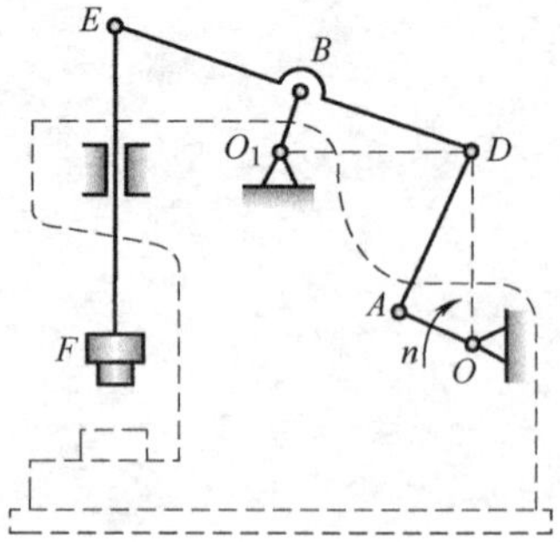

图 0-1　小型精压机

最后，在确定了作用在杆件上的外力及运动情况后，还必须为各杆件选用合适的材料，确定合理的截面形状和尺寸，以保证构件既能安全可靠地工作又能符合经济性要求。所谓“安全可靠地工作”是指在载荷作用下构件有足够的强度、刚度和稳定性。这是材料力学所要研究的问题。

图 0-2 为某工地自制悬臂式起重机，由撑杆、配重、钢索、桁架结构的支座等构件组成，承受被起吊重物的重力、各零件自身重力、地基的支持力等。就工程力学的计算来说，包括如下四方面内容。

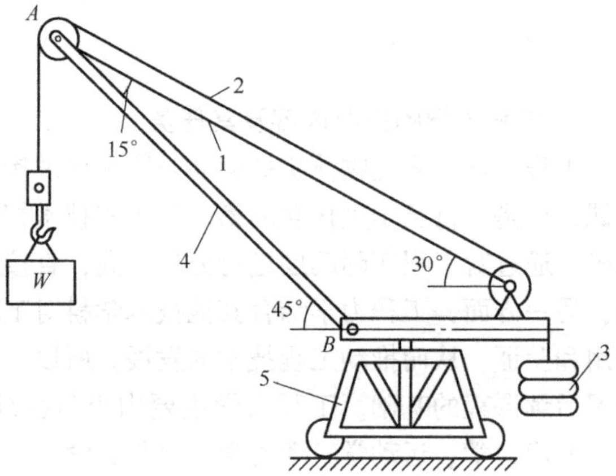

图 0-2　悬臂式起重机

1、2—钢索　3—配重　4—撑杆　5—支座

首先，为使起重机能够正常工作，即空载和满载时均不翻到，要计算出配重的大小和各零件结构尺寸。这是静力学所要研究的问题。

其次，起重机为把重物 W 运送到确定的位置，还要研究起重机吊臂的运动规律。这是运动学研究的内容。

再次，施加什么样的主动力，才能把重物运送到确定的位置。这是动力学研究的内容。

最后，在确定了构件的受力及运动情况后，还必须为各构件选用合适的材料，确定合理的截面形状和尺寸，以保证它有足够的强度和刚度。这是材料力学所要研究的中心问题。

由上面两个例子可以看出，任何工程结构或机械的设计计算都离不开力学的知识。工程力学的任务就在于为各类工程结构的力学计算提供基本的理论和方法。

2. 工程力学的研究对象与模型

工程力学研究自然界以及各种工程中机械运动（物体在空间的位置随时间的变化）最普遍、最基本的规律，以指导人们认识自然界，科学地从事工程技术工作。自然界与各种工程中涉及机械运动的物体有时是很复杂的，工程力学研究其机械运动时，必须忽略一些次要因素的影响，对其进行合理简化，抽象出研究模型。由观察和试验可知，在外力作用下，任何物体均会变形。为了保证机械或结构物的正常工作，在工程中通常把各构件的变形限制在很小的范围内，也就是使变形与构件的原始尺寸相比是微不足道的。所以静力学、运动学及动力学中，研究物体的平衡与运动时，可以把物体视为不变形的，即刚体。当物体的形状和尺寸不影响所研究问题的本质时，还可以把物体简化为质点来研究。而当简化为质点不能完全反映物体的运动规律时，则简化为由若干质点组成的系统，也称为质点系。刚体就是一个特殊的质点系，即受力及运动时任意两质点之间的距离保持不变。但在材料力学中，研究构件的强度、刚度和稳定性问题时，变形成为不可忽略的因素，则把物体视为变形体研究其变形，因此材料力学的研究对象为变形固体。

3. 工程力学在专业学习中的地位和作用

工程力学是机械类及近机械类专业的一门技术基础课。该课程主要讲述力学的基础理论和基本知识，以及处理工程力学问题的基本方法，在专业课与基础课之间起桥梁作用，是基础科学与工程技术的综合。掌握工程力学知识，不仅为了学习后继课程时具备设计或验算构件承载能力的初步能力，而且还有助于将来从事设备安装、运行和检修等方面的实际工作。因此，工程力学在专业技术教育中有极其重要的地位。

力学理论的建立来源于实践，它以对自然现象的观察和生产实践经验为主要依据，揭示了唯物辩证法的基本规律。因此，工程力学对于今后研究问题、分析问题、解决问题有很大帮助，会促进我们学会用辩证的观点考察问题，用唯物主义的世界观去理解世界。

4. 工程力学的学习要求和方法

工程力学有较强的系统性，各部分之间联系紧密，要深刻理解力学的基本概念和基本定律，牢固地掌握由此而导出的解决工程力学问题的定理和公式。

学习中注意培养自己处理工程问题的能力，包括逻辑思维能力、抽象化能力、文字和图像表达能力、数字计算能力等。为达此目的，需经常参阅各种力学书籍，遇到问题及时与老师、同学一起讨论，注意概念的理解，演算一定数量的习题，并注意联系专业中的力学问题是学好力学最重要的途径。

另外还需要强调的是，工程力学解题时要条理清楚，严格按照步骤做题，有时候方法步骤比结果更重要，以培养解决工程实际问题“严格规范”的良好习惯。具体的解题步骤在后续的学习中会给出指导和建议。

学有所成不是一蹴而就的，需要知识和能力的持续累积，是一个量变到质变的过程。学习过程中可能会遇到一些困难，但只要能够知难而进，沉下心来坚持下去，就会有真正的收获。

模块一 静 力 学

引 言

静力学研究的是刚体在力系作用下的平衡规律，主要包括三类问题。

1）物体的受力分析，即分析物体受哪些力作用，以及这些力的大小、方向、作用点的位置。

2）力系的简化，即将作用于物体上的力系简化为最简单的形式。

3）建立各种力系的平衡条件，即研究作用在物体上的各种力系所需满足的平衡条件。力系的平衡条件在工程中有着十分重要的意义，是设计结构、构件和机械零件时静力计算的基础，因此静力学在工程中有着广泛的应用。

任务一　静力学基础

任务描述

如图 1-1-1 所示，多跨梁 *ACD* 由 *ABC* 和 *CD* 两个简单的梁组合而成，受集中力 ***F*** 及均布载荷 *q* 的作用，试画出整体及梁 *ABC* 和 *CD* 段的受力图。

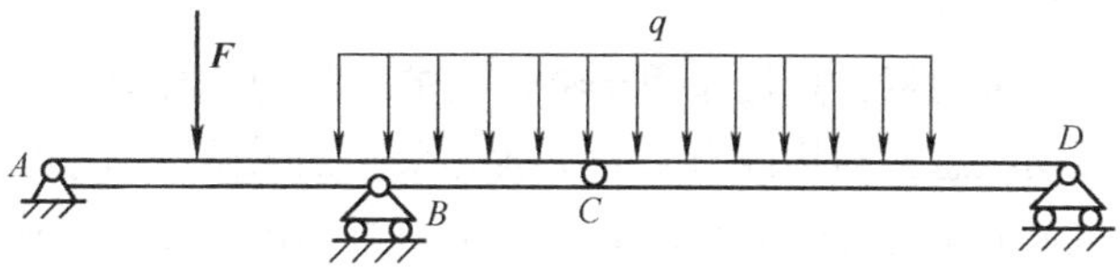

图 1-1-1　多跨梁结构简图

任务分析

了解静力学的基本概念及静力学公理，掌握工程中常见约束类型的性质，能熟练地对物体或物体系进行受力分析并画出受力图。

知识准备

一、静力学的基本概念

1. 刚体

所谓刚体是指这样的物体：**在力的作用下，其内部任意两点之间的距离始终保持不变。**这是一个理想化的力学模型。实际物体在力的作用下，都会产生不同程度的变形。但是，这些微小的变形，对研究物体的平衡问题不起主要作用，可以略去不计，这样可使问题的研究大为简化。因静力学研究的物体只限于刚体，故又称刚体静力学。

2. 平衡

平衡是指物体相对于地面处于静止状态或匀速直线运动状态。如房屋、桥梁、工厂中的各种固定设备以及运动速度很低或加速度很小的机械零件，都可视为平衡状态。

3. 力

力是物体间相互的机械作用，这种作用产生的效应一般表现在两个方面：一是物体运动状态的改变，另一个是物体形状的改变。通常把前者称为力的运动效应（外效应），后者称为力的变形效应（内效应）。理论力学中把物体都视为刚体，因而只研究力的运动效应，即研究力使刚体的移动或转动状态发生改变这两方面的效应。

实践表明，力对物体的作用效果应决定于三个要素：**力的大小、力的方向、力的作用点。**

我们可用一个矢量 $\boldsymbol{F}$ 来表示力的三个要素，如图 1-1-2 所示。该矢量的长度按一定的比例尺表示力的大小，矢量的方向表示力的方向，矢量的始端或末端表示力的作用点，矢量 $\boldsymbol{F}$ 所沿着的直线表示力的作用线。我们常用黑体字母 $\boldsymbol{F}$ 表示力为矢量，而用普通字母 F 表示力的大小。

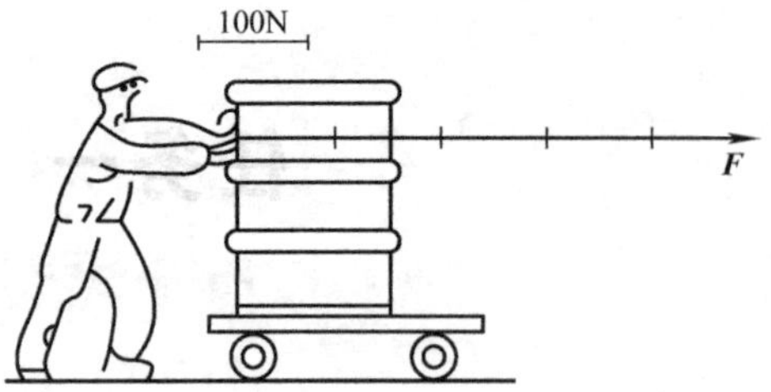

图 1-1-2　力矢图

在国际单位制（SI）中，以“N”作为力的单位符号，称作牛顿，有时也以“kN”作为力的单位符号，称作千牛。

4. 力系

所谓力系，是指作用于物体上的一群力。如果一个力系作用于物体上而不改变物体的原有运动状态，则称该力系为平衡力系。如果两个力系对同一物体的作用效应完全相同，则称这两个力系为等效力系。如果一个力对物体的作用效应和一个力系对同一物体的作用效应完全相同，则该力称为力系的合力，力系中的每一个力称为该合力的分力。

求力系合力的过程，称为力系的简化，是静力学的一个重点。

二、静力学公理

公理是人们在生活和生产实践中长期积累的经验总结，又经过实践反复检验，被确认是符合客观实际的最普遍、最一般的规律，是进行逻辑推理计算的基础与准则。

1. 二力平衡公理

作用在刚体上的两个力，使刚体保持平衡的充要条件是这两个力的大小相等，方向相反，且在同一直线上（简称等值、反向、共线），如图 1-1-3 所示，即

$$\boldsymbol{F}_1 = -\boldsymbol{F}_2 \tag{1-1-1}$$

这个公理表明了作用于刚体上的最简单的力系平衡时所必须满足的条件。

需要强调的是，二力平衡公理只适用于刚体，对于变形体来说，公理给出的条件仅是必要的但不充分。如图 1-1-4 所示，欲使绳索处于平衡状态，除满足 $\boldsymbol{F}_1 = -\boldsymbol{F}_2$ 外，还满足绳索受拉伸；反之，绳索受到等值、反向、共线的压力，绳索并不平衡。

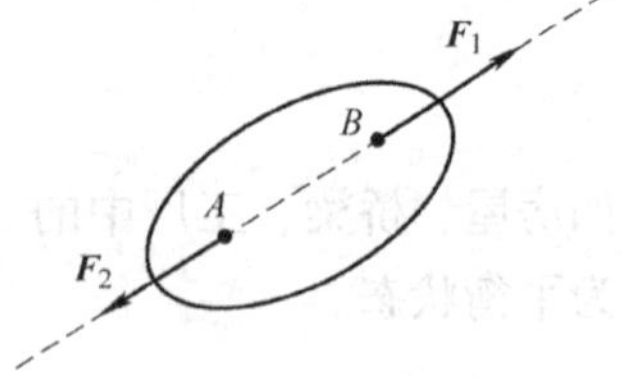

图 1-1-3　二力平衡

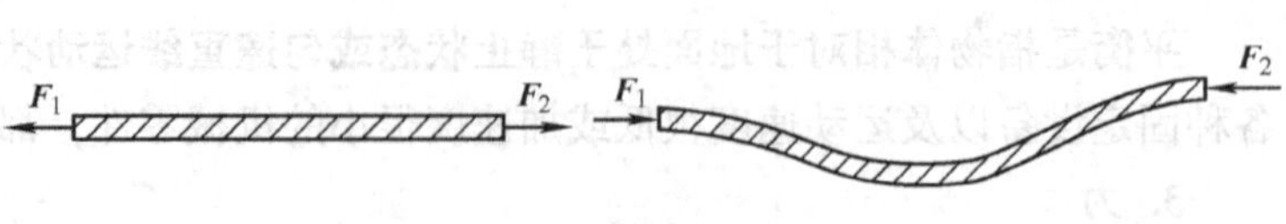

图 1-1-4　二力平衡公理适用范围

仅受两个力而处于平衡状态的构件称为二力构件或二力杆。

2. 加减平衡力系公理

在已知力系上加上或减去任意的平衡力系，并不改变原力系对刚体的作用。就是说，如果两个力系只相差一个或几个平衡力系，则它们对刚体的作用是相同的，因此可以等效替换。这个公理是研究力系等效变换的重要依据。

根据上述两公理可以得到推论 1。

推论 1　力的可传性定理：作用于刚体上某点的力，可以沿着它的作用线在刚体上任意移动，并不改变该力对刚体的作用效果。

证明：设有力 $\boldsymbol{F}$ 作用在刚体上的点 A，如图 1-1-5a 所示。根据加减平衡力系原理，可在力的作用线上任取一点 B，并加上两个相互平衡的力 $\boldsymbol{F}_1$ 和 $\boldsymbol{F}_2$，使 $\boldsymbol{F}=\boldsymbol{F}_2=-\boldsymbol{F}_1$，如图 1-1-5b 所示。由于力 $\boldsymbol{F}$ 和 $\boldsymbol{F}_1$ 也是一个平衡力系，故可除去；这样只剩下一个力 $\boldsymbol{F}_2$，如图 1-1-5c 所示。即原来的力 $\boldsymbol{F}$ 沿其作用线移到了点 B。

由此可见，对于刚体来说，力的三要素为：力的大小、方向和作用线。作用于刚体上的力可以沿着作用线移动，这种矢量称为滑动矢量。

3. 力的平行四边形公理

作用在物体上同一点的两个力，可以合成为一个合力。合力的作用点也在该点，合力的大小和方向，由这两个力为边构成的平行四边形的对角线确定，如图 1-1-6a 所示。或者说，合力矢等于这两个力矢的几何和，即

$$\boldsymbol{F}_R=\boldsymbol{F}_1+\boldsymbol{F}_2 \tag{1-1-2}$$

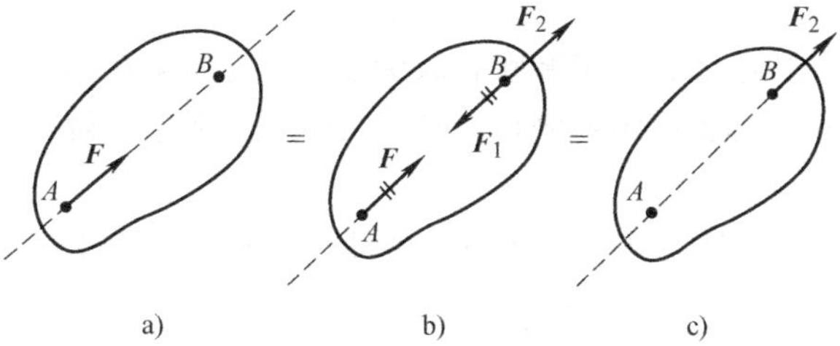

图 1-1-5　力的可传性图

a）作用于点 A 的力 $\boldsymbol{F}$

b）加在点 B 的平衡力 $\boldsymbol{F}_1$ 和 $\boldsymbol{F}_2$　c）力 $\boldsymbol{F}$ 平移到点 B

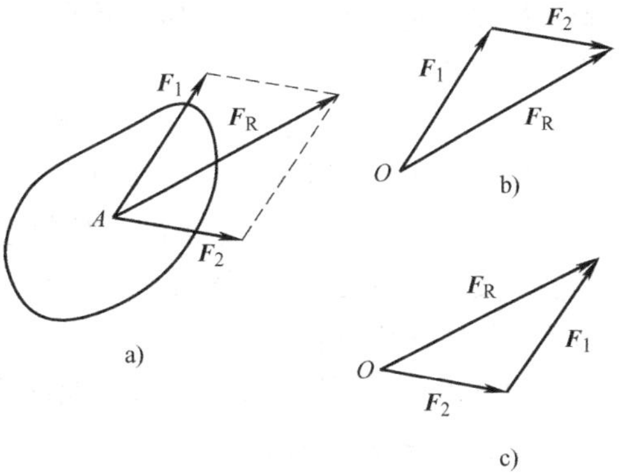

图 1-1-6　力的平行四边形公理

a）平行四边形法则合成作用于点 A 的二力 $\boldsymbol{F}_1$、$\boldsymbol{F}_2$

b）三角形法则合成作用于点 A 的二力 $\boldsymbol{F}_1$、$\boldsymbol{F}_2$

c）三角形法则应用时力的不同合成次序

应用此公理求两汇交力合力的大小和方向（即合力矢）时，可由任一点 O 起，另作一力三角形，如图 1-1-6b、c 所示。力三角形的两个边分别为力矢 $\boldsymbol{F}_1$ 和 $\boldsymbol{F}_2$，第三边 $\boldsymbol{F}_R$ 即代表合力矢，而合力的作用点仍在汇交点 A。这一方法简称力的三角形法则。

这个公理表明了最简单力系的简化规律，它是复杂力系简化的基础。

根据上述公理可以导出推论 2。

推论 2　三力平衡汇交定理：作用于刚体上三个相互平衡的力，若其中两个力的作用线汇交于一点，则此三力必在同一平面内，且第三个力的作用线通过汇交点。

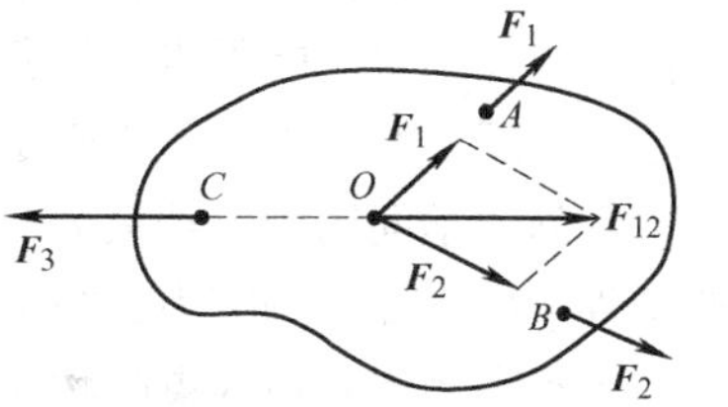

图 1-1-7　三力平衡汇交定理

证明：如图 1-1-7 所示，在刚体的 A、B、C 三点上，分别作用三个相互平衡的力 $\boldsymbol{F}_1$、$\boldsymbol{F}_2$、$\boldsymbol{F}_3$。根据力的可传性，将力 $\boldsymbol{F}_1$ 和 $\boldsymbol{F}_2$ 移到汇交点 O，然后根据力的平行四边

形规则，得合力 $\boldsymbol{F}_{12}$。则力 $\boldsymbol{F}_3$应与 $\boldsymbol{F}_{12}$平衡。

由于两个力平衡必须共线，所以力 F_3必定与力 $\boldsymbol{F}_1$和 $\boldsymbol{F}_2$共面，且通过力 $\boldsymbol{F}_1$与 $\boldsymbol{F}_2$的交点 O。于是定理得证。

4. 作用和反作用定律

两物体之间的作用力和反作用力总是同时存在，两力的大小相等，方向相反，沿着同一直线，分别作用在两个相互作用的物体上。

这个公理概括了物体间相互作用的关系，表明作用力和反作用力总是成对出现的。但是必须强调指出，由于作用力与反作用力分别作用在两个物体上，因此，不能认为作用力与反作用力相互平衡。作用力与反作用力用（$\boldsymbol{F}$，$\boldsymbol{F}'$）表示，如图 1-1-8 所示。

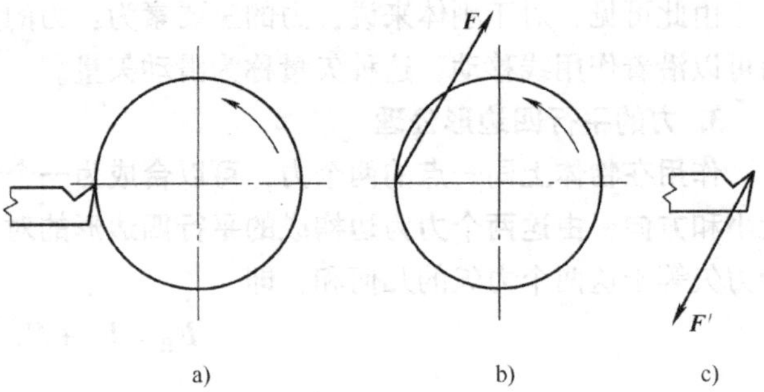

图 1-1-8 作用力与反作用力

a）车外圆简图 b）工件受力图 c）车刀受力图

5. 刚化原理

变形体在某一力系作用下处于平衡，如将此变形体刚化为刚体，其平衡状态保持不变。

这个公理提供了把变形体看作刚体模型的条件。如绳索在等值、反向、共线的两个拉力作用下处于平衡，如将绳索刚化成刚体，其平衡状态保持不变。若绳索在两个等值、反向、共线的压力作用下并不能平衡，这时绳索就不能刚化为刚体。但刚体在上述两种力系的作用下都是平衡的。

由此可见，刚体的平衡条件是变形体平衡的必要条件，而非充分条件。在刚体静力学的基础上，考虑变形体的特性，可进一步研究变形体的平衡问题。

静力学的全部结论都可以由上述五个公理推证得到。

三、约束和约束力

1. 约束的概念

有些物体，如飞行的飞机、炮弹和火箭等，它们在空间的位移不受任何限制。位移不受限制的物体称为自由体。相反，有些物体在空间的位移却要受到一定的限制。例如，机车受铁轨的限制，只能沿轨道运动；电机转子受轴承的限制，只能绕轴线转动；重物由钢索吊住，不能下落等。位移受到限制的物体称为非自由体。**对非自由体的某些位移起限制作用的周围物体称为约束。**

约束阻碍物体的位移，约束对物体的作用就是力，这种力称为约束力。因此，约束力的方向必与该约束所能阻碍的位移方向相反。应用这个准则，可以确定约束力的方向或作用线的位置，至于约束力的大小则是未知的。

在静力学问题中，约束力与物体所受其他已知力（称主动力）组成平衡力系，利用平衡条件求出未知的约束力是静力学的主要任务。

工程中约束及被约束的物体一般用简单的线条形式表示，称为工程简图。以下介绍几种在工程中常见的约束类型，并说明其约束力的表示方法。

2. 约束的基本类型及其约束力

（1）柔性约束

细绳吊住重物，如图 1-1-9a 所示，由于柔软的绳索本身只能承受拉力，所以它给物体的约束力也只可能是拉力（图 1-1-9b）。因此，绳索对物体的约束力，作用在接触点，方向沿着绳索背离物体。通常用 $\boldsymbol{F}$ 或 $\boldsymbol{F}_T$ 表示这类约束力。

链条或胶带也都只能承受拉力。当它们绕在轮子上时，对轮子的约束力沿轮缘的切线方向（图 1-1-10）。

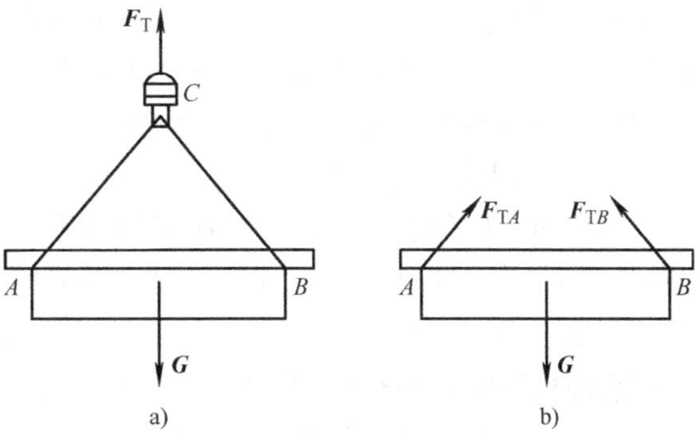

图 1-1-9 柔绳的约束

a）重物悬挂示意图 b）重物受力图

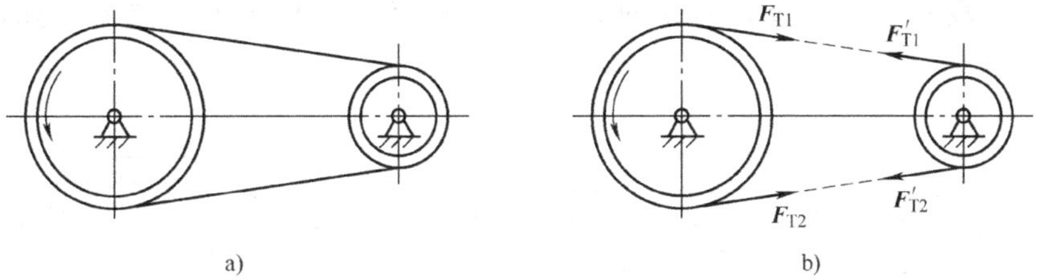

图 1-1-10 链条约束

a）链条约束简图 b）链轮受力图

（2）光滑接触面约束

支持物体的固定面（图 1-1-11、图 1-1-12）、啮合齿轮的齿面（图 1-1-13）、机床中的导轨等，当摩擦忽略不计时，都属于这类约束。

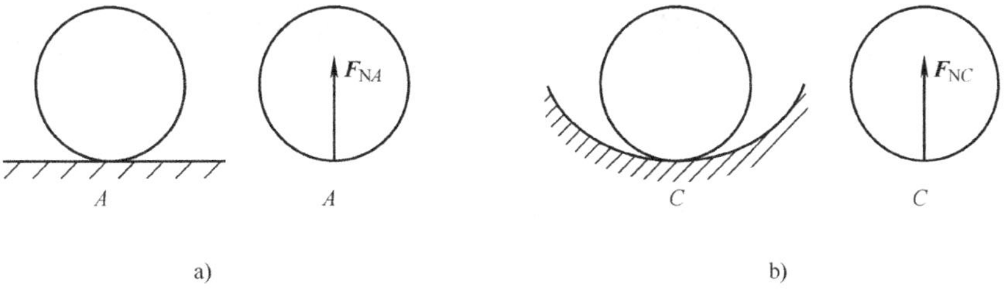

图 1-1-11 光滑接触面约束（一）

a）直线支持面约束 b）曲线支持面约束

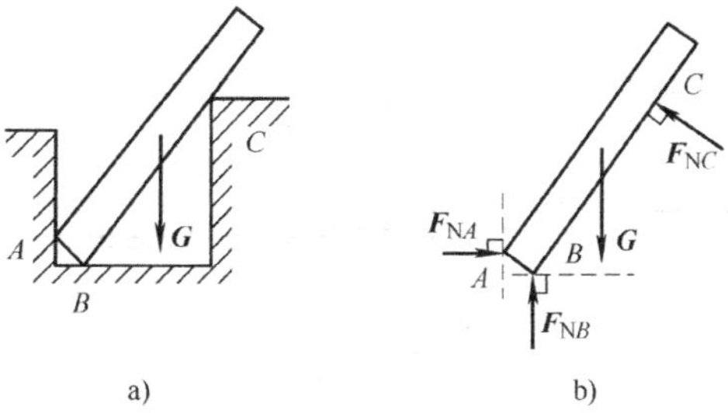

图 1-1-12 光滑接触面的约束（二）

a）光滑面约束结构简图 b）构件 *ABC* 受力图

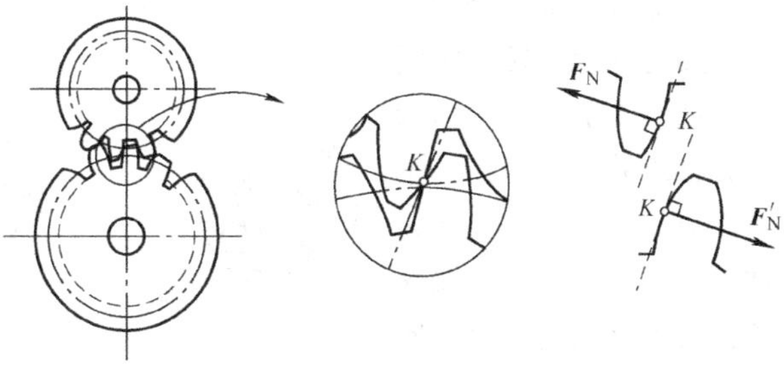

图 1-1-13 齿面约束

这类约束不能限制物体沿约束表面切线的位移，只能限制物体沿接触表面法线并向约束内部的位移。因此，光滑支承面对物体的约束力作用在接触点处，方向沿接触表面的公法线，并指向受力物体。这种约束力称为法向约束力，通常用 $\boldsymbol{F}_{\mathrm{N}}$ 表示。

（3）光滑圆柱铰链约束

分别在两个构件上加工出孔径相同的圆孔，用圆柱销钉插入两个被连接构件的圆孔中（接触处光滑，不计摩擦力），从而形成光滑圆柱铰链约束，如图 1-1-14a、b 所示，又称中间铰链约束。图 1-1-14c、d 为工程简图。这种铰链约束只能阻碍物体间相对的径向位移，不限制绕圆柱销轴线的转动和平行于圆柱销轴线的移动。由于圆柱销和圆柱孔是光滑面接触，则约束力应沿接触点公法线且垂直于轴线。当主动力尚未确定时，接触点的位置也不能确定。然而，无论约束力朝向何方，它的作用线必垂直于轴线并通过轴心，如图 1-1-14e 所示。这样一个方向不能预先确定的约束力，通常用通过轴心的两个大小未知的正交分力 $\boldsymbol{F}_{Cx}$、$\boldsymbol{F}_{Cy}$ 表示，$\boldsymbol{F}_{Cx}$、$\boldsymbol{F}_{Cy}$ 的指向暂可任意假定，常假设为正方向，如图 1-1-14f 所示。

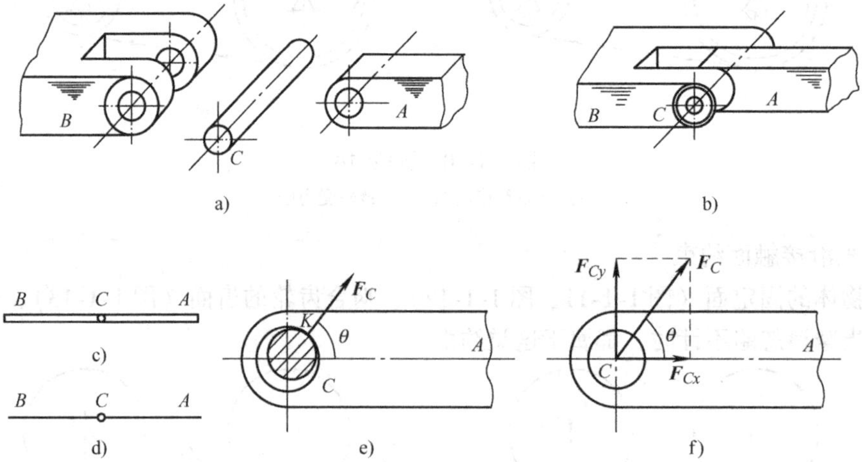

图 1-1-14　光滑圆柱铰链约束

a）光滑圆柱铰链组成结构　b）光滑圆柱铰链

c）、d）光滑圆柱铰链简图　e）约束力示意图　f）约束力表示方法

根据被连接构件的具体情况不同，光滑圆柱铰链可以表现为以下两种形式：向心轴承和固定铰链支座。

向心轴承又称径向轴承，通常支承在转轴的两端，如图 1-1-15a 所示为向心轴承的结构简图，轴可以在轴承孔内任意转动，也可沿孔的中心线移动，轴承只限制轴沿径向向外的位移。约束特点和光滑圆柱铰链相似，即当

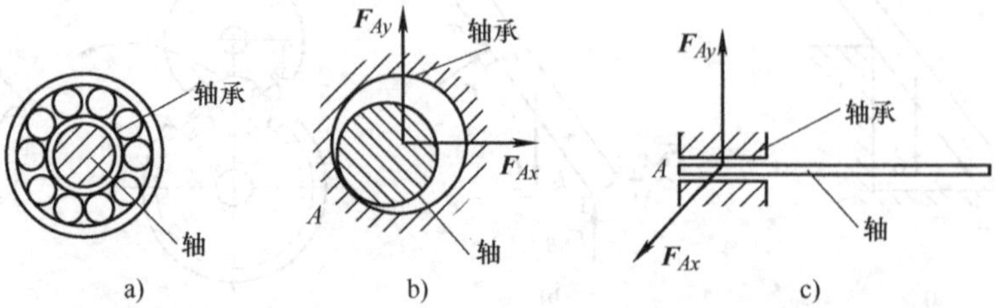

图 1-1-15　向心轴承约束

a）向心轴承约束结构图　b）向心轴承约束力画法　c）向心轴承符号表示方法

主动力未确定时，约束力的方向预先不能确定，无论约束力朝向何方，它的作用线必垂直于轴线并通过轴心，通常用通过轴心的两个正交分力来表示，如图 1-1-15b、c 所示。

固定铰链支座如图 1-1-16a 所示，是指光滑圆柱铰链约束中某一运动构件与地基或固结于地面的构件固结而不能再运动的约束形式，其简图如图 1-1-16b 所示。由于固定铰链支座的构造和光滑圆柱铰链相同，故其约束力通常也用通过轴心的两个正交分力来表示，如图 1-1-16c 所示。

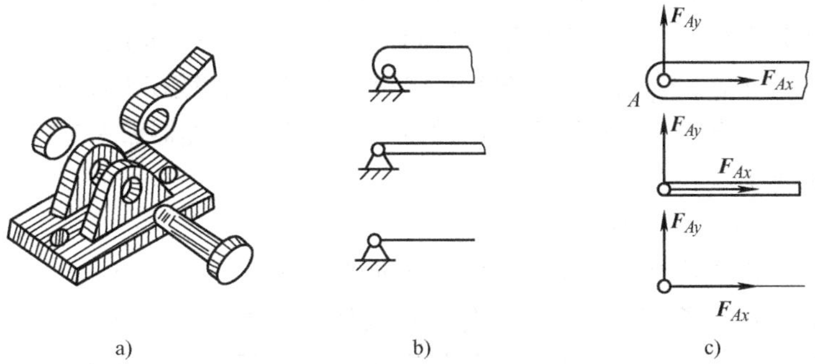

图 1-1-16 固定铰链支座约束

a）固定铰链支座结构图 b）固定铰链支座表示方法 c）固定铰链支座约束力画法

（4）滚动铰链支座

这种支座是在固定铰链支座与光滑支承面之间安装几个辊轴而构成的，又称辊轴支座，如图 1-1-17a 所示，其简图如图 1-1-17b 所示。它可以沿支承面移动，常用在桥梁、屋架等结构中，以缓解由于温度变化而引起结构跨度的自由伸长或缩短。显然，滚动支座的约束性质与光滑面约束相同，仅限制构件沿支承面垂直方向的位移，其约束力必垂直于支承面，且通过铰链中心。通常用 $\boldsymbol{F}_N$ 表示其法向约束力，如图 1-1-17c 所示。

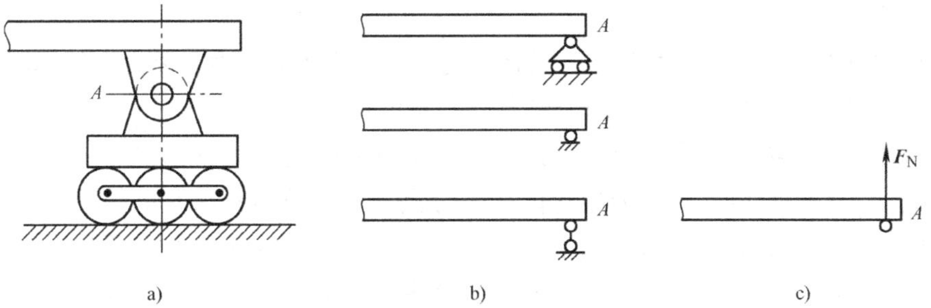

图 1-1-17 滚动铰链支座约束

a）滚动铰链支座简图 b）滚动铰链支座简化画法 c）滚动铰链支座约束力画法

（5）光滑球形铰链约束

上述的“光滑圆柱铰链约束”属于平面型约束，而“光滑球形铰链约束”则属于空间型约束，其构造如图 1-1-18a 所示，被约束物体的一端为光滑球形体，装在支撑物体光滑的球窝里，并能够自由转动，其简图如图 1-1-18b 所示。这种约束只允许被约束物体绕球

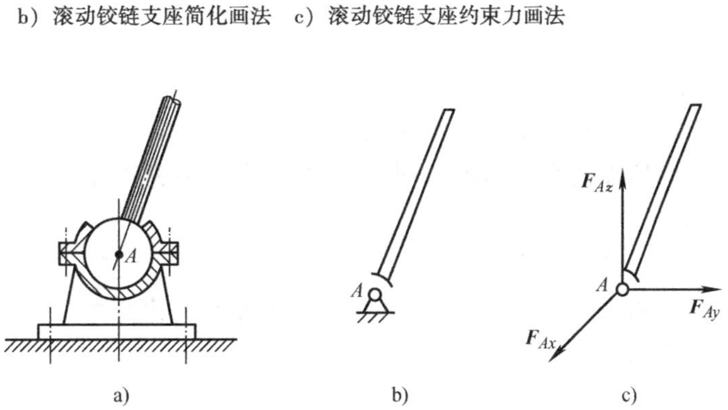

图 1-1-18 球形铰链约束

a）球形铰链结构图 b）球形铰链约束简图 c）球形铰链约束力画法

心点 A 做定点转动，而不允许被约束物体的球形端有任何方向的移动，若忽略摩擦，与圆柱铰链分析相似，其约束力应是通过球心但方向不能预先确定的一个空间力，可用三个正交分力 $\boldsymbol{F}_{Ax}$、$\boldsymbol{F}_{Ay}$、$\boldsymbol{F}_{Az}$表示，如图 1-1-18c 所示。球形铰链在工程中应用广泛，例如电视机室内天线与基座的连接、机床上照明灯具的固定、汽车上变速器操纵杆的固定、照相机与三脚架的接头等都属于球形铰链约束。

（6）止推轴承

止推轴承（图 1-1-19a）与向心轴承不同，它除了能限制轴的径向位移以外，还限制轴沿轴向的位移，其简图如图 1-1-19b 所示。因此，它比向心轴承多了一个沿轴向的约束力，即其约束力用三个正交分力 $\boldsymbol{F}_{Ax}$、$\boldsymbol{F}_{Ay}$、$\boldsymbol{F}_{Az}$表示，如图 1-1-19c 所示。

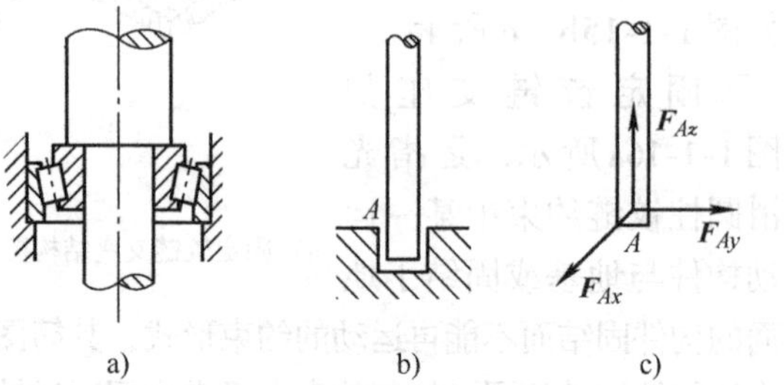

图 1-1-19　止推轴承约束

a）止推轴承结构图

b）止推轴承约束简图　c）止推轴承约束力画法

在工程中，约束的类型远不止这些，有的约束比较复杂，分析时需要加以简化或抽象化，在以后的章节中，我们将继续介绍。

四、物体的受力分析和受力图

在工程实际中，为了求出未知的约束力，需要根据已知力，应用平衡条件求解。为此，首先要确定物体受了几个力，以及每个力的作用位置和力的作用方向，这种分析过程称为物体的受力分析。

作用在物体上的力可分为两类：一类是主动力，如物体的重力、风力、气体压力等，一般是已知的；另一类是约束对物体的约束力，为未知的被动力。

为了清晰地表示物体的受力情况，我们把需要研究的物体（称为受力体）的约束全部解除，并把它从周围的物体（称为施力体）中分离出来，单独画出它的简图（由真实的工程结构或构件简化成的能进行分析计算的平面图形），这个步骤称作取研究对象或取分离体。然后把施力物体对研究对象的作用力（包括主动力和约束力）全部画出来。这种表示物体受力的简明图形，称为受力图。画物体受力图是解决静力学问题的一个重要步骤。正确地对物体进行受力分析并作受力图，是分析、解决力学问题的基础。画受力图的基本步骤如下：

（1）选取研究对象，并取出分离体

将所需研究的物体从周围物体的约束中分离出来，取出分离体，画出物体的轮廓图形。

（2）画受力图

先画出研究对象所受的主动力，再根据约束类型及有关静力学知识画出研究对象所受的约束力。

受力图是力学分析的重要基础，错误的受力图会导致随后的一系列错误。本任务特别强调初学者要掌握正确的受力分析方法。下面举例说明受力图的画法。

例 1-1-1　如图 1-1-20a 所示，水平梁 *AB* 用斜杆 *CD* 支撑，*A*、*B*、*D* 三处均为光滑铰链连接。均质梁重 *W*，其上放置一重为 *P* 的电动机。如不计杆 *CD* 的自重，试分别画出斜杆 *CD*、梁 *AB*（包括电动机）的受力图。

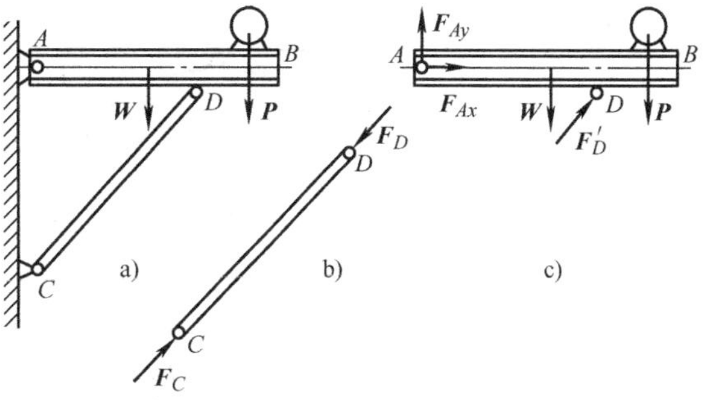

图 1-1-20　支架工作图

a）支架工作简图　b）斜梁受力图　c）水平梁受力图

Ⅰ. 题目分析

该题型为简单物系受力图。对于物体系的受力分析，首先判断物系中是否有二力杆？如果存在，先从二力构件入手画受力图。不难发现题中斜杆 *CD* 的自重不计，只受铰链 *C*、*D* 两处约束作用，故是二力构件。然后再分析梁 *AB*（包括电动机）的受力，梁 *AB*（包括电动机）上作用有两个主动力 ***W***、***P*** 和 *A*、*D* 两处约束力，按其约束类型及其约束力的特点，逐一画出相应的约束力，表示在受力图上即可。

Ⅱ. 题目求解

解：（1）先分析斜杆 *CD* 的受力。由于斜杆的自重不计，因此杆只在铰链 *C*、*D* 处受有两个约束力 $\boldsymbol{F}_C$ 和 $\boldsymbol{F}_D$。根据光滑铰链的特性，这两个约束力必定通过铰链 *C*、*D* 的中心，方向暂不确定。考虑到斜杆 *CD* 只在 $\boldsymbol{F}_C$ 和 $\boldsymbol{F}_D$ 二力作用下平衡，根据二力平衡公理，这两个力必定沿同一直线，且等值、反向。由此可确定 $\boldsymbol{F}_C$ 和 $\boldsymbol{F}_D$ 的作用线应沿铰链中心 *C*、*D* 的连线，由经验判断，此处斜杆 *CD* 受压力，其受力图如图 1-1-20b 所示。一般情况下，$\boldsymbol{F}_C$ 和 $\boldsymbol{F}_D$ 的指向不能预先判定，可先任意假设杆受拉力或压力。若根据平衡方程求得的值为正值；说明原假设力的指向正确；若为负值，则说明实际杆受力与原假设指向相反。

只在两个力作用下平衡的构件，称为二力构件。由于静力学中所研究的物体都是刚体，其形状对计算结果没有影响，因此不论其形状如何，一般均简称为二力杆，它所受的两个力必定沿两个力作用点的连线，且等值、反向。二力杆在工程实际中经常遇到，有时也把它作为一种约束，如图 1-1-20b 所示。

（2）取梁 *AB*（包括电动机）为研究对象。它受 ***W***、***P*** 两个主动力的作用。梁在铰链 *D* 处受二力杆 *CD* 给它的约束力 $\boldsymbol{F}'_D$ 的作用。根据作用和反作用定律，$\boldsymbol{F}'_D = -\boldsymbol{F}_D$。梁在 *A* 处受固定铰链支座给它的约束力的作用，由于方向未知，可用两个大小未定的正交分力 $\boldsymbol{F}_{Ax}$ 和 $\boldsymbol{F}_{Ay}$ 表示。

斜杆 *CD*、梁 *AB* 受力图分别如图 1-1-20b、c 所示。

Ⅲ. 题目关键点解析

求解本题的关键是能够正确判断物体系中的二力杆。因为二力杆，可由二力平衡公理确定铰链约束的方位。因此，绘制物体系受力图时，应先从二力构件入手。一般情况下，二力杆的指向不能预先判定，可先任意假设杆受拉力或压力。若根据平衡方程求得的值为正值，说明原假设力的指向与实际杆受力相同，若为负值，则说明原假设力的指向与实际杆受力相反。

例 1-1-2　如图 1-1-21a 所示的三铰拱桥，由左、右两拱铰接而成。设各拱自重不计，在拱 *AC* 上作用有载荷 ***F***。试分别画出拱 *AC*、*CB* 及三铰拱桥整体的受力图。

Ⅰ. 题目分析

本题需画出拱 *AC*、*CB* 及三铰拱桥整体的受力图，解题思路与例 1-1-1 类似。首先是判断物系中是否有二力杆？显然，题目中拱 *BC* 自重不计，且只在两处受到铰链 *C*、*B* 约束，其为二力杆。再分析拱 *AC* 的受力，拱 *AC* 上作用有主动力 ***F*** 和铰链 *A*、*C* 两处约束，按照其约束特点，逐一画出约束力，表示在受力图上即可。

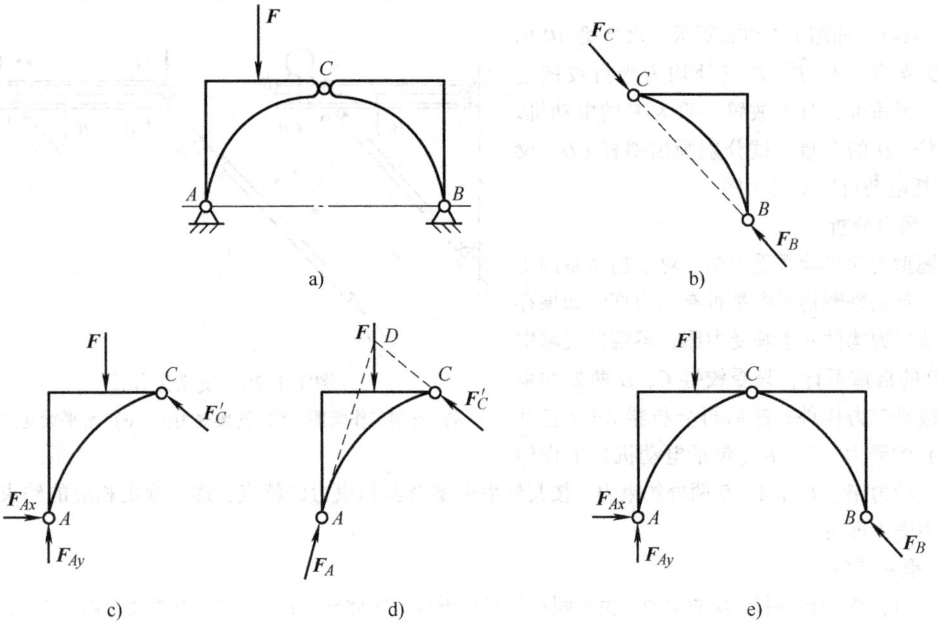

图 1-1-21　三铰拱桥

a）三铰拱桥工作简图　b）右拱 BC 受力图　c）、d）左拱 AC 受力图　e）整体受力图

Ⅱ. 题目求解

解：(1) 先分析拱 BC 受力。由于拱 BC 自重不计，且只在 B、C 两处受到铰链约束，所以拱 BC 在二力作用下平衡，故其为二力杆。设其受力如图 1-1-21b 所示。

(2) 取拱 AC 为研究对象。由于自重不计，因此主动力只有载荷 $\boldsymbol{F}$。拱 AC 在铰链 C 处受有拱 BC 给它的约束力 $\boldsymbol{F}'_C$ 的作用，根据作用和反作用定律，$\boldsymbol{F}'_C=-\boldsymbol{F}_C$。拱在 A 处受有固定铰支座给它的约束力 $\boldsymbol{F}_A$ 的作用，由于方向未定，用两个大小未知的正交分力 $\boldsymbol{F}_{Ax}$ 和 $\boldsymbol{F}_{Ay}$ 代替。拱 AC 的受力图如图 1-1-21c 所示。

再进一步分析可知，由于拱 AC 在 $\boldsymbol{F}$、$\boldsymbol{F}'_C$ 和 $\boldsymbol{F}_A$ 三个力作用下平衡，故可根据三力平衡汇交定理，确定铰链 A 处约束力 $\boldsymbol{F}_A$ 的方向。点 D 为力 $\boldsymbol{F}$ 和 $\boldsymbol{F}'_C$ 作用线的交点，当拱 AC 平衡时，约束力 $\boldsymbol{F}_A$ 的作用线必通过点 D（图 1-1-21d），至于 $\boldsymbol{F}_A$ 的指向，暂且假定如图，以后由平衡条件确定。

最后分析三铰拱整体受力情况。由于铰链 C 处所受的力互为作用力与反作用力关系，即 $\boldsymbol{F}_C=-\boldsymbol{F}'_C$，这两个力都为内力，内力对系统的作用效应相互抵消，因此可以除去，并不影响整个系统的平衡。故内力在受力图上不必画出。在受力图上只需画出系统所受的外力，载荷 $\boldsymbol{F}$ 及约束力 $\boldsymbol{F}_{Ax}$、$\boldsymbol{F}_{Ay}$、$\boldsymbol{F}_B$。三铰拱的整体受力图如图 1-1-21e 所示。

Ⅲ. 题目关键点解析

求解本题的关键和例 1-1-1 类似，需要强调的以下两点：

1) 在对由几个物体所组成的系统进行受力分析时，必须注意区分内力和外力。系统内部各物体之间的相互作用力是该系统的内力；系统外部物体对系统内物体的作用力是该系统的外力。但是，内力与外力的区分不是绝对的，在一定的条件下，内力与外力是可以相互转化的。例如，在图 1-1-21b、c 中，若分别以拱 AC、BC 为研究对象，则力 $\boldsymbol{F}_C$、$\boldsymbol{F}'_C$ 分别是这两部分的外力。如果将各部分合为一个系统来研究，即以整体为研究对象，则力 $\boldsymbol{F}_C$、$\boldsymbol{F}'_C$ 属于系统内两部分之间的相互作用力，称为该系统的内力。由牛顿第三定律可知，内力总是成对出现的，且彼此等值、反向、共线。对整个系统来说，内力对整体的外效应没有影响。因此，在画物体系整体的受力图时，只需画出全部外力，不必画出内力（图 1-1-21e）。

2）铰链约束力方向待定时，通常用两个正交分力来表示。对于二力构件，可由二力平衡公理确定铰链约束力的方位。对于三力构件，可根据三力平衡汇交定理确定铰链约束力方位。因此绘制物系受力图时，先从二力构件及三力构件入手画受力图，便于确定铰链约束力的方位。另请读者考虑，若左、右两拱都计入自重时，各受力图有何不同？

例 1-1-3 如图 1-1-22a 所示，梯子的两部分 *AB* 和 *AC* 在点 *A* 铰接，又在 *D*、*E* 两点用水平绳连接。梯子放在光滑水平面上，若其自重不计，但在 *AB* 的中点 *H* 处作用一铅直载荷 *F*。试分别画出绳子 *DE* 和梯子的 *AB*、*AC* 部分以及梯子的整体受力图。

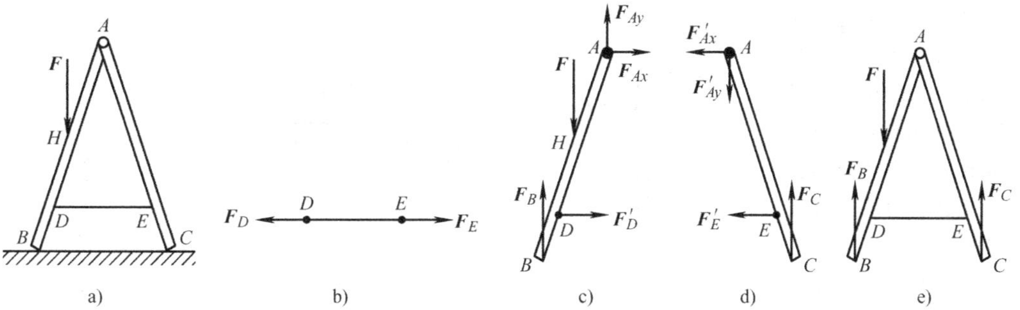

图 1-1-22 梯子示意图

a）梯子简图 b）绳索 *DE* 受力图 c）斜梯 *AB* 受力图 d）斜梯 *AC* 受力图 e）系统整体受力图

Ⅰ. 题目分析

本题解题思路与前两个例题类似，首先是判断物系中是否有二力杆？由梯子简图可以看出系统中没有二力杆，然后根据各构件的约束类型及约束力特点，逐一画出约束力即可。

Ⅱ. 题目求解

解：依次取绳子 *DE*、梯子左边部分 *AB*、梯子右边部分 *AC*、整体为研究对象，并画出其简图。

（1）绳子 *DE* 的受力分析。绳子两端 *D*、*E* 分别受到梯子对它的拉力 $\boldsymbol{F}_D$、$\boldsymbol{F}_E$的作用。受力图如图 1-1-22b 所示。

（2）梯子左边部分 *AB* 的受力分析。它在 *H* 处受载荷 $\boldsymbol{F}$ 的作用，在铰链 *A* 处受 *AC* 给它的约束力 $\boldsymbol{F}_{Ax}$和 $\boldsymbol{F}_{Ay}$的作用。在点 *D* 受绳子对它的拉力 $\boldsymbol{F}'_D$（与 $\boldsymbol{F}_D$互为作用力和反作用力）。在点 *B* 受光滑地面对它的法向约束力 $\boldsymbol{F}_B$的作用。梯子左边部分 *AB* 受力图如图 1-1-22c 所示。

（3）梯子右边部分 *AC* 的受力分析。在铰链 *A* 处受 *AB* 对它的作用力 $\boldsymbol{F}'_{Ax}$和 $\boldsymbol{F}'_{Ay}$（分别与 $\boldsymbol{F}_{Ax}$和 $\boldsymbol{F}_{Ay}$互为作用力和反作用力）。在点 *E* 受绳子对它的拉力 $\boldsymbol{F}'_E$（与 $\boldsymbol{F}_E$互为作用力和反作用力）。在 *C* 处受光滑地面对它的法向约束力 $\boldsymbol{F}_C$。梯子右边部分 *AC* 受力图如图 1-1-22d 所示。

（4）整个系统的受力分析。当选整个系统为研究对象时，可把平衡的整个结构刚化为刚体。由于铰链 *A* 处所受的力互为作用力与反作用力关系，即 $\boldsymbol{F}_{Ax} = -\boldsymbol{F}'_{Ax}$，$\boldsymbol{F}_{Ay} = -\boldsymbol{F}'_{Ay}$，绳子与梯子连接点 *D* 和 *E* 所受的力也分别互为作用力与反作用力关系，即 $\boldsymbol{F}_D = -\boldsymbol{F}'_D$，$\boldsymbol{F}_E = -\boldsymbol{F}'_E$，这些力都是内力。内力对系统的作用效应相互抵消，因此可以除去，并不影响整个系统的平衡。故内力在受力图上不必画出。在受力图上只需画出系统所受的外力，载荷 $\boldsymbol{F}$ 及约束力 $\boldsymbol{F}_B$、$\boldsymbol{F}_C$。梯子的整体受力图如图 1-1-22e 所示。

Ⅲ. 题目关键点解析

求解本题目的关键点是同一结构不同受力图上的作用与反作用力必须画成“等值、反向、共线”，力的符号要一致，如 $\boldsymbol{F}_{Ax}$、$\boldsymbol{F}'_{Ax}$。另外，在画整体受力图时，只画系统所受的外力，不画内力。

例 1-1-4 如图 1-1-23a 所示机构中，固结在点 I 的绳子绕过定滑轮 O，将重为 W 的物块吊起，各杆之间用铰链连接，不计杆重，试画出杆 BC、杆 CDE、杆 BDO 连同滑轮及物块作为一个部件、销钉 B 以及整体受力图。

Ⅰ. 题目分析

本题中构件较多，是一道综合性较强的受力分析题。解题思路仍与前面例题一致。首先判断物系中杆 AB、BC 为二力杆，两杆的受力方位可直接确定。先分析杆 CDE 受力，C 处约束力由二力杆 BC 确定，I 处受力由绳索约束决定。再取 BDO 连同滑轮、物块以及 B 点为研究对象时，根据作用力与反作用力关系绘制受力图。最后取整体为研究对象，内力不计，依次绘制主动力 $\boldsymbol{W}$ 及 A 处、E 处的约束力。

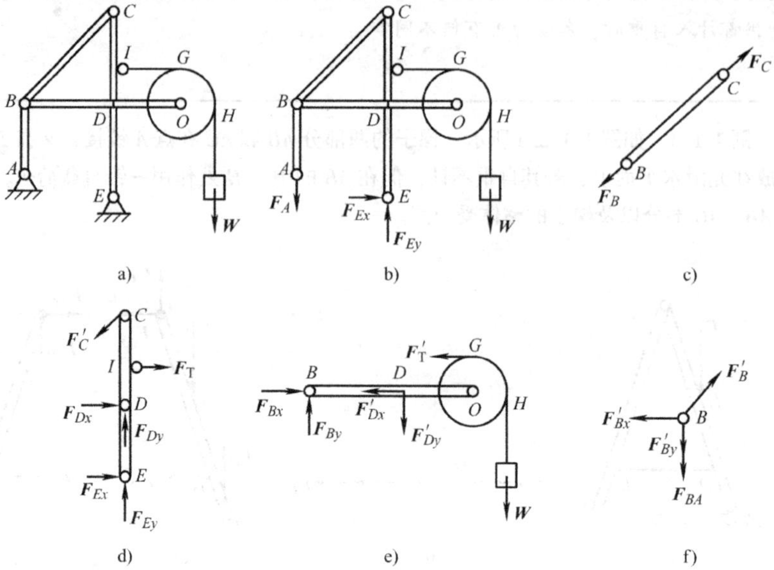

图 1-1-23 机构示意图

a）机构简图 b）机构整体受力图 c）杆 BC 受力图
d）杆 CDE 受力图 e）杆 BDO 连同滑轮、物块受力图 f）销钉 B 受力图

Ⅱ. 题目求解

解：（1）取杆 BC 为研究对象，杆 BC 为二力杆，只受二力约束而平衡，受力图如图 1-1-23c 所示。

（2）取杆 CDE 为研究对象，点 C 受力与图 1-1-23c 中 $\boldsymbol{F}_C$ 为作用力与反作用力关系，$\boldsymbol{F}_C=-\boldsymbol{F}'_C$。$I$ 点承受绳子拉力 $\boldsymbol{F}_{\mathrm{T}}$。$D$、$E$ 两处为铰链约束，用正交分力表示，受力图如图 1-1-23d 所示。

（3）取杆 BDO 连同滑轮、物块为研究对象，绘制主动力 $\boldsymbol{W}$，G 点承受绳子拉力 $\boldsymbol{F}'_{\mathrm{T}}$。$D$、$B$ 两处为铰链约束，用正交分力表示，注意与图 1-1-23d 中相应力之间的关系。

（4）取销钉为研究对象，其受力图如图 1-1-23f 所示，注意与 1-1-23c、e 图相应力之间的关系。

（5）取整体为分离体，先绘制主动力 $\boldsymbol{W}$，再绘制 A、E 处约束力，其中 A 处受力由 AB 为二力杆决定，E 处的约束力与图 1-1-23d 中的 E 处约束力保持一致。整体受力图如图 1-1-23b 所示。

Ⅲ. 题目关键点分析

对于较复杂结构，同样需要先判断出二力杆，再对其他未知力进行分析。在本题中，将销钉作为分离体求解时，因为涉及构件较多，要注意与其他构件受力图的联系，一般是难点，但也可与其他受力图一起作为自我检查正误的手段。

对物体进行受力分析，恰当地选取分离体并正确地画出受力图是解决力学问题的基础，不能有任何错误，否则以后的分析计算将会得出错误的结论。为使读者能正确地画出受力图，现提出以下几点供参考：

1）要明确哪个物体是研究对象，并将研究对象从它周围的约束中分离出来，单独画出其简图。

2）受力图上要画出研究对象所受的全部主动力和约束力，并用习惯使用的字母加以标记。为了避免漏画约束力，要注意分离体在哪几处被解除约束，则在这几处必作用着相应的约束力。每画一力都要有依据，要能指出它是哪个物体（施力物体）施加的，不要臆想一些实际上并不存在的力加在分离体上，尤其不要把其他物体所受的力画到分离体上。

3）在画整个物体系统的受力图时，只画系统所受的外力，系统内任何两物体间相互作用的力（内力）不应画出。当分别画两个相互作用的物体的受力图时，要特别注意同一结构不同受力图上的作用与反作用力必须画成“等值、反向、共线”，力的符号要一致，如 $\boldsymbol{F}_{Ax}$、$\boldsymbol{F}'_{Ax}$。

4）对于铰链约束，当销钉只连接两个构件且铰链上不受力时，销钉相当于二力构件，只起到传递力的作用，研究对象上是否包含销钉，受力图都是一样的，如图 1-1-23a 中的销钉 *C*；而当销钉连接三个以上构件（如图 1-1-23a 中的销钉 *B*）或连接两个构件但销钉上受力时，此时销钉不是二力构件，研究对象上是否包含销钉，受力图不一样，如图 1-1-24a 三角形支架中的销钉 *C*，杆 *AC* 不含销钉 *C* 的受力图（图 1-1-24b）和含销钉 *C* 的受力图（图 1-1-24e）不一样。

5）对于滑块或销钉在滑槽内滑动这类约束，按光滑接触面约束分析，具体滑块或销钉与滑槽在哪一侧接触，不易判断，因此约束力的方向垂直于接触面，指向可以假设，如图 1-1-31i（思考与练习 16）属于此类约束。但要注意，一般光滑面约束的约束力方向和指向都是不能假设的。

6）画受力图时先局部、后整体，先简单、后复杂，先主动、后约束。

7）在画受力图的作业时，一般情况下只需画出原图和求解构件的受力图即可（图 1-1-24），无须进行文字分析和描述。

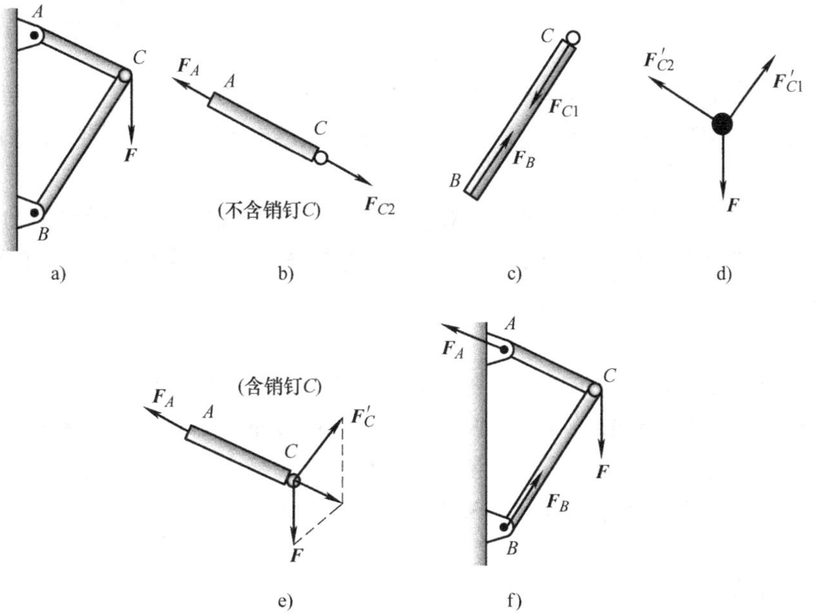

图 1-1-24　三角形支架示意图

a）三角形支架简图　b）杆 *AC* 受力图（不含铰链 *C*）　c）杆 *BC* 受力图　d）铰链 *C* 受力图　e）杆 *AC* 受力图（含铰链 *C*）　f）系统整体受力图

任务实施

试画出任务描述中多跨组合梁整体及梁 *ABC* 和 *CD* 段的受力图。

Ⅰ. 题目分析

本题需画出多跨梁 *AD* 整体及梁 *ABC* 和 *CD* 段的受力图。由多跨梁 *AD* 简图可以看出，此梁中无二、三力构件的存在，因此只需依次选择研究对象，根据所受约束类型及约束力的特点，画出相应的受力图即可。

Ⅱ. 题目求解

解：（1）梁 ABC 受力图。取梁 ABC 为研究对象，画出分离体图。先画主动力 $\boldsymbol{F}$ 及作用在梁 BC 部分的均布载荷 q。再画约束力，A 处为固定铰链支座约束，用两个正交分力 $\boldsymbol{F}_{Ax}$、$\boldsymbol{F}_{Ay}$ 来表示；B 处为滚动铰链支座，用铅直分力 $\boldsymbol{F}_{By}$ 表示；C 处为中间铰链约束，用两个正交分力 $\boldsymbol{F}_{Cx}$、$\boldsymbol{F}_{Cy}$ 表示。受力图如图 1-1-25a 所示。

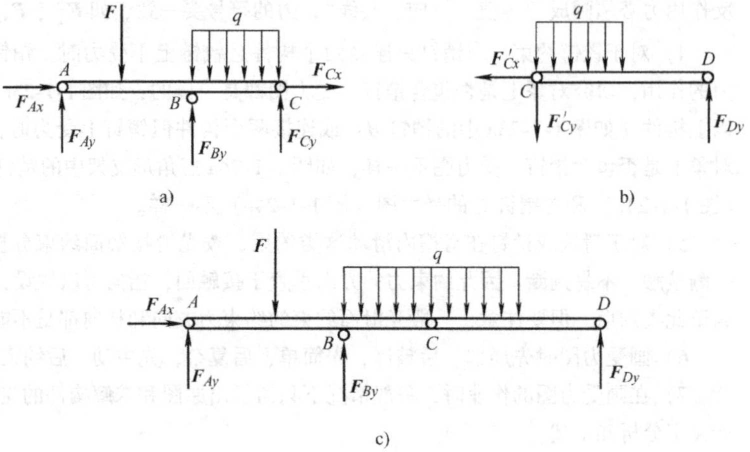

图 1-1-25　多跨梁的受力图

a）梁 ABC 受力图　b）梁 CD 受力图　c）系统整体受力图

（2）梁 CD 受力图。C 处为中间铰链约束，用两个正交分力 $\boldsymbol{F}'_{Cx}$、$\boldsymbol{F}'_{Cy}$表示，与梁 ABC 在 C 处所受力 $\boldsymbol{F}_{Cx}$、$\boldsymbol{F}_{Cy}$为作用力与反作用力关系。D 处滚动铰链支座约束，用铅直分力 $\boldsymbol{F}_{Dy}$表示。梁 CD 受力图如图 1-1-25b 所示。

（3）梁 $ABCD$ 整体受力图。取整体为研究对象，画出分离体图，C 处约束力为系统的内力，在整体受力图中不出现，A、B、D 处的约束力与梁 ABC、梁 CD 中对应的约束保持一致。整体的受力图如图 1-1-25c所示。

Ⅲ. 题目关键点解析

求解本题的关键点之一是正确确定研究对象受力的数目。既不能少画一个力，也不能多画一个力。力是物体之间相互的作用，因此受力图上的每个力都要明确它是哪一个施力物体作用的，不能凭空想象。之二是一定要按照约束的性质画约束力，绝不能按照自己的想象来画。并在分析系统整体受力情况时，只画外力，不画内力。

思考与练习

1. 静力学的研究对象是什么？
2. 两个大小相等的力，对同一物体的作用效果是否相同？
3. 物体在三个力的作用下一定平衡吗？
4. 约束力的方向一定在限制物体运动的方向上，对吗？
5. 圆柱铰链约束是一个力还是两个力，为什么常用两个相互垂直的力表示。
6. 柔绳约束和光滑面约束的主要区别是什么？
7. 作用与反作用力定律是否只适合于刚体系统？为什么？
8. $\boldsymbol{F}_1$与$\boldsymbol{F}_2$的合力为$\boldsymbol{F}_R$，$\boldsymbol{F}_R=\boldsymbol{F}_1+\boldsymbol{F}_2$，$\boldsymbol{F}_R$一定比$\boldsymbol{F}_1$与$\boldsymbol{F}_2$大吗？为什么？
9. 物体受汇交于一点的三力作用而处于平衡，此三力一定共面吗？为什么？
10. 已知一力$\boldsymbol{F}_R$大小与方向，能否确定其分力的大小与方向？为什么？

11. 当求图 1-1-26 中的铰链 C 的约束力时，可否将作用在杆 AC 上点 D 的力 $\boldsymbol{F}$ 沿其作用线移动至点 E，变成力 $\boldsymbol{F}'$？

12. 图 1-1-27 中的力 $\boldsymbol{F}$ 作用在销钉 C 上，试问销钉 C 对杆 AC 的力与销钉 C 对杆 BC 的力是否等值、反向、共线？为什么？

13. 二力杆的形状可以是任意的吗？凡两端用铰链连接的直杆均为二力杆，对吗？图 1-1-28中哪些杆件是二力杆？(不考虑重力和摩擦)

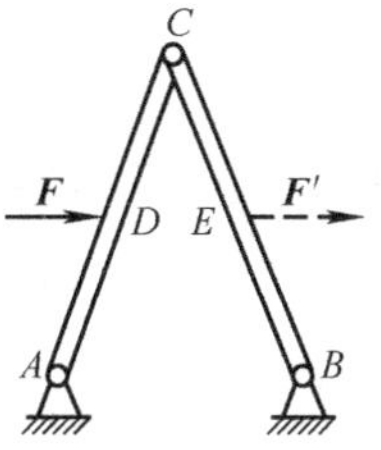

图 1-1-26　题 11 图

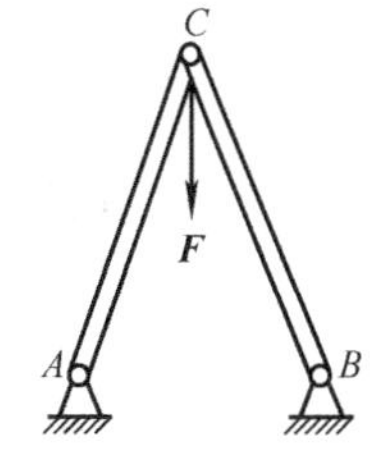

图 1-1-27　题 12 图

14. 题图 1-1-29 所示受力图是否正确，请说明原因。

15. 画出图 1-1-30 中物体 A、构件 AB 或 ABC 等的受力图，未画重力的物体重量均不计，所有接触处均为光滑接触。

16. 画出图 1-1-31 每个标注字符的物体（不包含销钉、支座、基础）的受力图及系统整体的受力图。未画重力的物体重量均不计，所有接触处均为光滑接触。

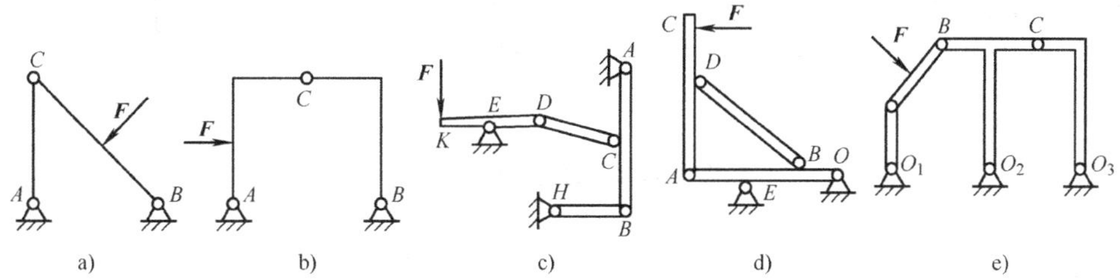

图 1-1-28　题 13 图

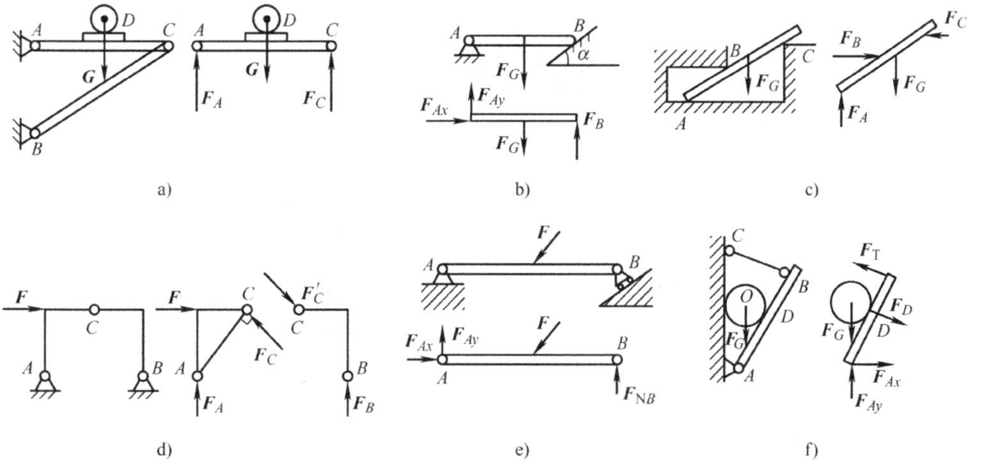

图 1-1-29　题 14 图

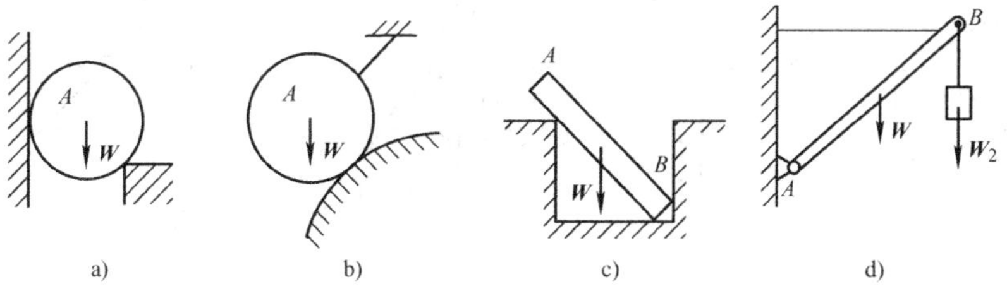

图 1-1-30　题 15 图

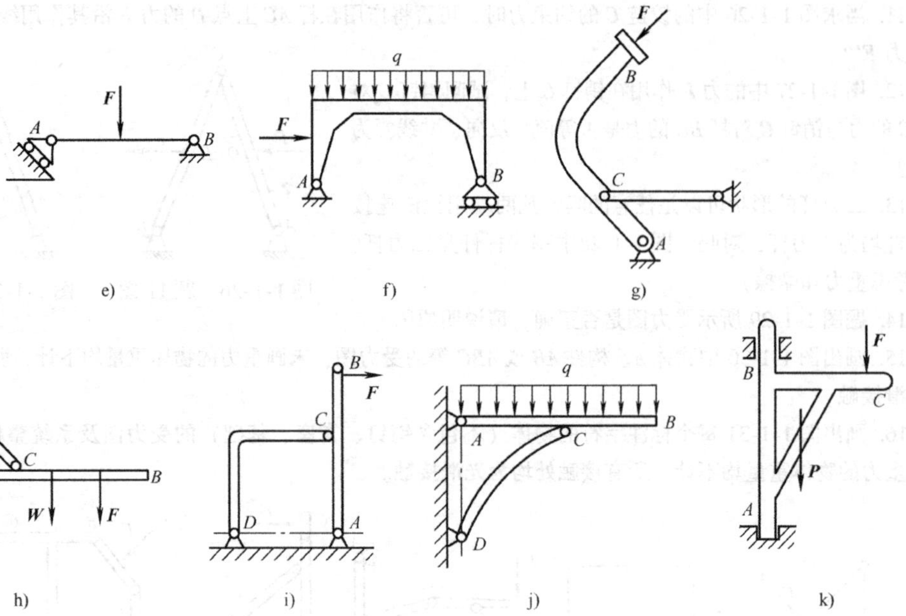

图 1-1-30　题 15 图（续）

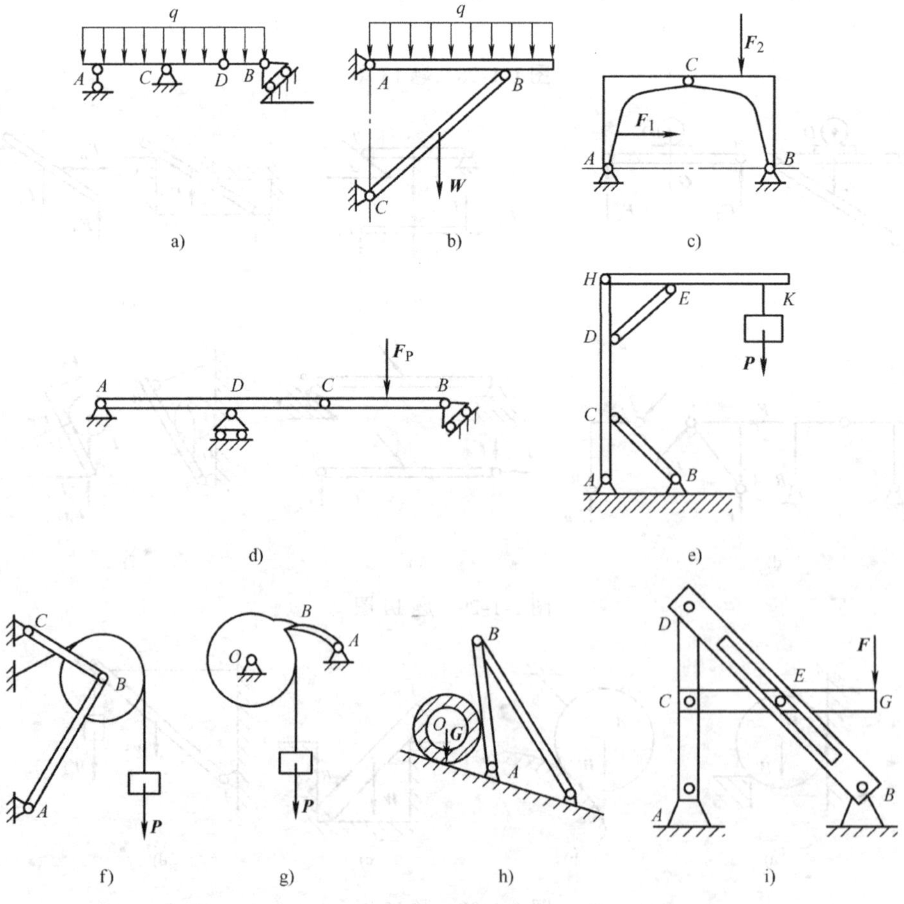

图 1-1-31　题 16 图

任务二　平面汇交力系

任务描述

如图 1-2-1 所示，重物重 $W=20\text{kN}$，用钢丝绳挂在支架的滑轮 B 上，钢丝绳的另一端缠绕在绞车 D 上。杆 AB 与杆 BC 铰接，并以铰链 A、C 与墙连接。如两杆和滑轮的自重不计，并忽略摩擦和滑轮的大小，为了避免杆 AB 与 CB 在支撑绞车时发生断裂事故，试求平衡时杆 AB 和 BC 所受的力。

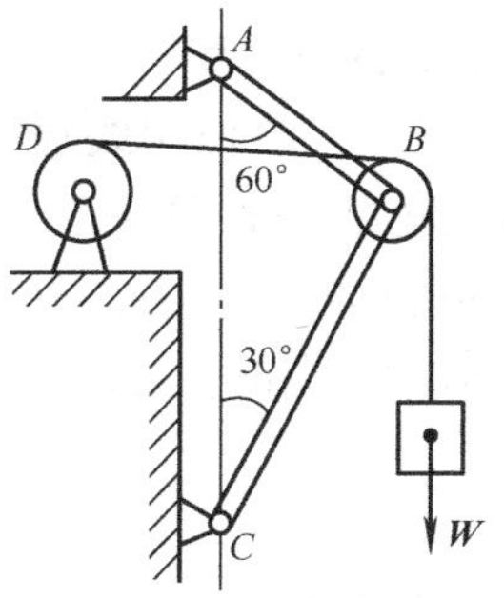

图 1-2-1　绞车提升重物图

任务分析

本任务学习平面汇交力系合成与平衡的两种计算方法。要求熟练掌握平面汇交力系平衡方程在工程中的应用。

知识准备

平面汇交力系是最简单力系之一，是研究复杂力系的基础。本任务将分别用几何法与解析法研究平面汇交力系的合成与平衡问题，同时介绍其工程应用。

一、平面汇交力系的合成

平面汇交力系是指各力的作用线都在同一平面内且汇交于一点的力系。

1. 平面汇交力系合成的几何法、力多边形法则

设一刚体受到平面汇交力系 $\boldsymbol{F}_1$、$\boldsymbol{F}_2$、$\boldsymbol{F}_3$、$\boldsymbol{F}_4$ 的作用，各力作用线汇交于点 A，根据刚体内部力的可传性，可将各力沿其作用线移至汇交点 A，如图 1-2-2 所示。

为合成此力系，可根据力的平行四边形公理，逐步两两合成各力，最后求得一个通过汇交点 A 的合力；还可以用更简便的方法求此合力 $\boldsymbol{F}_R$ 的大小与方向。任取一点 a，先作力三角形求出 $\boldsymbol{F}_1$ 与 $\boldsymbol{F}_2$ 的合力大小与方向 $\boldsymbol{F}_{R1}$，再作力三角形合成 $\boldsymbol{F}_{R1}$ 与 $\boldsymbol{F}_3$ 得 $\boldsymbol{F}_{R2}$，最后合成 $\boldsymbol{F}_{R2}$ 与 $\boldsymbol{F}_4$ 得 $\boldsymbol{F}_R$，如图 1-2-2b 所示。多边形 $abcde$ 称为此平面汇交力系的力多边形，矢量 $\overrightarrow{ae}$ 称此力多边形的封闭边。封闭边矢量 $\overrightarrow{ae}$ 即表示此平面汇交力系合力 $\boldsymbol{F}_R$ 的大小与方向（即合力矢），而合力的作用线仍应通过原汇交点 A，如图 1-2-2a 所示的 $\boldsymbol{F}_R$。

必须注意，此力多边形的矢序规则为：各分力的矢量沿着环绕力多边形边界的同一方向首尾相接。由此组成的力多边形 $abcde$ 有一缺口，故称为不封闭的力多边形，而合力矢则应沿相反方向连接此缺口，构成力多边形的封闭边。根据矢量相加的交换律，任意变换各分力矢的作图次序，可得形状不同的力多边形，但其合力矢仍然不变，如图 1-2-2c 所示。

总之，平面汇交力系可简化为一合力，其合力的大小与方向等于各分力的矢量和（几何和），合力的作用线通过汇交点。设平面汇交力系包含 n 个力，以 $\boldsymbol{F}_R$ 表示它们的合力矢，则有

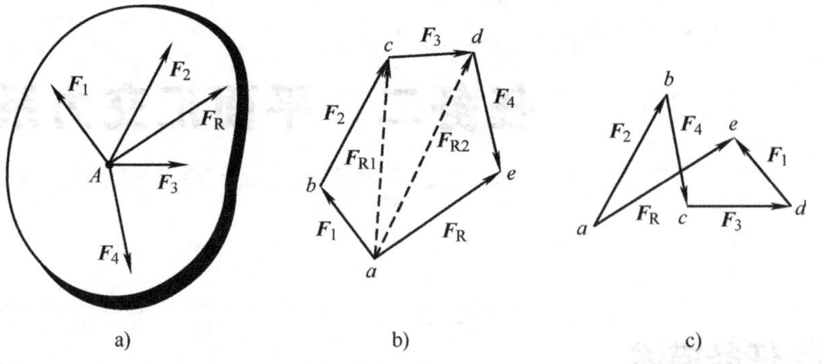

图 1-2-2 力多边形法则

a）汇交于点 A 的力系 b）用力多边形法则求合力 c）求合力的另一种方法

$$\boldsymbol{F}_R = \boldsymbol{F}_1 + \boldsymbol{F}_2 + \cdots + \boldsymbol{F}_n = \sum_{i=1}^{n} \boldsymbol{F}_i = \sum \boldsymbol{F}_i = \sum \boldsymbol{F} \tag{1-2-1}$$

合力 $\boldsymbol{F}_R$ 对刚体的作用与原力系对该刚体的作用等效。如果一力与某一力系等效，则此力称为该力系的合力。

2. 平面汇交力系合成的解析法

解析法是通过力矢在坐标轴上的投影来分析力系的合成及其平衡条件。

（1）力在正交坐标轴系上的投影与力的解析表达式

如图 1-2-3 所示，已知力 $\boldsymbol{F}$ 与平面内正交轴 x、y 的夹角分别为 α、β，则力 $\boldsymbol{F}$ 在 x、y 轴上的投影分别为

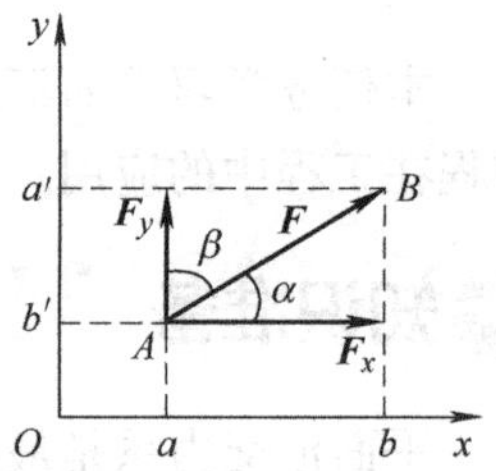

图 1-2-3 力在正交坐标轴上的投影

$$\begin{cases} F_x = F\cos\alpha \\ F_y = F\cos\beta = F\sin\alpha \end{cases} \tag{1-2-2}$$

即力在某轴的投影，等于力的模乘以力与投影轴正向间夹角的余弦。力在轴上的投影为代数量，投影的正负号规定为：由起点到终点的指向与坐标轴正向一致时为正，反之为负。当力矢与投影轴垂直时，投影为零。

（2）合力投影定理

根据合矢量投影定理有，合力在某一轴上的投影等于各分力在同一轴上投影的代数和。设由 n 个力组成的平面汇交力系作用于一个刚体上，以汇交点 O 作为坐标原点，建立直角坐标系 Oxy，如图 1-2-4 所示，有

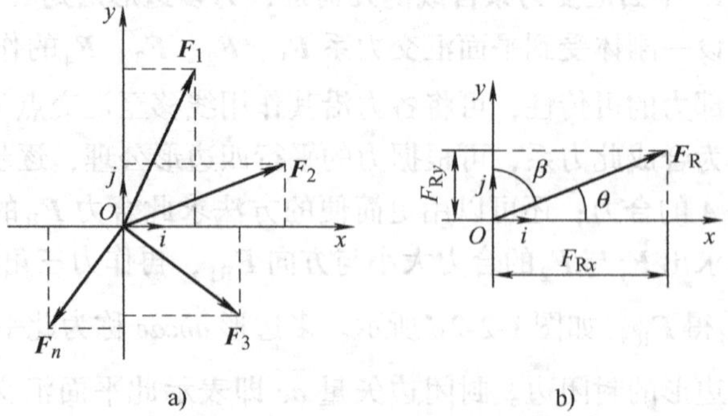

图 1-2-4 合力投影定理示意图

a）各力在直角坐标系 Oxy 的投影

b）合力在直角坐标系 Oxy 的投影

$$\left.\begin{aligned} F_{Rx} &= F_{1x} + F_{2x} + \cdots + F_{nx} = \sum_{i=1}^{n} F_{ix} = \sum F_x \\ F_{Ry} &= F_{1y} + F_{2y} + \cdots + F_{ny} = \sum_{i=1}^{n} F_{iy} = \sum F_y \end{aligned}\right\} \tag{1-2-3}$$

式中，F_{1x}、F_{1y}，F_{2x}、F_{2y}，…，F_{nx}、F_{ny}分别为各分力在x和y轴上的投影，F_{Rx}、F_{Ry}为合力F_R在x、y轴上的投影。

合力矢的大小和方向余弦为

$$\left.\begin{aligned} F_R &= \sqrt{F_{Rx}^2 + F_{Ry}^2} = \sqrt{(\sum F_x)^2 + (\sum F_y)^2} \\ \cos\theta &= \frac{F_{Rx}}{F_R}, \cos\beta = \frac{F_{Ry}}{F_R} \end{aligned}\right\} \tag{1-2-4}$$

二、平面汇交力系的平衡

1. 平面汇交力系平衡的几何条件

由于平面汇交力系可用其合力来代替，显然，**平面汇交力系平衡的必要和充分条件是：该力系的合力等于零**。如用矢量等式表示，即

$$\sum \boldsymbol{F} = 0 \tag{1-2-5}$$

几何法中在平衡情形下，力多边形中最后一力的终点与第一力的起点重合，此时的力多边形称为封闭的力多边形。于是，可得如下结论：平面汇交力系平衡的必要和充分条件是**该力系的力多边形自行封闭。**

求解平面汇交力系的平衡问题时可用图解法，即按比例先画出封闭的力多边形，然后，用尺和量角器在图上量得所要求的未知量，也可根据图形的几何关系，用三角公式计算出所要求的未知量，这种解题方法称为几何法，几何法一般用于受力简单的场合。

例 1-2-1 如图 1-2-5a 所示的压路碾子，自重 $P=20\text{kN}$，半径 $R=0.6\text{m}$，障碍物高 $h=0.08\text{m}$。碾子中心 O 处作用一水平拉力 $\boldsymbol{F}$。试求：(1) 当水平拉力 $F=5\text{kN}$ 时，碾子对地面及障碍物的压力；(2) 欲将碾子拉过障碍物，水平拉力至少应为多大；(3) 力 $\boldsymbol{F}$ 沿什么方向拉动碾子最省力，此时力 $\boldsymbol{F}$ 为多大。

Ⅰ. 题目分析

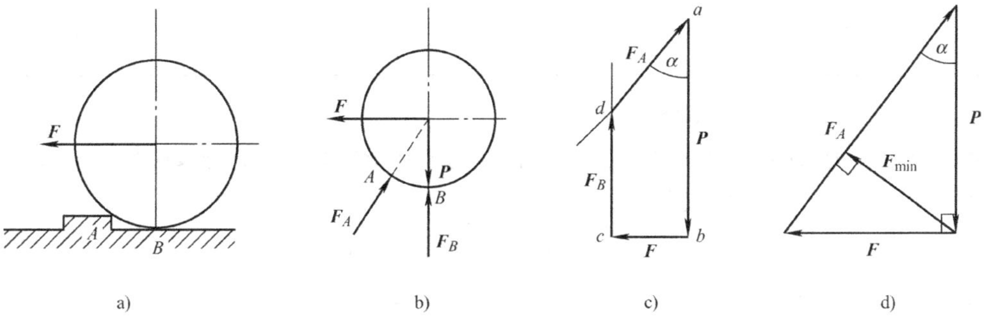

图 1-2-5 压路碾子受力分析

a）压路碾子放置图 b）压路碾子受力图 c）几何法求解碾子受力 d）几何法求解 F 最小力

本题采用几何法求解。首先选择碾子为研究对象，画其受力图（图 1-2-5b），碾子受平面汇交力系作用。然后根据平面汇交力系平衡的几何条件，画出碾子受力的封闭力多边形，利用比例进行未知力求解即可。

Ⅱ. 题目求解

解：(1) 选碾子为研究对象，其受力图如图 1-2-5b 所示，各力组成平面汇交力系。根据平衡的几何条件，将各力矢 $\boldsymbol{P}$、$\boldsymbol{F}$、$\boldsymbol{F}_A$与 $\boldsymbol{F}_B$首尾相接应组成封闭的力多边形。按比例先画已知力矢 $\boldsymbol{P}$ 与 $\boldsymbol{F}$ 如图 1-2-5c 所示，再从 a、c 两点分别作平行于 $\boldsymbol{F}_A$、$\boldsymbol{F}_B$的平行线，相交于点 d。将各力矢首尾相接，组成封闭的力多边形，则图 1-2-5c 中的矢量 $\overrightarrow{da}$ 和 $\overrightarrow{cd}$ 即为 A、B 两点约束力 $\boldsymbol{F}_A$、$\boldsymbol{F}_B$的大小与方向。

从图 1-2-5c 中按比例量得

$$F_A = 11.4\text{kN},\ F_B = 10\text{kN}$$

由图 1-2-5c 的几何关系，也可以计算 $\boldsymbol{F}_A$、$\boldsymbol{F}_B$的数值。由图 1-2-5a，按已知条件可求

$$\cos\alpha = \frac{R-h}{R} = 0.866$$

故

$$\alpha \approx 30°$$

再由图 1-2-5c 中各矢量的几何关系，可得

$$F_A \sin\alpha = F$$

$$F_B + F_A\cos\alpha = P$$

解得

$$F_A = \frac{F}{\sin\alpha} = 10\text{kN}$$

$$F_B = P - F_A\cos\alpha = 11.34\text{kN}$$

根据作用与反作用关系，碾子对地面及障碍物的压力分别等于 11.34kN 和 10kN。

(2) 碾子能越过障碍物的力学条件是 $F_B = 0$，因此，碾子刚刚离开地面时，其封闭的力三角形如图 1-2-5d所示。由几何关系，此时水平拉力

$$F = P\tan\alpha = 11.5\text{kN}$$

此时 A 处的约束力

$$F_A = \frac{P}{\cos\alpha} = 23.1\text{kN}$$

(3) 从图 1-2-5d 中可以清楚地看到，当拉力与 F_A 垂直时，拉动碾子的力为最小，即

$$F_{\min} = P\sin\alpha = 10\text{kN}$$

Ⅲ. 题目关键点解析

求解本题的关键是利用平面汇交力系平衡的几何法求解未知量时，能够正确画出研究对象的受力图，选择适当的比例尺，作出该力系的封闭力多边形。必须注意，作图时总是从已知力开始，根据矢序规则和封闭特点，就可以确定未知力的指向。如果物体只受三个汇交力作用，则不必选择比例尺，按照封闭力多边形的几何关系，运用三角公式，计算未知力的大小与方向。

---

2. 平面汇交力系平衡的解析条件

由平面汇交力系的合力矢公式知，平面汇交力系平衡的必要和充分条件是：该力系的合力 $\boldsymbol{F}$ 等于零。由式(1-2-4) 应有

$$F_{\mathrm{R}} = \sqrt{F_{\mathrm{R}x}^2 + F_{\mathrm{R}y}^2} = \sqrt{(\sum F_x)^2 + (\sum F_y)^2} = 0$$

欲使上式成立，必须同时满足：

$$\left.\begin{array}{l} F_{\mathrm{R}x} = 0 \\ F_{\mathrm{R}y} = 0 \end{array}\right\} \quad 简记 \quad \left.\begin{array}{l} \sum F_x = 0 \\ \sum F_y = 0 \end{array}\right\} \tag{1-2-5}$$

于是，平面汇交力系平衡的必要和充分条件是：各力在两个坐标轴上投影的代数和分别等于零。式(1-2-5) 称为平面汇交力系的平衡方程。这是两个独立的方程，可以求解两个未知量。

下面举例说明平面汇交力系平衡方程的实际应用。

例 1-2-2　如图 1-2-6a 所示刚架，在点 B 受一水平力作用，$F=20\text{kN}$，刚架质量忽略不计，求图示情况下 A 和 D 处的约束力。

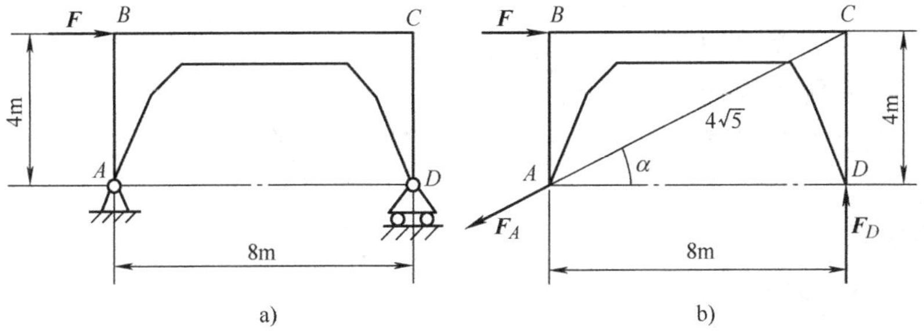

图 1-2-6　刚架结构受力分析

a）刚架结构放置图　b）刚架结构受力图

Ⅰ. 题目分析

根据题意，选择刚架为研究对象，对其进行受力分析。D 处为滚动铰链支座，约束力 $\boldsymbol{F}_D$ 通过销钉中心 D 垂直于支撑面，A 处为固定铰链支座，约束力方位未定。刚架在三个力作用下保持平衡，根据三力平衡汇交定理，进而确定铰链 A 处约束力方位，画出刚架的受力图如图 1-2-6b 所示，刚架受平面汇交力系作用。然后利用平面汇交力系平衡方程（1-2-5）即可求解。

Ⅱ. 题目求解

解：(1) 选取刚架为研究对象。画刚架的受力图，约束力 $\boldsymbol{F}_A$ 指向假设如图 1-2-6b 所示。

(2) 列平衡方程。由平面汇交力系平衡方程（1-2-5）有

$$\sum F_x=0,\ F-F_A\cdot\frac{8}{4\sqrt{5}}=0 \tag{a}$$

$$\sum F_y=0,\ F_D-F_A\cdot\frac{4}{4\sqrt{5}}=0 \tag{b}$$

由式(a)得
$$F_A=\frac{\sqrt{5}}{2}F=22.4\text{kN}$$

由式(b)得
$$F_D=F_A\cdot\frac{1}{\sqrt{5}}=10\text{kN}$$

Ⅲ. 题目关键点解析

求解本题目的关键是，会借助于三力平衡汇交定理，确定铰链 A 处约束力合力的方位，否则无法用平面汇交力系平衡条件求解。本题铰链 A 处的约束力也可以用两个正交分力表示，此时刚架受平面任意力系作用，有三个未知力，可用平面任意力系的平衡方程求解，具体分析将在后续章节中讲解。

任务实施

试求任务描述中系统平衡时杆 AB 和杆 BC 所受的力。

Ⅰ. 题目分析

本题是一个物体系统的平衡问题，需求解系统平衡时杆 AB 和杆 BC 所受的力。首先是选择合适的研究对象，显然系统中杆 AB、BC 均为二力杆，受力如图 1-2-7b 所示。如果直接取杆 AB、BC 为研究对象，两杆的受力均为未知力。再分析滑轮 B，滑轮 B 受有钢丝绳的

拉力和需求两杆所受的未知力 $\boldsymbol{F}_{BA}$ 和 $\boldsymbol{F}_{BC}$，可以通过建立未知力与已知力的关系求解。因此，选择滑轮 B 为研究对象，画其受力图（图 1-2-7c），滑轮 B 受平面汇交力系作用，有两个未知力，代入平面汇交力系平衡方程即可求解。

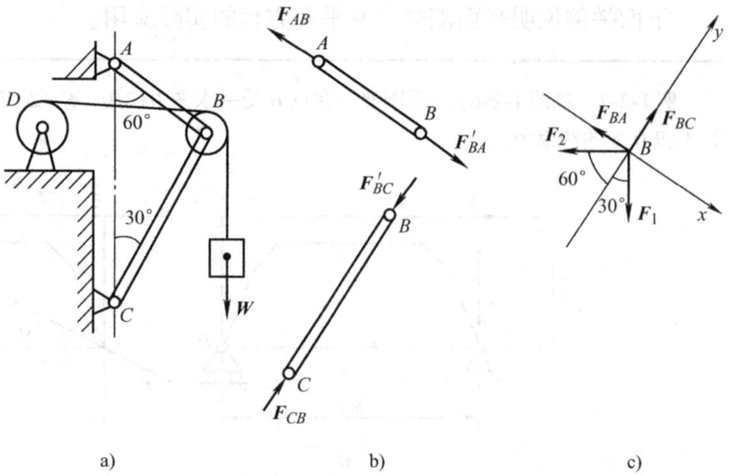

图 1-2-7 绞车提升重物图

a）绞车工作示意图 b）杆 AB 和杆 BC 受力图 c）滑轮 B 受力图

Ⅱ. 题目求解

解：（1）取研究对象。由于杆 AB 和杆 BC 都是二力杆，假设杆 AB 受拉力、杆 BC 受压力，如图 1-2-7b 所示。为了求出这两个未知力，可通过求两杆对滑轮的约束力来解决。因此选取滑轮 B 为研究对象。

（2）画受力图。滑轮受到钢丝绳的拉力 $\boldsymbol{F}_1$ 和 $\boldsymbol{F}_2$（已知 $F_1 = F_2 = W$）。此外杆 AB 和 BC 对滑轮的约束力为 $\boldsymbol{F}_{BA}$ 和 $\boldsymbol{F}_{BC}$。由于滑轮的大小可忽略不计，故这些力可看作汇交力系，如图 1-2-7c 所示。

（3）列平衡方程。选取坐标轴如图所示，为使每个未知力只在一个轴上有投影，在另一轴上的投影为零，坐标轴应尽量取在与未知力作用线相垂直的方向。这样在一个平衡方程中只有一个未知数，不必解联立方程，即

$$\sum F_x = 0,\ F_1 \sin 30° - F_2 \sin 60° - F_{BA} = 0 \tag{a}$$

$$\sum F_y = 0,\ F_{BC} - F_1 \cos 30° - F_2 \cos 60° = 0 \tag{b}$$

由式(a) 得

$$F_{BA} = -0.366W = -7.321\text{kN}$$

由式(b) 得

$$F_{BC} = 1.366W = 27.32\text{kN}$$

所求结果，F_{BC} 为正值，表示这力的假设方向与实际方向相同，即杆 BC 受压；F_{BA} 为负值，表示这力的假设方向与实际方向相反，即杆 AB 也受压力。

Ⅲ. 题目关键点解析

本题的解题技巧在于适当地建立直角坐标系，以解题简便为原则，通常选水平和铅直方向为坐标轴，有时为避免解联立方程，尽量选择与一未知力垂直的轴为坐标轴，如果几何关系复杂也不必强求。

通过以上例题，可总结平面汇交力系的平衡问题解析法的解题主要步骤如下：

1）选取研究对象。根据题意，选取适当的平衡物体作为研究对象，并画出简图。

2）画受力图。对研究对象进行受力分析，准确画出研究对象的受力图。

3）列方程求解。建立合适的坐标系，即坐标轴尽量与各力作用线垂直，以便减少方程中未知量的个数；列平衡方程时，方程次序不分先后，尽量先列含一个未知数的方程，避免解联立方程。

思考与练习

1. 汇交力系的合力是否一定比分力大？

2. 汇交力系的力多边形是否一定封闭？

3. 汇交力系中力的个数较少时，宜用什么方法求其合力？力的个数较多时，宜用什么方法求其合力？

4. 若力 $\boldsymbol{F}_1$、$\boldsymbol{F}_2$ 在同一轴上的投影相等，问这两个力是否一定相等？为什么？

5. 某刚体受平面汇交力系作用，其力多边形如图 1-2-8 所示。问这些图中哪一个图是平衡力系？哪一个图是有合力的？其合力又是哪一个力？

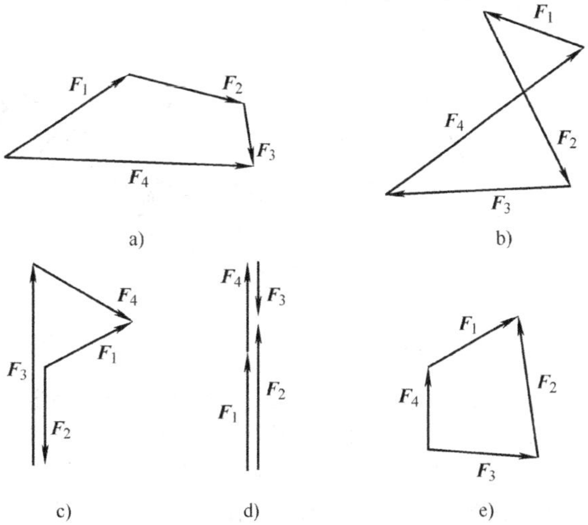

图 1-2-8　题 5 图

6. 如图 1-2-9 所示，固定在墙壁上的圆环受三条绳索的拉力作用，力 $\boldsymbol{F}_1$ 沿水平方向，力 $\boldsymbol{F}_3$ 沿铅直方向，力 $\boldsymbol{F}_2$ 与水平线成 40°角。三力的大小分别为 $F_1=2000\text{N}$，$F_2=2500\text{N}$，$F_3=1500\text{N}$，求三力的合力。

7. 物体重 $W=20\text{kN}$，用绳子挂在支架的滑轮 B 上，绳子的另一端系在绞车 D 上，如图 1-2-10 所示。转动绞车，物体便能升起。A、B、C 处均为光滑铰链连接。钢丝绳、杆和滑轮的自重不计，并忽略摩擦和滑轮的大小。试求平衡时杆 AB 和杆 BC 所受的力。

8. 如图 1-2-11 所示，简易压榨机由两端铰链的杆 AB、BC 和压板 D 组成，已知 $AB=BC$，杆的倾角为 α，点 B 所受铅垂压力为 $\boldsymbol{F}$。如不计各构件自重和各处摩擦，试求水平压榨力的大小。

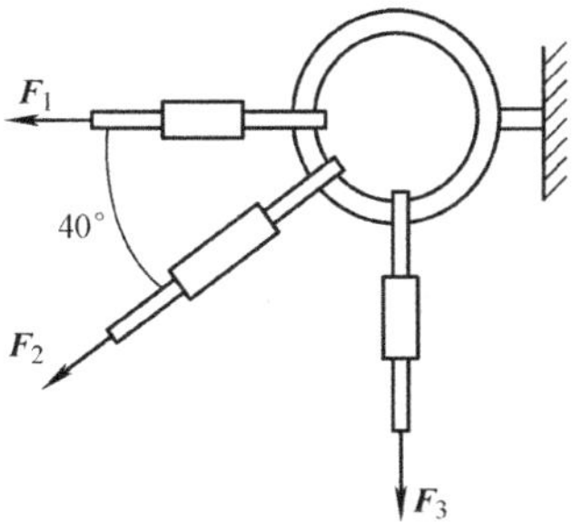

图 1-2-9　题 6 图

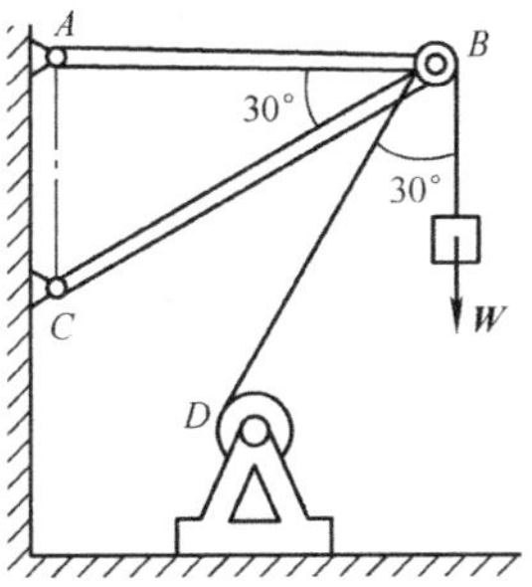

图 1-2-10　题 7 图

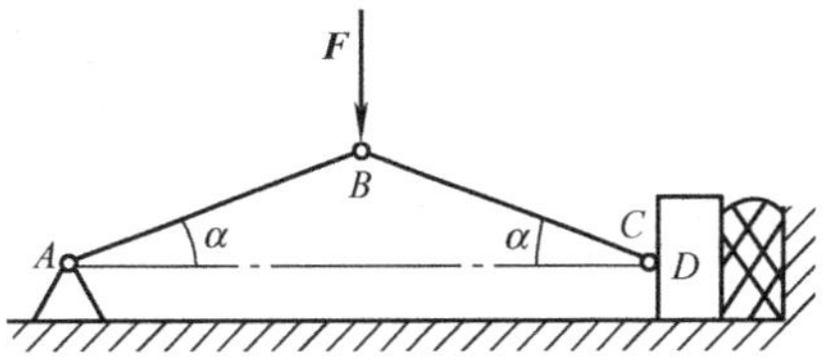

图 1-2-11　题 8 图

9. 如图 1-2-12 所示，输电线 ACB 架在两电线杆之间，形成一下垂曲线，下垂距离 $CD=f=1\text{m}$，两电线杆间距离 $AB=40\text{m}$。假设 ACB 段重 $P=400\text{N}$，可近似认为沿 AB 直线均匀分布。求电线的中点和两端的拉力。

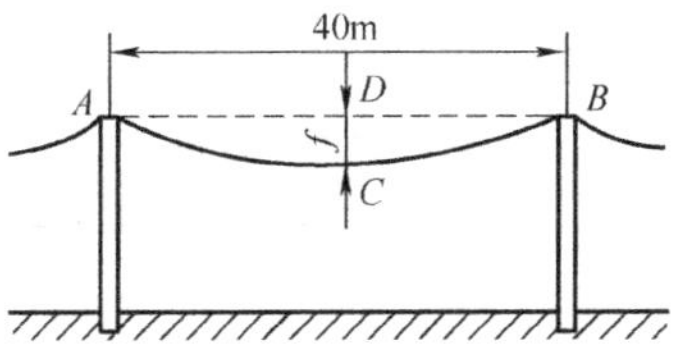

图 1-2-12　题 9 图

10. 如图 1-2-13 所示支架在 B 处悬重为 $G=10\text{kN}$ 的重物，试求杆 AB、BC 所受的力。

11. 火箭沿与水平面成 $\beta=25°$ 角的方向做匀速直线运动，如图 1-2-14所示。火箭的推力 $F_1=1000\text{kN}$ 与运动方向成 $\theta=5°$ 角。如火箭重 $W=200\text{kN}$，求空气动力 $\boldsymbol{F}_2$ 及其与飞行方向之间的夹角 γ。

12. 图1-2-15所示为一拔桩机，在桩的点 A 上系一绳，将绳的另一端固定在点 C，在绳的另一点 B 系另一绳 BE，将它的另一端固定在点 E。然后，在绳的点 D 用力向下拉，并使绳的 BD 段水平，AB 段铅直。DE 段与水平线、CB 段与铅直线间成等角 $\theta=0.1\text{rad}$（当 θ 很小时，$\tan\theta=\theta$）。如向下的拉力 $F=800\text{N}$，求绳 AB 作用与桩上的拉力。

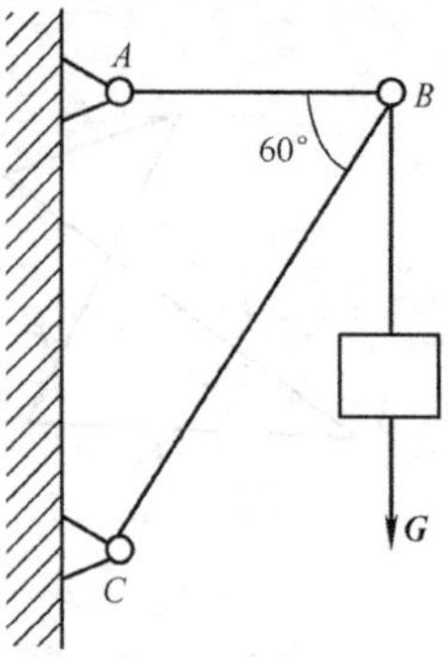

图1-2-13　题10图

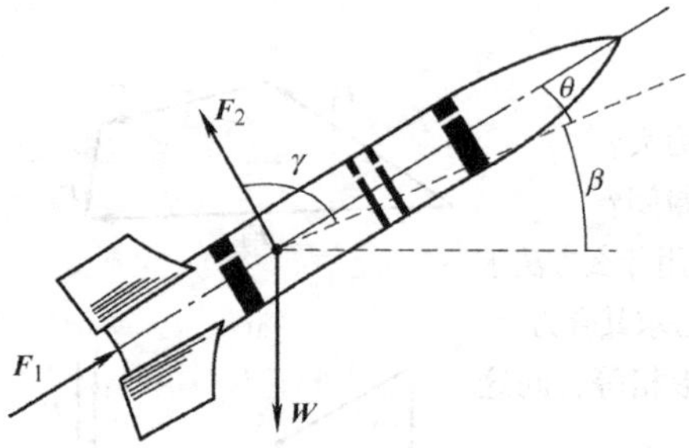

图1-2-14　题11图

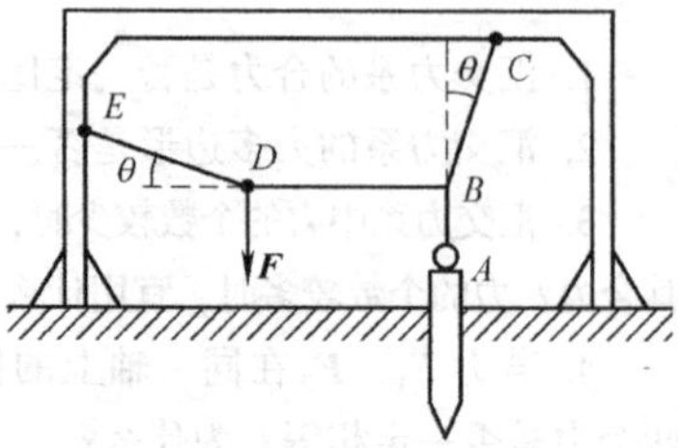

图1-2-15　题12图

13. 如图1-2-16所示液压夹紧机构中，D 为固定铰链，B、C、E 为活动铰链。已知力 $\boldsymbol{F}$，机构平衡时角度如图所示，各构件自重不计，各接触处光滑。求此时工件 H 所受的压紧力。

14. 如图1-2-17所示，铰链四杆机构 $CABD$ 的 CD 边固定，在铰链 A、B 处分别有力 $\boldsymbol{F}_1$、$\boldsymbol{F}_2$ 作用。该铰链机构在图示位置平衡，杆重略去不计。求力 $\boldsymbol{F}_1$ 与 $\boldsymbol{F}_2$ 的关系。

15. 如图1-2-18所示，三铰门式刚架受集中力 $\boldsymbol{F}$ 作用，不计自重，试求图示a、b两种情况下铰支座 A、B 的约束力。

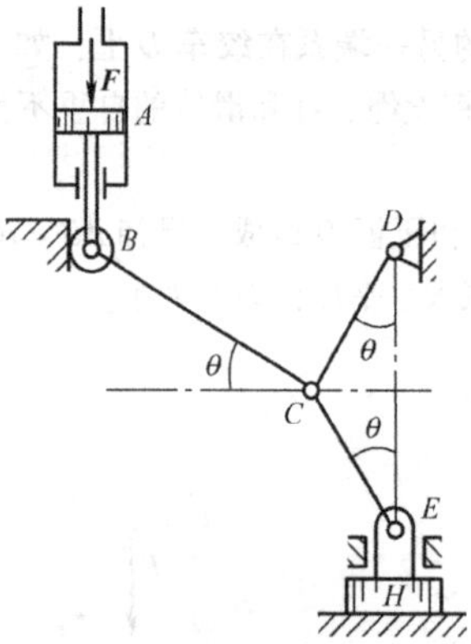

图1-2-16　题13图

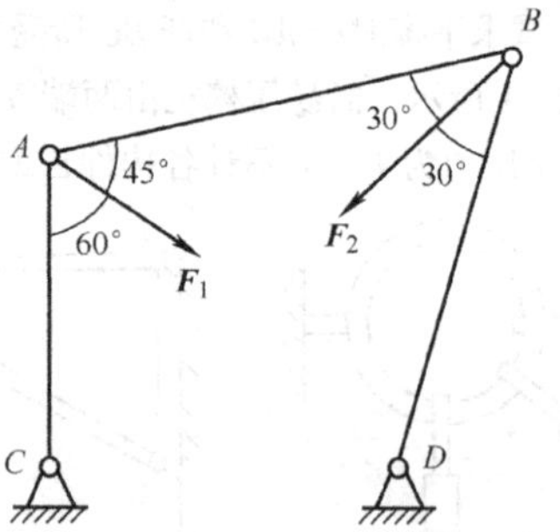

图1-2-17　题14图

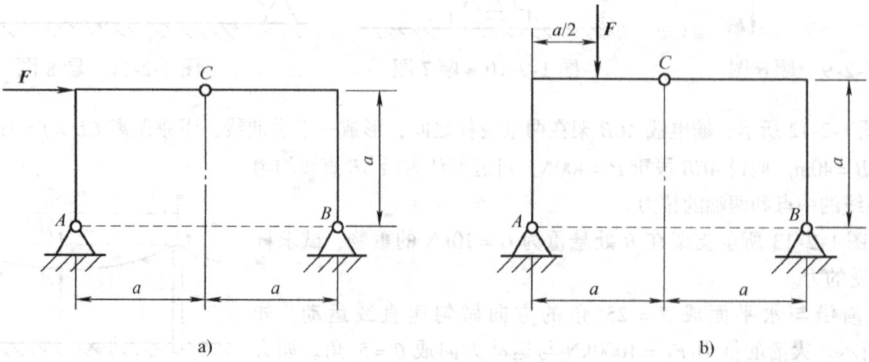

图1-2-18　题15图

任务三　平面力偶系的平衡问题

任务描述

如图 1-3-1 所示的工件上有三个力偶。已知 $M_1 = M_2 = 10\text{N} \cdot \text{m}$，$M_3 = 20\text{N} \cdot \text{m}$；固定螺柱 A 和 B 的距离为 200mm。求两个光滑螺柱所受的水平力。

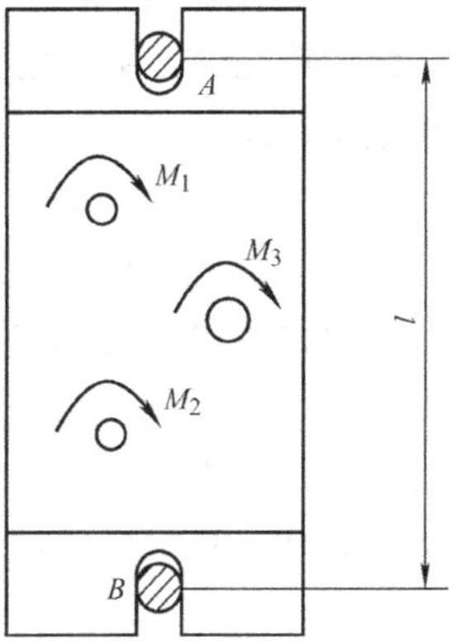

图 1-3-1　工件示意图

任务分析

了解平面力矩、力偶的概念和性质；掌握平面力偶系的合成方法及平衡方程在工程中的应用。

知识准备

一、平面力对点之矩的概念及计算

力对刚体的作用效应使刚体的运动状态发生改变（包括移动与转动），其中力对刚体的移动效应可用力矢来度量；而力对刚体的转动效应可用力对点的矩（简称力矩）来度量，即力矩是度量力对刚体转动效应的物理量。

1. 力对点之矩（力矩）

如图 1-3-2 所示，平面上作用一力 $\boldsymbol{F}$，在同平面内取一点 O，点 O 称为矩心，点 O 到力的作用线的垂直距离 d 称为力臂，则在平面问题中力对点的矩的定义如下：

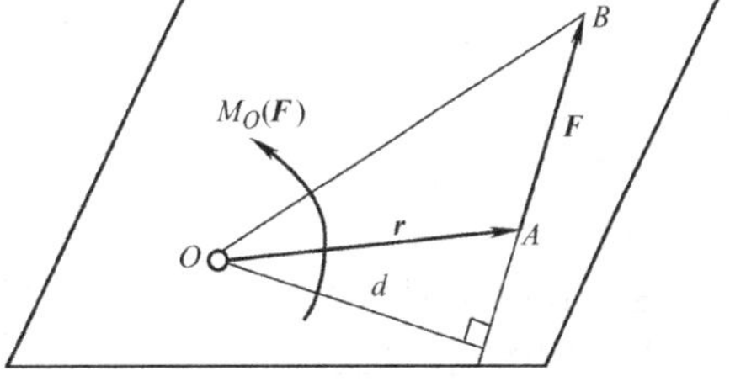

图 1-3-2　力对点之矩示意图

力对点之矩是一个代数量，它的绝对值等于力的大小与力臂的乘积，它的正负可按以下方法确定：力使物体绕矩心逆时针转动时为正，反之为负。

力 $\boldsymbol{F}$ 对于点 O 的矩以记号 $M_O(\boldsymbol{F})$ 表示，于是，计算公式为

$$M_O(\boldsymbol{F}) = \pm Fd \tag{1-3-1}$$

由图 1-3-2 容易看出，力 $\boldsymbol{F}$ 对于点 O 的矩的大小也可以用三角形的面积 $A_{\triangle OAB}$ 的两倍表示，即

$$M_O(\boldsymbol{F}) = \pm 2A_{\triangle OAB} \tag{1-3-2}$$

力矩的常用单位为 N · m 或 kN · m。

2. 力矩的性质

从力矩的定义式(1-3-1) 可知，力矩有以下几个性质：

1）力 $\boldsymbol{F}$ 对 O 点之矩不仅取决于力的大小，同时还与矩心的位置即力臂 d 有关。

2）力 $\boldsymbol{F}$ 对于任一点之矩，不因该力的作用点沿其作用线移动而改变。

3）力的大小等于零或力的作用线通过矩心，它对矩心的力矩等于零。

3. 合力矩定理

合力矩定理：平面汇交力系的合力对于平面内任一点之矩等于所有各分力对于该点之矩的代数和。即

$$M_O(\boldsymbol{F}_\text{R}) = M_O(\boldsymbol{F}_1) + M_O(\boldsymbol{F}_2) + \cdots + M_O(\boldsymbol{F}_n) = \sum M_O(\boldsymbol{F}_i) \tag{1-3-3}$$

如图 1-3-3 所示，已知力 $\boldsymbol{F}$、作用点 $A(x,\ y)$ 及其夹角 θ。欲求力 $\boldsymbol{F}$ 对坐标原点 O 之矩，可按式(1-3-3)，通过其分力 $\boldsymbol{F}_x$ 与 $\boldsymbol{F}_y$ 对点 O 之矩而得到，即

$$M_O(\boldsymbol{F}) = M_O(\boldsymbol{F}_x) + M_O(\boldsymbol{F}_y) = xF_y - yF_x \tag{1-3-4}$$

式(1-3-4) 为平面内力矩的解析表达式。其中 x、y 为力作用点的坐标；F_x、F_y 为力 $\boldsymbol{F}$ 在 x、y 轴的投影。计算时应注意它们按代数量代入。

当力矩的力臂不易求出时，常将力分解为两个易确定力臂的分力（通常是正交分解），然后应用合力矩定理计算力矩。合力矩定理不仅适用于平面汇交力系，也适用于任何有合力存在的平面力系。

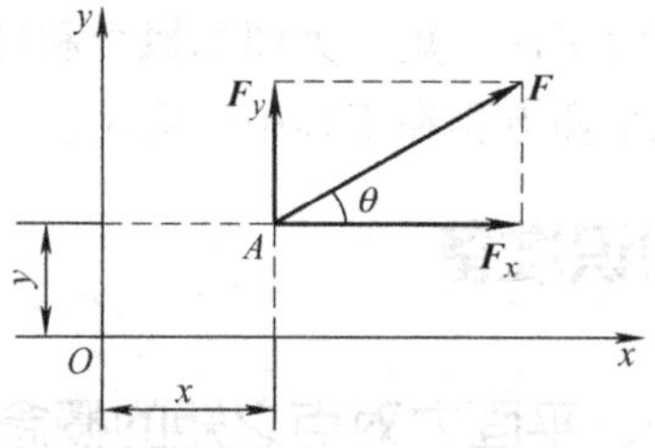

图 1-3-3　平面力对点之矩

例 1-3-1　如图 1-3-4 所示圆柱直齿轮，受到啮合力 $\boldsymbol{F}$ 的作用。设 $F = 1400\text{N}$。压力角 $\alpha = 20°$，齿轮的节圆（啮合圆）的半径 $r = 60\text{mm}$，试计算力 $\boldsymbol{F}$ 对于轴心 O 的力矩。

Ⅰ. 题目分析

本题需计算力 $\boldsymbol{F}$ 对于轴心 O 的力矩。可直接按力矩的定义式(1-3-1)求解，也可以将力 $\boldsymbol{F}$ 分解成为两个正交分力 $\boldsymbol{F}_\text{t}$ 和 $\boldsymbol{F}_\text{r}$，利用合力矩定理［式(1-3-3)］求解。

Ⅱ. 题目求解

解：方法一：直接利用力对点之矩定义得

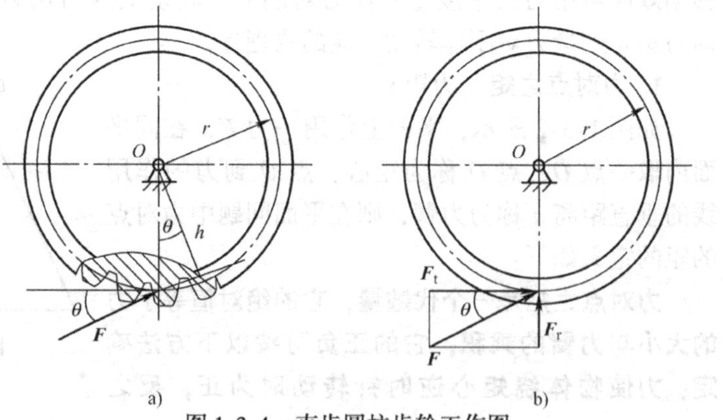

图 1-3-4　直齿圆柱齿轮工作图

a）直接按力矩的定义求力 $\boldsymbol{F}$ 对点 O 的矩

b）合力矩定理求力 $\boldsymbol{F}$ 对点 O 的矩

$$\begin{aligned} M_O(\boldsymbol{F}) &= Fh = Fr\cos\alpha \\ &= (1400 \times 60 \times \cos 20°)\ \text{N}\cdot\text{m} \\ &= 78.93\text{N}\cdot\text{m} \end{aligned}$$

方法二：根据合力矩定理，将力 $\boldsymbol{F}$ 分解为径向力 $\boldsymbol{F}_r$ 和圆周方向的力 $\boldsymbol{F}_t$（图1-3-4b），由于径向力 $\boldsymbol{F}_r$ 通过矩心 O，因此 $\boldsymbol{F}_r$ 对 O 点取矩为0，则

$$\begin{aligned} M_O(\boldsymbol{F}) &= M_O(\boldsymbol{F}_t) + M_O(\boldsymbol{F}_r) \\ &= (F\cos\alpha) \cdot r \\ &= 78.93\text{N} \cdot \text{m} \end{aligned}$$

可见，两种方法的计算结果是相同的。

Ⅲ. 题目关键点分析

求解本题的关键点是利用力矩的定义计算时，注意力臂是矩心到力作用线的垂直距离 h，并不等于齿轮半径长度 r。当力臂值无法确定或不好求解时，将力分解为两个正交的分力，再应用合力矩定理计算，可以简化计算。

二、平面力偶

1. 力偶和力偶矩

实践中，我们常常见到生活中开关水龙头（图1-3-5a）、汽车司机用双手转动驾驶盘（图1-3-5b）、钳工用丝锥攻螺纹（图1-3-5c）等。在驾驶盘、水龙头、丝锥等物体上，都作用了成对的等值、反向且不共线的平行力。等值反向平行力的矢量和显然等于零，但是由于它们不共线而不能相互平衡，能使物体改变转动状态。这种**由两个大小相等、方向相反且不共线的平行力组成的力系，称为力偶，**如图1-3-6所示，记作（$\boldsymbol{F}$，$\boldsymbol{F}'$）。力偶的两力之间的垂直距离 d 称为力偶臂，力偶所在的平面称为力偶的作用面。

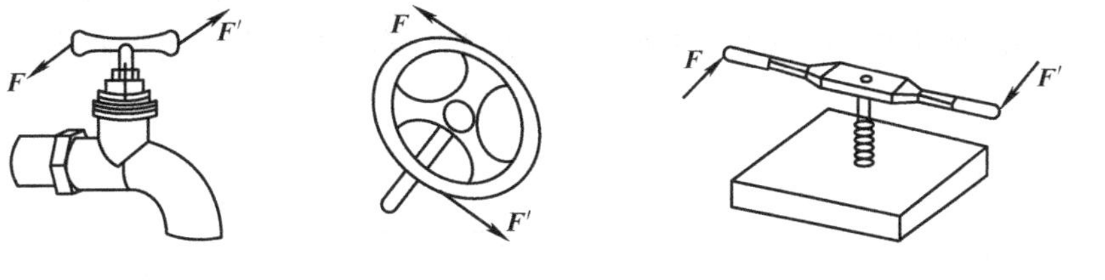

图1-3-5　力偶应用实例

a）水龙头受力简图　b）方向盘受力简图　c）丝锥受力简图

力偶是由两个力组成的特殊力系，它的作用只改变物体的转动状态。与平面中的力矩类似，在力偶作用面内，力偶使物体转动的效果，也取决于两个要素：

1）力偶中力的大小 F 和力偶臂 d 的乘积，

2）力偶在作用平面内的转向。

因此，为度量力偶对物体的转动效应，引入了力偶矩的概念，即在平面问题中，力偶矩是一个代数量，其绝对值等于力的大小与力偶臂的乘积，正负号表示力偶的转向，一般以力偶使物体逆时针转向为正，反之为负。力偶矩用 $M(\boldsymbol{F}, \boldsymbol{F}')$ 表示，简记为 M，公式为

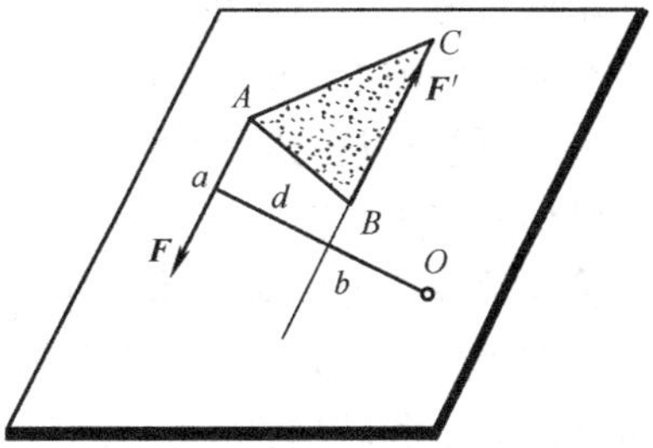

图1-3-6　力偶示意图

$$M = \pm Fd \qquad (1\text{-}3\text{-}5)$$

力偶矩的单位与力矩相同（N·m）。力偶也可以用三角形面积$A_{\triangle ABC}$的两倍表示，如图1-3-6所示，即

$$M = \pm 2A_{\triangle ABC} \tag{1-3-6}$$

2. 力偶的性质

关于力偶对于刚体的效应，有下面的性质：

1）力偶不能合成为一个力或用一个力来等效替换，力偶也不能用一个力来平衡。

由于力偶中的两个力大小相等、方向相反、作用线平行，所以这两个力在任何坐标轴上的投影均等于零。可见，力偶对物体不产生移动效应，即力偶的合力矢为零。这说明力偶不能等效为一个力，因此也不能用一个力来平衡。力偶只能与力偶等效，力偶只能与力偶平衡。力与力偶同属于力系中的基本单位，是静力学的两个基本要素。

2）力偶对其作用面内任意点取矩的代数和都等于力偶矩，与矩心的位置无关。

如图1-3-7所示，一力偶（$\boldsymbol{F}$，$\boldsymbol{F}'$）的力偶矩为Fd，在力偶作用面内任取一点O，把力偶中两力对此点取力矩，有

$$M_O(\boldsymbol{F}) + M_O(\boldsymbol{F}') = -Fx + F'(x+d) = Fd = M$$

即力偶对其作用面内任意点取矩的代数和都等于力偶矩，与矩心的位置无关。

力矩和力偶都是力对物体转动效果的度量，但也有所不同。力偶对任意点取矩都等于力偶矩，不因矩心的改变而改变；而力矩就不同，一般是随着矩心的变化而变化的，因此计算力矩，一定要说明矩心的位置。这是力矩与力偶的一个重要区别与联系。

3）只要保持力偶矩的大小和力偶的转向不变，可以同时改变力偶中力的大小和力偶臂的长短，而不改变力偶对刚体的作用效果。

力偶对物体的作用效果，取决于力偶的矩。因此，在同平面内的两个力偶，如果力偶矩相等，则两力偶彼此等效。如图1-3-8所示，作用在刚体上的三个力偶是彼此等效的，力偶矩均为50N·m。

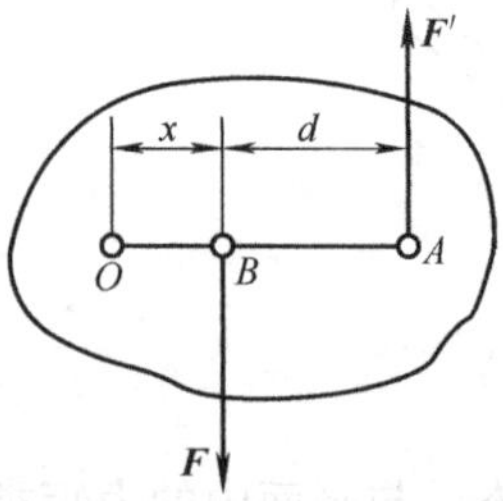

图1-3-7　力偶作用效应图

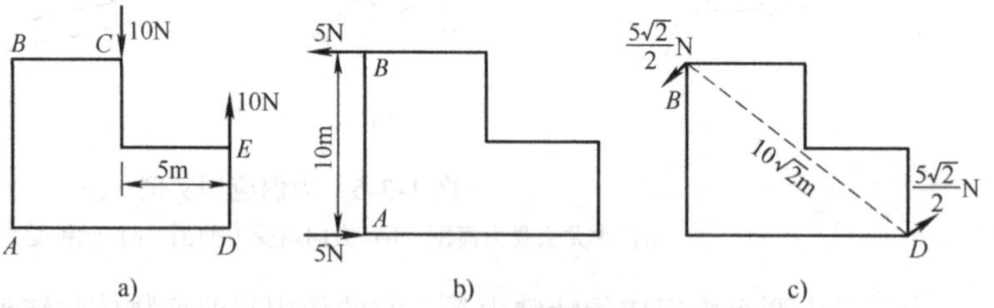

图1-3-8　力偶矩等效示意图

由此可见，力偶臂和力的大小都不是力偶的特征量，只有力偶矩是力偶作用的唯一量度。今后常用图1-3-9所示的符号表示力偶。M表示力偶的矩。

4）力偶可以在其作用面内任意移转，而不会改变它对刚体的作用效应。

换句话说，力偶对刚体的作用效应与其在作用面内的位置无关。因为不论力偶在其作用面内怎样移转，力偶矩的大小和转向都不会改变，故对刚体的作用效应也就不会改变。

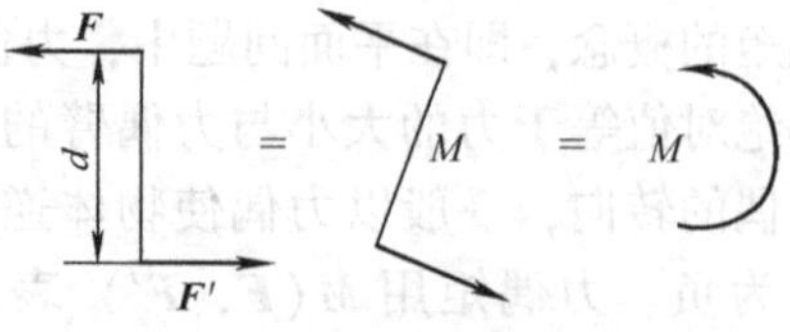

图1-3-9　力偶表示方法

由力偶的性质3）和性质4）可知，在同一平面内研究有关力偶的问题时，只需要考虑力偶矩，而不必研究其中力的大小和力偶臂的长短。

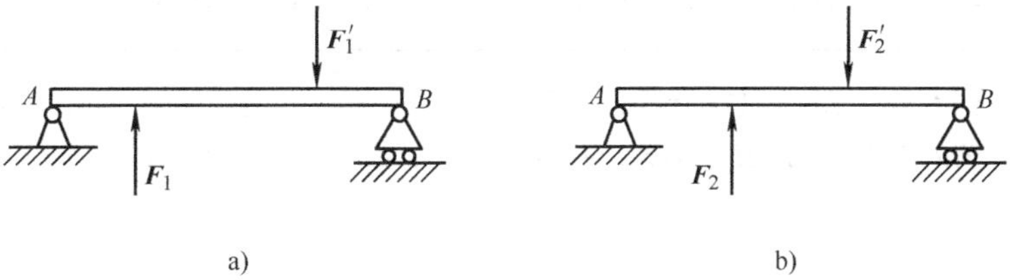

图1-3-10　梁的力学简图

a）力偶（F_1，F_1'）作用的梁　b）力偶（F_2，F_2'）作用的梁

需要说明的是，力偶的性质3）和性质4），不适用于物体变形效应的研究。如图1-3-10a中的力偶（F_1，F_1'），如变换成力偶矩相等的力偶（F_2，F_2'）（图1-3-10b），尽管对梁的平衡没有影响，但因变换后力偶中两力的大小和两力之间的距离发生了变化，对梁的变形效应就不一样。此种情况，将在材料力学中讲述。

3. 平面力偶系的合成

设在同一平面内有两个力偶（F_1，F_1'）和（F_2，F_2'），它们的力偶臂各为d_1和d_2，如图1-3-11a所示。这两个力偶的矩分别为M_1和M_2，求它们的合成结果。为此，在保持力偶矩不变的情况下，同时改变这两个力偶的力的大小和力偶臂的长短，使它们具有相同的臂长d，并将它们在平面内移转，使力的作用线重合，如图1-3-11b所示。于是得到与原力偶等效的两个新力偶（F_3，F_3'）和（F_4，F_4'）。F_3和F_4的大小为

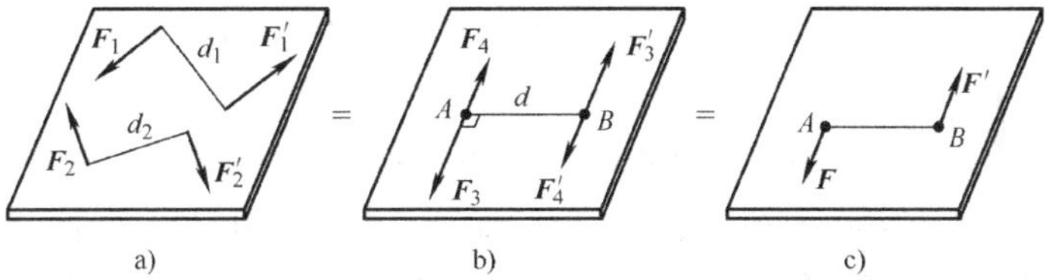

图1-3-11　力偶的合成

$$F_3 = \frac{M_1}{d},\quad F_4 = \frac{M_2}{d}$$

分别将作用在点A和点B的力合成（设$F_3 > F_4$），得

$$F = F_3 - F_4$$
$$F' = F_3' - F_4'$$

由于F与F'是相等的，所以构成了与原力偶系等效的合力偶（F，F'），如图1-3-11c所示，以M表示合力偶的矩，得

$$M = Fd = (F_3 - F_4)d = F_3 d - F_4 d = M_1 - M_2$$

注意：M为代数量，需要区别正负。

如果有两个以上的力偶，可以按照上述方法合成。这就是说：在同平面内的任意个力偶可合成为一个合力偶，合力偶矩等于各个力偶矩的代数和，可写为

$$M = \sum M_i \tag{1-3-7}$$

由合成结果可知，平面力偶系可用一个合力偶代替，当平面力偶系平衡时，其合力偶的矩必等于零。因此，平面力偶系平衡的必要和充分条件是：所有各力偶矩的代数和等于零，即

$$\sum M_i = 0 \tag{1-3-8}$$

式(1-3-8) 就是平面力偶系的平衡方程，用这个方程可以求解一个未知量。

例 1-3-2 图 1-3-12a 所示曲柄滑道机构中，杆 AE 上有一导槽，套在杆 BD 的销子 C 上，销子 C 可在光滑导槽内滑动。已知 $M_1=4\text{kN}\cdot\text{m}$，转向如图，$AB=2\text{m}$，在图示位置处于平衡，$\theta=30°$。试求 M_2 及铰链 A 和 B 的约束力。

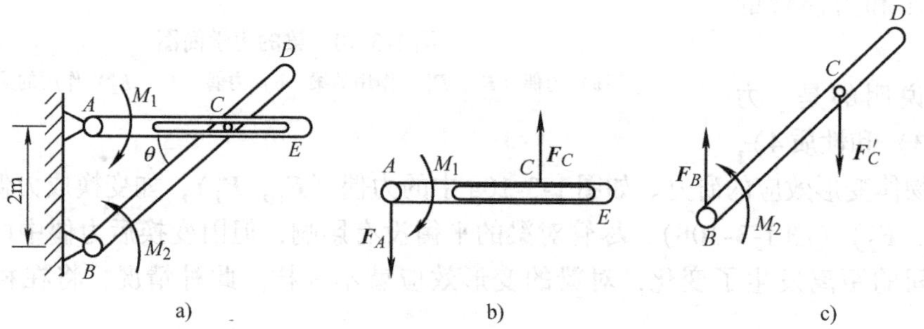

图 1-3-12 曲柄滑道机构受力分析

a）曲柄滑道机构示意图 b）杆 AE 受力图 c）杆 BD 受力图

Ⅰ. 题目分析

本题属于典型平面力偶系求解未知力的问题。对于物系的平衡，首先是选择研究对象，在选择研究对象时，尽可能使所选的研究对象在分析时能求出某个相应的未知量。因力偶矩 M_1 已知，应首先选择杆 AE 为研究对象，杆 AE 上主动力只有顺时针力偶 M_1，因力偶只能用力偶来平衡，故铰链 A 处的约束力 $\boldsymbol{F}_A$ 必与销子对导槽的约束力 $\boldsymbol{F}_C$ 构成逆时针转向的力偶，画其受力图（图 1-3-12b），列平面力偶系平衡方程求出 $\boldsymbol{F}_C$。同理，再选择杆 BD 为研究对象，杆 BD 也受平面力偶系作用，画其受力图（图 1-3-12c），$\boldsymbol{F}_B$ 与 $\boldsymbol{F}'_C$ 组成一力偶，可得 $F_B=F'_C$，然后由平面力偶系平衡方程求出力偶矩 M_2，此题得解。

Ⅱ. 题目求解

解：(1) 先选杆 AE 为研究对象，受力图如图 1-3-12b 所示，列平面力偶系平衡方程

$$\sum M=0,\qquad F_C\cdot AC-M_1=0$$

由平衡方程得

$$F_C=\frac{M_1}{AC}=\frac{4}{2\cot 30°}\text{kN}=1.15\text{kN}$$

即

$$F_A=F_C=1.15\text{kN}$$

(2) 选择杆 BD 及销子为研究对象，绘制受力图如图 1-3-12c 所示，由平面力偶系平衡条件，确定固定铰链 B 的约束力 $\boldsymbol{F}_B$ 与 $\boldsymbol{F}'_C$ 反向，大小相同，即

$$F_B=F'_C=F_C=1.15\text{kN}$$

列平面力偶系平衡方程

$$\sum M=0,\quad M_2-F'_C\cdot AC=0$$

由上式得

$$M_2=F'_C\cdot AC=(1.15\times 2\sqrt{3})\text{kN}\cdot\text{m}=4.2\text{kN}\cdot\text{m}\quad(\text{逆时针})$$

Ⅲ. 题目关键点分析

1) 由平面力偶系平衡条件，确定铰链约束力方位是解题关键，如本题中 $\boldsymbol{F}_A$ 及 $\boldsymbol{F}_B$ 的方位。

2) 将已知力偶矩 M 代入平衡方程式时要注意，当 M 为绝对值时，逆时针转向取正号，顺时针转向取负号；当 M 为代数值时，将代数值代入即可。

3) 对于所选的研究对象，只有一个未知量时，才能用平面力偶写平衡方程求解。本题如果直接选择整体为研究对象，无法确定两个固定铰支座 A 和 B 的约束力方位。而且未知量不止一个，不能由一个平面力偶系平衡方程求解。因此应首先选择有一个未知量的物体为研究对象，分别取两次研究对象求解。

任务实施

求如图 1-3-1 所示任务描述中两个光滑螺柱所受的水平力。

Ⅰ. 题目分析

本题需求解两个光滑螺柱所受的水平力，首先取工件为研究对象。工件在水平面内受三个力偶和两个螺柱的水平约束力的作用。根据力偶系的合成定理，三个力偶合成后仍为一力偶，如果工件平衡，必有一约束力偶与它相平衡。因此螺柱 A 和 B 的水平约束力 $\boldsymbol{F}_A$ 和 $\boldsymbol{F}_B$，必组成一力偶并与三个主动力偶平衡，画其受力图，然后代入平面力偶系的平衡方程（1-3-8）即可求解。

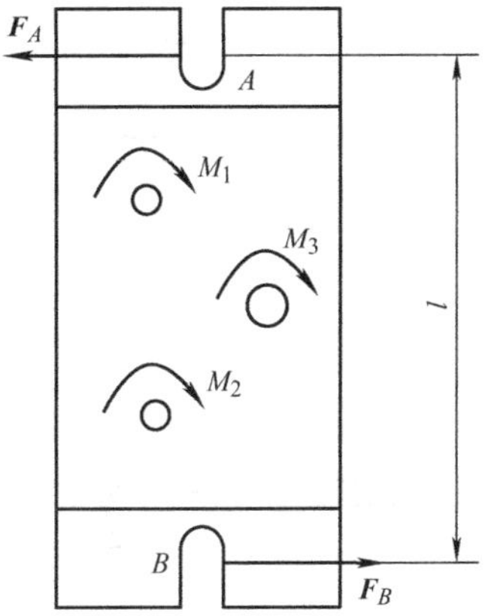

图 1-3-13　工件受力图

Ⅱ. 题目求解

解：选工件为研究对象。方向假设如图 1-3-13 所示，则 $F_A = F_B$。由平面力偶系的平衡条件知

$$\sum M = 0, \quad F_A \cdot AB - M_1 - M_2 - M_3 = 0$$

得

$$F_A = \frac{M_1 + M_2 + M_3}{AB}$$

代入数值，得

$$F_A = 200\text{N}$$

因为 F_A 是正值，故所假设的方向正确，而螺柱 A 和 B 所受的力则应与 $\boldsymbol{F}_A$、$\boldsymbol{F}_B$ 大小相等，方向相反。

Ⅲ. 题目关键点解析

求解本题目的关键点：一是根据螺柱 A、B 两处的约束特点，正确判断螺柱 A、B 两处的约束类型及约束力的方向；二是当杆件除承受力偶作用外，还在其他两点受约束力，该两点的约束力必形成一力偶。

思考与练习

1. 力偶是由两个力组成的，其是否可用一个力来代替？
2. 力偶与力矩有什么区别与联系？
3. 如图 1-3-14 所示的四个力偶中，哪些力偶是等效的？
4. 如图 1-3-15 所示，物体处于平衡状态，试确定铰链 A 处的约束力的方位。
5. 计算图 1-3-16 所示各力对固定铰支座 O 点的力矩。
6. 如图 1-3-17 所示，刚架上作用力 $\boldsymbol{F}$。分别计算力 $\boldsymbol{F}$ 对点 A 和 B 的力矩。

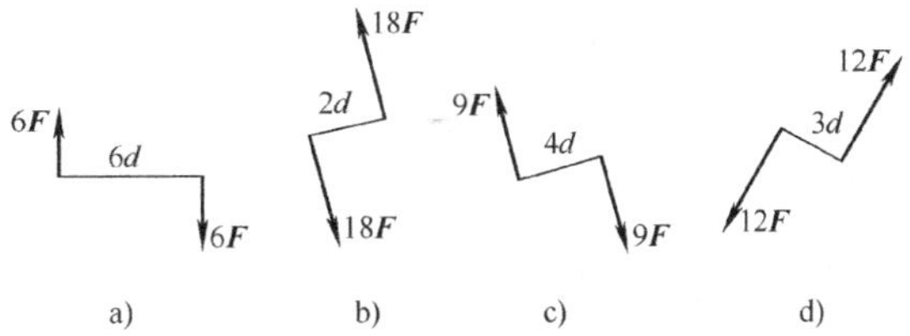

图 1-3-14　题 3 图

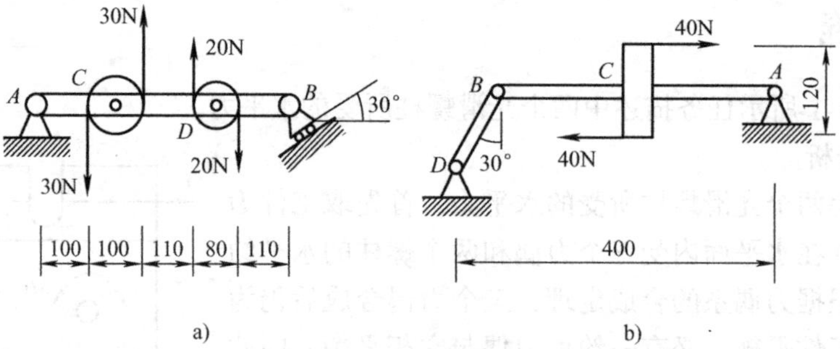

图 1-3-15　题 4 图

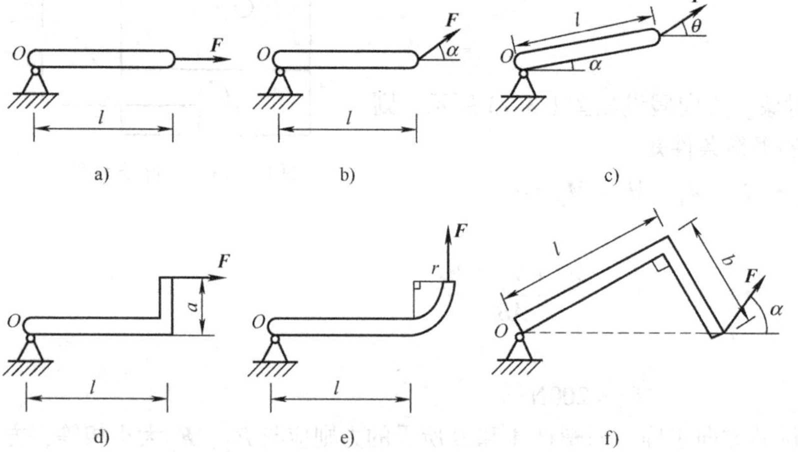

图 1-3-16　题 5 图

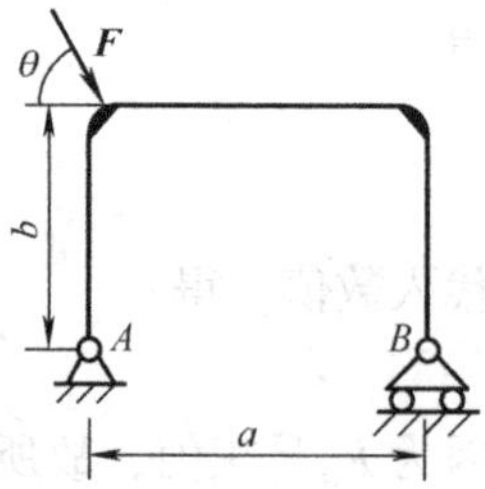

图 1-3-17　题 6 图

7. 在图 1-3-18 所示结构中，各构件的自重略去不计。在构件 *AB* 上作用一力偶矩为 *M* 的力偶，求支座 *A* 和 *C* 的约束力。

8. 已知梁 *AB* 上作用一力偶，力偶矩为 *M*，梁长为 *L*，梁重不计。求在图 1-3-19 所示情况下，支座 *A* 和 *B* 的约束力。

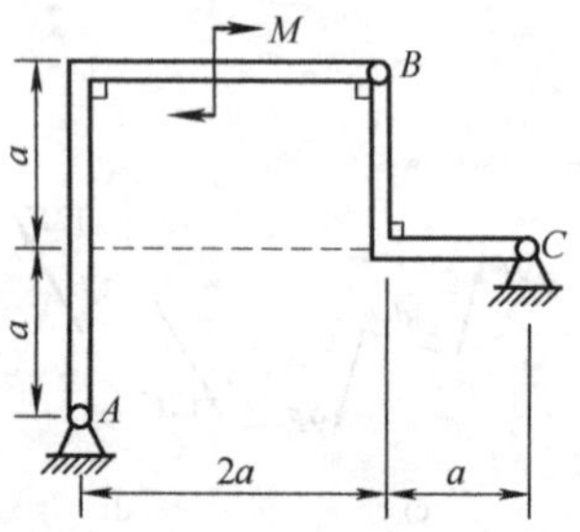

图 1-3-18　题 7 图

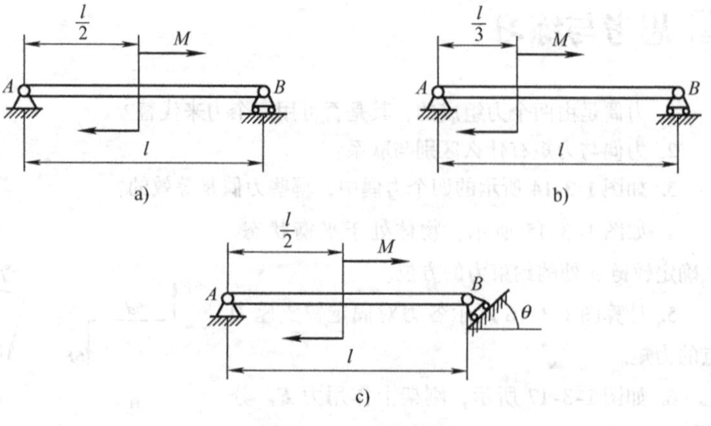

图 1-3-19　题 8 图

9. 如图 1-3-20 所示，两齿轮的半径分别为 r_1、r_2，作用于轮 I 上的主动力偶的力偶矩为 M_1，齿轮的压力角为 θ，不计两齿轮的重量。求使二轮维持匀速转动时齿轮 II 的阻力偶矩 M_2 及轴承 O_1、O_2 的约束力的大小和方向。

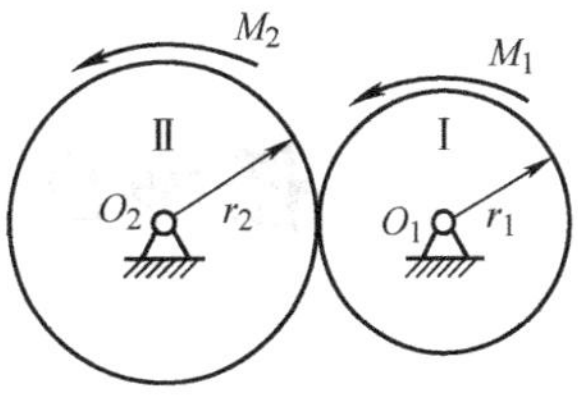

图 1-3-20　题 9 图

10. 曲柄滑块机构在图 1-3-21 所示位置处于平衡状态。已知 $F=100\text{kN}$，曲柄 $AB=r=1\text{m}$。试求作用于曲柄 AB 上的力偶矩 M 的大小。

11. 如图 1-3-22 所示机构中，曲柄 OA 上作用一力偶，其矩为 M；另在滑块 D 上作用水平力 $\boldsymbol{F}$。机构尺寸如图所示，不计摩擦，各杆自重不计。求当机构平衡时，力 F 与力偶矩 M 的关系。

12. 已知 $M_1=30\text{kN}\cdot\text{m}$，$M_2=1\text{kN}\cdot\text{m}$，转向如图 1-3-23 所示。$a=1\text{m}$，试求图示刚架铰链 A 和 B 处的约束力。

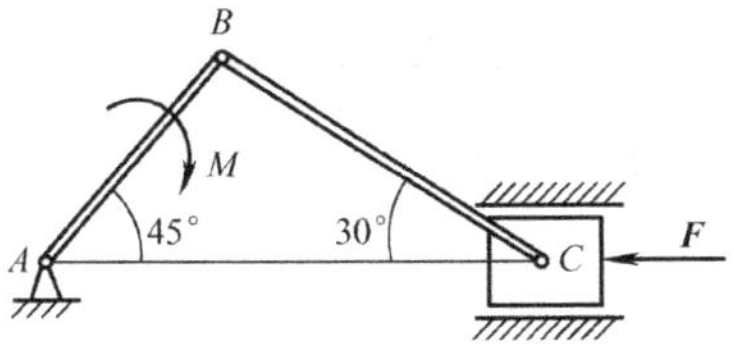

图 1-3-21　题 10 图

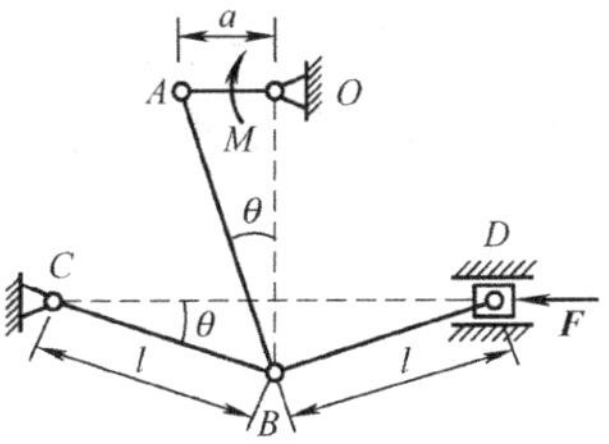

图 1-3-22　题 11 图

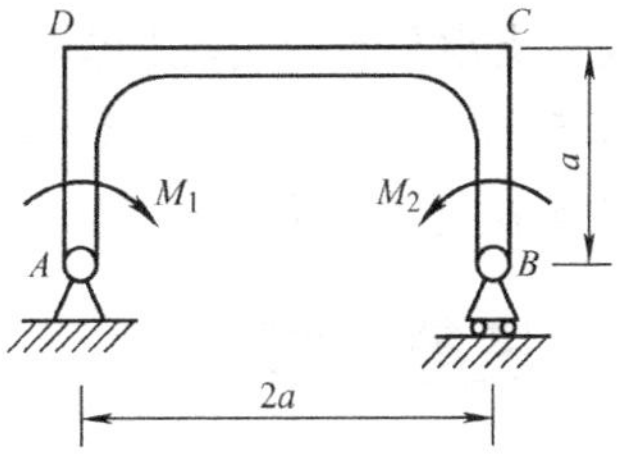

图 1-3-23　题 12 图

任务四　平面任意力系的平衡问题

任务描述

多跨静定梁由 AB 梁和 BC 梁用中间铰 B 连接而成，支承和载荷情况如图 1-4-1 所示，已知 $P=20\text{kN}$，$q=5\text{kN/m}$，$\alpha=45°$。求支座 A、C 处的约束力和中间铰链 B 处的内力。

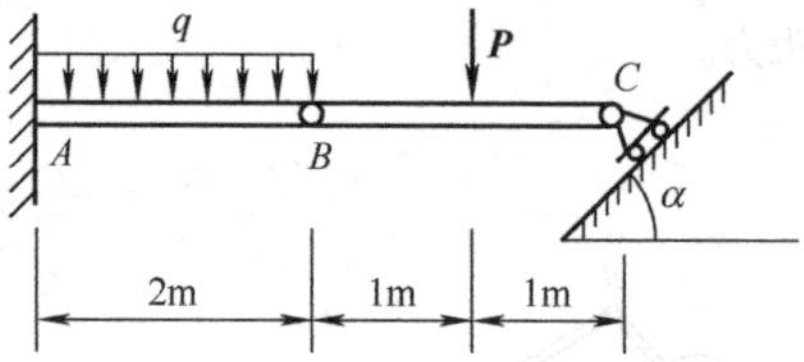

图 1-4-1　多跨静定梁结构简图

任务分析

熟悉平面任意力系的简化和简化结果。能熟练地应用平面任意力系的平衡方程求解简单物体系统的平衡问题。

知识准备

作用在物体上的力的作用线都位于同一平面内，既不全部汇交于一点，又不全部平行的力系称为平面任意力系。在工程实际中，大部分力学问题都可归属于这类力系。有些问题虽不是平面任意力系，但对某些结构对称、受力对称、约束对称的力系，经适当简化，仍可归结为平面任意力系来处理。因此，研究平面任意力系的平衡问题具有非常重要的工程实际意义。

本任务将在前面知识的基础上，详述平面任意力系的简化和平衡问题，并介绍物体系的平衡、静定和超静定问题。

一、平面任意力系的简化

力系向一点简化是一种较为简便并具有普遍性的力系简化方法。此方法的理论基础是力的平移定理。

1. 力的平移定理

定理：可以把作用在刚体上点 A 的力 $\boldsymbol{F}$ 平行移到任一点 B，但必须同时附加一个力偶，这个附加力偶的矩等于原来的力 $\boldsymbol{F}$ 对新作用点 B 的矩。

证明：如图 1-4-2a 中的力 $\boldsymbol{F}$ 作用于刚体的点 A。在刚体上任取一

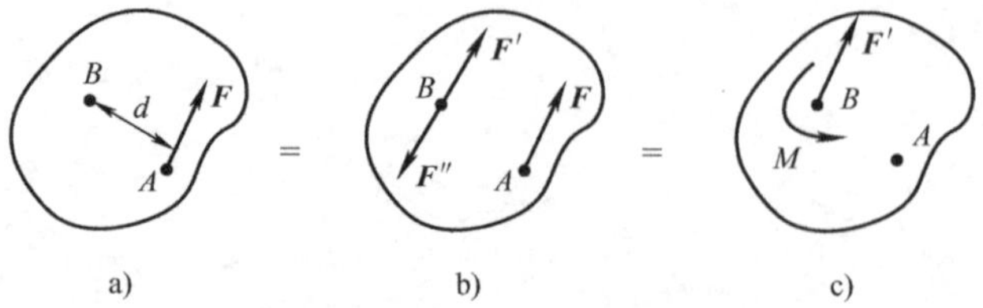

图 1-4-2　力的平移定理

a）作用于刚体的点 A 的力 $\boldsymbol{F}$

b）在点 B 加上平衡力系 $\boldsymbol{F}'$和 $\boldsymbol{F}''$　c）力 $\boldsymbol{F}$ 平移到点 B

点 B，并在点 B 加上两个等值反向的力 $\boldsymbol{F}'$ 和 $\boldsymbol{F}''$，使它们与 $\boldsymbol{F}$ 平行，且 $\boldsymbol{F}=\boldsymbol{F}'=-\boldsymbol{F}''$，如图 1-4-2b 所示。显然，三个力 $\boldsymbol{F}$、$\boldsymbol{F}'$、$\boldsymbol{F}''$ 组成的新力系与原来的一个力 $\boldsymbol{F}$ 等效。但是，这三个力可看作一个作用在点 B 的力 $\boldsymbol{F}'$ 和一个力偶（$\boldsymbol{F}$，$\boldsymbol{F}''$）。这样，就把作用于点 A 的力 $\boldsymbol{F}$ 平移到另一点 B，但同时附加上一个相应的力偶，这个力偶称为附加力偶，如图 1-4-2c 所示。显然，附加力偶的矩为

$$M = Fd = M_B(\boldsymbol{F})$$

于是定理得证。

2. 平面任意力系向作用面内一点简化——主矢和主矩

作用于刚体上有 n 个力 $\boldsymbol{F}_1$，$\boldsymbol{F}_2$，…，$\boldsymbol{F}_n$ 组成的平面任意力系，如图 1-4-3a 所示。在平面内任取一点 O，称为简化中心。根据力的平移定理，把各力都平移到 O 点。这样，得到一汇交于 O 的平面汇交力系 $\boldsymbol{F}'_1$，$\boldsymbol{F}'_2$，…，$\boldsymbol{F}'_n$ 和一个附加的平面力偶系 $M_1 = M_O(\boldsymbol{F}_1)$，$M_2 = M_O(\boldsymbol{F}_2)$，…，$M_n = M_O(\boldsymbol{F}_n)$，如图 1-4-3b 所示。将平面汇交力系与平面力偶系分别合成，可得到一个力 $\boldsymbol{F}'_R$ 与一个力偶 M_O，如图 1-4-3c 所示。

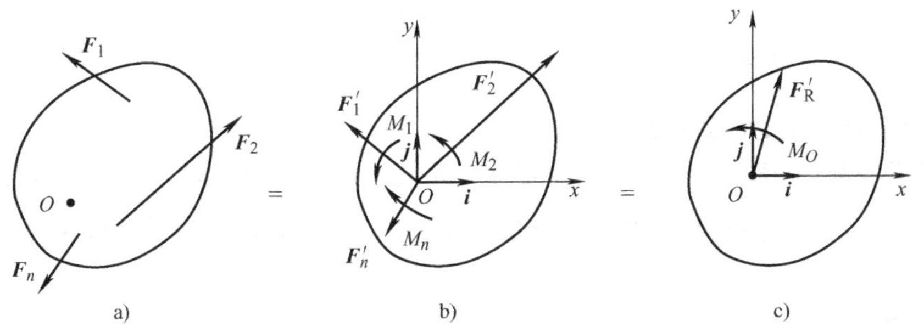

图 1-4-3 平面任意力系向 O 点简化

a）作用于刚体上的平面任意力系 b）各力向点 O 平移 c）各力在点 O 的简化结果

平面汇交力系各力的矢量和为

$$\boldsymbol{F}'_R = \sum \boldsymbol{F}' = \sum \boldsymbol{F} \tag{1-4-1}$$

$\boldsymbol{F}'_R$ 称为原力系的主矢，此主矢不与原力系等效。在平面直角坐标系 Oxy 中，有

$$\left.\begin{aligned} F'_{Rx} &= F'_{1x} + F'_{2x} + \cdots\cdots + F'_{nx} = \sum F_x \\ F'_{Ry} &= F'_{1y} + F'_{2y} + \cdots\cdots + F'_{ny} = \sum F_y \end{aligned}\right\} \tag{1-4-2}$$

$$\left.\begin{aligned} F'_R &= \sqrt{(F'_{Rx})^2 + (F'_{Ry})^2} = \sqrt{(\sum F_x)^2 + (\sum F_y)^2} \\ \tan\alpha &= \left|\frac{\sum F_y}{\sum F_x}\right| \end{aligned}\right\} \tag{1-4-3}$$

式中，F'_{Rx}、F'_{Ry}、$\sum F_x$、$\sum F_y$ 分别为主矢与各力在 x、y 轴上的投影；F'_R 为主矢的大小；α 为 $\boldsymbol{F}'_R$ 与 x 轴夹的锐角，$\boldsymbol{F}'_R$ 的指向由 $\sum F_y$ 和 $\sum F_x$ 的正负决定。

附加平面力偶系的合成结果为合力偶，其合力偶矩为

$$M_O = M_1 + M_2 + \cdots + M_n = \sum M_O(\boldsymbol{F}) = \sum M \tag{1-4-4}$$

M_O 称为原力系对简化中心 O 的主矩，此主矩不与原力系等效。

主矢 $\boldsymbol{F}'_R$ 等于原力系的矢量和，其作用线通过简化中心。它的大小和方向与简化中心的位置无关；而主矩 M_O 等于原力系中各力对简化中心力矩的代数和，在一般情况下主矩与简

化中心的位置有关。原力系与主矢和主矩的联合作用等效。

3. 固定端约束

图 1-4-4 表示一物体的一端完全固定在另一物体上，这种约束称为固定端约束或插入端支座约束。固定端支座对物体的作用，是在接触面上作用了一群约束力。在平面问题中，这些力为一平面任意力系，如图 1-4-4a 所示。将这群力向作用平面内点 A 简化得到一个力和一个力偶，如图 1-4-4b 所示。一般情况下这个力的大小和方向均为未知量。可用两个未知分力来代替。因此，在平面力系情况下，固定端 A 处的约束力可简化为两个正交的约束力 $\boldsymbol{F}_{Ax}$、$\boldsymbol{F}_{Ay}$和一个矩为 M_A 的约束力偶，如图 1-4-4c 所示。

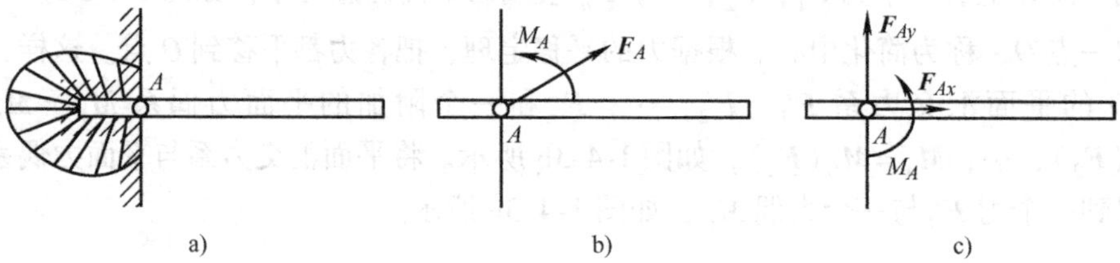

图 1-4-4 固定端约束

a）杆件固定端约束力 b）杆件固定端约束力简化 c）杆件固定端约束力表示方法

4. 平面任意力系的简化结果分析

平面任意力系向作用面内一点简化的结果，可能有四种情况，即：（1）$\boldsymbol{F}'_{\mathrm{R}}=0$，$M_O\neq0$；（2）$\boldsymbol{F}'_{\mathrm{R}}\neq0$，$M_O=0$；（3）$\boldsymbol{F}'_{\mathrm{R}}\neq0$，$M_O\neq0$；（4）$\boldsymbol{F}'_{\mathrm{R}}=0$，$M_O=0$。下面对这几种情况进一步进行分析讨论。

（1）平面任意力系简化为一个力偶的情形

如果力系的主矢等于零，而主矩不等于零，即

$$\boldsymbol{F}'_{\mathrm{R}}=0,\ M_O\neq0$$

则原力系合成为合力偶。合力偶矩为

$$M_O=\sum M_O(\boldsymbol{F}_i)$$

因为力偶对于平面内任意一点的矩都相同，因此当力系合成为一个力偶时，主矩与简化中心的选择无关。

（2）平面任意力系简化为一个合力的情形

① 如果主矩等于零，主矢不等于零，即

$$\boldsymbol{F}'_{\mathrm{R}}\neq0,\ M_O=0$$

此时附加力偶系互相平衡，只有一个与原力系等效的力 $\boldsymbol{F}'_{\mathrm{R}}$。显然，$\boldsymbol{F}'_{\mathrm{R}}$就是原力系的合力，而合力的作用线恰好通过选定的简化中心 O。

② 如果平面力系向点 O 简化的结果是主矢和主矩都不等于零，如图 1-4-5a 所示，即

$$\boldsymbol{F}'_{\mathrm{R}}\neq0,\ M_O\neq0$$

现将矩为 M_O 的力偶用两个力 $\boldsymbol{F}_{\mathrm{R}}$ 和 $\boldsymbol{F}''_{\mathrm{R}}$表示，并令 $\boldsymbol{F}_{\mathrm{R}}=\boldsymbol{F}'_{\mathrm{R}}=-\boldsymbol{F}''_{\mathrm{R}}$，如图 1-4-5b 所示。再去掉平衡力系（$\boldsymbol{F}'_{\mathrm{R}}$、$\boldsymbol{F}''_{\mathrm{R}}$），于是就将作用于点 O 的力 $\boldsymbol{F}'_{\mathrm{R}}$和力偶（$\boldsymbol{F}'_{\mathrm{R}}$、$\boldsymbol{F}''_{\mathrm{R}}$）合成为一个作用在点 O'的力 $\boldsymbol{F}_{\mathrm{R}}$，如图 1-4-5c 所示。

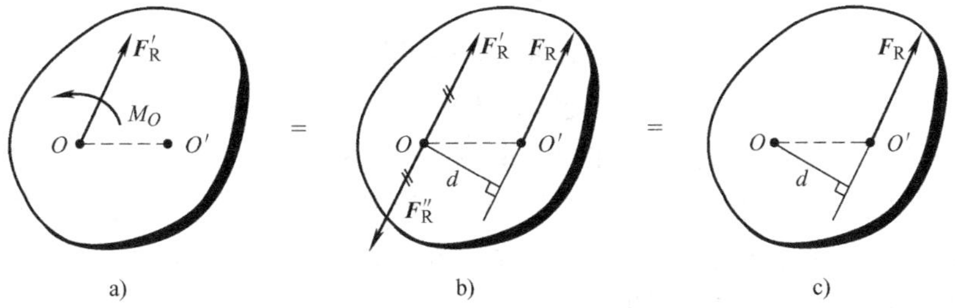

图 1-4-5　主矢和主矩都不等于零时简化示意图

a）主矢、主矩都不等于零简图　b）主矢、主矩进一步简化简图　c）合成结果简图

力 $\boldsymbol{F}_R$ 就是原力系的合力。合力矢的大小和方向等于主矢；合力的作用线在点 O 的哪一侧，需根据主矢和主矩的方向确定；合力作用线到点 O 的距离为

$$d=\frac{M_O}{F_R}$$

(3) 平面任意力系平衡的情形

如果力系的主矢、主矩均等于零，即

$$\boldsymbol{F}'_R=0,\ M_O=0$$

则原力系平衡，这种情形将在下节详细讨论。

二、平面任意力系的平衡条件和平衡方程

由前面学习可知，欲使物体在平面任意力系作用下保持平衡，则该力系的主矢和对任意一点的主矩必须同时为零，反之力系的主矢和对任意一点的主矩同时为零，则该力系一定处于平衡状态。所以，**平面任意力系平衡的充分和必要条件是：力系的主矢和力系对任意点的主矩同时为零**。即

$$\left.\begin{aligned}\boldsymbol{F}'_R&=0\\ M_O&=0\end{aligned}\right\}\tag{1-4-5}$$

这些平衡条件可用解析式表示。将式(1-4-3) 和式(1-4-4) 代入式(1-4-5)，可得

$$\left.\begin{aligned}\sum F_x&=0\\ \sum F_y&=0\\ \sum M_O(\boldsymbol{F})&=0\end{aligned}\right\}\tag{1-4-6}$$

由此可得结论，平面任意力系平衡的解析条件是：所有各力在两个任选的坐标轴上的投影的代数和分别等于零，以及各力对于任意一点的矩的代数和也等于零。式(1-4-6) 称为平面任意力系平衡方程的一般形式，它有两个投影方程和一个力矩方程，所以，又称一矩式平衡方程。

平面任意力系的平衡方程还有另外的两种形式，即二矩式(1-4-7) 和三矩式(1-4-8)。

$$\left.\begin{aligned}\sum F_x=0\ &\text{或}\sum F_y=0\\ \sum M_A(\boldsymbol{F})&=0\\ \sum M_B(\boldsymbol{F})&=0\end{aligned}\right\}\tag{1-4-7}$$

应用式(1-4-7) 应满足条件：矩心 A、B 的连线不与投影轴垂直。

$$\left.\begin{aligned}\sum M_A(\boldsymbol{F})=0\\ \sum M_B(\boldsymbol{F})=0\\ \sum M_C(\boldsymbol{F})=0\end{aligned}\right\}\tag{1-4-8}$$

应用式(1-4-8) 应满足条件：矩心 A、B、C 三点不共线。

平面任意力系的三个平衡方程互相独立，可以求解三个未知数。上述三组方程 (1-4-6)、(1-4-7)、(1-4-8)，究竟选用哪一组方程，需根据具体条件确定。对于受平面任意力系作用的单个刚体的平衡问题，只可以写出三个独立的平衡方程，求解三个未知量。任何第四个方程只是前三个方程的线性组合，因而不是独立的。

例 1-4-1 绞车通过钢丝绳牵引小车沿斜面轨道匀速上升，如图 1-4-6a 所示，已知小车重 $W=10\text{kN}$，绳与斜面平行，$\alpha=30°$，$a=0.75\text{m}$，$b=0.3\text{m}$，不计摩擦，求钢丝绳的拉力 $\boldsymbol{F}$ 及轨道对车轮的约束力。

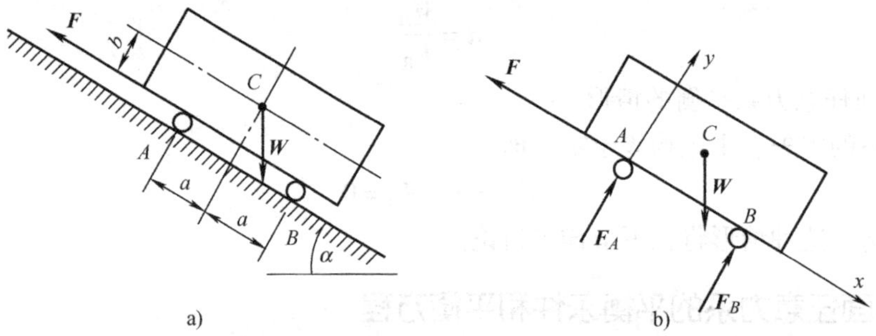

图 1-4-6 沿斜面轨道匀速上升的小车
a) 小车工作示意图 b) 小车受力图

Ⅰ. 题目分析

本题目需求钢丝绳的拉力 $\boldsymbol{F}$ 及轨道对车轮的约束力。首先选择小车为研究对象，小车上作用有重力 $\boldsymbol{W}$、钢丝绳拉力 $\boldsymbol{F}$ 及轨道约束力 $\boldsymbol{F}_A$、$\boldsymbol{F}_B$，画其受力图 (1-4-6b)，判断小车受平面任意力系作用，小车上有钢丝绳拉力 $\boldsymbol{F}$ 及轨道约束力 $\boldsymbol{F}_A$、$\boldsymbol{F}_B$ 三个未知力，然后代入平面任意力系平衡方程的一般形式(1-4-6)、二矩式(1-4-7) 或者三矩式(1-4-8) 都可求解。

Ⅱ. 题目求解

解：解法一

(1) 取小车为研究对象。选未知力 $\boldsymbol{F}$ 与 $\boldsymbol{F}_A$ 的交点 A 为矩心，取直角坐标系 Axy，受力如图 1-4-6b 所示。

(2) 列出平衡方程

$$\sum F_x=0,\qquad -F+W\sin\alpha=0 \tag{a}$$

$$\sum F_y=0,\qquad F_A+F_B-W\cos\alpha=0 \tag{b}$$

$$\sum M_A(\boldsymbol{F})=0,\qquad 2F_Ba-Wa\cos\alpha-Wb\sin\alpha=0 \tag{c}$$

由式(a)、式(c) 可得

$$F=W\sin\alpha=10\sin 30°\text{kN}=5\text{kN}$$

$$F_B=W\frac{a\cos\alpha+b\sin\alpha}{2a}=\left(10\times\frac{0.75\cos30+0.3\sin 30°}{2\times0.75}\right)\text{kN}=5.33\text{kN}$$

再将 F_B 代入式(b)，得

$$F_A=W\cos\alpha-F_B=(10\cos 30°-5.33)\text{kN}=3.33\text{kN}$$

解法二 本题也可以分别取 A、B 为矩心，取 x 轴为投影轴，列方程为

$$\sum F_x = 0, \qquad -F + W\sin\alpha = 0 \tag{d}$$

$$\sum M_A(\boldsymbol{F}) = 0, \qquad 2F_B a - Wa\cos\alpha - Wb\sin\alpha = 0 \tag{e}$$

$$\sum M_B(\boldsymbol{F}) = 0, \qquad -2F_A a - Wb\sin\alpha + Wa\cos\alpha = 0 \tag{f}$$

由式(d) 可得　$F = 5\text{kN}$

由式(e) 可得　$F_B = 5.33\text{kN}$

由式(f) 可得　$F_A = 3.33\text{kN}$

利用二矩式方程，可以避免联立方程组求解。

解法三　本题还可以分别取 A、B、C 为矩心，列方程为

$$\sum M_A(\boldsymbol{F}) = 0, \qquad 2F_B a - Wa\cos\alpha - Wb\sin\alpha = 0 \tag{g}$$

$$\sum M_B(\boldsymbol{F}) = 0, \qquad -2F_A a - Wb\sin\alpha + Wa\cos\alpha = 0 \tag{h}$$

$$\sum M_C(\boldsymbol{F}) = 0, \qquad F_B a - F_A a - Fb = 0 \tag{i}$$

联立式(g)、式(h)、式(j) 求解得

$$F_A = 3.33\text{kN}, \ F_B = 5.33\text{kN}, \ F = 5\text{kN}$$

此题得解。

Ⅲ. 题目关键点解析

根据受力图中各力的方向，合理选取坐标系，并将未知力的交点作为矩心，在列平衡方程求解时可以简化计算。由本题可以看出平面任意力系在列平衡方程时比较灵活。比较得知，本题分别取 A、B 为矩心，取 x 轴为投影轴，利用二矩式列方程求解较方便，可以避免求解联立方程组，提高正确率。当然采用方程的一般形式或三矩式，联立方程也可求解。在求解平面任意力系平衡问题时，究竟选择一般形式、二矩式，还是三矩式，应以简化计算为原则，应尽量在列出来的每个平衡方程里面，只含有一个未知力，避免联立求解方程。在利用二矩式或三矩式列方程时必须满足附加条件，否则不能满足平衡条件。另外，根据受力图中各力的方向，合理选取坐标系，并将未知力的交点作为矩心，在列平衡方程求解时可以简化计算。

例 1-4-2　图 1-4-7a 所示悬臂梁 AB 作用有集度为 $q = 4\text{kN/m}$ 的均布载荷及集中载荷 $F = 5\text{kN}$。已知 $\alpha = 25°$，$l = 3\text{m}$，求固定端 A 处的约束力。

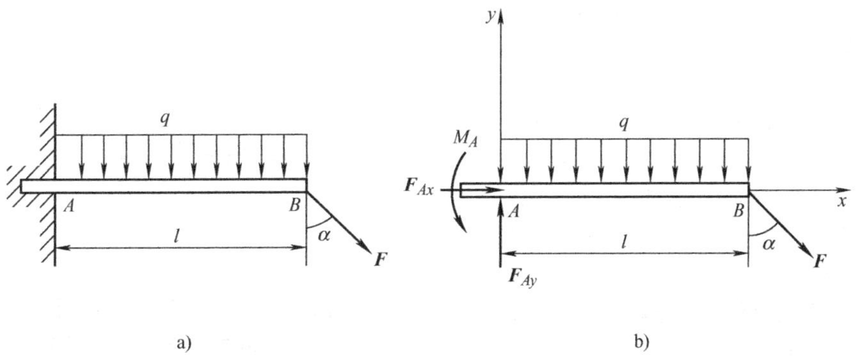

图 1-4-7　悬臂梁

a) 悬臂梁的结构　b) 悬臂梁的受力图

Ⅰ. 题目分析

本题目需求解梁 AB 固定端 A 处的约束力，首先选择梁 AB 为研究对象，固定端 A 处的约束反力用 $\boldsymbol{F}_{Ax}$、$\boldsymbol{F}_{Ay}$、M_A 三个约束力（偶）表示，梁 AB 上还作用有均布载荷 q 和集中载荷 $\boldsymbol{F}$，画其受力图如图 1-4-7b 所示，因此梁 AB 受到平面任意力系的作用。梁 AB 共有 $\boldsymbol{F}_{Ax}$、$\boldsymbol{F}_{Ay}$、M_A 三个约束力（偶），代入平面任意力系平衡方程（1-4-6）即可求解。

Ⅱ. **题目求解**

解：(1) 受力分析。取梁 AB 为研究对象，其受力如图 1-4-7b 所示。

(2) 建立直角坐标系 Axy，列平衡方程

$$\sum F_x = 0,\quad F_{Ax} + F\sin\alpha = 0 \tag{a}$$

$$\sum F_y = 0,\quad F_{Ay} - F\cos\alpha - ql = 0 \tag{b}$$

$$\sum M_A(F) = 0,\quad M_A - Fl\cos\alpha - ql \cdot \frac{1}{2}l = 0 \tag{c}$$

(3) 根据方程，求解未知项

由式(a) 得 $F_{Ax} = -F\sin\alpha = (-5\times\sin25°)\text{kN} = -2.113\text{kN}$

由式(b) 得 $F_{Ay} = F\cos\alpha + ql = (5\times\cos25° + 4\times3)\text{kN} = 16.53\text{kN}$

由式(c) 得 $M_A = Fl\cos\alpha + ql\cdot\frac{1}{2}l = \left(5\times3\times\cos25° + 4\times3\times\frac{3}{2}\right)\text{kN}\cdot\text{m} = 31.59\text{kN}\cdot\text{m}$

F_{Ax}为负值，表示 F_{Ax}假设的指向与实际指向相反。

Ⅲ. **题目关键点解析**

求解平面任意力系平衡问题的关键，在于正确画出研究对象的受力图（主动力、约束力、二力构件等），合理选取坐标系，并列出平衡方程。

本题需特别注意的是，固定端的约束力为两个分力与一个力偶，其力学意义可解释为，此种约束限制物体根部沿两个方向的移动与绕根部的转动。注意固定端约束有一个约束力偶，如果对固定端约束不画此约束力偶，只画正交的两个分力，则固定端约束与固定铰链约束无区别，这样就改变了其约束性质，所以需要注意，在做这类题目时，画两个约束力的同时，也要把约束力偶画上。

例 1-4-3 水平外伸梁如图 1-4-8a 所示。若均布载荷 $q=20\text{kN/m}$，$F_1=20\text{kN}$，力偶矩 $M=16\text{kN}\cdot\text{m}$，$a=0.8\text{m}$，求支座 A、B 处的约束力。

Ⅰ. **题目分析**

此题属于单个物体的平衡问题，已知作用在梁上的载荷 $\boldsymbol{F}$、M、q，求 A、B 两支座的约束力。通过分析，A 处为固定铰链支座，B 处为活动铰链支座。根据约束性质，A 处可以设为正交的分力 $\boldsymbol{F}_{Ax}$、$\boldsymbol{F}_{Ay}$，B 处可以设为向上的铅直力 $\boldsymbol{F}_B$。画出梁的受力如图 1-4-8b 所示。观察发现梁的受力为平面任意力系，而且有三个未知数。可以通过列平面任意力系的三个平衡方程求解。

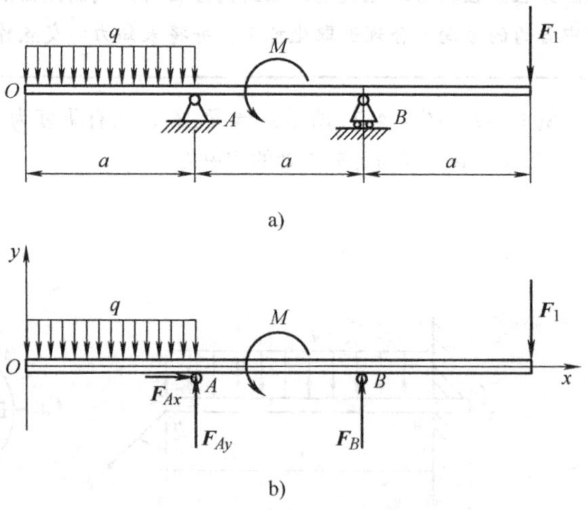

图 1-4-8 水平外伸梁示意图

a) 水平外伸梁结构图 b) 水平外伸梁受力图

Ⅱ. **题目求解**

解：(1) 取梁整体为研究对象，受力及坐标如图 1-4-8b 所示。

(2) 列平衡方程

$$\sum F_x = 0,\quad F_{Ax} = 0 \tag{a}$$

$$\sum M_A(\boldsymbol{F}) = 0,\quad qa\cdot\frac{a}{2} + M + F_B\cdot a - F_1\cdot 2a = 0 \tag{b}$$

$$\sum F_y = 0,\quad -qa + F_{Ay} + F_B - F_1 = 0 \tag{c}$$

由式(b) 得 $F_B = \frac{1}{a}\left(F_1\cdot 2a - M - qa\cdot\frac{a}{2}\right) = 12\text{kN}$

由式(c) 得　　$F_{Ay}=F_1+qa-F_B=24\text{kN}$

(3) 结论：A 处的约束力 $F_{Ax}=0$，$F_{Ay}=24\text{kN}$，方向如图示。B 处的约束力 $F_B=12\text{kN}$，方向如图示。

Ⅲ. 题目关键点解析

此题目属于单个物体的平衡问题，关键点在于：一是根据约束的性质正确画出水平梁的受力图，约束力的方向一般用设正法；二是均布载荷的处理方法与例题 1-4-2 相同；三是解题的技巧，列平衡方程时，应注意选择适当的方程形式，以及合适的方程次序，尽量先写只包含一个未知数的方程，不解联立方程，以简化计算。

三、平面平行力系的平衡问题

若平面力系中各力的作用线相互平行（图 1-4-9），则称其为平面平行力系。对平面平行力系，在选择投影轴时，使其中一个投影轴垂直于各力作用线，则式(1-4-6) 中必有一个投影方程为恒等式。于是，只有一个投影方程和一个力矩方程，这就是平面平行力系的平衡方程，即

$$\left.\begin{aligned}\sum F_y&=0\\ \sum M_O(\boldsymbol{F})&=0\end{aligned}\right\}\qquad(1\text{-}4\text{-}9)$$

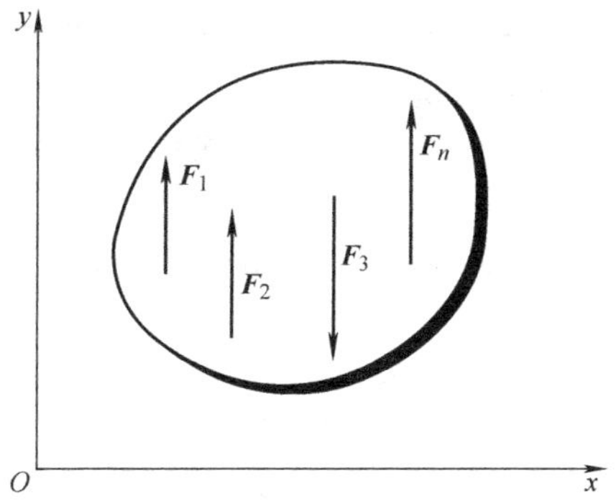

图 1-4-9　平面平行力系

平面平行力系的平衡方程，也可用二矩式方程的形式

$$\left.\begin{aligned}\sum M_A(\boldsymbol{F})&=0\\ \sum M_B(\boldsymbol{F})&=0\end{aligned}\right\}\qquad(1\text{-}4\text{-}10)$$

式中，A、B 两点的连线不得与各力平行。

例 1-4-4　图 1-4-10a 所示为起重机简图，已知：机身重 $G=700\text{kN}$，重心与机架中心线距离为 4m，最大起重量 $G_1=200\text{kN}$，最大吊臂长为 12m，轨距为 4m，平衡块重 G_2 且 G_2 的作用线至机身中心线距离为 6m。试求保证起重机满载和空载时不翻倒的平衡块重。若平衡块重为 750kN，试分别求出满载和空载时，轨道对机轮的法向约束力。

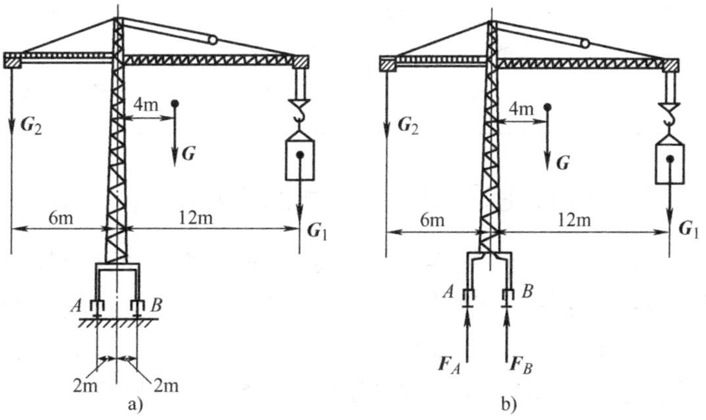

图 1-4-10　起重机简图

a) 起重机的结构简图　b) 起重机的受力图

Ⅰ. 题目分析

此题属于平面平行力系的平衡问题，求保证起重机满载和空载时不翻倒的平衡块重。通过分析可知，满载时，若平衡块过轻，则会使机身绕点 B 向右翻倒，临界状态时，点 A 悬空，平衡块重应为 $G_{2\min}$；空载时，若平衡块过重，则机身可能绕点 A 向左翻倒，临界状态下，点 B 悬空，平衡块重应为 $G_{2\max}$。然后代入平面平行力系的平衡方程即可求解。

Ⅱ. 题目求解

解：(1) 选起重机为研究对象，画受力图如图 1-4-10b 所示。

(2) 求平衡块重。

① 满载时（$G_1=200\text{kN}$）

若平衡块过轻，则会使机身绕点 B 向右翻倒，因此须配一定重量的平衡快。临界状态时，点 A 悬空，$F_A=0$，平衡块重应为 $G_{2\min}$。

由
$$\Sigma M_B(\boldsymbol{F})=0,\ G_{2\min}\times(6+2)-G\times2-G_1\times(12-2)=0$$

解得
$$G_{2\min}=425\text{kN}$$

② 空载时（$G_1=0$）

此时与满载情况不同，在平衡块作用下，机身可能绕点 A 向左翻倒，临界状态下，点 B 悬空，$F_B=0$，平衡块重应为 $G_{2\max}$。

由
$$\Sigma M_A(\boldsymbol{F})=0,\quad G_{2\max}\times(6-2)-G\times(4+2)=0$$

解得
$$G_{2\max}=1050\text{kN}$$

由以上计算可知，为保证起重机安全，平衡块重必须满足下列条件：

$$425\text{kN}<G_2<1050\text{kN}$$

(3) 求 $G_2=750\text{kN}$ 时，轮轨对机轮的约束力。

① 满载时（$G_1=200\text{kN}$）

起重机受力为平面平行力系作用，受力图如图 1-4-10b 所示，采用二矩式，有

$$\Sigma M_A(\boldsymbol{F})=0,\ G_2\times(6-2)-G\times(2+4)+F_B\times4-G_1\times(12+2)=0$$
$$\Sigma M_B(\boldsymbol{F})=0,\ G_2\times(6+2)-F_A\times4-G\times2-G_1\times(12-2)=0$$

解得
$$F_A=650\text{kN},\ F_B=1000\text{kN}$$

② 空载时（$G_1=0$）

由
$$\Sigma M_A(\boldsymbol{F})=0,\ G_2\times(6-2)-G\times(2+4)+F_B\times4=0$$
$$\Sigma M_B(\boldsymbol{F})=0,\ G_2\times(6+2)-F_A\times4-G\times2=0$$

解得
$$F_A=1150\text{kN},\ F_B=300\text{kN}$$

Ⅲ. 题目关键点解析

平面平行力系可以看成是平面任意力系的特殊情形，它的平衡方程比平面任意力系简单，只有两个独立的平衡方程，可求解两个未知力。另外，求解本题时，还要综合考虑起重机满载和空载时不翻倒的临界条件，以减少方程中的未知量。采用二矩式列方程计算时，还要注意矩心两点的连线不得与各力平行。

四、物体系的平衡、静定和超静定问题

工程中，如组合构架、三铰拱等结构，都是由几个物体组成的系统。当物体系平衡时，组成该系统的每一个物体都处于平衡状态，因此对于每一个受平面任意力系作用的物体，均可写出三个平衡方程。如物体系由 n 个物体组成，则共有 $3n$ 个独立的平衡方程。如系统中有的物体受平面汇交力系或平面平行力系作用，则系统的平衡方程数目相应减少。当系统中的未知量数目等于独立平衡方程的数目时，则所有未知数都能由平衡方程求出，这样的问题称为静定问题，如图 1-4-11a、c、e 所示均属静定问题。在工程实际中，有时为了提高结构的刚度和坚固性，常常增加多余的约束，因而使这些结构未知量的数目多于独立的平衡方程的数目，未知量就不能全部由平衡方程求出，这样的问题称为超静定问题，又称静不定问题，如图 1-4-11b、d、f 所示均属超静定问题。对于超静定问题必须考虑物体因受力作用而

产生的变形，加列某些补充方程后，才能使方程的数目等于未知量的数目。超静定问题已超出刚体静力学的范围，需在材料力学和结构力学中研究。

在求解静定的物体系的平衡问题时，可以选每个物体为研究对象，列出全部平衡方程，然后求解；也可先取整个系统为研究对象，列出平衡方程，这样的方程因不包含内力，式中未知量较少，解出部分未知量后，再从系统中选取某些物体作为研究对象，列出另外的平衡方程，直至求出所有的未知量为止。在选择研究对象和列平衡方程时，应使每一个平衡方程中的未知量个数尽可能少，最好是只含有一个未知量，以避免求解联立方程。

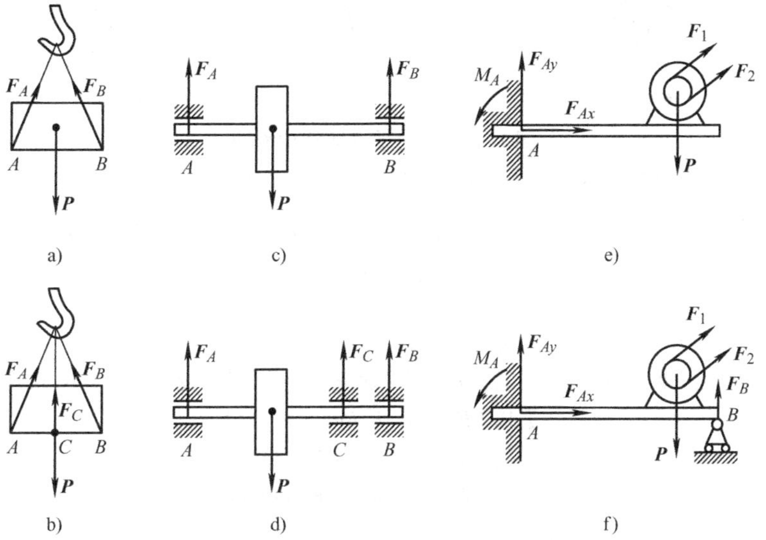

图 1-4-11　静定问题和超静定问题

a）两根绳子提升重物示意图　b）两端轴承支撑齿轮轴示意图　c）悬臂梁支撑电动机示意图
d）三根绳子提升重物示意图　e）三个轴承支撑齿轮轴示意图　f）一端固定一端铰支梁支撑电动机示意图

例 1-4-5　图 1-4-12a 所示为曲轴冲床结构简图，由轮 I、连杆 AB 和冲头 B 组成。A、B 两处为铰链连接。$OA=R$，$AB=l$。如忽略摩擦和物体的自重，当 OA 在水平位置，冲压力为 $\boldsymbol{F}$ 时系统处于平衡状态。求：(1) 作用在轮 I 上的力偶矩 M 的大小；(2) 轴承 O 处的约束力；(3) 连杆 AB 受的力；(4) 冲头给导轨的侧压力。

Ⅰ. 题目分析

此题属于静定物体系的平衡问题。由题意可知，连杆 AB 为二力杆，首先选择冲头为研究对象。冲头受冲压力 $\boldsymbol{F}$、导轨约束力 $\boldsymbol{F}_N$ 以及连杆 AB 的作用力 $\boldsymbol{F}_B$ 作用（图 1-4-12b），为一平面汇交力系，列平面汇交力系平衡方程，可求出冲头给导轨的侧压力和连杆 AB 的作用力。再选择轮 I 为研究对象，轮 I 受力偶 M、连杆作用力 $\boldsymbol{F}_A$ 以及轴承的约束力 $\boldsymbol{F}_{Ox}$、$\boldsymbol{F}_{Oy}$ 作用（图 1-4-12d），为一平面任意力系，列出平面任意力系平衡方程，即可求出力偶矩 M 和轴承的约束力 $\boldsymbol{F}_{Ox}$、$\boldsymbol{F}_{Oy}$。

Ⅱ. 题目求解

解：(1) 以冲头为研究对象，列出平衡方程。冲头受力如图 1-4-12b 所示，为一平面汇交力系。设连杆与铅直线间的夹角为 φ，按图示坐标轴，列平衡方程

$$\sum F_x=0,\ F_N-F_B\sin\varphi=0 \tag{a}$$

$$\sum F_y=0,\ F-F_B\cos\varphi=0 \tag{b}$$

由式(b) 得

$$F_B=\frac{F}{\cos\varphi}$$

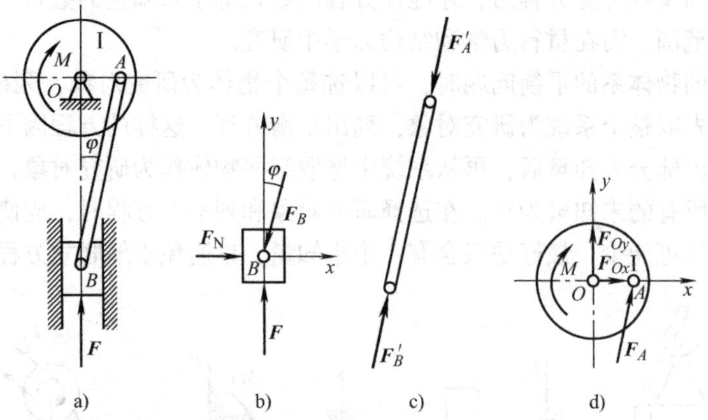

图 1-4-12 曲轴冲床结构简图

a）曲轴冲床简图 b）冲头受力图 c）连杆受力图 d）轮 I 受力图

F_B 为正值，说明假设的 $\boldsymbol{F}_B$ 的方向是对的，即连杆受压力（图 1-4-12c）。代入式(a) 得

$$F_N = F\tan\varphi = F\frac{R}{\sqrt{l^2 - R^2}}$$

冲头对导轨的侧压力的大小等于 F_N，方向与之相反。

（2）以轮 I 为研究对象，列出平衡方程。轮 I 受平面任意力系作用，受力如图 1-4-12d 所示。列平衡方程

$$\sum M_O(\boldsymbol{F}) = 0,\quad F_A R\cos\varphi - M = 0 \tag{c}$$

$$\sum F_x = 0,\qquad F_{Ox} + F_A\sin\varphi = 0 \tag{d}$$

$$\sum F_y = 0,\qquad F_{Oy} + F_A\cos\varphi = 0 \tag{e}$$

因 AB 为二力杆，$F_A = F_B = \dfrac{F}{\cos\varphi}$由式(c) 得

$$M = FR$$

由式(d) 得

$$F_{Ox} = -F_A\sin\varphi = -F\frac{R}{\sqrt{l^2 - R^2}}$$

由式(e) 得

$$F_{Oy} = -F_A\cos\varphi = -F$$

负号说明 $\boldsymbol{F}_{Ox}$、$\boldsymbol{F}_{Oy}$的方向与图示假设的方向相反。

Ⅲ. 题目关键点解析

求解此题的关键在于恰当地选择研究对象，选择研究对象以解题简便为原则，尽量选择受力情况较简单，且独立平衡方程的个数与未知力的个数相等的物体系或某个物体为研究对象。本题也可先取冲头为研究对象，再取整个系统为研究对象，列平衡方程求解。

例 1-4-6 结构由不计重量的杆 AB、AC、DF 铰接而成，如图 1-4-13a 所示，在杆 DEF 上作用有一力偶矩为 M 的力偶，求杆 AB 上铰链 A、D、B 处所受的力。

Ⅰ. 题目分析

这是一个物体系的平衡问题。铰链 B 处的约束力为外力，先取整体为研究对象，画其受力图，可列两个方程求出铰链 A 处的两个约束力。铰链 A、D 处的约束力是内力，需拆分系统选择研究对象，先取有主动力的杆 DEF，其受力如图 1-4-13b 所示，可看出，对点 E 取矩可求出 D 点处铅直方向的约束力，然后再取杆 ADB 为研究对象，其受力如图 1-4-13c 所示，构件有 3 个未知约束力，可列 3 个平衡方程，所以可

求解。

Ⅱ. 题目求解

解：(1) 取整体为研究对象，受力图如 1-4-13a 所示，由

$$\sum F_x=0,\ F_{Bx}=0 \tag{a}$$

$$\sum M_C(\boldsymbol{F})=0,\ -2a\cdot F_{By}-M=0 \tag{b}$$

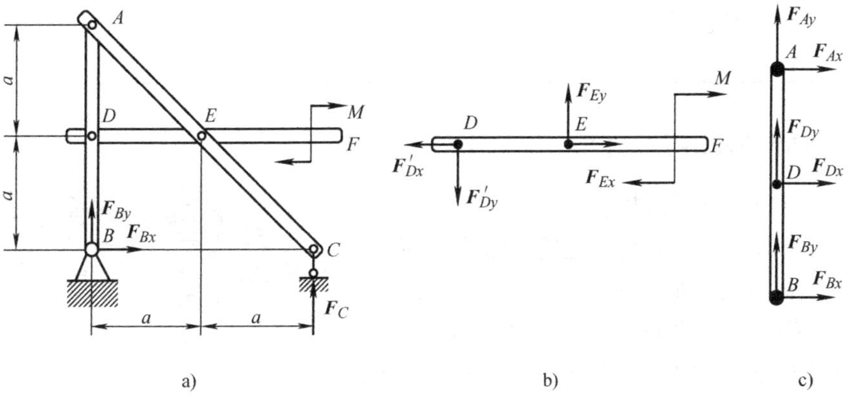

图 1-4-13　物体系的平衡问题

a）物体系的结构简图　b）杆 *DEF* 受力图　c）杆 *ADB* 受力图

由式(a)、式(b) 解得

$$F_{Bx}=0,\ F_{By}=-\frac{M}{2a}$$

(2) 取 *DEF* 杆为研究对象，受力图如 1-4-13b 所示，由

$$\sum M_E(\boldsymbol{F})=0,\ F'_{Dy}\cdot a-M=0 \tag{c}$$

解得

$$F'_{Dy}=\frac{M}{a}$$

(3) 取杆 *ADB* 为研究对象，受力图如图 1-4-13c 所示，由

$$\sum M_A(\boldsymbol{F})=0,\ 2a\cdot F_{Bx}+a\cdot F_{Dx}=0 \tag{d}$$

$$\sum F_x=0,\ F_{Bx}+F_{Dx}+F_{Ax}=0 \tag{e}$$

$$\sum F_y=0,\ F_{By}+F_{Dy}+F_{Ay}=0 \tag{f}$$

其中 $F'_{Dy}=F_{Dy}$，联立式(d)、式(e) 及式(f)，解得

$$F_{Dx}=F_{Bx}=0,\ F_{Ay}=-\frac{M}{2a}$$

Ⅲ. 题目关键点解析

解物体系的平衡问题时，关键点在于：一是恰当选取研究对象，正确画出所选对象的受力图，列出平衡方程求解；二是分析清楚所取研究对象之间的相互联系，利用作用力与反作用力的关系，提高解题速度。

在求解静定物体系统的平衡问题时，一般分析步骤总结如下：

1) 所求未知力为外力时，优先取整个系统为研究对象，内力不予考虑，方便求解。在解题时，首先判断一下需求解的未知力是内力还是外力，如果是外力，优先选择整体为研究对象，这样避免出现未知的内力，增加未知量的个数。若选择整体为研究对象时不能完全求出未知的外力，再拆分系统选择研究对象。要注意整个物体系统平衡时，其中的每一物体也都处于平衡状态。

2) 在求内力时，须拆分系统，因为求解内力时不拆分系统，内力就不会暴露出来。这时选择研究对象比较灵活，可以选择系统中的一个或几个物体为研究对象，但尽量优先选择作用有主动力并且受力比较简单的物体为研究对象，方便求解。

3）正确画出各研究对象的受力图。在求解物体系的平衡问题时，每选择一次研究对象，都要画出其受力图，画图时一定要注意受力图的准确和完整性，否则列出来的方程肯定是错误的，满盘皆输。

4）根据研究对象的受力图列平衡方程。在列平衡方程时，投影方程和力矩方程没有先后次序，优先列出只含一个未知量的方程。在求解具体问题时，由于投影轴和矩心是任意选取的，为了使每个方程中尽可能出现较少的未知量，以简化计算，通常将矩心选在多个未知力作用线的交点上，投影轴则尽可能与未知力的作用线垂直。

五、平面桁架的内力计算

工程中经常有这样的结构，如图 1-4-14 所示屋架，它是由若干直杆在其两端彼此用铰链连接而成，且在工作的过程中几何形状保持不变，这种结构称为桁架。由于桁架中的各杆主要承受轴向拉力或轴向压力，可以充分发挥材料的潜能，起到节约材料、减轻重量的作用，因此桁架在工程实际中被广泛应用，如桥梁拱架（图 1-4-15）、塔式起重机（图 1-4-16）、钢结构支架（图 1-4-17）、油田井架、高压输电塔等。

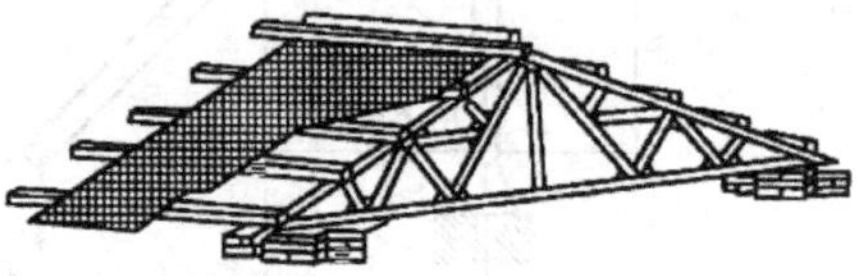

图 1-4-14　屋架

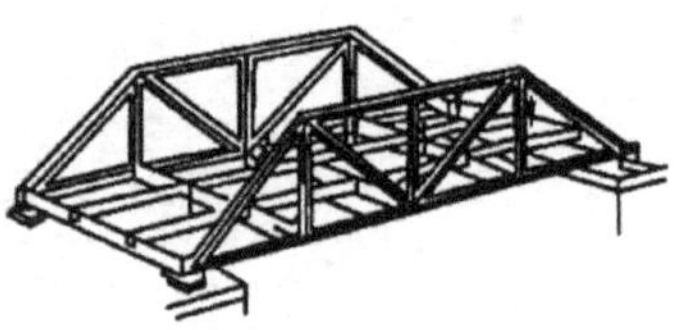

图 1-4-15　桥梁拱架

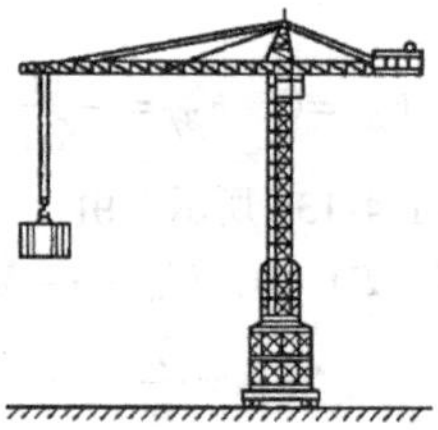

图 1-4-16　塔式起重机

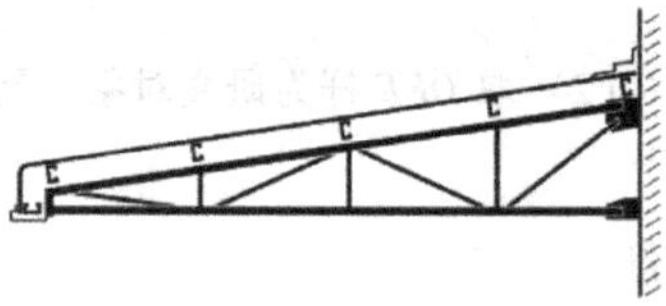

图 1-4-17　钢结构支架

桁架中各杆件的铰链接头，称为节点。如果所有杆件的轴线都在同一平面内，则此桁架称为平面桁架。本节主要讨论平面桁架的内力计算。为了简化桁架的计算，工程实际中采用以下几个假设：

1）桁架中的各杆件均是直杆。

2）桁架中的各杆件在两端均为光滑铰链连接。

3）桁架所受载荷都作用在节点上，且在桁架所处的几何平面内。桁架杆件的自重略去不计，或平均分配在杆件两端的节点上。

符合上述假设的桁架，称为理想桁架。工程实际中的桁架与上述假设是有差别的，如建筑结构中常用的钢筋混凝土桁架结构，其节点是有一定刚性的整体节点，一般是铆接或焊接在一起的，杆件的中心线也不可能绝对是直的。但上述假设能够简化计算，而且所得的结果符合工程实际的需要。根据这些假设，桁架中的杆件均为二力杆。

设计桁架结构，需要根据载荷和支撑情况计算桁架中各杆的内力，分析平面桁架内力的基本方法有节点法和截面法，下面分别予以介绍。

1. 节点法

因为桁架中各杆均是二力杆，所以每个节点都受到平面汇交力系的作用，为计算各杆内力，可以逐个取节点为研究对象，分别列出平衡方程或作出封闭的力多变形，即可求出全部杆件的内力，这就是节点法。由于平面汇交力系只有两个独立的平衡方程，所以应用节点法必须从只含两个未知力大小的节点开始计算。

例 1-4-7　平面桁架的受力及尺寸如图 1-4-18a 所示，试用节点法计算桁架中各杆的内力。

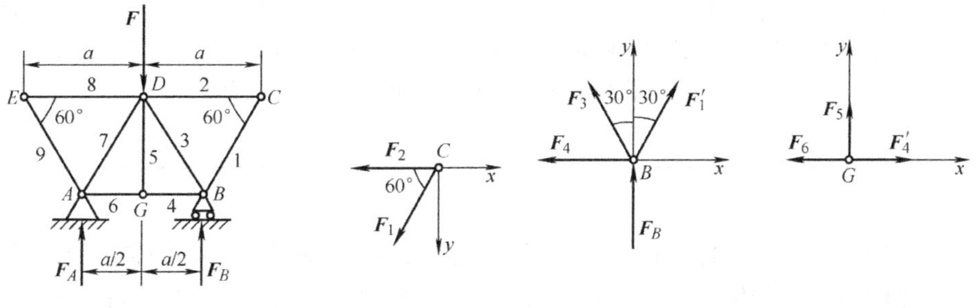

a)　　b)　　c)　　d)

图 1-4-18　平面桁架示意图

a）平面桁架受力简图　b）节点 C 受力图　c）节点 B 受力图　d）节点 G 受力图

Ⅰ. 题目分析

本题需用节点法求解桁架中各杆的内力。

Ⅱ. 题目求解

解：(1) 计算支座约束力。取整体为研究对象，受力如图 1-4-18a 所示，由对称性易得支座 A、B 的约束力

$$F_A = F_B = \frac{F}{2}$$

(2) 计算各杆的内力。为了计算方便，对各杆进行编号如图 1-4-18a 所示。假设各杆均受拉力，依次列出只含两个未知力节点的平衡方程。

首先，取节点 C，杆的内力 $\boldsymbol{F}_1$ 和 $\boldsymbol{F}_2$ 未知，受力如图 1-4-18b 所示。列平衡方程

$$\sum F_y = 0, \qquad F_1 \sin 60° = 0$$

$$\sum F_x = 0, \qquad -F_1 \cos 60° - F_2 = 0$$

解得

$$F_1 = F_2 = 0$$

同理，取节点 E，可得杆 8 和杆 9 的内力

$$F_8 = F_9 = 0$$

其次，选节点 B，杆的内力 $\boldsymbol{F}_3$ 和 $\boldsymbol{F}_4$ 未知，受力如图 1-4-18c 所示。列平衡方程

$$\sum F_y = 0, \quad F_B + F_3 \cos 30° = 0$$

$$\sum F_x = 0, \quad -F_4 - F_3 \sin 30° = 0$$

解得

$$F_3 = -0.58F(\text{受压}), \qquad F_4 = 0.29F(\text{受压})$$

由对称性，可得杆 6 和杆 7 的内力

$$F_6 = F_4 = 0.29F(\text{受压}), \quad F_7 = F_3 = -0.58F(\text{受压})$$

最后，选节点 G，杆的内力 F_5 未知，受力如图 1-4-18d 所示。列平衡方程，解得杆 5 的内力

$$\sum F_y = 0, \qquad F_5 = 0$$

Ⅲ. 题目关键点解析

在给定载荷作用下，桁架中内力为零的杆称为**零杆**。在本例中，杆 1、2、5、8、9 都是零杆。静定桁架中每根杆都是维持桁架结构稳定、承受载荷所必需的。零杆并不是结构中的多余杆，不可以随意去掉零杆。零杆只是在某种载荷作用下，不受力而已。在另一种载荷作用下，这些杆将受力，不再是零杆。

通过分析和归纳，可以得出关于零杆的简便判断方法：

1）二杆节点不受载荷作用且二杆不共线（如图 1-4-18a 桁架中的节点 C、E），则此二杆均为零杆。

2）三杆节点不受载荷作用且其中两杆共线（如图 1-4-18a 桁架中的节点 G），则第三根杆为零杆。

3）二杆节点上有一载荷作用，且载荷沿其中一根杆的轴线，则另一杆为零杆。

2. 截面法

节点法适用于求桁架全部杆件内力的场合。但在实际工程中，有时只需要计算桁架内某几个杆件所受的内力，如用节点法逐点计算往往比较麻烦。此时，可以适当地选取一截面，假想地把桁架截开，再考虑其中任一部分的平衡，求出这些被截杆件的内力，这就是截面法。

截面法实际采用的是平面任意力系求解的方法，而平面任意力系的独立平衡方程只有三个，因此在运用截面法时，被截断（暴露出未知力）的杆件一般不应超过三根。

例 1-4-8 平面桁架结构如图 1-4-19a 所示，图示各杆长度都等于 1m，$F_H=10\text{kN}$，$F_G=20\text{kN}$。求杆件 1、2、3 的内力。

Ⅰ. 题目分析

本题需求解杆件 1、2、3 的内力，宜采用截面法。先选整体为研究对象求出支座 B 处的约束力，然后在杆件 1、2、3 中间处用一截面截断，取右半部分为研究对象，即可求解。

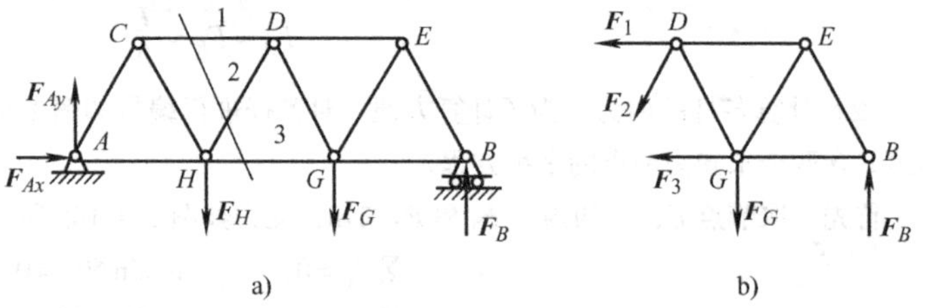

图 1-4-19 平面桁架示意图

a）平面桁架受力简图 b）右半部分受力图

Ⅱ. 题目求解

解：（1）计算支座约束力。取整体为研究对象，受力如图 1-4-19a 所示，列平衡方程

$$\sum M_A(\boldsymbol{F})=0,\ 3F_B-1\times F_H-2F_G=0$$

解得

$$F_B=16.7\text{kN}$$

（2）计算杆件 1、2、3 的内力。用一截面将杆件 1、2、3 截断，取右半部分为研究对象，受力如图 1-4-19b所示，列平衡方程

$$\sum M_D(\boldsymbol{F})=0,\quad -\frac{\sqrt{3}}{2}F_3-\frac{1}{2}F_G+\frac{3}{2}F_B=0$$

$$\sum F_y=0,\quad -F_2\cos 30°-F_G+F_B=0$$

$$\sum F_x=0,\quad -F_1-F_2\cos 60°-F_3=0$$

解得

$$F_3=17.3\text{kN}(受拉),\ F_2=-3.85\text{kN}(受压),\ F_1=-15.4\text{kN}(受压)$$

Ⅲ. 题目关键点分析

求解桁架内力时，一般首先选整体为研究对象，求出支座约束力，本题也可以求出支座A处的约束力，然后取左半部分为研究对象，可得同样的结果。若题目还要求求杆DG的内力，在求得杆件1、2内力的情况下，可取节点D用节点法求出杆DG的内力。由此可见，在实际求解桁架的内力时，还可以采用截面法和节点法结合的方法。

通过以上分析可以看出，如果求静定桁架中各杆的内力，一般选用节点法，如果求指定杆件的内力，一般选用截面法。具体分析步骤如下：

1）一般先取整体为研究对象，求出桁架的支座约束力。

2）选用节点法时，逐个选取桁架的节点为研究对象，对于平面桁架，每个节点都受平面汇交力系作用，所以每次选取的节点未知量不要超过两个。

3）选用截面法时，假想将桁架的某些杆件截断，选取的部分一般受平面任意力系作用，所以被截的杆件数一般不要多于三根。

4）只求少数杆件的内力时，可灵活选用节点法和截面法，以方便计算为原则。

5）如果桁架中有零杆，可先通过直观判断，确定出零杆后，再进行求解，这样可以简化计算。

6）画受力图时，假设各杆内力均为拉力，指向背离节点。若计算结果为正值，说明杆件受拉力；反之，说明杆件受压力。

任务实施

求如图1-4-1所示任务描述中支座A、C处的约束力和中间铰链B处的内力。

Ⅰ. 题目分析

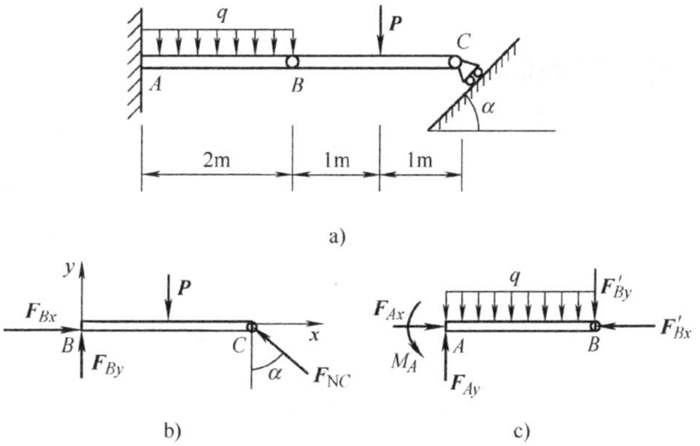

图1-4-20　多跨静定梁结构简图及受力分析

a）结构简图　b）梁BC受力图　c）梁AB受力图

本题需求解梁支座A、C处的约束力和中间铰链B处的内力，由题意可知，支座A、C处的约束力为外力，优先选择整体为研究对象，A处为固定端约束有三个未知力，支座C处为滚动铰链支座有一个未知力，共四个未知力，列平衡方程均无法求出，因此需拆分系统。首先取梁BC为研究对象，梁BC受到主动力$\boldsymbol{P}$、中间铰链B处的两个正交分力和C处垂直于支撑面的约束力（图1-4-20b），为一平面任意力系，列其平衡方程，即可求解B、C两处的约束力。再取梁AB为研究对象，其受力有主动力均布载荷q、A处为固定端约束的三个未知力和已求解的B处的两个正交分力（图1-4-20c），也为一平面任意力系，列其平衡方程，即可求出A处固定端约束的约束力，此题得解。

Ⅱ. 题目求解

解：（1）取梁BC为研究对象。受力图如图1-4-20b，列平衡方程，由

$$\sum M_B(\boldsymbol{F})=0,\quad -P\times1+F_{NC}\cos\alpha\times2=0$$

即

$$-20\text{kN}\times1+F_{NC}\cos45°\times2=0$$

解得

$$F_{NC}=14.1\text{kN}$$

由 $$\sum F_x=0,\quad F_{Bx}-F_{NC}\sin\alpha=0$$
解得 $$F_{Bx}=F_{NC}\sin\alpha=(14.1\times\sin45°)\text{kN}=10\text{kN}$$
由 $$\sum F_y=0,\quad F_{By}-P+F_{NC}\cos\alpha=0$$
解得 $$F_{By}=(20-14.1\times\cos45°)\text{kN}=10\text{kN}$$

（2）取梁 AB 为研究对象。受力图如图 1-4-20c 所示，列平衡方程

$$\sum M_A(\boldsymbol{F})=0,\quad M_A-ql\times\frac{l}{2}-F'_{By}\times2\text{m}=0$$

$$\sum F_x=0,\quad F_{Ax}-F'_{Bx}=0$$

$$\sum F_y=0,\quad F_{Ay}-2\text{m}\times q-F'_{By}=0$$

式中，$F_{Bx}=F'_{Bx}$，$F_{By}=F'_{By}$，代入数值解得

$$M_A=30\text{kN}\cdot\text{m},\ F_{Ax}=10\text{kN},\ F_{Ay}=20\text{kN}$$

Ⅲ. 题目关键点解析

求解本题的关键是正确地选择研究对象，如未知力为外力，优先选择整体为研究对象，不能求解时，再拆分系统；如未知力是内力，必须拆分系统选择研究对象，否则内力不会暴露出来。本题属于先取整体为研究对象无法求出任何一个未知外力的情况，只能拆分系统。还需注意，中间铰链 B 处是一对作用力与反作用力，即 $F_{Bx}=F'_{Bx}$，$F_{By}=F'_{By}$，切记符号不能代错。本题也可先取梁 BC 为研究对象，再取整体为研究对象，也可求解。

思考与练习

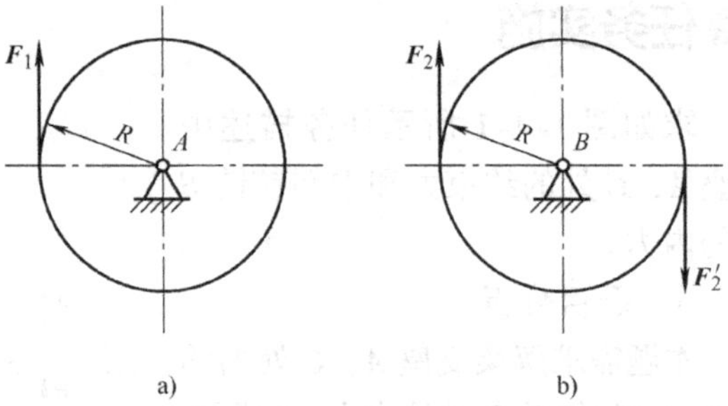

图 1-4-21　题 1 图

1. 如图 1-4-21 所示，已知 $F_2'=F_2=\frac{1}{2}F_1$，试问力 $\boldsymbol{F}_1$ 和力偶（$\boldsymbol{F}_2$，$\boldsymbol{F}'_2$）对轮的作用有何不同？

2. 平面任意力系的平衡方程能不能全部采用投影方程？为什么？

3. 在刚体上 A、B、C 三点处分别作用三个大小相等的力 $\boldsymbol{F}_1$、$\boldsymbol{F}_2$、$\boldsymbol{F}_3$，各力的方向如图 1-4-22 所示，问图所示三种情况是否平衡？为什么？

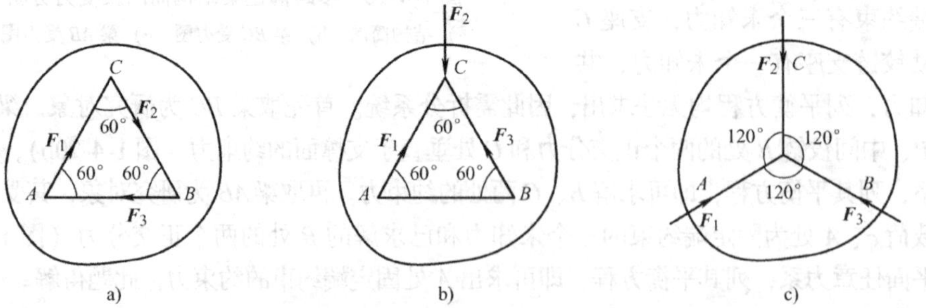

图 1-4-22　题 3 图

4. 如图 1-4-23 所示的三铰拱，在构件 AC 上作用一力 $\boldsymbol{F}$，当求铰链 A、B、C 的约束力时，能否按力的平移定理将它移到构件 BC 上？为什么？

5. 对于原力系的简化结果为一力偶的情形，主矩与简化中心的位置是否有关？为什么？

6. 主矢是否是力系的合力，为什么？

7. 对于由 n 个物体组成的物体系统，可以列出 $3n$ 个独立方程，这样的提法对吗？为什么？

8. 试判断如图 1-4-24 所示各种构件平衡问题中，哪些是静定的？哪些是超静定的？假设各接触面均为光滑，主动力均为已知。

9. 不经计算，试判断在图 1-4-25a、b、c 所示的三个桁架中，哪些是零杆？

10. 如图 1-4-26 所示，已知 q、a，且 $F=qa$、$M=qa^2$，求图中各梁的支座约束力。

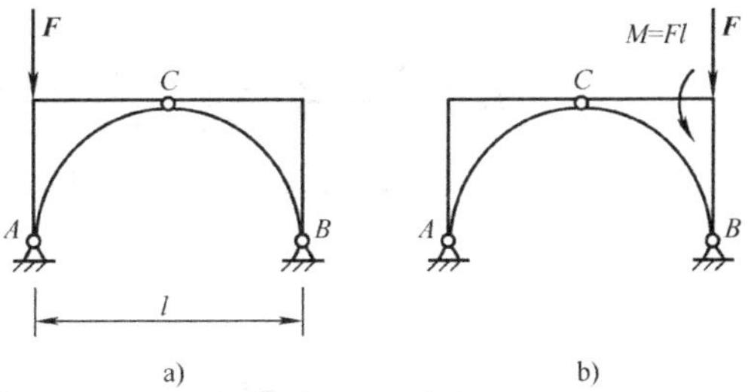

图 1-4-23　题 4 图

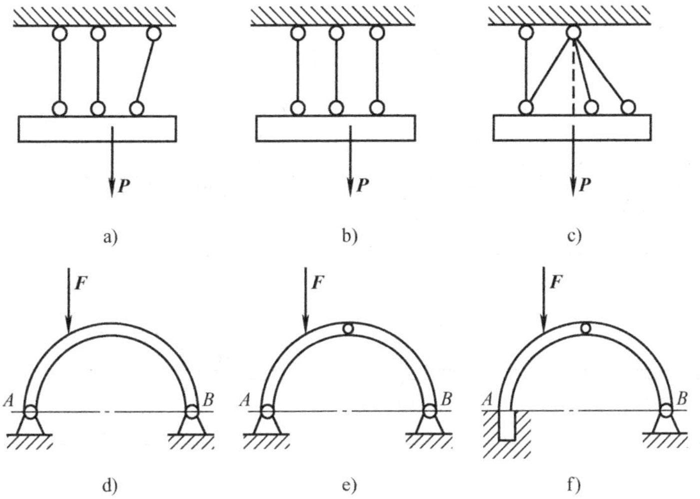

图 1-4-24　题 8 图

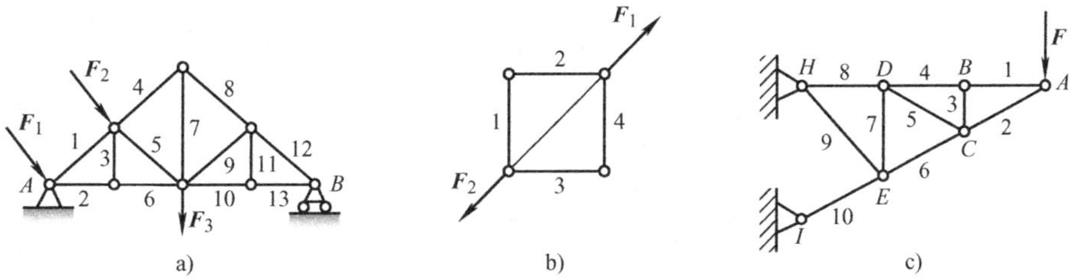

图 1-4-25　题 9 图

11. 如图 1-4-27 所示，组合梁的载荷及尺寸：均布载荷 $q=30\text{kN/m}$，集中力 $F=10\text{kN}$，集中力偶 $M=20\text{kN}\cdot\text{m}$，$a=3\text{m}$。求支座约束力和中间铰链的约束力。

12. 四连杆机构如图 1-4-28 所示，已知 $OA=0.4\text{m}$，$O_1B=0.6\text{m}$，$M_1=1\text{N}\cdot\text{m}$。各杆自重不计。机构在图示位置平衡时，求力偶 M_2 的大小和杆 AB 所受的力。

13. 如图 1-4-29 所示为汽车起重机示意图。已知车重 $G_Q=26\text{kN}$，臂重 $G=4.5\text{kN}$，起重机旋转及固定部分的重量 $G_W=31\text{kN}$。试求图示位置汽车不致翻倒的最大起重量 G_P。

14. 如图 1-4-30 所示传动机构，已知带轮Ⅰ、Ⅱ的半径各为 r_1、r_2，鼓轮半径为 r，物体 A 重为 P，两轮的重心均位于转轴上。求匀速提升重物 A 时在轮Ⅰ上所需施加的力偶 M 的大小。

15. 平面桁架如图 1-4-31 所示，试用截面法计算各杆 1、2、3 的内力。

16. 试求图 1-4-32 所示各平面刚架支座的约束力，不计刚架自重。

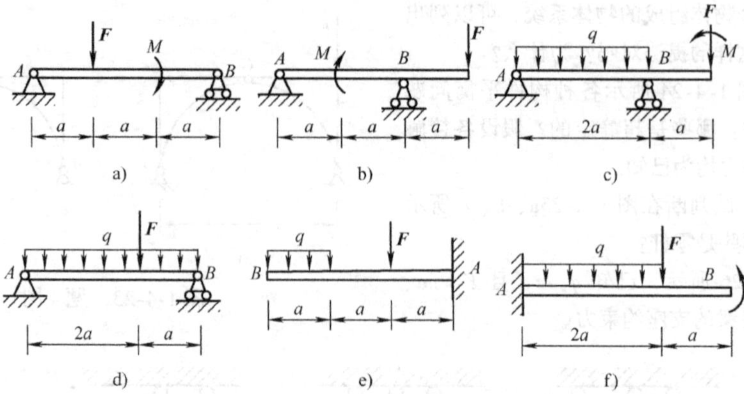

图 1-4-26　题 10 图

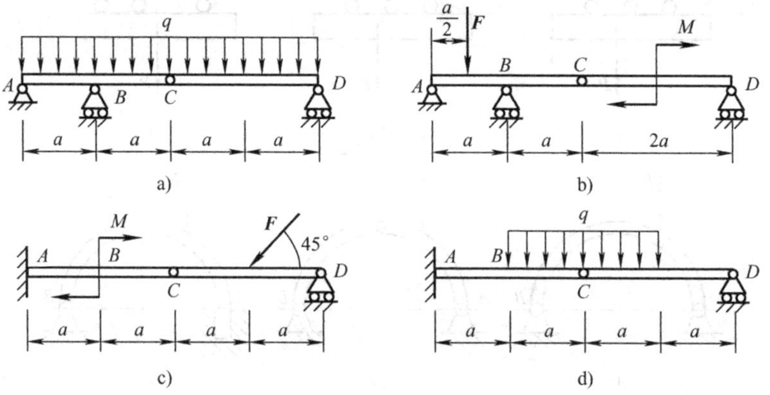

图 1-4-27　题 11 图

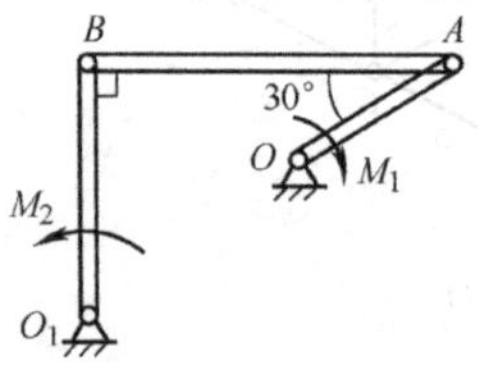

图 1-4-28　题 12 图

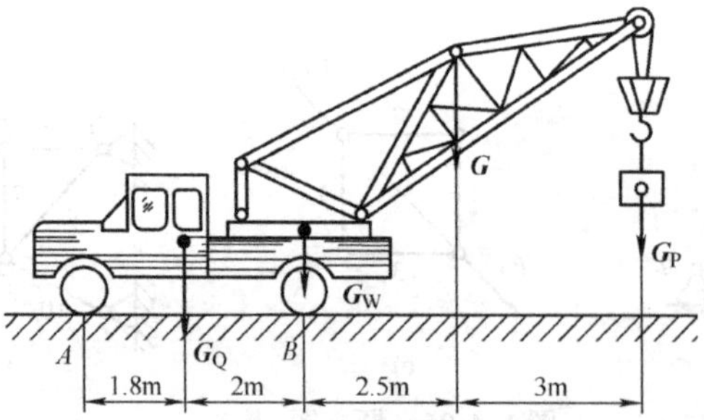

图 1-4-29　题 13 图

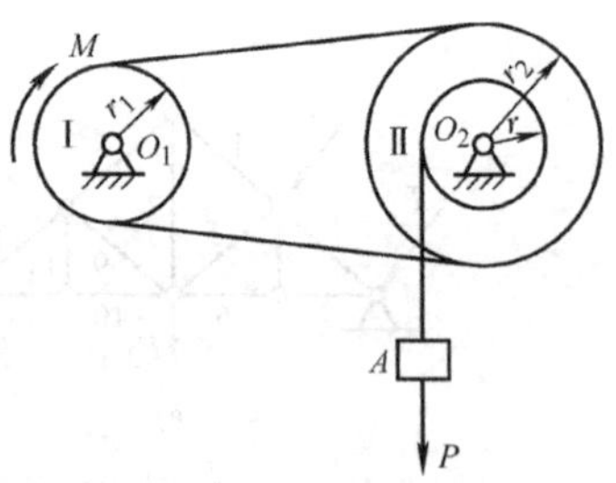

图 1-4-30　题 14 图

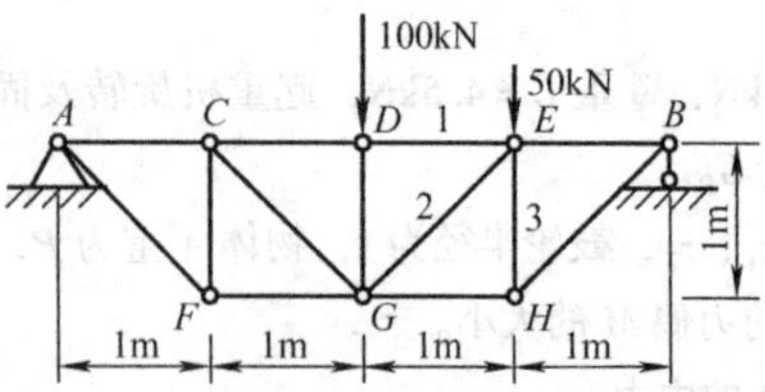

图 1-4-31　题 15 图

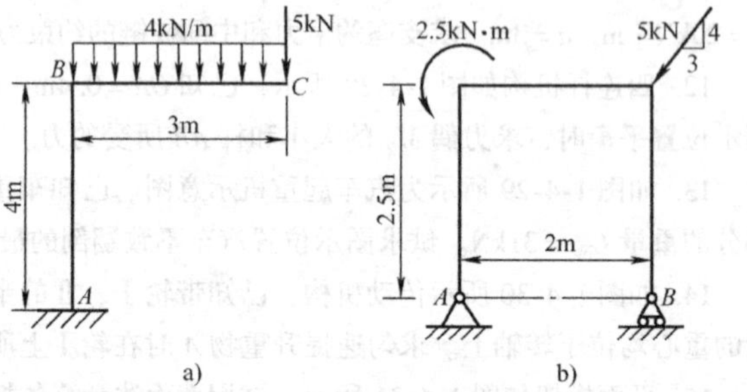

图 1-4-32　题 16 图

任务五　空 间 力 系

任务描述

有一起重绞车的鼓轮轴如图 1-5-1 所示。已知 $W=10\text{kN}$，$b=c=30\text{cm}$，$a=20\text{cm}$，大齿轮半径 $R=20\text{cm}$，在最高处 E 点受 $\boldsymbol{F}_n$ 的作用，$\boldsymbol{F}_n$ 与齿轮分度圆切线之夹角为 $\alpha=20°$，鼓轮半径 $r=10\text{cm}$，A、B 两端为深沟球轴承。试求齿轮作用力 $\boldsymbol{F}_n$ 以及 A、B 两轴承受的压力。

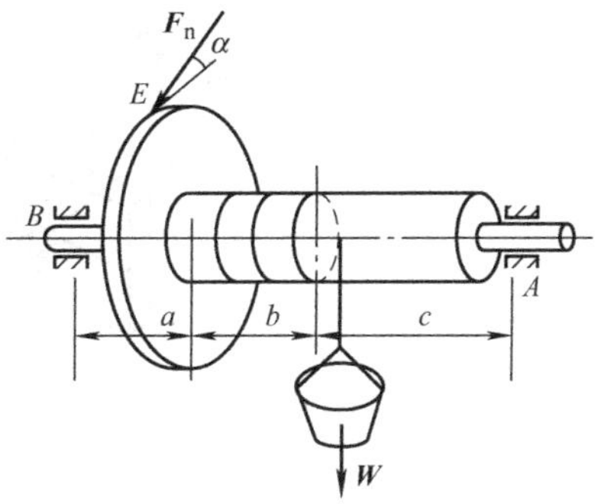

图 1-5-1　鼓轮轴工作图

任务分析

学习空间力系的合成与平衡的方法，掌握空间力对点之矩、空间力对轴之矩的概念，掌握空间力系的简化结果的几种情形。学习空间各种力系的平衡条件及平衡方程，掌握空间力系的平面解法，学习重心的概念及工程应用。

知识准备

工程中常见物体所受各力的作用线并不都在同一平面内，而是空间分布的，则该力系称为空间力系。如图 1-5-2a 所示的桅杆起重机、图 1-5-2b 所示的脚踏拉杆以及图 1-5-2c 所示的手摇钻等，都是空间力系的实例。本任务将研究空间力系的简化和平衡问题。

一、力在空间直角坐标轴上的投影

力在空间直角坐标轴上的投影有两种运算方法，即直接投影法和二次投影法。

1. 直接投影法

若已知力 $\boldsymbol{F}$ 与正交坐标系 $Oxyz$ 三轴间的夹角分别为 α、β、γ，如图 1-5-3 所示，则力在三个轴上的投影等于力矢 $\boldsymbol{F}$ 的大小乘以与各轴夹角的余弦，即

$$\left.\begin{aligned}F_x&=F\cos\alpha\\F_y&=F\cos\beta\\F_z&=F\cos\gamma\end{aligned}\right\}\qquad(1\text{-}5\text{-}1)$$

与平面的情况相同，规定当力的起点投影与力的终点投影的连线方向与坐标轴正向一致时取正号；反之，取负号。

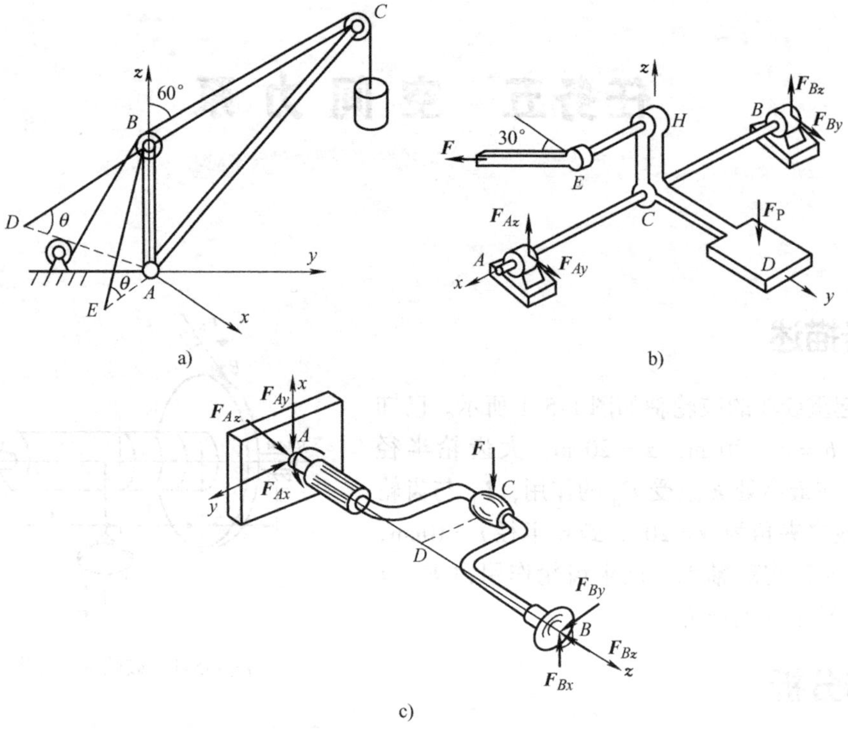

图 1-5-2 空间力系实例

a）桅杆起重机示意图 b）脚踏拉杆示意图 c）手摇钻示意图

2. 二次投影法

当已知力 $\boldsymbol{F}$ 与坐标轴 Oz 间的夹角 γ，可把力 $\boldsymbol{F}$ 先分解到坐标平面 Oxy 上，得到分力 $\boldsymbol{F}_{xy}$，然后再把这个分力投影到 Ox、Oy 轴上。在图 1-5-4 中，已知角 γ 和 φ，则力矢 $\boldsymbol{F}$ 在三个坐标轴上的投影分别为

$$\left.\begin{aligned} F_x &= F\sin\gamma\cos\varphi \\ F_y &= F\sin\gamma\sin\varphi \\ F_z &= F\cos\gamma \end{aligned}\right\} \tag{1-5-2}$$

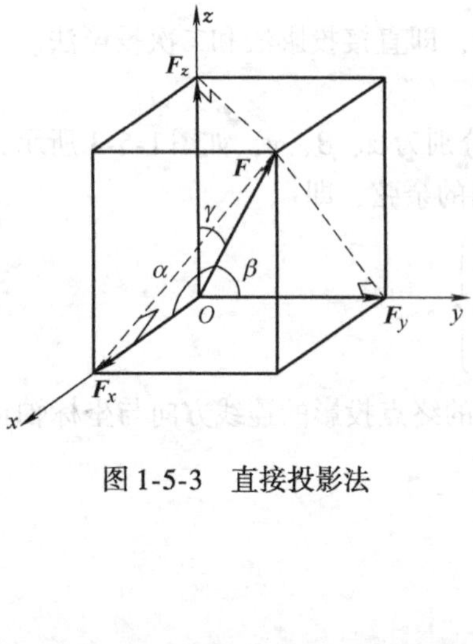

图 1-5-3 直接投影法

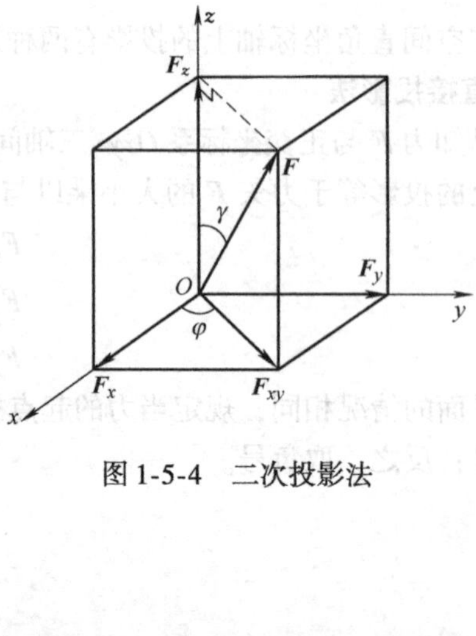

图 1-5-4 二次投影法

应当指出：力在轴上的投影是代数量，而力在平面上的投影为矢量。这是因为力在平面上的投影不能像在坐标轴上的投影那样简单地用正负号来表征，而必须用矢量来表示。

若已知力 $\boldsymbol{F}$ 在坐标轴的投影，则该力的大小和方向为

$$\left.\begin{aligned} F &= \sqrt{F_x^2 + F_y^2 + F_z^2} \\ \cos\alpha &= \frac{F_x}{F} \\ \cos\beta &= \frac{F_y}{F} \\ \cos\gamma &= \frac{F_z}{F} \end{aligned}\right\} \tag{1-5-3}$$

二、空间力对点的矩和力对轴的矩

1. 空间力对点的矩

对于平面力系，用代数量表示力对点的矩足以概括它的全部要素。但是在空间的情况下，不仅要考虑力矩的大小、转向，而且还要注意力与矩心所组成的平面的方位。方位不同，即使力矩大小一样，作用效果将完全不同。例如，作用在飞机尾部铅垂舵和水平舵上的力，对飞机绕重心转动的效果不同，前者能使飞机转弯，而后者则能使飞机发生俯仰。

因此，在研究空间力系时，必须引入力对点的矩这个概念，它除了包括力矩的大小和转向外，还应包括力的作用线与矩心所组成的平面的方位。这个矩用一个矢量表示，矢量的模等于力的大小与矩心到力作用线的垂直距离 h（力臂）的乘积，矢量的方位和该力与矩心组成的平面的法线的方位相同，矢量的指向由右手螺旋规则来确定，如图 1-5-5 所示。由矢量代数有

$$\boldsymbol{M}_O(\boldsymbol{F}) = \boldsymbol{r} \times \boldsymbol{F} \tag{1-5-4}$$

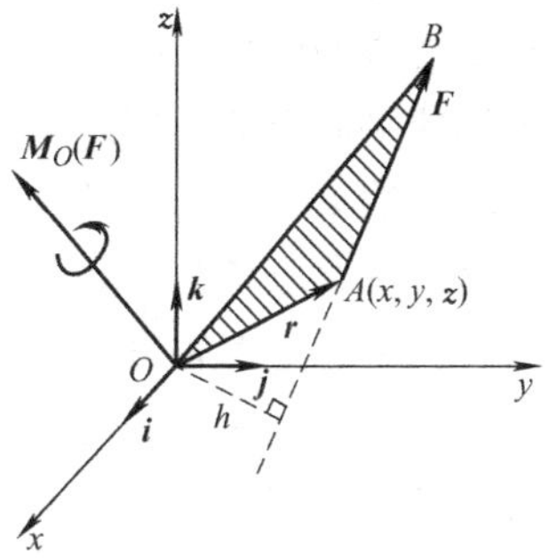

图 1-5-5　空间力对点之矩

式中，$\boldsymbol{M}_O(\boldsymbol{F})$ 为力 $\boldsymbol{F}$ 对点 O 的矩矢量；$\boldsymbol{r}$ 表示矩心 O 到力的作用点 A 的矢径。即力对点的矩矢等于矩心到该力作用点的矢径与该力的矢量积。

若以矩心 O 为原点，作空间直角坐标系 $Oxyz$，如图 1-5-5 所示，令 $\boldsymbol{i}$、$\boldsymbol{j}$、$\boldsymbol{k}$ 分别为坐标轴 x、y、z 方向的单位矢量。设力作用点 A 的坐标为 $A(x、y、z)$，力在三个坐标轴上的投影分别为 F_x、F_y、F_z，则矢径 $\boldsymbol{r}$ 和力 $\boldsymbol{F}$ 分别为

$$\boldsymbol{r} = x\boldsymbol{i} + y\boldsymbol{j} + z\boldsymbol{k}$$
$$\boldsymbol{F} = F_x\boldsymbol{i} + F_y\boldsymbol{j} + F_z\boldsymbol{k}$$

代入式(1-5-4)，并采用行列式形式，得

$$\begin{aligned} \boldsymbol{M}_O(\boldsymbol{F}) = \boldsymbol{r} \times \boldsymbol{F} &= \begin{vmatrix} \boldsymbol{i} & \boldsymbol{j} & \boldsymbol{k} \\ x & y & z \\ F_x & F_y & F_z \end{vmatrix} \\ &= (yF_z - zF_y)\boldsymbol{i} + (zF_x - xF_z)\boldsymbol{j} + (xF_y - yF_x)\boldsymbol{k} \end{aligned} \tag{1-5-5}$$

由于力矩矢量 $\boldsymbol{M}_O(\boldsymbol{F})$ 的大小和方向都与矩心 O 的位置有关，故力矩矢的始端必须在矩心，不可任意挪动，该矢量为定位矢量。

2. 力对轴的矩

工程中，经常遇到刚体绕定轴转动的情形，为了度量力对绕定轴转动刚体的作用效果，必须了解力对轴的矩的概念。如图 1-5-6a 所示，门上作用一力 $\boldsymbol{F}$，使其绕固定轴 z 转动。现将力 $\boldsymbol{F}$ 分解为平行于 z 轴的分力 $\boldsymbol{F}_z$ 和垂直于 z 轴的分力 $\boldsymbol{F}_{xy}$。由经验可知，分力 $\boldsymbol{F}_z$ 不能使静止的门绕 z 轴转动，只有分力 $\boldsymbol{F}_{xy}$ 才能使静止的门绕 z 轴转动。我们用符号 $M_z(\boldsymbol{F})$ 表示力 $\boldsymbol{F}$ 对 z 轴的矩，是一个代数量。

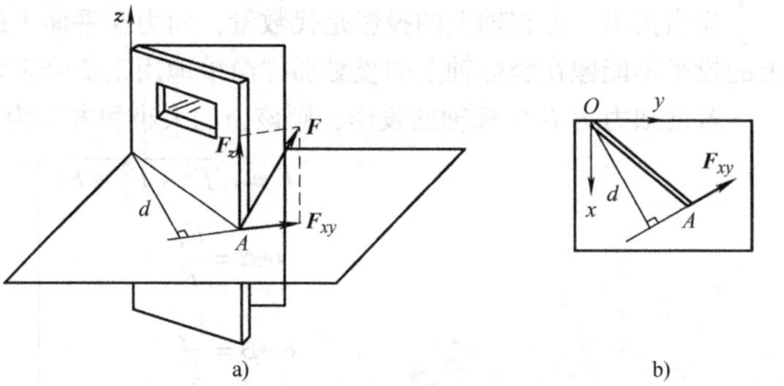

图 1-5-6　力对轴之矩示意图

a）门受力分解示意图　b）力对轴之间简化示意图

由于分力 $\boldsymbol{F}_z$ 不能使静止的门绕 z 轴转动，只有分力 $\boldsymbol{F}_{xy}$ 才能使静止的门绕 z 轴转动，所以，$\boldsymbol{F}$ 对 z 轴的矩就转变为 xy 平面内 $\boldsymbol{F}_{xy}$ 对 O 点的矩（图 1-5-6b）：

$$M_z(\boldsymbol{F}) = M_O(\boldsymbol{F}_{xy}) = \pm F_{xy}d \tag{1-5-6}$$

可见，力对轴的矩可定义如下：力对轴的矩是力使刚体绕该轴转动效应的度量，是一个代数量，其绝对值等于该力在垂直于该轴的平面上的投影对于这个平面与该轴的交点之矩的大小。从轴正端来看，若力的这个投影使物体绕该轴按逆时针转向取正号，反之取负号。也可按右手螺旋规则确定其正负号，伸出右手，手心对着轴线，四指沿力的作用线再弯曲握轴，拇指指向与 z 轴正向一致的力矩为正，反之为负。如图 1-5-7 所示。力对轴之矩的单位与力对点之矩的单位相同，国际单位制单位为 N · m。

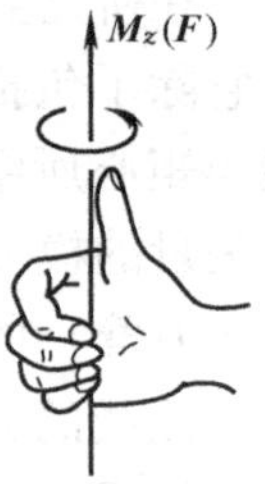

图 1-5-7　右手螺旋规则

由式(1-5-6) 可知：当力与轴相交（此时 $d=0$）以及力与轴平行时（此时 $|\boldsymbol{F}_{xy}|=0$），即当力与轴在同一平面时，力对轴的矩一定等于零。

3. 合力矩定理

与平面力系相同，空间力系也有合力矩定理，**即一空间力系的合力 $\boldsymbol{F}_R$ 对某一轴之矩等于力系中各分力对同一轴之矩的代数和**，表达式为

$$\left.\begin{aligned}M_x(\boldsymbol{F}_R) &= M_x(\boldsymbol{F}_1) + M_x(\boldsymbol{F}_2) + \cdots + M_x(\boldsymbol{F}_n) = \sum M_x(\boldsymbol{F})\\ M_y(\boldsymbol{F}_R) &= M_y(\boldsymbol{F}_1) + M_y(\boldsymbol{F}_2) + \cdots + M_y(\boldsymbol{F}_n) = \sum M_y(\boldsymbol{F})\\ M_z(\boldsymbol{F}_R) &= M_z(\boldsymbol{F}_1) + M_z(\boldsymbol{F}_2) + \cdots + M_z(\boldsymbol{F}_n) = \sum M_z(\boldsymbol{F})\end{aligned}\right\} \tag{1-5-7}$$

4. 力对点的矩与力对通过该点的轴的矩的关系

由力对点的矩式(1-5-5) 可知，单位矢量 $\boldsymbol{i}$、$\boldsymbol{j}$、$\boldsymbol{k}$ 前面的三个系数，应分别表示力对点的矩矢 $\boldsymbol{M}_O(\boldsymbol{F})$ 在三个坐标轴上的投影，即

$$\left.\begin{aligned}[\boldsymbol{M}_O(\boldsymbol{F})]_x &= yF_z - zF_y \\ [\boldsymbol{M}_O(\boldsymbol{F})]_y &= zF_x - xF_z \\ [\boldsymbol{M}_O(\boldsymbol{F})]_z &= xF_y - yF_x\end{aligned}\right\} \tag{1-5-8}$$

比较式(1-5-7) 与式(1-5-8)，可见

$$\left.\begin{aligned}[\boldsymbol{M}_O(\boldsymbol{F})]_x &= M_x(\boldsymbol{F}) \\ [\boldsymbol{M}_O(\boldsymbol{F})]_y &= M_y(\boldsymbol{F}) \\ [\boldsymbol{M}_O(\boldsymbol{F})]_z &= M_z(\boldsymbol{F})\end{aligned}\right\} \tag{1-5-9}$$

式(1-5-9) 说明：力对点的矩矢在通过该点的某轴上的投影，等于力对该轴的矩。

例 1-5-1 手柄 $ABCE$ 在平面 Axy 内，在 D 处作用一个力 $\boldsymbol{F}$，如图 1-5-8 所示，它在垂直于 y 轴的平面内，偏离铅直线的角度为 θ。如果 $\overline{CD}=a$，杆 BC 平行于 x 轴，杆 CE 平行于 y 轴，AB 和 BC 的长度都等于 l。试求力 $\boldsymbol{F}$ 对 x、y 和 z 三轴的矩。

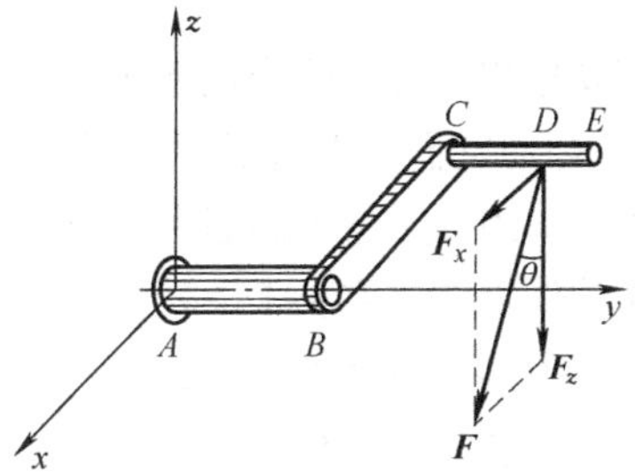

图 1-5-8 手柄结构示意图

Ⅰ. 题目分析

此题是一个关于力对轴的矩的问题。图示情况直接求矩力臂不易计算，可将力 $\boldsymbol{F}$ 沿坐标轴分解为 $\boldsymbol{F}_x$ 和 $\boldsymbol{F}_z$ 两个分力，根据空间力系的合力矩定理，分别列方程求解。

Ⅱ. 题目求解

解：(1) 将力沿坐标轴分解。将力 $\boldsymbol{F}$ 沿坐标轴分解为 $\boldsymbol{F}_x$ 和 $\boldsymbol{F}_z$ 两个分力，其中 $F_x=F\sin\theta$，$F_z=F\cos\theta$。

(2) 根据合力矩定理，列方程求解。根据合力矩定理，力 $\boldsymbol{F}$ 对轴的矩等于分力 $\boldsymbol{F}_x$ 和 $\boldsymbol{F}_z$ 对同一轴的矩的代数和。注意到力与轴平行或相交时的矩为零，于是有

$$\begin{aligned}M_x(\boldsymbol{F}) &= M_x(\boldsymbol{F}_z) = -F_z(\overline{AB}+\overline{CD}) \\ &= -F(l+a)\cos\theta\end{aligned}$$

$$\begin{aligned}M_y(\boldsymbol{F}) &= M_y(\boldsymbol{F}_z) = -F_z\overline{BC} \\ &= -Fl\cos\theta\end{aligned}$$

$$\begin{aligned}M_z(\boldsymbol{F}) &= M_z(\boldsymbol{F}_x) = -F_x(\overline{AB}+\overline{CD}) \\ &= -F(l+a)\sin\theta\end{aligned}$$

Ⅲ. 题目关键点解析

在求解关于空间力对轴的矩的问题时，应正确判断力与轴的空间位置关系，注意力与轴共面时，力对轴之矩为零。还需要注意力对轴之矩为一代数量，根据右手螺旋规则正确判断其正负号，当力臂不方便求出时应采用合力矩定理求解。

三、空间任意力系的简化和平衡

1. 空间任意力系的简化

设刚体上作用有空间任意力系 $\boldsymbol{F}_1$，$\boldsymbol{F}_2$，…，$\boldsymbol{F}_n$，如图 1-5-9 所示，应用力的平移定理，依次将作用于刚体上的每个力向简化中心 O 平移，同时附加一个相应的力偶。

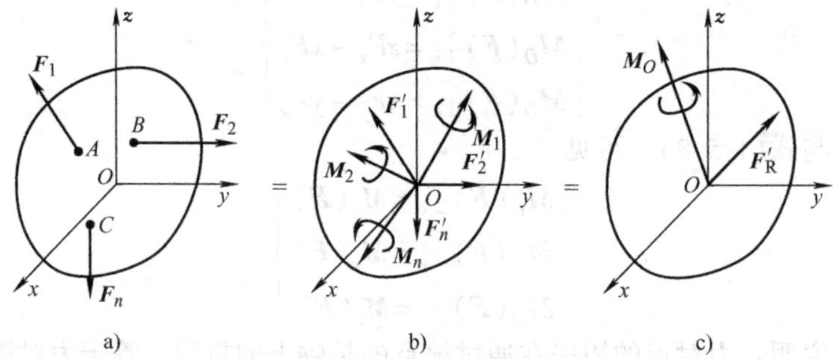

图 1-5-9　空间任意力系的简化

a）空间任意力系　b）向简化中心 O 平移　c）力系的简化结果

需要指出：对空间力偶来讲，如果两个力偶的作用面不相互平行（即作用面的法线不相互平行），即使它们的力偶矩大小相等，这两个力偶对物体的作用效果也不同。可见，空间力偶对刚体的作用除了与力偶矩大小有关外，还与其作用面的方位及力偶的转向有关。即空间力偶对刚体的作用效果取决于下列三个因素：①力偶矩的大小；②力偶作用面的方位；③力偶的转向。空间力偶的三个因素可以用一个矢量表示，矢量的长度表示力偶矩的大小，其大小 $M=Fd$，矢量的方位与力偶作用面的法线方位相同，矢量的指向与力偶转向的关系服从右手螺旋规则。即如以力偶的转向为右手四指螺旋的转动方向，则螺旋前进的方向即为矢量的指向（图 1-5-10b）。我们称该矢量为力偶矩矢，记作 $\boldsymbol{M}$。

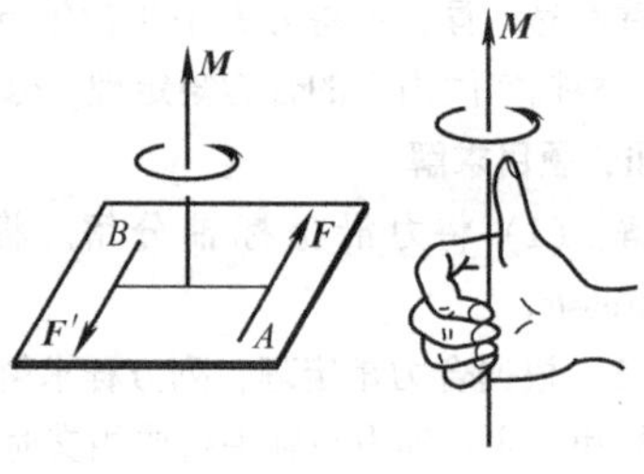

图 1-5-10　空间力偶的方位

a）空间力偶　b）右手螺旋规则

这样，原来的空间任意力系被空间汇交力系和空间力偶系两个简单力系等效替换，如图 1-5-9b 所示。作用于点 O 的空间汇交力系可合成一个力 $\boldsymbol{F}'_R$（图 1-5-9c），此力的作用线通过点 O，其大小和方向等于原力系的主矢，即

$$\boldsymbol{F}'_R=\sum \boldsymbol{F}'_i=\sum \boldsymbol{F}_i \tag{1-5-10}$$

空间分布的力偶系可合成为一力偶（图 1-5-9c）。以 $\boldsymbol{M}_O$ 表示其力偶矩矢，它等于各附加力偶矩矢的矢量和，又等于各力对于点 O 之矩的矢量和，即原力系对点 O 的主矩

$$\boldsymbol{M}_O=\sum \boldsymbol{M}_i=\sum \boldsymbol{M}_O(\boldsymbol{F}_i) \tag{1-5-11}$$

即空间任意力系向任一点 O 简化，可得一个力和一力偶。这个力的大小和方向等于该力系的主矢，作用线通过简化中心 O。该力偶的矩矢等于该力系对简化中心的主矩。与平面任意力系一样，主矢与简化中心的位置无关，主矩一般与简化中心的位置有关。

力系主矢的大小和方向余弦为

$$\left.\begin{aligned}&F'_R=\sqrt{F_{Rx}^2+F_{Ry}^2+F_{Rz}^2}=\sqrt{(\sum F_x)^2+(\sum F_y)^2+(\sum F_z)^2}\\&\cos\alpha=\frac{F_{Rx}}{F_R},\ \cos\beta=\frac{F_{Ry}}{F_R},\ \cos\gamma=\frac{F_{Rz}}{F_R}\end{aligned}\right\} \tag{1-5-12}$$

力系对点 O 的主矩的大小和方向余弦为

$$
\left.\begin{aligned}
M_O &= \sqrt{M_{Ox}^2 + M_{Oy}^2 + M_{Oz}^2} = \sqrt{[\sum M_x(\boldsymbol{F})]^2 + [\sum M_y(\boldsymbol{F})]^2 + [\sum M_z(\boldsymbol{F})]^2} \\
\cos\alpha &= \frac{M_{Ox}}{M_O},\ \cos\beta = \frac{M_{Oy}}{M_O},\ \cos\gamma = \frac{M_{Oz}}{M_O}
\end{aligned}\right\} \tag{1-5-13}
$$

2. 空间任意力系简化结果分析

空间任意力系向一点简化可能出现下列四种情况，即：①$\boldsymbol{F}'_R=0$，$\boldsymbol{M}_O\neq0$；②$\boldsymbol{F}'_R\neq0$，$\boldsymbol{M}_O=0$；③$\boldsymbol{F}'_R\neq0$，$\boldsymbol{M}_O\neq0$；④$\boldsymbol{F}'_R=0$，$\boldsymbol{M}_O=0$。现分别予以讨论。

（1）空间任意力系简化为一合力偶的情形

当空间任意力系向任一点简化时，若主矢 $\boldsymbol{F}'_R=0$，主矩 $\boldsymbol{M}_O\neq0$，这时简化结果为一力偶。显然，该力偶与原力系等效，称此力偶为原力系的合力偶，该合力偶矩矢等于原力系对简化中心的主矩。由于力偶矩矢与矩心位置无关，因此，在这种情况下，主矩与简化中心的位置无关。

（2）空间任意力系简化为一合力的情形·合力矩定理

当空间任意力系向任一点简化时，若主矢 $\boldsymbol{F}'_R\neq0$，而主矩 $\boldsymbol{M}_O=0$，这时为一力。显然，该力与原力系等效，即原力系合成为一合力，合力的作用线通过简化中心 O，其大小和方向等于原力系的主矢。

若空间任意力系向任一点简化的结果为主矢 $\boldsymbol{F}'_R\neq0$，又主矩 $\boldsymbol{M}_O\neq0$，且 $\boldsymbol{F}'_R\perp\boldsymbol{M}_O$，如图1-5-11a所示。这时，力 $\boldsymbol{F}'_R$和力偶矩矢为 $\boldsymbol{M}_O$ 的力偶（$\boldsymbol{F}'_R$、$\boldsymbol{F}_R$）在同一平面内，如图1-5-11b所示，如平面任意力系简化那样，可将力 $\boldsymbol{F}'_R$和力偶矩矢 $\boldsymbol{M}_O(\boldsymbol{F}'_R、\boldsymbol{F}_R)$ 进一步简化，得作用于点 O'的一个力 $\boldsymbol{F}_R$，如图1-5-11c所示。此力即为原力系的合力，其大小和方向等于原力系的主矢，其作用线离简化中心 O 的距离为

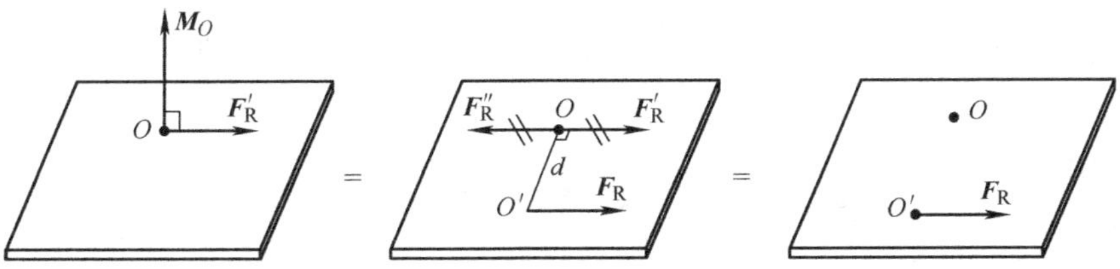

图1-5-11　主矢主矩垂直关系示意图

a）主矢⊥主矩　b）主矢与主矩进一步合成　c）合成为合力

$$
d = \frac{|\boldsymbol{M}_O|}{F'_R} \tag{1-5-14}
$$

由图1-5-11c可知，合力 $\boldsymbol{F}_R$对点 O 的矩 $\boldsymbol{M}_O$，等于图1-5-11a中的主矩 $\boldsymbol{M}_O$，即

$$
\boldsymbol{M}_O(\boldsymbol{F}_R) = \boldsymbol{M}_O = \sum \boldsymbol{r}_i \times \boldsymbol{F}_i = \sum \boldsymbol{M}_O(\boldsymbol{F}_i) \tag{1-5-15}
$$

即空间任意力系的合力对于任一点的矩等于各分力对同一点的矩的矢量和。这就是**空间任意力系的合力矩定理**。再由空间力对点之矩和力对轴之矩的关系，得空间任意力系的合力对于任一轴的矩等于各分力对同一轴的矩的代数和。

（3）空间任意力系简化为力螺旋的情形

如果空间任意力系向一点简化后，主矢和主矩都不等于零，且 $\boldsymbol{F}'_R /\!/ \boldsymbol{M}_O$，这种结果被称为力螺旋，如图1-5-12所示。所谓力螺旋是由一力和一力偶组成的力系，其中力的作用线

垂直于力偶的作用面。例如，钻孔时的钻头对工件的作用，以及拧螺钉时旋具对螺钉的作用都是力螺旋。

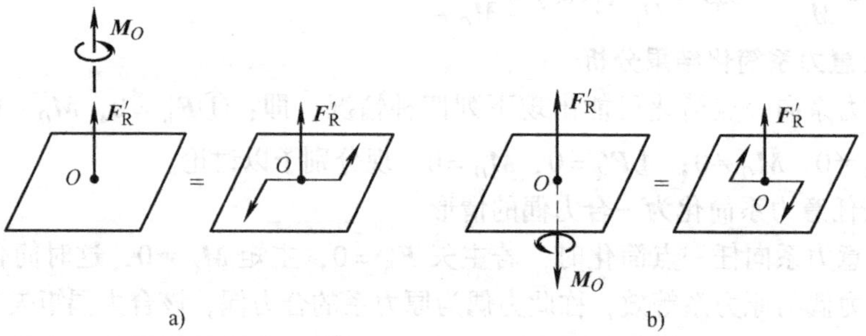

图 1-5-12　主矢、主矩平行关系示意图

a）主矢与主矩同向——右螺旋　b）主矢与主矩反向——左螺旋

力螺旋是由静力学的两个基本要素——力和力偶组成的最简单的力系，不能再进一步合成。力偶的转向和力的指向符合右手螺旋规则的称为右螺旋（图 1-5-12a)，否则称为左螺旋（图 1-5-12b)。力螺旋的力作用线称为该力螺旋的中心轴。在上述情形下，中心轴通过简化中心。

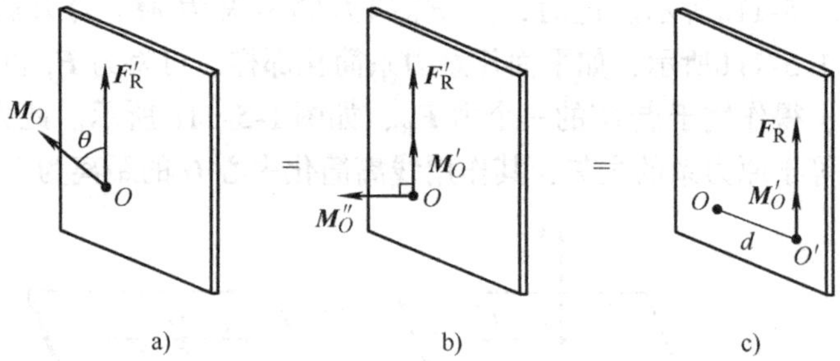

图 1-5-13　主矢主矩间存在夹角关系示意图

a）主矢与主矩间存在夹角　b）主矩正交分解　c）作用于 O' 的力螺旋

如果 $F'_R \neq 0$，$M_O \neq 0$，且两者既不平行，又不垂直，如图 1-5-13a 所示。此时可将 M_O 分解为两个分力偶 M'_O 与 M''_O，它们分别平行于 F'_R 和垂直于 F'_R，如图 1-5-13b 所示，则 M''_O 和 F'_R 可用作用于点 O' 的力 F_R 来代替。

由于力偶矩矢是自由矢量，故可将 M'_O 平行移动，使之与 F_R 共线。这样便得一力螺旋，其中心轴不在简化中心 O，而是通过另一点 O'，如图 1-5-13c 所示。O 和 O' 两点间的距离为

$$d = \frac{|M''_O|}{F'_R} = \frac{M_O \sin\theta}{F'_R} \tag{1-5-16}$$

（4）空间任意力系简化为平衡的情形

当空间任意力系向任一点简化时，若主矢主矩均为零，即 $F'_R = 0$，$M_O = 0$，力系和零力系等效，空间任意力系平衡，将在下面详细讨论。

3. 空间任意力系的平衡条件及平衡方程

当空间任意力系向任一点简化时，若主矢、主矩均为零，力系和零力系等效，空间任意力系平衡，由此得到**空间任意力系处于平衡状态的必要和充分条件是：该力系的主矢和对于任一点的主矩都等于零**。即

$$F'_R = 0,\quad M_O = 0 \tag{1-5-17}$$

根据式(1-5-12)、式(1-5-13)，可将上述条件写为

$$\left.\begin{aligned}\sum F_x=0\\\sum F_y=0\\\sum F_z=0\\\sum M_x(\boldsymbol{F})=0\\\sum M_y(\boldsymbol{F})=0\\\sum M_z(\boldsymbol{F})=0\end{aligned}\right\}\tag{1-5-18}$$

式(1-5-18）称为**空间任意力系的平衡方程**。也即空间任意力系平衡的充分和必要条件是：所有各力在三个坐标轴中每一个轴上的投影的代数和等于零，各力对于每一个坐标轴之矩的代数和也等于零。

由于只有六个独立的平衡方程，所以在求解空间任意力系的平衡问题时，对每个研究对象只能解出六个未知量。

4. 空间特殊力系的平衡方程

空间任意力系是最普遍的力系，其平衡方程包含了各种特殊力系的平衡规律，由空间任意力系的平衡方程式(1-5-18）可得出空间特殊力系的平衡方程。

1）空间汇交力系的平衡方程。如果使坐标轴的原点与各力的汇交点重合，则式(1-5-18）中的$\sum M_x(\boldsymbol{F})\equiv\sum M_y(\boldsymbol{F})\equiv\sum M_z(\boldsymbol{F})\equiv0$，则空间汇交力系的平衡方程为

$$\left.\begin{aligned}\sum F_x=0\\\sum F_y=0\\\sum F_z=0\end{aligned}\right\}\tag{1-5-19}$$

2）空间平行力系的平衡方程。如果使 z 轴与各力平行，则式(1-5-18）中的$\sum F_x\equiv0$，$\sum F_y\equiv0$，$\sum M_z(\boldsymbol{F})\equiv0$，则空间平行力系的平衡方程为

$$\left.\begin{aligned}\sum F_z=0\\\sum M_x(\boldsymbol{F})=0\\\sum M_y(\boldsymbol{F})=0\end{aligned}\right\}\tag{1-5-20}$$

3）空间力偶系。对空间力偶系来说，式(1-5-18）中$\sum F_x\equiv0$，$\sum F_y\equiv0$，$\sum F_z\equiv0$，则空间力偶系的平衡方程为

$$\left.\begin{aligned}\sum M_x=0\\\sum M_y=0\\\sum M_z=0\end{aligned}\right\}\tag{1-5-21}$$

5. 空间力系平衡问题举例

求解空间力系的平衡问题的基本方法和步骤与平面力系平衡问题相同，也分为三个步骤：

1）选取研究对象，建立适当的坐标系，并画出受力图。表1-5-1列出了常见的空间约束及其简图、约束力的画法；

2）根据所选坐标系，灵活列出平衡方程，尽量一个方程包含一个未知数，不解联立方程；

3）给出明确的结论，说明所求力的大小和方向。求解问题的关键是正确选取研究对象、正确画出受力图、灵活建立坐标系。

表 1-5-1　常见的空间约束及简图

约束类型		简图	约束反力
径向轴承	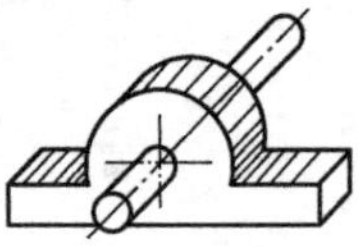		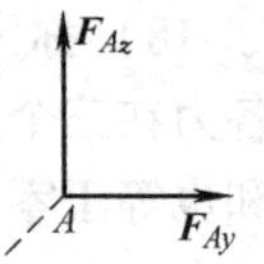
柱销铰链	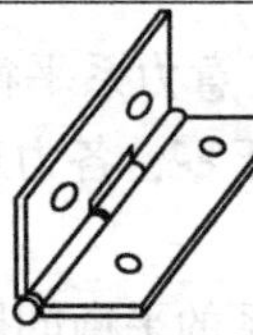 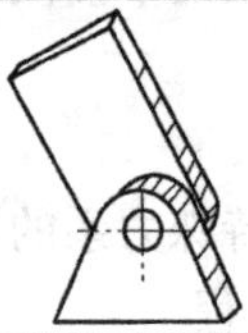		
导向轴承	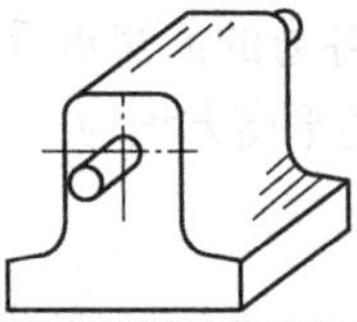		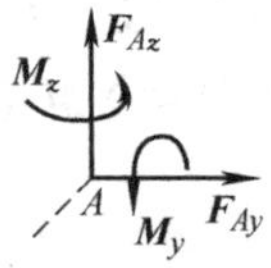
球形铰	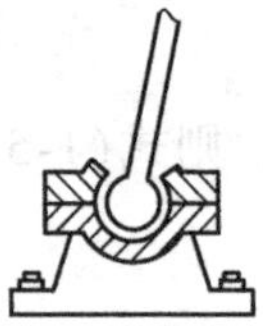		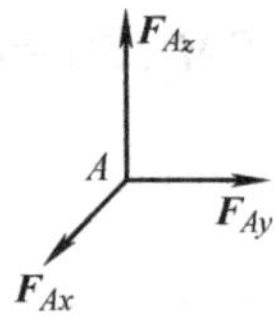
推力轴承	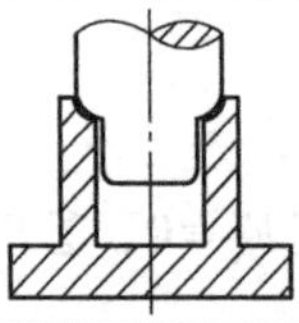	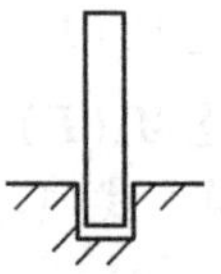	
固定端	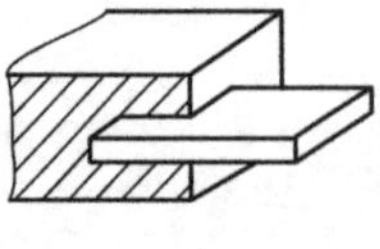	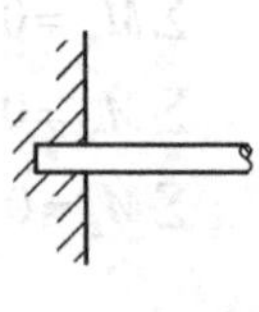	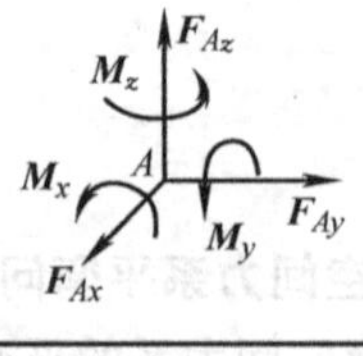

例 1-5-2　如图 1-5-14a 所示，用起重杆吊起重物。起重杆的 A 端用球铰链固定在地面上，而 B 端则用绳 CB 和 DB 拉住，两绳分别系在墙上，连线 CD 平行于 x 轴。已知：$CE=EB=DE$，$\theta=30°$，CDB 平面与水平面间的夹角 $\angle EBF=30°$（图 1-5-14b），物重 $W=10\text{kN}$。如起重杆的重量不计，试求起重杆所受的压力和绳子的拉力。

Ⅰ. 题目分析

此题是一个关于空间汇交力系的平衡问题。取起重杆 AB 与重物为研究对象，其上受有主动力 $\boldsymbol{W}$，B

处受绳拉力 F_1 与 F_2，球铰链 A 的约束力方向一般不能预先确定，可用三个正交分力表示，但此题中由于不计杆 AB 的重量，可以看作二力杆，所以 A 处可以设为一个力，因此点 B 为系统受力汇交点，可列方程求出未知项。

Ⅱ. 题目求解

解：(1) 受力分析。本题中，由于杆 AB 自重不计，又只在 A、B 两端受力，所以起重杆 AB 为二力构件，球铰 A 对杆 AB 的约束力 F_A 必沿 A、B 连线。W、F_1、F_2 和 F_A 四个力汇交于点 B，为一空间汇交力系。

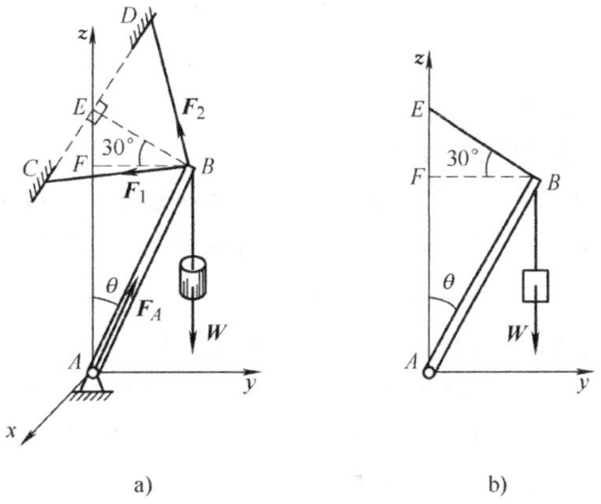

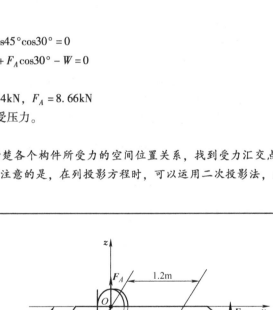

图 1-5-14　起重杆吊重物示意图

a) 起重杆结构受力图　b) 起重杆 yz 面的视图

(2) 计算起重杆的压力和绳子的拉力，建立坐标轴，列平衡方程求解。

取坐标轴如图所示。由已知条件知 $\angle CBE = \angle DBE = 45°$，列平衡方程

$$\sum F_x = 0,\quad F_1\sin45° - F_2\sin45° = 0$$

$$\sum F_y = 0,\quad F_A\sin30° - F_1\cos45°\cos30° - F_2\cos45°\cos30° = 0$$

$$\sum F_z = 0,\quad F_1\cos45°\sin30° + F_2\cos45°\sin30° + F_A\cos30° - W = 0$$

求解上面的三个平衡方程，得

$$F_1 = F_2 = 3.54\text{kN},\quad F_A = 8.66\text{kN}$$

F_A 为正值，说明图中所设 F_A 的方向正确，杆 AB 受压力。

Ⅲ. 题目关键点解析

求解空间汇交力系的平衡问题时，首先分析清楚各个构件所受力的空间位置关系，找到受力汇交点，画出其受力图，根据条件建立相关平衡方程。还需注意的是，在列投影方程时，可以运用二次投影法，先将力投影到平面上，再向平面内两轴投影。

例 1-5-3　图 1-5-15 所示的三轮小车，自重 $W = 8\text{kN}$，作用于点 E，载荷 $P = 10\text{kN}$，作用于点 C。求小车静止时地面对车轮的约束力。

Ⅰ. 题目分析

此题是一个关于空间平行力系的平衡问题。各力方向均与地面垂直，建立坐标系 Oxyz 时，可令 z 轴与力的方向平行，再分别对 x、y 轴取矩，列出相应方程，求解未知项。

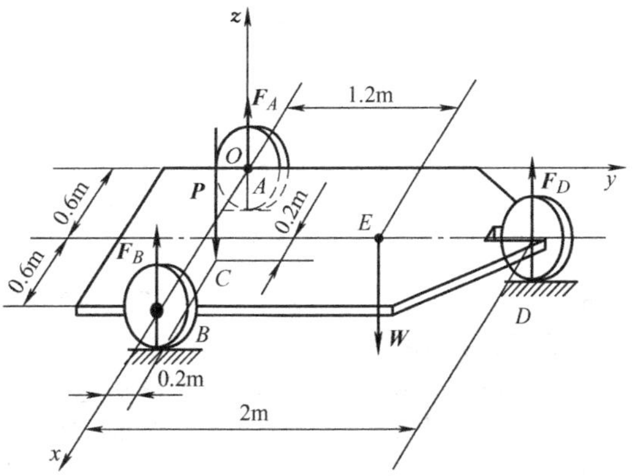

图 1-5-15　三轮小车

Ⅱ. 题目求解

解：(1) 受力分析。以小车为研究对象，受力如图 1-5-15 所示。其中 W 和 P 是主动力，F_A、F_B 和 F_D 为地面的约束力，此 5 个力相互平行，组成空间平行力系。

(2) 计算地面对车轮的约束力，建立坐标系如图 1-5-15 所示，列平衡方程求解

$$\sum M_x(F) = 0,\quad -0.2P - 1.2W + 2F_D = 0 \tag{a}$$

$$\sum M_y(F) = 0,\quad 0.8P + 0.6W - 0.6F_D - 1.2F_B = 0 \tag{b}$$

$$\sum F_z = 0,\quad -P - W + F_A + F_B + F_D = 0 \tag{c}$$

解得

$$F_D=5.8\text{kN},\ F_B=7.77\text{kN},\ F_A=4.42\text{kN}$$

方向如图所示。

Ⅲ. 题目关键点解析

求解空间平行力系的平衡问题，要合理建立坐标系，使某一坐标轴与力的方向平行，再根据条件建立相关平衡方程。列平衡方程时，尽量先列一个方程里只含一个未知量的方程，避免联立求解。

例 1-5-4 图 1-5-16 所示均质长方板由六根直杆支持于水平位置，直杆两端各用球铰链与板和地面连接，各直杆的重力忽略不计。板重为 W，在 A 处作用一水平力 $\boldsymbol{F}$，且 $F=2W$。求各杆的内力。

Ⅰ. 题目分析

此题是一个关于空间物体系的平衡问题。由于点 A、B 等为较多力的汇交点，可灵活采用 6 个力矩方程，分别对 AB、AE、AC、EF、FG、BC 取矩，列出相应方程，求得 6 个杆的内力。

Ⅱ. 题目求解

解：(1) 受力分析。取长方体板为研究对象，各直杆两端铰接且忽略重力，所以各杆均为二力杆，设它们均受拉力，板的受力如图 1-5-16 所示。

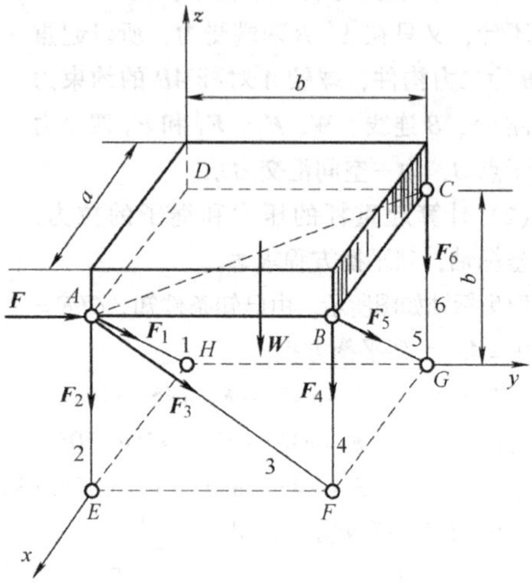

图 1-5-16 均质长方板

(2) 计算各杆的内力，列平衡方程求解。由

$$\sum M_{AB}(\boldsymbol{F})=0,\quad -aF_6-\frac{a}{2}W=0,\ F_6=-\frac{W}{2}(\text{压力}) \tag{a}$$

$$\sum M_{AE}(\boldsymbol{F})=0,\quad F_5=0 \tag{b}$$

$$\sum M_{AC}(\boldsymbol{F})=0,\quad F_4=0 \tag{c}$$

$$\sum M_{EF}(\boldsymbol{F})=0,\quad -W\frac{a}{2}-F_6a-F_1\frac{a}{\sqrt{a^2+b^2}}b=0 \tag{d}$$

将 $F_6=-\dfrac{W}{2}$ 代入式(d)，得 $\qquad F_1=0$

由

$$\sum M_{FG}(\boldsymbol{F})=0,\quad -W\frac{a}{2}+Fb-F_2b=0 \tag{e}$$

得

$$F_2=1.5W$$

$$\sum M_{BC}(\boldsymbol{F})=0,\quad -W\frac{b}{2}-F_2b-F_3\cos45°b=0 \tag{f}$$

得

$$F_3=-2\sqrt{2}W\quad(\text{压力})$$

Ⅲ. 题目关键点解析

此题目的关键点在于：一是设各支杆均为二力杆；二是列力矩方程时比较灵活，可以对三个坐标轴取矩，也可以对结构中任意一根杆件或棱边取矩，优先写只含一个未知量的方程，需要注意的是，对结构中任意棱边取矩时，要注意力矩的方向，避免代数运算时出现错误。

四、重心

1. 重心的概念

重心问题是日常生活和工程实际中经常遇到的问题，例如骑自行车时需要不断地调整重心的位置，才不致翻倒；体操运动员和杂技演员在表演时，需要保持重心的平稳，才能做出高难度动作；对塔式起重机来说，重心位置也很重要，需要选择合适的配重，才能在满载和空载时不致翻倒；高速旋转的飞轮或轴类零件，若重心偏离轴线，则会引起剧烈振动，甚至破裂。图 1-5-17 所示是利用重心解决实际问题的例子。1975 年修筑鹰夏铁路时，厦门岛与陆地之间有一段浅海，需要填海修筑长堤。当时工期紧，装卸石块效率低，为了解决这个问题，采用了快速抛石法。这个方法就是将石块装入竹笼，再放到船上运至卸石地点，砍断绳索，并推下左边竹笼，使船体失去平衡向右倾斜，达到快速卸石的目的。由此可见，掌握重心有关知识，在工程实践中是很有用处的。

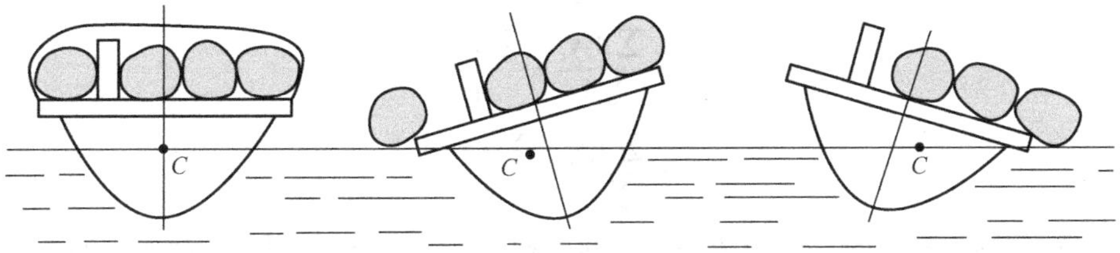

图 1-5-17　快速抛石示意图

在地球附近的物体都受到地球对它的作用力，即物体的重力。重力作用于物体内每一微小部分，是一个分布力系。对于工程中一般的物体，这种分布的重力可足够精确地视为空间平行力系，一般所谓重力，就是这个空间平行力系的合力。

不变形的物体（刚体）在地球表面无论怎样放置，其平行分布的重力的合力作用线，都通过此物体上一个确定的点，这一点称为物体的**重心**。

2. 重心坐标公式

将一重为 W 的物体放在空间直角坐标系 $Oxyz$ 中，设物体重心 C 的坐标为 x_C、y_C、z_C，如图 1-5-18 所示。如将物体分割成许多微小体积，设任一微体的坐标为 x_i、y_i、z_i，体积为 ΔV_i，所受重力为 $\boldsymbol{W}_i$。这些重力组成平行力系，其合力 $\boldsymbol{W}$ 的大小就是整个物体的重量，即

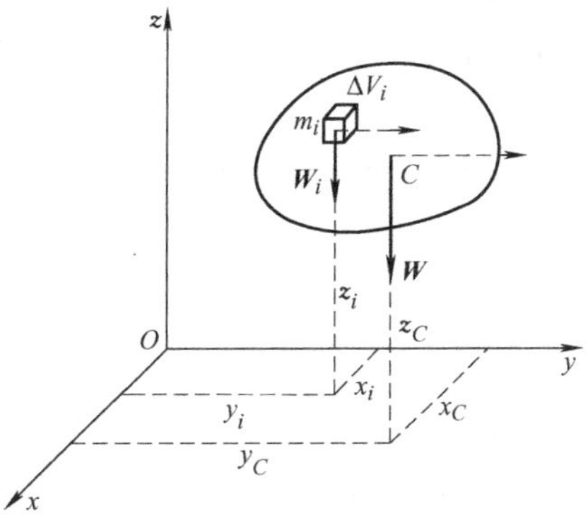

图 1-5-18　重心确定示意图

$$W=\sum W_i$$

根据合力矩定理，对 x 轴取矩，有

$$\sum M_x(\boldsymbol{F})=-Wy_C=-\sum W_i y_i$$

得
$$y_C=\frac{\sum W_i y_i}{\sum W_i}=\frac{\sum W_i y_i}{W}$$

同理对 y 轴取矩，得

$$x_C=\frac{\sum W_i x_i}{W}$$

为求坐标 z_C，由于重心在物体内占有确定的位置，可将物体连同坐标系 $Oxyz$ 一起绕 x 轴顺时针转 90°。使 y 轴向下，这样各重力 $\boldsymbol{W}_i$ 及其合力 $\boldsymbol{W}$ 都与 y 轴平行。这也相当于将各重力及其合力相对于物体按逆时针方向转 90°，使之与 y 轴平行，如图 1-5-18 中虚线箭头所示。这时，再对 x 轴取矩，得

$$z_C = \frac{\sum W_i z_i}{W}$$

从而得重心坐标的公式

$$x_C = \frac{\sum W_i x_i}{W},\ y_C = \frac{\sum W_i y_i}{W},\ z_C = \frac{\sum W_i z_i}{W} \tag{1-5-22}$$

工程中常采用均质材料，根据物体的形状及特性，其重心位置可用体积、面积、长度等参数表示。对于均质板或均质面，厚度与表面积相比很小，其重心公式可表示为

$$\left.\begin{aligned} x_C &= \frac{\sum A_i x_i}{\sum A_i} = \frac{\sum A_i x_i}{A} \\ y_C &= \frac{\sum A_i y_i}{\sum A_i} = \frac{\sum A_i y_i}{A} \\ z_C &= \frac{\sum A_i z_i}{\sum A_i} = \frac{\sum A_i z_i}{A} \end{aligned}\right\} \tag{1-5-23}$$

式中，A、A_i 分别为物体的总面积和各微元的面积；x_i、y_i、z_i 分别为各微面积的形心坐标。

3. 确定物体重心的方法

（1）对称法

对于均质物体，若在几何形体上具有对称面、对称轴或对称点，则其重心必在此对称面、对称轴或对称点上。

若物体有两个对称面，则重心在两个对称面的交线上；若物体有两个对称轴，则重心在两个对称轴的交点上，且对于均质物体其重心与形心重合。例如，球心是圆球的对称点也就是它的重心或形心，矩形的重心就在它的两个对称轴或对角线的交点上。

常用的简单形状物体的重心可从工程手册上查到。简单形体的形心见表 1-5-2。

表 1-5-2　简单形体的形心

图形	形心位置	图形	形心位置
三角形 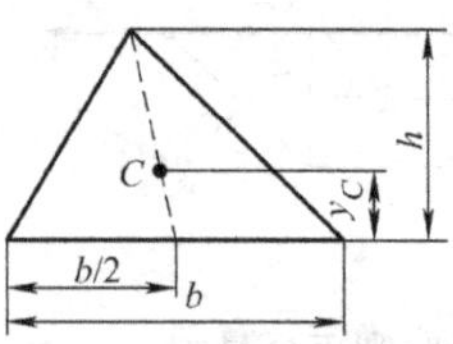	$y_C = \frac{h}{3}$ $A = \frac{1}{2}bh$	梯形 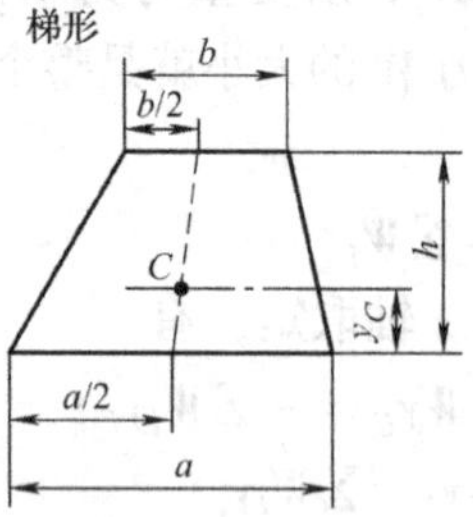	$y_C = \frac{h(a+2b)}{3(a+b)}$ $A = \frac{h}{2}(a+b)$
扇形 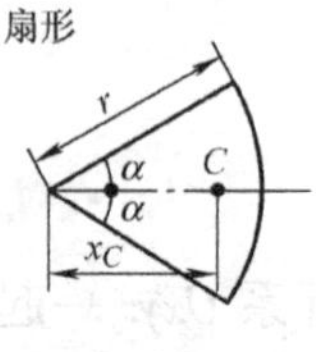	$x_C = \frac{2r\sin\alpha}{3\alpha}$ $A = \alpha r^2$ 半圆：$\alpha = \frac{\pi}{2}$ $x_C = \frac{4r}{3\pi}$	抛物线 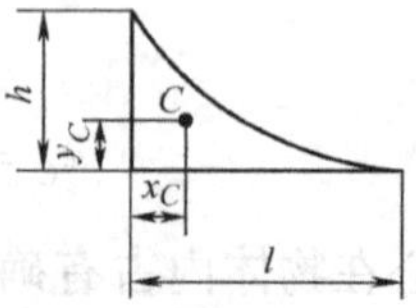	$x_C = \frac{1}{4}l$ $y_C = \frac{3}{10}b$ $A = \frac{1}{3}hl$

（2）组合法

对于由简单形体构成的组合体，可将其分割成若干简单形状的物体，当这些简单形状物

体的重心已知时，整个物体的重心位置即可用式(1-5-23) 求出，这种方法称为组合法。

例 1-5-5 试求 Z 形截面重心的位置，其尺寸如图 1-5-19 所示。

Ⅰ. 题目分析

此题是一个关于求由简单形体构成的组合体重心（形心）位置的问题。对于本题的 Z 形截面，可将该图形分割为三个矩形（例如用 ab 和 cd 两线分割）。找到这些矩形的重心（形心），求出它们的面积。利用组合法，应用重心坐标公式，求出整个物体的重心（形心）位置。

Ⅱ. 题目求解

解：(1) 分割图形，求出各部分的重心（形心）。取坐标轴如图 1-5-19 所示，将该图形分割为三个矩形（用 ab 和 cd 两线分割）。以 C_1、C_2、C_3 表示这些矩形的重心（形心），而以 A_1、A_2、A_3 表示它们的面积。以 (x_1, y_1)、(x_2, y_2)、(x_3, y_3) 分别表示 C_1、C_2、C_3 的坐标，得

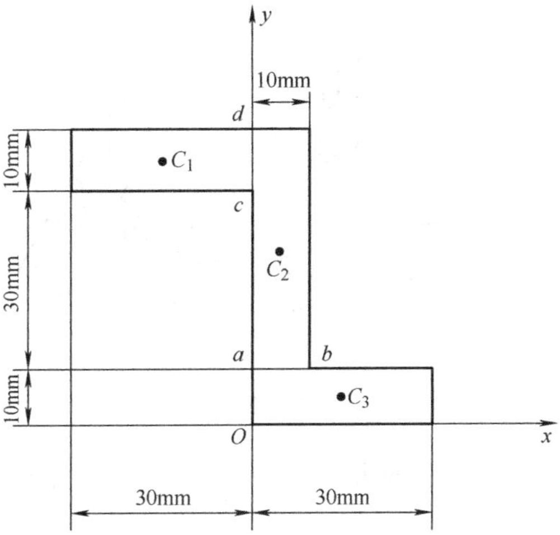

图 1-5-19 Z 形截面

$$x_1 = -15\text{mm},\ y_1 = 45\text{mm},\ A_1 = 300\text{mm}^2$$
$$x_2 = 5\text{mm},\ y_2 = 30\text{mm},\ A_2 = 400\text{mm}^2$$
$$x_3 = 15\text{mm},\ y_3 = 5\text{mm},\ A_3 = 300\text{mm}^2$$

(2) 用重心坐标公式，求出整个物体的重心（形心）。按式(1-5-19) 求得该截面重心的坐标 x_C、y_C，为

$$x_C = \frac{x_1A_1 + x_2A_2 + x_3A_3}{A_1 + A_2 + A_3} = 2\text{mm}$$
$$y_C = \frac{y_1A_1 + y_2A_2 + y_3A_3}{A_1 + A_2 + A_3} = 27\text{mm}$$

Ⅲ. 题目关键点解析

组合形体进行分割时注意分解的简单图形的面积和形心坐标要易于求解，如果物体或薄板内切去一部分（例如有空穴或孔的物体），仍可应用组合法，只是切去部分的面积应取负值。

(3) 实验法

工程中一些外形复杂或质量分布不均的物体很难用计算方法求其重心，此时可用实验方法测定重心位置。其中常用的为悬挂法（图 1-5-20）和称重法（图 1-5-21）。

如图 1-5-20 所示，两次悬挂铅直线的交点 C 就是不规则物体的重心。如图 1-5-21 所示，连杆本身具有两个互相垂直的纵向对称面，其重心必在这两个对称平面的交线上，即连杆的中心线 AB 上，其重心在 x 轴上的位置可用下述方法确定：先称出连杆重 W，然后将其一端支于固定点 A，另一端支承于磅秤上，使中心线 AB 处于水平位置，读出磅秤读数 F_B，量出两支点间的水平距离 l，则由

$$\sum M_A = 0, \qquad F_B l - W x_C = 0$$

得
$$x_C = \frac{F_B l}{W}$$

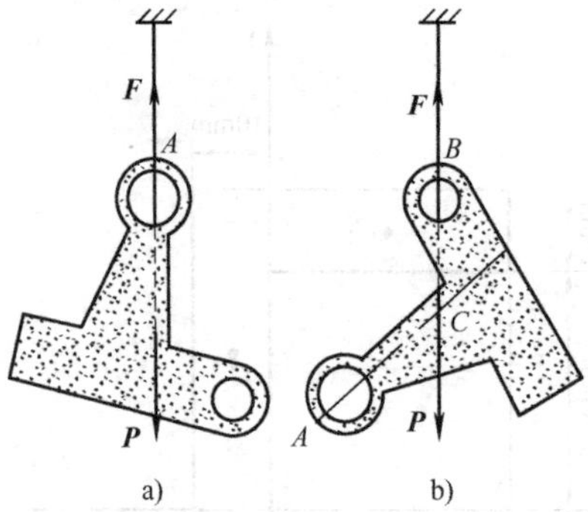

图 1-5-20 悬挂法

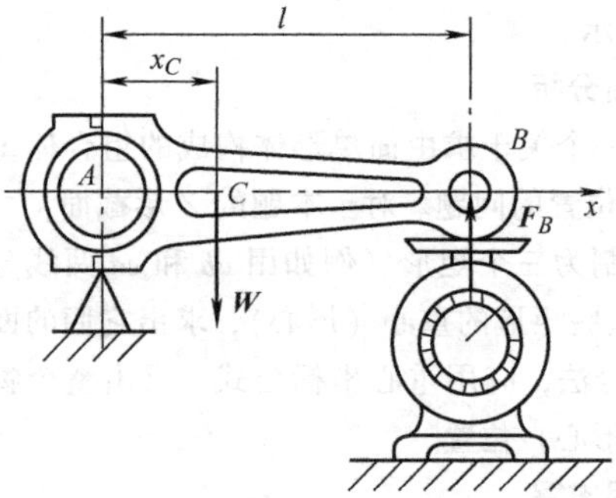

图 1-5-21 称重法

C 点就是连杆的重心，当然也可以把 A 端放到磅秤上，测出 F_A，同样也可以算出重心距 B 端的位置。

任务实施

试求图 1-5-1 所示任务描述中齿轮的作用力 $\boldsymbol{F}_n$ 以及 A、B 两轴承受的压力。

Ⅰ. **题目分析**

此题是一个关于轮轴类构件的空间力系的平衡问题。可采用空间任意力系平衡方程或化简为平面力系问题求解。

Ⅱ. **题目求解**

解法一：（1）受力分析。取鼓轮轴为研究对象，其上作用有齿轮作用力 $\boldsymbol{F}_n$、重物重力 $\boldsymbol{W}$，以及轴承 A、B 处的约束力 $\boldsymbol{F}_{Ax}$、$\boldsymbol{F}_{Az}$、$\boldsymbol{F}_{Bx}$、$\boldsymbol{F}_{Bz}$，如图 1-5-22 所示。

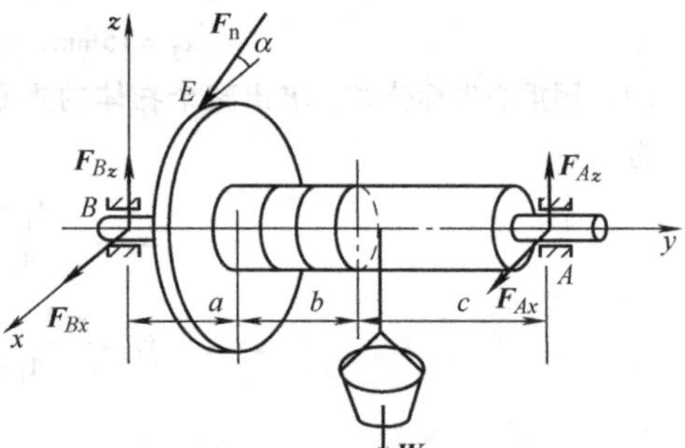

图 1-5-22 鼓轮轴受力图

（2）列平衡方程求解。该力系为空间任意力系，可列平衡方程式如下：

$$\sum M_y(\boldsymbol{F}) = 0, \qquad F_n R\cos\alpha - Wr = 0$$

得
$$F_n = \frac{Wr}{R\cos\alpha} = \frac{100}{20\cos 20°}\text{kN} = 5.32\text{kN}$$

$$\sum M_x(\boldsymbol{F}) = 0, \qquad F_{Az}(a+b+c) - W(a+b) - F_n a\sin\alpha = 0$$

得
$$F_{Az} = \frac{W(a+b) + F_n a\sin\alpha}{a+b+c} = 6.7\text{kN}$$

$$\sum F_z = 0, \qquad F_{Az} + F_{Bz} - F_n\sin\alpha - W = 0$$

得
$$F_{Bz} = F_n\sin\alpha + W - F_{Az} = 5.12\text{kN}$$

$$\sum M_z(\boldsymbol{F}) = 0, \qquad -F_{Ax}(a+b+c) - F_n a\cos\alpha = 0$$

得
$$F_{Ax} = \frac{-F_n a\cos\alpha}{a+b+c} = -1.25\text{kN}$$

$$\sum F_x=0,\quad F_{Ax}+F_{Bx}+F_{\mathrm{n}}\cos\alpha=0$$

得
$$F_{Bx}=-F_{Ax}-F_{\mathrm{n}}\cos\alpha=-3.75\mathrm{kN}$$

解法二：空间力系的平面解法

（1）画受力投影图。取鼓轮轴为研究对象，并画出它在三个坐标平面上的受力投影图，如图 1-5-23 所示。一个空间力系的问题就转化为三个平面力系问题。本题投影到 xz 面的力系为平面任意力系，投影到 yz 与 xy 面的力系为平面平行力系。

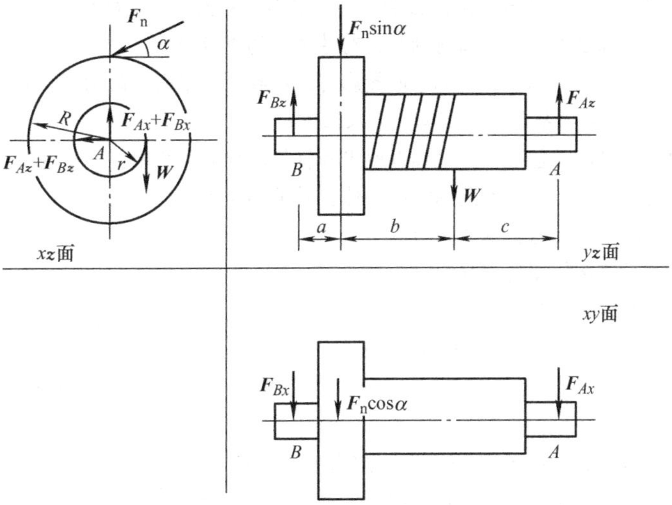

图 1-5-23　鼓轮轴受力投影图

（2）按平面力系的解题方法，逐个观察三个受力投影图，从 xz 面先解。

xz 面
$$\sum M_A(\boldsymbol{F})=0,\quad F_{\mathrm{n}}R\cos\alpha-Wr=0$$

得
$$F_{\mathrm{n}}=\frac{Wr}{R\cos\alpha}=5.32\mathrm{kN}$$

yz 面
$$\sum M_B(\boldsymbol{F})=0,\quad F_{Az}(a+b+c)-W(a+b)-F_{\mathrm{n}}a\sin\alpha=0$$

得
$$F_{Az}=\frac{W(a+b)+F_{\mathrm{n}}\sin\alpha}{(a+b+c)}=6.7\mathrm{kN}$$

$$\sum F_z=0,\quad F_{Az}+F_{Bz}-F_{\mathrm{n}}\sin\alpha-W=0$$

得
$$F_{Bz}=F_{\mathrm{n}}\sin\alpha+W-F_{Az}=5.12\mathrm{kN}$$

xy 面
$$\sum M_B(\boldsymbol{F})=0,\ -F_{Ax}(a+b+c)-F_{\mathrm{n}}\alpha\cos\alpha=0$$

得
$$F_{Ax}=\frac{-F_{\mathrm{n}}\alpha\cos\alpha}{a+b+c}=-1.25\mathrm{kN}$$

$$\sum F_x=0,\quad F_{Ax}+F_{Bx}+F_{\mathrm{n}}\cos\alpha=0$$

得
$$F_{Bx}=-F_{Ax}-F_{\mathrm{n}}\cos\alpha=-3.75\mathrm{kN}$$

Ⅲ. 题目关键点解析

机械工程中，对轮轴类的构件，为了便于计算，常常把作用于轮轴类构件上的空间力系投影到三个直角坐标面上，即把一个空间平衡力系转化为三个平面平衡力系来求解，称为平面解法。其步骤大致是，先将空间力系投影到侧面（侧视图）上，对轮心（转轴）列力矩平衡方程；然后，再将空间力系分别投影到铅垂面（主视图）和水平面（俯视图）上，往往是得到两个平面平行力系，分别求解这两个平面平行力系即可。本方法提供了一个用解平面力系问题的方法去解决空间力系问题的途径。在实际解题时，也可作出三个受力投影图中的一个或两个，与空间受力图结合起来使用，使空间力系问题得到简化。

思考与练习

1. 为什么力（矢量）在轴上的投影是代数量，而在平面上的投影为矢量？

2. 在什么情况下力对轴之矩为零？如何判断力对轴之矩的正负号？

3. 空间一般力系向三个相互垂直的坐标平面投影可以得到三个平面一般力系，每个平面一般力系有三个独立方程，这三个平面一般力系是否可以解九个未知量？

4. 解空间任意力系的平衡问题时，应怎样选取坐标轴使所列方程简单，便于求解？

5. 两形状和大小均相同、但质量不同的均质物体，其重心位置是否相同？

6. 将物体沿过重心的平面切开，两边是否等重？

7. 物体的重心是否一定在物体的内部？

8. 重心和形心在什么时候重合？

9. 力系中，$F_1=100\text{N}$，$F_2=300\text{N}$，$F_3=200\text{N}$，各力作用线的位置如图 1-5-24 所示。求此三力在 x、y、z 轴上的投影及对 x、y、z 轴之矩。

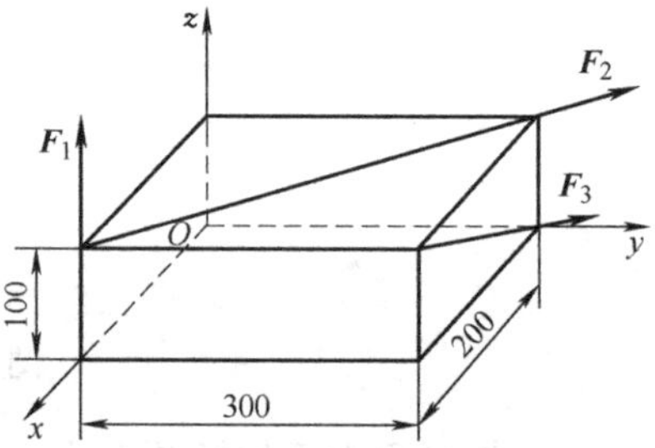

图 1-5-24　题 9 图

10. 水平圆盘的半径为 r，外沿 C 处作用有已知力 $\boldsymbol{F}$。力 $\boldsymbol{F}$ 位于圆盘 C 处的平面内，且与 C 处圆盘切线夹角为 60°，其他尺寸如图 1-5-25 所示。求力 $\boldsymbol{F}$ 对 x、y、z 轴之矩。

11. 空间构架由三根无重直杆组成，在 D 端用球铰链连接，如图 1-5-26 所示。A、B、C 端则用球铰链固定在水平地板上。如果挂在 D 端的物体重 $W=10\text{kN}$，求铰链 A、B、C 处的约束力。

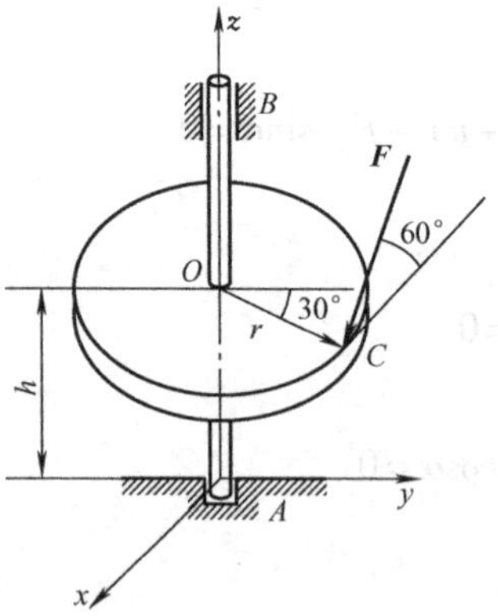

图 1-5-25　题 10 图

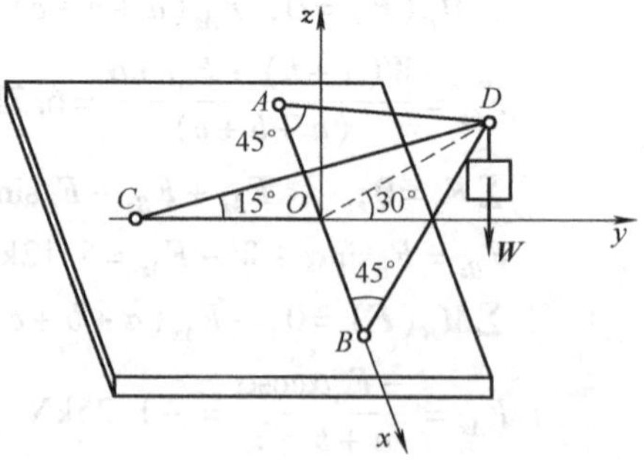

图 1-5-26　题 11 图

12. 图 1-5-27 所示水平传动轴固连有两个轮 C 和 D，可绕 AB 轴转动，轮的半径各为 $r_1=200\text{mm}$ 和 $r_2=250\text{mm}$，轮与轴承间的距离 $a=b=500\text{mm}$，两轮间的距离为 $c=1000\text{mm}$。套在轮 C 上的传动带是水平的，其拉力 $F_1=2F_2=5000\text{N}$；套在轮 D 上的传动带与铅垂线成 $\alpha=30°$ 角，其拉力为 $F_3=2F_4$。求在平衡情况下拉力 F_3 和 F_4 的值，并求由传动带拉力所引起的轴承约束力。

13. 如图 1-5-28 所示变速箱中间轴装有两直齿圆柱齿轮，其分度圆半径 $r_1=100\text{mm}$，$r_2=72\text{mm}$，啮合点分别在两齿轮的最高与最低位置，齿轮 1 上的圆周力 $F_{t1}=1.58\text{kN}$，两齿轮的径向力与圆周力之间的关系

为 $F_r = F_t \mathrm{tg}20°$。试求当轴平衡时作用于齿轮 2 上的圆周力 F_{t2}与轴承 A、B 处的约束力。

14. 试求图 1-5-29 所示各图形的形心位置，设 O 点为坐标原点，图中尺寸单位为 cm。

15. 试以简捷的方法确定图 1-5-30 所示图形形心的坐标。

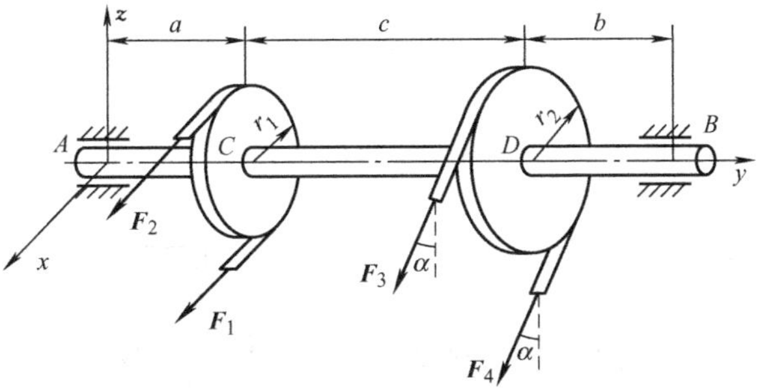

图 1-5-27　题 12 图

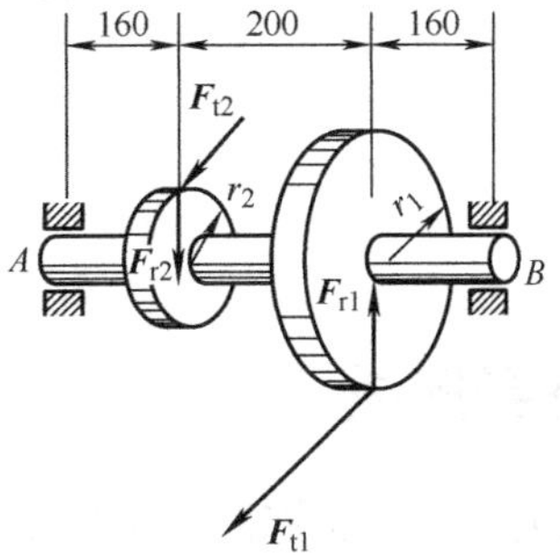

图 1-5-28　题 13 图

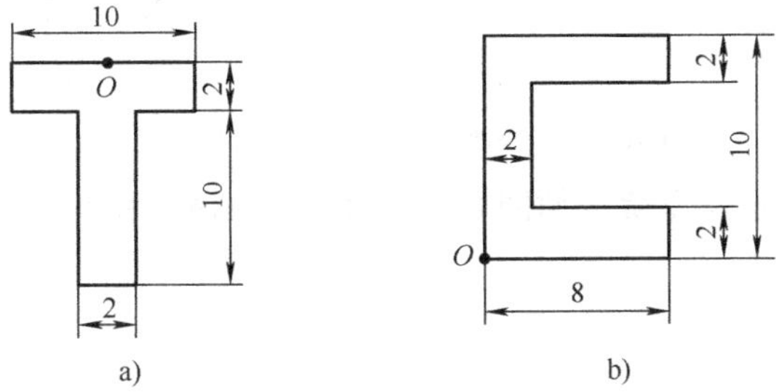

图 1-5-29　题 14 图

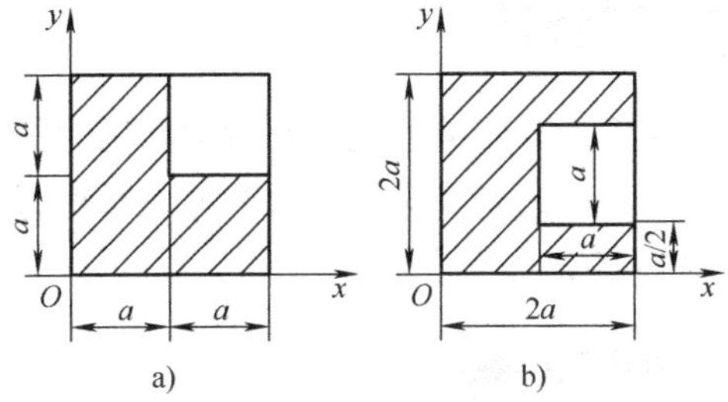

图 1-5-30　题 15 图

任务六　摩　　擦

任务描述

凸轮挺杆机构如图 1-6-1 所示。已知不计自重的挺杆与滑道间的静摩擦因数为 f_s，滑道长度为 b，凸轮与挺杆接触处的摩擦忽略不计。问 a 为多大时，挺杆才不致被卡住。

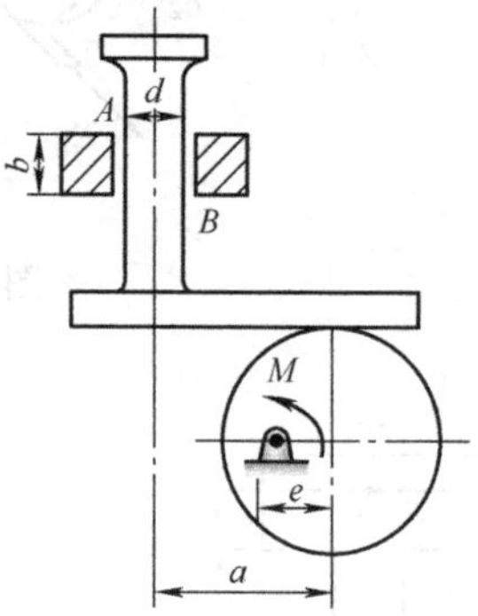

图 1-6-1　凸轮挺杆机构

任务分析

了解滑动摩擦的概念及滑动摩擦力的特征；理解并掌握摩擦角和自锁的概念及应用；掌握考虑摩擦时简单物体系统平衡问题的求解方法。

知识准备

前面各任务中把物体之间的接触表面都看作是绝对光滑的，但实际上绝对光滑的接触面是不存在的，或多或少总存在一些摩擦。只是当物体间接触表面比较光滑或润滑良好时，才忽略其摩擦作用而看作光滑接触。但在有些情况下，摩擦却是不容忽视的，如人的行走、夹具利用摩擦把工件夹紧、螺栓连接靠摩擦锁紧；工程上利用摩擦来传动和制动的实例更多。按照接触物体之间可能会相对滑动或相对滚动，一般把摩擦分为滑动摩擦和滚动摩擦（摩阻）。

一、滑动摩擦

当接触的两物体表面之间有相对滑动趋势或相对滑动时，相互接触处作用有阻碍相对滑动的阻力，方向与相对滑动的趋势或相对滑动的方向相反，该力称为滑动摩擦力。滑动摩擦力有三种形式：静滑动摩擦力、最大静滑动摩擦力、动滑动摩擦力。

1. 静滑动摩擦力

在粗糙的水平面上放置一物体，该物体在重力 $\boldsymbol{W}$ 和法向约束力 $\boldsymbol{F}_N$ 的作用下处于静止状态，如图 1-6-2a 所示。今在该物体上作用一大小可变化的水平拉力 $\boldsymbol{F}$，当拉力 $\boldsymbol{F}$ 由零值逐渐增加但不是很大时，物体仍保持静止。可见支承面对物体除法向约束力 $\boldsymbol{F}_N$ 外，还有一个阻碍物体沿水平面向右滑动的切向力，此力即**静滑动摩擦力**，简称**静摩擦力**，常以 $\boldsymbol{F}_s$ 表示，方向向左，如图 1-6-2b 所示。

可见，静摩擦力就是接触面对物体作用的切向约束力，其方向与物体相对滑动趋势相反，其大小需用平衡条件确定。此时有

$$\sum F_x = 0, \quad F_s = F$$

由上式可知，静摩擦力的大小随水平力 $\boldsymbol{F}$ 的增大而增大，这是静摩擦力和一般约束力共同的性质。

2. 最大静滑动摩擦力

静摩擦力又与一般约束力不同，它并不随力 $\boldsymbol{F}$ 的增大而无限制地增大。当力 $\boldsymbol{F}$ 大到一定数值时，物块处于将要滑动但尚未开始滑动的临界状态。这时，只要力 $\boldsymbol{F}$ 再增大一点，物块即开始滑动。当物块处于平衡的临界状态时，静摩擦力达到最大值，即为**最大静滑动摩擦力**，简称**最大静摩擦力**，以 $\boldsymbol{F}_{max}$ 表示。

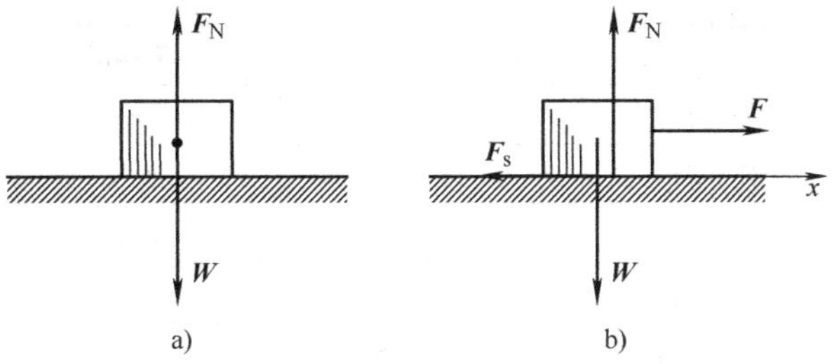

图 1-6-2 粗糙水平面上的物体

a）不受水平拉力时 b）受水平拉力时

此后，如果 $\boldsymbol{F}$ 再继续增大，但静摩擦力不能再随之增大，物体将失去平衡而滑动。这就是静摩擦力的特点。

综上所述可知，静摩擦力的大小随主动力的情况而改变，但介于零与最大值之间，即

$$0 \leqslant F_s \leqslant F_{max} \tag{1-6-1}$$

大量实验证明：最大静摩擦力的大小与两物体间的正压力（即法向约束力）F_N 成正比，即

$$F_{max} = f_s F_N \tag{1-6-2}$$

式中，f_s 为比例常数，称作静摩擦因数，它是量纲为一的量。式(1-6-2) 称为静摩擦定律（又称库仑定律）。

静摩擦因数的大小需由实验测定。它与接触物体的材料和表面情况（如粗糙度、温度和湿度等）有关，而与接触面积的大小无关。一般材料之间的静摩擦因数的数值可在工程手册中查到，表 1-6-1 列出了一部分常用材料的摩擦因数，但这是常规情况下的，若需要较准确的数值，可在具体条件下由实验测定。

应该指出，式(1-6-2) 是近似的，它不能完全反映出静滑动摩擦的复杂现象。但是由于公式简单，计算方便，且有一定的精度，所以在工程中仍被广泛使用。

表 1-6-1 常用材料的摩擦因数

材料名称	静摩擦因数		动摩擦因数	
	无润滑	有润滑	无润滑	有润滑
钢—钢	0.15	0.1～0.2	0.15	0.05～0.1
钢—软钢	—	—	0.2	0.1～0.2
钢—铸铁	0.3	—	0.18	0.05～0.15
钢—青铜	0.15	0.1～0.15	0.15	0.1～0.15
软钢—铸铁	0.2	—	0.18	0.05～0.15
软钢—青铜	0.2	—	0.18	0.07～0.15
铸铁—铸铁	—	0.18	0.15	0.07～0.12

（续）

材料名称	静摩擦因数		动摩擦因数	
	无润滑	有润滑	无润滑	有润滑
铸铁—青铜	—	—	0.15～0.2	0.07～0.15
青铜—青铜	—	0.1	0.2	0.07～0.1
皮革—铸铁	0.3～0.5	0.15	0.6	0.15
橡皮—铸铁	—	—	0.8	0.5
木材—木材	0.4～0.6	0.1	0.2～0.5	0.07～0.15

3. 动滑动摩擦力

当静摩擦力已达到最大值时，若主动力 $\boldsymbol{F}$ 再继续加大，接触面之间将出现相对滑动。此时，接触物体之间仍作用有阻碍相对滑动的阻力，这种阻力称为**动滑动摩擦力**，简称**动摩擦力**，以 $\boldsymbol{F}_d$ 表示。实验表明：动摩擦力的大小与接触体间的正压力成正比，即

$$F_d = fF_N \tag{1-6-3}$$

式中，f 为动摩擦因数，它与接触物体的材料和表面情况有关。

动摩擦力与静摩擦力不同，没有变化范围。一般情况下，动摩擦因数略小于静摩擦因数，即

$$f < f_s$$

实际应用时，往往用降低接触表面的粗糙度或加入润滑剂等方法，使动摩擦因数 f 降低，以减小摩擦和磨损。设计计算时，为保证机械的效率和正常运行，一般可取动摩擦因数等于静摩擦因数。

二、摩擦角和自锁现象

1. 摩擦角

当有摩擦时，支承面对平衡物体的约束力包含两个分量：法向约束力 $\boldsymbol{F}_N$ 和切向约束力 $\boldsymbol{F}_s$（即静摩擦力）。这两个分力的矢量和 $\boldsymbol{F}_{RA} = \boldsymbol{F}_N + \boldsymbol{F}_s$ 称为支承面的全约束力，它的作用线与接触面的公法线成一偏角 φ，如图 1-6-3a 所示。当物块处于平衡的临界状态时，静摩擦力达到最大值，偏角 φ 也达到最大值 φ_f，如图 1-6-3b 所示。全约束力与法线间的夹角的最大值 φ_f 称为**摩擦角**。由图 1-6-3b 可得

$$\tan\varphi_f = \frac{F_{max}}{F_N} = \frac{f_s F_N}{F_N} = f_s \tag{1-6-4}$$

即：摩擦角的正切等于静摩擦因数。可见，摩擦角与摩擦因数一样，都是表示材料表面性质的量。

当物块的滑动趋势方向改变时，全约束力作用线的方位也随之改变；在临界状态下，$\boldsymbol{F}_{RA}$ 的作用线将画出一个以接触点 A 为顶点的锥面，如图 1-6-3c 所示，称为摩擦锥。设物块与支承面间沿任何方向的摩擦因数都相同，即摩擦角都相等，则摩擦锥将是一个顶角为 $2\varphi_f$ 的圆锥。

2. 自锁现象

物块平衡时，静摩擦力不一定达到最大值，可在 0 与最大值 F_{max} 之间变化，所以全约束

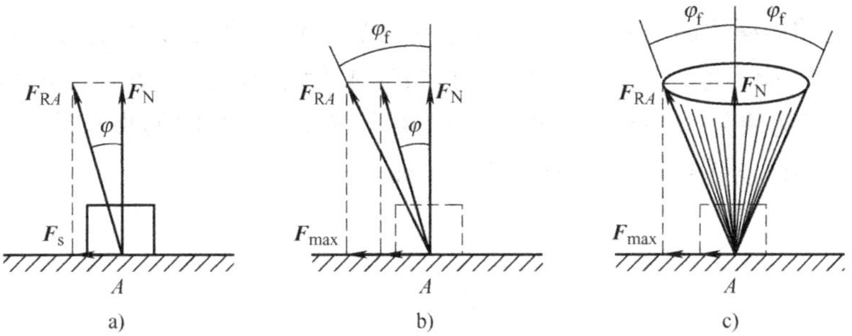

图 1-6-3　摩擦角与摩擦锥

a）全约束力　b）摩擦角　c）摩擦锥

力与法线间的夹角 φ 也在零与 φ_f 之间变化，即

$$0 \leqslant \varphi \leqslant \varphi_f \tag{1-6-5}$$

由于静摩擦力不可能超过最大值，因此全约束力的作用线也不可能超出摩擦角以外，即全约束力必在摩擦角之内。由此可知：

1）如果作用于物块的全部主动力的合力 $\boldsymbol{F}_R$ 的作用线在摩擦角 φ_f 之内，则无论这个力怎样大，物块必保持静止，这种现象称为**自锁现象**。因为在这种情况下，主动力的合力 $\boldsymbol{F}_R$ 与法线间的夹角 $\theta < \varphi_f$，所以 $\boldsymbol{F}_R$ 和全约束力 $\boldsymbol{F}_{RA}$ 必能满足二力平衡条件，且 $\theta = \varphi < \varphi_f$，如图 1-6-4a 所示。工程中常应用自锁原理设计一些机构或夹具，如千斤顶、压榨机、圆锥销等，使它们始终保持在平衡状态下工作。

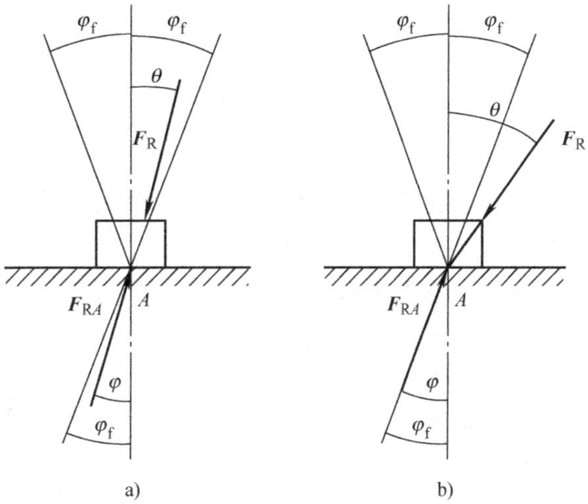

图 1-6-4　自锁与滑动

a）自锁现象　b）滑动现象

2）如果全部主动力的合力 $\boldsymbol{F}_R$ 的作用线在摩擦角 φ_f 之外，则无论这个力怎样小，物块一定会滑动。因为在这种情况下，$\theta > \varphi_f$，而 $\varphi \leqslant \varphi_f$，支承面的全约束力 $\boldsymbol{F}_{RA}$ 和主动力的合力 $\boldsymbol{F}_R$ 不能满足二力平衡条件，如图 1-6-4b 所示。应用这个道理，可以设法避免发生自锁现象。

利用摩擦角及自锁原理可解决许多工程中的实际问题。例如，斜面自锁条件在工程中就得到广泛的应用。如图 1-6-5 所示，重为 G 的物块置于倾角为 α 的斜面上，设物块与斜面间的摩擦角为 φ_f。当物块平衡时，斜面对物块的全约束力 $\boldsymbol{F}_{RA}$ 与 $\boldsymbol{G}$ 构成平衡力系，由于全约束力 $\boldsymbol{F}_{RA}$ 的作用线不能超出摩擦角 φ_f 的范围，所以斜面上物块的自锁条件为

$$\alpha \leqslant \varphi_f = \arctan f_s \tag{1-6-6}$$

利用摩擦角的概念，可用简单的试验方法，测定静摩擦因数。如图 1-6-6 所示，把要测定的两种材料分别做成斜面和物块，把物块放在斜面上，并逐渐从 0 开始增大斜面的倾角

θ，直到物块刚开始下滑时为止，记下斜面倾角 θ，这时的角 θ 就是要测定的摩擦角 φ_f，其正切就是要测定的静摩擦因数 f_s。理由如下：由于物块仅受重力 $\boldsymbol{W}$ 和全约束力 $\boldsymbol{F}_{RA}$ 作用而平衡，所以 $\boldsymbol{F}_{RA}$ 与 $\boldsymbol{W}$ 应等值、反向、共线，因此 $\boldsymbol{F}_{RA}$ 必沿铅垂直线，$\boldsymbol{F}_{RA}$ 与斜面法线的夹角等于斜面倾角 θ。当物块处于临界状态时，全约束力 $\boldsymbol{F}_{RA}$ 与法线间的夹角等于摩擦角 φ_f，即 $\theta=\varphi_f$。由式(1-6-4) 求得静摩擦因数，即 $f_s=\tan\varphi_f=\tan\theta$。

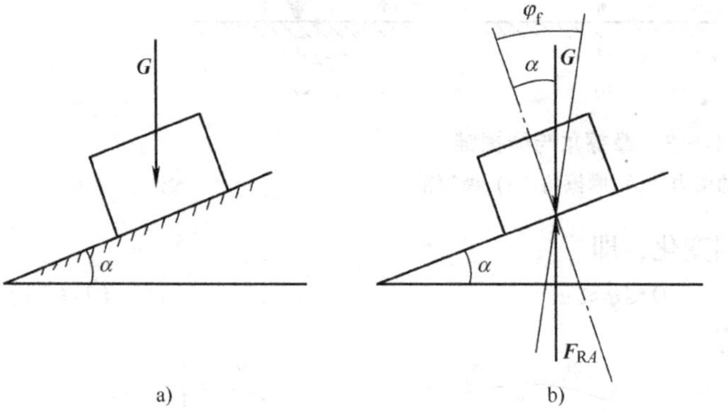

图 1-6-5　斜面自锁条件分析

a）斜面上的物体　b）斜面自锁

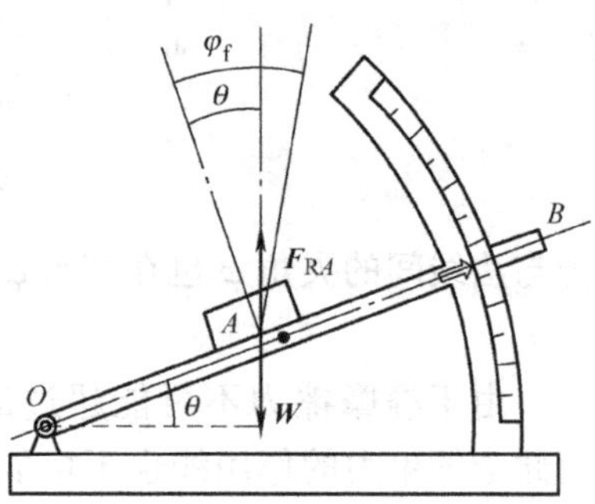

图 1-6-6　摩擦因数的测定

另外，螺旋夹紧器（图 1-6-7a）和螺旋千斤顶（图 1-6-7b）就是利用螺旋副的自锁原理来设计螺纹升角的。螺旋夹紧器外支架上的螺母和螺旋千斤顶的螺杆展开后为一斜面，夹紧的工件和顶起的重物相当于物块（图 1-6-7c），它们的力学简图如图 1-6-7d 所示。由斜面自锁条件可知，只要螺纹升角 $\lambda\leqslant\varphi_f$，无论 $\boldsymbol{F}$ 多大，物块都不会自动下滑，由此可以确定螺纹升角 λ 的大小范围。如螺旋千斤顶的螺杆与螺母间的静摩擦因数为 $f_s=0.1$，则 $\tan\varphi_f=f_s=0.1$，得 $\varphi_f=5°43'$，为保证螺旋千斤顶自锁，一般螺纹升角 $\lambda=4°\sim4°30'$。

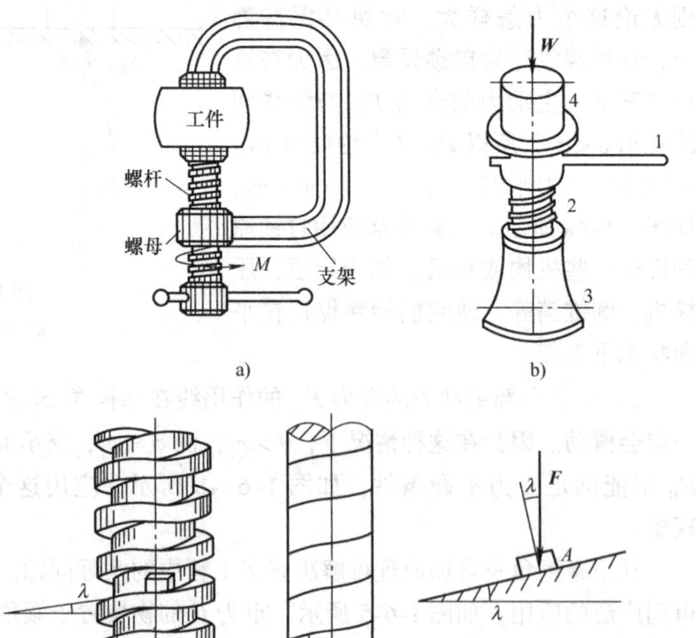

图 1-6-7　螺旋副的自锁

a）螺旋夹紧器　b）螺旋千斤顶　c）螺旋副的简化　d）螺旋副力学简图

工程中利用自锁原理的实例还有很多，如电工用的脚套钩、输送物料传送带的倾斜角度、堆放粮食等颗粒状物体所形成的锥形的倾斜角度等都是利用自锁使物体保持平衡；而机器正常运转时的运动零件又要设法避免自锁现象的发生，如变速箱中滑移齿轮的拨动就必须避免自锁，否则滑移齿轮就将会被卡住而不能实现变速；还有自动卸货车翻斗抬起的角度、旋转拖把转芯的螺纹升角、滑梯的倾斜角度等，都是利用非自锁的条件来设计的。

三、考虑摩擦时物体的平衡问题

考虑摩擦时，求解物体平衡问题的步骤与前几个任务所述大致相同，但有如下的几个特点：

1）分析物体受力时，必须考虑接触面间切向的摩擦力 $\boldsymbol{F}_s$，通常增加了未知量的数目。

2）由于物体平衡时摩擦力有一定的范围（即 $0 \leqslant F_s \leqslant F_{max}$），所以有摩擦时平衡问题的解亦有一定的范围，而不是一个确定的值。

3）为确定这些新增加的未知量，还需列出补充方程，即 $F_s \leqslant F_{max}$，补充方程的数目与摩擦力的数目相同。

工程中有不少问题只需要分析平衡的临界状态，这时静摩擦力等于其最大值，补充方程只取等号。有时为了计算方便，也先在临界状态下计算，求得结果后再分析、讨论其解的平衡范围。

例 1-6-1　如图 1-6-8 所示，重为 W 的物块放在倾角为 α（大于摩擦角）的斜面上，它与斜面间的静摩擦因数为 f_s，为了维持这物块在斜面上静止不动，在物块上作用了一水平力 $\boldsymbol{P}$，试求力 $\boldsymbol{P}$ 允许值的范围。

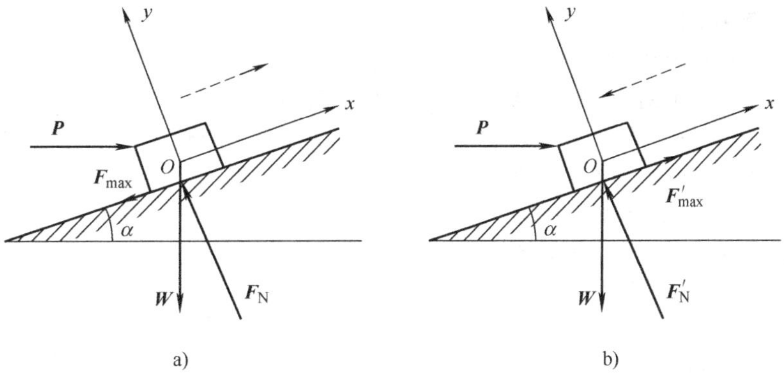

图 1-6-8　摩擦平衡实例

a）运动趋势向上时物块的受力图　b）运动趋势向下时物块的受力图

Ⅰ. 题目分析

由经验易知，力 $\boldsymbol{P}$ 太大，物块将上滑，摩擦力沿斜面向下；力 $\boldsymbol{P}$ 太小，物块将下滑，摩擦力沿斜面向上。要想物块保持静止，力 $\boldsymbol{P}$ 不能太大也不能太小，即 $\boldsymbol{P}$ 存在最大值与最小值。当物块处于向上、向下两种临界平衡状态时，$\boldsymbol{P}$ 分别达到最大值和最小值，此时列静力学平衡方程及补充方程可以计算出 $\boldsymbol{P}$ 的最大值和最小值，进而确定 $\boldsymbol{P}$ 的范围。

Ⅱ. 题目求解

解：(1) 先求力 $\boldsymbol{P}$ 的最大值。取物块为研究对象，当力 $\boldsymbol{P}$ 达到最大值时，物体处于将要向上滑动的临界状态，静摩擦力达到最大值 F_{max}，方向沿斜面向下，其受力图如图 1-6-8a 所示。建立坐标系 Oxy，列平衡方程

$$\sum F_x = 0,\ P_{max}\cos\alpha - W\sin\alpha - F_{max} = 0$$

$$\sum F_y = 0,\ F_N - P_{max}\sin\alpha - W\cos\alpha = 0$$

因物块处于临界平衡状态，由静摩擦定律列补充方程

$$F_{max}=f_s F_N$$

联立求解上述方程得

$$P_{max}=\frac{\sin\alpha+f_s\cos\alpha}{\cos\alpha-f_s\sin\alpha}W$$

（2）再求 $\boldsymbol{P}$ 的最小值。取物块为研究对象，当力 $\boldsymbol{P}$ 达到最小值时，物体处于将要向下滑动的临界状态，静摩擦力达到最大值 F'_{max}，方向沿斜面向上，其受力图如图1-6-8b所示。建立坐标系 Oxy，列平衡方程

$$\sum F_x=0,\ P_{min}\cos\alpha-W\sin\alpha+F'_{max}=0$$

$$\sum F_y=0,\ F'_N-P_{min}\sin\alpha-W\cos\alpha=0$$

因物块处于临界平衡状态，由静摩擦定律列补充方程

$$F'_{max}=f_s F'_N$$

联立求解上述方程得

$$P_{min}=\frac{\sin\alpha-f_s\cos\alpha}{\cos\alpha+f_s\sin\alpha}W$$

综合上述两个结果可知：为使物块静止，力 $\boldsymbol{P}$ 必须满足如下条件：

$$\frac{\sin\alpha-f_s\cos\alpha}{\cos\alpha+f_s\sin\alpha}W\leqslant P\leqslant\frac{\sin\alpha+f_s\cos\alpha}{\cos\alpha-f_s\sin\alpha}W$$

Ⅲ. 题目关键点解析

在临界状态下求解有摩擦的平衡问题时，必须根据相对滑动的趋势，正确判定摩擦力的方向。

例1-6-2 有一刹车装置如图1-6-9a所示，轴上作用一力偶，其力偶矩大小为 $M=1000\text{N}\cdot\text{m}$，方向为顺时针。有一半径为 $r=25\text{cm}$ 的制动轮装在轴上，制动轮与制动块间的静摩擦因数 $f_s=0.25$。试问制动时制动块对制动轮的压力 $\boldsymbol{F}_N$ 至少为多大？

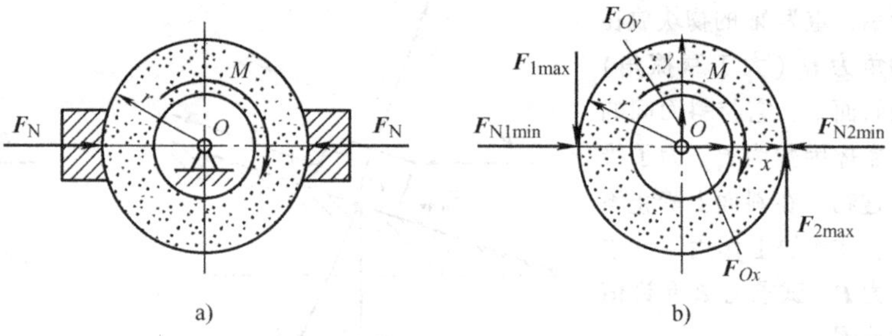

图1-6-9 刹车装置

a）刹车装置示意图 b）制动轮受力图

Ⅰ. 题目分析

由经验可知，制动轮依靠制动块与其自身产生的摩擦力进行制动，摩擦力太小不能产生足够大的力矩使制动轮停止转动，摩擦力的大小与制动块作用在制动轮上的正压力 F_N 成正比。当制动轮处于由转动到静止的临界状态时，此时制动块对制动轮的压力 F_N 是制动时所需的最小值，摩擦力为最大静摩擦力。对制动轮列静力学平衡方程及摩擦补充方程即可求解。

Ⅱ. 题目求解

解：（1）选取制动轮 O 为研究对象。去掉两个制动块及铰链的约束，建坐标系 Oxy，当正压力达到制动最小值 F_{N1min} 及 F_{N2min} 时，开始制动，此时摩擦力达到最大值 F_{1max} 及 F_{2max}，制动轮的受力图如图1-6-9b所示。

（2）列平衡方程及补充方程

$$\sum F_x=0,\quad F_{N1min}-F_{N2min}=0 \tag{a}$$

$$\sum F_y=0,\quad F_{2max}-F_{1max}=0 \tag{b}$$

$$\sum M_O(F)=0,\quad F_{1max}r+F_{2max}r-M=0 \tag{c}$$

$$F_{1max}=f_s F_{N1min} \tag{d}$$

$$F_{2max}=f_s F_{N2min} \tag{e}$$

由式(a) ~式(e) 联立解得

$$F_{N1min}=F_{N2min}=8000N$$

即

$$F_N \geqslant 8000N$$

Ⅲ. 题目关键点解析

当制动轮处于由转动到静止的临界状态时，此时的压力 F_N 是制动时所需的最小值，摩擦力为最大静摩擦力。

四、滚动摩阻的概念

由实践知道，使滚子滚动比使它滑动省力。所以在工程中，为了提高效率，减轻劳动强度，常利用物体的滚动代替物体的滑动。

当物体滚动时，存在什么阻力？它有什么特性？下面通过简单的实例来分析这些问题。设在水平面上有一滚子，受重力为 $\boldsymbol{W}$，半径为 r，在其中心 O 上作用一水平力 $\boldsymbol{F}$，如图 1-6-10 所示。

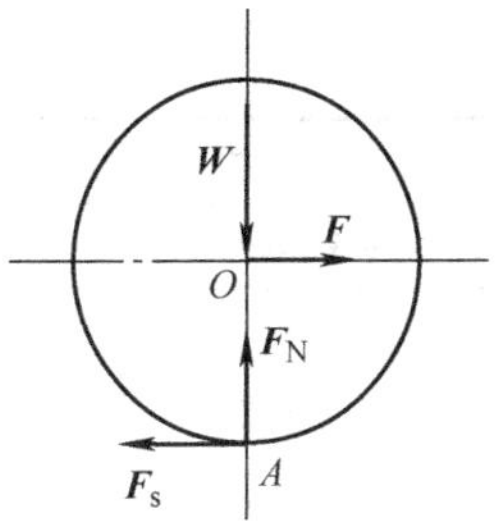

图 1-6-10 滚子的受力图

当力 $\boldsymbol{F}$ 不大时，滚子仍保持静止。分析滚子的受力情况可知，在滚子与平面接触的 A 点有法向约束力 $\boldsymbol{F}_N$，它与 $\boldsymbol{W}$ 等值反向；另外，还有静滑动摩擦力 $\boldsymbol{F}_s$，阻止滚子滑动，它与 $\boldsymbol{F}$ 等值反向。如果平面的约束力仅有 $\boldsymbol{F}_N$ 和 $\boldsymbol{F}_s$，则滚子不可能保持平衡，因为静滑动摩擦力 $\boldsymbol{F}_s$ 与力 $\boldsymbol{F}$ 组成一力偶，将使滚子发生滚动。

实际上当力 $\boldsymbol{F}$ 不大时，滚子是可以平衡的。这是因为滚子和平面实际上并不是刚体，它们在力的作用下都会发生变形，有一个接触面，如图 1-6-11a 所示。在接触面上，物体受分布力的作用，这些力向点 A 简化，得到一个力 $\boldsymbol{F}_R$ 和一个力偶，力偶的矩为 M_f，如图 1-6-11b 所示。这个力 $\boldsymbol{F}_R$ 可分解为静摩擦力 $\boldsymbol{F}_s$ 和正压力 $\boldsymbol{F}_N$，这个矩为 M_f 的力偶称为**滚动摩阻力偶**（简称**滚阻力偶**），它与力偶（$\boldsymbol{F}$，$\boldsymbol{F}_s$）平衡，它的转向与滚动的趋向相反，如图 1-6-11c 所示。

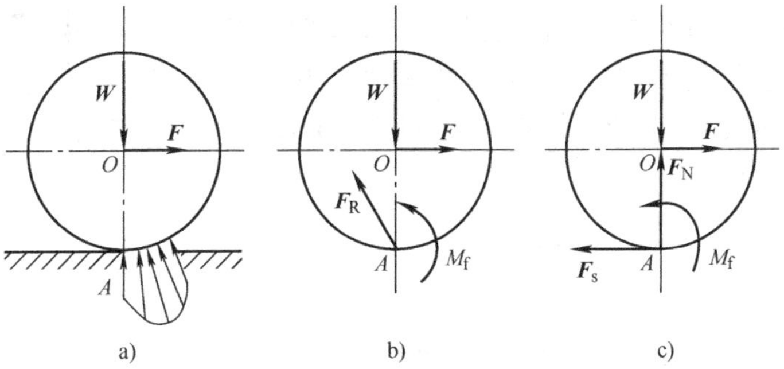

图 1-6-11 滚动摩阻力偶的产生

a）滚子的受力示意图 b）滚子受力的简化 c）滚动摩阻力偶的产生

与静滑动摩擦力相似，滚动摩阻力偶矩 M_f 随着主动力偶矩的增加而增大，当力 $\boldsymbol{F}$ 增加到某个值时，滚子处于将滚未滚的临界平衡状态，这时，滚动摩阻力偶矩达到最大值，称为最大滚动摩阻力偶矩，用 M_{max} 表示。若力 $\boldsymbol{F}$ 再增大一点，滚子就会滚动。在滚动过程中，滚动摩阻力偶矩近似等于 M_{max}。

由此可知，滚动摩阻力偶矩 M_f 的大小介于零与最大值之间，即

$$0 \leqslant M_f \leqslant M_{max} \tag{1-6-7}$$

实验证明：最大滚动摩阻力偶矩 M_{max} 与滚子半径无关，而与支承面的正压力（法向约

束力）$\boldsymbol{F}_N$ 的大小成正比，即

$$M_{max}=\delta F_N \tag{1-6-8}$$

式中，δ 为比例常数，称为滚动摩阻系数，又称滚阻系数，滚动摩阻系数具有长度的量纲，单位一般用 mm。式(1-6-8) 即为滚动摩阻定律。

滚动摩阻系数由实验测定，它与滚子和支承面的材料的硬度和湿度等有关，与滚子的半径无关。以骑自行车为例，减小滚阻系数的方法是使轮胎充气足、路面坚硬，这样使滚动摩阻力偶矩 M_f 减小，骑自行车时就会省力。表 1-6-2 列出了几种常见材料的滚阻系数的值。

表 1-6-2 滚阻系数

材料名称	δ/mm	材料名称	δ/mm
铸铁与铸铁	0.5	软钢与钢	0.5
钢质车轮与钢轨	0.05	有滚珠轴承的料车与钢轨	0.09
木与钢	0.3～0.4	无滚珠轴承的料车与钢轨	0.21
木与木	0.5～0.8	钢质车轮与木面	1.5～2.5
软木与软木	1.5	轮胎与路面	2～10
淬火钢珠与钢	0.01		

滚动摩阻系数的物理意义如下。滚子在即将滚动的临界平衡状态时，其受力图如图 1-6-12a所示。根据力的平移定理，可将其中的法向约束力 $\boldsymbol{F}_N$ 与最大滚动摩阻力偶 M_{max}合成为一个力 $\boldsymbol{F}'_N$，且 $F_N=F'_N$。力 $\boldsymbol{F}'_N$的作用线距中心线的距离为 d，如图 1-6-12b 所示。其中

$$d=\frac{M_{max}}{F_N} \tag{1-6-9}$$

比较式(1-6-8) 与式(1-6-9)，得 $\delta=d$。

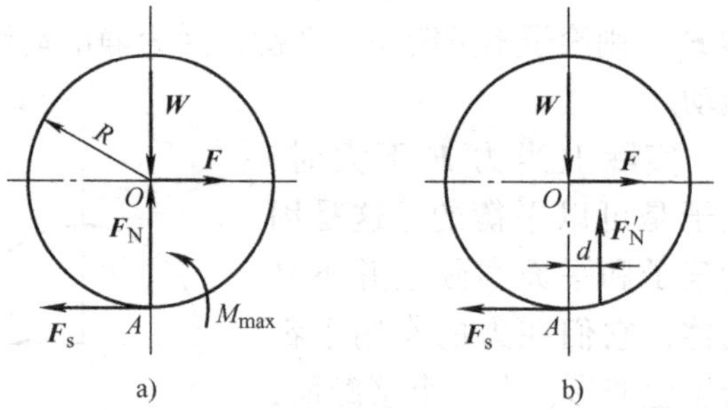

图 1-6-12 滚动摩阻系数的物理意义

a）滚子处于临界状态时的受力图

b）滚子在 $\boldsymbol{F}_N$ 平移后的受力图

因而滚动摩阻系数 δ 可看作在即将滚动时，法向约束力 $\boldsymbol{F}'_N$离中心线的最远距离，也就是最大滚阻力偶（$\boldsymbol{F}'_N$，$\boldsymbol{W}$）的臂，故它具有长度的量纲。

由于滚动摩阻系数较小，因此，在大多数情况下滚动摩阻是可以忽略不计的。

由图 1-6-12a 可以分别计算出使轮子滚动或滑动所需要的最小水平拉力 $\boldsymbol{F}_G$ 和 $\boldsymbol{F}_H$。

在将要滚动时列平衡方程

$$\sum M_A(\boldsymbol{F})=0,\quad M_{max}-RF_G=0$$

可以求得

$$F_G=\frac{M_{max}}{R}=\frac{\delta F_N}{R}=\frac{\delta}{R}W$$

在将要滑动时列平衡方程

$$\sum F_x=0,\quad F_H-F_{max}=0$$

可以求得

$$F_H = F_{max} = f_s W$$

一般情况下，有

$$\frac{\delta}{R} \ll f_s$$

得

$$F_G \ll F_H$$

因而使滚子滚动比滑动省力得多。

例如，某型号车轮的半径 $R=450$mm，轮胎与混凝土路面的 $\delta=3.15$mm，$f_s=0.7$，则得 $\frac{F_H}{F_G}=\frac{f_s R}{\delta}=\frac{0.7\times450}{3.15}=100$，显然使车轮滑动的力比滚动的力大得多。

任务实施

求如图 1-6-1 所示任务描述中 a 的范围。

Ⅰ. 题目分析

由经验可知，a 越大挺杆越容易卡住。当挺杆由运动到卡住不动（处于临界状态）时，挺杆受到最大摩擦力的作用，此时的 a 是避免挺杆卡住的最大值。列出挺杆处于临界状态时的平衡方程及补充方程即可求解。

Ⅱ. 题目求解

解：（1）取挺杆为研究对象。其受力如图 1-6-13 所示，推杆除受凸轮推力 $\boldsymbol{F}$ 作用外，在滑道 A、B 处还受法向约束力 $\boldsymbol{F}_{NA}$、$\boldsymbol{F}_{NB}$的作用，由于推杆有向上滑动趋势，则摩擦力 $\boldsymbol{F}_A$、$\boldsymbol{F}_B$ 的方向向下。

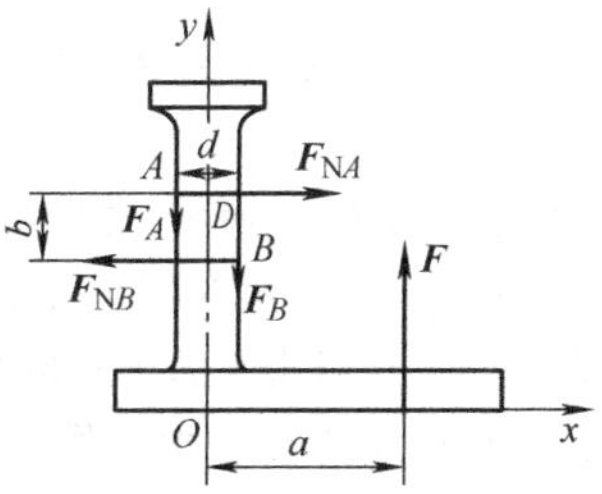

图 1-6-13 挺杆受力图

（2）列平衡方程

$$\sum F_x=0,\ F_{NA}-F_{NB}=0 \tag{a}$$

$$\sum F_y=0,\ -F_A-F_B+F=0 \tag{b}$$

$$\sum M_D(\boldsymbol{F})=0,\ Fa-F_{NB}b-F_B\frac{d}{2}+F_A\frac{d}{2}=0 \tag{c}$$

考虑平衡的临界情况（即推杆将动而尚未动时），摩擦力都达最大值，可以列出两个补充条件

$$F_A=f_s F_{NA} \tag{d}$$

$$F_B=f_s F_{NB} \tag{e}$$

由式(a) 得

$$F_{NA}=F_{NB}$$

代入式(d)、式(e)，得

$$F_A=F_B=F_{max}$$

代入式(b)，得

$$F=2F_{max}$$

最后代入式(c)，解得

$$a_{max} = \frac{b}{2f_s}$$

保持 F 和 b 不变，由式(c) 可见，当 a 减小时，F_{NB}亦减小，因而最大静摩擦力减小。因而当 $a < \frac{b}{2f_s}$时，推杆不能平衡，即推杆不会被卡住。

Ⅲ. 题目关键点解析

避免挺杆卡住求解 a 的范围，关键在于能够分析出挺杆由运动到刚好卡住（临界状态）时，挺杆受到的摩擦力是最大静摩擦力，此时的 a 值也是最大的。

思考与练习

1. 摩擦总是有害的吗？

2. 摩擦力的方向总是和物体的运动方向相反吗？

3. 为什么拉车时路硬、车胎气足时省力？

4. 物块受重力为 W，与水平面间的静摩擦因数为 f_s，如图 1-6-14 所示。欲使物块向右滑动，将 a 图的施力方法与 b 图的施力方法相比较，哪种省力？若要最省力，α 角应多大？

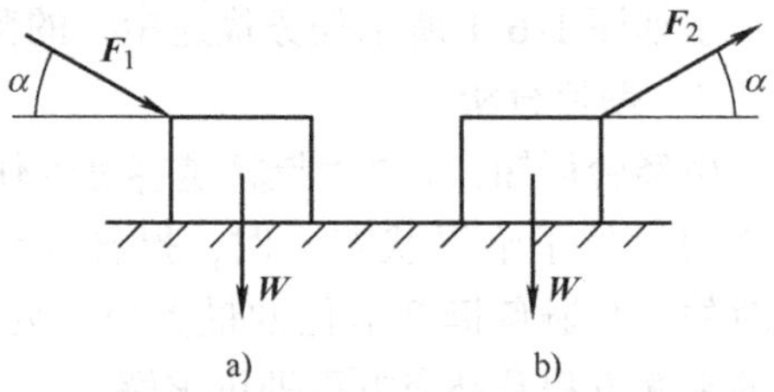

图 1-6-14　题 4 图

5. 如图 1-6-15 所示，物体重 $G = 100$N，与水平面间的摩擦因数 $f_s = 0.3$。（1）当水平力 $F = 10$N 时，物体受多大摩擦力？（2）当水平力 $F = 30$N 时，物体受多大摩擦力？（3）当水平力 $F = 50$N 时，物体受多大摩擦力？

6. 受重力为 W 的物块放在地面上，如图 1-6-16 所示，一主动力 F 作用于摩擦锥之外，物体是否一定移动？

7. 简易升降混凝土料斗装置如图 1-6-17 所示，混凝土和料斗共重 25kN，料斗与滑道间的静滑动与动滑动摩擦因数均为 0.3。（1）若绳子拉力分别为 22kN 与 25kN 时，料斗处于静止状态，求料斗与滑道间的摩擦力；（2）求料斗匀速上升和下降时绳子的拉力。

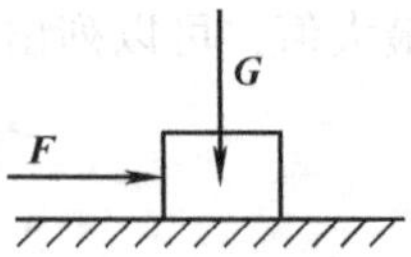

图 1-6-15　题 5 图

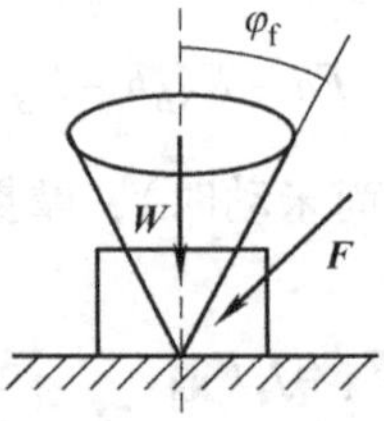

图 1-6-16　题 6 图

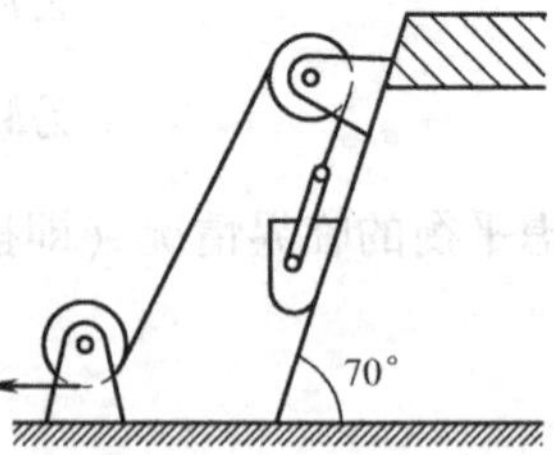

图 1-6-17　题 7 图

8. 如图 1-6-18 所示，置于 V 形槽中的棒料上作用一力偶，力偶的矩 $M = 15$N·m 时，刚好能转动此棒料。已知棒料重 $P = 400$N，直径 $D = 0.25$m，不计滚动摩阻。求棒料与 V 形槽间的静摩擦因数 f_s。

9. 某人用双手夹一叠书向上提起，如图 1-6-19 所示。手夹书的力 $F = 225$N，手与书的摩擦因数为 $f_{s1} = 0.45$，书与书间摩擦因数为 $f_{s2} = 0.4$。如每本书的重力为 10N，问最多能夹几本书？

10. 攀登电线杆的脚套钩如图 1-6-20 所示。设电线杆直径 $d = 300$mm，A、B 间的铅直距离 $b = 100$mm。若套钩与电线杆之间静摩擦因数 $f_s = 0.5$。求工人操作时，为了安全，站在套钩上的最小距离 l 应为多大。

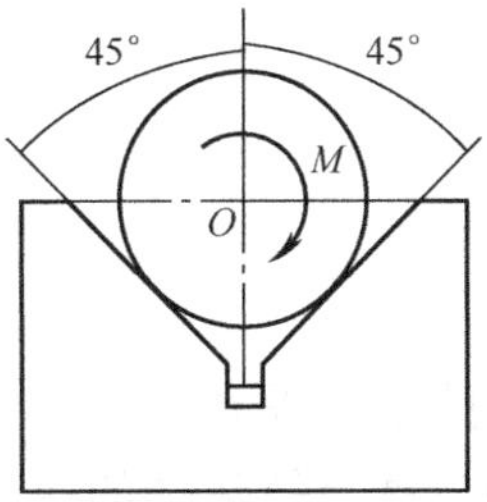

图 1-6-18　题 8 图

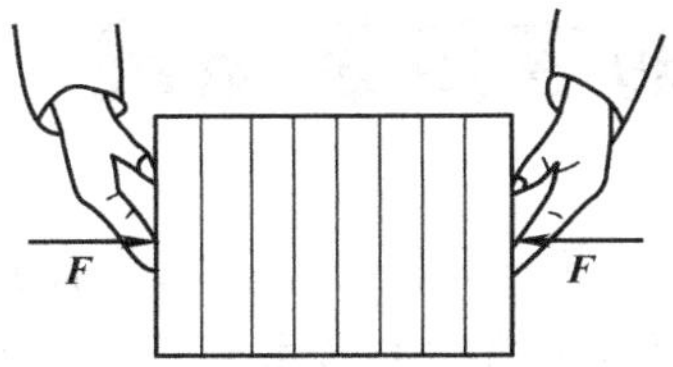

图 1-6-19　题 9 图

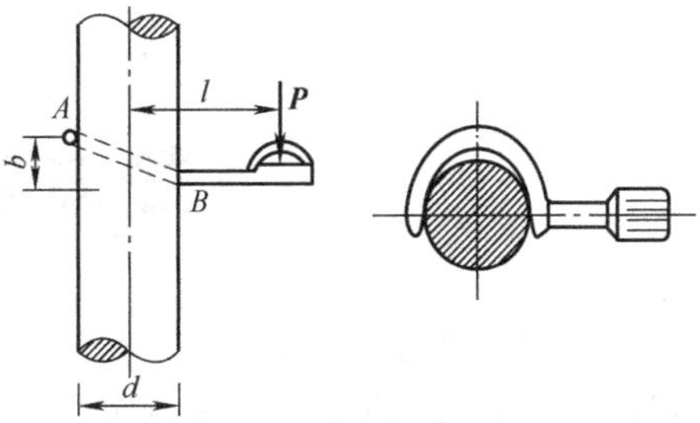

图 1-6-20　题 10 图

11. 制动器的构造如图 1-6-21 所示，已知重物重 $W=500\text{N}$，制动轮与制动块间的静摩擦因数为 $f_s=0.6$，$R=250\text{mm}$，$r=150\text{mm}$，$a=1000\text{mm}$，$b=300\text{mm}$，$h=100\text{mm}$。求制动鼓轮转动所需的最小力 F。

12. 图 1-6-22 中梯子 AB 重为 $P=200\text{N}$，靠在光滑墙上，梯子长为 l，已知梯子与地面间的静摩擦因数为 0.25。今有一重 650N 的人沿梯子向上爬，试问人达到最高点 A，而梯子仍能保持平衡的最小角度 α 应为多少？

13. 图 1-6-23 中滚子与鼓轮一起重为 P，滚子与地面间的滚动摩阻系数为 δ，在与滚子固结半径为 r 的鼓轮上挂一重为 P_1 的物体。试问 P_1 等于多少时，滚子将开始滚动？

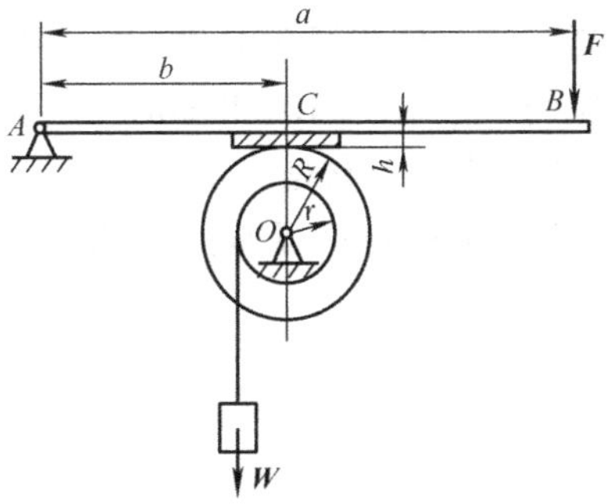

图 1-6-21　题 11 图

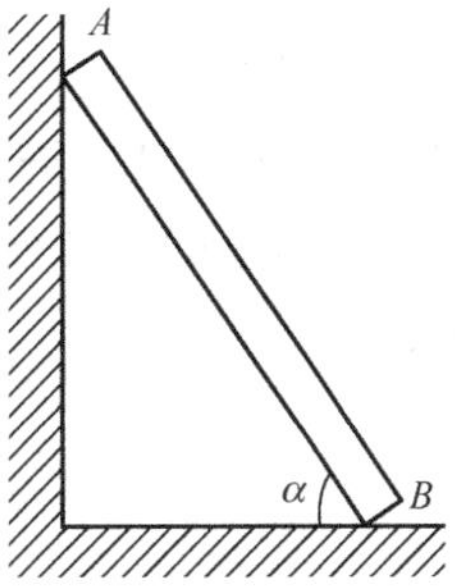

图 1-6-22　题 12 图

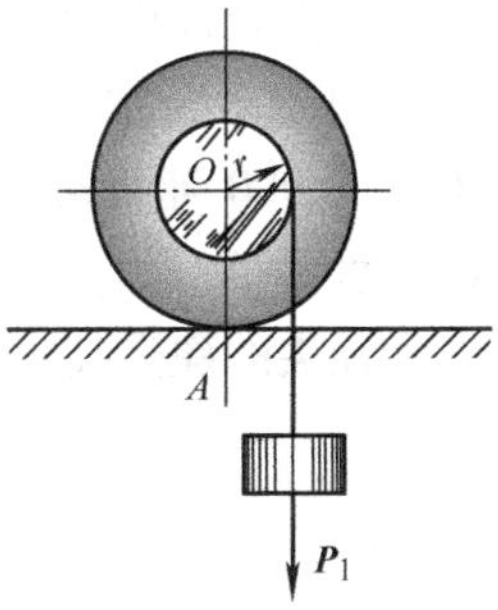

图 1-6-23　题 13 图

14. 如图 1-6-24 所示为轧机的两个轧辊，其直径均为 $d=50\text{cm}$，两辊间的间隙 $a=0.5\text{cm}$，两轧辊转动方向相反，如图上箭头所示。已知烧红的钢板与轧辊之间的静摩擦因数为 $f_s=0.1$，轧制时摩擦力将钢板带入轧辊。试问能轧制钢板的最大厚度 b 是多少？

15. 机床上为了迅速装卸工件，常采用如图 1-6-25 所示的偏心夹具，已知偏心轮直径为 D，偏心轮与台面间的静摩擦因数为 f_s。今欲使偏心轮手柄上的外力去掉后，偏心轮不会自动脱开，试问偏心距 e 应为多少？在临界状态时，点 O 在水平线 AB 上。

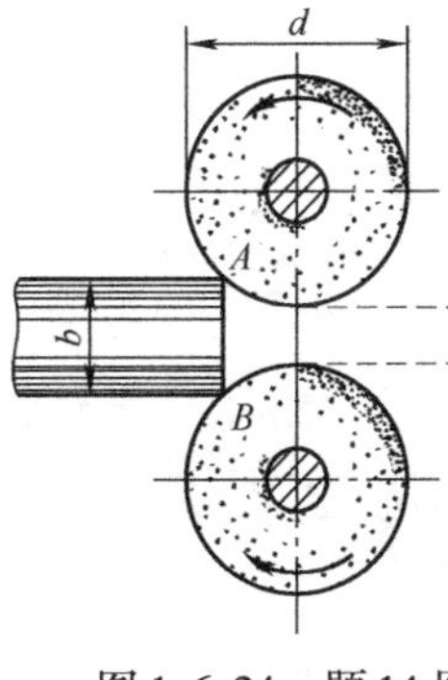

图 1-6-24　题 14 图

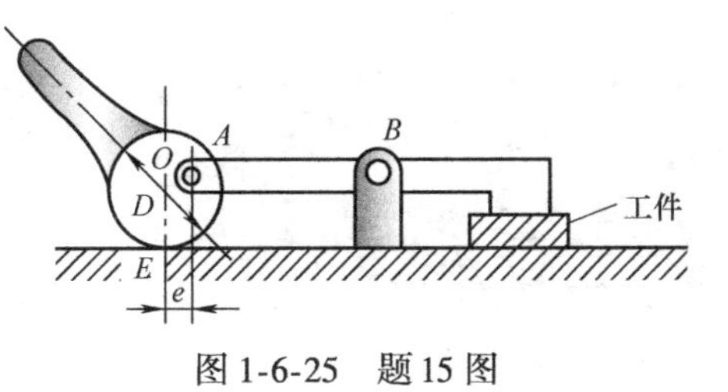

图 1-6-25　题 15 图

静力学的应用及拓展

静力学是理论力学的一个分支，研究质点或质点系受力作用时的平衡规律。平衡是物体机械运动的特殊形式，严格地说，物体相对于惯性参考系处于静止或做匀速直线运动的状态，即加速度为零的状态都称为平衡。静力学主要研究刚体的平衡规律，得出刚体平衡的充要条件。研究方法是从静力学公理（包括二力平衡公理、加减平衡力系公理、力的平行四边形法则、作用和反作用定律、刚化原理）出发，研究约束类型、物体受力分析、复杂力系的简化等，通过推理得出平衡力系应满足的条件，即平衡条件。平衡条件用数学方程表示，就构成平衡方程。静力学平衡理论在生产生活中应用非常广泛。

比如在桥梁建设方面，力学起到核心的作用。众所周知，中国是个建桥大国，有很多世界级的大桥。例如，陕西省洛川县境内的洛河特大桥被誉为“亚洲第一高墩大桥”，全长1056m，主墩高达143.5m，桥面高152m，最大跨度160m；连接云南省与贵州省的北盘江第一桥，桥面至江面距离达565.4m，是世界上相对高度最高的桥；位于京沪高铁的江苏段，起自丹阳，途径常州、无锡、苏州等地，终点昆山的丹昆特大桥长达164.85km，大桥由4500多个900吨箱梁构成，从头走到尾的话，开车都需要2个小时，它是吉尼斯世界纪录认证的世界第一长桥；2018年10月通车的港珠澳大桥，因其超大的建筑规模、空前的施工难度和顶尖的建造技术闻名于世。

丹昆特大桥

港珠澳大桥

洛河特大桥

北盘江第一桥

那么，桥梁建设中有哪些静力学问题呢？首先面临着载荷的估算、支撑结构设计、连接部位的设计、选择材料、应力计算等，但基础都是静力平衡的计算。施工过程中静力学问题更多一些，归纳起来主要有三方面：一是临时支撑装置的平衡问题，包括基础条件的不确定性、支架连接的不确定性、支架荷载的不确定性的力学计算等；二是施工状态的力学计算，包括材料特性的不确定性、结构体系的不确定性、施工荷载的不确定性（横向载荷及偶然载荷，比如天气风力因素的影响等）、构造细节特性的不确定性；三是对于大跨度桥梁施工过程往往还存在体系转换问题，如预应力混凝土连续梁、连续钢构或折式组合拱桥的转换。对于采用悬臂浇筑或悬臂拼装的多跨大跨度连续结构，都经历最初的静定悬臂钢构状态，然后分阶段合龙为单跨（或多跨）的固定端梁、外伸梁或临时连续钢构等不同体系，最后才合龙为成桥状态的连续梁、连续钢构或折架拱等超静定结构。

通过以上的分析，我们了解到静力学理论在桥梁设计和具体的施工中都起到了关键作用。在桥梁的设计思路上，力学的运用可以为桥梁的设计提供保障，保证桥梁设计方案的可行性，这样也就保证了其安全性和耐用性。

港口起重机也是平衡问题的一个应用，在港珠澳大桥的建设过程中，中国制造的世界上最大的360°全回转型起重船——振华30做出了突出的贡献。振华30是我国自主建造的世界上最大的起重船，主要应用于大件货物的装卸、海上大件吊装、海上救助打捞、桥梁工程建设和港口码头施工等多个领域。能制造出这样超高端海洋装备技术表明我国已加入制造强国的行列，是我国实力的最好印证！在建设港珠澳大桥时采用吊装沉管隧道的方法，简单地说就是将钢筋混凝土结构的隧道沉管铺设海底，需要33节沉管在两岸分别沉放，实现海底合龙，这是关系到这项国家级项目的关键一环，难度系数空前。我们的大国神器——振华30上演“海底穿针”的绝活，完美解决了海底隧道合龙的问题，实现了“大国重器”与“超级工程”的强强联合，成绩世界瞩目。

振华30起重机

对于起重机来说，重心不平衡是所有起重机械都需面临的问题，陆地的起重机可通过增大负重面积，增加支撑解决平衡问题。那么作为世界上最大的海上吊装船，为防止倾覆，在工作中是如何保持平衡的呢？就是通过压载水舱来维持船的平衡，当船一侧负重不均时，另外一侧的压载水舱快速地注入一定量的压载水，通过海水的重量来保持船体的平衡。港珠澳大桥沉管施工过程中，在最终接头的吊起、旋转及沉放是一个连续的动态过程，这就要求船只压载的速度和吊装速度保持随时匹配。据数据记载，珠港澳海底穿越段沉管接口合龙时，原来重 6000 吨的振华 30 起重机，在水中因为浮力只有 1900 多吨，而且还受水中各种作用力的影响，这时振华 30 的前后舱压载水系统发挥了强大的作用，确保了船只稳定，起吊装置平稳，保证最终接头没有晃动和偏差。正是因为振华 30 出色的平衡能力，完美地完成了最关键的施工，彰显了中国工程基建及海洋装备的国际一流水平。

国家的建设离不开“基建神器”，每一件“神器”的背后有突破无数道技术难题的艰辛历程，有无数位兢兢业业的科研人员默默奉献，正是项目参与人员的家国情怀、使命担当才铸就了中国制造的辉煌，更是中国制造走向世界的底气和信心。

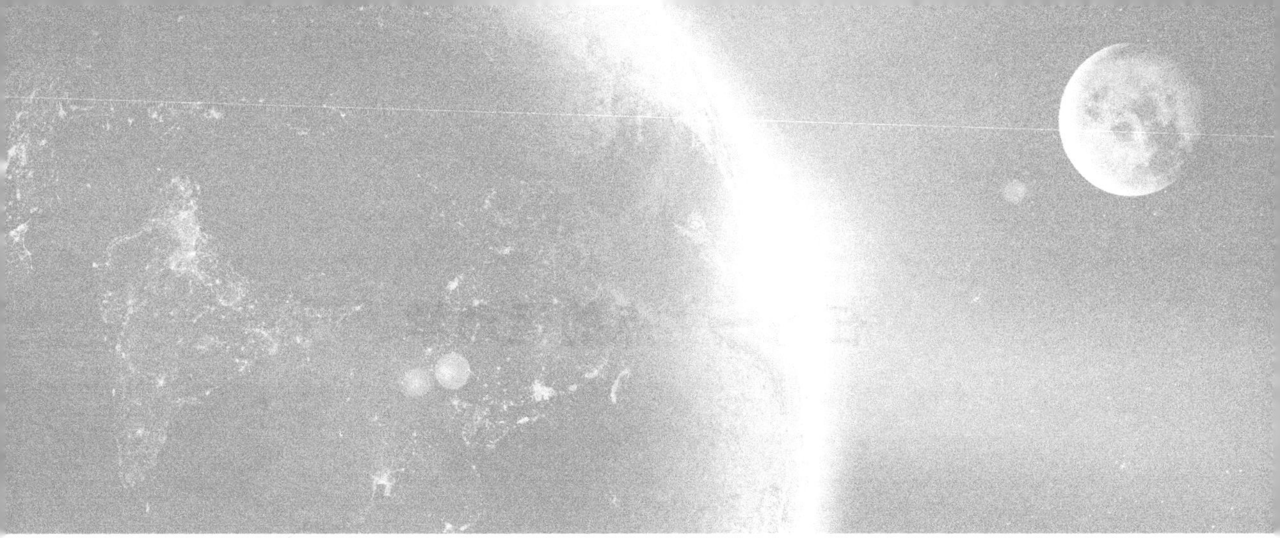

模块二　运　动　学

引　言

静力学研究的是物体在力系作用下的平衡规律。如果作用在物体上的力系不平衡，物体的运动状态将发生变化。运动学的任务就是从几何角度研究物体的运动规律，即轨迹、速度和加速度随时间的变化规律，而不考虑影响物体运动的物理因素（力、质量）。

学习运动学除了为动力学打基础外，还具有独立的意义，即为分析机构的运动打基础。例如设计机床时，必须设计一套适当的传动机构，才能使电动机带动主轴和刀架实现预定的运动。因此，运动学作为理论力学中的独立部分也是很必要的。

在分析某一物体在空间的位置和运动情况时，必须选择另一物体作为参考体，如果所选的参考体不同，那么物体相对于不同的参考体的运动也不同，因此分析任何物体的运动都需要指明参考体。与参考体固连的坐标系称为参考系。在一般工程问题中，都取与地面固连的坐标系为参考系。今后若不特别说明，就应如此理解。

在分析某一物体在空间的位置和运动情况时，还常用到瞬时和时间间隔两个概念。瞬时是指物体在运动过程中的某一时刻，用 t 表示；时间间隔是指先后两个瞬时间隔的时间，记为 $\Delta t = t_2 - t_1$。

在运动学中，常将研究的物体抽象为点和刚体两种力学模型。点是指不计大小、不计质量、在空间占有确定位置的几何点；刚体是指由无数个点组成的不变形系统。一个物体究竟抽象为点还是刚体，取决于所研究问题的性质，而不是单纯取决于物体本身的大小和形状。例如，当研究地球相对于太阳的公转时，可将地球抽象为点；而当研究地球的自转时，则应将地球抽象为刚体。根据由浅到深、由简到繁的原则，先研究点的运动，然后再研究刚体的运动。

任务一　点的运动学

任务描述

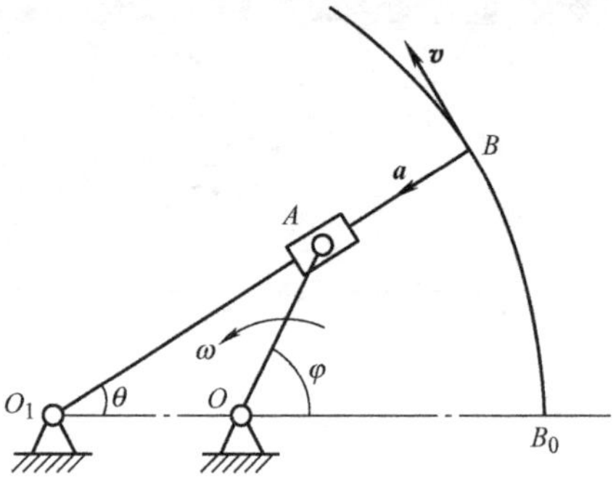

图 2-1-1　曲柄摇杆机构

如图 2-1-1 所示为曲柄摇杆机构，曲柄 OA 绕 O 轴转动，并带动套筒 A 在 O_1B 杆上滑动，从而带动 O_1B 杆绕 O_1 轴转动。设 $OA = OO_1 = 10\text{cm}$，$O_1B = 20\text{cm}$，$\varphi = \frac{\pi}{5}t$（φ 的单位为 rad，t 以 s 计）。试求 B 点的运动方程、速度及加速度。

任务分析

研究点的运动，主要研究如何确定点的位置，建立点的运动方程，确定点的轨迹以及分析计算点的速度和加速度。

知识准备

点的运动按轨迹的不同，可分为直线运动和曲线运动。

描述点的运动，通常采用三种方法：矢量法、直角坐标法和自然法。矢量法适用于理论公式推导，具体计算则用直角坐标法及自然法。

一、矢量法描述点的运动

1. 点的运动方程

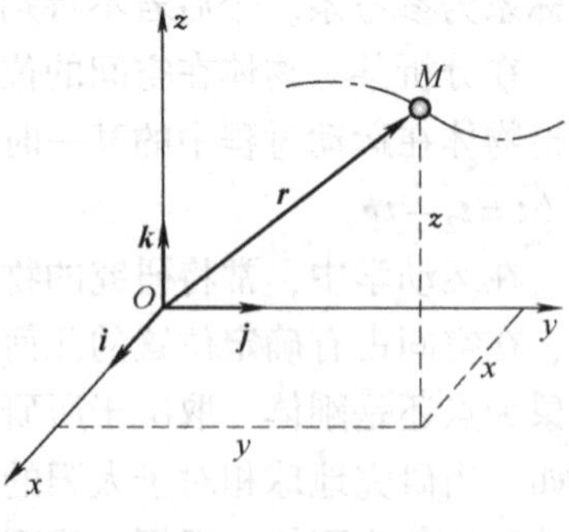

图 2-1-2　点的运动

如图 2-1-2 所示，在直角坐标系 $Oxyz$ 中，动点 M 沿空间曲线 AB 运动。自坐标原点 O 至 M 点作一矢量 $\boldsymbol{r}$，$\boldsymbol{r}$ 称为动点在 $Oxyz$ 坐标系中的矢径，则动点 M 在任一瞬时的位置完全由矢径 $\boldsymbol{r}$ 确定。当动点沿曲线运动时，其矢径的大小和方向随时间 t 变化，可表示为时间 t 的单值连续矢量函数，即

$$\boldsymbol{r} = \boldsymbol{r}(t) \tag{2-1-1}$$

式(2-1-1) 描述了动点 M 在空间的位置随时间变化的规律，称为用矢量法表示的点的**运动方程**。

当动点 M 运动时，其矢径 $\boldsymbol{r}$ 的端点在空间描绘出一连续曲线，称为矢端曲线。显然，矢端曲线就是动点的运动轨迹。

2. 点的速度

速度是表示点运动快慢和方向的物理量。设动点沿曲线 AB 运动，在某瞬时 t，点在位置 M 处，其矢径为 $\boldsymbol{r}$；经过时间间隔 Δt，点运动到位置 M'，其矢径为 $\boldsymbol{r}'$，如图2-1-3所示。在时间间隔 Δt 内，点的矢径的改变量为

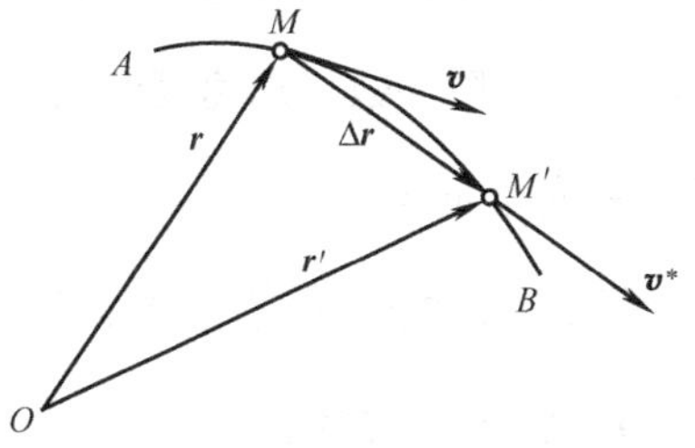

图 2-1-3 点的速度

$$\Delta \boldsymbol{r} = \boldsymbol{r}' - \boldsymbol{r}$$

$\Delta \boldsymbol{r}$ 称为点在时间间隔 Δt 内的**位移**。

位移 $\Delta \boldsymbol{r}$ 与对应时间间隔 Δt 的比值表示点在 Δt 内运动的平均快慢和方向，称为点在该时间间隔内的**平均速度**，用 $\boldsymbol{v}^*$ 表示，即

$$\boldsymbol{v}^* = \frac{\Delta \boldsymbol{r}}{\Delta t}$$

平均速度为矢量，其大小等于 $\left|\frac{\Delta \boldsymbol{r}}{\Delta t}\right|$，方向与位移 $\Delta \boldsymbol{r}$ 的方向相同。当 $\Delta t \to 0$ 时，点 M' 趋近于点 M，而平均速度 $\boldsymbol{v}^*$ 趋近于一极限值，此极限值称为动点 M 在瞬时 t 的**瞬时速度**，简称**速度**。用 $\boldsymbol{v}$ 表示，即

$$\boldsymbol{v} = \lim_{\Delta t \to 0} \boldsymbol{v}^* = \lim_{\Delta t \to 0} \frac{\Delta \boldsymbol{r}}{\Delta t} = \frac{\mathrm{d}\boldsymbol{r}}{\mathrm{d}t} \tag{2-1-2}$$

式(2-1-2) 表明速度是一矢量，它等于动点的矢径对时间的一阶导数。其速度的大小 $v = \left|\frac{\mathrm{d}\boldsymbol{r}}{\mathrm{d}t}\right|$，表示动点在瞬时 t 运动的快慢，方向沿 $\Delta t \to 0$ 时位移 $\Delta \boldsymbol{r}$ 的极限方向，即沿轨迹曲线在 M 点的切线并指向运动的方向，速度单位为 m/s。

3. 点的加速度

加速度是表示点的速度大小和方向随时间变化的物理量。设某瞬时 t 动点在位置 M，速度为 $\boldsymbol{v}$；经过时间间隔 Δt，点运动到 M' 处，速度变为 $\boldsymbol{v}'$，如图 2-1-4 所示。在 Δt 内动点速度的改变量为

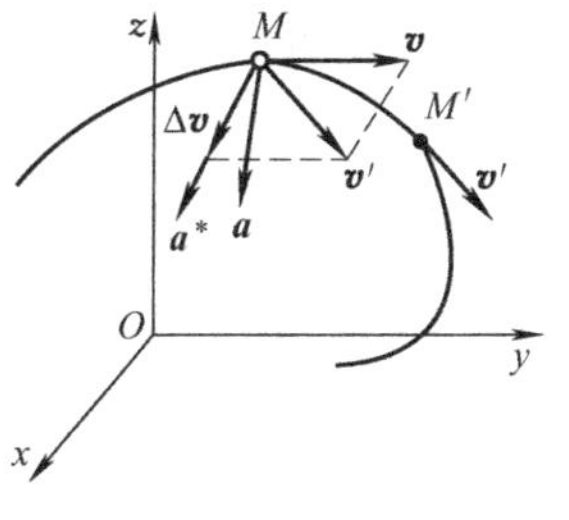

图 2-1-4 点的加速度

$$\Delta \boldsymbol{v} = \boldsymbol{v}' - \boldsymbol{v}$$

$\Delta \boldsymbol{v}$ 与对应时间间隔 Δt 的比值表示点在 Δt 内速度的平均变化率，称为**平均加速度**。用 $\boldsymbol{a}^*$ 表示，即

$$\boldsymbol{a}^* = \frac{\Delta \boldsymbol{v}}{\Delta t}$$

平均加速度为矢量，其大小等于 $\left|\frac{\Delta \boldsymbol{v}}{\Delta t}\right|$；方向与 $\Delta \boldsymbol{v}$ 的方向相同。

当 $\Delta t \to 0$ 时，平均加速度 $\boldsymbol{a}^*$ 趋近于一极限值，此极限值称为动点 M 在瞬时 t 的**瞬时加速度**，简称**加速度**。用 $\boldsymbol{a}$ 表示。即

$$\boldsymbol{a} = \lim_{\Delta t \to 0} \boldsymbol{a}^* = \lim_{\Delta t \to 0} \frac{\Delta \boldsymbol{v}}{\Delta t} = \frac{\mathrm{d}\boldsymbol{v}}{\mathrm{d}t} = \frac{\mathrm{d}^2\boldsymbol{r}}{\mathrm{d}t^2} \tag{2-1-3}$$

式(2-1-3) 表明加速度也是一矢量，它等于点的速度对时间的一阶导数或等于点的矢径对时间的二阶导数。加速度的大小 $a=\left|\frac{\mathrm{d}\boldsymbol{v}}{\mathrm{d}t}\right|$，其方向与 $\Delta t\to 0$ 时 $\Delta\boldsymbol{v}$ 的极限方向一致。加速度的单位为 $\mathrm{m/s^2}$。

二、直角坐标法描述点的运动

1. 点的运动方程

由图2-1-2 可知，某瞬时动点在空间的位置，也可以用点在直角坐标系 $Oxyz$ 中的坐标值 x、y、z 唯一确定。如图 2-1-2 所示，动点运动时，坐标 x、y、z 随时间 t 而变化，都可以表示为时间 t 的单值连续函数，即

$$\left.\begin{aligned}x&=f_1(t)\\y&=f_2(t)\\z&=f_3(t)\end{aligned}\right\}\tag{2-1-4}$$

方程组（2-1-4）描述了动点在直角坐标系中的运动规律，称为**用直角坐标法表示的点的运动方程**。也可以把它们看成是动点的以时间 t 为参数的参数方程，从上述方程消去参数 t，就得到了动点的轨迹方程。

2. 点的速度

在直角坐标系 $Oxyz$ 中，矢径 $\boldsymbol{r}$ 可表示为解析式

$$\boldsymbol{r}=x\boldsymbol{i}+y\boldsymbol{j}+z\boldsymbol{k}\tag{2-1-5}$$

式中，x、y、z 分别为矢径在空间三个直角坐标轴上的投影；$\boldsymbol{i}$、$\boldsymbol{j}$、$\boldsymbol{k}$ 分别为沿 x、y、z 轴的单位矢量，它们是常矢量。

将式(2-1-5) 对时间求一阶导数，得到动点 M 的速度

$$\boldsymbol{v}=\frac{\mathrm{d}\boldsymbol{r}}{\mathrm{d}t}=\frac{\mathrm{d}x}{\mathrm{d}t}\boldsymbol{i}+\frac{\mathrm{d}y}{\mathrm{d}t}\boldsymbol{j}+\frac{\mathrm{d}z}{\mathrm{d}t}\boldsymbol{k}\tag{2-1-6}$$

另一方面，以 v_x、v_y、v_z 表示动点速度 $\boldsymbol{v}$ 在直角坐标轴上的投影，则 $\boldsymbol{v}$ 可表示为

$$\boldsymbol{v}=v_x\boldsymbol{i}+v_y\boldsymbol{j}+v_z\boldsymbol{k}\tag{2-1-7}$$

比较式(2-1-6) 和式(2-1-7)，显然有

$$\left.\begin{aligned}v_x&=\frac{\mathrm{d}x}{\mathrm{d}t}\\v_y&=\frac{\mathrm{d}y}{\mathrm{d}t}\\v_z&=\frac{\mathrm{d}z}{\mathrm{d}t}\end{aligned}\right\}\tag{2-1-8}$$

即动点速度在直角坐标轴上的投影分别等于该点对应的坐标对时间的一阶导数。

若已知速度的三个投影，可以求得速度的大小和方向。速度的大小为

$$v=\sqrt{v_x^2+v_y^2+v_z^2}=\sqrt{\left(\frac{\mathrm{d}x}{\mathrm{d}t}\right)^2+\left(\frac{\mathrm{d}y}{\mathrm{d}t}\right)^2+\left(\frac{\mathrm{d}z}{\mathrm{d}t}\right)^2}\tag{2-1-9}$$

速度 $\boldsymbol{v}$ 的方向余弦为

$$\left.\begin{aligned}\cos(\boldsymbol{v},\boldsymbol{i})&=\frac{v_x}{v}\\ \cos(\boldsymbol{v},\boldsymbol{j})&=\frac{v_y}{v}\\ \cos(\boldsymbol{v},\boldsymbol{k})&=\frac{v_z}{v}\end{aligned}\right\}\tag{2-1-10}$$

3. 点的加速度

将式(2-1-6) 和式(2-1-7) 分别再对时间求一阶导数，可得

$$\boldsymbol{a}=\frac{\mathrm{d}\boldsymbol{v}}{\mathrm{d}t}=\frac{\mathrm{d}^2x}{\mathrm{d}t^2}\boldsymbol{i}+\frac{\mathrm{d}^2y}{\mathrm{d}t^2}\boldsymbol{j}+\frac{\mathrm{d}^2z}{\mathrm{d}t^2}\boldsymbol{k}\tag{2-1-11}$$

$$\boldsymbol{a}=\frac{\mathrm{d}v_x}{\mathrm{d}t}\boldsymbol{i}+\frac{\mathrm{d}v_y}{\mathrm{d}t}\boldsymbol{j}+\frac{\mathrm{d}v_z}{\mathrm{d}t}\boldsymbol{k}\tag{2-1-12}$$

与上同理，加速度在直角坐标轴上的投影为

$$\left.\begin{aligned}a_x&=\frac{\mathrm{d}v_x}{\mathrm{d}t}=\frac{\mathrm{d}^2x}{\mathrm{d}t^2}\\ a_y&=\frac{\mathrm{d}v_y}{\mathrm{d}t}=\frac{\mathrm{d}^2y}{\mathrm{d}t^2}\\ a_z&=\frac{\mathrm{d}v_z}{\mathrm{d}t}=\frac{\mathrm{d}^2z}{\mathrm{d}t^2}\end{aligned}\right\}\tag{2-1-13}$$

即动点的加速度在直角坐标轴上的投影等于该点速度对应的投影对时间的一阶导数，或等于该点对应的坐标对时间的二阶导数。

若已知加速度的三个投影，可以求得加速度的大小和方向。加速度大小为

$$a=\sqrt{a_x^2+a_y^2+a_z^2}=\sqrt{\left(\frac{\mathrm{d}^2x}{\mathrm{d}t^2}\right)^2+\left(\frac{\mathrm{d}^2y}{\mathrm{d}t^2}\right)^2+\left(\frac{\mathrm{d}^2z}{\mathrm{d}t^2}\right)^2}\tag{2-1-14}$$

加速度的方向余弦为

$$\left.\begin{aligned}\cos(\boldsymbol{a},\boldsymbol{i})&=\frac{a_x}{a}\\ \cos(\boldsymbol{a},\boldsymbol{j})&=\frac{a_y}{a}\\ \cos(\boldsymbol{a},\boldsymbol{k})&=\frac{a_z}{a}\end{aligned}\right\}\tag{2-1-15}$$

当点的运动轨迹为平面曲线时，若 $Oxyz$ 为运动平面内的坐标系，则上述公式中 $z=0$，$v_z=0$，$a_z=0$，以及 $\cos(\boldsymbol{v},\ \boldsymbol{k})=0$，$\cos(\boldsymbol{a},\ \boldsymbol{k})=0$。

当点的运动轨迹为直线时，若以 Ox 为沿运动轨迹的坐标系，则上述公式中 $y=z=0$，$v_y=v_z=0$，$a_y=a_z=0$，以及 $\cos(\boldsymbol{v},\ \boldsymbol{j})=\cos(\boldsymbol{v},\ \boldsymbol{k})=0$，$\cos(\boldsymbol{a},\ \boldsymbol{j})=\cos(\boldsymbol{a},\ \boldsymbol{k})=0$。

例 2-1-1 凸轮机构如图 2-1-5a 所示，偏心轮的半径为 r，绕转轴 O 匀速转动，角速度为 ω，转轴到轮心的偏心距 $OC=a$。试求从动杆 AB 的运动规律。

Ⅰ. 题目分析

由题意可知，偏心轮绕 O 轴顺时针转动，从动杆 AB 做直线运动。在从动杆 AB 不脱离偏心轮情况下，

从动杆的运动规律可由 A 点来表示。以转轴 O 为坐标原点，以从动杆 AB 的轴线为坐标轴，A 点的坐标即为从动杆 AB 的运动方程。根据几何关系可以求出 OA 的长度。

Ⅱ. 题目求解

解：(1) 分析运动。从动杆 AB 做直线运动，偏心轮绕 O 轴顺时针转动。

(2) 建立坐标系。以 O 点为坐标原点，x 轴铅垂向上为正方向。

(3) 求从动杆的运动规律。从动杆的运动规律可由 A 点来表示。由图 2-1-5b 的几何关系，从动杆 AB 的运动规律为

$$x = OA = OD + DA = a\cos\varphi + \sqrt{r^2 - CD^2}$$
$$= a\cos\omega t + \sqrt{r^2 - a^2\sin^2\varphi}$$
$$= a\cos\omega t + \sqrt{r^2 - a^2\sin^2\omega t}$$

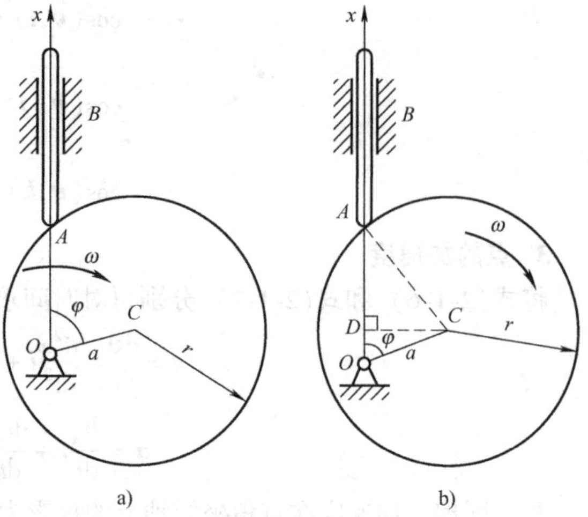

图 2-1-5 凸轮机构

a) 运动简图 b) 几何关系

Ⅲ. 题目关键点解析

本题解题关键在于能够判断出从动杆做直线运动，从动杆的运动规律可由 A 点来表示；能够建立以 O 点为原点，从动杆为轴线的坐标系；能够运用几何关系计算出 OA 段的长度。

例 2-1-2 已知：椭圆规的曲柄 OC 可绕定轴 O 转动，其端点 C 与规尺 AB 中点以铰链相连接，而规尺 A、B 两端分别在相互垂直的滑槽中运动，如图 2-1-6 所示。$OC = AC = BC = l$，$MC = a$，$\varphi = \omega t$。试求：规尺上点 M 的运动方程、运动轨迹、速度和加速度。

Ⅰ. 题目分析

M 点的运动轨迹未知，可以采用直角坐标法求解。以定轴 O 为原点，以相互垂直的滑槽为 x 轴、y 轴，建立坐标系 Oxy。根据几何关系求出点 M 的坐标，即运动方程，消去时间 t 得轨迹方程，运动方程对时间求一阶导数可得速度方程，速度方程对时间求一阶导数可得加速度方程。

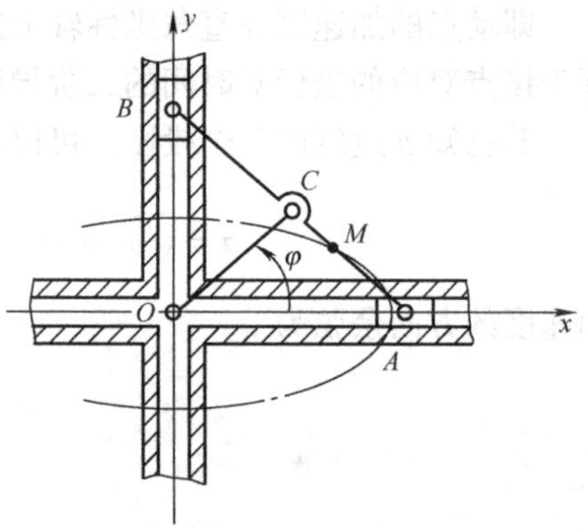

图 2-1-6 椭圆规

Ⅱ. 题目求解

解：取坐标系 Oxy 如图 2-1-6 所示，点 M 的运动方程为

$$x = (OC + CM)\cos\omega t = (l + a)\cos\omega t$$
$$y = AM \cdot \sin\omega t = (l - a)\sin\omega t$$

消去时间 t 得轨迹方程

$$\frac{x^2}{(l+a)^2} + \frac{y^2}{(l-a)^2} = 1$$

将点的坐标对时间取一阶导数，得

$$v_x = \dot{x} = -(l+a)\omega\sin\omega t$$
$$v_y = \dot{y} = (l-a)\omega\cos\omega t$$

故点 M 的速度大小为

$$v = \sqrt{v_x^2 + v_y^2} = \sqrt{(l+a)^2\omega^2\sin^2\omega t + (l-a)^2\omega^2\cos^2\omega t}$$
$$= \omega\sqrt{l^2 + a^2 - 2al\cos 2\omega t}$$

其方向余弦为

$$\cos(\boldsymbol{v}, \boldsymbol{i}) = \frac{v_x}{v} = \frac{-(l+a)\sin\omega t}{\sqrt{l^2 + a^2 - 2al\cos 2\omega t}}$$

$$\cos(\boldsymbol{v}, \boldsymbol{j}) = \frac{v_y}{v} = \frac{(l-a)\cos\omega t}{\sqrt{l^2 + a^2 - 2al\cos 2\omega t}}$$

点的坐标对时间取二阶导数，得

$$a_x = \dot{v}_x = \ddot{x} = -(l+a)\omega^2\cos\omega t$$
$$a_y = \dot{v}_y = \ddot{y} = -(l-a)\omega^2\sin\omega t$$

故点 M 的加速度大小为

$$a = \sqrt{a_x^2 + a_y^2} = \sqrt{(l+a)^2\omega^4\cos^2\omega t + (l-a)^2\omega^4\sin^2\omega t}$$
$$= \omega^2\sqrt{l^2 + a^2 + 2al\cos 2\omega t}$$

其方向余弦为

$$\cos(\boldsymbol{a}, \boldsymbol{i}) = \frac{a_x}{a} = \frac{-(l+a)\cos\omega t}{\sqrt{l^2 + a^2 + 2al\cos 2\omega t}}$$

$$\cos(\boldsymbol{a}, \boldsymbol{j}) = \frac{a_y}{a} = \frac{-(l-a)\sin\omega t}{\sqrt{l^2 + a^2 + 2al\cos 2\omega t}}$$

Ⅲ. 题目关键点解析

本题关键在于运用直角坐标法求解，先建直角坐标系，然后根据几何关系求出点的运动方程。运用运动方程与速度方程、加速度方程的微分关系即可求解。此外，运用直角坐标法还需要注意要把动点放到轨迹的一般位置上，不要放到特殊位置。简单的解法是从动点分别向坐标轴作垂线，构建若干直角三角形，然后再利用三角函数关系求解。

三、自然法描述点的运动

1. 点的运动方程

当动点运动的轨迹为已知时，可选轨迹上任一点 O 为原点，并规定 O 点一侧指向为正，另一侧为负，如图 2-1-7 所示。由原点 O 沿轨迹到动点 M 的弧长冠以适当的正负号称为 M 点的弧坐标，用 s 表示，即

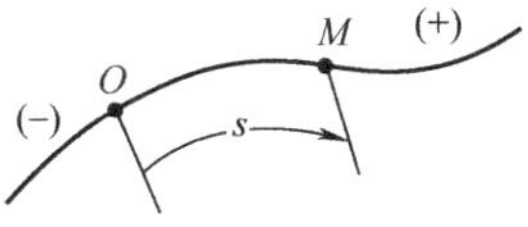

图 2-1-7　弧坐标

$$s = \pm\widehat{OM}$$

弧坐标 s 完全确定了点在已知轨迹上的位置，是代数量。当点 M 沿已知轨迹运动时，弧坐标 s 随时间 t 变化，可表示为时间 t 的单值连续函数。即

$$s = f(t) \tag{2-1-16}$$

式(2-1-16) 描述了动点在已知轨迹曲线上的位置随时间的变化规律，称为**用自然法表示的点的运动方程**。

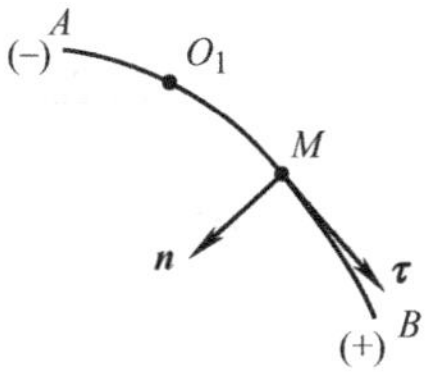

图 2-1-8　自然轴系

2. 平面曲线的自然轴系、曲率和曲率半径

对于平面曲线，自然轴系显得比较简单，如图 2-1-8 所示。动点沿已知平面曲线运动，在曲线上任一点 M 处建立一个坐标系：取切向

轴 τ 沿曲线在该点的切线，正向指向弧坐标的正向，$\boldsymbol{\tau}$ 为切线方向的单位矢量；取法向轴 n 沿曲线在该点的法线，正向指向曲线内凹的一侧，$\boldsymbol{n}$ 为法线方向的单位矢量。这样建立的正交坐标系称为**自然坐标轴系**，简称**自然轴系**。显然，自然轴系不是固定的坐标系，它随动点在轨迹上的位置而改变。

在曲线运动中，轨迹的曲率或曲率半径是一个重要的参数，它表示曲线的弯曲程度。如图 2-1-9 所示平面曲线，曲线上点 M 的切线为 MT，邻近一点 M' 的切线为 $M'T'$，过 M 点作 MT_1 与 $M'T'$ 平行，则 MT 与 MT_1 的夹角 $\Delta\varphi$ 称为邻角，它反映了曲线在 MM' 弧段内的弯曲程度。MM' 段的弧长为 Δs，则邻角 $\Delta\varphi$ 与弧长 Δs 的比值称为曲线在 MM' 段的平均曲率，用 k^* 表示，即

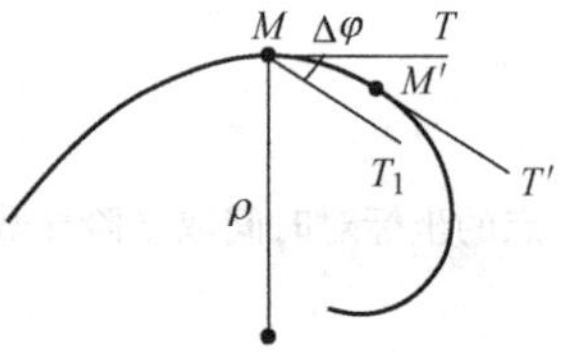

图 2-1-9　曲率半径

$$k^* = \frac{\Delta\varphi}{\Delta s}$$

当 M' 点无限靠近 M 点，即 $\Delta s \to 0$ 时，k^* 的极限值称为曲线在点 M 的**曲率**，用 k 表示，即

$$k = \lim_{\Delta s \to 0}\frac{\Delta\varphi}{\Delta s} = \frac{\mathrm{d}\varphi}{\mathrm{d}s} \tag{2-1-17}$$

曲率 k 的倒数称为曲线在 M 点的**曲率半径**，用 ρ 表示，即

$$\rho = \frac{1}{k} = \lim_{\Delta\varphi \to 0}\frac{\Delta s}{\Delta\varphi} = \frac{\mathrm{d}s}{\mathrm{d}\varphi} \tag{2-1-18}$$

显然，圆周的曲率半径处处相等，就等于圆的半径；直线的曲率半径 $\rho = \infty$。若在点 M 作切线的垂线，称为点 M 的法线。在曲线凹向的法线上，到点 M 距离等于曲率半径 ρ 处的点称为曲率中心。

3. 点的速度

设动点沿已知轨迹运动，在时间间隔 Δt 内由点 M 运动到点 M'，如图 2-1-10 所示，其弧坐标的改变量为 Δs，矢径改变量为 $\Delta\boldsymbol{r}$，由式(2-1-2) 可得

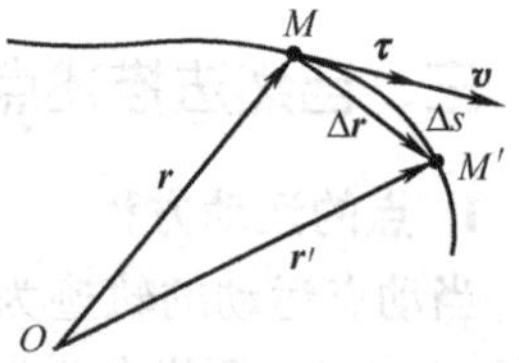

图 2-1-10　点的速度

$$\boldsymbol{v} = \frac{\mathrm{d}\boldsymbol{r}}{\mathrm{d}t} = \frac{\mathrm{d}\boldsymbol{r}}{\mathrm{d}s}\cdot\frac{\mathrm{d}s}{\mathrm{d}t}$$

其中$\frac{\mathrm{d}\boldsymbol{r}}{\mathrm{d}s}$的大小为

$$\left|\frac{\mathrm{d}\boldsymbol{r}}{\mathrm{d}s}\right| = \lim_{\Delta s \to 0}\left|\frac{\Delta\boldsymbol{r}}{\Delta s}\right| = 1$$

而其方向则应是 $\Delta s \to 0$ 时$\frac{\Delta\boldsymbol{r}}{\Delta s}$的极限方向，其极限方向沿轨迹的切线，并指向弧坐标的正向，故$\frac{\mathrm{d}\boldsymbol{r}}{\mathrm{d}s} = \boldsymbol{\tau}$，因此

$$\boldsymbol{v} = \frac{\mathrm{d}s}{\mathrm{d}t}\boldsymbol{\tau} = v\boldsymbol{\tau} \tag{2-1-19}$$

式(2-1-19) 表明，动点的速度 $\boldsymbol{v}$ 总是沿轨迹的切线方向，其中 v 可理解为动点的速度 $\boldsymbol{v}$ 在轨迹切线上的投影，是一代数量，它等于动点的弧坐标 s 对时间 t 的一阶导数，当$\frac{\mathrm{d}s}{\mathrm{d}t}$为正时，速度指向弧坐标的正向，为负时则指向弧坐标的负向。

4. 点的加速度

将式(2-1-19) 代入式(2-1-3) 得

$$\boldsymbol{a}=\frac{\mathrm{d}}{\mathrm{d}t}(v\boldsymbol{\tau})=\frac{\mathrm{d}v}{\mathrm{d}t}\boldsymbol{\tau}+v\frac{\mathrm{d}\boldsymbol{\tau}}{\mathrm{d}t} \tag{2-1-20}$$

式中第一项表示点的速度大小随时间的变化率，它总沿轨迹的切向，称为**切向加速度**，用 $\boldsymbol{a}_{\mathrm{t}}$ 表示，即

$$\boldsymbol{a}_{\mathrm{t}}=\frac{\mathrm{d}v}{\mathrm{d}t}\boldsymbol{\tau}=\frac{\mathrm{d}^2s}{\mathrm{d}t^2}\boldsymbol{\tau} \tag{2-1-21}$$

显然，$\boldsymbol{a}_{\mathrm{t}}$ 的指向取决于$\frac{\mathrm{d}^2s}{\mathrm{d}t^2}$的正负号：当$\frac{\mathrm{d}^2s}{\mathrm{d}t^2}>0$ 时，$\boldsymbol{a}_{\mathrm{t}}$ 指向弧坐标的正向；当$\frac{\mathrm{d}^2s}{\mathrm{d}t^2}<0$ 时，$\boldsymbol{a}_{\mathrm{t}}$ 指向弧坐标的负向。式(2-1-20) 中第二项反映切线单位矢量 $\boldsymbol{\tau}$ 对时间的变化率，也就是动点速度的方向对时间的变化率。通过推导可得

$$\frac{\mathrm{d}\boldsymbol{\tau}}{\mathrm{d}t}=\frac{v}{\rho}\boldsymbol{n}$$

式中，ρ 为曲线在点 M 的曲率半径；$\boldsymbol{n}$ 为法线方向的单位矢量。

将上式代入式(2-1-20) 第二项，可得

$$v\frac{\mathrm{d}\boldsymbol{\tau}}{\mathrm{d}t}=\frac{v^2}{\rho}\boldsymbol{n}$$

因为 $\boldsymbol{n}$ 前面的系数恒为正值，可知加速度的这个分量沿法线方向，并指向曲率中心，故称为**法向加速度**，用 $\boldsymbol{a}_{\mathrm{n}}$ 表示，即

$$\boldsymbol{a}_{\mathrm{n}}=\frac{v^2}{\rho}\boldsymbol{n} \tag{2-1-22}$$

于是，动点的加速度表达式(2-1-20) 可写为

$$\boldsymbol{a}=\frac{\mathrm{d}^2s}{\mathrm{d}t^2}\boldsymbol{\tau}+\frac{v^2}{\rho}\boldsymbol{n}=\boldsymbol{a}_{\mathrm{t}}+\boldsymbol{a}_{\mathrm{n}} \tag{2-1-23}$$

显然，点做平面曲线运动时，其加速度在自然坐标轴上的投影分别为

$$\left.\begin{aligned} a_{\mathrm{t}}&=\frac{\mathrm{d}v}{\mathrm{d}t}=\frac{\mathrm{d}^2s}{\mathrm{d}t^2}\\ a_{\mathrm{n}}&=\frac{v^2}{\rho}\end{aligned}\right\} \tag{2-1-24}$$

综上所述，点沿平面曲线轨迹运动时，其加速度等于切向加速度与法向加速度的矢量和，切向加速度反映点的速度大小随时间的变化率，它的代数值等于速度的代数值对时间的一阶导数，或弧坐标对时间的二阶导数，它的方向沿轨迹的切线；法向加速度反映点的速度方向改变的快慢程度，它的大小等于点的速度平方除以曲率半径，它的方向沿法线恒指向曲率中心。

正如前面所分析的那样，切向加速度表明速度大小的变化率，而法向加速度只反应速度方向的变化，所以，当速度 $\boldsymbol{v}$ 与切向加速度 $\boldsymbol{a}_{\mathrm{t}}$ 的指向相同，即 $\boldsymbol{v}$ 与 $\boldsymbol{a}_{\mathrm{t}}$ 的符号相同时，速度

的绝对值不断增加，点做加速运动，如图 2-1-11a 所示；当速度 $\boldsymbol{v}$ 与切向加速度 $\boldsymbol{a}_t$ 的指向相反，即 $\boldsymbol{v}$ 与 $\boldsymbol{a}_t$ 的符号相反时，速度的绝对值不断减小，点做减速运动，如图 2-1-11b 所示。

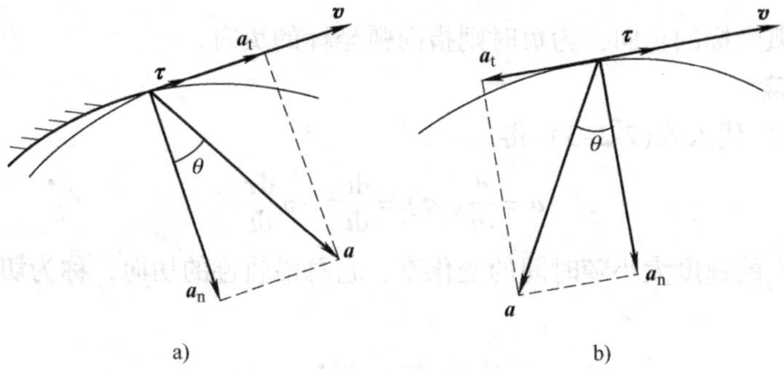

图 2-1-11 全加速度

a）加速运动 b）减速运动

由于 $\boldsymbol{a}_t$ 和 $\boldsymbol{a}_n$ 相互垂直，所以 $\boldsymbol{a}$ 的大小和方向可由下式决定：

$$\left.\begin{aligned} a &= \sqrt{a_t^2 + a_n^2} = \sqrt{\left(\frac{dv}{dt}\right)^2 + \left(\frac{v^2}{\rho}\right)^2} \\ \tan\theta &= \left|\frac{a_t}{a_n}\right| \end{aligned}\right\} \tag{2-1-25}$$

式中，θ 为加速度 $\boldsymbol{a}$ 与法向速度 $\boldsymbol{a}_n$ 的夹角，如图 2-1-11 所示，总是小于或等于$\frac{\pi}{2}$。因此，加速度 $\boldsymbol{a}$ 的方向总是指向 M 点附近曲线的凹面。

下面讨论几种特殊情况

（1）直线运动

若点做直线运动，轨迹各点曲率半径 $\rho = \infty$。因此有 $a_n = \frac{v^2}{\rho} = 0$，从而点的加速度为

$$\boldsymbol{a} = \boldsymbol{a}_t = \frac{dv}{dt}\boldsymbol{\tau}$$

（2）匀速曲线运动

若点做匀速曲线运动，速度的大小不变，则速度在切线上的投影也保持不变，于是有 $a_t = \frac{dv}{dt} = 0$，因而点的加速度为

$$\boldsymbol{a} = \boldsymbol{a}_n = \frac{v^2}{\rho}\boldsymbol{n}$$

可见在匀速曲线运动的情况下，加速度一般并不等于零。

（3）匀变速曲线运动

点做匀变速曲线运动时，a_t = 常量，而 a_n 一般不等于零。点做曲线运动的速度和运动方程可通过积分求得，由

$$a_t = \frac{dv}{dt} = 常量$$

$$dv = a_t dt$$

积分

$$\int_{v_0}^{v} \mathrm{d}v = \int_0^t a_t \mathrm{d}t$$

得

$$v = v_0 + a_t t$$

又由 $v = \frac{\mathrm{d}s}{\mathrm{d}t}$，得到

$$\mathrm{d}s = (v_0 + a_t t)\mathrm{d}t$$

积分

$$\int_{s_0}^{s} \mathrm{d}s = \int_0^t (v_0 + a_t t)\mathrm{d}t$$

得

$$s = s_0 + v_0 t + \frac{1}{2}a_t t^2$$

式中，s_0、v_0 分别为初瞬时动点的弧坐标和速度。

例 2-1-3　细杆 O_1A 绕轴 O_1 以 $\varphi = \omega t$ 的规律运动（ω = 常数），杆上套有小环 M，小环 M 同时又套在半径为 R 的固定圆圈上，如图 2-1-12 所示。试求小环 M 的速度与加速度。

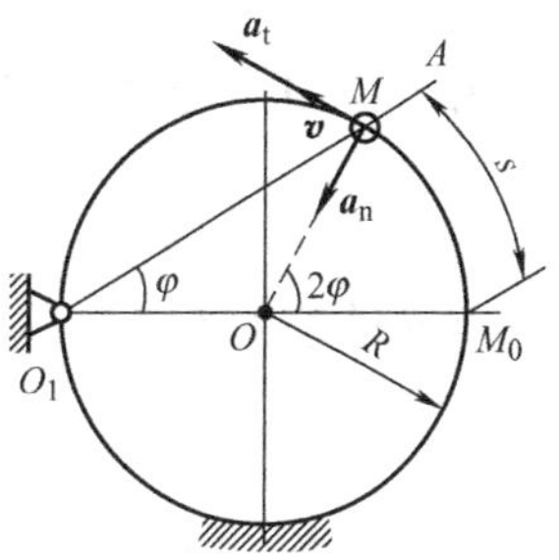

图 2-1-12　小环的运动

Ⅰ. 题目分析

因为小环的运动轨迹已知，所以可以采用自然法。以 $t = 0$ 时刻的点 M_0 为弧坐标原点，利用几何关系可以求出小环的弧坐标即为运动方程。运动方程对时间求一阶导数得速度方程，对时间求二阶导数得切向加速度方程，利用公式 $a_n = \frac{v^2}{\rho}$ 可求得法向加速度。

Ⅱ. 题目求解

解：(1) 分析运动。小环沿着大圆环做圆周运动，运动轨迹已知，采用自然法方便。

(2) 列运动方程。假设 $t = 0$ 时小环在 M_0 位置，在某瞬时 t 小环在 M 位置。取 M_0 为弧坐标原点，则小环的弧坐标为

$$s = \overset{\frown}{M_0M} = R \cdot 2\varphi = 2R\omega t$$

这就是小环沿已知轨迹的运动方程。

(3) 求速度。运动方程 s 对时间求一阶导数，得

$$v = 2R\omega$$

求得的速度为常量，故知小圆环做匀速曲线运动，可知其切向加速度 $a_t = 0$，而法向加速度为

$$a_n = \frac{v^2}{\rho} = \frac{(2R\omega)^2}{R} = 4R\omega^2$$

$\boldsymbol{a}_n$ 的方向沿大圆环半径指向圆心，如图 2-1-12 所示。

Ⅲ. 题目关键点解析

恰当选取弧坐标原点（一般取 $t = 0$ 时刻的位置），计算出小环的弧坐标即为运动方程。运用自然法相关公式可求出小环的速度与加速度。

任务实施

求如图 2-1-1 所示任务描述中点 B 的运动方程、速度及加速度。

Ⅰ. 题目分析

点 B 的运动轨迹已知，是以 O_1 为圆心、O_1B 为半径的圆弧，可采用自然法求解，也可采用直角坐标法求解。采用自然法时，以 $t=0$ 时刻的点 B_0 为弧坐标原点，利用几何关系可以求出点 B 的弧坐标即为运动方程。运动方程对时间求一阶导数得速度方程，对时间求二阶导数得切向加速度方程，利用公式 $a_n=\dfrac{v^2}{\rho}$ 可求得法向加速度。采用直角坐标法时，以定轴 O_1 为原点，以水平铅锤方向分别为 x 轴、y 轴。根据几何关系求出点 B 的坐标，即为运动方程。运动方程对时间求一阶导数可得速度方程，速度方程对时间求一阶导数可得加速度方程。

Ⅱ. 题目求解

解：方法一　自然法

取 $t=0$ 时，点 B 所在处 B_0 为弧坐标原点，并以逆时针为正向，如图 2-1-13a 所示。则点 B 的弧坐标为

$$s=\overset{\frown}{B_0B}=\overline{O_1B}\cdot\theta$$

由于 $\triangle OAO_1$ 是等腰三角形，则 $\varphi=2\theta$，故点 B 的运动方程为

$$s=\overline{O_1B}\cdot\frac{\varphi}{2}=20\times\frac{\pi}{5}t\times\frac{1}{2}=2\pi t$$

点 B 的速度为

$$v=\frac{ds}{dt}=2\pi\ \text{cm/s}=6.28\text{cm/s}$$

其方向沿切线，如图 2-1-13a 所示。

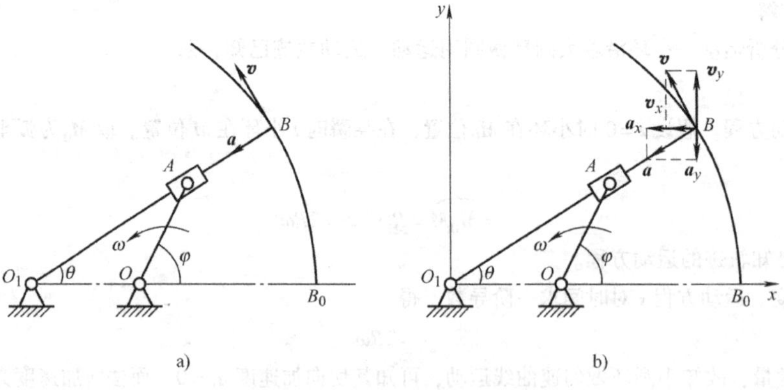

图 2-1-13　曲柄摇杆机构

a）运动分析　b）速度及加速度分析

点 B 的加速度为

$$a_t=\frac{dv}{dt}=0$$

$$a_n = \frac{v^2}{\overline{O_1B}} = \frac{(2\pi)^2}{20}\text{cm/s}^2 = 1.97\text{cm/s}^2$$

所以点 B 的加速度 $a = a_n = 1.97\text{cm/s}^2$，其方向沿法线，如图 2-1-13a 所示。

方法二　直角坐标法

建立如图 2-1-13b 所示坐标系 Oxy，则点 B 的运动方程为

$$\left.\begin{aligned} x &= \overline{O_1B}\cdot\cos\theta = \overline{O_1B}\cdot\cos\frac{\varphi}{2} = 20\cos\frac{\pi}{10}t \\ y &= \overline{O_1B}\cdot\sin\theta = \overline{O_1B}\cdot\sin\frac{\varphi}{2} = 20\sin\frac{\pi}{10}t \end{aligned}\right\} \tag{a}$$

点 B 的速度在 x、y 轴上的投影由式(a) 求导得出

$$\left.\begin{aligned} v_x &= \frac{dx}{dt} = -2\pi\sin\frac{\pi}{10}t \\ v_y &= \frac{dy}{dt} = 2\pi\cos\frac{\pi}{10}t \end{aligned}\right\} \tag{b}$$

则点 B 的速度大小和方向为

$$\left.\begin{aligned} v &= \sqrt{v_x^2 + v_y^2} = 2\pi\text{cm/s} = 6.28\text{cm/s} \\ \tan\alpha &= \left|\frac{v_y}{v_x}\right| = \cot\frac{\pi}{10}t = \cot\frac{\varphi}{2} = \cot\theta,\ \alpha = 90° - \theta \end{aligned}\right\} \tag{c}$$

速度 $\boldsymbol{v}$ 与 x 轴所夹锐角 $\alpha = 90° - \theta$，且因 v_x 为负值，v_y 为正值，故 $\boldsymbol{v}$ 应在第Ⅱ象限，方向如图 2-1-13b 所示，显然，速度的方向与 O_1B 垂直。

点 B 的加速度在 x、y 轴上的投影由式(b) 求导可得

$$a_x = \frac{dv_x}{dt} = -\frac{\pi^2}{5}\cos\frac{\pi}{10}t$$

$$a_y = \frac{dv_y}{dt} = -\frac{\pi^2}{5}\sin\frac{\pi}{10}t$$

则点 B 的加速度大小和方向为

$$a = \sqrt{a_x^2 + a_y^2} = \frac{\pi^2}{5}\text{cm/s}^2 = 1.97\text{cm/s}^2$$

$$\tan\beta = \left|\frac{a_y}{a_x}\right| = \tan\frac{\pi}{10}t = \tan\frac{\varphi}{2} = \tan\theta,\ \beta = \theta$$

加速度 $\boldsymbol{a}$ 与 x 轴所夹锐角 $\beta = \theta$，且因 a_x、a_y 均为负值，故 $\boldsymbol{a}$ 应在第Ⅲ象限，方向沿 O_1B 指向点 O_1，如图 2-1-13b 所示。

Ⅲ. 题目关键点解析

采用自然法时，恰当选取弧坐标原点（一般取 $t=0$ 时刻的位置），求出点 B 的弧坐标即为运动方程。运用自然法相关公式可求出小环的速度与加速度。采用直角坐标法时，合理建立直角坐标系，根据几何关系计算出点的运动方程，运用运动方程与速度方程、加速度方程的微分关系可求出结果。

从任务实施可以看出自然法和直角坐标法求得的结果完全相同，但由解题过程可见，当动点的运动轨迹已知时，选用自然法求解比较简便。因此，当运动轨迹已知时，宜用自然法；当运动轨迹未知时，宜采用直角坐标法。

思考与练习

1. 描述动点的运动有几种方法？试比较各种方法的特点。

2. $\frac{d\boldsymbol{v}}{dt}$和$\frac{dv}{dt}$有何不同？各自的物理意义是什么？

3. 点在运动时，若某瞬时速度 $\boldsymbol{v}=0$，该瞬时加速度是否必为零？

4. 自然法的切向加速度、法向加速度的大小和方向如何表示？它们的物理意义是什么？

5. $\boldsymbol{a}_t=0$，$\boldsymbol{a}_n=0$；$\boldsymbol{a}_t=0$，$\boldsymbol{a}_n\neq0$；$\boldsymbol{a}_t\neq0$，$\boldsymbol{a}_n=0$；$\boldsymbol{a}_t\neq0$，$\boldsymbol{a}_n\neq0$，动点分别做何性质的运动？

6. 如图 2-1-14 所示，点沿螺旋线自外向内运动，其运动方程为 $s=kt$（k 为常数），问此点的加速度是越来越大，还是越来越小？此点是越跑越快，还是越跑越慢？

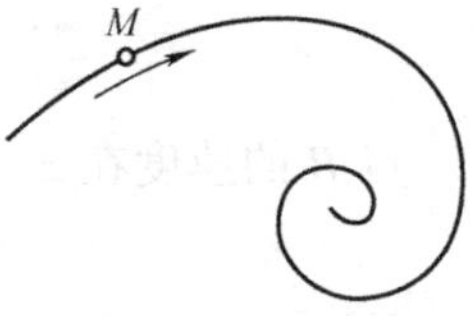

图 2-1-14　题 6 图

7. 点做曲线运动，试就下列三种情况画出其加速度的方向（图 2-1-15）：

（1）点 M_1 做匀速运动；（2）点 M_2 做加速运动，点 M_2 为拐点；（3）点 M_3 做减速运动。

8. 试指出图 2-1-16 中所表明的点做曲线运动时，哪些是加速运动？哪些是减速运动？那些是不可能出现的运动？E 点为拐点。

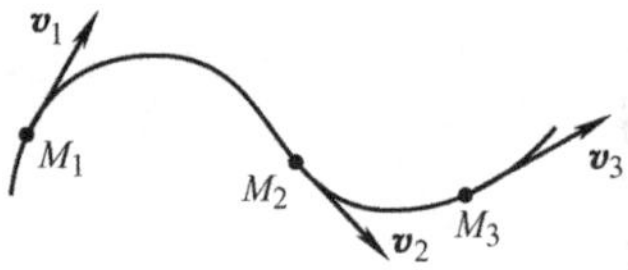

图 2-1-15　题 7 图

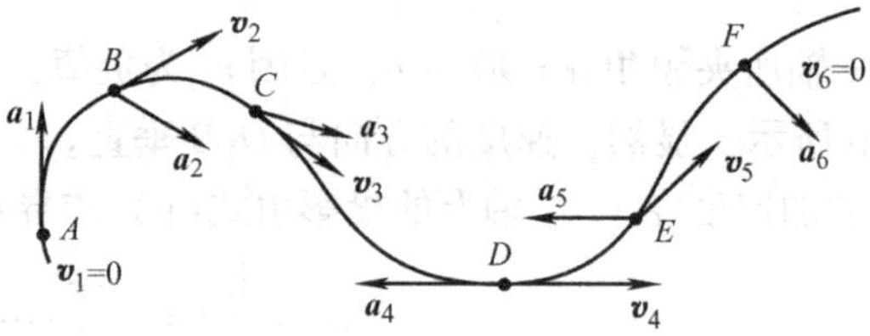

图 2-1-16　题 8 图

9. 已知点做直线运动，其运动方程 $s=t^3-12t+2$（s 单位为 m，t 单位为 s）试求：最初 3s 内的位移；改变运动方向的时刻和所在位置；最初 3s 内经过的路程；$t=3$s 时的速度和加速度；点在哪段时间内做加速运动？哪段时间内做减速运动？

10. 如图 2-1-17 所示，雷达在距火箭发射台 b 处，观察铅垂上升的火箭发射，测得 θ 角的规律为 $\theta=kt$（k 为常数）。试写出火箭的运动方程并计算 $\theta=\frac{\pi}{6}$和 $\theta=\frac{\pi}{3}$时火箭的速度和加速度。

11. 如图 2-1-18 所示摇杆机构的滑杆 AB 以等速 $\boldsymbol{v}$ 向上运动，试建立摇杆 OC 上点 C 的运动方程，并求此点在 $\varphi=\frac{\pi}{4}$时的速度大小。假定初始瞬时 $\varphi=0$，摇杆长 $OC=a$，l 为已知。

12. 如图 2-1-19 所示，摇杆滑道机构中的滑块 M 同时在固定的圆弧槽 BC 和摇杆 OA 的滑道中滑动。弧 BC 的半径为 R，摇杆 OA 的轴 O 在弧 BC 的圆周上。摇杆绕 O 轴以等角速度 ω 转动，当运动开始时，摇杆在水平位置。分别用直角坐标法和自然法给出点 M 的运动方程，并求其速度和加速度。

13. 如图 2-1-20 所示，在曲柄摇杆机构中，曲柄 $O_1A=10$cm，摇杆 $O_2B=24$cm，距离 $O_1O_2=10$cm。如曲柄以 $\phi=\frac{\pi}{4}t$ 的运动规律绕 O_1 轴转动，运动开始时曲柄铅直向上，试求点 B 的速度和加速度。

14. 曲柄滑块机构 $r=l=60$cm，$MB=\frac{1}{3}l$，$\varphi=4t$（φ 单位为 rad，t 单位为 s），如图 2-1-21 所示。试求连杆上 M 点的轨迹，并求当 $t=0$ 时，该点的速度与加速度。

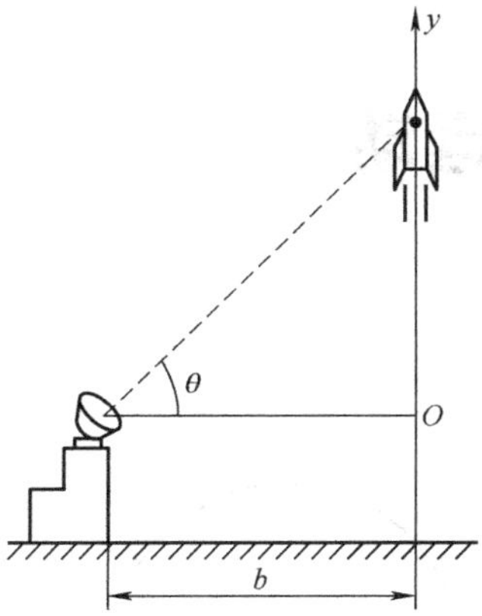

图 2-1-17　题 10 图

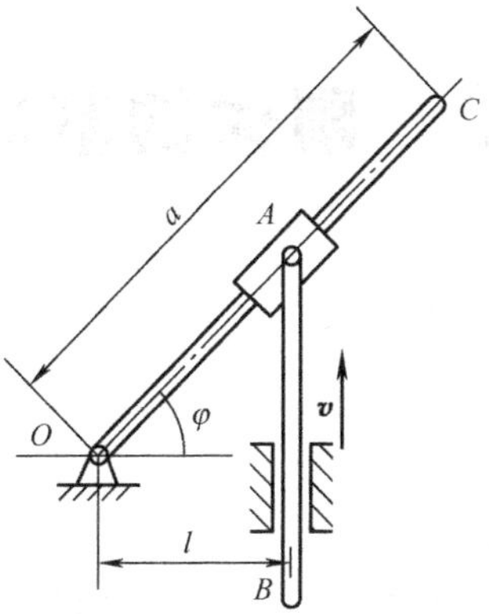

图 2-1-18　题 11 图

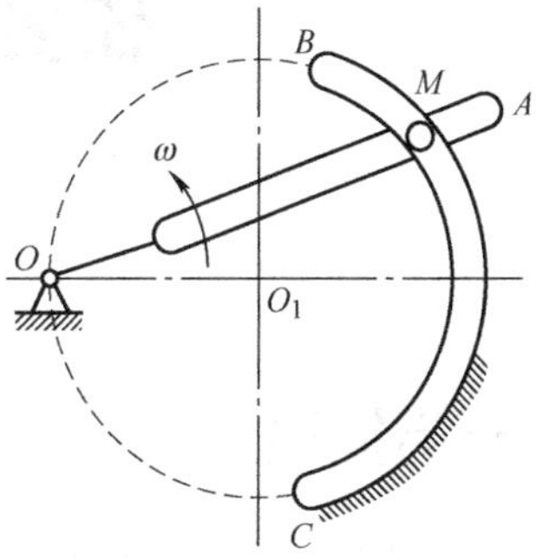

图 2-1-19　题 12 图

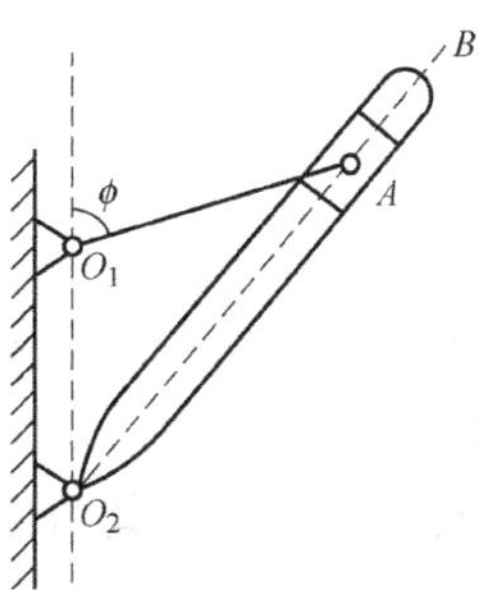

图 2-1-20　题 13 图

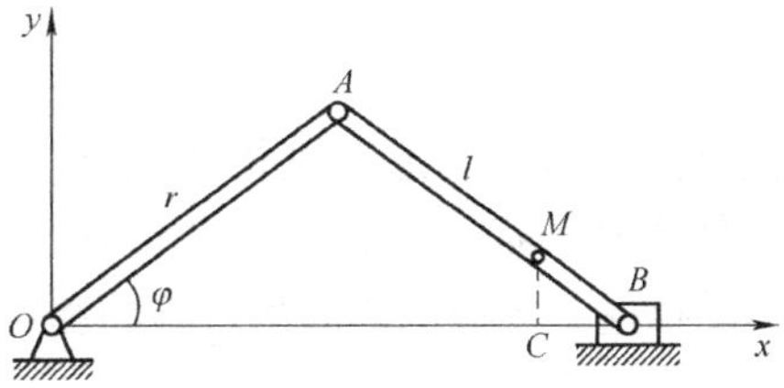

图 2-1-21　题 14 图

15. 半圆形凸轮以匀速 $v_0 = 1\text{cm/s}$ 沿水平方向向左运动，而使活塞杆 AB 沿铅垂方向运动，如图 2-1-22 所示。当运动开始时，活塞杆 A 端在凸轮的最高点上。如凸轮的半径 $R = 8\text{cm}$，试求活塞 B 的运动方程和速度方程。

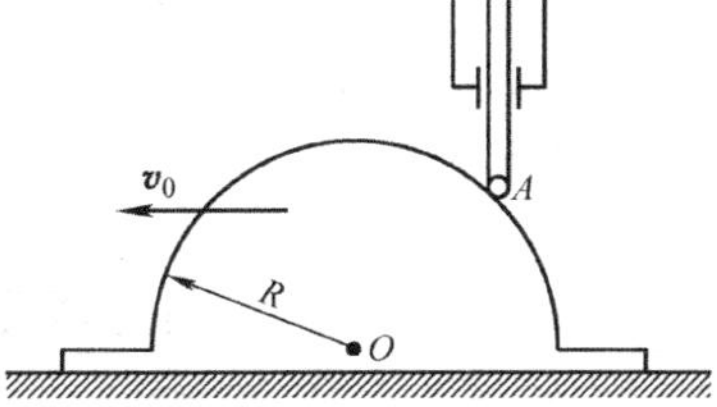

图 2-1-22　题 15 图

任务二　刚体的基本运动

任务描述

如图 2-2-1 所示，卷扬机鼓轮半径 $R=160\text{mm}$，绕轴 O 转动的规律为 $\varphi=0.1t^3$（φ 以 rad 计，t 以 s 计）。求 $t=3\text{s}$ 时轮缘上一点 M 及重物的速度和加速度。设缆绳不可伸长。

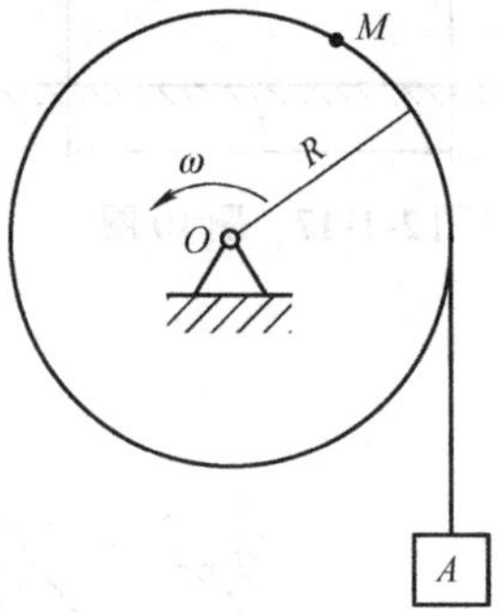

图 2-2-1　卷扬机简图

任务分析

本任务中不仅有点的运动，还有刚体的运动，完成本任务需要了解刚体本身的运动描述，以及各种运动形式刚体上各点的运动描述。掌握刚体的平行移动和定轴转动的概念及其内部各点的速度、加速度的计算方法。

知识准备

一、刚体的平行移动

刚体在运动过程中，其上任一直线始终与它的初始位置平行，这种运动称为**刚体的平行移动**，简称**平移**。例如，图 2-2-2a 所示车刀的运动，运动时其上各点的轨迹都是平行的直线，称为直线平移；图 2-2-2b 所示摆式输送机送料槽的运动，运动时其上各点轨迹都是半径相同且彼此平行的圆弧，称为曲线平移。

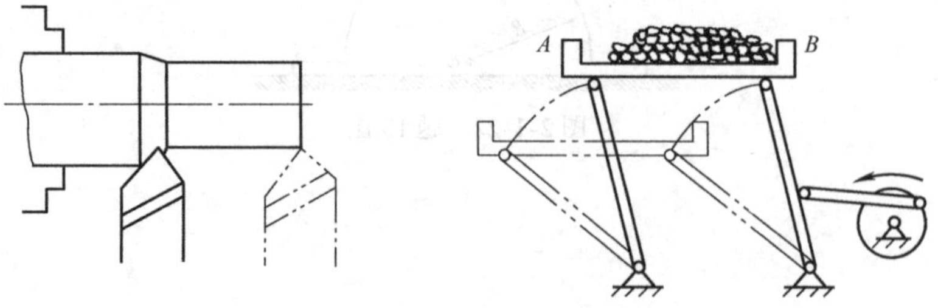

a)　　b)

图 2-2-2　刚体平移的实例

a）直线平移　b）曲线平移

无论是直线平移还是曲线平移，平行移动刚体上各点的轨迹形状相同，每一瞬时，各点的速度、加速度也相等。如图 2-2-3 所示，$\boldsymbol{v}_A=\boldsymbol{v}_B$，$\boldsymbol{a}_A=\boldsymbol{a}_B$。因此，只要知道平行移动刚体内任意一点的运动，例如刚体重心的运动，就可以确定刚体的运动。所以，刚体平行移动问题可以归结为点的运动学问题。

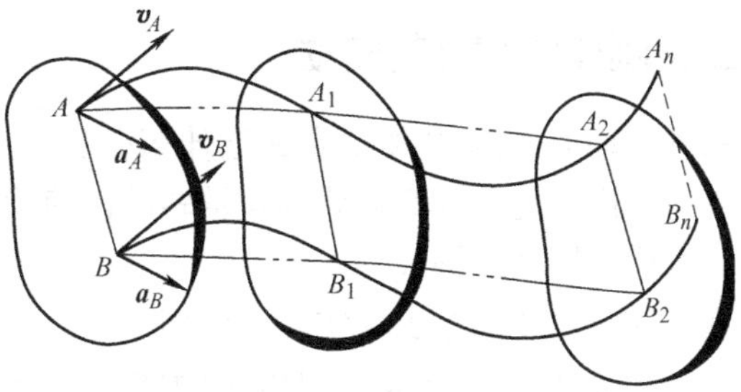

图 2-2-3　刚体平移特点

例 2-2-1　如图 2-2-4a 所示，平行四边形机构在图示平面内运动。$\overline{O_1A}=\overline{O_2B}=0.2\text{m}$，$\overline{O_1O_2}=\overline{AB}=0.6\text{m}$，$\overline{AM}=0.2\text{m}$，如 O_1A 按 $\varphi=15\pi t$ 的规律运动，其中 φ 以 rad 计，t 以 s 计。试求 $t=0.8\text{s}$ 时，点 M 的速度与加速度。

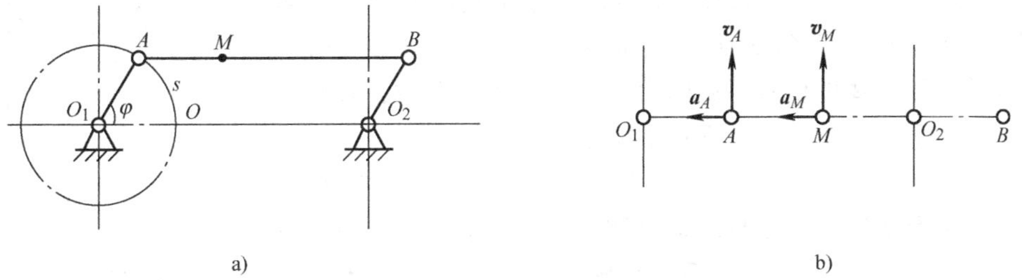

图 2-2-4　平行四边形机构

a）运动分析　b）速度、加速度分析

Ⅰ. 题目分析

本题中需求解杆 AB 上一点 M 的速度和加速度，核心问题是判断杆 AB 的运动形式。在运动过程中，杆 AB 始终与 O_1O_2 平行，所以杆 AB 做平移。根据平行移动的特点，其上任一点的运动规律即是杆 AB 的运动规律。因此在同一瞬时，点 M 与点 A 两点具有相同的速度和加速度。根据点 A 的运动规律，求出点 A 速度和加速度，即可得点 M 的速度和加速度。

Ⅱ. 题目求解

解：(1) 运动分析。在运动过程中，杆 AB 始终与 O_1O_2 平行。因此，杆 AB 做平行移动。

(2) 计算杆 AB 上点 M 的速度与加速度。根据平移的特点，在同一瞬时，M、A 两点具有相同的速度和加速度。点 A 做圆周运动，它的运动规律为

$$s=\overline{O_1A}\cdot\varphi=3\pi t\ \text{m}$$

$$v_A=\frac{\mathrm{d}s}{\mathrm{d}t}=3\pi\ \text{m/s}$$

$$a_A^{\mathrm{t}}=\frac{\mathrm{d}v}{\mathrm{d}t}=0$$

$$a_A^{\mathrm{n}}=\frac{v_A^2}{\overline{O_1A}}=\frac{9\pi^2}{0.2}\text{m/s}^2=45\pi^2\ \text{m/s}^2$$

为了表示 $\boldsymbol{v}_M$、$\boldsymbol{a}_M$ 的方向，需确定 $t=0.8\text{s}$ 时，杆 AB 的瞬时位置。$t=0.8\text{s}$ 时，$\varphi=15\pi\times0.8=12\pi$，杆 AB 正好第六次回到起始的水平位置点 O 处，$\boldsymbol{v}_M$、$\boldsymbol{a}_M$ 的方向如图 2-2-4b 所示。

Ⅲ. 题目关键点解析

该题目的关键点在于正确判断刚体的运动形式，熟悉刚体平行移动的特点，此题即可求解。

二、刚体绕定轴的转动

刚体运动时，刚体内（或其延伸部分）有一条直线始终保持不动，这种运动称为刚体的定轴转动，简称转动。固定不动的直线称为转轴或轴线。

刚体的定轴转动在工程实际中应用十分广泛。例如机床的传动轴（图 2-2-5）、飞轮、发电机的转子、变速箱中的齿轮等的运动均为定轴转动。刚体做定轴转动时，除转轴上的点固定不动外，其余各点的运动轨迹都是圆或圆弧。

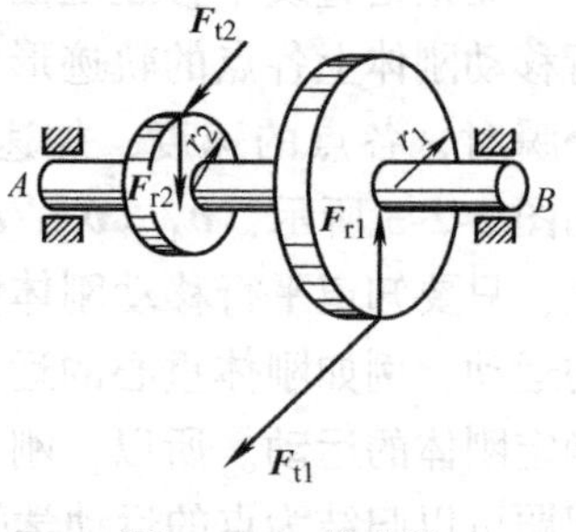

图 2-2-5　传动轴

1. 刚体的定轴转动方程

图 2-2-6 为一绕 z 轴转动的刚体。为了确定刚体的位置，过轴 z 作固定半平面Ⅰ，同时过轴 z 再做固连于刚体的动半平面Ⅱ，则两半平面间的夹角 φ 唯一地确定了动半平面Ⅱ的位置，从而也就确定了刚体的位置。φ 称为转角，刚体转动时，转角 φ 随时间 t 而变化，可表示为时间 t 的单值连续函数，即

$$\varphi=f(t) \tag{2-2-1}$$

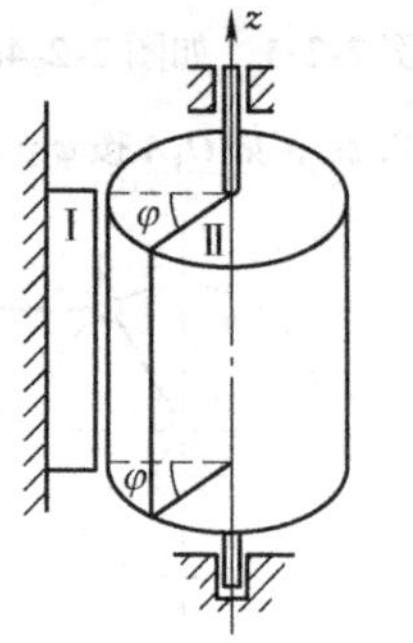

图 2-2-6　转动刚体的位置

这个方程称为**刚体的定轴转动方程**，它反映了刚体转动的规律，转角 φ 是代数量，可用右手规则确定其正负，即从转轴的正端向负端看去，从固定半平面起，按逆时针转向所得的 φ 角为正，反之为负。转角 φ 的单位为 rad。

2. 角速度

为了表示刚体转动的快慢，引进角速度的概念。转角 φ 对时间 t 的一阶导数称为刚体的**瞬时角速度**，简称**角速度**，用 ω 表示，即

$$\omega=\frac{d\varphi}{dt}=f'(t) \tag{2-2-2}$$

角速度也是代数量，单位为 rad/s，其正负表示转动方向，判断方法与转角的判断方法相同。工程中常用转速 n 表示刚体转动的快慢，转速的单位为 r/min。n 与 ω 的关系为

$$\omega=\frac{2\pi n}{60}=\frac{\pi n}{30}$$

3. 角加速度

为了度量角速度的变化情况，引进角加速度的概念。角速度 ω 对时间 t 的一阶导数称为**角加速度**，用 α 表示，即

$$\alpha=\frac{d\omega}{dt}=\frac{d^2\varphi}{dt^2} \tag{2-2-3}$$

角加速度也是代数量。当 ω 与 α 同号时，刚体做加速转动；当 ω 与 α 异号时，刚体做减速转动。角加速度的单位为 rad/s^2。

如果已知刚体的转动方程 $\varphi=f(t)$，由式(2-2-2)、式(2-2-3) 可以很容易求得刚体的角速度 ω 和角加速度 α；反之，若已知角加速度 α 和运动的初始条件，也可利用式(2-2-2)、式(2-2-3)积分得到角速度 ω 和转动方程。容易看出，刚体定轴转动的 φ、ω、α 间的关系和

点的直线运动的 x、v、a 间的关系完全相同。因此对于匀速转动（ω = 常量）与点的匀速直线运动类似的公式

$$\varphi=\varphi_0+\omega t \tag{2-2-4}$$

式中，φ_0 为 $t=0$ 时的转角。

对于匀变速转动（α = 常量）也有如下公式：

$$\omega=\omega_0+\alpha t \tag{2-2-5}$$

$$\varphi=\varphi_0+\omega_0 t+\frac{1}{2}\alpha t^2 \tag{2-2-6}$$

式中，φ_0、ω_0 分别为 $t=0$ 时的转角和角速度。

三、转动刚体内各点的速度和加速度

在工程实际中，不仅需要确定定轴转动刚体整体的运动规律。而且还常需确定转动刚体上某些点的速度和加速度。例如，车床切削工件时，为提高加工精度和表面质量，必须选择合适的切削速度。而切削速度就是转动工件表面上点的速度。下面将讨论转动刚体上各点的速度、加速度与整个刚体的运动之间的关系。

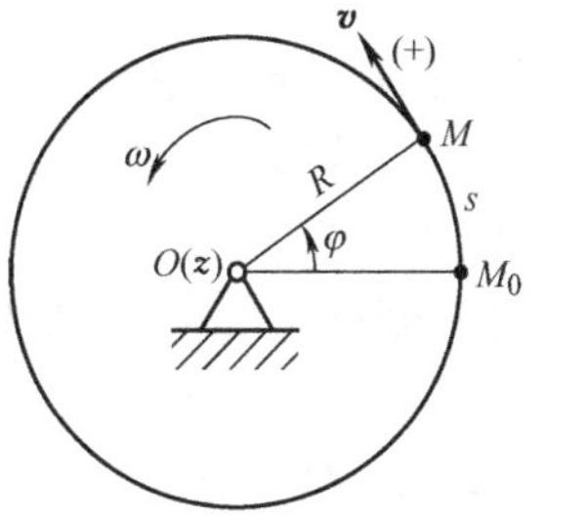

图 2-2-7 转动刚体上点的轨迹

在刚体上任取一点 M，如图 2-2-7 所示，该点在垂直于转轴的平面内做圆周运动，圆心 O 是圆周平面与转轴的交点，圆的半径 R 称为转动半径。对此，宜采用自然法研究刚体上任一点 M 的运动，取点 M 的初始位置 M_0 为弧坐标的原点，弧坐标的正向与 φ 角的正向一致。则点 M 的运动情况为

$$\left.\begin{aligned} s&=R\varphi\\ v&=\frac{\mathrm{d}s}{\mathrm{d}t}=R\frac{\mathrm{d}\varphi}{\mathrm{d}t}=R\omega\\ a_{\mathrm{t}}&=\frac{\mathrm{d}v}{\mathrm{d}t}=R\frac{\mathrm{d}\omega}{\mathrm{d}t}=R\alpha\\ a_{\mathrm{n}}&=\frac{v^2}{R}=R\omega^2 \end{aligned}\right\} \tag{2-2-7}$$

点 M 的全加速度的大小和方向为

$$\left.\begin{aligned} a&=\sqrt{a_{\mathrm{t}}^2+a_{\mathrm{n}}^2}=R\sqrt{\alpha^2+\omega^4}\\ \theta&=\arctan\frac{|a_{\mathrm{t}}|}{a_{\mathrm{n}}}=\arctan\frac{|\alpha|}{\omega^2} \end{aligned}\right\} \tag{2-2-8}$$

式(2-2-7)、式(2-2-8) 表明：

1）任一瞬时，转动刚体内各点速度、切向加速度、法向加速度、全加速度的大小分别与其转动半径成正比。在同一瞬时转动刚体内各点速度、加速度呈线性分布。转轴上各点的速度、切向加速度、法向加速度、全加速度为零。

2）任一瞬时，转动刚体内各点的速度方向垂直于半径，其指向与角速度转向一致。各点的切向加速度方向垂直于半径，其指向与角加速度转向一致。各点的法向加速度沿半径指向转轴，如图 2-2-8、图 2-2-9 所示。

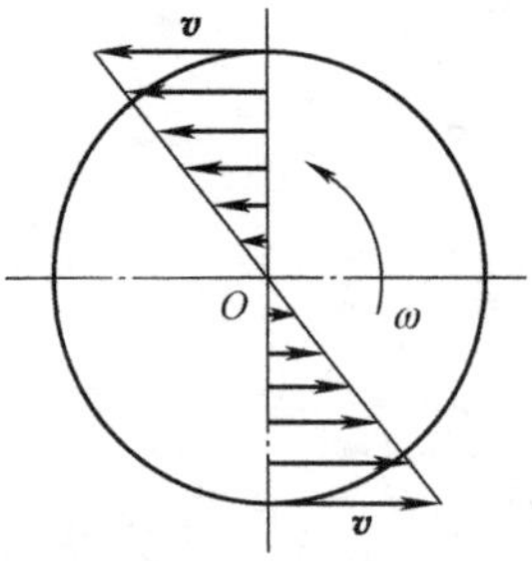

图 2-2-8　转动刚体上各点的速度分布

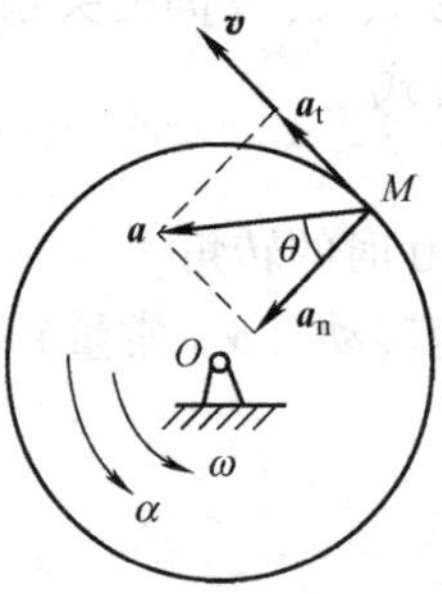

图 2-2-9　转动刚体上点的加速度

3）任意瞬时，转动刚体内各点的全加速度的方向与转动半径的夹角 θ 都相同，如图 2-2-10所示。

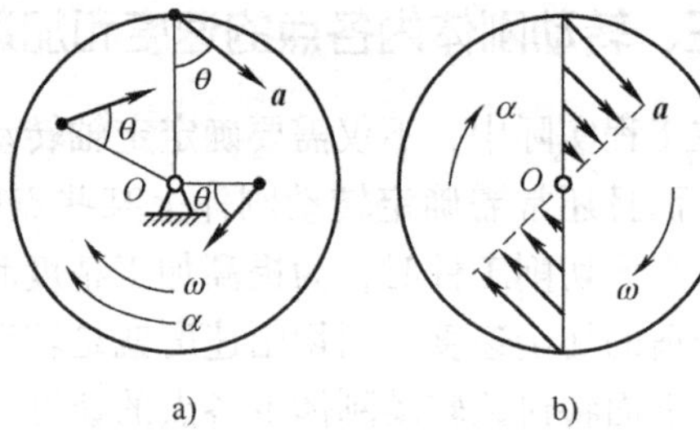

图 2-2-10　转动刚体上各点的加速度

a）加速度的方向　b）加速度分布规律

转动刚体之间的运动传递在工程上应用很广，常见的传动系统有图 2-2-11 齿轮传动和图 2-2-12 带传动。一般均假设各构件之间无相对滑动，因而两构件接触处的速度相同，即 $v_1 = v_2$，据此可导出齿轮传动和带传动的两轴之间的运动关系。

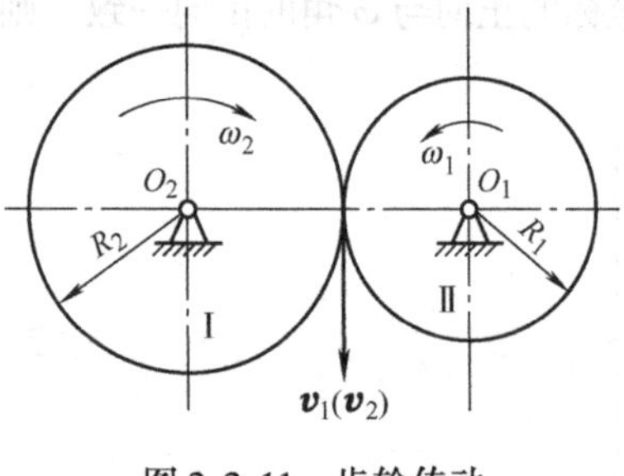

图 2-2-11　齿轮传动

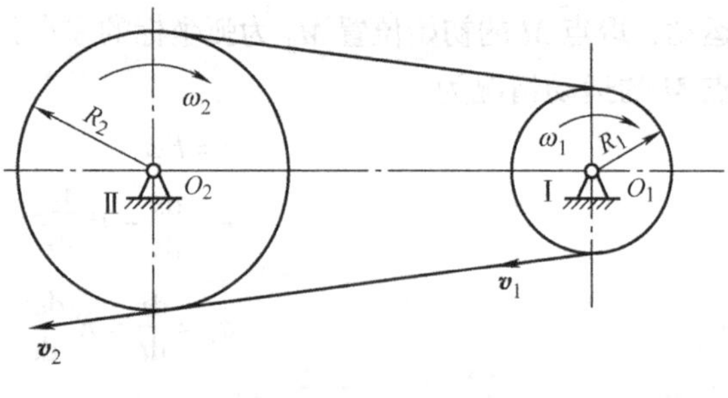

图 2-2-12　带传动

例 2-2-2　图 2-2-13 所示的正切机构中，杆 AB 以匀速 $\boldsymbol{v}$ 竖直向上运动，通过滑块 A 带动杆 OC 绕轴 O 转动。已知 O 到 AB 的距离为 l，运动开始时 OC 处于水平位置，$\varphi_0 = 0$，试求杆 OC 的转动方程和当 $\varphi = 45°$ 时的角速度、角加速度。

Ⅰ. 题目分析

本题中根据刚体基本运动形式的特点，可知杆 AB 做平移，杆 OC 做定轴转动。然后根据机构的几何关系确定杆 OC 的转动方程，即转角 φ 与时间的关系式，分别对时间求两次导数得到 ω 和 α 与时间的关系。把 $\varphi = \dfrac{\pi}{4}$时的条件代入即得所求。

Ⅱ. 题目求解

解：（1）运动分析。杆 AB 做平移，杆 OC 做定轴转动。

（2）求杆 OC 的转动方程。设在瞬时 t，杆 AB 的位置可用图示转角 φ

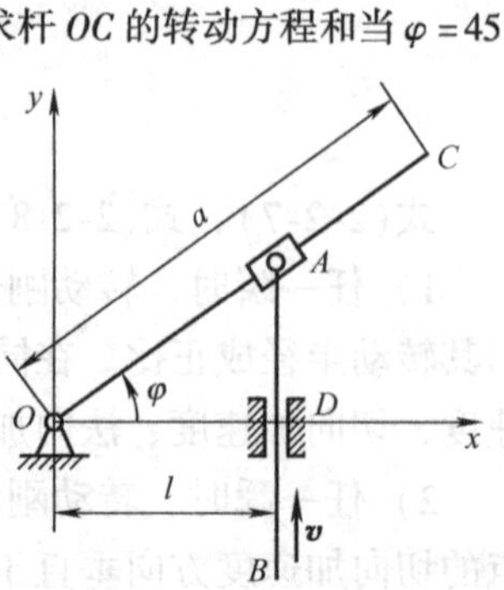

图 2-2-13　正切机构示意图

表示。显然 $AD=vt$，由几何关系得

$$\tan\varphi=\frac{AD}{OD}=\frac{vt}{l}$$

因此杆 OC 的转动方程为

$$\varphi=\arctan\frac{vt}{l}$$

（3）计算当 $\varphi=45°$时的角速度、角加速度。根据式(2-2-2)，杆 OC 的角速度为

$$\omega=\frac{\mathrm{d}\varphi}{\mathrm{d}t}=\frac{lv}{l^2+v^2t^2}$$

根据式(2-2-3)，杆 OC 的角加速度为

$$\alpha=\frac{\mathrm{d}\omega}{\mathrm{d}t}=-\frac{2lv^3t}{(l^2+v^2t^2)^2}$$

当 $\varphi=45°$时，由转动方程得 $t=\frac{l}{v}$，代入 ω、α 的计算式，可得

$$\omega=\frac{v}{2l}$$

$$\alpha=-\frac{v^2}{2l^2}$$

Ⅲ. 题目关键点解析

求解本题目的关键是，正确判断杆 AB 和杆 OC 的运动形式，掌握刚体在定轴转动时角速度和角加速度的计算方法，代入相应的公式计算即可。

四、轮系的传动比

在工程机械中，常把一组轮系传动中主动轮的转速与从动轮的转速的比值称为**传动比**。据此，根据转速与角速度的关系可知，传动比也等于主动轮的角速度与从动轮的角速度的比值，即

$$i=\frac{n_{主}}{n_{从}}\quad 或\quad i=\frac{\omega_{主}}{\omega_{从}}\tag{2-2-9}$$

在工程中，常利用轮系传动提高或降低机械的转速，最常见的有齿轮传动和带传动。本节将讨论齿轮传动和带传动等传动比的计算问题。

1. 齿轮传动

机械中常用齿轮作为传动部件，用来升降转速、改变转动方向等，现以一对啮合的圆柱齿轮为例。圆柱齿轮传动分为外啮合（图 2-2-14）和内啮合（图 2-2-15）两种。

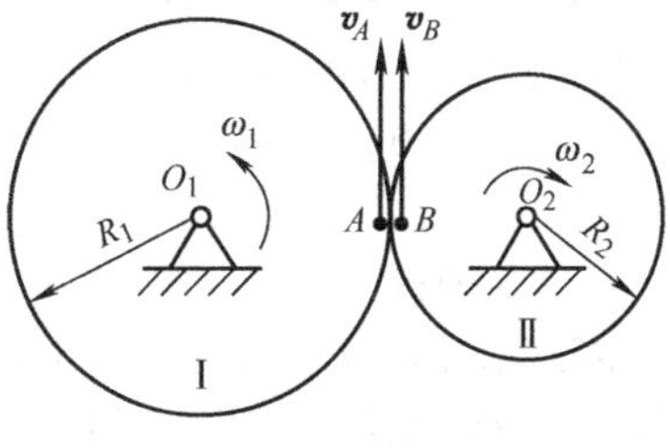

图 2-2-14　外啮合圆柱齿轮

设两个齿轮各绕定轴 O_1 和 O_2 转动。已知其啮合圆半径分别为 R_1、R_2，齿数为 z_1、z_2，角速度分别为 ω_1、ω_2。令 A 和 B 分别作为两个齿轮啮合圆的接触点，因两轮之间没有相对滑动，所以在接触点处的速度相等，即 $v_B=v_A$，并且速度方向也相同。又因 $v_B=R_2\omega_2$，$v_A=R_1\omega_1$，故

$$\frac{\omega_1}{\omega_2}=\frac{R_2}{R_1}$$

由于齿轮在啮合圆上的齿距相等，它们的齿数与半

径成正比，故

$$\frac{\omega_1}{\omega_2}=\frac{R_2}{R_1}=\frac{z_2}{z_1} \tag{2-2-10}$$

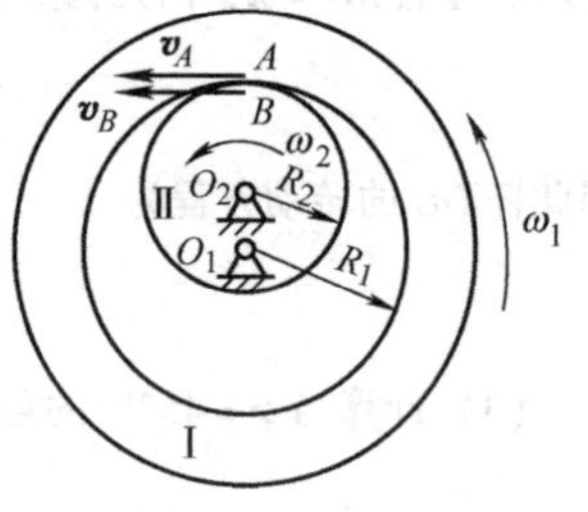

图 2-2-15 内啮合圆柱齿轮

由此可知：处于啮合中的两个定轴齿轮的角速度与两齿轮的齿数成反比（或与两轮的啮合圆半径成反比）。

设轮Ⅰ是主动轮，轮Ⅱ是从动轮，传动比用附有角标的符号表示，代入式(2-2-9）和式(2-2-10)，得到计算传动比的基本公式

$$i_{12}=\frac{\omega_1}{\omega_2}=\frac{R_2}{R_1}=\frac{z_2}{z_1} \tag{2-2-11}$$

式(2-2-11）定义的传动比是两个角速度大小的比值，与转动方向无关，因此，不仅适用于圆柱齿轮传动，也适用于传动轴成任意角度的圆锥齿轮传动、摩擦轮传动、链轮传动等。

从图 2-2-14 和图 2-2-15 所示的两对相啮合的齿轮可以看出，外啮合齿轮中的两轮转向相反，而内啮合齿轮中的两轮转向相同。在工程中，有些场合为了区分轮系中各轮的转向，对各轮都规定统一的转动正向，这时各轮的角速度可取代数值，从而传动比也取代数值，即

$$i_{12}=\frac{\omega_1}{\omega_2}=\pm\frac{R_2}{R_1}=\pm\frac{z_2}{z_1}$$

式中，正号表示主动轮与从动轮转向相同（内啮合）；负号表示转向相反（外啮合）。

2. 带传动

在机床中，常用电动机通过传动带使变速箱的轴转动。如图 2-2-16 所示的带传动装置中，主动轮和从动轮的半径分别为 r_1、r_2，角速度分别为 ω_1、ω_2，如不计带的厚度，并假定带与带轮之间无相对滑动，则应用绕定轴转动的刚体上各点速度的公式，可得关系式：

$$r_1\omega_1=r_2\omega_2$$

于是带轮的传动比公式为

$$i_{12}=\frac{\omega_1}{\omega_2}=\frac{r_2}{r_1} \tag{2-2-12}$$

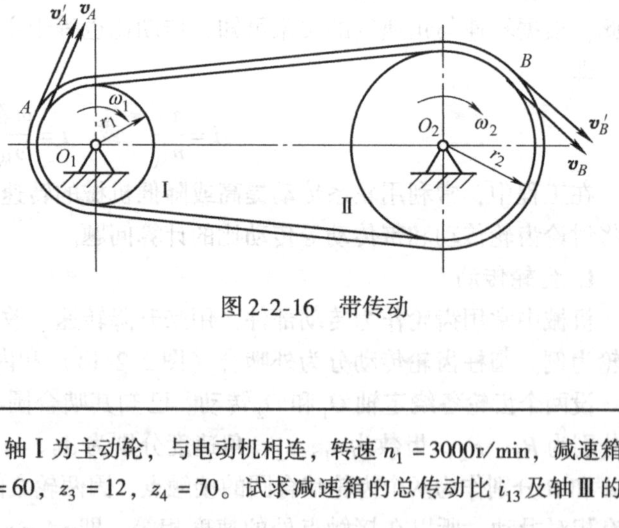

图 2-2-16 带传动

例 2-2-3 一减速箱如图 2-2-17 所示，轴Ⅰ为主动轮，与电动机相连，转速 $n_1=3000\text{r/min}$，减速箱由四个齿轮组成，其齿数分别为 $z_1=10$，$z_2=60$，$z_3=12$，$z_4=70$。试求减速箱的总传动比 i_{13} 及轴Ⅲ的转速 n_3。

Ⅰ. 题目分析

本题目需求解减速箱的总传动比 i_{13} 及轴Ⅲ的转速 n_3。首先需判断出各齿轮均做定轴运动，由减速箱示意图可以看出，齿轮 2 和齿轮 3 同轴，其转速相同，然后根据传动比公式(2-2-11)，依次求出轴Ⅰ与轴Ⅱ的传动比 i_{12}，轴Ⅱ到轴Ⅲ的传动比 i_{23}，再计算轴Ⅰ到轴Ⅲ的传动比 i_{13}，代入已知量，即可求解。

Ⅱ. 题目求解

解：(1) 分析运动。各齿轮均做定轴转动，为定轴轮系传动问题。

(2) 计算变速箱的总传动比 i_{13}，齿轮 2 和齿轮 3 同轴，转速相同。先求轴Ⅰ与轴Ⅱ的传动比 i_{12}，由式(2-2-11) 得

$$i_{12}=\frac{n_1}{n_2}=\frac{z_2}{z_1}$$

再求轴Ⅱ到轴Ⅲ的传动比 i_{23}，即

$$i_{23}=\frac{n_2}{n_3}=\frac{z_4}{z_3}$$

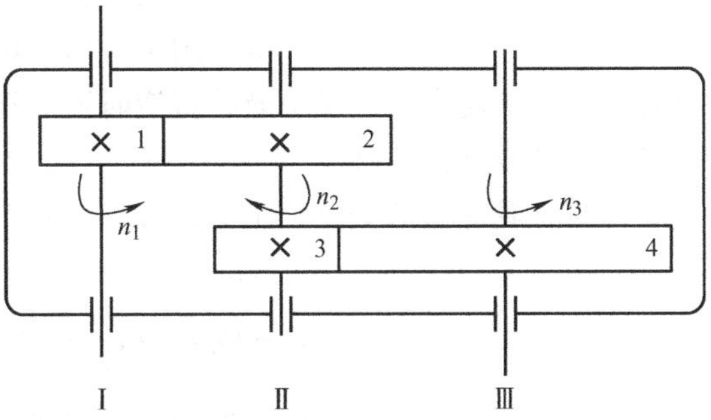

图 2-2-17　减速箱示意图

从Ⅰ轴到Ⅲ轴的总传动比为

$$i_{13}=\frac{n_1}{n_3}=\frac{n_1}{n_2}\cdot\frac{n_2}{n_3}=\frac{z_2}{z_1}\cdot\frac{z_4}{z_3}=i_{12}\cdot i_{23}$$

将已知量代入上式，得该减速箱的传动比

$$i_{13}=\frac{z_2}{z_1}\cdot\frac{z_4}{z_3}=\frac{60}{10}\times\frac{70}{12}=34.8$$

(3) 计算轴Ⅲ的转速 n_3：

$$n_3=\frac{n_1}{i_{13}}=\frac{3000}{34.8}\text{r/min}\approx 86.24\text{r/min}$$

Ⅲ. 题目关键点解析

由此例题结果可以看出，一个传动系统的总传动比，等于系统中各级传动比的连乘积，也等于系统中所有从动轮齿数的连乘积与所有主动轮齿数的连乘积之比。

任务实施

求图 2-2-1 所示任务描述中点 M 及重物的速度和加速度。

Ⅰ. 题目分析

根据卷扬机运动简图可知，重物做平移，鼓轮做定轴转动。根据鼓轮的转动规律，分别对时间求两次导数得到 ω 和 α 与时间的关系。然后代入式(2-2-7)、式(2-2-8)，即得轮缘上一点 M 的速度和加速度。由于缆绳不可伸长，因此，点 A 速度和点 M 速度大小相等；点 A 的加速度与点 M 的切向加速度大小相等，即得所求。

Ⅱ. 题目求解

解：鼓轮做定轴转动，求点和重物 A 的运动，需首先分析鼓轮的运动。

(1) 鼓轮的运动分析。根据题意知，鼓轮的角速度为

$$\omega=\frac{d\varphi}{dt}=0.3t^2$$

角加速度为

$$\alpha=\frac{d^2\varphi}{dt^2}=0.6t$$

当 $t=3$s 时，鼓轮的角速度和角加速度分别为

$$\omega=(0.3\times3^2)\,\text{rad/s}=2.7\,\text{rad/s}$$
$$\alpha=(0.6\times3)\,\text{rad/s}^2=1.8\,\text{rad/s}^2$$

ω 与 α 的代数值均为正，说明鼓轮做逆时针加速转动。

（2）点 M 的运动分析

M 为鼓轮轮缘上的一点，由式(2-2-7) 可分别求出其速度和加速度

$$v_M=R\omega=(0.16\times2.7)\,\text{m/s}=0.432\,\text{m/s}$$
$$a_M=R\sqrt{\alpha^2+\omega^4}=(0.16\times\sqrt{1.8^2+2.7^4})\,\text{m/s}^2=1.2\,\text{m/s}^2$$
$$\theta=\arctan\frac{|\alpha|}{\omega^2}=\arctan\frac{1.8}{2.7^2}=\arctan0.247=13.87°$$

$\boldsymbol{v}_M$ 和 $\boldsymbol{a}_M$ 的方向如图 2-2-18 所示。

（3）重物 A 的运动分析。由于缆绳不可伸长，因此，点 A 速度和点 M 速度大小相等；点 A 的加速度与点 M 的切向加速度大小相等，即

$$v_A=v_M=0.432\,\text{m/s}$$
$$a_A=a_M^{\text{t}}=R\alpha=(0.16\times1.8)\,\text{m/s}^2=0.288\,\text{m/s}^2$$

$\boldsymbol{v}_A$ 和 $\boldsymbol{a}_A$ 的方向均铅垂向上。

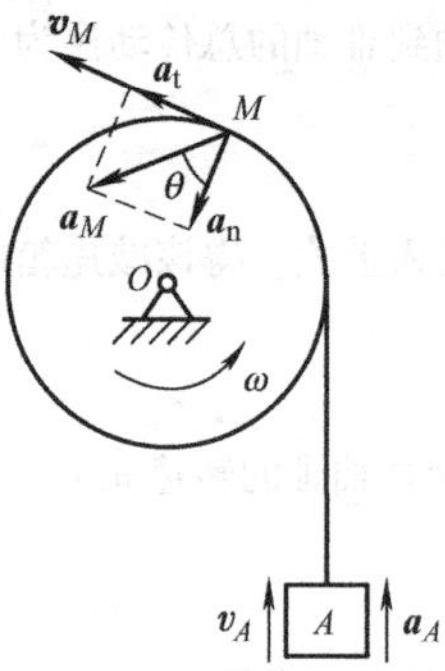

图 2-2-18　卷扬机运动简图

Ⅲ. 题目关键点解析

求解本题目的关键是，根据卷扬机运动简图，首先确定卷扬机有几个构件组成以及每个构件的运动形式，然后根据运动形式的相关理论进行速度和加速度计算即可。

思考与练习

1. 刚体平移时，刚体上的点是否一定做直线运动？试举例说明。

2. 如图 2-2-19 所示的四杆机构中，某瞬时 A、B 两点的速度大小相等，方向也相同。试问板 AB 的运动是否为平移？

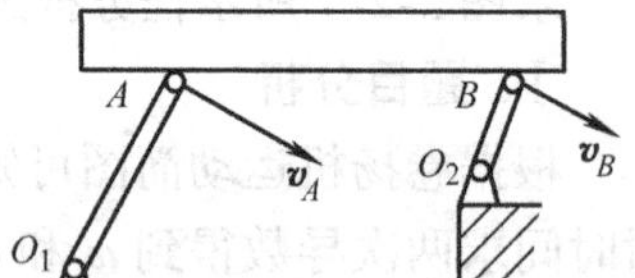

图 2-2-19　题 2 图

3. 刚体做定轴转动时，转动轴是否一定通过刚体本身？

4. 飞轮匀速转动。若半径增大一倍，轮缘上点的速度、加速度是否都增大一倍？若转速增大一倍，其边缘上点的速度和加速度是否也增大一倍？

5. 如图 2-2-20 所示，若已知曲柄 OA 的角速度为 ω，角加速度为 α，尺寸如图所示。试分析刚体上两点 A、B 的速度、加速度的大小并标注方向。

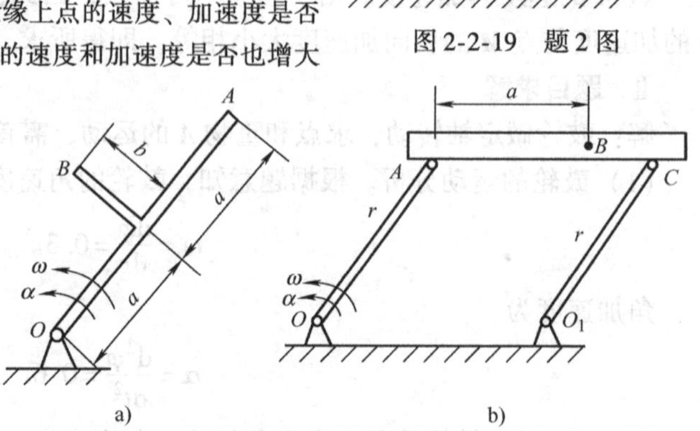

图 2-2-20　题 5 图

6. 有两个刚体运动时，其上各点的运动轨迹都是圆，怎么判断哪个刚体做平移？哪个刚体做定轴转动？

7. 已知绕定轴转动刚体上一点 M 的速度、切向加速度和法向加速度，刚体上

是否还有与 M 点相同运动的点？

8. 搅拌机如图 2-2-21 所示，已知 $O_1A=O_2B=R$，杆 O_1A 以不变转速 n 转动。试分析 BAM 构件上 M 点的速度和加速度。

9. 图示 2-2-22 机构中齿轮 1 紧固在杆 AC 上，$AB=O_1O_2$，齿轮 1 和半径为 r_2 的齿轮 2 啮合，齿轮 2 可绕 O_2 轴转动且和曲柄 O_2B 没有联系。设 $O_1A=O_2B=l$，$\varphi=b\sin\omega t$，试确定 $t=\frac{\pi}{2\omega}$ 时轮 2 的角速度和角加速度。

10. 如图 2-2-23 所示荡木用两条等长的钢索平行吊起。钢索的长度为 l，单位为 m。当荡木摆动时钢索的摆动规律为 $\varphi=\varphi_0\sin\frac{\pi}{4}t$，其中 t 为时间，单位为 s；转角 φ_0 的单位为 rad。试求当 $t=0$ 和 $t=2$s 时，荡木的中点 M 的速度和加速度。

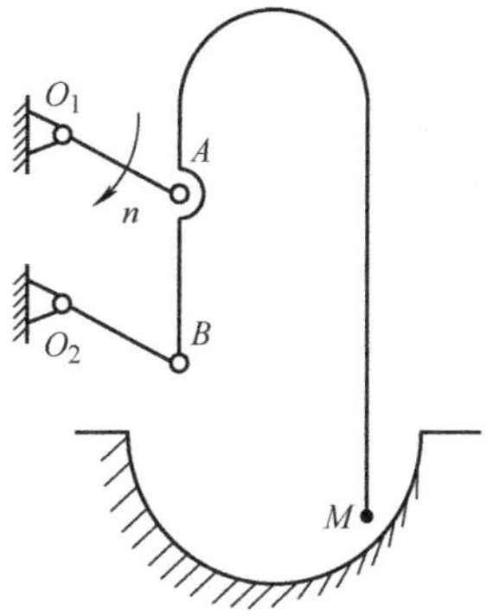

图 2-2-21　题 8 图

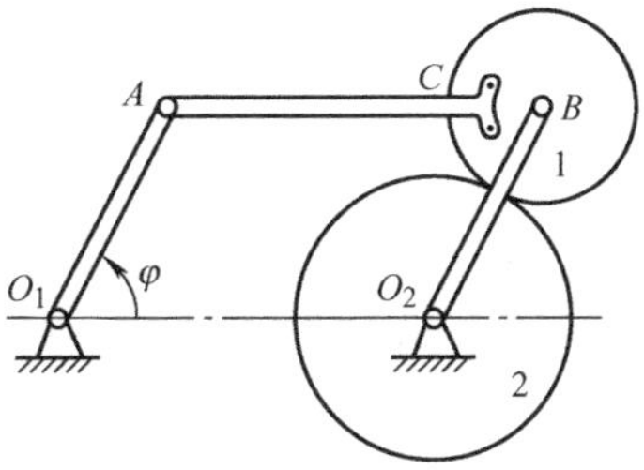

图 2-2-22　题 9 图

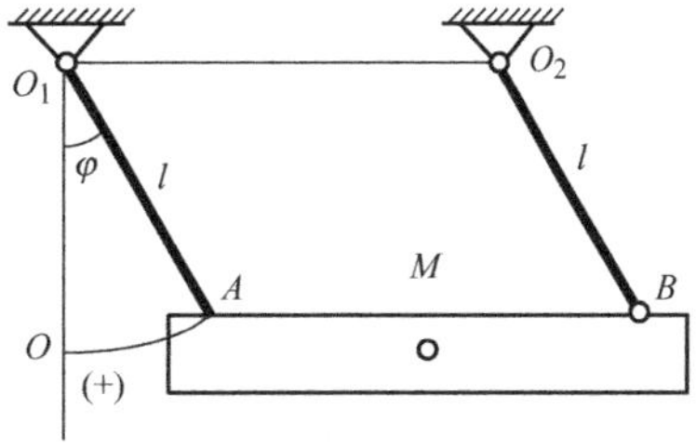

图 2-2-23　题 10 图

11. 圆盘绕其中心 O 转动，某瞬时 $v_A=0.8$m/s，方向如图 2-2-24 所示，在同一瞬时，任一点 B 的全加速度与半径 OB 的夹角的正切为 0.6（$\tan\theta=0.6$）。若圆盘半径 $R=10$cm，求该瞬时圆盘的角加速度。

12. 杆 O_1A 与 O_2B 长度相等且相互平行，在其上铰接一三角形板 ABC，尺寸如图 2-2-25 所示。在图示瞬时，曲柄的角速度为 $\omega=5$rad/s，角加速度为 $\alpha=2\text{rad/s}^2$，试求三角板上点 C 和点 D 在该瞬时的速度和加速度。

13. 杆 OA 的长度为 l，可绕轴 O 转动，杆的 A 端靠在物块 B 的侧面上，如图 2-2-26 所示。若物块 B 以匀速 v_0 向右运动，且 $x=v_0t$，试求杆 OA 的角速度和角加速度，以及杆端点 A 的速度。

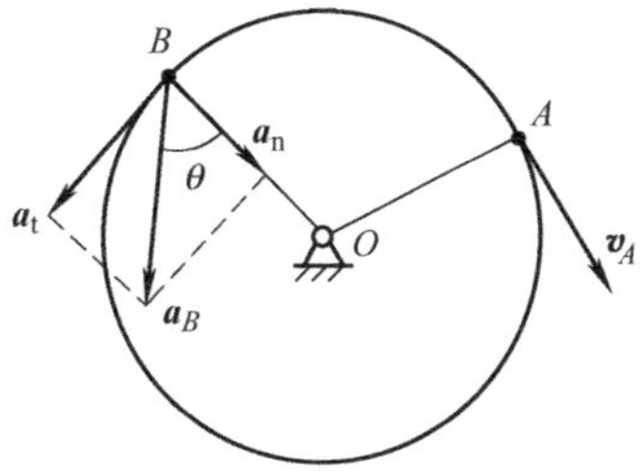

图 2-2-24　题 11 图

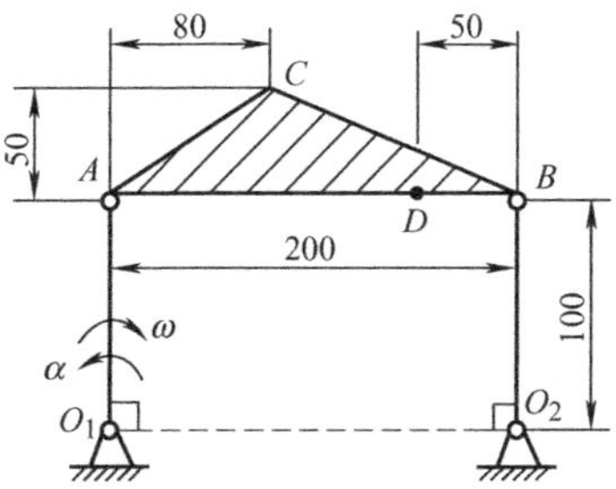

图 2-2-25　题 12 图

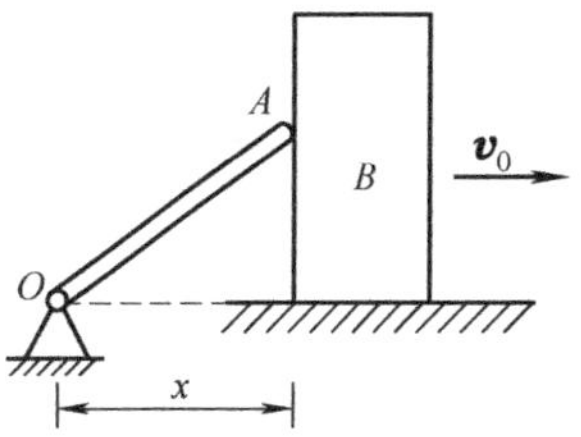

图 2-2-26　题 13 图

14. 如图 2-2-27 所示为一对内啮合的圆柱齿轮，已知齿轮 Ⅰ 的角速度为 ω_1，角加速度为 α_1，试求：(1) 齿轮 Ⅱ 的角速度 ω_2 和角加速度 α_2；(2) 齿轮 Ⅱ 边缘上一点 M 的加速度 a_2。已知齿轮 Ⅰ 和齿轮 Ⅱ 的节圆半径分别为 R_1、R_2。

15. 如图 2-2-28 所示固结在一起的两滑轮，其半径分别为 $r=5\text{cm}$，$R=10\text{cm}$，A、B 两物体与滑轮以绳相连。设物体 A 的运动方程为 $s=80t^2$（s 以 cm 计，t 以 s 计。）试求：（1）滑轮的转动方程及 2s 末时大滑轮轮缘上一点的速度和加速度；（2）物体 B 的运动方程。

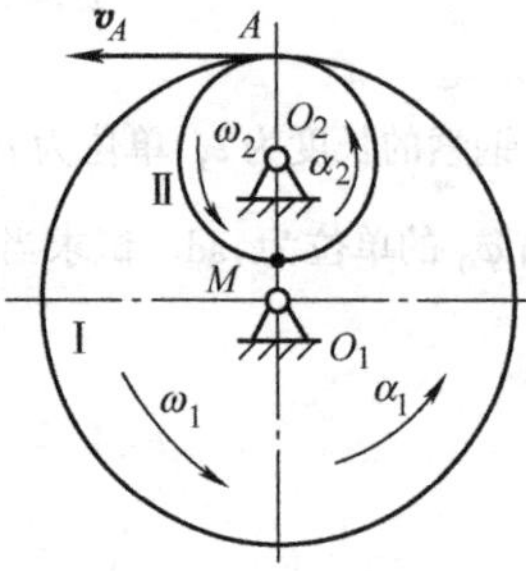

图 2-2-27　题 14 图

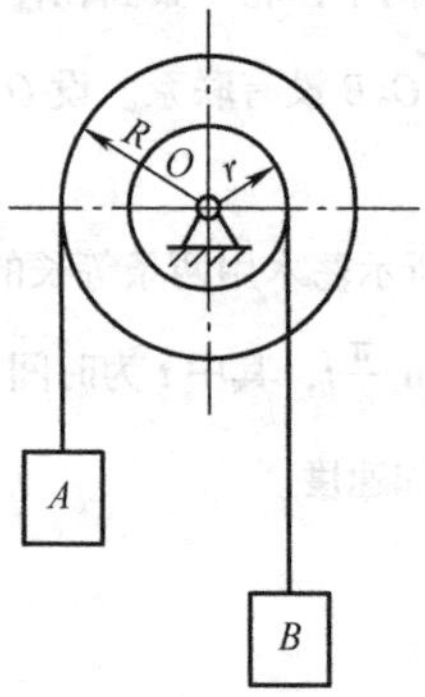

图 2-2-28　题 15 图

任务三　点的合成运动

任务描述

如图 2-3-1 所示平面机构中，已知 $DA=EB=l$，$DA//EB$，$OK\perp CE$，当 $\varphi=60°$时，杆 EB 的角速度为 ω，角加速度为 α。求图示瞬时连杆 OK 的速度和加速度。

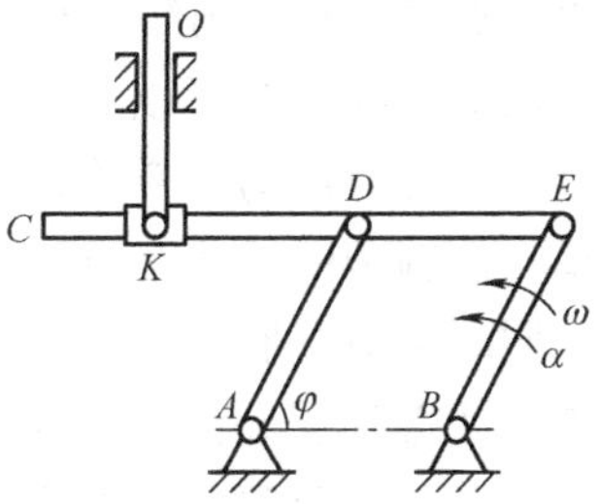

图 2-3-1　平面机构

任务分析

了解点的合成运动的概念，能够判断同一点相对不同参考系的运动情况，能求出指定点的速度和加速度。

知识准备

一、点的合成运动的概念

描述一个物体的运动，首先要选定一个参考系，同一物体相对于不同的参考系所表现的运动一般是不相同的。例如车轮在水平面上沿直线轨道滚动时（图 2-3-2），车轮轮缘上一点 M 相对于与地面相固连的参考系做旋轮线运动；相对于与车厢相固连的参考系做以车轮轮心为圆心的圆周运动。

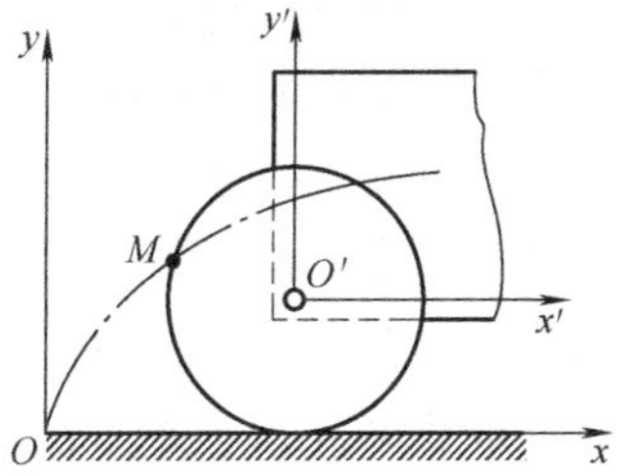

图 2-3-2　滚动的车轮

为了便于研究运动的物体相对于两个不同参考系（其中一个参考系对另一个参考系有相对运动）的运动之间的关系，先建立下述概念：

静系：固连于地面（或相对于地面静止的物体）上的参考系，一般用 Oxy 表示。

动系：固连于相对于静系运动的其他物体上的参考系，一般用 $O'x'y'$表示。

动点：要研究的运动着的物体。

绝对运动：动点相对于静系的运动。

相对运动：动点相对于动系的运动。

牵连运动：动系相对于静系的运动。

显然，绝对运动和相对运动都是指点的运动，可以是直线运动或曲线运动；而牵连运动实际上是与动系相固连的刚体的运动，它可以是平移，也可以是定轴转动，还可以是其他更复杂的运动。但应注意，动坐标系并不完全等同于与之固连的刚体。在具体的问题中，刚体受到其特定的几何尺寸和形状的限制，而动坐标系却不受此限制，它不仅包含了与之固连的刚体，而且还包含了刚体运动的空间。

在分析点的复杂运动时，上述概念极为重要。为了加深理解，下面分析两个实例。

如图 2-3-2 所示，若选取车轮轮缘上一点为动点，动系固连于车厢，静系固连于地面。则动点的相对运动是以车轮轮心为圆心的圆周运动；牵连运动是车厢相对于地面的直线平移；绝对运动是图中点划线所示的旋轮线运动。

如图 2-3-3 所示无风下雨时雨滴的运动，动系 $O'x'y'$ 固连于行驶的车上，静系 Oxy 固连于地面，则相对运动为雨滴相对于车沿着与铅垂线成 α 角的直线运动；牵连运动为车的直线平移；绝对运动为雨滴相对于地面的铅垂线运动。

从上面的分析可以看出，动点的绝对运动可以看作相对运动和牵连运动合成的结果。例如车轮的例子中，动点 M 一方面相对于车厢运动，同时又被车厢带着运动，这两种运动合成起来，就得到了动点 M 的绝对运动。反过来，绝对运动也可分解为相对运动和牵连运动。这种将运动合成及分解的方法，无论在理论研究上，还是在工程应用中，都具有重要的意义。

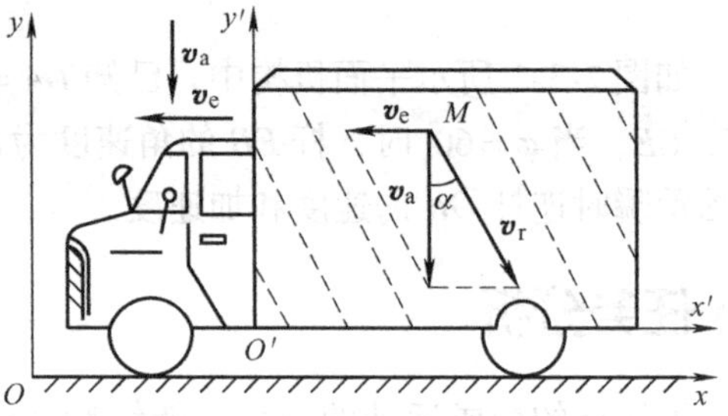

图 2-3-3　雨滴的运动

二、点的速度合成定理

1. 绝对速度、相对速度、牵连速度

在点的合成运动中，对于动点的三种运动，相应地也有三种速度。动点相对于动系运动的速度称为动点的**相对速度**，用 $\boldsymbol{v}_r$ 表示。动点相对于静系运动的速度称为动点的**绝对速度**，用 $\boldsymbol{v}_a$ 表示。需要注意的是动点的牵连速度的概念。牵连运动是与动系相固连的刚体的运动，除了动系做平移的情形之外，动坐标系上各点的运动情况一般并不相同，所以必须明确指出动系上哪一个点的速度。在某瞬时，只有动系上与动点相重合的那一点，才“牵连”着动点的运动，因此定义：**某瞬时动系上与动点相重合的点相对于静系的速度**为动点的**牵连速度**，用 $\boldsymbol{v}_e$ 表示。此重合点称为牵连点。例如，直管 OB 以匀角速度 ω 绕定轴 O 转动，小球 M 以速度 $\boldsymbol{u}$ 在直管 OB 中做相对的匀速直线运动，如图 2-3-4 所示。将动坐标系 $O'x'y'$ 固结在 OB 管上，以小球 M 为动点。随着动点 M 的运动，牵连点在动坐标系中的位置在相应改变。

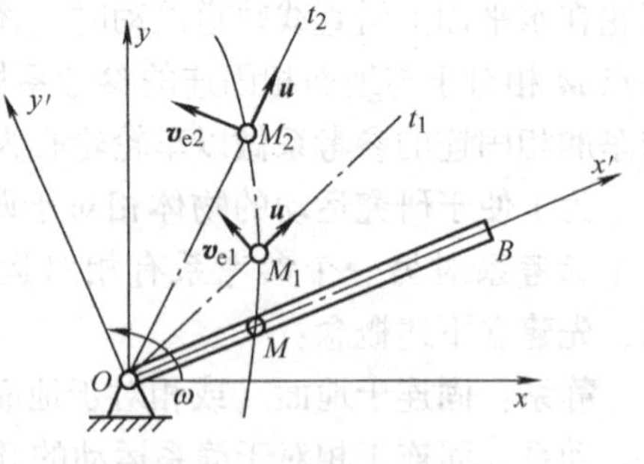

图 2-3-4　牵连速度分析

设小球在 t_1、t_2 瞬时分别到达 M_1、M_2 位置，则动点的牵连速度分别为 $v_{e1}=OM_1\cdot\omega$，方向垂直于 OM_1；$v_{e2}=OM_2\cdot\omega$，方向垂直于 OM_2。

研究点的合成运动时，明确区分动点和牵连点是很重要的。动点和牵连点是一对相伴点，在运动的同一瞬时，它们是重合在一起的。前者是对动系有相对运动的点，后者是动系上的几何点。在运动的不同瞬时，动点与动坐标系上不同的点重合，而这些点在不同瞬时的运动状态往往不同。

应用点的合成运动的方法时，如何选择动点、动系是解决问题的关键。一般来讲，由于合成运动方法上的要求，动点相对于动坐标系应有相对运动，因而动点与动坐标系不能选在同一刚体上，同时应使动点相对于动坐标系的运动轨迹比较明显。

2. 点的速度合成定理

设动点 M 沿着与动系 $O'x'y'z'$ 相固连的曲线 AB 运动，曲线 AB 又随同动系相对于静系 $Oxyz$ 运动（图2-3-5）。设在某瞬时 t，动点 M 位于曲线 AB 上的 M_1 处，M_1 为动点在瞬时 t 的牵连点，经过微小时间间隔 Δt，曲线 AB 运动到新位置 A_1B_1，与此同时，动点 M 沿着弧 MM' 运动到 M' 点，而 M_1 点则沿着弧 $M_1M'_1$ 运动到 M'_1 点。作矢量 $\overrightarrow{MM'}$、$\overrightarrow{M_1M_1'}$、$\overrightarrow{M_1'M'}$。矢量 $\overrightarrow{M_1M_1'}$ 表示动点 M 在 t 瞬时的牵连点在 Δt 内相对于静系的位移，称为牵连位移，$\overrightarrow{MM'}$ 和 $\overrightarrow{M_1'M'}$ 则分别表示动点 M 的绝对位移和相对位移。

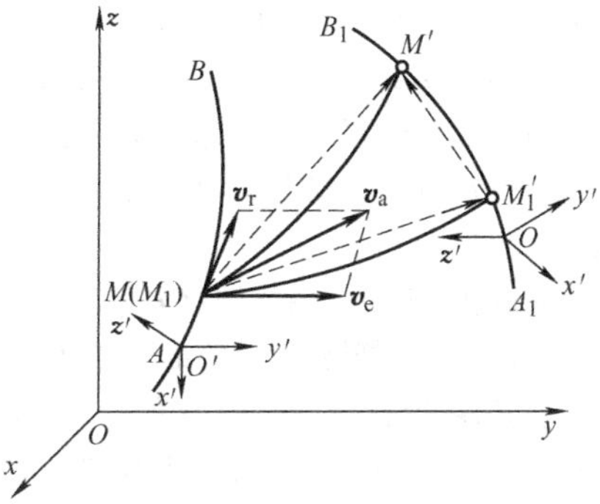

图2-3-5　速度合成定理

由图2-3-5可知

$$\overrightarrow{MM'}=\overrightarrow{M_1M_1'}+\overrightarrow{M_1'M'}$$

将上式两边同除以 Δt，并取 $\Delta t\to 0$ 时的极限，得

$$\lim_{\Delta t\to 0}\frac{\overrightarrow{MM'}}{\Delta t}=\lim_{\Delta t\to 0}\frac{\overrightarrow{M_1M_1'}}{\Delta t}+\lim_{\Delta t\to 0}\frac{\overrightarrow{M_1'M'}}{\Delta t}$$

根据速度的定义，上式左端项是动点 M 在瞬时 t 的绝对速度 $\boldsymbol{v}_a$，其方向沿弧 MM' 在 M 处的切线方向；$\lim\limits_{\Delta t\to 0}\dfrac{\overrightarrow{M_1M_1'}}{\Delta t}$ 是牵连点 M_1 的速度，即动点的牵连速度 $\boldsymbol{v}_e$，方向沿弧 M_1M_1' 的切线方向；$\lim\limits_{\Delta t\to 0}\dfrac{\overrightarrow{M_1'M'}}{\Delta t}$ 是动点 M 的相对速度 $\boldsymbol{v}_r$，由于当 $\Delta t\to 0$ 时，曲线 A_1B_1 的极限位置为曲线 AB，所以 $\boldsymbol{v}_r$ 的方向沿曲线 AB 在 M 处的切线方向。于是得到

$$\boldsymbol{v}_a=\boldsymbol{v}_e+\boldsymbol{v}_r \tag{2-3-1}$$

式(2-3-1)表明，**动点的绝对速度等于同一瞬时它的牵连速度与相对速度的矢量和**。这就是**点的速度合成定理**。

在速度合成定理的表达式中，包含 $\boldsymbol{v}_a$、$\boldsymbol{v}_e$、$\boldsymbol{v}_r$ 三者的大小和方向共六个要素，若已知其中任意四个要素，就能作出速度平行四边形或速度三角形求出其余两个未知要素。

另外，在证明速度合成定理时，对动系的运动并未加任何限制。因此速度合成定理对任何形式的牵连运动都是适用的。

例2-3-1　图2-3-6所示为牛头刨床的摆动导杆机构。曲柄 OA 以匀角速度 $\omega=2\text{rad/s}$ 绕 O 轴转动，通过滑块 A 带动导杆 O_1B 绕 O_1 轴转动。已知 $OA=r=20\text{cm}$，$\angle OO_1A=\varphi=30°$，求导杆 O_1B 在图示瞬时的角速度 ω_1。

Ⅰ. **题目分析**

此题涉及的是一导杆机构，要求解导杆的角速度，需解出其上某点的速度大小，根据题意可知只需求出与 A 重合的导杆上的点（即牵连点）的速度。选取 A 为动点，根据点的速度合成定理即可以求出牵连速度大小。

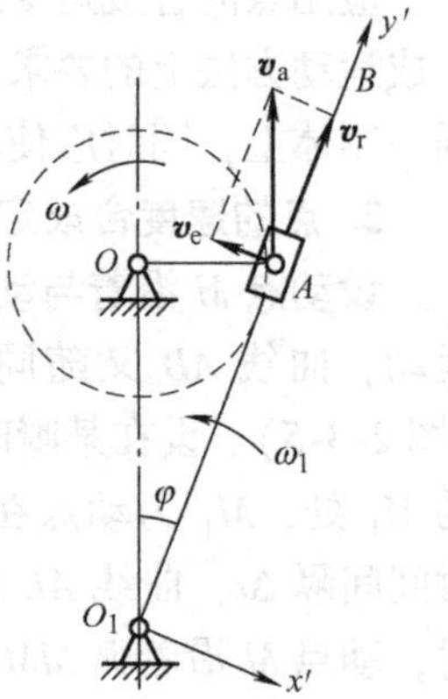

图 2-3-6 摆动导杆机构

Ⅱ. **题目求解**

解：(1) 选取动点，确定动系和静系。由题意知，曲柄 OA 转动，通过滑块 A 带动摆杆 O_1B 摆动。滑块与导杆彼此间有相对运动，故可选取滑块 A 为动点，动系固连于导杆 O_1B，静系固连于机座。

(2) 运动分析。绝对运动：动点 A 以 O 为圆心、以 OA 为半径的圆周运动；

相对运动：动点 A 沿摆杆 O_1B 的直线运动；

牵连运动：摆杆绕 O_1 轴的定轴转动。

(3) 速度分析。绝对速度 $\boldsymbol{v}_a$ 的大小 $v_a = r\omega = (20\times2)\text{cm/s} = 40\text{cm/s}$，方向如图；相对速度和牵连速度的方向如图，大小未知。如能求出牵连速度就可确定摆杆的角速度。根据速度合成定理 $\boldsymbol{v}_a = \boldsymbol{v}_e + \boldsymbol{v}_r$，作出点 A 的速度平行四边形，如图所示。由几何关系可求得

$$v_e = v_a\sin\varphi = 40\text{cm/s}\times0.5 = 20\text{cm/s}$$

导杆的角速度为

$$\omega_1 = \frac{v_e}{O_1A} = \frac{20}{40}\text{rad/s} = 0.5\text{rad/s}$$

转向由 $\boldsymbol{v}_e$ 的指向确定，为逆时针转向。

Ⅲ. **题目关键点解析**

本例题的关键点是确定动点、静系、动系、绝对运动、相对运动、牵连运动，即“一点两系三运动”，进而根据点的速度合成定理进行正确求解。

例 2-3-2 凸轮顶杆机构如图 2-3-7 所示。凸轮半径为 R，偏心距为 e，以匀角速度 ω 绕轴 O 转动，带动顶杆 AB 在滑槽中上下滑动，杆端 A 始终与凸轮接触，且 OAB 成一直线。求图示瞬时杆 AB 的速度。

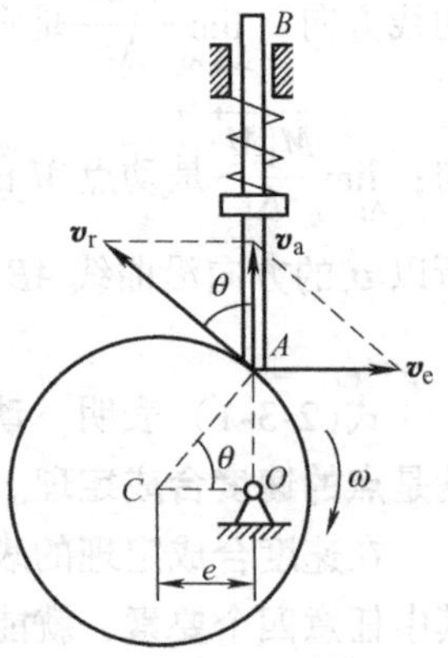

图 2-3-7 凸轮顶杆机构

Ⅰ. **题目分析**

此题涉及的是一凸轮顶杆机构，由于瞬时杆 AB 做的运动为平移，根据平移杆件的运动特点，其上各点在某瞬时的运动速度相同，所以只要求出 A 点的速度，则瞬时杆 AB 的速度即可求解。

Ⅱ. **题目求解**

解：(1) 选取动点，确定动系和静系。由题意知，杆 AB 做平移，其上各点速度均相等，所以杆 AB 的速度即为杆上任意一点的速度。杆端 A 点与凸轮间有相对运动，故取杆端 A 点为动点，动系固连于凸轮，静系固连于机架。

(2) 运动分析。

绝对运动：动点 A 的直线运动；

相对运动：动点 A 以轮心 C 为圆心的圆周运动；

牵连运动：凸轮绕 O 轴的定轴转动。

(3) 速度分析。绝对速度和相对速度的方向如图，大小未知；牵连速度 $\boldsymbol{v}_e$ 的大小 $v_e = OA\cdot\omega$，方向如

图。根据速度合成定理 $\boldsymbol{v}_a=\boldsymbol{v}_e+\boldsymbol{v}_r$，作出点 A 的速度平行四边形，如图所示。由几何关系可得

$$v_a=v_e\cot\theta=OA\cdot\omega\cdot\frac{e}{OA}=\omega e$$

方向铅直向上，如图所示。

Ⅲ. 题目关键点解析

本例题的关键点是确定动点、静系、动系、绝对运动、相对运动、牵连运动，即“一点两系三运动”，其中动点的选择一般考虑相对动系的运动轨迹较易确定的情况，本题选用点 A 作为动点，试想如果以点 C 作为动点是否可行，请大家尝试去思考。

三、点的加速度合成定理

1. 绝对加速度、相对加速度、牵连加速度

与动点的绝对、相对和牵连速度相类似，我们定义：动点相对于静系运动的加速度称为动点的**绝对加速度**，用 $\boldsymbol{a}_a$ 表示；动点相对于动系运动的加速度称为动点的**相对加速度**，用 $\boldsymbol{a}_r$ 表示；某瞬时动系上与动点相重合的点相对于静系的加速度称为动点的**牵连加速度**，用 $\boldsymbol{a}_e$ 表示。

加速度的合成规律与牵连运动的形式有关，这里先研究牵连运动为平移时的情形。

2. 牵连运动为平移时点的加速度合成定理

设动点 M 沿动系 $O'x'y'z'$ 内的曲线 AB 运动，而曲线 AB 又随同动系相对于静系 $Oxyz$ 做平移运动，如图 2-3-8 所示。现在来分析点 M 的加速度。

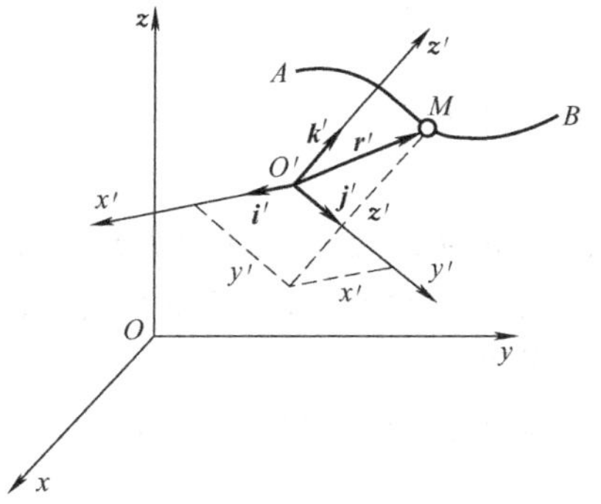

图 2-3-8　牵连运动为平移时加速度合成

在瞬时 t，动点 M 在动坐标系中的坐标为（x'，y'，z'），动点 M 相对于动系原点 O' 的矢径为 $\boldsymbol{r}'$，则

$$\boldsymbol{r}'=x\boldsymbol{i}'+y\boldsymbol{j}'+z\boldsymbol{k}'$$

式中，$\boldsymbol{i}'$、$\boldsymbol{j}'$、$\boldsymbol{k}'$ 分别为 x'、y'、z' 轴的单位矢量。由于动系做平移运动，其单位矢量 $\boldsymbol{i}'$、$\boldsymbol{j}'$、$\boldsymbol{k}'$ 均保持方向不变，为常矢量。故根据相对速度和相对加速度的定义有

$$\boldsymbol{v}_r=\frac{d\boldsymbol{r}'}{dt}=\frac{dx'}{dt}\boldsymbol{i}'+\frac{dy'}{dt}\boldsymbol{j}'+\frac{dz'}{dt}\boldsymbol{k}' \tag{a}$$

$$\boldsymbol{a}_r=\frac{d\boldsymbol{v}_r}{dt}=\frac{d^2\boldsymbol{r}'}{dt^2}=\frac{d^2x'}{dt^2}\boldsymbol{i}'+\frac{d^2y'}{dt^2}\boldsymbol{j}'+\frac{d^2z'}{dt^2}\boldsymbol{k}' \tag{b}$$

由于牵连运动是平移运动，动点 M 的牵连点 M' 的速度和加速度分别等于动系原点 O' 点的速度和加速度，即

$$\boldsymbol{v}_e=\boldsymbol{v}_{O'} \tag{c}$$

$$\boldsymbol{a}_e=\boldsymbol{a}_{O'}=\frac{d\boldsymbol{v}_{O'}}{dt} \tag{d}$$

根据速度合成定理可知

$$\boldsymbol{v}_a=\boldsymbol{v}_e+\boldsymbol{v}_r$$

将上式对时间求一阶导数，并对照式(b)、式(d)，可得

$$\boldsymbol{a}_a = \boldsymbol{a}_e + \boldsymbol{a}_r \tag{2-3-2}$$

式(2-3-2) 说明，**当牵连运动为平移时，动点在每一瞬时的绝对加速度等于牵连加速度和相对加速度的矢量和**。这就是**牵连运动为平移时点的加速度合成定理**。

3. 牵连运动为转动时点的加速度合成定理

当牵连运动为定轴转动时，由于牵连运动的存在而引起相对运动的速度方向改变，从而产生一附加加速度；同时由于相对运动的存在又引起牵连点的位置发生变化，从而引起牵连速度大小的变化，产生另一附加加速度。可以证明，上述两项附加加速度的大小和方向都相同，将其合并为一项。这个附加加速度是法国工程师科里奥利（G. G. de Coriolis，1772—1843）在1832年研究机械理论（主要是水轮机）时首先发现的，故此加速度称为**科里奥利加速度**，简称**科氏加速度**，用 $\boldsymbol{a}_c$ 表示。可以证明，当牵连运动为定轴转动时，点的加速度合成规律可表示为

$$\boldsymbol{a}_a = \boldsymbol{a}_e + \boldsymbol{a}_r + \boldsymbol{a}_c \tag{2-3-3}$$

式(2-3-3) 表明，**当牵连运动为定轴转动时，动点在每一瞬时的绝对加速度等于牵连加速度、相对加速度和科氏加速度的矢量和**。这就是**牵连运动为定轴转动时的加速度合成定理**。

在一般情形下，科氏加速度 $\boldsymbol{a}_c$ 可用矢量积表示为

$$\boldsymbol{a}_c = 2\boldsymbol{\omega} \times \boldsymbol{v}_r$$

$\boldsymbol{a}_c$ 的大小为

$$a_c = 2\omega v_r \sin\theta$$

式中，θ 为 $\boldsymbol{\omega}$ 与 $\boldsymbol{v}_r$ 的最小夹角，方向应垂直于 $\boldsymbol{\omega}$ 与 $\boldsymbol{v}_r$ 所在平面，指向按右手法则确定。如图2-3-9所示，以右手指顺 $\boldsymbol{\omega}$ 转至 $\boldsymbol{v}_r$ 方向，则拇指指向即为 $\boldsymbol{a}_c$ 的方向。

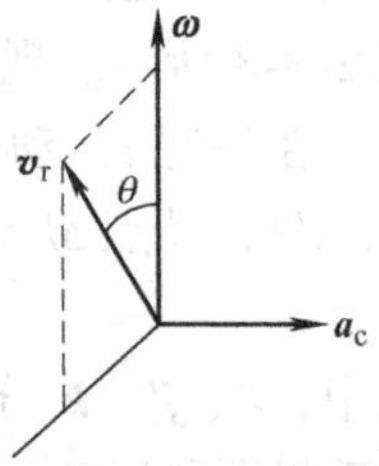

图 2-3-9　右手法则

显然，当 $\theta = 90°$ 时，$\boldsymbol{a}_c$ 的大小为

$$a_c = 2\omega v_r$$

方向与 $\boldsymbol{v}_r$ 垂直，其指向由 $\boldsymbol{v}_r$ 顺着牵连角速度 ω 的转向，转过90°即可。当牵连运动与相对运动在同一平面内时就属于这种情况。

当 $\theta = 0°$ 或 $\theta = 180°$ 时，$\boldsymbol{\omega}$ 与 $\boldsymbol{v}_r$ 平行，即动点沿平行于动系转轴的直线做相对运动，这时 $a_c = 0$。

例 2-3-3　在图2-3-10所示曲柄导杆机构中，曲柄 OA 长为 r，以角速度 ω 做匀速转动（转向如图示）。求曲柄与导杆的轴线夹角为 φ 时，导杆 BC 的加速度。

Ⅰ. 题目分析

此题涉及的是一曲柄导杆机构，由于导杆 BC 做平移，故杆 BC 以及铅直槽 DE 上所有各点的加速度完全相同。显然，只要求出该瞬时铅直槽 DE 上与曲柄端 A 相重合的那一点的加速度即可。

Ⅱ. 题目求解

解：(1) 选取动点，确定动系和静系。由题意知，曲柄转动时，通过滑块带动导杆在水平方向上往复运动，同时滑块相对导杆滑动。故取滑块 A 为动点，动系固连于导杆，静系固连于基座。

(2) 运动分析。

绝对运动：动点 A 绕 O 的圆周运动；

相对运动：动点 A 沿导杆上的铅垂槽的直线运动；

牵连运动：导杆的水平直线平移。

(3) 加速度分析。由于曲柄做匀速转动，动点的绝对加速度只有法向分量，它的大小为 $a_a = a_a^n = r\omega^2$，方向指向轴 O，如图 2-3-10 所示。动点的相对加速度 $\boldsymbol{a}_r$ 的方向沿铅垂导槽，其大小是待求的。因动系做平移，各点轨迹为水平直线，故牵连加速度 $\boldsymbol{a}_e$ 沿水平方向。根据牵连运动为平移时的加速度合成定理 $\boldsymbol{a}_a = \boldsymbol{a}_e + \boldsymbol{a}_r$，作出加速度平行四边形如图 2-3-10 所示。由图中几何关系可得

$$a_e = a_a\cos\varphi = r\omega^2\cos\varphi$$

这就是导杆 BC 的加速度。

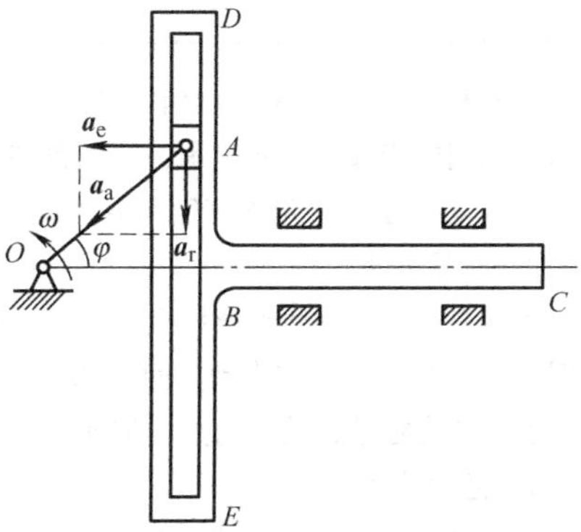

图 2-3-10　曲柄导杆机构

Ⅲ. 题目关键点解析

本例题的关键点是确定动点 A，分析出牵连运动的运动形式为平移，而后根据牵连运动是平移的加速度合成定理求解。

例 2-3-4　试求例 2-3-1 所示刨床机构中，导杆 O_1B 在图示瞬时的加速度。

Ⅰ. 题目分析

此题涉及的是一曲柄导杆机构，为牵连运动是定轴转动时的加速度求解问题。在例 2-3-1 中已经进行了速度分析，求解导杆的瞬时加速度即求解其角加速度，根据加速度合成定理求解出其切向加速度即得解。

Ⅱ. 题目求解

解：(1) 运动分析和速度分析见例 2-3-1 所述，由已知条件求出导杆的角速度 $\omega = 0.5\text{rad/s}$。同时由动点 A 的速度平行四边形，如图 2-3-6 所示，可求得

$$v_r = v_a\cos\varphi = 34.6\text{cm/s}$$

(2) 加速度分析。动点 A 的绝对运动为匀速圆周运动，绝对加速度只有法向加速度，大小为 $a_a = r\omega^2 = 80\text{cm/s}^2$，方向指向 O 点。动点的牵连加速度包括法向加速度 $\boldsymbol{a}_e^n$ 和切向加速度 $\boldsymbol{a}_e^t$，$\boldsymbol{a}_e^n$ 的方向指向 O_1 点，它的大小 $a_e^n = O_1A \cdot \omega_1^2 = (40 \times 0.5^2)\text{cm/s}^2 = 10\text{cm/s}^2$；$\boldsymbol{a}_e^t$ 的方向垂直于 O_1A，假设指向右下方，大小待求。动点的相对加速度方向沿 O_1B，大小未知。科氏加速度的大小 $a_c = 2\omega v_r = (2 \times 0.5 \times 34.6)\text{cm/s}^2 = 34.6\text{cm/s}^2$，指向为由 $\boldsymbol{v}_r$ 顺 ω_1 的转向转过90°的方向。如图 2-3-11 所示。

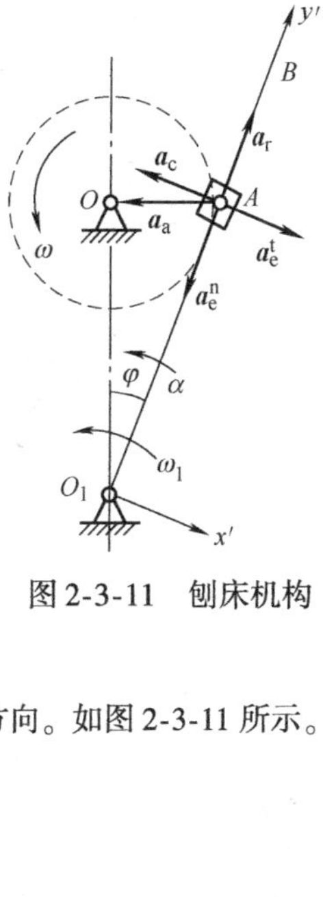

图 2-3-11　刨床机构

根据牵连运动为定轴转动时的加速度合成定理，有

$$\boldsymbol{a}_a = \boldsymbol{a}_e + \boldsymbol{a}_r^t + \boldsymbol{a}_r^n + \boldsymbol{a}_c$$

将矢量式向 O_1x' 轴上投影，得

$$-a_a\cos\varphi = a_e^t - a_c$$

解得

$$a_e^t = a_c - a_a\cos\varphi = (34.6 - 80 \times 0.866)\text{cm/s}^2 = -34.68\text{cm/s}^2$$

负号表示真实方向与图中假设的指向相反。由此可求出导杆 O_1B 的角加速度的大小为

$$\alpha = \frac{a_e^t}{O_1A} = \frac{34.68}{40} = 0.867\text{rad/s}^2$$

转向由 $\boldsymbol{a}_e^t$ 的指向确定为逆时针转向。

Ⅲ. 题目关键点解析

本例题的关键点是确定“一点两系三运动”，运用牵连运动是定轴转动的加速度合成定理的求法。在

加速度的求解过程中注意牵连加速度有法向和切向两部分和科氏加速度大小的计算以及方向的确定。

例 2-3-5 如图 2-3-12 所示一半径为 R 的圆盘，绕通过边缘上一点 O_1 垂直于圆盘平面的轴转动。AB 杆的 B 端用固定铰链支座支承，当圆盘转动时 AB 杆始终与圆盘外缘相接触。在图 2-3-12a 所示瞬时，已知圆盘的角速度为 ω_0，角加速度为 α_0 其他尺寸如图所示。求该瞬时 AB 杆的角速度以及角加速度。

Ⅰ. 题目分析

此题涉及的是一凸轮摇杆机构，为牵连运动是定轴转动时的速度和加速度求解问题。动点的选择需要特别注意，选取点 O 作为动点而不选取接触点，因为接触点的相对轨迹不明显，利用点 O 速度合成定理以及牵连运动为定轴转动时的点的加速度合成定理即可求解。

Ⅱ. 题目求解

解：(1) 选取动点，确定动系和静系。

动点：点 O；

动系：与 AB 相固结；

定系：与支座相固结；

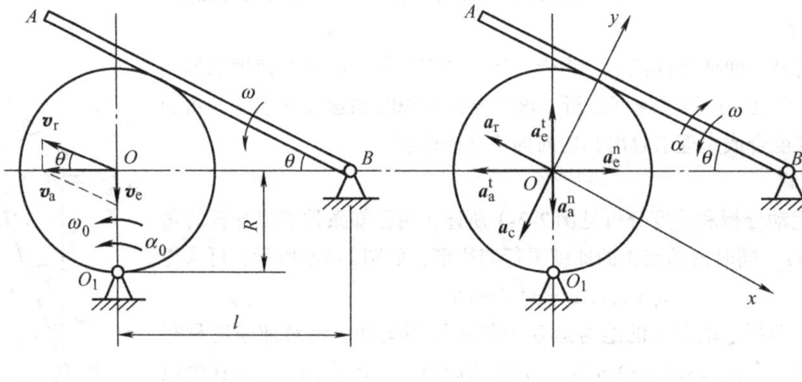

图 2-3-12 凸轮摇杆机构

a) 点 O 的速度矢量平行四边形 b) 点 O 的加速度合成

(2) 运动分析。

绝对运动：以 O_1 为圆心的圆周运动；

相对运动：动点 O 相对于 AB 杆做直线运动；

牵连运动：AB 杆做定轴转动。

(3) 速度分析。绝对速度 $\boldsymbol{v}_a$ 的方向垂直于 O_1O 杆指向左方，大小是 $R\omega_0$；牵连速度 $\boldsymbol{v}_e$ 的方向垂直于 OB，大小未知；相对速度 $\boldsymbol{v}_r$ 的方向平行于 AB，大小未知。

根据速度合成定理 $\boldsymbol{v}_a=\boldsymbol{v}_e+\boldsymbol{v}_r$，画出速度矢量平行四边形，如图 2-3-12a 所示，由几何关系求出牵连速度和相对速度的大小为

$$v_e=v_a\tan\theta=R\omega_0\tan\theta$$

$$v_r=\frac{v_a}{\cos\theta}=\frac{R\omega_0}{\cos\theta}$$

则 AB 杆在图示瞬时的角速度为

$$\omega=\omega_e=\frac{v_e}{OB}=\frac{R\omega_0\tan\theta}{l}=\frac{R}{l}\omega_0\frac{R}{\sqrt{l^2-R^2}}=\frac{R^2\omega_0}{l\sqrt{l^2-R^2}}$$

（4）加速度分析。绝对加速度有法向加速度 $\boldsymbol{a}_a^n$ 和切向加速度 $\boldsymbol{a}_a^t$，其中 $\boldsymbol{a}_a^n$ 方向指向 O_1，大小为 $R\omega_0^2$，$\boldsymbol{a}_a^t$ 方向垂直于 O_1O，大小为 $R\alpha_0$；牵连加速度 $\boldsymbol{a}_e$ 有法向加速度 $\boldsymbol{a}_e^n$ 和切向角速度 $\boldsymbol{a}_e^t$，其中 $\boldsymbol{a}_e^n$ 指向点 B，大小 $a_e^n = OB \cdot \omega_e^2$，$\boldsymbol{a}_e^t$ 方向垂直于 OB，大小为$OB \cdot \alpha$；科氏加速度 $\boldsymbol{a}_c$ 的方向为由 $\boldsymbol{v}_r$ 顺 ω 的转向转过 90°的方向，垂直于 AB，如图 2-3-12b 所示，其大小为 $a_c = 2\omega v_r$。

根据牵连运动为定轴转动时的加速度合成定理，有

$$\boldsymbol{a}_a^n + \boldsymbol{a}_a^t = \boldsymbol{a}_e^n + \boldsymbol{a}_e^t + \boldsymbol{a}_r + \boldsymbol{a}_c$$

选取坐标系 Oxy 如图 2-3-12b 所示，将矢量方程向 y 轴上投影得

$$-a_a^n\cos\theta - a_a^t\sin\theta = a_e^n\sin\theta + a_e^t\cos\theta + 0 - a_c$$

$$-R\omega_0^2\cos\theta - R\alpha_0\sin\theta = l\omega^2\sin\theta + l\alpha\cos\theta - 2\omega v_r$$

解得

$$\alpha = \frac{R^3\omega_0^2(2l^2 - R^2)}{l^2\sqrt{(l^2 - R^2)^3}} - \frac{R}{l}\left(\frac{R}{\sqrt{l^2 - R^2}}\alpha_0 + \omega_0^2\right)$$

Ⅲ. 题目关键点解析

本例题的关键点：一是动点的选择问题，选取 O 为动点，其相对运动较易确定；二是在求加速度过程中涉及的法向、切向加速度较多，注意区分其方向及计算；三是投影轴的选取，尽量选取与不易求解的加速度垂直，方便计算。

任务实施

求如图 2-3-1 所示任务描述中杆 OK 的速度和加速度。

Ⅰ. 题目分析

此题涉及的是一平面连杆机构，杆 OK、杆 CE 均做平行移动，取杆 OK 的端点 K 为动点，动系固定于杆 CE 上，静系固定于机架上。根据平动的特点，运用点的速度和加速度合成定理即可求解。

Ⅱ. 题目求解

解：（1）选取动点，确定动系和静系。由题意知，摇杆 EB 在转动时，由于$DA = EB$，$DA // EB$，所以杆 CE 做平动，进而通过套筒带动杆 OK 沿铅直导槽上下运动，杆 OK 上的套筒 K 与杆 CE 有相对运动，故取 OK 上的套筒 K 为动点，动系固连于杆 CE，静系固连于机架。

（2）运动分析。

绝对运动：动点 K 的铅垂直线运动；

相对运动：动点 K 沿杆 CE 的水平直线运动；

牵连运动：杆 CE 的曲线平移。

（3）速度分析。绝对速度 $\boldsymbol{v}_a$ 的方向铅直向上，大小未知；牵连速度 $\boldsymbol{v}_e$ 与点 E 的速度相同，方向垂直于 BE，大小为 $EB \cdot \omega$；相对速度 $\boldsymbol{v}_r$ 方向为水平向右，其大小也未知。

根据速度合成定理 $\boldsymbol{v}_a = \boldsymbol{v}_e + \boldsymbol{v}_r$，画出速度矢量平行四边形，如图 2-3-13a 所示，由几何关系求出绝对速度的大小为

$$v_a = v_e\cos\varphi = l\omega\cos\varphi = \frac{1}{2}l\omega$$

（4）加速度分析。点 K 的绝对加速度 $\boldsymbol{a}_a$ 的方向假设指向朝下，大小是待求的；牵连加速度 $\boldsymbol{a}_e$ 可分为法向和切向两部分，其中法向加速度 $\boldsymbol{a}_e^n$ 的方向平行于 EB，大小为 $l\omega^2$，切向加速度 $\boldsymbol{a}_e^t$ 的方向垂直于 EB 与 α 转向一致，其大小为 $l\alpha$；相对加速度 $\boldsymbol{a}_r$ 水平向右，大小未知。

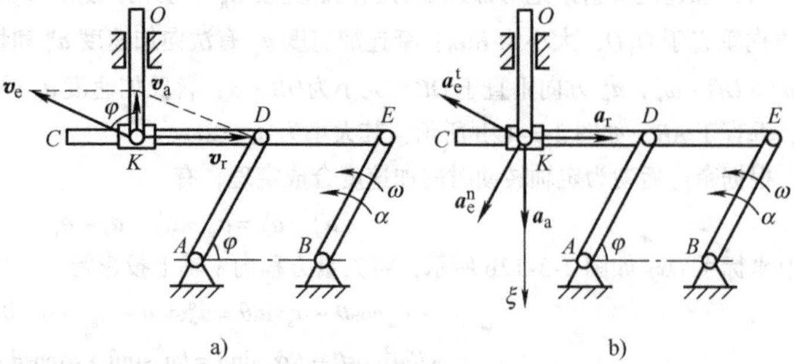

图 2-3-13　平面连杆机构

a）点 K 的速度矢量平行四边形　b）点 K 的加速度合成

如图 2-3-13b 所示，根据牵连运动为平移时的加速度合成定理

$$\boldsymbol{a}_a = \boldsymbol{a}_e + \boldsymbol{a}_r$$

或

$$\boldsymbol{a}_a = \boldsymbol{a}_e^n + \boldsymbol{a}_e^t + \boldsymbol{a}_r$$

将该矢量方程投影到垂直轴 ξ 上，得

$$a_a = a_e^n \sin\varphi - a_e^t \cos\varphi + 0$$

$$a_a = l\omega^2 \sin\varphi - l\alpha\cos\varphi$$

解得

$$a_a = 0.866 l\omega^2 - 0.5 l\alpha$$

Ⅲ. 题目关键点解析

本例题的关键点：一是根据平行机构的特点确定杆 CE 做平移；二是平动刚体上各点在某瞬时速度和加速度大小相同；三是根据相应的点的速度和加速度合成定理求解即可。

思考与练习

1. 动点的选用原则是什么？什么是牵连速度？动系上任一点的速度是否就是动点的牵连速度？

2. 如果考虑地球的自转，在地球上任何地方运动的物体（视为质点）是否都有科氏加速度出现？为什么？

3. 某瞬时动点的绝对速度 $v_a=0$，是否动点的相对速度 $v_r=0$ 及牵连速度 $v_e=0$？为什么？

4. 图 2-3-14 中的速度平行四边形有无错误？错在哪里？

5. 如图 2-3-15 所示两种滑块摇杆机构中，已知两轴间的距离 $O_1O_2=a=20\text{cm}$，$\omega_1=3\text{rad/s}$。求图示位置时杆 O_2A 的角速度。

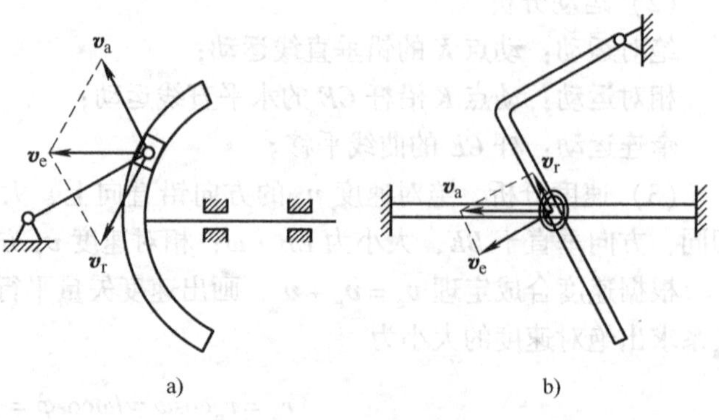

图 2-3-14　题 4 图

6. 如图2-3-16所示机构中，杆 ED 以等速 $\boldsymbol{v}$ 沿铅直滑道向下运动。在图示瞬时，杆 CO 铅直，杆 CO 平行于杆 ED，$AB=BD=2r$。试求此时杆的角速度。

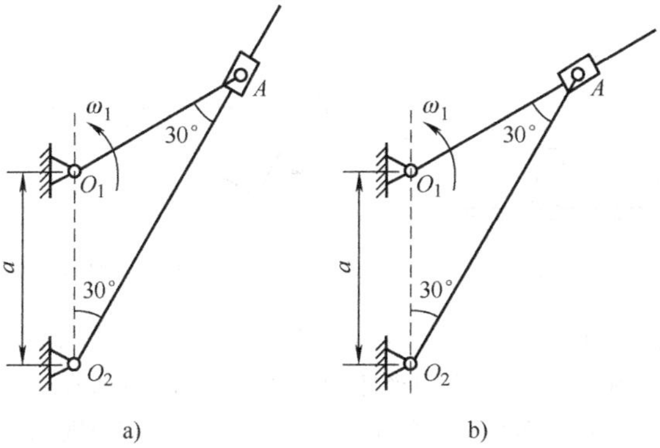

图2-3-15　题5图

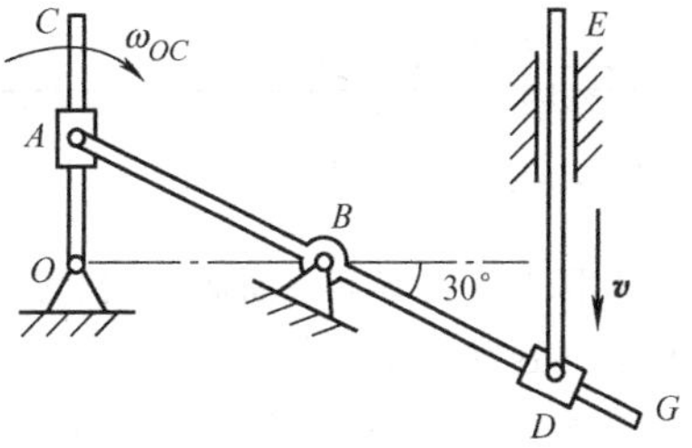

图2-3-16　题6图

7. 平底顶杆凸轮机构如图2-3-17所示，顶杆 AB 可沿导槽上下移动，偏心圆盘绕轴 O 转动，轴 O 位于顶杆轴线上。工作时顶杆的平底始终接触凸轮表面。该凸轮半径为 R，偏心距 $OC=e$，凸轮绕轴 O 转动的角速度为 ω，OC 与水平线成夹角 φ。求当 $\varphi=0°$时，顶杆的速度。

8. 如图2-3-18所示机构中，$O_1A=O_2B=100\text{mm}$，又 $O_1O_2=AB$，且杆 O_1A 以匀角速度 $\omega=2\text{rad/s}$ 绕 O_1 轴转动。AB 杆上有一套筒 C，此筒与 CD 杆相铰接，机构的各构件都在同一铅垂面内，求当 $\varphi=60°$时，CD 杆的速度和加速度。

9. 如图2-3-19所示，曲柄 OA 长0.40m，以匀角速度 $\omega=0.5\text{rad/s}$ 绕 O 轴逆时针方向转动，通过曲柄的 A 端推动滑杆 BC 沿铅垂方向上升。试求曲柄 OA 与水平线的夹角 $\theta=30°$时，滑杆 BC 的速度和加速度。

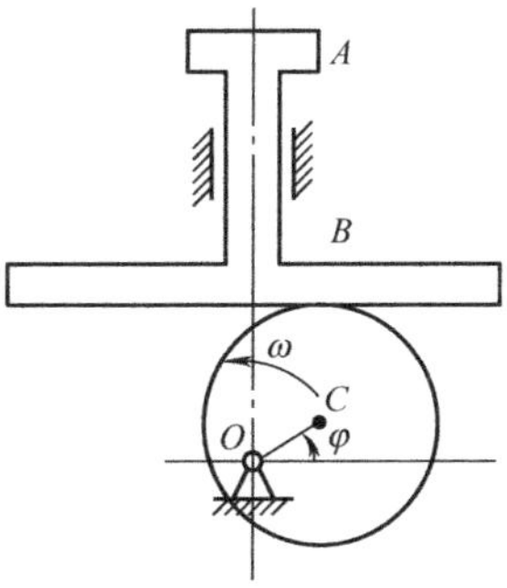

图2-3-17　题7图

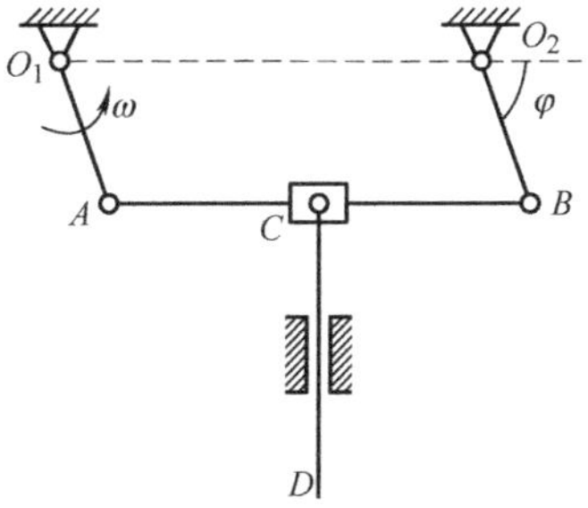

图2-3-18　题8图

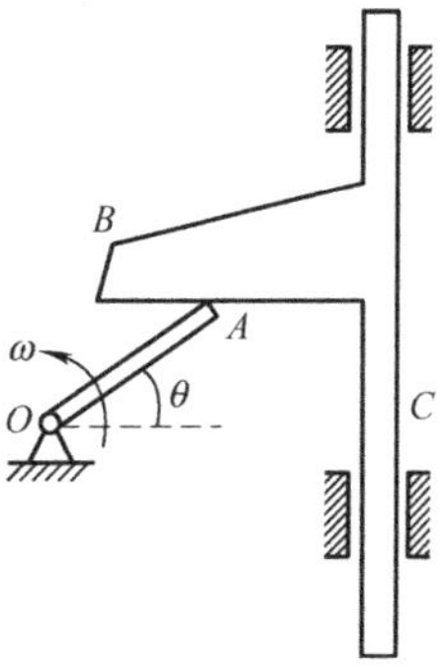

图2-3-19　题9图

10. 如图2-3-20所示平面机构中，已知轮心 A 的速度 $v_A=160\text{mm/s}$，加速度 $a_A=0$。试求图示瞬时杆 AC 的角速度和角加速度。

11. 如图2-3-21小车以匀加速度 $a=0.492\text{m/s}^2$ 水平向右运动，车上有一半径 $r=0.2\text{m}$ 的圆轮绕 O 轴按 $\varphi=t^2$（t 以s计，φ 以rad计）的规律转动。在 $t=1\text{s}$ 时，轮缘上 A 点的位置如图所示，求此时 A 点的绝对加速度。

12. 如图2-3-22所示，曲杆 OBC 绕 O 轴转动，使套在其上的小环 M 沿固定直杆 OA 滑动。已知 $OB=100\text{mm}$，OB 与 BC 垂直，曲柄以匀角速度 $\omega=0.5\text{rad/s}$ 转动。求当 $\varphi=60°$时，小环 M 的速度和加速度。

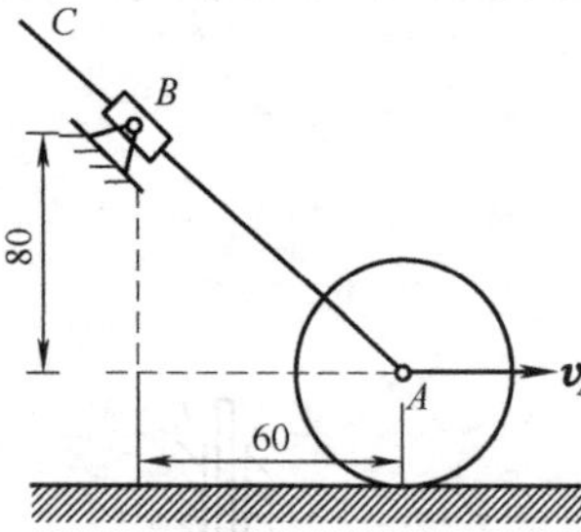

图 2-3-20　题 10 图

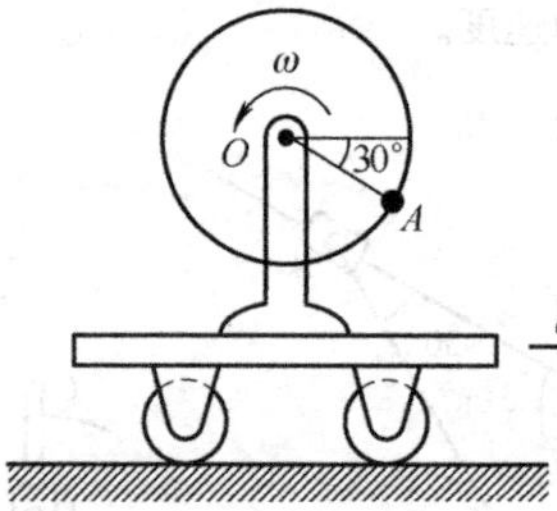

图 2-3-21　题 11 图

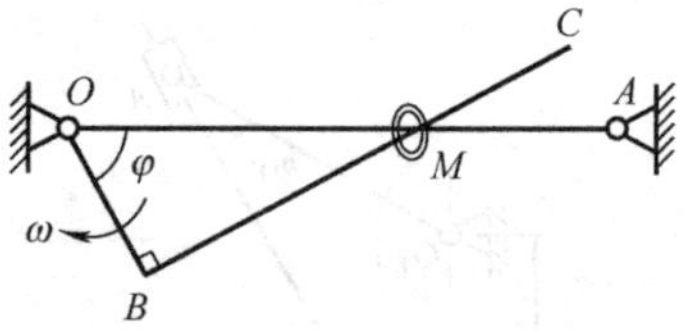

图 2-3-22　题 12 图

13. 如图 2-3-23 所示，曲柄 AO 长为 l，绕轴 O 转动，连杆 AB 始终与角 D 保持接触。在图示位置时，曲柄 AO 的角速度为 ω_0，角加速度为 α_0，转向如图所示。试求此时连杆 AB 的角速度和角加速度。

14. 牛头刨床机构如图 2-3-24 所示。已知曲柄 $O_1A=200\text{mm}$，角速度 $\omega_1=2\text{rad/s}$，角加速度 $\alpha_1=0$。试求图示位置时滑枕 CD 的速度和加速度。

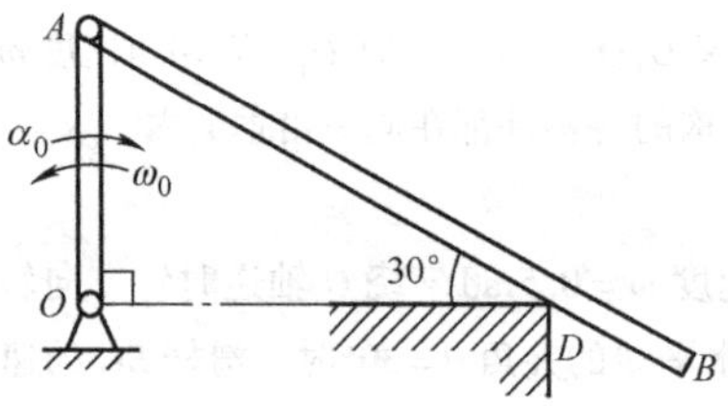

图 2-3-23　题 13 图

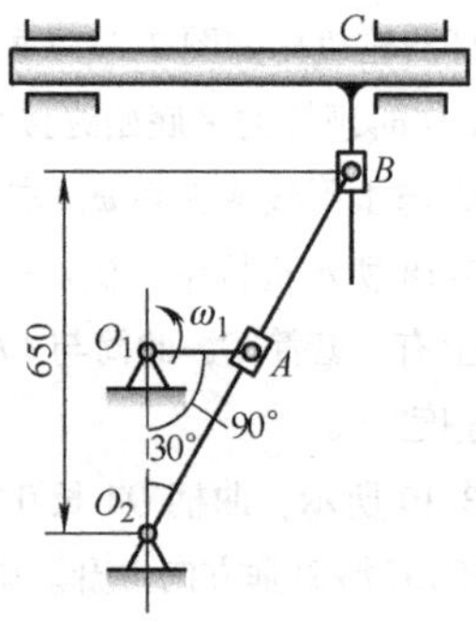

图 2-3-24　题 14 图

任务四　刚体的平面运动

任务描述

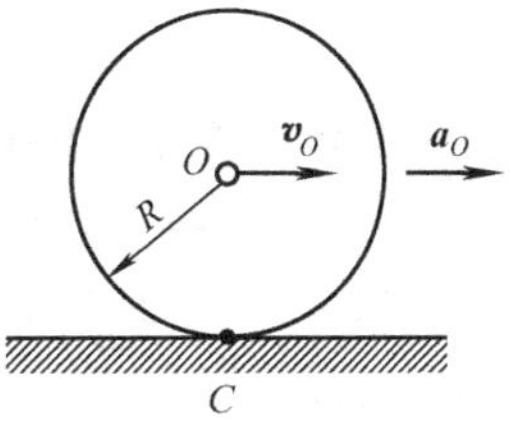

图 2-4-1　车轮无滑动滚动

半径为 R 的车轮沿直线轨道做无滑动的滚动，如图 2-4-1 所示。已知在某瞬时轮心 O 的速度为 $\boldsymbol{v}_O$，加速度为 $\boldsymbol{a}_O$，试求车轮与轨道的接触点 C 的加速度。

任务分析

了解刚体平面运动的概念与特点，掌握求解平面图形内各点速度与加速度的方法。

知识准备

一、刚体平面运动的基本概念

任务二中讨论了刚体的两种基本运动：平移和定轴转动。在工程中有很多零件的运动，例如沿直线轨道滚动的轮子的运动（图 2-4-2），曲柄连杆机构中连杆 AB 的运动（图 2-4-3）等，这些刚体的运动既不是平移，又不是定轴转动，但它们有一个共同的特点，即在运动中，刚体内所有各点至某一固定平面的距离始终保持不变，刚体的这种运动称为**平面运动**。

假设图 2-4-4 中所示的刚体相对于固定平面 P_0 做平面运动，现在进一步分析它的运动特征。为此，作平面 P 平行于平面 P_0，并在刚体上截得平面图形 S，过 S 上任一点 A 作垂直于 S 的线段 A_1A_2。显然，刚体运动过程中，线段 A_1A_2 平移，其上所有点的运动都可以用 A 点的运动来代表。由此可见，平面图形 S 的运动就代表整个刚体的运动。因此，刚体的平面运动可简化为平面图形在其自身平面内的运动。

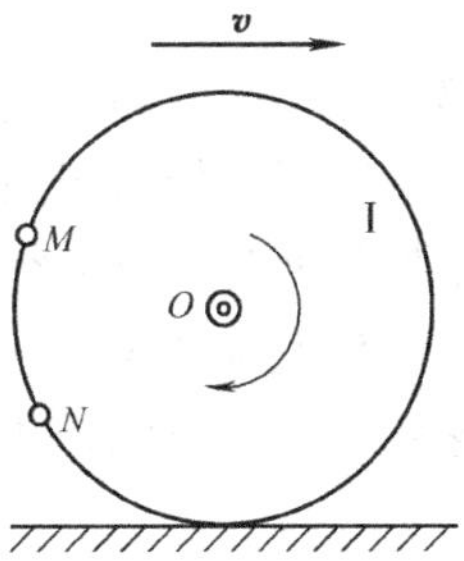

图 2-4-2　滚动的轮子

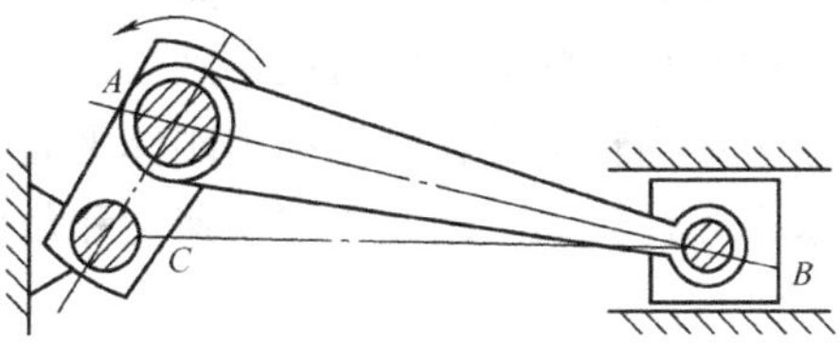

图 2-4-3　曲柄连杆机构

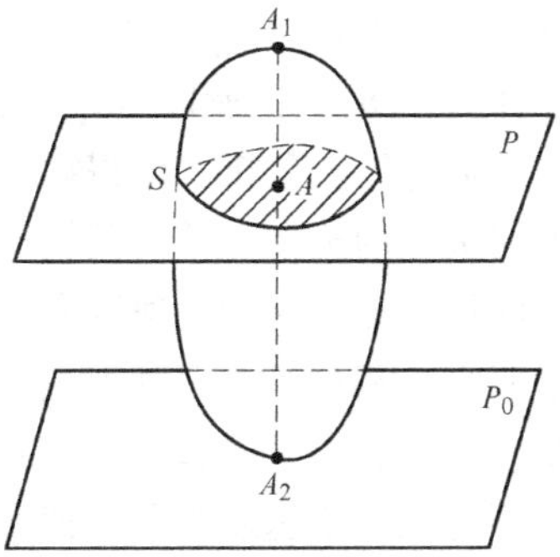

图 2-4-4　刚体的平面运动

设平面图形 S 在固定平面 P 内运动，在平面上作静系 Oxy（图 2-4-5）。图形 S 的位置可用其上的任一线段 AB 的位置来确定，而线段 AB 的位置则由 A 点的坐标 x_A、y_A 和 AB 对于 x 轴的转角 φ 来确定。图形 S 运动时，x_A、y_A 和 φ 都随时间 t 变化，都可以表示为时间 t 的单值连续函数，即

$$\left.\begin{aligned}x_A&=f_1(t)\\y_A&=f_2(t)\\\varphi&=f_3(t)\end{aligned}\right\}\tag{2-4-1}$$

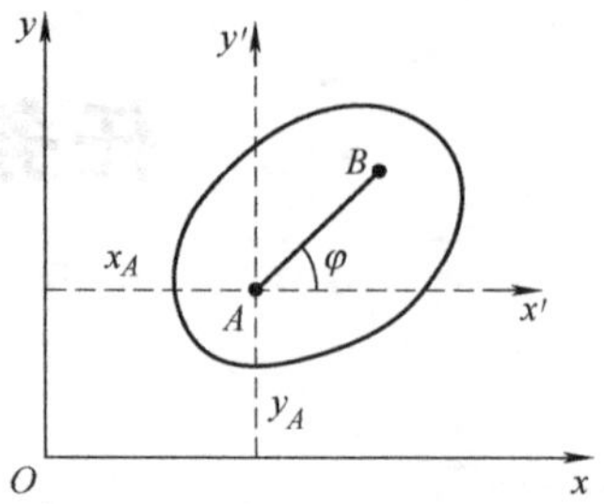

图 2-4-5　平面图形的位置

这就是**刚体平面运动的运动方程**。

由方程（2-4-1）可以看出：如果 φ 为常量，线段 AB 将保持方向不变，则图形 S 做平移；如果 x_A、y_A 保持不变，那么图形 S 的运动为绕 A 轴的转动。因此平面运动可以分解为平移和转动。

运动合成与分解的概念也可用于刚体的运动。如图 2-4-5 所示，设平面图形 S 相对于静系 Oxy 做平面运动，在 S 内任选一点 A 为基点，取以基点 A 为原点的动坐标系 $Ax'y'$，它的两个坐标轴 Ax'、Ay' 始终与静系的坐标轴 Ox、Oy 平行，即动系做平移。则平面图形 S 的绝对运动是所研究的平面运动；平面图形 S 的相对运动是它绕 A 点的转动；牵连运动是以基点 A 为代表的平移。由此可见，刚体的平面运动可以分解为随基点的平移和绕基点的转动，换句话说，刚体的平面运动可视为随基点的平移和绕基点的转动的合成运动。

研究平面运动时，常选择运动情况已知的点作为基点，但是这样的点往往不止一个。那么，当基点选择不同时，对平面运动分解的平移和转动有何影响呢？设平面图形由位置Ⅰ运动到位置Ⅱ，图形上任一直线 A_1B_1 随同图形运动到 A_2B_2，如图 2-4-6 所示。若取 A_1 点为基点，这一运动过程可看作直线 A_1B_1 随同基点 A_1 平移到 A_2B_1'，又绕基点 A_2 顺时针转过角度 $\Delta\varphi$，到达 A_2B_2 位置；若取 B_1 点为基点，则这一运动过程可看作直线 A_1B_1 随同基点 B_1 平移到 B_2A_1'，又绕基点 B_2 顺时针转过角度 $\Delta\varphi'$，到达 A_2B_2 位置。由图 2-4-6 可以看出，当选择不同的基点 A_1 或 B_1 时，在相同的时间间隔内，平移的距离不同，因而平移速度不同；但 $A_2B_1' /\!/ B_2A_1'$，所以 $\Delta\varphi=\Delta\varphi'$，转向也相同，其角速度和角加速度必然相等。

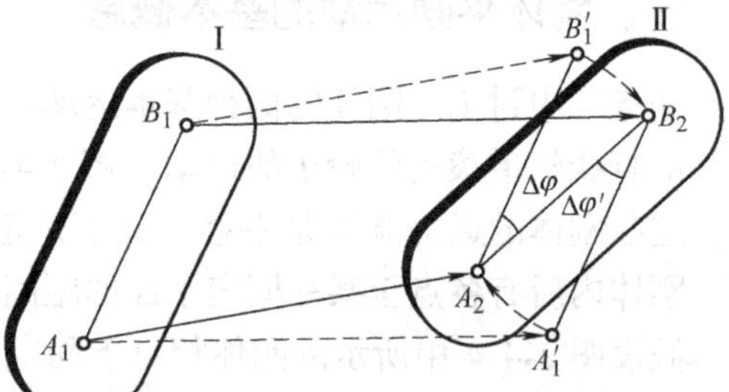

图 2-4-6　刚体平面运动的分解

通过以上分析，可得如下结论：平面运动分解为平移和转动时，平移部分的速度和加速度与基点的选择有关，而转动部分的角速度和角加速度与基点的选择无关。正因为相对于图形内任一点转动的角速度和角加速度都是一样的，以后在讲到角速度和角加速度时，就无须指明它是相对于哪个基点上的平移坐标系转动的，而泛称为刚体平面运动的角速度和角加速度。另外，由于平移坐标系对静系不存在转动，因此上述角速度和角加速度实质上也就是相对于静系的角速度和角加速度。

二、求平面图形内各点速度的基点法

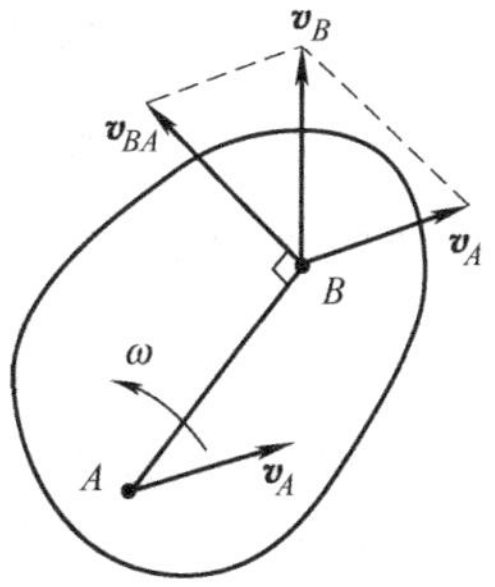

图 2-4-7　基点法求速度

刚体的平面运动可视为随基点的平移（牵连运动）和绕基点的转动（相对运动），所以平面运动刚体内任一点的速度可以用速度合成定理来分析。

设在某瞬时，平面图形上 A 点的速度为 $\boldsymbol{v}_A$，平面图形的角速度为 ω，如图 2-4-7 所示，求图形上任一点 B 的速度。根据速度合成定理可得

$$\boldsymbol{v}_a = \boldsymbol{v}_e + \boldsymbol{v}_r$$

因为平面图形上点 A 的运动已知，取 A 点为基点。因为牵连运动是平移，所以点 B 的牵连速度 $\boldsymbol{v}_e$ 等于基点 A 的速度 $\boldsymbol{v}_A$，即 $\boldsymbol{v}_e = \boldsymbol{v}_A$。又因为点 B 的相对运动是以 A 为圆心的圆周运动，所以点 B 的相对速度就是平面图形绕点 A 转动时的速度，以 $\boldsymbol{v}_{BA}$ 表示，即 $\boldsymbol{v}_r = \boldsymbol{v}_{BA}$，其方向垂直于连线 AB 而朝向图形的转动方向，大小为

$$v_{BA} = AB \cdot \omega$$

式中，ω 为平面图形的角速度。以速度 $\boldsymbol{v}_A$ 和 $\boldsymbol{v}_{BA}$ 为边作平行四边形，点 B 的绝对速度就由这个平行四边形的对角线确定，即

$$\boldsymbol{v}_B = \boldsymbol{v}_A + \boldsymbol{v}_{BA} \tag{2-4-2}$$

式(2-4-2) 表明，**平面图形上任一点的速度等于基点速度与该点绕基点转动速度的矢量和**，如图 2-4-7 所示。

这种方法是求平面图形内点的速度的基本方法，称为**速度合成法**，也称为**基点法**。

如将式(2-4-2) 向 AB 连线上投影，得

$$[\boldsymbol{v}_B]_{AB} = [\boldsymbol{v}_A]_{AB} + [\boldsymbol{v}_{BA}]_{AB}$$

由于 $\boldsymbol{v}_{BA}$ 的方向总是垂直于 AB 连线，所以它在 AB 上的投影为零，即 $[\boldsymbol{v}_{BA}]_{AB}=0$。故

$$[\boldsymbol{v}_B]_{AB} = [\boldsymbol{v}_A]_{AB} \tag{2-4-3}$$

式(2-4-3) 就是**速度投影定理**，即**平面图形上任意两点的速度在这两点连线上的投影相等**。

式(2-4-3) 是一个投影方程，如果已知两点速度的方向及其中一点速度的大小，根据此式就可以很方便地求出另一点速度的大小。这一方法称为**速度投影法**。

例 2-4-1　椭圆规如图 2-4-8 所示，滑块 A 和 B 分别沿互相垂直的滑道 Ox、Oy 滑动，在图示位置时，已知滑块 A 的速度为 $\boldsymbol{v}_A$，规尺长度 $AB=l$，求滑块 B 的速度及规尺 AB 的角速度。

Ⅰ. 题目分析

由题意可判断规尺 AB 做平面运动。图中滑块 A 的速度大小、方向（水平向左）已知，滑块 B 的速度方向（竖直向上）已知但大小未知，因此可以以点 A 为基点，利用基点法求出滑块 B 的速度及规尺 AB 的角速度。

Ⅱ. 题目求解

解：滑块 A、B 分别做平移，规尺 AB 做平面运动，取速度已知的点 A 为基点，根据基点法公式，有

$$\boldsymbol{v}_B = \boldsymbol{v}_A + \boldsymbol{v}_{BA}$$

式中，$\boldsymbol{v}_A$ 的大小和方向已知；$\boldsymbol{v}_B$ 的方向沿 Oy 轴向上；$\boldsymbol{v}_{BA}$ 的方向垂直于 AB，指向如图 2-4-8 所示。于是可作出速度平行四边形，由几何关系可得

$$v_B = v_A \cot\varphi$$

$$v_{BA} = \frac{v_A}{\sin\varphi}$$

规尺 AB 的角速度为

$$\omega_{AB} = \frac{v_{BA}}{l} = \frac{v_A}{l\sin\varphi}$$

ω_{AB}的转向可根据 $\boldsymbol{v}_{BA}$ 速度的方向判断，为顺时针转向。

本例还可以用速度投影法求点 B 的速度。根据速度投影定理可得

$$v_B \sin\varphi = v_A \cos\varphi$$

因此

$$v_B = v_A \cot\varphi$$

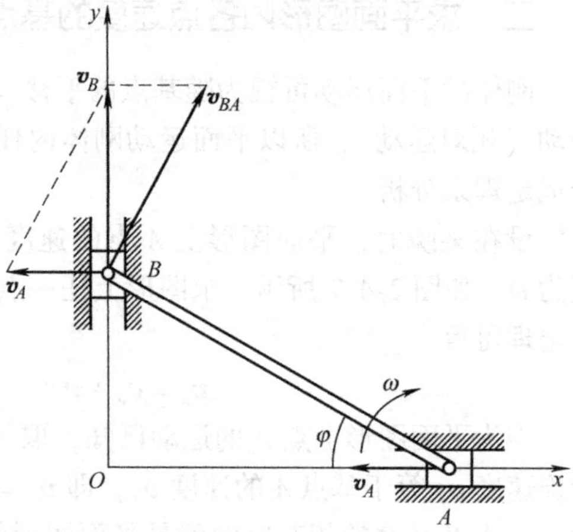

图 2-4-8　椭圆规

Ⅲ. 题目关键点解析

从解题过程可以看出，若已知平面图形上一点速度的大小和方向，并知道待求点速度的方向，利用速度投影法求该点速度的大小是很方便的，但如果题目既要求平面运动刚体上某点的速度又要求刚体的角速度，可以选择基点法求解。

例 2-4-2　四连杆机构如图 2-4-9 所示。已知曲柄 OA 的长度 $r=0.5\text{m}$，$AB=2r=1\text{m}$，OA 的角速度 $\omega=4\text{rad/s}$，试求图示位置时（$\angle ABC=90°$，$\angle OCB=60°$），点 B 的速度及杆 BC 的角速度和连杆 AB 的角速度。

Ⅰ. 题目分析

由题意知曲柄 OA 和杆 BC 分别做定轴转动，连杆 AB 做平面运动。图中点 A 的速度大小、方向均已知，点 B 的速度大小未知但方向已知，因此可以以 A 点为基点，用基点法求出 B 点的速度、AB 杆角速度，进一步可以求出 BC 杆的角速度。

Ⅱ. 题目求解

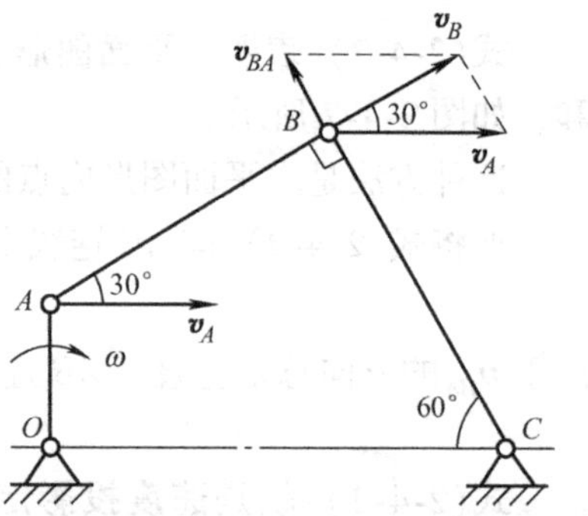

图 2-4-9　四连杆机构

解：曲柄 OA 做定轴转动，杆 BC 绕 C 点摆动，连杆 AB 做平面运动。连杆 AB 上 A 点速度已知，取 A 点为基点，根据基点法公式，有

$$\boldsymbol{v}_B = \boldsymbol{v}_A + \boldsymbol{v}_{BA}$$

式中，$v_A = r\omega = (0.5\times4)\text{m/s} = 2\text{m/s}$，方向垂直于 OA 向右；$\boldsymbol{v}_{BA}$方向垂直于连杆 AB，如图 2-4-9 所示。根据矢量方程作出 B 点的速度平行四边形，由几何关系得

$$v_B = v_A \cos30° = 1.73\text{m/s}$$

$$v_{BA} = v_A \sin30° = 1.15\text{m/s}$$

则杆 BC 的角速度为

$$\omega_{BC} = \frac{v_B}{BC}$$

式中，$BC = AB\tan30° + \dfrac{OA}{\sin60°} = 1.15\text{m}$，代入得

$$\omega_{BC} = 1.5\text{rad/s}$$

AB 杆的角速度为

$$\omega_{AB}=\frac{v_{BA}}{AB}=1.15\text{rad/s}$$

Ⅲ. 题目关键点解析

求解本题关键是要分析出曲柄 OA、杆 BC 和杆 AB 的运动形式，了解不同运动形式的刚体上各点的速度分布规律。对于做平面运动的刚体，要正确选择基点（一般选运动情况已知的点作基点），熟练应用基点法求解刚体上点的速度。

三、求平面图形内各点速度的瞬心法

研究平面图形上各点的速度，还可以采用瞬心法。

1. 定理

一般情况下，在每一瞬时，平面图形上（或其延拓部分上）都唯一地存在一个速度为零的点。

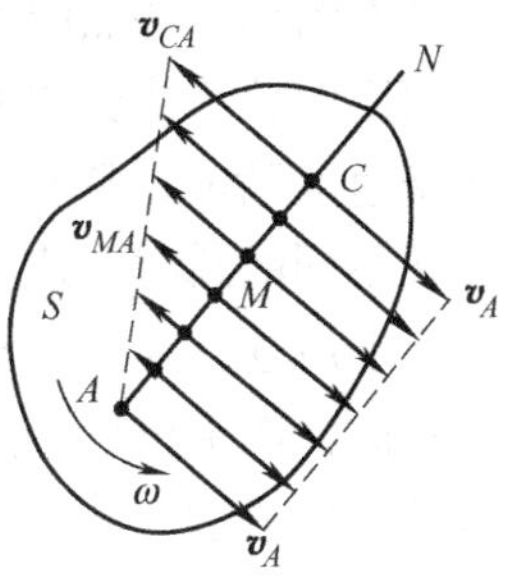

图 2-4-10　速度瞬心

证明：设有一平面图形 S，如图 2-4-10 所示。取图形上的点 A 为基点，它的速度为 $\boldsymbol{v}_A$，图形的角速度为 $\boldsymbol{\omega}$，转向如图。图形上任一点 M 的速度由基点法可得

$$\boldsymbol{v}_M=\boldsymbol{v}_A+\boldsymbol{v}_{MA}$$

如果点 M 在 $\boldsymbol{v}_A$ 的垂线 AN 上（由 $\boldsymbol{v}_A$ 到 AN 的转向与图形的转向一致），从图中可看出，$\boldsymbol{v}_A$ 和 $\boldsymbol{v}_{MA}$ 在同一直线上，而方向相反，故 $\boldsymbol{v}_M$ 的大小为

$$v_M=v_A-\omega\cdot AM$$

由上式可知，随着点 M 在垂线 AN 上的位置不同，$\boldsymbol{v}_M$ 的大小也不同，因此总可以找到一点 C，该点的瞬时速度等于零。如令

$$AC=\frac{v_A}{\omega}$$

则

$$v_C=v_A-\omega\cdot AC=0$$

于是定理得证。在某一瞬时，平面图形内速度等于零的点称为**瞬时速度中心**，简称**速度瞬心**或**瞬心**。

2. 平面图形内各点的速度及其分布

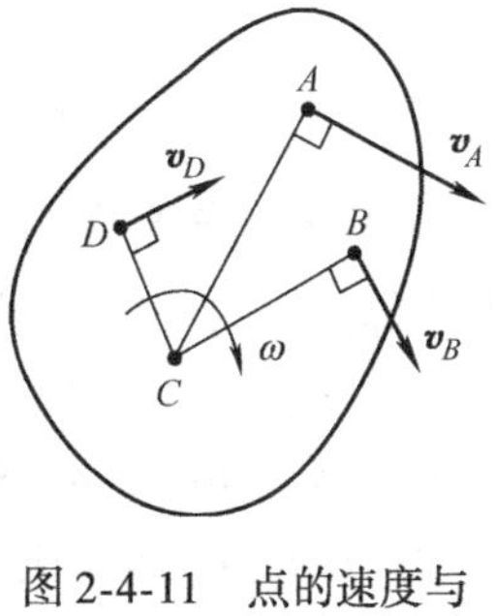

图 2-4-11　点的速度与瞬心的关系

根据上述定理，每一瞬时在图形内都存在速度等于零的一点 C，即 $v_C=0$。选取点 C 作为基点，则图 2-4-11 中 A、B、D 等各点的速度为

$$\boldsymbol{v}_A=\boldsymbol{v}_C+\boldsymbol{v}_{AC}=\boldsymbol{v}_{AC}$$
$$\boldsymbol{v}_B=\boldsymbol{v}_C+\boldsymbol{v}_{BC}=\boldsymbol{v}_{BC}$$
$$\boldsymbol{v}_D=\boldsymbol{v}_C+\boldsymbol{v}_{DC}=\boldsymbol{v}_{DC}$$

由此得结论：**平面图形内任一点的速度等于该点随图形绕瞬时速度中心转动的速度。**

由于平面图形绕任意点转动的角速度都相等，因此图形绕速度瞬心 C 转动的角速度等于图形绕任意基点转动的角速度，以 ω 表示这个角速度，于是有

$$v_A = v_{AC} = AC \cdot \omega$$
$$v_B = v_{BC} = BC \cdot \omega$$
$$v_D = v_{DC} = DC \cdot \omega$$

由此可见，图形内各点速度的大小与该点到速度瞬心的距离成正比。速度的方向垂直于该点到速度瞬心的连线，指向图形转动的一方，如图 2-4-11 所示。

平面图形上各点的速度在某瞬时的分布情况，与图形绕定轴转动时各点速度的分布情况相类似，如图 2-4-12 所示。于是平面图形的运动可看作绕速度瞬心的瞬时转动。但必须指出，速度瞬心是一个瞬时的概念，在不同的瞬时，速度瞬心的位置不同。

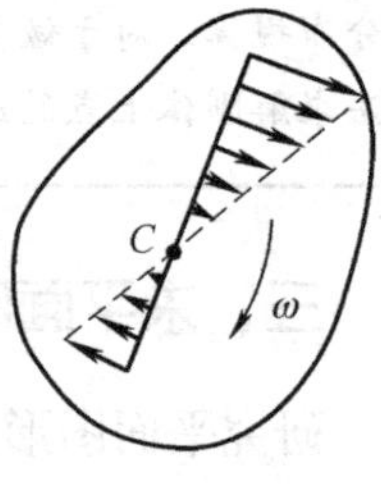

图 2-4-12　瞬时各点的速度分布

综上所述，如果已知平面图形在某一瞬时的瞬心位置和角速度，则在该瞬时，图形内任一点的速度可以完全确定。下面介绍几种确定瞬心位置的常用方法。

1）已知平面图形上 A、B 两点速度 $\boldsymbol{v}_A$、$\boldsymbol{v}_B$ 的方向，且 $\boldsymbol{v}_A$ 与 $\boldsymbol{v}_B$ 不平行，则瞬心 C 在两点速度垂线的交点上，如图 2-4-13 所示。

2）若已知平面图形上 A、B 两点速度 $\boldsymbol{v}_A$、$\boldsymbol{v}_B$ 的大小不等，方向与 AB 连线垂直，则速度瞬心 C 在 AB 连线与两速度矢量端点连线的交点上，如图 2-4-14 所示。

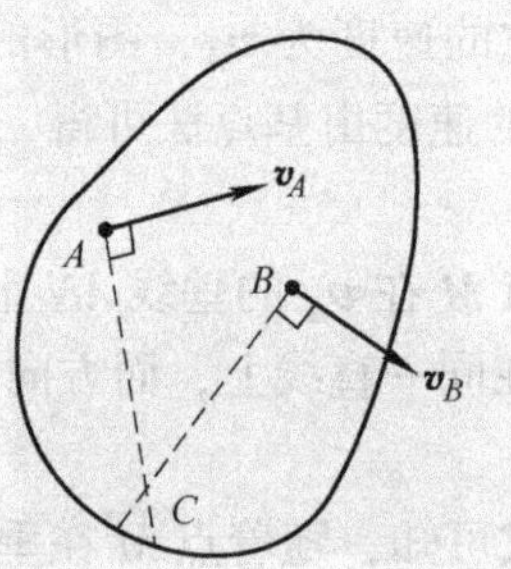

图 2-4-13　速度方向不平行时瞬心的位置

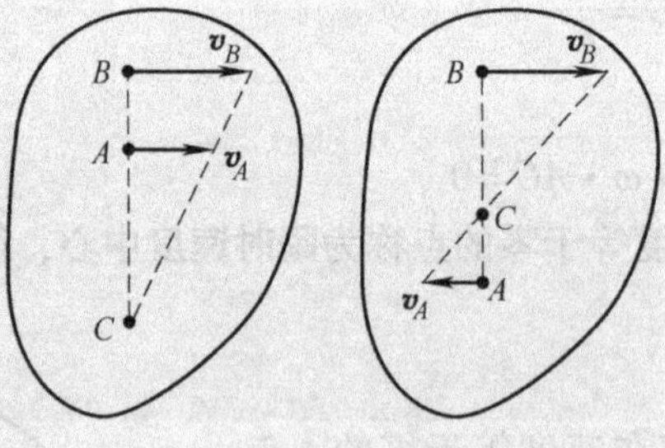

图 2-4-14　速度方向平行时瞬心的位置

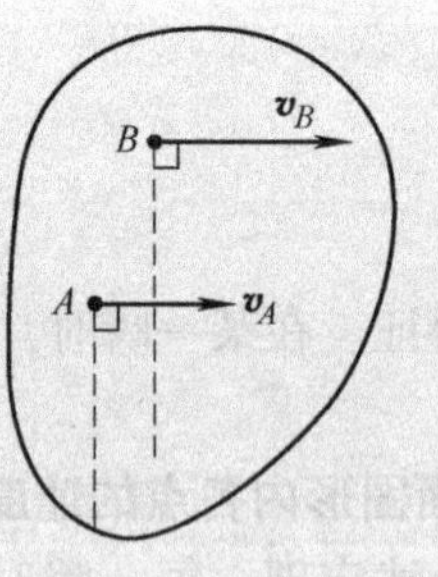

图 2-4-15　瞬时平移

3）若已知平面图形上 A、B 两点速度 $\boldsymbol{v}_A$、$\boldsymbol{v}_B$ 的大小相等，方向相同，则瞬心在无穷远处。在该瞬时，图形上各点的速度分布如同图形做平移的情形一样，故称瞬时平移，如图 2-4-15 所示。必须注意，此瞬时各点的速度虽然相同，但加速度不同。

4）若平面图形沿某一固定面做无滑动的滚动，则其接触点处即为速度瞬心，如图 2-4-16 所示。

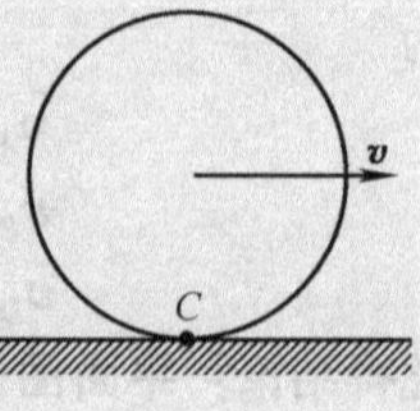

图 2-4-16　接触点为速度瞬心

例 2-4-3　用瞬心法求例 2-4-1 的椭圆规尺中滑块 B 的速度和规尺中点 D 的速度。

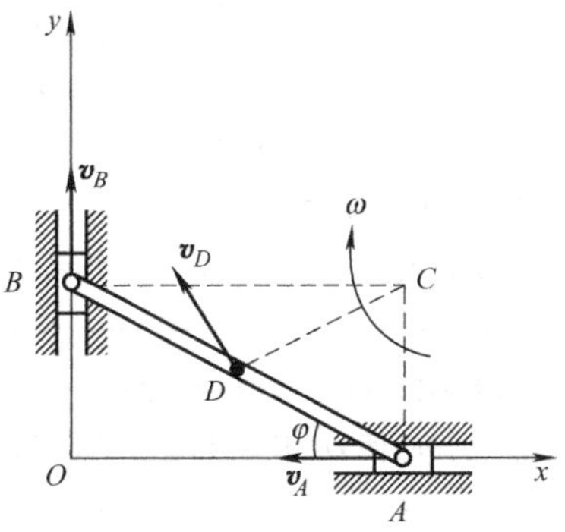

图 2-4-17　椭圆规尺

Ⅰ. 题目分析

由题意知规尺 AB 做平面运动。用瞬心法求点的速度必须找出瞬心，图中滑块 A 的速度大小、方向（水平向左）已知，滑块 B 的速度方向（竖直向上）已知但大小未知。$\boldsymbol{v}_A$ 和 $\boldsymbol{v}_B$ 的垂线交点 C 即为瞬心，利用几何关系可以求出 AC、BC 及 CD 的长度。利用瞬心法可以求出 AB 杆的角速度及滑块 B 的速度。

Ⅱ. 题目求解

解：规尺 AB 做平面运动。已知点 A 速度方向为水平向左，点 B 速度方向为铅垂向上，过 A、B 两点分别做速度 $\boldsymbol{v}_A$、$\boldsymbol{v}_B$ 的垂线，两垂线的交点 C 就是规尺 AB 的速度瞬心，如图 2-4-17 所示。由瞬心法可知，规尺 AB 的角速度为

$$\omega = \frac{v_A}{AC} = \frac{v_A}{l\sin\varphi}$$

ω 的转向可根据 $\boldsymbol{v}_A$ 的方向判断得到，为顺时针转向。

滑块 B 的速度为

$$v_B = BC \cdot \omega = l\cos\varphi \cdot \frac{v_A}{l\sin\varphi} = v_A\cot\varphi$$

规尺 AB 中点 D 的速度为

$$v_D = DC \cdot \omega = \frac{l}{2} \cdot \frac{v_A}{l\sin\varphi} = \frac{v_A}{2\sin\varphi}$$

$\boldsymbol{v}_D$ 的方向垂直于 DC 指向左上方。

Ⅲ. 题目关键点解析

用瞬心法求解平面运动刚体上点的速度时，首先根据确定瞬心位置的方法找到瞬心，而后求出平面运动刚体转动的角速度，再按定轴转动刚体的各点速度的求解方法求解即可。

例 2-4-4　火车以 10m/s 的速度在直线轨道上行驶，设车轮做无滑动的滚动，车轮半径 $R = 0.5\text{m}$，求车轮上 A、B、D 三点的速度（图 2-4-18）。

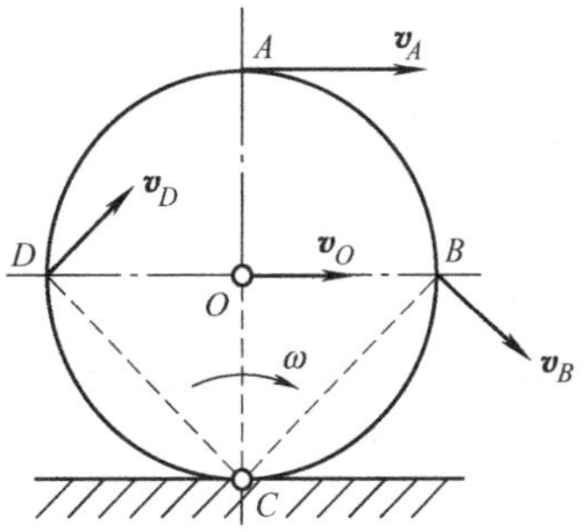

图 2-4-18　火车车轮

Ⅰ. 题目分析

由于车轮只滚动不滑动，所以车轮与地面接触点 C 为车轮的速度瞬心。车轮圆心点 O 的速度已知，利用瞬心法可以求出车轮的角速度，再利用几何关系求出 AC、CD、BC 的长度，即可求出 A、B、D 三点的速度。

Ⅱ. 题目求解

解：由于车轮做无滑动的滚动，故车轮在该瞬时与地面的接触点 C 即为速度瞬心。轮心速度 $v_O = 10\text{m/s}$，根据瞬心法，车轮的角速度为

$$\omega = \frac{v_O}{R} = \frac{10}{0.5}\text{rad/s} = 20\text{rad/s}$$

其转向可根据 $\boldsymbol{v}_O$ 的方向判断得到，为顺时针。

车轮上 A、B、D 三点的速度分别为

$$v_A = AC \cdot \omega = 2R\omega = (2 \times 0.5 \times 20)\,\text{m/s} = 20\text{m/s}$$

$$v_B = BC \cdot \omega = \sqrt{2}R\omega = (\sqrt{2} \times 0.5 \times 20)\,\text{m/s} = 14.4\text{m/s}$$

$$v_D = DC \cdot \omega = \sqrt{2}R\omega = (\sqrt{2} \times 0.5 \times 20)\,\text{m/s} = 14.4\text{m/s}$$

它们的方向如图 2-4-18 所示。

Ⅲ. 题目关键点解析

求解此题的关键在于分析车轮的运动，确定车轮与轨道接触点 C 为车轮的速度瞬心。

例 2-4-5 图 2-4-19 所示的滚压机构的滚子沿水平面做无滑动的滚动。已知曲柄 OA 长 0.15m，绕 O 轴的转速 $n = 60\text{r/min}$，滚子的半径 $R = 0.15\text{m}$。求当曲柄与水平面的夹角为60°，且曲柄与连杆垂直时，滚子的角速度与滚子前进的速度。

Ⅰ. 题目分析

由题意知曲柄 OA 做定轴转动，杆 AB 和滚子做平面运动。图示位置点 A 的速度大小、方向可以求出，点 B 速度方向沿水平方向，因此可以求出 AB 杆的瞬心，再利用瞬心法可以求出杆 AB 的角速度和点 B 的速度大小。滚子只滚动不滑动，所以滚子与地面的接触点 C_2 为滚子的瞬心，由于点 B 的速度大小已经求出，利用瞬心法即可以求出滚子的角速度。

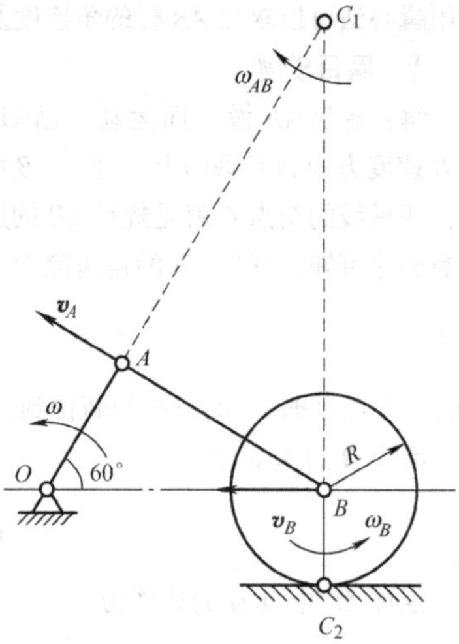

图 2-4-19 滚压机构

Ⅱ. 题目求解

解：由题意知曲柄 OA 做定轴转动，连杆 AB 和滚子均做平面运动。由于 $\boldsymbol{v}_A$ 垂直于曲柄 OA，$\boldsymbol{v}_B$ 沿水平线 OB，因此，过 A、B 两点分别做 $\boldsymbol{v}_A$ 和 $\boldsymbol{v}_B$ 的垂线，两垂线的交点 C_1 就是连杆 AB 在图示位置时的速度瞬心。由已知条件可得曲柄的角速度为

$$\omega = \frac{\pi n}{30} = \frac{60\pi}{30}\text{rad/s} = 2\pi\ \text{rad/s}$$

点 A 的速度为

$$v_A = OA \cdot \omega = (0.15 \times 2\pi)\,\text{m/s} = 0.3\pi\ \text{m/s}$$

根据瞬心法，连杆 AB 的角速度为

$$\omega_{AB} = \frac{v_A}{AC_1}$$

其转向可根据 v_A 的方向判断得到，为顺时针转向。因此点 B 的速度为

$$v_B = BC_1 \cdot \omega_{AB} = v_A \frac{BC_1}{AC_1} = \left(0.3\pi \times \frac{2}{\sqrt{3}}\right)\text{m/s} = 1.09\text{m/s}$$

方向水平向左。

由于滚子沿水平面做无滑动的滚动，所以滚子与水平面的接触点 C_2 就是滚子的速度瞬心。根据瞬心法，滚子的角速度为

$$\omega_B = \frac{v_B}{R} = \frac{1.09}{0.15}\text{rad/s} = 7.27\text{rad/s}$$

其转向可根据 $\boldsymbol{v}_B$ 的方向判断得到，为逆时针转向。

Ⅲ. 题目关键点解析

本题的关键在于分析系统各杆件的运动情况，找出杆 AB 和车轮的速度瞬心位置，求出它们转动的角速度。

四、用基点法求平面图形内各点的加速度

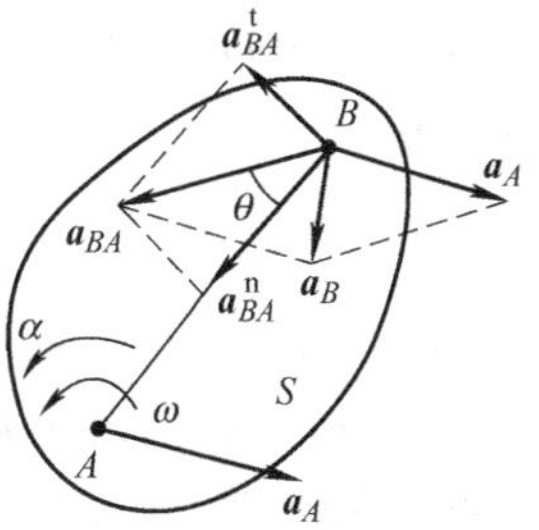

图 2-4-20　基点法求点的加速度

平面运动的加速度分析与速度分析相似，可以用加速度合成定理来分析。设某瞬时，平面图形的角速度为 ω，角加速度为 α，图形内一点 A 的加速度为 $\boldsymbol{a}_A$，如图 2-4-20 所示。现分析图形内任一点 B 的加速度。选点 A 为基点，则牵连运动为动系随基点 A 的平移，根据牵连运动为平移时的加速度合成定理，有

$$\boldsymbol{a}_a = \boldsymbol{a}_e + \boldsymbol{a}_r$$

由于牵连运动是随基点 A 的平移，所以点 B 的牵连加速度等于基点 A 的加速度 $\boldsymbol{a}_A$，即 $\boldsymbol{a}_e = \boldsymbol{a}_A$，相对运动是点 B 相对于基点 A 的圆周运动，所以 $\boldsymbol{a}_r$ 等于点 B 对点 A 的相对加速度 $\boldsymbol{a}_{BA}$，即 $\boldsymbol{a}_r = \boldsymbol{a}_{BA}$，$\boldsymbol{a}_{BA}$ 可分解成两个分量：切向加速度 $\boldsymbol{a}_{BA}^t$ 和法向加速度 $\boldsymbol{a}_{BA}^n$，于是用基点法求点的加速度合成公式为

$$\boldsymbol{a}_B = \boldsymbol{a}_A + \boldsymbol{a}_{BA}^t + \boldsymbol{a}_{BA}^n \tag{2-4-4}$$

式(2-4-4) 表明，**平面图形上任一点的加速度等于基点的加速度与该点绕基点转动的切向加速度和法向加速度的矢量和**。具体计算时，往往需要将矢量式(2-4-4) 向恰当选取的坐标轴投影，然后求解。

式(2-4-4) 中，$\boldsymbol{a}_{BA}^t$ 为点 B 绕基点 A 转动的切向加速度，方向与 AB 垂直，大小为

$$a_{BA}^t = AB \cdot \alpha$$

式中，α 为平面图形的角加速度。$\boldsymbol{a}_{BA}^n$ 为点 B 绕基点 A 转动的法向加速度，指向基点 A，大小为

$$a_{BA}^n = AB \cdot \omega^2$$

式中，ω 为平面图形的角速度。

例 2-4-6　在图 2-4-21 所示的曲柄连杆机构中，曲柄长 $OA = 20\text{cm}$，以匀角速度 $\omega_O = 10\text{rad/s}$ 绕 O 轴逆时针方向转动，连杆 AB 长 $l = 100\text{cm}$，在图示瞬时，$OA \perp AB$，曲柄与水平线的夹角 $\varphi = 45°$，试求该瞬时连杆的角速度 ω_{AB}、角加速度 α_{AB} 和滑块 B 的加速度 $\boldsymbol{a}_B$。

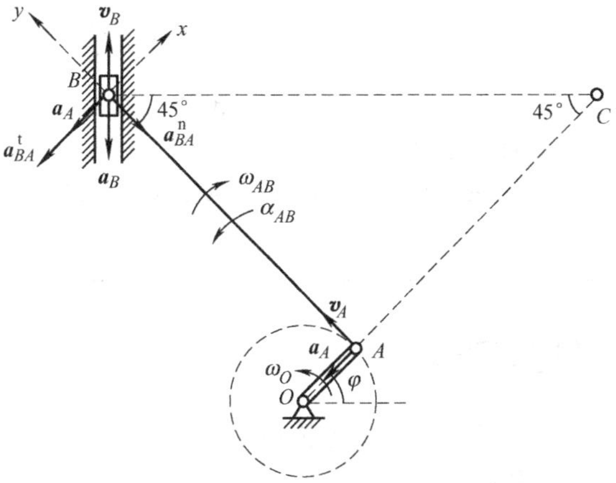

图 2-4-21　曲柄连杆机构

Ⅰ. 题目分析

由题意知，连杆 OA 做定轴转动，杆 AB 做平面运动，滑块 B 做平行移动，点 A 的速度和加速度很容易求出。图示位置点 A 的速度大小、方向及点 B 的速度方向已知且杆 AB 速度瞬心很容易找到，因此用瞬心法可以求出杆 AB 的角速度 ω_{AB}。再以点 A 为基点，利用基点法求点 B 的加速度 $\boldsymbol{a}_B = \boldsymbol{a}_A + \boldsymbol{a}_{BA}^t + \boldsymbol{a}_{BA}^n$，其中只有 $\boldsymbol{a}_B$ 大小及 AB 杆角加速度 α 大小未知，对点 B 列加速度投影方程可求出 α 和 $\boldsymbol{a}_B$。

Ⅱ. 题目求解

解：连杆 AB 做平面运动。先用瞬心法求连杆的角速度 ω_{AB}，点 A 的速度为

$$v_A = OA \cdot \omega_O = (20 \times 10)\,\text{cm/s} = 200\text{cm/s}$$

$\boldsymbol{v}_A$ 的方向如图所示。点 B 做直线运动，速度沿铅垂轨道。由 $\boldsymbol{v}_A$ 和 $\boldsymbol{v}_B$ 的方向定出杆 AB 的瞬心 C，连杆的角速度为

$$\omega_{AB} = \frac{v_A}{CA} = \frac{200}{100}\text{rad/s} = 2\text{rad/s}$$

ω_{AB}的转向由 $\boldsymbol{v}_A$ 的方向判断可得，为顺时针转向。

下面再研究连杆的角加速度 α_{AB}。

点 A 的加速度大小可通过曲柄 OA 的匀速转动求出，即

$$a_A = OA \cdot \omega_O^2 = (20 \times 10^2)\,\text{cm/s}^2 = 2000\text{cm/s}^2$$

$\boldsymbol{a}_A$ 的方向指向 O 点（由于 ω_O = 常量，点 A 只有法向加速度）。取点 A 为基点，根据基点法公式有

$$\boldsymbol{a}_B = \boldsymbol{a}_A + \boldsymbol{a}_{BA}^{t} + \boldsymbol{a}_{BA}^{n}$$

式中，$\boldsymbol{a}_B$ 沿铅垂轨道，指向假设向下，其大小是待求的；$\boldsymbol{a}_{BA}^{t}$的方向垂直于 AB，指向假设如图所示，大小未知；$\boldsymbol{a}_{BA}^{n}$的方向由 B 指向基点 A，其大小为

$$a_{BA}^{n} = AB \cdot \omega_{AB}^2 = (100 \times 2^2)\,\text{cm/s}^2 = 400\text{cm/s}^2$$

这样，在矢量式中只有两个未知量，即 $\boldsymbol{a}_B$ 和 $\boldsymbol{a}_{BA}^{t}$的大小。取图示的 x、y 轴投影，将矢量式的两边投影到 y 轴上，得

$$a_B \cos 45° = a_{BA}^{n}$$

所以

$$a_B = \frac{a_{BA}^{n}}{\cos 45°} = 400\sqrt{2}\,\text{cm/s}^2$$

再向 x 轴投影，可得

$$a_B \sin 45° = a_A + a_{BA}^{t}$$

所以

$$a_{BA}^{t} = a_B \sin 45° - a_A = -1600\text{cm/s}^2$$

所得结果为负值，表示 $\boldsymbol{a}_{BA}^{t}$的指向与假设的相反，即应沿 x 轴的正向。

AB 杆的角加速度的大小为

$$\alpha_{AB} = \frac{a_{BA}^{t}}{AB} = \frac{-1600}{100}\text{rad/s}^2 = -16\text{rad/s}^2$$

负值表示 α_{AB}的实际转向与图示转向相反。

Ⅲ. 题目关键点解析

本题解题关键在于分析各构件的运动形式，用瞬心法求解 AB 杆角速度，用基点法求解 B 点的加速度及 AB 杆的角加速度。

任务实施

求图 2-4-1 所示任务描述中车轮与轨道的接触点 C 的加速度。

Ⅰ. 题目分析

由题意知，车轮做平面运动。求点的加速度一般用基点法，点 O 的加速度已知，可以选择点 O 为基点进行计算，但是点 C 相对于点 O 的角速度、角加速度均未知，所以必须先求出。由于车轮只滚动不滑动，所以点 C 为车轮各点速度瞬心，利用瞬心法可以求出车轮的角速度，进一步求出角加速度，最后利用基点法就可以求出点 C 的加速度。

Ⅱ. 题目求解

解：车轮做平面运动，车轮与轨道的接触点 C 就是速度瞬心。车轮的角速度为

$$\omega = \frac{v_O}{R}$$

ω 的转向由 $\boldsymbol{v}_O$ 和点 C 的位置确定，为顺时针转向。车轮的角加速度 α 等于角速度对时间的一阶导数。上式在任何瞬时都能成立，因此可以对时间求导，得

$$\alpha = \frac{\mathrm{d}\omega}{\mathrm{d}t} = \frac{\mathrm{d}}{\mathrm{d}t}\left(\frac{v_O}{R}\right)$$

因为 R 为常量，于是有

$$\alpha = \frac{1}{R}\frac{\mathrm{d}v_O}{\mathrm{d}t}$$

因为轮心 O 做直线运动，所以它的速度 v_O 对时间的一阶导数等于这一点的加速度 a_O。于是可得

$$\alpha = \frac{a_O}{R}$$

现用基点法来求 C 点的加速度。

$$\boldsymbol{a}_C = \boldsymbol{a}_O + \boldsymbol{a}_{CO}^{\mathrm{t}} + \boldsymbol{a}_{CO}^{\mathrm{n}}$$

式中

$$a_{CO}^{\mathrm{t}} = R\alpha = a_O,\ a_{CO}^{\mathrm{n}} = R\omega^2 = \frac{v_O^2}{R}$$

它们的方向如图 2-4-22b 所示。

由于 a_O 与 a_{CO}^{t}大小相等，方向相反，于是有

$$a_C = a_{CO}^{\mathrm{n}}$$

由此可知，速度瞬心 C 的速度等于零，但加速度并不等于零。当车轮在轨道上只滚不滑时，速度瞬心 C 的加速度指向轮心 O，如图 2-4-22c 所示。

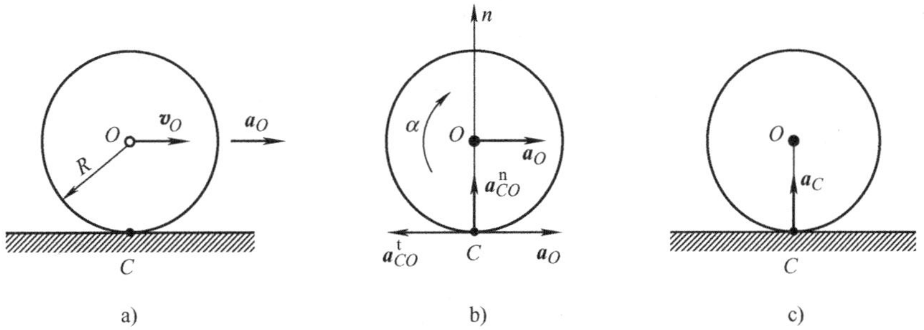

图 2-4-22　车轮无滑动滚动

a）车轮无滑动滚动　b）基点法求点 C 的加速度　c）点 C 加速度的方向

Ⅲ. 题目关键点解析

要判断出车轮整体做平面运动，车轮圆心做直线运动，车轮与轨道接触点为瞬心。利用瞬心法求解车轮转动的角速度，利用角速度与角加速度之间的微分关系求解车轮转动的角加速度，以圆心为基点利用基点法求解车轮与轨道接触点 C 的加速度。

思考与练习

1. 平面图形上任意两点 A、B 的速度 $\boldsymbol{v}_A$ 和 $\boldsymbol{v}_B$ 之间有何关系？为什么 $\boldsymbol{v}_{BA}$ 一定与 AB 垂直？$\boldsymbol{v}_{BA}$ 与 $\boldsymbol{v}_{AB}$ 有何不同？

2. 做平面运动的刚体绕速度瞬心的转动与刚体绕定轴转动有何异同？

3. “速度瞬心不在平面运动刚体上，则该刚体无速度瞬心”，“瞬心的速度为零，加速度也为零”，这两句话对吗？试做出正确分析。

4. 刚体平面运动通常分解为两个运动，它们与基点的选择有无关系？求刚体上各点的加速度时，要不要考虑科氏加速度？

5. 已知 $O_1A = O_2B$，问在图 2-4-23 所示瞬时，ω_1 与 ω_2，α_1 与 α_2 是否相等？

6. 如图 2-4-24 所示，O_1A 的角速度为 ω_1，板 ABC 和杆 O_1A 铰接。问图中 O_1A 和 AC 上各点的速度分布规律对不对？

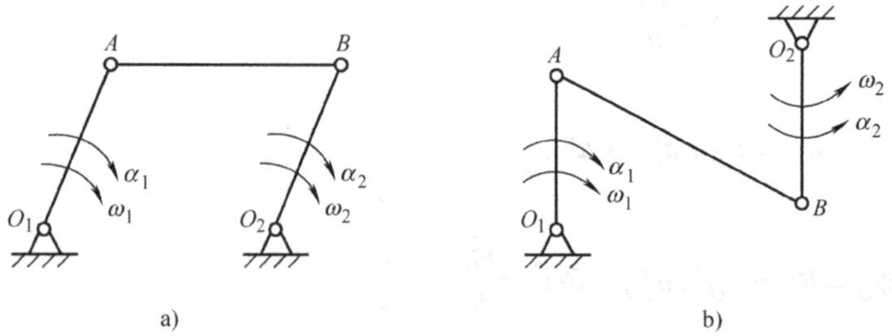

图 2-4-23　题 5 图

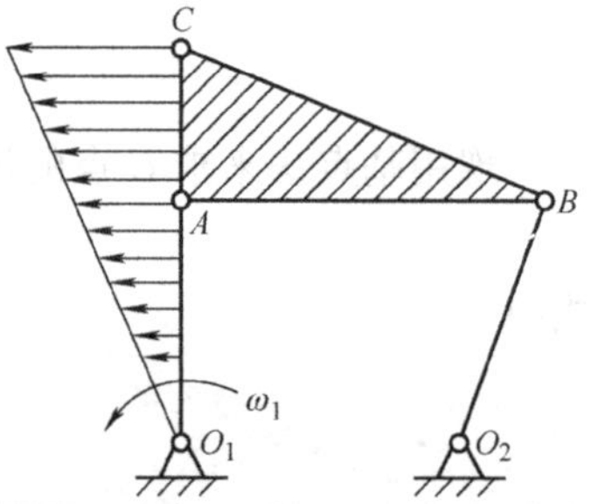

图 2-4-24　题 6 图

7. 图 2-4-25 所示平面图形上两点 A、B 的速度方向可能是这样的吗？为什么？

8. 求平面图形上一点的加速度时，为什么要先进行速度分析？

9. 四连杆机构中，连杆 AB 上固连一块三角板 ABD，如图 2-4-26 所示。机构由曲柄 O_1A 带动。已知曲柄的角速度 $\omega_{O_1A} = 2\text{rad/s}$，$O_1A = 0.1\text{m}$，水平距离 $O_1O_2 = 0.05\text{m}$，$AD = 0.05\text{m}$；当 $O_1A \perp O_1O_2$ 时，$AB // O_1O_2$，且 AD 与 AO_1 在同一直线上，$\varphi = 30°$。求三角板 ABD 的角速度和点 D 的速度。

10. 图 2-4-27 所示机构中，已知：$OA = 0.1\text{m}$，$BD = 0.1\text{m}$，$DE = 0.1\text{m}$，$EF = 0.1\sqrt{3}\text{m}$；曲柄 OA 的角速度 $\omega = 4\text{rad/s}$。在图示位置时，曲柄 OA 与水平线 OB 垂直；且 B、D 和 F 在同一铅直线上，又 $DE \perp EF$。求杆 EF 的角速度和点 F 的速度。

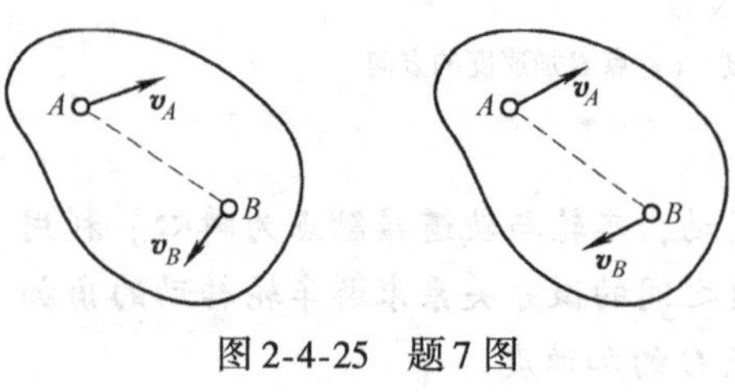

图 2-4-25　题 7 图

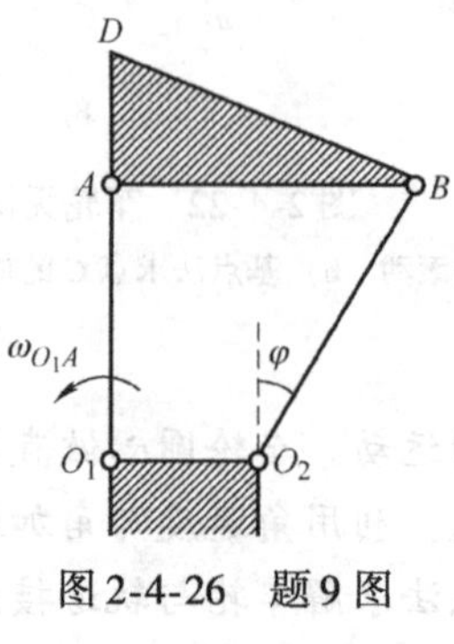

图 2-4-26　题 9 图

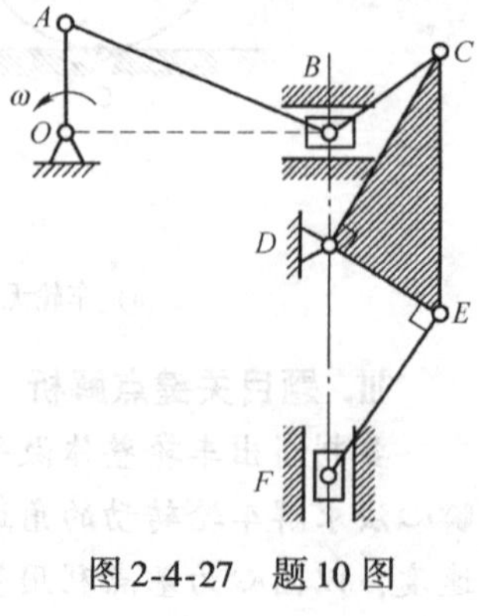

图 2-4-27　题 10 图

11. 如图 2-4-28 所示，曲柄 OA 以等角速度 $\omega_0=2.5\text{rad/s}$ 绕 O 轴转动，并带动半径为 $r_1=5\text{cm}$ 的齿轮，使其在半径为 $r_2=15\text{cm}$ 的固定齿轮上滚动。如直径 $CE\perp BD$，BD 与 OA 共线，求齿轮上 A、B、C、D 和 E 各点的速度。

12. 如图 2-4-29 所示机构中，曲柄 OA 以等角速度 ω_0 绕 O 轴转动，通过齿条 AB 带动齿轮 O_1 转动。已知齿轮半径 $r=\dfrac{OA}{2}$，齿条与曲柄夹角 $\alpha=60°$。求齿条的角速度。

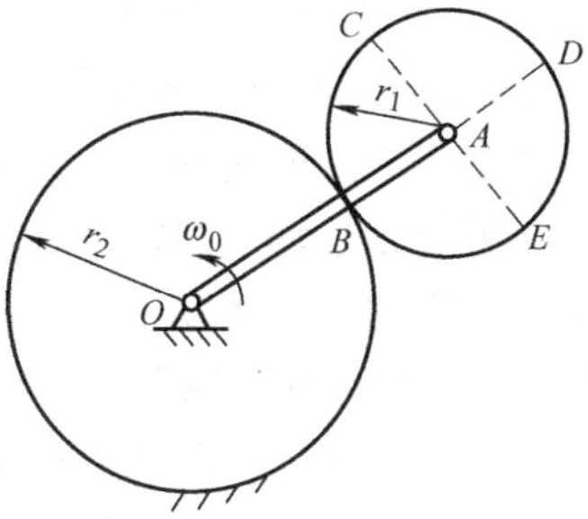

图 2-4-28　题 11 图

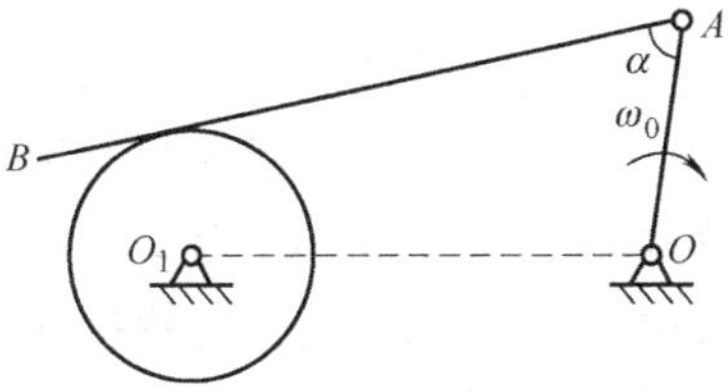

图 2-4-29　题 12 图

13. 如图 2-4-30 所示，A、B 两轮均在地面上做纯滚动。已知轮 A 中心的速度为 $\boldsymbol{v}_A$，求当 $\beta=0°$ 和 $\beta=90°$ 时，轮 B 中心的速度。

14. 平面连杆机构 $ABCD$ 的尺寸和位置如图 2-4-31 所示。如杆 AB 以等角速度 $\omega=1\text{rad/s}$ 绕 A 轴转动，求 C 点的加速度。

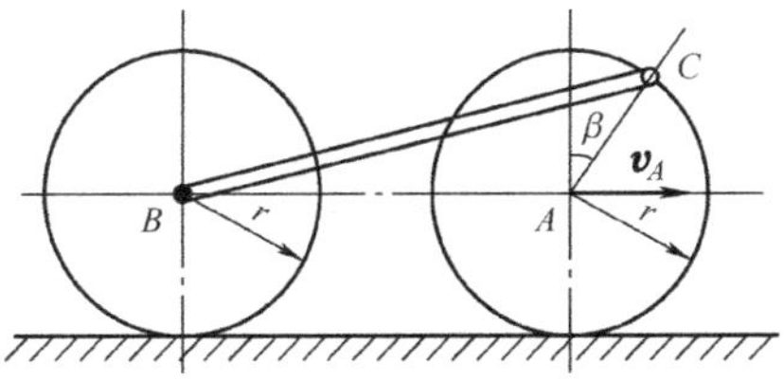

图 2-4-30　题 13 图

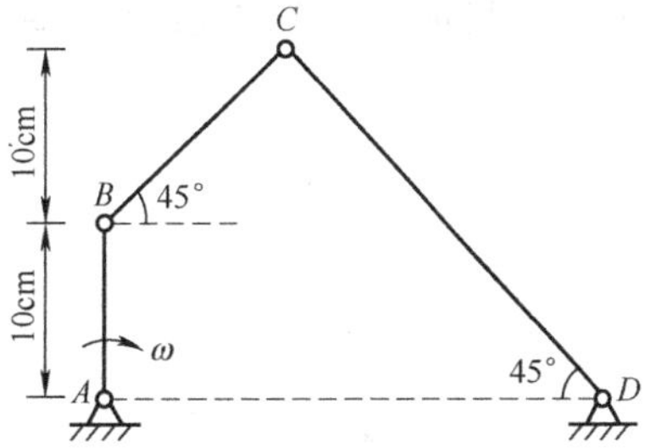

图 2-4-31　题 14 图

15. 如图 2-4-32 所示，车轮在铅直平面内沿倾斜直线轨道滚动而不滑动。轮的半径为 $R=0.5\text{m}$，轮中心在某瞬时的速度 $v_0=1\text{m/s}$，加速度为 $a_0=3\text{m/s}^2$。求轮上 1、2、3、4 四点在该瞬时的加速度。

16. 在图 2-4-33 所示曲柄滑块机构中，曲柄 OA 绕 O 轴转动，其角速度为 ω_O，角加速度为 α_O。在某瞬时曲柄与水平线间成60°角，$AB\perp OA$。滑块 B 在圆形槽内滑动，此时半径 O_1B 与连杆 AB 间成 30°角。如 $OA=r$，$AB=2\sqrt{3}r$，$O_1B=2r$，求在该瞬时滑块 B 的切向和法向加速度。

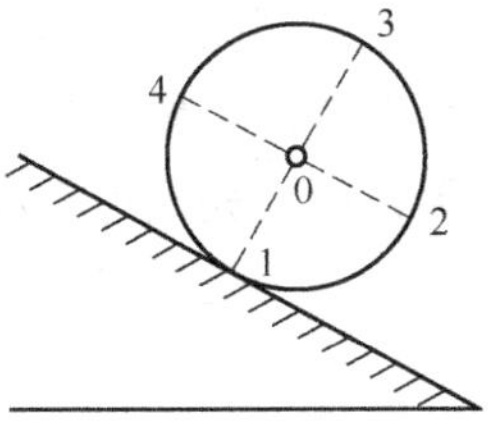

图 2-4-32　题 15 图

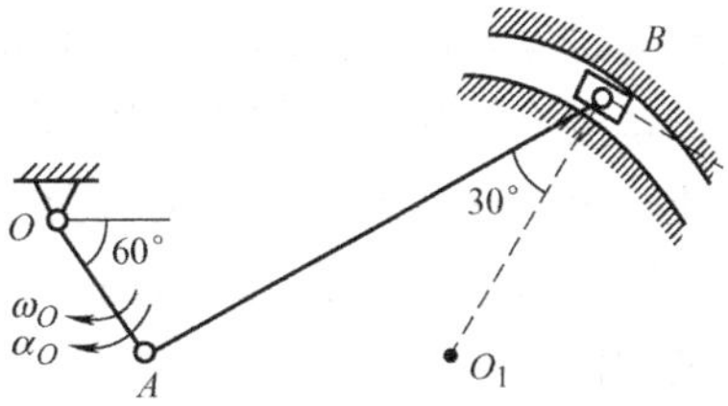

图 2-4-33　题 16 图

运动学的应用及拓展

运动学从几何的角度描述和研究物体位置随时间的变化规律，是理论力学的一个分支。运动学以研究质点和刚体这两个简化模型的运动为基础，并进一步研究变形体（弹性体、流体等）的运动。点的运动学研究点的运动方程、轨迹、位移、速度、加速度等运动特征，这些都随所选参考系的不同而异；而刚体运动学还要研究刚体本身的转动过程、角速度、角加速度等更复杂些的运动特征。刚体运动按运动的特性又可分为平动、绕定轴转动、平面运动、绕定点转动和一般运动。运动学运用几何学的方法来研究物体的运动，通常不考虑力和质量等因素的影响。至于物体的运动和力的关系，则是动力学的研究课题。运动学为动力学、机械学提供理论基础，也是自然科学和工程技术必需的基础知识。随着社会的发展，运动学知识在生产、生活、体育运动、交通管理、天体运动、人体医学、装备制造等领域都有重要的应用。

在军事和生活中，经常需要测量空中物体的位置、速度、高度、轨迹等信息，此时就要用到一种设备——雷达。雷达，是英文 Radar 的音译，源于 radio detection and ranging 的缩写，意思为“无线电探测和测距”，即用无线电的方法发现目标并测定它们的空间位置。因此，雷达也被称为“无线电定位”。雷达的原理是，发射电磁波对目标进行照射并接收其回波，由此获得目标至电磁波发射点的距离、距离变化率（径向速度）、方位、高度等信息。

雷达

雷达对一个国家来说非常重要，尤其在军事方面，因为雷达是当代各国军队最好的预警方式之一，它能通过发射电磁波的方式，十分精确地探测到覆盖范围内的目标。只不过由于受到地球曲面的影响，如何提升雷达的探测距离，便成了一个世界性难题。当然了，各国预警的手段可不止一个，在海军中，各国就会通过巡逻机和预警机等去完成追踪和锁定敌方大型军舰的任务。不过这些手段都成本太高，同时生存能力也很低，于是世界各国就有了研制超远视距雷达的想法。

我国雷达的研制起步较晚，但经过科研人员的不懈努力，我国雷达技术目前已达到了世界先进水平。早在 20 世纪 80 年代，雷达专家刘永坦在没有任何理论与技术的参考下，成功创建我国第一部新体制远距离雷达实验系统，全面验证了远距离探测理论体系和方法。这对于我国当时的海防，甚至是全球对海探测领域，都是一项重大的突破。2011 年，刘永坦团队在威海荒芜的海岸又成功建立我国首部具有全天时、全天候、超远距离探测能力的新体制雷达，比国际最先进的同类雷达规模更小、作用距离更远、精度更高、造价更低，其核心技术处于国际领先地位。简单来说，刘永坦的新体制雷达就是全天时、全天候、超视距、海空兼容的边防预警装备。

超视距雷达

刘永坦

刘永坦研制的新型雷达为我国的海空安全做出了突出贡献，他的那种不怕吃苦、攻坚克难、勇攀高峰的精神值得大家学习，尤其是当代大学生。

模块三 动 力 学

引 言

静力学主要研究了物体的平衡条件，分析了力系的简化和合成法则，但是没有研究当作用于物体上的力系不平衡时物体的运动状态将如何变化。运动学则仅从几何观点来研究物体的运动，未涉及产生运动的原因，即未研究作用于物体上的力。可以看出，静力学和运动学这两部分没有直接的联系。动力学不但要研究物体的运动，还要进一步研究物体产生运动的原因。动力学的任务就是研究物体的机械运动与作用力之间的关系。动力学对物体的机械运动进行全面分析，研究作用在物体上的力与物体运动之间的关系，建立物体机械运动的普遍规律。

动力学中物体的力学模型有质点和质点系。质点是有一定质量而几何形状和尺寸大小可以忽略不计的物体。在所研究的物体中，有些物体尽管尺寸很大，如人造地球卫星，但当只研究它的运行规律时，就可以把它抽象为质点而无须考虑其大小和形状。如果物体的形状和大小在所研究的问题中不可忽略，则物体应抽象为质点系。所谓质点系是由几个或无限个相互有联系的质点所组成的系统。刚体是质点系的一种特殊情形，其中任意两个质点间的距离保持不变。

任务一　质点动力学的基本方程

任务描述

粉碎机滚筒半径为 R，绕通过中心的水平轴匀速转动，筒内铁球由筒壁上的凸棱带着上升。为了使铁球获得粉碎矿石的能量，铁球应在 $\theta=\theta_0$ 时（图 3-1-1）才掉下来。求滚筒每分钟的转数 n。

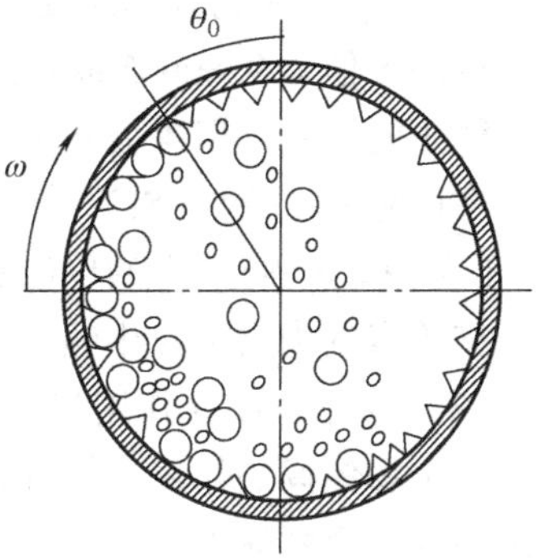

图 3-1-1　粉碎机滚筒

任务分析

学习牛顿三定律，理解质点的运动与作用力之间的关系，了解质点动力学的两类基本问题。

知识准备

质点动力学基本方程给出了质点及刚体的受力与其运动变化之间的关系，其理论基础是质点动力学的基本定律。

一、质点动力学的基本定律

1. 动力学基本定律

质点动力学的基础是三个基本定律，这些定律是牛顿（1642—1727）在总结前人、特别是伽利略研究成果的基础上提出来的，称为牛顿三定律。

（1）第一定律（惯性定律）

不受力作用的质点，将保持静止或做匀速直线运动。不受力作用的质点（包括受平衡力系作用的质点），不是处于静止状态，就是保持其原有的速度（包括大小和方向）不变，这种性质称为惯性。第一定律阐述了物体做惯性运动的条件，故又称为惯性定律。

（2）第二定律（力与加速度之间关系的定律）

质点的质量与加速度的乘积，等于作用于质点的力的大小，加速度的方向与力的方向相同，即

$$m\boldsymbol{a}=\boldsymbol{F} \tag{3-1-1}$$

式(3-1-1) 是第二定律的数学表达式，它是质点动力学的基本方程，建立了质点的加速度、质量与作用力之间的定量关系。当质点上受到多个力作用时，式(3-1-1) 中的 $\boldsymbol{F}$ 应为此汇交力系的合力。

式(3-1-1) 表明，质点在力作用下必有确定的加速度，使质点的运动状态发生改变。对于相同质量的质点，作用力大，其加速度也大；如用大小相等的力作用于质量不同的质点上，则质量大的质点加速度小，质量小的质点加速度大。这说明质点的质量越大，其运动状态越不容易改变，也就是质点的惯性越大。因此，质量是质点惯性的度量。

在地球表面，任何物体都受到重力 $\boldsymbol{W}$ 的作用。在重力作用下得到的加速度称为重力加速度，用 $\boldsymbol{g}$ 表示。根据第二定律，有

$$\boldsymbol{W}=m\boldsymbol{g} \quad 或 \quad m=\frac{\boldsymbol{W}}{\boldsymbol{g}} \tag{3-1-2}$$

式中，$\boldsymbol{W}$、$\boldsymbol{g}$ 分别为物体所受的重力和重力加速度。根据国际计量委员会规定的标准，重力加速度的数值为 9.80665m/s^2，一般取 9.80m/s^2。实际上在不同的地区，$\boldsymbol{g}$ 的数值不同，$\boldsymbol{W}$ 有些微小的差别，但重力和重力加速度的比值——质量 m 不变。

在国际单位制（SI）中，长度、质量和时间的单位是基本单位，分别为 m(米)、kg(千克)和 s(秒)。力的单位是导出单位，质量为 1kg 的质点，获得 1m/s^2 的加速度时，作用于该质点的力为 1N(牛顿)，即 $1\text{N}=1\text{kg}\times1\text{m/s}^2$。

（3）第三定律（作用与反作用定律）

两个物体间的作用力与反作用力总是大小相等，方向相反，沿着同一直线，且同时分别作用在这两个物体上。这一定律不仅适用于平衡的物体，而且也适用于任何运动的物体。在动力学问题中，这一定律仍然是分析两个物体相互作用关系的依据。

2. 牛顿三定律的适用范围

必须指出，质点动力学的三个基本定律是在观察天体运动和生产实践中的一般机械运动的基础上总结出来的，因此只在一定范围内适用。三个定律适用的参考系称为惯性参考系。

在某参考系中观测某个所受合力等于零的质点的运动，如果此质点正好处于静止或匀速直线运动状态，该参考系就是惯性参考系。在一般的工程问题中，把固定于地面的坐标系或相对于地面做匀速直线平移的坐标系作为惯性参考系，可以得到相当精确的结果。在研究人造卫星的轨道、洲际导弹的弹道等问题时，地球自转的影响不可忽略，则应选取以地心为原点，三轴指向三个恒星的坐标系作为惯性参考系。在研究天体的运动时，地心的运动影响也不可忽略，又需取太阳为中心、三轴指向三个恒星的坐标系作为惯性参考系。对于大多数限于地球表面及其邻近范围的机械运动问题，一般选取固定在地球表面的坐标系为惯性参考系。

以牛顿三定律为基础的力学，称为古典力学。在古典力学范畴内，认为质量是不变的量，空间和时间是“绝对的”，与物体的运动无关。近代物理已经证明，质量、时间和空间都与物体运动的速度有关，但当物体的运动速度远小于光速时，物体的运动对于质量、时间和空间的影响微不足道，对于一般工程中的机械运动问题，应用古典力学都可得到足够精确的结果。如果物体的速度接近于光速（$3\times10^5\text{km/s}$），或所研究的现象涉及物质的微观世界，则需应用相对论力学或量子力学来解决。

二、质点的运动微分方程

1. 质点运动微分方程

（1）矢量形式的质点运动微分方程

质点动力学第二定律建立了质点的加速度与作用力之间的关系。当质点受到 n 个力 $\boldsymbol{F}_1$，

$\boldsymbol{F}_2$，…，$\boldsymbol{F}_n$ 作用时，式(3-1-1) 应写为

$$m\boldsymbol{a} = \sum_{i=1}^{n} \boldsymbol{F}_i \tag{3-1-3}$$

若用矢量法表示加速度，则

$$m\frac{\mathrm{d}^2\boldsymbol{r}}{\mathrm{d}t^2} = \sum_{i=1}^{n} \boldsymbol{F}_i \tag{3-1-4}$$

式(3-1-4) 是矢量形式的质点运动微分方程，在计算实际问题时，一般应用它的投影形式。

（2）直角坐标形式的质点运动微分方程

设矢径 $\boldsymbol{r}$ 在直角坐标轴上的投影分别为 x、y、z，力 $\boldsymbol{F}_i$ 在直角坐标轴上的投影分别为 F_{ix}、F_{iy}、F_{iz}，则式(3-1-4) 在直角坐标轴上的投影形式为

$$m\frac{\mathrm{d}^2x}{\mathrm{d}t^2}=\sum_{i=1}^{n}F_{ix},\quad m\frac{\mathrm{d}^2y}{\mathrm{d}t^2}=\sum_{i=1}^{n}F_{iy},\quad m\frac{\mathrm{d}^2z}{\mathrm{d}t^2}=\sum_{i=1}^{n}F_{iz} \tag{3-1-5}$$

式(3-1-5) 是直角坐标形式的质点运动微分方程。

（3）自然形式的质点运动微分方程

由点的运动学知，点的全加速度 $\boldsymbol{a}$ 在切线与法线构成的平面内，即

$$\boldsymbol{a} = a_{\mathrm{t}}\boldsymbol{\tau} + a_{\mathrm{n}}\boldsymbol{n}$$

式中，$\boldsymbol{\tau}$、$\boldsymbol{n}$ 分别为沿轨迹切线和法线的单位矢量，如图 3-1-2所示。

已知 $a_{\mathrm{t}} = \dfrac{\mathrm{d}v}{\mathrm{d}t}$，$a_{\mathrm{n}} = \dfrac{v^2}{\rho}$，其中 ρ 为轨迹的曲率半径。于是，质点运动微分方程在自然轴系上的投影式为

$$m\frac{\mathrm{d}v}{\mathrm{d}t}=\sum_{i=1}^{n}F_{i\mathrm{t}},\quad m\frac{v^2}{\rho}=\sum_{i=1}^{n}F_{i\mathrm{n}} \tag{3-1-6}$$

式中，$F_{i\mathrm{t}}$、$F_{i\mathrm{n}}$分别为作用于质点的各力在切线和法线上的投影。式(3-1-6) 即为自然坐标形式的质点运动微分方程。

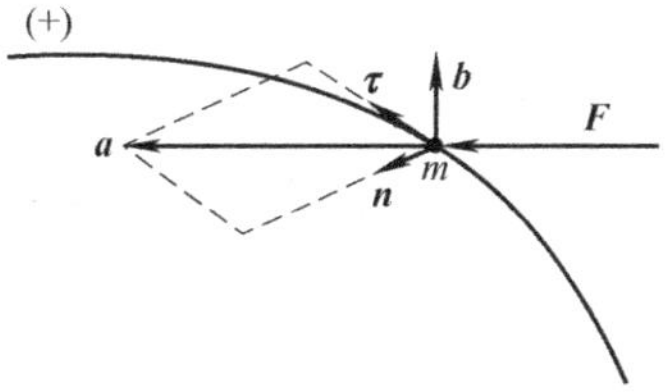

图 3-1-2　自然坐标中质点加速度与作用力的关系

另外，矢量等式(3-1-4) 可向任一轴投影，得到相应的投影形式，如向极坐标系的径向投影或周向投影等。

2. 质点动力学的两类基本问题

质点动力学的问题可分为两类：第一类是已知质点的运动，求作用于质点的力；第二类是已知作用于质点的力，求质点的运动。这两类问题称为质点动力学的两类基本问题。当然也有这两类问题的混合问题，下面举例说明这两类问题的求解方法和步骤。

例 3-1-1　曲柄连杆机构如图 3-1-3 所示。曲柄 OA 以匀角速度 ω 转动，$OA=r$，$OB=l$，当 $\lambda=r/l$ 比较小时，以 O 为坐标原点，滑块 B 的运动方程可近似写为

$$x = l\left(1-\frac{\lambda^2}{4}\right)+r\left(\cos\omega t+\frac{\lambda}{4}\cos2\omega t\right)$$

如滑块的质量为 m，忽略摩擦及连杆 AB 的质量，试求当 $\varphi=\omega t=0$ 和 $\varphi=\dfrac{\pi}{2}$时，连杆 AB 所受的力。

Ⅰ. 题目分析

此题属于动力学第一类基本问题，求解此类问题，应先选定某质点为研究对象，分析作用在质点上的力，包括主动力和约束力，然后分析质点的运动情况，计算质点的加速度，根据未知力的情况，选择恰当的投影轴，写出在该轴上的质点运动微分方程的投影式，求出未知的力。

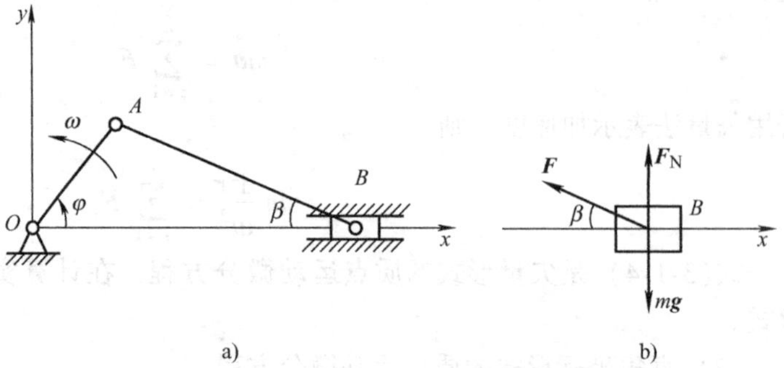

图 3-1-3　曲柄连杆机构运动简图

a）曲柄连杆机构运动简图　b）滑块受力图

Ⅱ. 题目求解

解：（1）分析滑块受力情况。以滑块 B 为研究对象，当 $\varphi=\omega t$ 时，受力如图 3-1-3b 所示。不计连杆质量，AB 为二力杆，它对滑块 B 的拉力沿 AB 方向。

（2）由运动方程求出加速度，列出滑块沿 x 轴的运动微分方程

$$a_x=\frac{\mathrm{d}^2x}{\mathrm{d}t^2}=-r\omega^2(\cos\omega t+\lambda\cos2\omega t)$$

$$ma_x=-F\cos\beta$$

（3）求 AB 杆的受力。$\varphi=\omega t=0$ 时，$a_x=-r\omega^2(1+\lambda)$，且 $\beta=0$，得

$$F=mr\omega^2(1+\lambda)$$

AB 杆受拉力。

$\varphi=\dfrac{\pi}{2}$时，$a_x=r\omega^2\lambda$，而 $\cos\beta=\sqrt{l^2-r^2}/l$，则有

$$mr\omega^2\lambda=-F\sqrt{l^2-r^2}/l$$

得

$$F=-mr^2\omega^2/\sqrt{l^2-r^2}$$

AB 杆受压力。

Ⅲ. 题目关键点解析

求解质点动力学的第一类基本问题比较简单，已知质点的运动方程，只需求两次导数得到质点的加速度，代入质点的运动微分方程中，得一代数方程组，即可求解。

例 3-1-2　质量为 m 的质点带有电荷 e，以速度 $\boldsymbol{v}_0$ 进入强度按 $E=A\cos kt$ 变化的均匀电场中，初速度方向与电场强度垂直，如图 3-1-4 所示。质点在电场中受力 $\boldsymbol{F}=-e\boldsymbol{E}$作用。已知常数 A、k，忽略质点的重力，试求质点的运动轨迹。

Ⅰ. 题目分析

此题属于质点动力学的第二类基本问题，即已知作用于质点的力，求质点的运动规律。必须在正确分析质点的受力情况和质点的运动情况的基础上，列出质点运动微分方程。求解过程需要合理地应用运动初始条件确定积分常数，使问题得到确定的解。

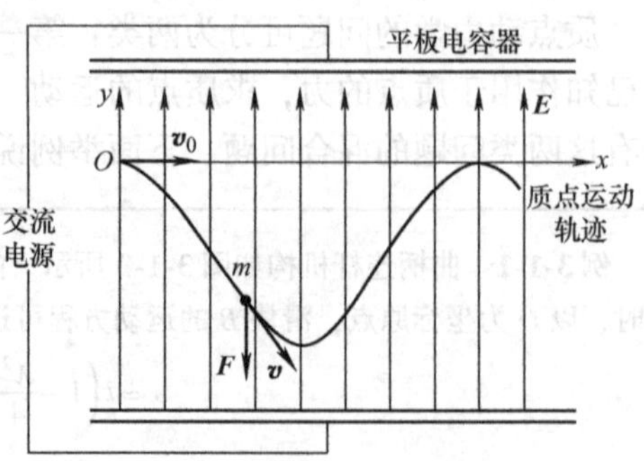

图 3-1-4　质点的运动轨迹

Ⅱ. **题目求解**

解：(1) 分析受力情况。取质点的初始位置 O 为坐标原点，取 x、y 轴如图 3-1-4 所示，而 z 轴与 x、y 轴垂直。于是力在三轴上的投影为

$$F_x = F_z = 0,\ F_y = -eA\cos kt$$

(2) 求质点运动方程。因为力和初速度在 z 轴上的投影均等于零，质点的轨迹必定在 Oxy 平面内。质点运动微分方程在 x 轴和 y 轴上的投影为

$$\left.\begin{aligned} m\frac{\mathrm{d}^2x}{\mathrm{d}t^2} &= m\frac{\mathrm{d}v_x}{\mathrm{d}t} = 0 \\ m\frac{\mathrm{d}^2y}{\mathrm{d}t^2} &= m\frac{\mathrm{d}v_y}{\mathrm{d}t} = -eA\cos kt \end{aligned}\right\} \tag{a}$$

按题意，$t=0$ 时，$v_x = v_0$，$v_y = 0$，以此为下限，式(a) 的定积分为

$$\int_{v_0}^{v_x} \mathrm{d}v_x = 0$$

$$\int_0^{v_y} \mathrm{d}v_y = -\frac{eA}{m}\int_0^t \cos kt\mathrm{d}t$$

解得

$$\left.\begin{aligned} v_x &= \frac{\mathrm{d}x}{\mathrm{d}t} = v_0 \\ v_y &= \frac{\mathrm{d}y}{\mathrm{d}t} = -\frac{eA}{mk}\sin kt \end{aligned}\right\} \tag{b}$$

对以上两式分离变量，并以 $t=0$ 时 $x=y=0$ 为下限，做定积分

$$\int_0^x \mathrm{d}x = \int_0^t v_0\mathrm{d}t$$

$$\int_0^y \mathrm{d}y = -\frac{eA}{mk}\int_0^t \sin kt\mathrm{d}t$$

得质点运动方程

$$\left.\begin{aligned} x &= v_0 t \\ y &= \frac{eA}{mk^2}(\cos kt - 1) \end{aligned}\right\} \tag{c}$$

(3) 求出运动轨迹方程。从以上两式中消去时间 t，得轨迹方程

$$y = \frac{eA}{mk^2}\left[\cos\left(\frac{k}{v_0}x\right) - 1\right]$$

轨迹为余弦曲线，如图 3-1-4 所示。

如果质点的初始速度 $v_0 = 0$，则此质点的运动方程 (c) 中应将 x 式改为 $x=0$，而 y 式不变，这是一个直线运动。可见，在同样的运动微分方程之下，不同的运动初始条件将产生完全不同的运动。

Ⅲ. **题目关键点解析**

从数学的角度看，求解质点动力学的第二类基本问题，例如求质点的速度、运动方程等，是解微分方程或求积分的问题，需要确定相应的积分常数。对此，需按作用力的函数规律进行积分，并根据具体问题的运动条件确定积分常数。

任务实施

试求任务描述中图 3-1-1 所示的粉碎机滚筒每分钟的转数 n。

Ⅰ. 题目分析

视铁球为质点，铁球被旋转的滚筒带着沿圆弧向上运动，当铁球到达某一高度时，会脱离筒壁而沿抛物线下落。此任务求滚筒的转速，而滚筒的转速与铁球的法向加速度相关，所以可以通过铁球在自然坐标的运动微分方程求解。

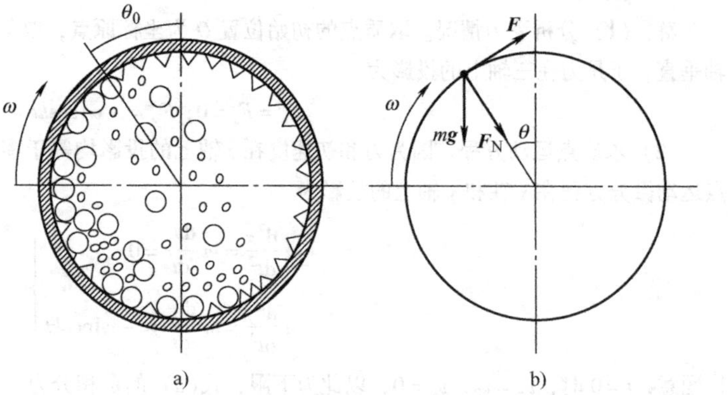

图 3-1-5　粉碎机滚筒

a）粉碎工作示意图　b）铁球受力图

Ⅱ. 题目求解

解：（1）分析铁球的受力，视铁球为质点，质点在上升过程中，受到重力 mg、筒壁的法向约束力 $\boldsymbol{F}_N$ 和切向约束力 $\boldsymbol{F}$ 的作用，如图 3-1-5 所示。

（2）列出质点的运动微分方程投影式。质点的运动微分方程在主法线上的投影式

$$m\frac{v^2}{R}=F_N+mg\cos\theta$$

（3）求滚筒的转数 n。质点在未离开筒壁前的速度等于筒壁的速度，即

$$v=R\omega,\ \omega=\frac{2\pi n}{60},\ v=\frac{\pi n}{30}R$$

于是解得

$$n=\frac{30}{\pi R}\left[\frac{R}{m}(F_N+mg\cos\theta)\right]^{\frac{1}{2}}$$

当 $\theta=\theta_0$ 时，铁球将落下，这时 $F_N=0$，于是得

$$n=9.549\sqrt{\frac{g}{R}\cos\theta_0}$$

显然，θ_0 越小，要求 n 越大。当 $n=9.549\sqrt{\frac{g}{R}}$ 时，$\theta_0=0$，铁球就会紧贴筒壁转过最高点而不脱离筒壁落下，起不到粉碎矿石的作用。

Ⅲ. 题目关键点解析

分析该滚筒粉碎机的工程问题，既需要求质点的运动规律，又需要求未知的约束力，是第一类基本问题与第二类基本问题的混合问题，解题时需注意铁球脱离筒壁的临界条件及角速度与转速之间的数学关系。

思考与练习

1. 质点受到的合力方向是否决定质点的运动方向？
2. 是否质点的速度越大所受的力就越大？
3. “你推车的力比车给你的力大，否则车就不能加速前进。”这句话对吗？

4. 质点在空间运动，已知作用力。为求质点的运动方程需要几个运动的初始条件？若质点在平面内运动呢？若质点沿给定的轨道运动呢？

5. 三个质量相同的质点，在某瞬时的速度分别如图3-1-6所示，若对它们作用了大小、方向相同的力 $\boldsymbol{F}$，问质点的运动情况是否相同？

6. 如图3-1-7所示，当质点 M 沿曲线运动时，质点上所受的力能否出现图示的各种情况？

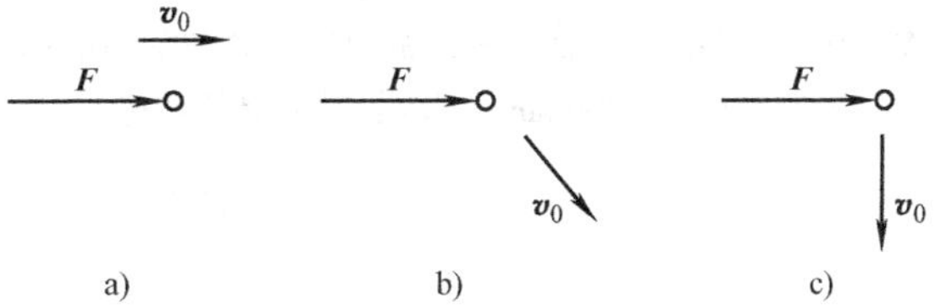

图3-1-6 题5图

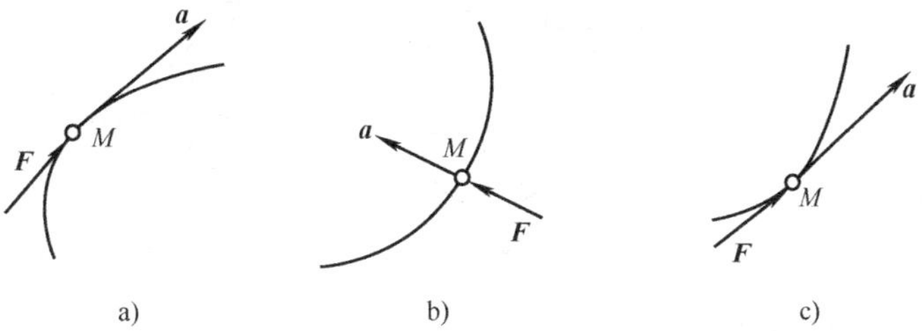

图3-1-7 题6图

7. 如图3-1-8所示，卷扬机启动时以匀加速 $\boldsymbol{a}$ 将质量为 m 的重物 A 向上提升，试求重物 A 受到吊篮的约束力。

8. 重物 A、B 的质量分别为 $m_A = 20\text{kg}$、$m_B = 40\text{kg}$，用无重弹簧连接，如图3-1-9所示。重物 A 按 $y = H\cos\left(\frac{2\pi}{T}t\right)$ 的规律做铅垂简谐振动，其中振幅 $H = 1\text{cm}$，周期 $T = 0.25\text{s}$。求系统对支撑面压力的最大值和最小值。

9. 如图3-1-10所示，质量为 m 的小球 M 用两根长度均为 l 的细杆与铅直轴连接，$\overline{AB} = 2b$。球和杆以匀角速度 ω 绕 AB 转动。设细杆质量可以不计，两端铰链连接，试求两杆所受的力。

10. 如图3-1-11所示，在楔形体 ABC 的粗糙表面上放有重为 W 的物体 M，楔形体以匀加速 $\boldsymbol{a}$ 沿水平方向运动。为使 M 在楔形体上处于相对静止，试求 a 的最大值（设摩擦因数为 f，且 $f < \tan\alpha$）。

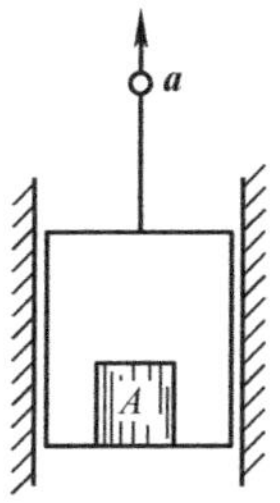

图3-1-8 题7图

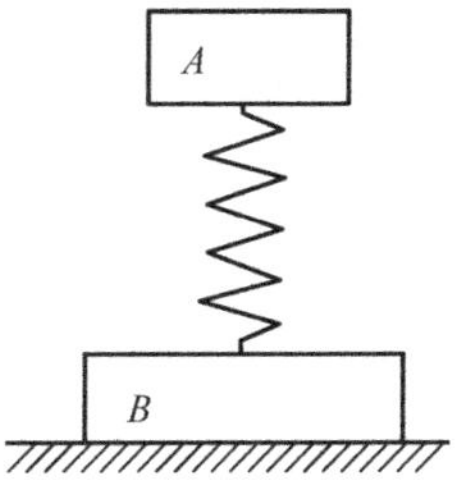

图3-1-9 题8图

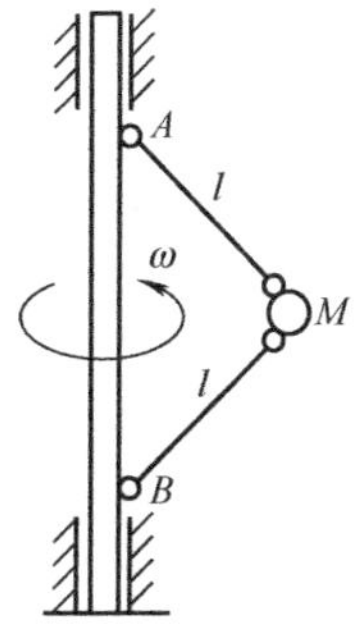

图3-1-10 题9图

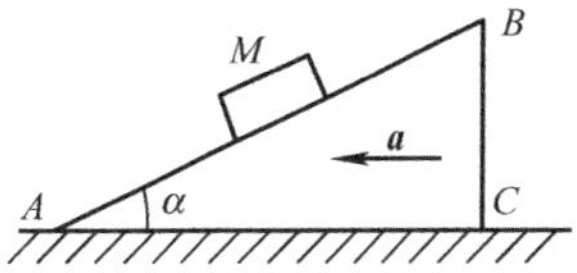

图3-1-11 题10图

11. 已知质量为 m 的物体放在匀速转动的水平转台上，它与转轴的距离为 r，如图3-1-12所示。设物体与转台表面的摩擦因数为 f。试求当物体不致因转台旋转而滑出时，水平转台的最大转速。

12. 已知半径为 R 的偏心轮绕 O 轴以匀角速度 ω 转动，推动导板沿铅直轨道运动，如图3-1-13所示。导板顶部放有一质量为 m 的物块 A，设偏心距 $OC = e$，开始时 OC 沿水平线。试求：(1) 物块对导板的最大压力；(2) 使物块不离开导板的 ω 最大值。

13. 已知：在图3-1-14所示离心浇注装置中，电动机带动支承轮A、B做同向转动，管模放在两轮上靠摩擦传动而旋转。铁水浇入后，将均匀地紧贴管模的内壁而自动成型，从而可得到质量密实的管形铸件。如已知管模内径$D=400\text{mm}$，试求管模的最低转速n。

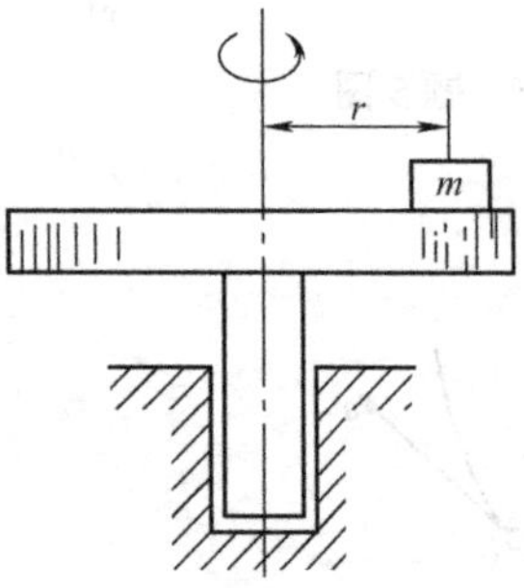

图3-1-12　题11图

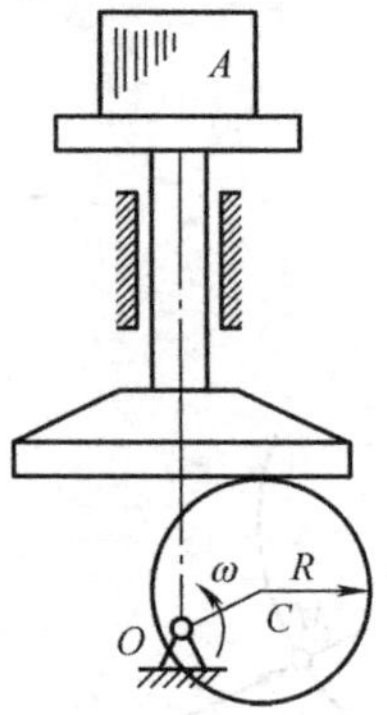

图3-1-13　题12图

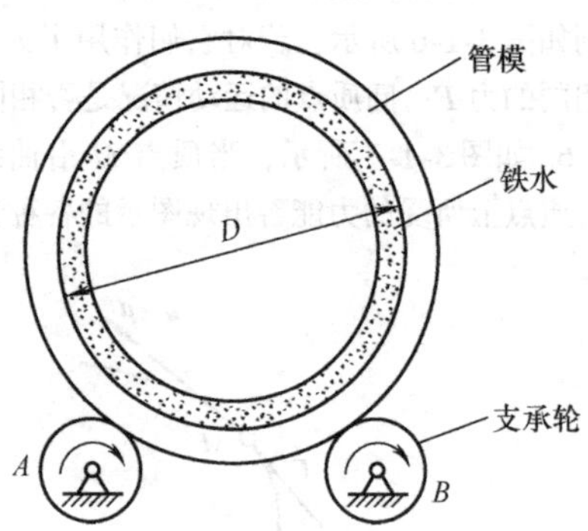

图3-1-14　题13图

14. 停止前进的潜水艇重为W，受到较小的沉力$\boldsymbol{p}$向水底下沉，沉力$\boldsymbol{p}$不大时，水的阻力可认为与下沉速度成正比，$F=-\mu\dfrac{\mathrm{d}x}{\mathrm{d}t}$，$\mu$为比例常数，$x$为下沉位移，求下沉速度。

15. 已知：物体由高度h处以速度$\boldsymbol{v}_0$水平抛出，如图3-1-15所示。空气阻力可视为与速度的一次方成正比，即$F=-kmv$，其中m为物体的质量，v为物体的速度，k为常系数。试求物体的运动方程和轨迹。

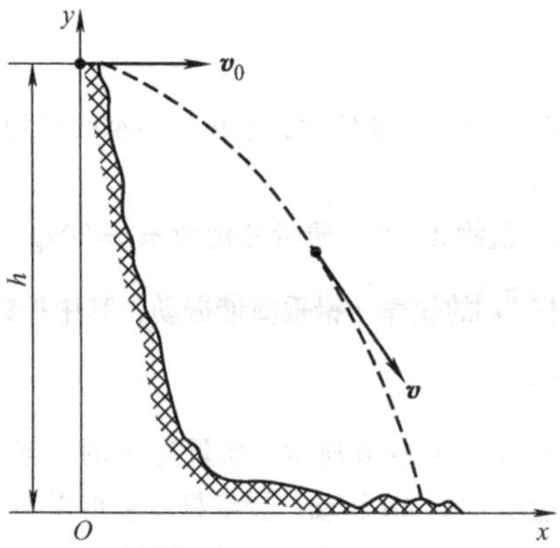

图3-1-15　题15图

任务二　动 量 定 理

任务描述

如图 3-2-1 所示，在静止的小船上，一个人自船头走向船尾，设船的质量为 m_1，长为 l，人的质量为 m_2，若不计水对船的阻力，试求船的位移是多少？

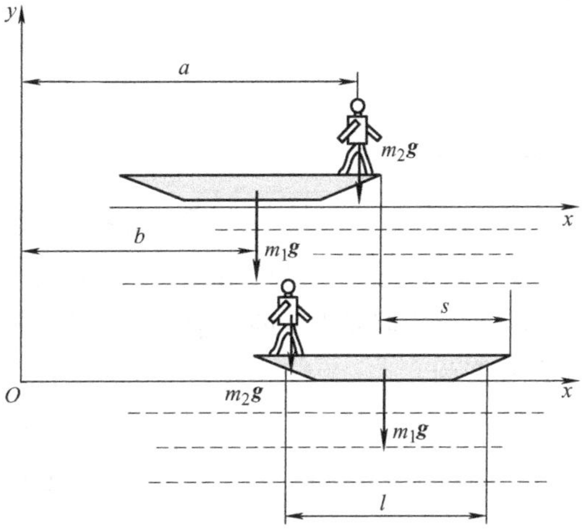

图 3-2-1　人和船的运动简图

任务分析

本任务开始学习动力学的第一个普遍定理——动量定理，它建立了质点系动量的变化与作用于质点系的外力的冲量之间的关系。要求理解质点系的动量、质心的概念，熟练计算质点系的动量和质心坐标，掌握动量定理与质心运动定理的各种表达形式，并熟练应用它们求解动力学相关问题。

知识准备

一、动量与冲量

从理论上讲，质点运动微分方程、刚体平移动力学方程、刚体转动动力学基本方程可以求解动力学的所有问题。但是在实际的力学问题中，系统中仅包含一个质点、一个平移刚体、一个定轴转动刚体的运动机构极少。一般来说，运动系统都是由许多质点或数个刚体组成的。对于系统而言，我们感兴趣的是整个系统运动与作用力的关系。为此，我们将对质点运动微分方程进行某些变换，建立运动量与作用力之间的关系，从而得到描述运动规律的动力学定理。后面几个任务，我们开始研究动力学定理，首先研究动量定理。

1. 动量

质点的动量是表征质点的机械运动强弱的物理量，这个量不仅与质点的速度有关，而且与质点的质量有关。例如，子弹的质量虽小，但速度很快，它能对物体产生很大的打击力，可以穿透一定厚度的钢板；停靠码头的轮船速度不快，但质量大，因此会对海岸产生较大的冲击力，一般码头边会挂上抗冲击的橡胶轮胎。

质点的速度与质量的乘积称为质点的动量，记为 $m\boldsymbol{v}$，质点的动量为矢量，它的方向与质点的速度方向一致。动量也是个瞬时量，它与质量和速度两个因素有关。

在国际单位制中，动量的单位为 kg · m/s。

质点系内各质点动量的矢量和称为质点系的动量，即

$$\boldsymbol{p}=\sum m_i\boldsymbol{v_i} \tag{3-2-1}$$

如果质点系中任一质点 i 的矢径为 $\boldsymbol{r}$，代入式(3-2-1)，得

$$\boldsymbol{p}=\sum m_i\boldsymbol{v_i}=\sum m_i\frac{\mathrm{d}\boldsymbol{r}_i}{\mathrm{d}t}=\frac{\mathrm{d}}{\mathrm{d}t}\sum m_i\boldsymbol{r}$$

令 $m=\sum m_i$ 为质点系的总质量，与重心坐标相似，定义质点系质量中心（简称质心）的矢径为

$$\boldsymbol{r}_C=\frac{\sum m_i\boldsymbol{r_i}}{m} \tag{3-2-2}$$

代入上式，得

$$\boldsymbol{p}=\frac{\mathrm{d}}{\mathrm{d}t}\sum m_i\boldsymbol{r}_i=\frac{\mathrm{d}}{\mathrm{d}t}(\mathrm{m}\boldsymbol{r}_C)=m\boldsymbol{v}_C \tag{3-2-3}$$

式中，$\boldsymbol{v}_C$ 为质点系质心的速度。式(3-2-3) 表明，**质点系的动量等于质心速度与其全部质量的乘积**。这表明质点系的动量是描述质心运动的一个物理量。质点系动量在三个直角坐标轴上的投影为

$$\left.\begin{aligned}p_x&=\sum m_iv_{ix}=mv_{Cx}\\p_y&=\sum m_iv_{iy}=mv_{Cy}\\p_z&=\sum m_iv_{iz}=mv_{Cz}\end{aligned}\right\} \tag{3-2-4}$$

刚体是由无限多个质点组成的不变质点系，质心是刚体内某一确定点。对于质量均匀分布的规则刚体，质心也就是几何中心，用式(3-2-3) 计算刚体的动量是非常方便的。例如，如图 3-2-2a 所示长为 l、质量为 m 的均质细杆，在平面内绕 O 点转动，转动角速度为 $\boldsymbol{\omega}$，细杆质心的速度 $v_C=l\omega/2$，则细杆的动量为 $ml\omega/2$，方向与 $\boldsymbol{v}_C$ 相同。又如图 3-2-2b 所示的均质圆轮沿水平面做纯滚动，轮心速度为 v_C，质量为 m，则其动量为 $m\boldsymbol{v}_C$，方向与 $\boldsymbol{v}_C$ 相同。而如图 3-2-2c 所示的绕中心转动的均质圆轮，无论其质量和角速度如何，由于其质心不动，该圆轮的动量始终为零。

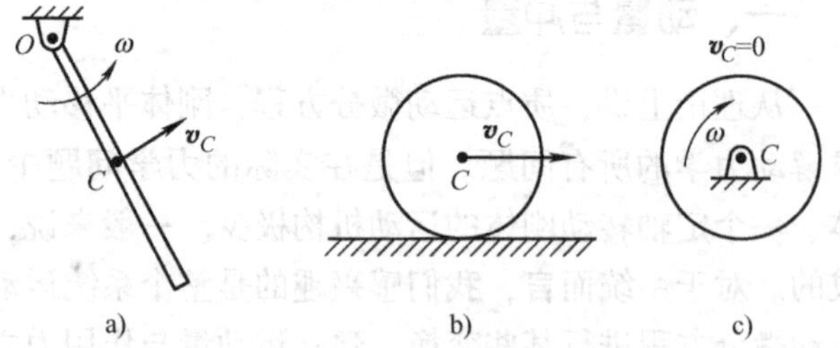

图 3-2-2 构件示意图

a）均质细杆 b）均质圆轮 c）绕中心转动的均质圆轮

对于有多个刚体组成的刚体系统，刚体系统的动量等于该系统中各刚体的质量分别与各自质心速度乘积的矢量和。或者说，刚体系统的动量，等于各刚体动量的矢量和。

2. 冲量

实践告诉我们，物体运动的改变，不仅取决于作用在物体上的力的大小和方向，而且与力作用的时间有关。如人力推动汽车，虽然推力很小，但推动一段时间后可以使汽车达到一定的速度，若用发动机牵引，其牵引力较大，只需很短的时间就可以达到同样的速度。

我们把**力在一段时间间隔内的累积效应称为力的冲量**。

如果作用力是常量，我们用力与作用时间的乘积来衡量力在这段时间内累积的作用。作用力与作用时间的乘积称为常力的冲量。以 $\boldsymbol{F}$ 表示此常力，作用的时间为 t，则此力的冲量为

$$\boldsymbol{I}=\boldsymbol{F}t \tag{3-2-5}$$

冲量是矢量，它的方向与常力方向一致。在国际单位制中，冲量的单位为 N · s。

如果作用力是变量，在微小的时间间隔内，力的冲量称为元冲量，即

$$\mathrm{d}\boldsymbol{I}=\boldsymbol{F}\mathrm{d}t$$

而变力 $\boldsymbol{F}$ 在作用时间 t_1、t_2 内的冲量是矢量积分，即

$$\boldsymbol{I}=\int_{t_1}^{t_2}\boldsymbol{F}\mathrm{d}t \tag{3-2-6}$$

式(3-2-5) 在直角坐标轴的投影为

$$I_x=\int_{t_1}^{t_2}F_x\mathrm{d}t,\ I_y=\int_{t_1}^{t_2}F_y\mathrm{d}t,\ I_z=\int_{t_1}^{t_2}F_z\mathrm{d}t \tag{3-2-7}$$

合力的冲量等于各分力的冲量的矢量和，表示为

$$\boldsymbol{I}=\sum_{i=1}^{n}\boldsymbol{I}_i \tag{3-2-8}$$

二、动量定理

1. 质点的动量定理

对动力学基本方程 $m\boldsymbol{a}=\sum\boldsymbol{F}$ 进行等效变换得 $m\dfrac{\mathrm{d}\boldsymbol{v}}{\mathrm{d}t}=\sum\boldsymbol{F}$ 或 $m\mathrm{d}\boldsymbol{v}=\sum\boldsymbol{F}\mathrm{d}t$，从而得

$$\frac{\mathrm{d}}{\mathrm{d}t}(m\boldsymbol{v})=\sum\boldsymbol{F}\quad 或\quad \mathrm{d}(m\boldsymbol{v})=\sum\boldsymbol{F}\mathrm{d}t \tag{3-2-9}$$

式(3-2-9) 是质点的动量定理的微分形式，即质点的动量的增量等于作用于质点上的力的元冲量。

若以 $\boldsymbol{v}_1$、$\boldsymbol{v}_2$ 表示质点在瞬时 t_1、t_2 的速度，对式(3-2-9) 积分，得

$$m\boldsymbol{v}_2-m\boldsymbol{v}_1=\int_{t_1}^{t_2}\sum\boldsymbol{F}\mathrm{d}t=\boldsymbol{I} \tag{3-2-10}$$

式(3-2-10) 为质点动量定理的积分形式，即在某一时间间隔内，质点动量的变化量等于作用于质点上的力在此段时间内的冲量。但需要注意的是，动量是描述质点在某瞬时运动强度的量，而冲量则是表征力在一段时间间隔内的作用，力的冲量等于质点动量的变化。

在特殊情况下，若质点不受力的作用或作用于质点上的合力为零，即 $\sum\boldsymbol{F}=0$，则由式(3-2-9)得 $m\boldsymbol{v}=$ 常数。这就表明：若作用于质点上的力恒为零，则该质点的动量保持不变，显然，这时质点将做匀速直线运动或处于静止。这个结论就是牛顿第一定律。

2. 质点系的动量定理

设质点系内有 n 个质点，第 i 个质点的质量为 m_i，速度为 $\boldsymbol{v}_i$；外界物体对该质点的作用力为 $\boldsymbol{F}_i^{(\mathrm{e})}$，称为外力，质点系内其他质点对该质点的作用力为 $\boldsymbol{F}_i^{(\mathrm{i})}$，称为内力。根据质点的动量定理有

$$\mathrm{d}(\boldsymbol{m}_i\boldsymbol{v}_i)=(\boldsymbol{F}_i^{(\mathrm{e})}+\boldsymbol{F}_i^{(\mathrm{i})})\mathrm{d}t=\boldsymbol{F}_i^{(\mathrm{e})}\mathrm{d}t+\boldsymbol{F}_i^{(\mathrm{i})}\mathrm{d}t$$

这样的方程共有 n 个，将 n 个方程两端分别相加，因为质点系内各质点相互作用的内力

总是大小相等、方向相反地成对出现，因此，内力冲量的矢量和等于零。又因为，$\sum \mathrm{d}(m_i \boldsymbol{v}_i) = \mathrm{d}\sum(m_i \boldsymbol{v}_i) = \mathrm{d}\boldsymbol{p}$，是质点系动量的增量；于是得**质点系动量定理的微分形式为**

$$\mathrm{d}\boldsymbol{p} = \sum \boldsymbol{F}_i^{(\mathrm{e})}\mathrm{d}t = \sum \mathrm{d}\boldsymbol{I}_i^{(\mathrm{e})} \tag{3-2-11}$$

即质点系动量的增量等于作用于质点系的外力元冲量的矢量和。

式(3-2-11) 也可写成

$$\frac{\mathrm{d}\boldsymbol{p}}{\mathrm{d}t} = \sum \boldsymbol{F}_i^{(\mathrm{e})} \tag{3-2-12}$$

即质点系的动量对时间的导数等于作用于质点系的外力的矢量和（或外力的主矢）。

设在 $t = t_1$ 时刻质点系的动量为 $\boldsymbol{p}_1$，t_2 时刻质点系的动量为 $\boldsymbol{p}_2$，对式(3-2-12) 积分，得

$$\int_{p_1}^{p_2} \mathrm{d}\boldsymbol{p} = \sum \int_{t_1}^{t_2} \boldsymbol{F}_i^{(\mathrm{e})}\mathrm{d}t$$

或

$$\boldsymbol{p}_2 - \boldsymbol{p}_1 = \sum \boldsymbol{I}_i^{(\mathrm{e})} \tag{3-2-13}$$

式(3-2-13) 称为质点系动量定理的积分形式，即在某一时间间隔内，质点系的动量的改变量等于在这段时间内作用于质点系外力冲量的矢量和。

由质点系的动量定理可见，质点系的内力不能改变质点系的动量。

动量定理是矢量式，在应用时应取投影形式，在直角坐标系的投影式如下：

微分形式

$$\frac{\mathrm{d}p_x}{\mathrm{d}t} = \sum F_x^{(\mathrm{e})},\ \frac{\mathrm{d}p_y}{\mathrm{d}t} = \sum F_y^{(\mathrm{e})},\ \frac{\mathrm{d}p_z}{\mathrm{d}t} = \sum F_z^{(\mathrm{e})} \tag{3-2-14}$$

积分形式

$$p_{2x} - p_{1x} = \sum I_x^{(\mathrm{e})},\ p_{2y} - p_{1y} = \sum I_y^{(\mathrm{e})},\ p_{2z} - p_{1z} = \sum I_z^{(\mathrm{e})} \tag{3-2-15}$$

例3-2-1 电动机的外壳固定在水平基础上，定子和机壳的质量为 m_1，转子的质量为 m_2，如图3-2-3 所示。设定子的质心位于转轴的中心 O_1 上，但由于制造误差，转子的质心 O_2 到 O_1 的距离为 e。已知转子匀速转动，角速度为 ω，求基础的水平及铅直约束力。

Ⅰ. 题目分析

本题为已知运动求约束力，易用动量定理求解。根据已知条件求出系统的动量，再利用动量定理的投影形式(3-2-14)，即可求解。

Ⅱ. 题目求解

解：取电动机的外壳与转子组成质点系，外力有重力 $m_1\boldsymbol{g}$、$m_2\boldsymbol{g}$，基础的约束力 $\boldsymbol{F}_x$、$\boldsymbol{F}_y$ 和约束力偶 M_O。机壳不动，转子的动量就是系统的动量，由式(3-2-3) 得动量的大小为

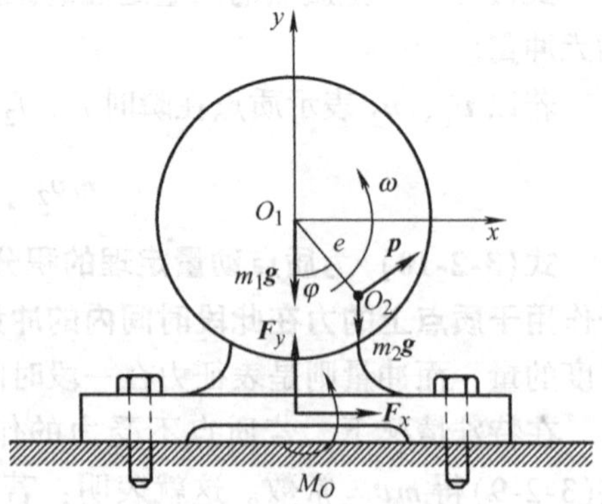

图 3-2-3 电动机外壳示意图

$$p = m_2\omega e$$

方向如图所示。

当 $t=0$ 时，由于重力的影响 O_1O_2 铅垂，$\varphi=0$，图示瞬时 $\varphi=\omega t$。由动量定理的投影形式(3-2-14)，得

$$\frac{\mathrm{d}p_x}{\mathrm{d}t} = F_x,\ \frac{\mathrm{d}p_y}{\mathrm{d}t} = F_y - m_1 g - m_2 g$$

式中

$$p_x = m_2\omega e\cos\omega t,\ p_y = m_2\omega e\sin\omega t$$

代入上式，解出基础约束力

$$F_x = -m_2 e\omega^2\sin\omega t,\ F_y = (m_1 + m_2)g + m_2 e\omega^2\cos\omega t$$

Ⅲ. 题目关键点解析

从上面结果可以看出，电机不转时，基础只有向上的约束力$(m_1 + m_2)g$，称为静约束力；电机转动时的基础约束力称为动约束力。动约束力与静约束力的差值是由于系统的运动而产生的，称为附加动约束力。此例中，由于转子偏心而引起的在x方向附加动约束力$-m_2 e\omega^2\sin\omega t$和$y$方向附加动约束力$m_2 e\omega^2\cos\omega t$都是谐变力，将会引起电机和基础的振动。

关于约束力偶，可用后几章将要学到的动量矩定理和达朗贝尔原理进行求解。

三、质点系动量守恒定律

如果作用于质点系的外力的主矢恒等于零，根据式(3-2-12）或式(3-2-13)，**质点系的动量保持不变，**即

$$\boldsymbol{p}_1 = \boldsymbol{p}_2 = \text{恒矢量}$$

如果作用于质点系的外力主矢在某一坐标轴上的投影恒等于零，则根据式(3-2-14）或式(3-2-15)，**质点系的动量在该坐标轴上的投影保持不变。**例$\sum F_x^{(e)} = 0$，则有$\dfrac{\mathrm{d}p_x}{\mathrm{d}t} = \sum F_x^{(e)} = 0$，即

$$p_{2x} = p_{1x} = \text{恒量}$$

以上结论称作**质点系动量守恒定律。**

应注意，内力虽不能改变质点系的动量，但是可改变质点系内部各质点的动量。

四、质心运动定理

1. 质量中心

质点系在外力的作用下，其运动状态与各质点的质量分布及其相互的位置都有关系，即与质点系质量分布状况有关。由式$\boldsymbol{r}_C = \dfrac{\sum m_i \boldsymbol{r}_i}{m}$［式(3-2-2)］所定义的质心位置反映出质点系质量分布的一种特征。质心的概念及质心运动（特别是刚体）在动力学中具有重要地位。计算质心位置时，常用式(3-2-2）在直角坐标系的投影形式，即

$$x_C = \frac{\sum m_i x_i}{m},\ y_C = \frac{\sum m_i y_i}{m},\ z_C = \frac{\sum m_i z_i}{m} \tag{3-2-16}$$

对于均质物体，质心、重心、形心重合。

2. 质心运动定理

由式(3-2-3）可知，质点系的动量等于质点系的质量与质心速度的乘积，因此动量定理的微分形式可写成

$$\frac{\mathrm{d}}{\mathrm{d}t}(m\boldsymbol{v}_C) = \sum \boldsymbol{F}_i^{(e)}$$

对于质量不变的质点系，上式可改写为

$$m\frac{\mathrm{d}\boldsymbol{v}_C}{\mathrm{d}t}=\sum\boldsymbol{F}_i^{(\mathrm{e})}\quad 或\quad m\boldsymbol{a}_C=\sum\boldsymbol{F}_i^{(\mathrm{e})}\tag{3-2-17}$$

式中，$\boldsymbol{a}_C$ 为质心加速度。式(3-2-17) 表明，**质点系的质量与质心加速度的乘积等于作用于质点系外力的矢量和（即等于外力系的主矢）**。这种规律称为**质心运动定理**。

式(3-2-17) 与质点动力学基本方程非常相似，因此质心运动定理也可叙述如下：质点系质心的运动，可以看作一个质点的运动，设想此质点集中了整个质点系的质量及其所受的外力。

当刚体平移时各点运动相同，可以把平移刚体抽象为一个质点，质心运动定理告诉我们，这个质点就是质心。所以质心运动定理为质点动力学的实际应用提供了严格的理论基础。

刚体平面运动可以分解为随基点的平移和绕基点的转动，这个基点可选为质心，这样平移部分就可用质心运动定理来求解，转动部分可用以后介绍的动量矩定理求解。

质心运动定理还告诉我们，只有外力才能改变质点系质心的运动，内力不能改变质点系质心的运动。例如，当汽车启动时，汽车发动机中的气体压力虽是原动力，但它是内力，不能直接改变质心的运动，需要通过主轴变成驱动力使主动轮转动（后轮驱动的汽车受力如图 3-2-4 所示），主动轮通过与地面的摩擦力才能驱车向前。如果路面是绝对光滑的，则发动机是丝毫不能改变汽车质心的运动的，车轮只能在原地空转。因此汽车在雪地、冰冻的路面上行驶时，地面光滑导致摩擦力小，常在汽车轮子上绕上防滑链，这些都是为了增加主动轮与地面间的摩擦力。又如工程上常用的定向爆破施工方法，使爆破出来的土石块堆积到指定地方（图 3-2-5）。我们知道，爆炸飞出的土石块的运动各不相同，情况十分复杂。但是就飞出的土石块这个质点系整体而言，不计空气阻力时，土石块在运动过程中仅受重力作用，其质心的运动可以利用质心运动定理，事先计算抛射部分的质心运动。

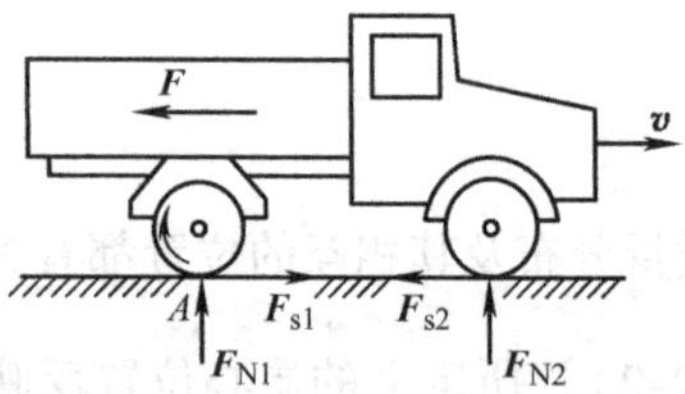

图 3-2-4　后轮驱动的汽车示意图

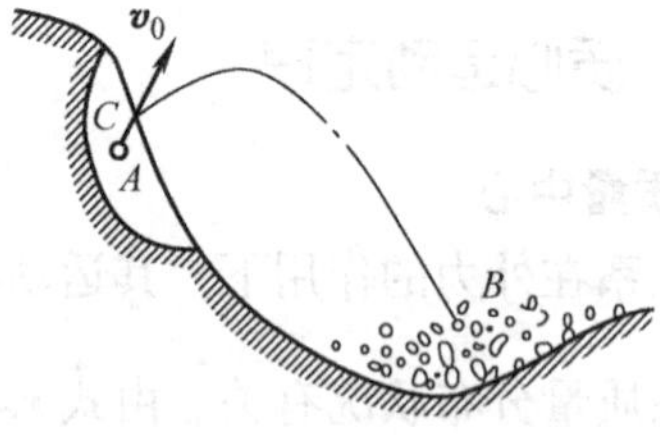

图 3-2-5　定向爆破示意图

式(3-2-17) 是矢量式，应用时取投影形式。

直角坐标轴投影式为

$$ma_{Cx}=\sum F_x^{(\mathrm{e})},\ ma_{Cy}=\sum F_y^{(\mathrm{e})},\ ma_{Cz}=\sum F_z^{(\mathrm{e})}\tag{3-2-18}$$

自然轴投影式为

$$m\frac{\mathrm{d}v_C}{\mathrm{d}t}=\sum F_\tau^{(\mathrm{e})},\ m\frac{v_C^2}{\rho}=\sum F_\mathrm{n}^{(\mathrm{e})},\ \sum F_\mathrm{b}^{(\mathrm{e})}=0\tag{3-2-19}$$

例 3-2-2　如图 3-2-6 所示，均质曲柄 $OA=r$，质量为 m_1，在外力偶的作用下以角速度 ω 匀速转动，同时带动滑槽连杆以及与其固连的活塞 B 运动，滑槽连杆和活塞的质量为 m_2，在活塞上作用一不变的力 $\boldsymbol{F}_B$，不计摩擦及滑块的质量，求作用在曲柄轴上的最大水平约束力 $\boldsymbol{F}_x$。

Ⅰ. 题目分析

本题需求解曲柄轴上水平方向的最大约束力 $\boldsymbol{F}_{x\max}$，可选取整个系统为研究对象，利用质心坐标公式，建立质心坐标与时间的函数关系，对其求二阶导数可得质心加速度，再运用质心运动定理即可求得水平约束力 $\boldsymbol{F}_x$。

Ⅱ. 题目求解

解：(1) 取整个系统为研究对象，作用在水平方向的外力有 $\boldsymbol{F}_B$ 和 $\boldsymbol{F}_x$，选坐标系 Oxy 如图 3-2-6 所示。

(2) 列出质心运动定理在 x 轴上的投影式

$$(m_1+m_2)a_{Cx}=F_x-F_B$$

质心的坐标为

$$x_C=\frac{m_1x_1+m_2x_2}{m_1+m_2}=\frac{m_1\dfrac{r}{2}\cos\varphi+m_2(b+r\cos\varphi)}{m_1+m_2}$$

式中，$\varphi=\omega t$。将 x_C 对时间求二阶导数，得

$$a_{Cx}=\frac{\mathrm{d}^2x_C}{\mathrm{d}t^2}=-\frac{\dfrac{m_1}{2}+m_2}{m_1+m_2}r\omega^2\cos\omega t$$

用质心运动定理解得

$$F_x=F_B-\left(\frac{m_1}{2}+m_2\right)r\omega^2\cos\omega t$$

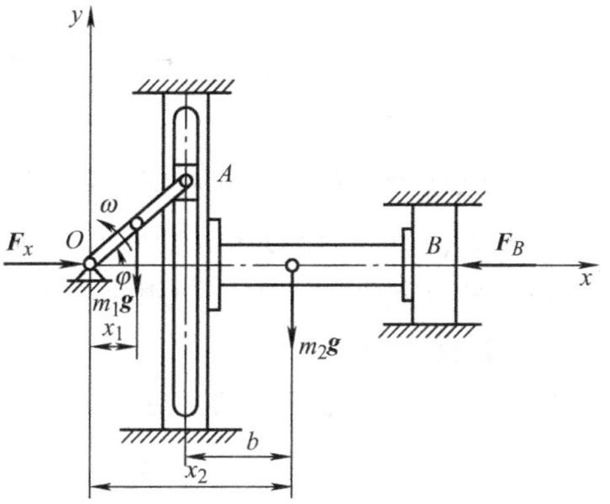

图 3-2-6　曲柄滑块机构示意图

最大水平约束力为

$$F_{x\max}=F_B+r\omega^2\left(\frac{m_1}{2}+m_2\right)$$

Ⅲ. 题目关键点解析

本题也可以取整个系统为研究对象，应用动量定理进行求解。运用动量定理时需注意，动量定理适用于已知质点系的运动（或质心的运动）求外力（特别是约束力），或已知外力求质点系的运动。但已知质点系的运动求外力时，在与需求的外力共线的方向上不得有两个或两个以上的未知外力，否则这些两个及以上的外力不能分别求出。

五、质心运动守恒定律

由质心运动定理可知，若作用于质点系外力主矢恒等于零，则质心做匀速直线运动；若开始静止，则质心位置始终保持不变。若作用于质点系所有外力在某轴投影的代数和恒等于零，则质心速度在该轴的投影保持不变；若开始时速度投影等于零，则质心沿该轴的坐标保持不变。以上结论称为质心运动守恒定律。

运用质心运动定理解题的基本步骤为：

1）分析题意，选取合适的研究对象。

2）受力分析。分析研究对象受到的所有外力，画出其受力图，并根据所有外力矢量或所有外力在某固定轴上投影的代数和是否恒等于零，确定是否属于质心运动守恒问题。

3）如果是质心运动守恒问题，可列出质点系质心在两个瞬时的坐标，令其相等，求解未质量。

4）如果不是质心运动守恒问题，则分析系统中各刚体质心的加速度，根据质心运动定理 $m\boldsymbol{a}_C=\sum \boldsymbol{F}_i^{(e)}$ 列出方程求解未知量。也可以列出质点系质心的坐标式，求导得质心加速度，代入动力学方程求解未知量。注意应用质心运动定理一般取投影形式。

任务实施

求图 3-2-1 所示任务描述中船的位移是多少？

Ⅰ. 题目分析

本题取整个系统为研究对象，可以看出，整个系统只受到船和人的重力 $m_1\boldsymbol{g}$、$m_2\boldsymbol{g}$ 以及水的浮力 $\boldsymbol{F}_N$，这些外力在水平轴 x 上的投影都等于零，且初始时系统静止，故整个系统的质心在水平方向坐标守恒。利用质心坐标公式，根据质心运动守恒定律即可求解。

Ⅱ. 题目求解

解：（1）选取研究对象，即人和船组成的质点系。

（2）受力分析。系统受到船和人的重力 $m_1\boldsymbol{g}$、$m_2\boldsymbol{g}$，水的浮力 $\boldsymbol{F}_N$，此三力在水平方向投影为零，所以系统在水平方向上质心运动守恒。又因系统初瞬时静止，因此人和船所构成系统的质心在水平方向保持不变。

取坐标系 Oxy 如图 3-2-1 所示，在人走动前，系统的质心坐标为

$$x_{C0}=\frac{m_2a+m_1b}{m_2+m_1}$$

当人走到船尾时，船移动的距离为 s，则系统的质心坐标为

$$x_C=\frac{m_2(a-l+s)+m_1(b+s)}{m_2+m_1}$$

（3）计算船的位移。由质心运动定理

$$x_C=x_{C0}$$

得

$$\frac{m_2a+m_1b}{m_2+m_1}=\frac{m_2(a-l+s)+m_1(b+s)}{m_2+m_1}$$

解得

$$s=\frac{m_2l}{m_2+m_1}$$

Ⅲ. 题目关键点分析

由以上结果可以看出：人向前走，船向后退，改变人船运动的是人的鞋底与船间的摩擦力，这是质点系的内力。内力不能直接改变系统质心的运动，但能改变质点系内各质点的运动；船后退的距离取决于人走动的距离和人与整个系统质量比，人与整个系统质量比值越小船移动的距离越小。

思考与练习

1.“动量等于冲量”对吗？为什么？

2. 如图3-2-7所示，均质杆和均质圆盘分别绕固定轴O转动或纯滚动。杆和盘的质量均为m，角速度为ω，杆长为l，盘半径为r，计算其动量。

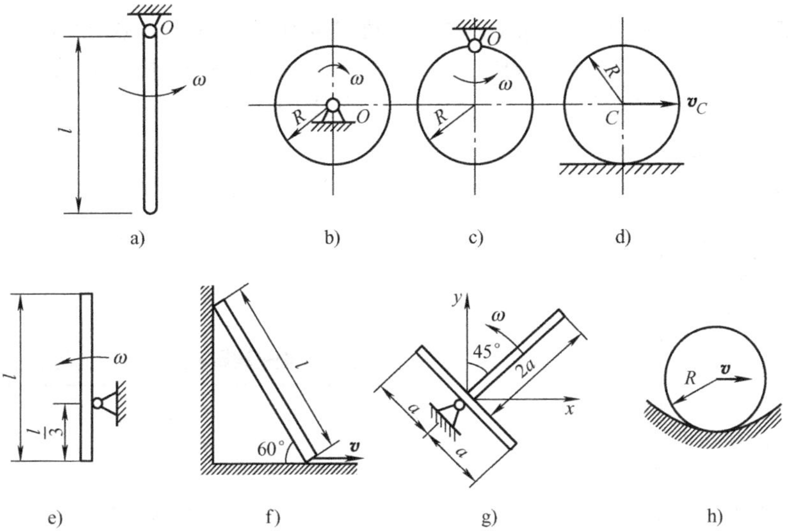

图3-2-7 题2图

3. 刚体受有一群力作用，不论各力作用点如何，此刚体质心的加速度都一样吗？

4. 质点做匀速直线运动和匀速圆周运动时，其动量有无变化？为什么？

5. 若质点系受一力偶作用，质点系的动量是否发生改变？

6. 两物块A和B，质量分别为m_A和m_B，初始静止。如A沿斜面下滑的相对速度为$\boldsymbol{v}_r$，如图3-2-8所示。设B向左的速度为$\boldsymbol{v}$。根据动量守恒定律，有$m_A\boldsymbol{v}_r\cos\theta = m_B\boldsymbol{v}$对吗？

7. 两均质直杆AC和CB，长度相同，质量分别m_1和m_2，两杆在点C由铰链连接，初始时维持在铅垂面内不动，如图3-2-9所示。设地面绝对光滑，两杆被释放后将分开倒向地面。问m_1与m_2相等或不相等时，C点的运动轨迹是否相同？

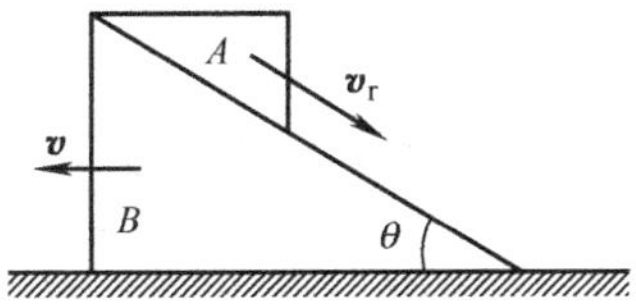

图3-2-8 题6图

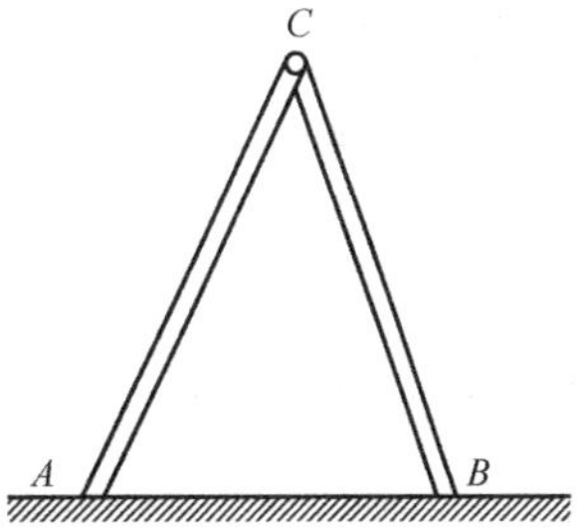

图3-2-9 题7图

8. 刚体受到一群力作用，不论各力作用点如何，此刚体质心的加速度都一样吗？

9. 在光滑水平面上放置一静止的均质圆盘，当它受一力偶的作用时，盘心将如何运动？盘心运动情况与力偶作用位置有关吗？如果圆盘面内受到一大小、方向都不变的力的作用，盘心将如何运动？盘心运动情况与此力的作用点有关吗？

10. 试用质心运动定理解释下列现象：

（1）人在小船上走动，船向相反方向移动。

（2）地心的运动与地球上物体的运动无关。

（3）炮弹在空中爆炸，无论弹片怎样分散，其质心运动轨道不变。

11. 为什么说内力不改变质点系的动量，却能改变质点系内各部分的动量？

12. 如图 3-2-10 所示结构中，半径分别为 R、r 的圆轮固结在一起，总质量为 M，轮上绳子分别悬挂两重物 A 和 B，其质量分别为 m_1 和 m_2，如 A 物体下降的加速度为 a_1，求轴承 O 点的约束力。

13. 如图 3-2-11 所示，质量为 m 的驳船静止于水面上，船的中间有一质量为 m_1 的汽车和质量为 m_2 的拖车，若汽车和拖车向船头移动距离 a，不计水的阻力，求驳船移动的距离。

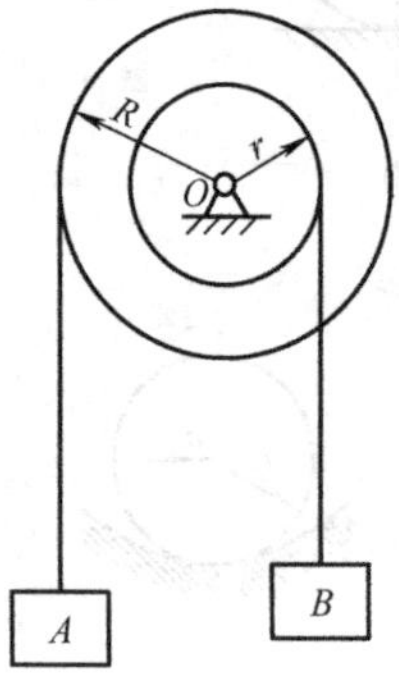

图 3-2-10　题 12 图

图 3-2-11　题 13 图

14. 如图 3-2-12 所示浮动式起重机吊起质量为 $m_1=2000\text{kg}$ 的重物 M，试求起重杆 OA 从与铅垂线成 60°角转到 30°角的位置时，起重机的水平位移。设起重机质量 $m_2=20000\text{kg}$，杆长 $OA=8\text{m}$，开始时系统静止，水的阻力和杆的质量不计。

15. 如图 3-2-13 所示曲柄滑杆机构中，曲柄以等角速度 ω 绕 O 转动。开始时，曲柄 OA 水平向右。已知曲柄的质量为 m_1，滑块 A 的质量为 m_2，滑杆的质量为 m_3，曲柄的质心在 OA 的中点，$OA=l$；滑杆的质心在 C。求：（1）机构质量中心的运动方程；（2）作用在轴 O 处的最大水平约束力。

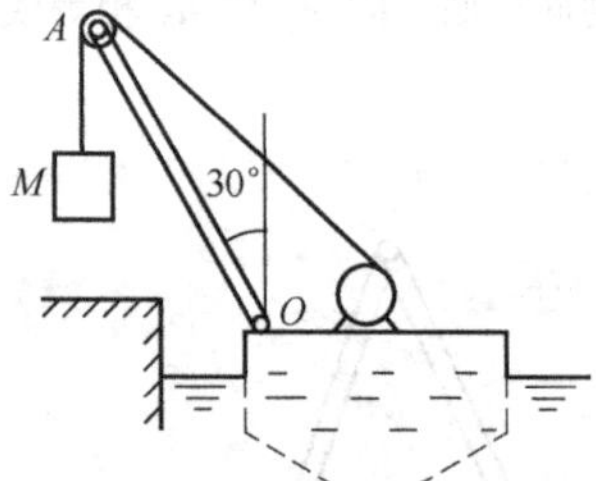

图 3-2-12　题 14 图

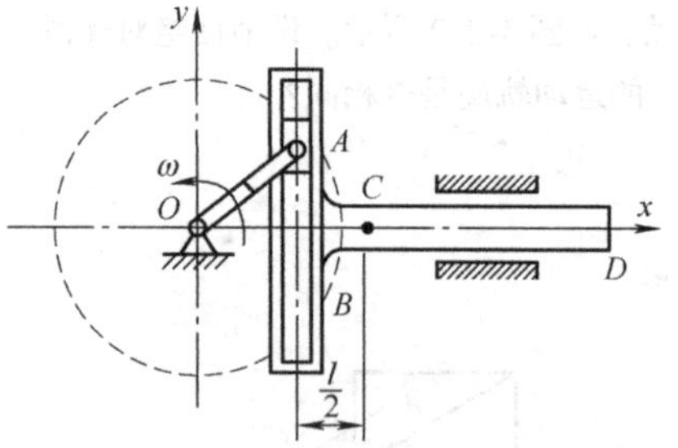

图 3-2-13　题 15 图

任务三　动量矩定理

任务描述

卷扬机如图 3-3-1 所示，被吊重物质量为 m。鼓轮质量为 M，并假定质量分布在圆周上（将鼓轮看成圆环）。鼓轮的半径为 r，由电动机传来的转动力矩为 M_0，绳子质量不计。求挂在绳上重物的加速度 a 和绳子的张力。

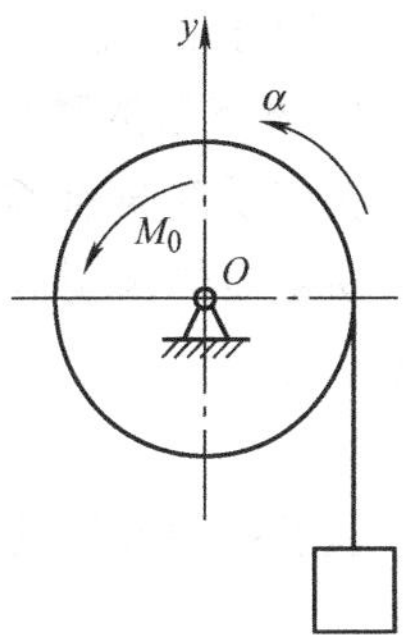

图 3-3-1　卷扬机简图

任务分析

了解点的合成运动的概念，能够判断同一点相对不同参考系运动情况，能求出指定点的速度和加速度。

知识准备

动量定理和质心运动定理建立了运动和作用力之间的定量关系，对求解平移刚体的动力学问题是十分方便的，特别是求解支座约束力的问题，只要将支座约束力看作外力，求解非常容易。但是，对于有些问题，如绕质心轴转动的飞轮，尽管飞轮转速很高，但因质心速度为零，飞轮整体动量为零，这样，动量定理是无能为力的。可见，动量只是描述物体运动状态的物理量之一，它不能描述所有的运动。本节引进动量矩这个物理量来描述转动运动的强弱，而我们又知道力矩能使物体产生转动效应，因此本节将建立描述转动运动强弱的运动量——动量矩和力的作用量——力矩这二者之间的定量关系，即动量矩定理。

动量矩定理建立了动量矩的改变和力矩之间的关系。

一、质点和质点系的动量矩

1. 质点的动量矩

质点的动量矩是表征质点绕某点（或某轴）的运动强度的一种度量，这个量不仅与质点的动量 $m\boldsymbol{v}$ 有关，而且与质点的速度矢至某点 O 的距离有关，设质点 Q 某瞬时的动量为 $m\boldsymbol{v}$，质点相对点 O 的位置用矢径 $\boldsymbol{r}$ 表示，如图 3-3-2 所示。定义**质点 Q 的动量对于点 O 的矩为质点对于点 O 的动量矩**，即

$$\boldsymbol{M}_O(m\boldsymbol{v}) = \boldsymbol{r} \times m\boldsymbol{v} \tag{3-3-1}$$

质点对于点 O 的动量矩是矢量。动量矩矢从矩心 O 处画出，垂直于矢径 $\boldsymbol{r}$ 与动量 $m\boldsymbol{v}$ 所形成的平面，其方向按右手螺旋定则确定。

质点动量 $m\boldsymbol{v}$ 在 Oxy 平面内的投影 $(m\boldsymbol{v})_{xy}$ 对于点 O 的矩，定义为质点动量对于 z 轴的矩，简称对于 z 轴的动量矩。对轴的动量矩是代数量。

根据图 3-3-2 可见，质点对点 O 的动量矩与对 z 轴的动量矩二者的关系仍可仿照力对点的矩与力对轴的矩的关系建立，即质点对点 O 的动量矩矢在 z 轴上的投影，等于对 z 轴的动量矩，即

$$[\boldsymbol{M}_O(m\boldsymbol{v})]_z = M_z(m\boldsymbol{v}) \tag{3-3-2}$$

在国际单位制中，动量矩的单位是 $kg \cdot m^2 \cdot s^{-1}$。

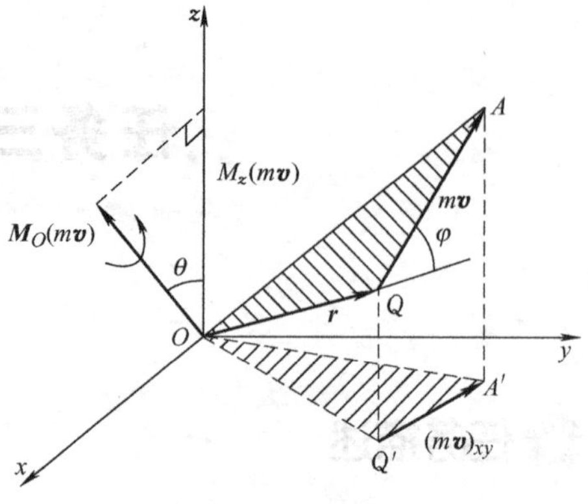

图 3-3-2　质点的动量矩

2. 质点系的动量矩

质点系对某点 O 的动量矩等于各质点对同一点 O 的动量矩的矢量和，或称为质点系动量对 O 点的主矩，即

$$\boldsymbol{L}_O = \sum \boldsymbol{M}_O(m_i\boldsymbol{v}_i) \tag{3-3-3}$$

质点系对某轴的动量矩等于各质点对该轴动量矩的代数和，即

$$L_z = \sum M_z(m_i\boldsymbol{v}_i) \tag{3-3-4}$$

3. 质点系的动量对点的矩与对轴的矩的关系

通过证明，**质点系对某点 O 的动量矩矢在通过该点的轴上的投影等于质点系对于该轴的动量矩。**即

$$[\boldsymbol{L}_O]_z = L_z \tag{3-3-5}$$

4. 刚体动量矩的计算

（1）刚体平行移动

对于平行移动的刚体，可将其全部质量集中于质心，作为一个质点计算其动量矩。

（2）刚体绕定轴转动

绕 z 轴转动的刚体如图 3-3-3 所示，它对转轴的动量矩为

$$L_z = \sum M_z(m_i\boldsymbol{v}_i) = \sum m_i v_i r_i = \sum m_i r_i \omega r_i = \omega \sum m_i r_i^2$$

令 $J_z = \sum m_i r_i^2$，称为刚体对于 z 轴的转动惯量。于是得

$$L_z = J_z\omega \tag{3-3-6}$$

结论：绕定轴转动刚体对其转轴的动量矩等于刚体对转轴的转动惯量与转动角速度的乘积。

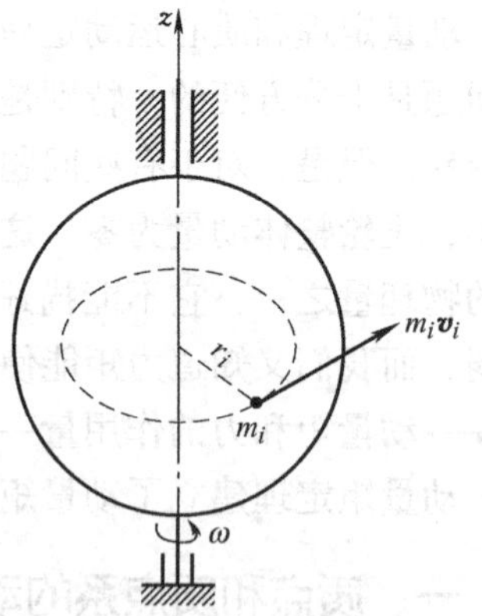

图 3-3-3　定轴转动刚体的动量矩

二、刚体对轴的转动惯量

1. 转动惯量的概念

刚体的转动惯量是刚体转动时惯性的度量，它等于刚体内各质点的质量与质点到转轴的垂直距离平方的乘积之和，即

$$J_z = \sum m_i r_i^2 \tag{3-3-7}$$

由式(3-3-7) 可见，转动惯量的大小不仅与质量大小有关，而且与质量的分布情况有关。如果刚体质量是均匀连续分布的，则转动惯量的表达式可写成积分形式

$$J_z = \int_m r^2 \mathrm{d}m \tag{3-3-8}$$

可见转动惯量是一个正标量，同一个刚体对不同的转轴，因为 r 不同，其转动惯量也不同。转动惯量大小与运动状态无关，其单位为 $\mathrm{kg \cdot m^2}$。

2. 简单形状物体的转动惯量计算方法

(1) 均质细长直杆对于 z 轴的转动惯量

如图 3-3-4 所示，设直杆质量为 m，则单位长度的质量为 $\rho = \dfrac{m}{l}$，在距 O 为 x 处取杆上一微段 $\mathrm{d}x$，其质量为 $\mathrm{d}m = \rho \mathrm{d}x$，则此杆对于轴的转动惯量为

$$J_z = \int_0^l x^2 \rho \mathrm{d}x = \frac{\rho}{3} l^3 = \frac{1}{3} m l^2 \tag{3-3-9}$$

(2) 均质薄圆环对轴 z 的转动惯量

如图 3-3-5 所示，设圆环半径为 R，质量为 m 将圆环沿圆周分成许多微段，设每段的质量为 m_i，由于这些微段到中心轴的距离 r_i 都等于半径 R，所以圆环对于中心轴 z 的转动惯量为

$$J_z = \sum m_i r_i^2 = \sum m_i R^2 = R^2 \sum m_i = mR^2 \tag{3-3-10}$$

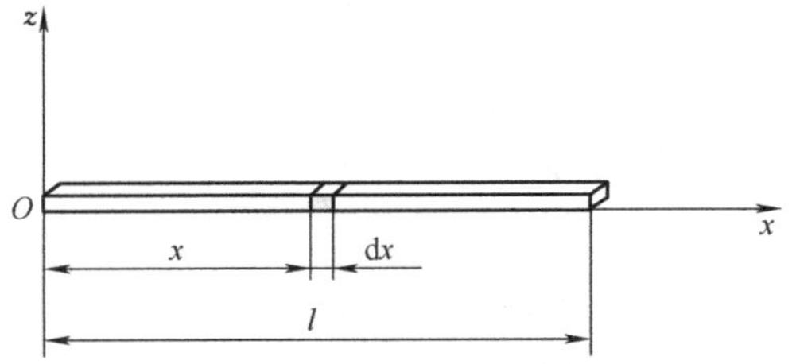

图 3-3-4 均质细长直杆

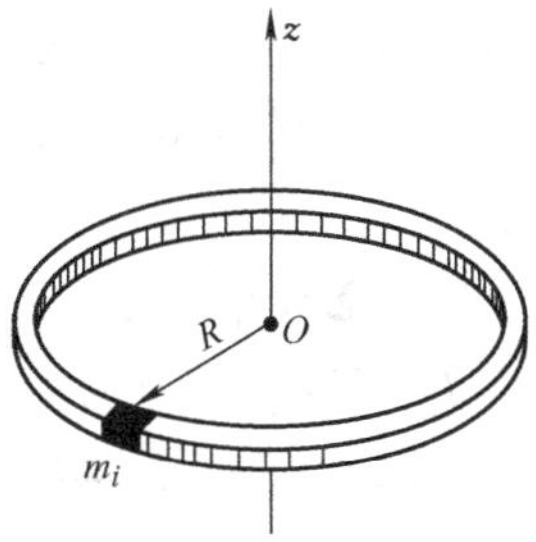

图 3-3-5 均质薄圆环

(3) 均质薄圆盘对于中心轴的转动惯量

如图 3-3-6 所示，设圆盘的半径为 R，质量为 m，则密度为 $\rho = \dfrac{m}{\pi R^2}$。将圆盘分为无数同心的薄圆环，任一圆环的半径为 r_i，宽度为 $\mathrm{d}r_i$，圆环的质量为 $m_i = 2\pi r_i \mathrm{d}r_i \rho$，则圆盘对轴 z 的转动惯量为

$$J_z = \int_m r^2 \mathrm{d}m = \int_0^R r_i^2 \cdot 2\pi r_i \mathrm{d}r_i \rho = \frac{2m}{R^2}\int_0^R r_i^3 \mathrm{d}r = \frac{1}{2} mR^2 \tag{3-3-11}$$

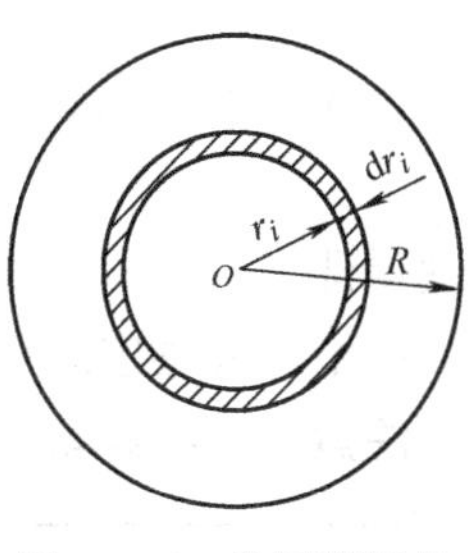

图 3-3-6 均质薄圆盘

一般简单形体的转动惯量可以从有关手册中查到，也可以按上述方法计算，查阅时应注意所给出的转动惯量是对哪根轴的。

3. 回转半径（或惯性半径）

由前面几种图形的转动惯量可以看出，转动惯量与质量之比 J_z/m 仅与零件的几何尺寸

有关，无论何种材料制造的零件，只要几何形状相同，此比值的形式就相同。我们把这个比值用 ρ_z^2 表示，ρ_z 称为**回转半径**（**或惯性半径**），表达式为

$$\rho_z = \sqrt{\frac{J_z}{m}} \tag{3-3-12}$$

则物体对 z 轴的转动惯量可按下式计算：

$$J_z = m\rho_z^2 \tag{3-3-13}$$

即物体的转动惯量等于该物体的质量与惯性半径平方的乘积。其物理意义是设想把物体的质量集中到距 z 轴为 ρ_z 的点上，则此集中质量对 z 轴的转动惯量与原物体对 z 轴的转动惯量相同。

在机械工程手册中，列出了简单几何形状或几何形状已标准化的零件的惯性半径，以供工程技术人员查阅。

4. 平行移轴定理

定理　刚体对于任一轴的转动惯量，等于刚体对于通过质心、并与该轴平行的轴的转动惯量，加上刚体的质量与两轴间距离平方的乘积，即

$$J_z = J_{z_C} + md^2 \tag{3-3-14}$$

证明：如图 3-3-7 所示，设点 C 为刚体的质心，刚体对于通过质心的 z_C 轴的转动惯量为 J_{z_C}，刚体对于平行于该轴的另一轴 z 的转动惯量为 J_z，两轴间距离为 d。以 C 为原点，作直角坐标系 $Cxyz_C$，由图可见，有

$$J_{z_C} = \sum m_i r_i^2 = \sum m_i(x_i^2 + y_i^2)$$

$$J_z = \sum m_i r^2 = \sum m_i(x^2 + y^2)$$

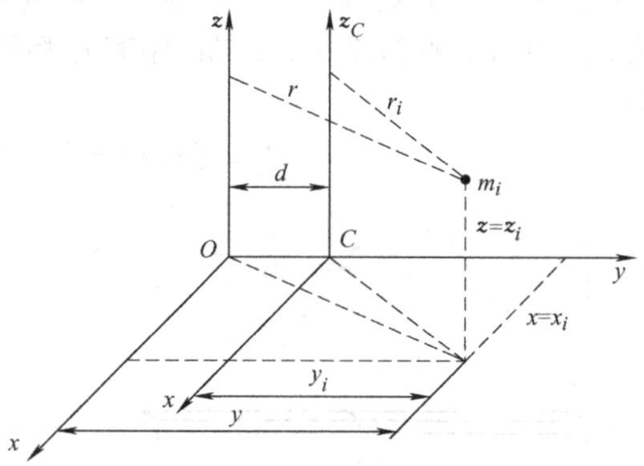

图 3-3-7　平行移轴定理

图示可知 $x = x_i$，$y = y_i + d$，则

$$J_z = \sum m_i r^2 = \sum m_i(x^2 + y^2)$$

$$J_z = \sum m_i[x_i^2 + (y_i + d)^2] = \sum m_i(x_i^2 + y_i^2) + 2d\sum m_i y_i + d^2\sum m_i$$

由质心坐标公式有

$$y_C = \frac{\sum m_i y_i}{\sum m_i}$$

因坐标原点取在质心 C 时，$y_C = 0$，$\sum m_i y_i = 0$。又有 $\sum m_i = m$，于是得

$$J_z = J_{z_C} + md^2$$

定理得证。

由平行移轴定理可知，刚体对于诸平行轴，以通过质心的轴的转动惯量为最小。

注意：平行移轴定理必须是质心轴外移，不能从任意的已知轴的转动惯量为基础外移。

例 3-3-1　质量为 m、长为 l 的均质细直杆如图 3-3-8 所示。求此杆对于垂直于杆轴且通过 C 的轴 z_C 的转动惯量。

Ⅰ. 题目分析

此题涉及细直杆绕轴的转动惯量求法，根据前面的简单形状转动惯量的求解可知绕左端 z 轴的转动惯量，利用平行移轴定理便可得解。

Ⅱ. **题目求解**

均质细直杆对于通过杆端点且与杆垂直的 z 轴的转动惯量为

$$J_z=\frac{1}{3}ml^2$$

应用平行移轴定理，对于 z_C 轴的转动惯量为

$$J_{z_C}=J_z-m\left(\frac{l}{2}\right)^2=\frac{ml^2}{12} \tag{3-3-15}$$

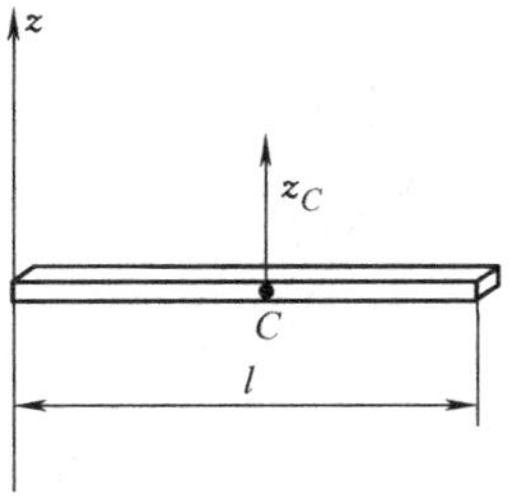

图 3-3-8　均质细直杆

Ⅲ. **题目关键点解析**

本题的关键点是根据绕已知轴的转动惯量，利用平行移轴定理求绕与其平行的轴的转动惯量，要求熟悉常用简单形状的物体的转动惯量。

例 3-3-2　钟摆简化如图 3-3-9 所示。均质细杆和均质圆盘的质量分别为 m_1 和 m_2，杆长为 l，圆盘直径为 d。求摆对于通过悬点 O 的水平轴的转动惯量。

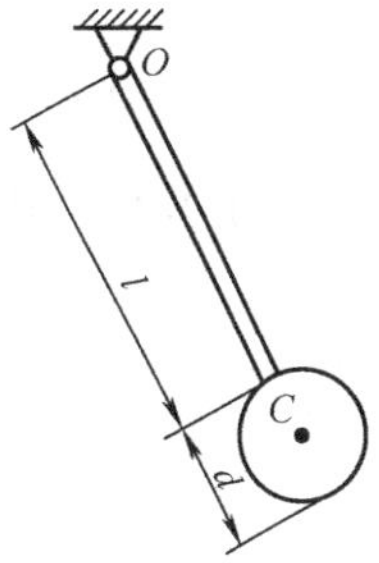

图 3-3-9　钟摆简图

Ⅰ. **题目分析**

此题涉及组合体绕轴的转动惯量求法，根据各构件对相应轴的转动惯量进行代数求和即可求解。

Ⅱ. **题目求解**

解：此题可用组合法求解，摆对于水平轴 O 的转动惯量等于细杆和圆盘对水平轴 O 转动惯量的和：

$$J_O=J_{O_{杆}}+J_{O_{盘}}$$

式中，$J_{O_{杆}}=\frac{1}{3}m_1l^2$。

设 J_C 为圆盘对于中心 C 的转动惯量，则

$$J_{O_{盘}}=J_C+m_2\left(l+\frac{d}{2}\right)^2=\frac{1}{2}m_2\left(\frac{d}{2}\right)^2+m_2\left(l+\frac{d}{2}\right)^2=m_2\left(\frac{3}{8}d^2+l^2+ld\right)$$

于是得

$$J_O=\frac{1}{3}m_1l^2+m_2\left(\frac{3}{8}d^2+l^2+ld\right)$$

Ⅲ. **题目关键点解析**

本题的关键点是针对组合体利用组合法求解转动惯量，分别求出各部分对相应轴的转动惯量并求和，对于不是过质心的轴要用平行移轴定理求解。

工程中对于几何形状复杂的物体，常用实验方法测定其转动惯量。

例如，欲求曲柄对于轴 O 的转动惯量，可将曲柄在轴 O 悬挂起来，并使其做微幅摆动，如图 3-3-10 所示，则曲柄对于轴 O 的转动惯量为

$$J=\frac{T^2mgl}{4\pi^2}$$

式中，mg 为曲柄重量；l 为重心 C 到轴心 O 的距离；T 为摆动周期。

又如，欲求圆轮对于中心轴的转动惯量，可用单轴扭振（图 3-3-11）、三线悬挂扭振（图 3-3-12）等方法测定扭振周期，根据周期与转动惯量之间的关系计算转动惯量。

运用三线摆法测量圆盘的转动惯量的公式为

$$J=\left(\frac{T}{2\pi}\right)^2\frac{mgr^2}{l}$$

式中，T 为测定的扭振周期；m 为圆盘的质量；r 为圆盘的半径；l 为线长。

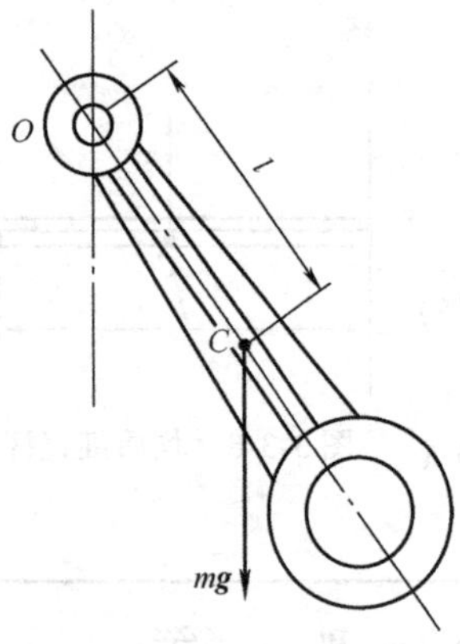

图 3-3-10　曲柄

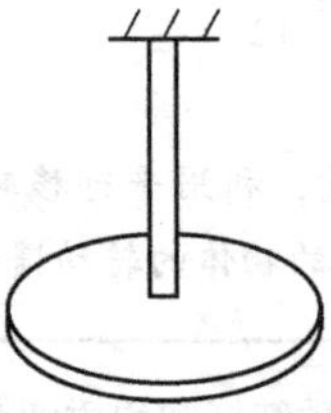

图 3-3-11　单轴扭振

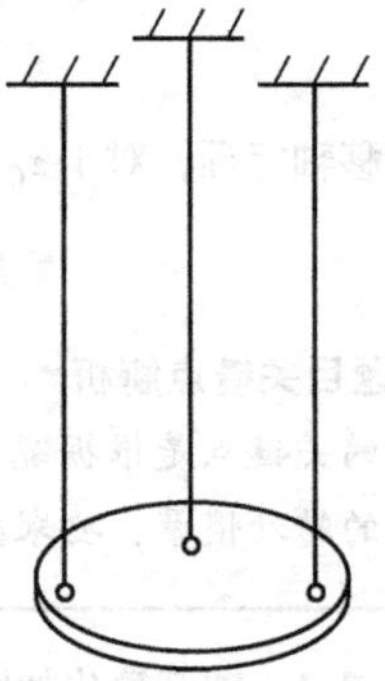

图 3-3-12　三线悬挂扭振

表 3-3-1 列出一些常见均质物体的转动惯量和惯性半径，供应用。

表 3-3-1　均质物体的转动惯量

物体的形状	简图	转动惯量	惯性半径
细长杆	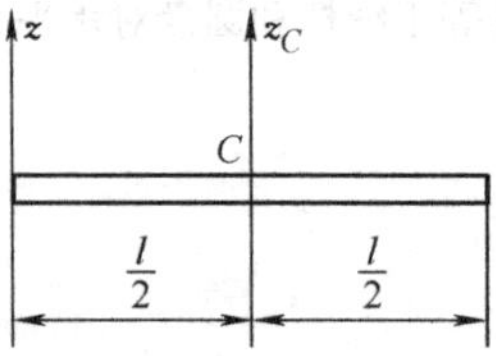	$J_{z_C}=\frac{ml^2}{12}$ $J_z=\frac{ml^2}{3}$	$\rho_{z_C}=\frac{l}{2\sqrt{3}}$ $\rho_z=\frac{l}{\sqrt{3}}$
矩形薄板	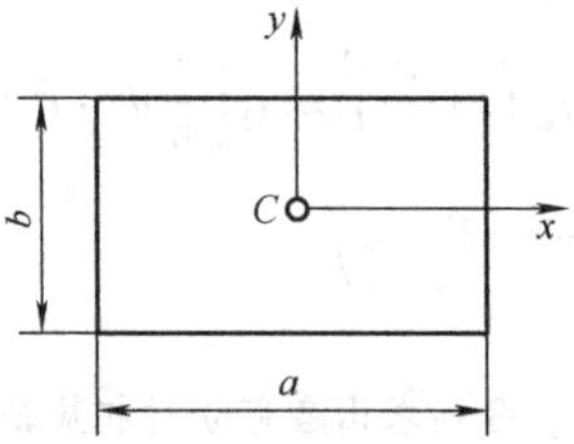	$J_z=\frac{m}{12}(a^2+b^2)$ $J_y=\frac{m}{12}a^2$ $J_x=\frac{m}{12}b^2$	$J_z=\frac{1}{2\sqrt{3}}\sqrt{a^2+b^2}$ $J_y=0.289a$ $J_x=0.289b$
长方体	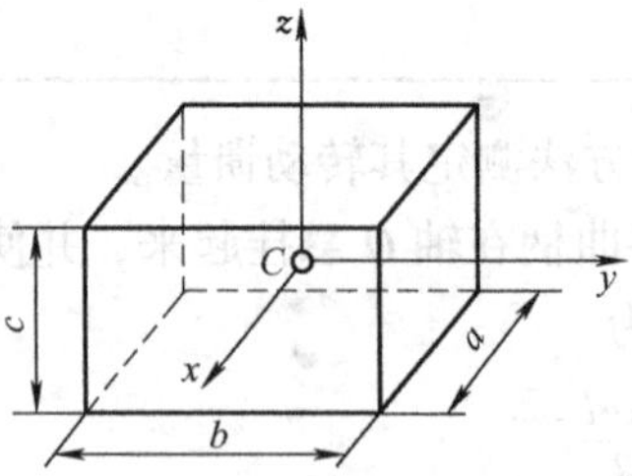	$J_z=\frac{m}{12}(a^2+b^2)$ $J_y=\frac{m}{12}(a^2+c^2)$ $J_x=\frac{m}{12}(b^2+c^2)$	$\rho_z=\sqrt{\frac{1}{12}(a^2+b^2)}$ $\rho_y=\sqrt{\frac{1}{12}(a^2+c^2)}$ $\rho_x=\sqrt{\frac{1}{12}(b^2+c^2)}$
圆柱体	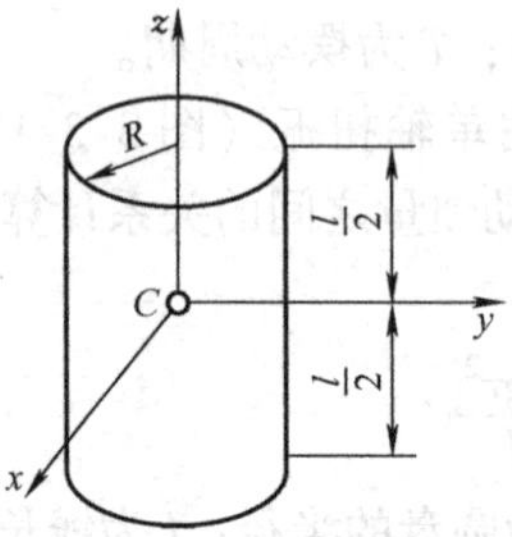	$J_z=\frac{1}{2}mR^2$ $J_y=J_x$ $=\frac{m}{12}(3R^2+l^2)$	$\rho_z=\frac{R}{\sqrt{2}}$ $\rho_y=\rho_x$ $=\sqrt{\frac{1}{12}(3R^2+l^2)}$

（续）

物体的形状	简图	转动惯量	惯性半径
圆锥体	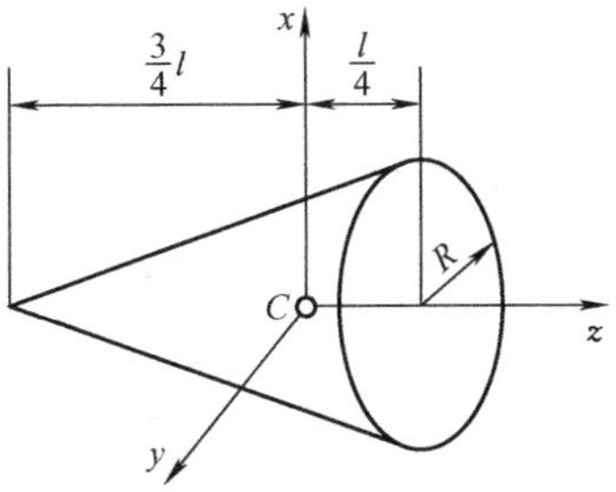	$J_z=\frac{3}{10}mR^2$ $J_y=J_x$ $=\frac{3}{80}m(4R^2+l^2)$	$\rho_z=\sqrt{\frac{3}{10}}R$ $\rho_y=\rho_x$ $=\sqrt{\frac{3}{80}(4R^2+l^2)}$
圆环	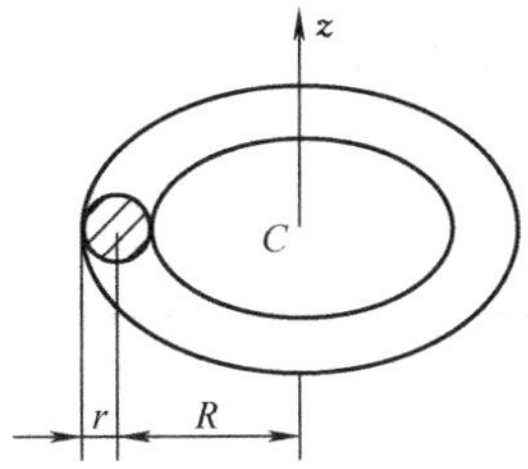	$J_z=m\left(R^2+\frac{3}{4}r^2\right)$	$\rho_z=\sqrt{R^2+\frac{3}{4}r^2}$
薄圆板	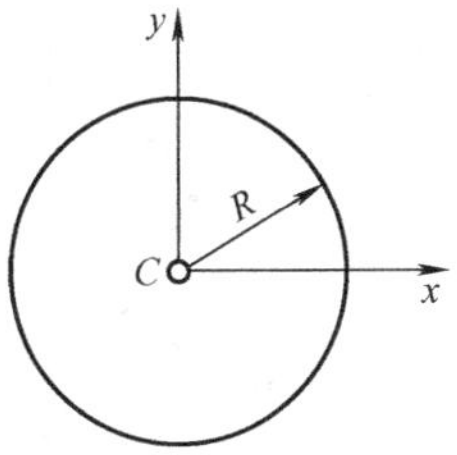	$J_z=\frac{1}{2}mR^2$ $J_y=J_x=\frac{1}{4}mR^2$ 轴 z 通过质心 C 且垂直于圆板平面	$J_z=\frac{1}{\sqrt{2}}R$ $J_y=J_x=\frac{1}{2}R$
细圆环	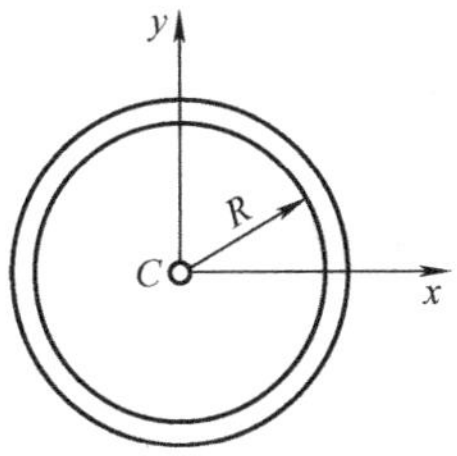	$J_z=mR^2$ $J_y=J_x=\frac{1}{2}mR^2$ 轴 z 通过质心 C 且垂直于圆环平面	$J_z=R$ $J_y=J_x=\frac{1}{\sqrt{2}}R$
椭圆形薄板	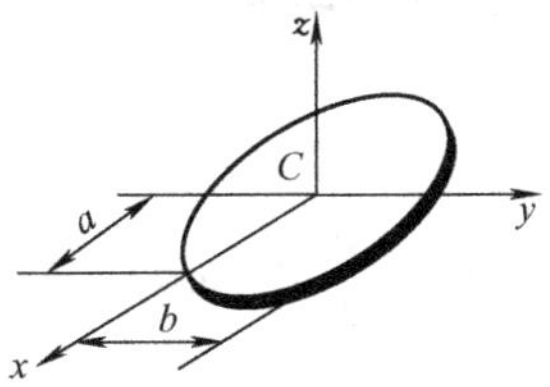	$J_z=\frac{m}{4}(a^2+b^2)$ $J_y=\frac{m}{4}a^2$ $J_x=\frac{m}{4}b^2$	$\rho_z=\frac{1}{2}\sqrt{a^2+b^2}$ $\rho_y=\frac{a}{2}$ $\rho_x=\frac{b}{2}$

（续）

物体的形状	简图	转动惯量	惯性半径
实心球	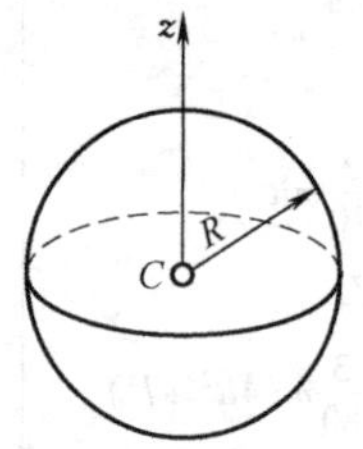	$J_z=\frac{2}{5}mR^2$	$\rho_z=\sqrt{\frac{2}{5}}R$
薄壁空心球	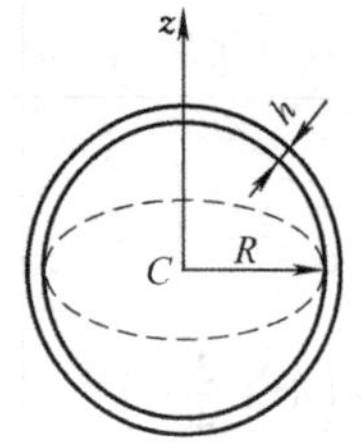	$J_z=\frac{2}{3}mR^2$	$\rho_z=\sqrt{\frac{2}{3}}R$

三、动量矩定理

1. 质点的动量矩定理

下面研究质点的动量矩与力矩之间的关系。设质点对定点 O 的动量矩为 $\boldsymbol{M}_O(m\boldsymbol{v})$，作用力 $\boldsymbol{F}$ 对同一点的矩为 $\boldsymbol{M}_O(\boldsymbol{F})$，如图 3-3-13 所示。

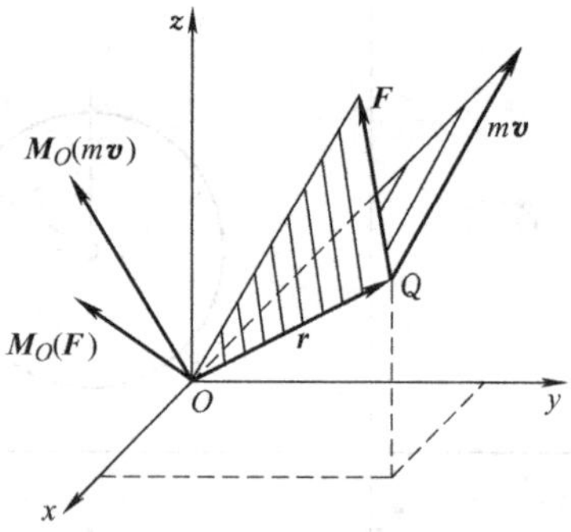

图 3-3-13　质点的动量矩定理

将动量矩对时间取一次导数，得

$$\frac{\mathrm{d}}{\mathrm{d}t}\boldsymbol{M}_O(m\boldsymbol{v})=\frac{\mathrm{d}}{\mathrm{d}t}(\boldsymbol{r}\times m\boldsymbol{v})=\frac{\mathrm{d}\boldsymbol{r}}{\mathrm{d}t}\times m\boldsymbol{v}+\boldsymbol{r}\times\frac{\mathrm{d}}{\mathrm{d}t}(m\boldsymbol{v})$$

根据质点动量定理 $\frac{\mathrm{d}}{\mathrm{d}t}(m\boldsymbol{v})=\boldsymbol{F}$，且 O 为定点，有 $\frac{\mathrm{d}\boldsymbol{r}}{\mathrm{d}t}=\boldsymbol{v}$，则上式可改写为

$$\frac{\mathrm{d}}{\mathrm{d}t}\boldsymbol{M}_O(m\boldsymbol{v})=\boldsymbol{v}\times m\boldsymbol{v}+\boldsymbol{r}\times\boldsymbol{F}$$

因为 $\boldsymbol{v}\times m\boldsymbol{v}=0$，$\boldsymbol{r}\times\boldsymbol{F}=\boldsymbol{M}_O(\boldsymbol{F})$，于是得

$$\frac{\mathrm{d}}{\mathrm{d}t}\boldsymbol{M}_O(m\boldsymbol{v})=\boldsymbol{M}_O(\boldsymbol{F}) \tag{3-3-16}$$

式(3-3-16) 为**质点的动量矩定理：质点对某定点 O 的动量矩对时间的一阶导数，等于作用力对同一点的矩。**

式(3-3-16) 在直角坐标轴上的投影式为

$$\frac{\mathrm{d}}{\mathrm{d}t}M_x(m\boldsymbol{v})=M_x(\boldsymbol{F}),\ \frac{\mathrm{d}}{\mathrm{d}t}M_y(m\boldsymbol{v})=M_y(\boldsymbol{F}),\ \frac{\mathrm{d}}{\mathrm{d}t}M_z(m\boldsymbol{v})=M_z(\boldsymbol{F}) \tag{3-3-17}$$

2. 质点系的动量矩定理

设质点系内有 n 个质点，作用于每个质点的力分为内力 $\boldsymbol{F}_i^{(i)}$ 和外力 $\boldsymbol{F}_i^{(e)}$。根据质点的动量矩定理有

$$\frac{\mathrm{d}}{\mathrm{d}t}\boldsymbol{M}_O(m_i\boldsymbol{v}_i)=\boldsymbol{M}_O(\boldsymbol{F}_i^{(\mathrm{i})})+\boldsymbol{M}_O(\boldsymbol{F}_i^{(\mathrm{e})})$$

这样的方程共有 n 个，将这些方程左右两边分别相加后，由于内力总是大小相等、方向相反地成对出现，因此上式右端第一项 $\sum\boldsymbol{M}_O(\boldsymbol{F}_i^{(\mathrm{i})})=0$。上式左端为

$$\sum\frac{\mathrm{d}}{\mathrm{d}t}\boldsymbol{M}_O(m_i\boldsymbol{v}_i)=\frac{\mathrm{d}}{\mathrm{d}t}\sum\boldsymbol{M}_O(m_i\boldsymbol{v}_i)=\frac{\mathrm{d}\boldsymbol{L}_O}{\mathrm{d}t}$$

于是得

$$\frac{\mathrm{d}\boldsymbol{L}_O}{\mathrm{d}t}=\sum\boldsymbol{M}_O(\boldsymbol{F}_i^{(\mathrm{e})})\tag{3-3-18}$$

式(3-3-18) 为**质点系的动量矩定理：质点系对于某定点 O 的动量矩对时间的一阶导数，等于作用于质点系的外力对于同一点之矩的矢量和（外力对点 O 的主矩）。**

质点系动量矩定理的投影形式

$$\frac{\mathrm{d}L_x}{\mathrm{d}t}=\sum M_x(\boldsymbol{F}_i^{(\mathrm{e})}),\ \frac{\mathrm{d}L_y}{\mathrm{d}t}=\sum M_y(\boldsymbol{F}_i^{(\mathrm{e})}),\ \frac{\mathrm{d}L_z}{\mathrm{d}t}=\sum M_z(\boldsymbol{F}_i^{(\mathrm{e})})\tag{3-3-19}$$

注意：上述动量矩定理的表达形式只适用于对固定点或固定轴。

例 3-3-3　已知高炉送料装置如图 3-3-14 所示。鼓轮的半径为 R，对转轴的转动惯量为 J，作用在鼓轮上的力偶矩为 M，轮绕 O 轴转动。小车和矿石总质量为 m。轨道的倾角为 θ。设绳的质量和各处摩擦均忽略不计，试求小车的加速度。

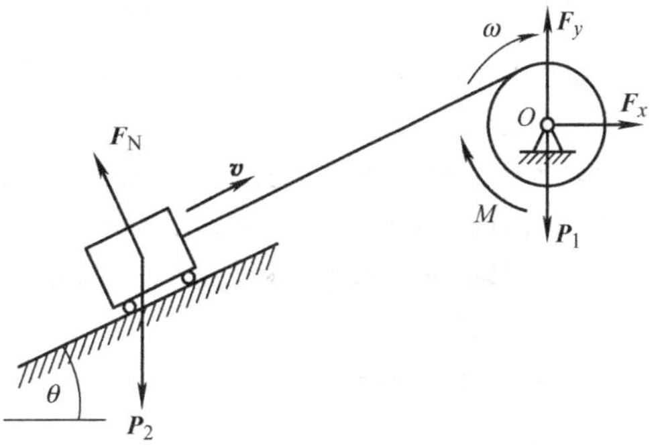

图 3-3-14　高炉送料装置

Ⅰ. 题目分析

此题涉及绕固定轴转动的问题，不能用动量定理来求解，应该用动量矩定理来求解。本题求解小车的加速度，动量矩定理涉及对时间求导的问题，所以更加适合本题的加速度求解。

Ⅱ. 题目求解

解：取小车与鼓轮组成质点系，视小车为质点。以顺时针为正，此质点系对 O 轴的动量矩为

$$L_O=J\omega+mvR$$

作用于系统的外力如图 3-3-14 所示：M，重力 $\boldsymbol{P}_1$、$\boldsymbol{P}_2$，轴承 O 的约束力 $\boldsymbol{F}_x$、$\boldsymbol{F}_y$，轨道对小车的约束力 $\boldsymbol{F}_\mathrm{N}$。系统外力对 O 轴的矩为

$$M_O(\boldsymbol{F}_i^{(\mathrm{e})})=M-mgR\sin\theta$$

由质点系对 O 轴的动量矩定理，有

$$\frac{\mathrm{d}}{\mathrm{d}t}(J\omega+mvR)=M-mgR\sin\theta$$

因 $\omega=\dfrac{v}{R}$，$\dfrac{\mathrm{d}v}{\mathrm{d}t}=a$ 于是解得

$$a=\frac{MR-mgR^2\sin\theta}{J+mR^2}$$

Ⅲ. 题目关键点解析

本题的关键点是抓住动量矩定理中对时间求导求解加速度问题以及平移和定轴转动动量矩的计算。

四、动量矩守恒定律

如果作用于质点的力对于某定点 O 的矩恒等于零，则由式(3-3-16) 得质点对该点的动量矩保持不变，即

$$M_O(mv) = 恒矢量$$

如果作用于质点的力对于某定轴的矩恒等于零，则由式(3-3-17) 知质点对该轴的动量矩保持不变。

$$M_x(mv) = 恒量$$

以上结论称为**质点动量矩守恒定律**。

由式(3-3-18) 可知，质点系的内力不能改变质点系的动量矩。

当外力对于某定点（或某定轴）的主矩等于零时，质点系对于某定点（或某定轴）的动量矩保持不变。这就是**质点系动量矩守恒定律**。

例 3-3-4 如图 3-3-15 所示，半径为 R、质量为 m_1 的均质圆盘可绕轴 z 转动。一质量为 m_2 的人在盘上由点 B 按规律 $s=\frac{1}{2}at^2$ 沿半径为 r 的圆周行走，开始圆盘和人静止，不计轴承摩擦。求圆盘的角速度和角加速度。

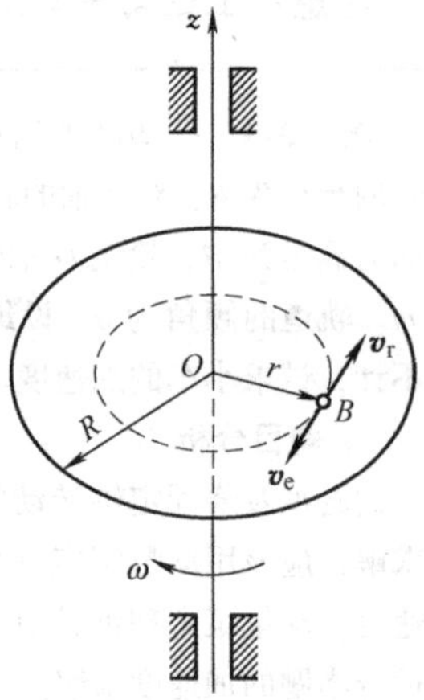

图 3-3-15 均质圆盘

Ⅰ. 题目分析

此题目为定轴转动相关的求解运动问题，可用动量矩定理，由于轴承摩擦不计，由圆盘和人组成的质点系所受的外力（即圆盘和人的重力以及轴承的约束力）对轴 z 的矩恒等于零，故可应用动量矩守恒定律。

Ⅱ. 题目求解

解：研究整体，由于 $\sum M_z(F)=0$ 且系统初始静止，所以 $L_z=0$，即

$$L_{z盘}+L_{z人}=0$$

其中

$$L_{z盘}=J_z\omega=\frac{1}{2}m_1R^2\omega$$

$$L_{z人}=m_2(v_e-v_r)r,\ v_e=r\omega,\ v_r=\dot{s}=at$$

解得

$$\omega=\frac{2m_2art}{m_1R^2+2m_2r^2}$$

$$\alpha=\dot{\omega}=\frac{2m_2ar}{m_1R^2+2m_2r^2}$$

Ⅲ. 题目关键点解析

本题的关键点是质点系的外力对轴之矩的代数和为零，满足动量矩守恒定律，其次是所有的速度为绝对速度，注意联系以前学到的点的速度合成定理。

五、刚体绕定轴转动微分方程

从动量矩定理可直接导出刚体绕定轴转动的微分方程。设刚体在外力的作用下绕定轴 z 转动，角速度为 ω，角加速度为 α，转动惯量为 J_z，选择坐标如图 3-3-16 所示，z 轴与转轴

重合。有

$$L_z = J_z\omega$$

如果不计轴承中的摩擦，轴承约束力对于 z 轴的力矩等于零，根据质点系对于 z 轴的动量矩定理有

$$\frac{\mathrm{d}}{\mathrm{d}t}(J_z\omega) = \sum M_z(F_i^{(e)})$$

也可以写成

$$J_z\frac{\mathrm{d}\omega}{\mathrm{d}t} = \sum M_z(F_i^{(e)}) \quad (3\text{-}3\text{-}20a)$$

$$J_z\alpha = M_z \quad (3\text{-}3\text{-}20b)$$

$$J_z\frac{\mathrm{d}^2\varphi}{\mathrm{d}t^2} = M_z \quad (3\text{-}3\text{-}20c)$$

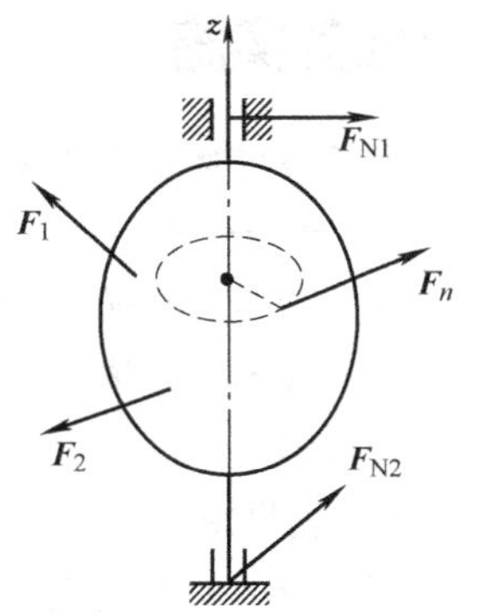

图 3-3-16　刚体绕定轴转动微分方程

式(3-3-20) 称为**刚体绕定轴的转动微分方程**。

由此可知：刚体在外力矩的作用下绕定轴转动，其角加速度与外力对轴之矩的代数和成正比，与刚体对轴的转动惯量成反比。这就是说，刚体转动惯量的大小体现了刚体转动状态改变的难易程度。因此说，转动惯量是刚体转动惯性的度量。

在工程上，根据转动物体的作用不同，常用改变质量分布来得到不同的转动惯量，如机器主轴上飞轮的作用是在主轴出现转速波动时调节转速，使主轴转速稳定，所以要求具有大的转动惯量，在保证强度的前提下，尽量将材料布置在轮缘附近；而要求转动灵活的仪表中的齿轮，则尽量将材料靠近转轴分配，以使转动惯量尽量减小，保证灵敏度。

与质点运动微分方程一样，定轴转动微分方程也可以求解动力学的两类问题。

需要说明：

1）定轴转动微分方程只能对一个定轴转动刚体建立，不像动量矩定理那样可解包含转动的质点系运动问题。

2）转动惯量大，角加速度小，所以转动惯量是刚体转动惯性的度量。

例 3-3-5　如图 3-3-17 所示，已知滑轮半径为 R，转动惯量为 J，带动滑轮的传动带拉力为 $\boldsymbol{F}_1$ 和 $\boldsymbol{F}_2$。试求滑轮的角加速度 α。

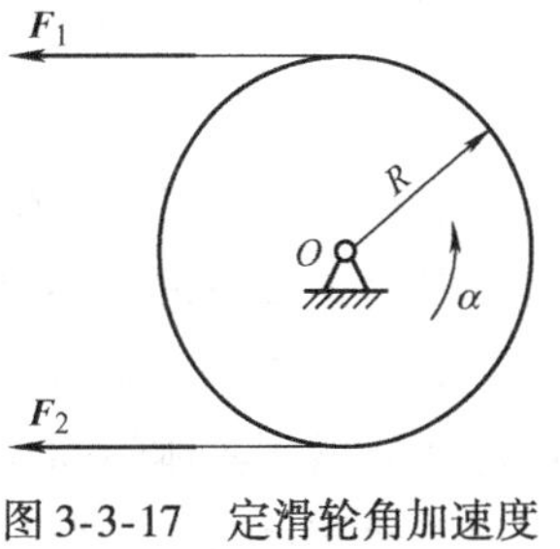

图 3-3-17　定滑轮角加速度

Ⅰ. 题目分析

此题为一定轴转动滑轮的加速度求解问题，由于仅有一个定轴转动刚体，可以运用绕定轴转动微分方程进行求解。

Ⅱ. 题目求解

解：根据刚体绕定轴 O 转动微分方程有

$$J\alpha = (F_1 - F_2)R$$

于是得

$$\alpha = \frac{(F_1 - F_2)R}{J}$$

由上式可见，只有当定滑轮为匀速转动（包括静止），或虽非匀速转动但可忽略滑轮的转动惯量时，跨过定滑轮的传动带拉力才是相等的。

Ⅲ. 题目关键点解析

本题属于求定轴转动刚体角加速度的问题，可以直接用定轴转动微分方程求解。

任务实施

求任务描述中图 3-3-1 所示卷扬机绳上重物的加速度 a 和绳子的张力。

Ⅰ. 题目分析

本题为绕定轴转动刚体和移动刚体组成的质点系的动力学求解问题。由于还要求解绳子的张力，故不能整体运用动量矩定理一次性求解，要分别以鼓轮和重物为研究对象应用动量矩定理求解。

Ⅱ. 题目求解

解：（1）以鼓轮为研究对象，其受力如图 3-3-18c 所示。

运用动量矩定理得

$$J_0\alpha = M_0 - F_T r$$

即

$$Mr^2\alpha = M_0 - F_T r$$

（2）以重物为研究对象，其受力如图 3-3-18b 所示。列质点运动微分方程

$$m\frac{d^2y}{dt^2} = F'_T - mg \quad 即 \quad ma = F'_T - mg$$

（3）求解未知量。由于 $F_T = F'_T$，$a = r\alpha$，联立求解可得重物上升的加速度和绳子的张力分别为

$$a = \frac{M_0 - mgr}{(m+M)r}$$

$$F_T = F'_T = \frac{m(M_0 - mgr)}{(m+M)r} + mg$$

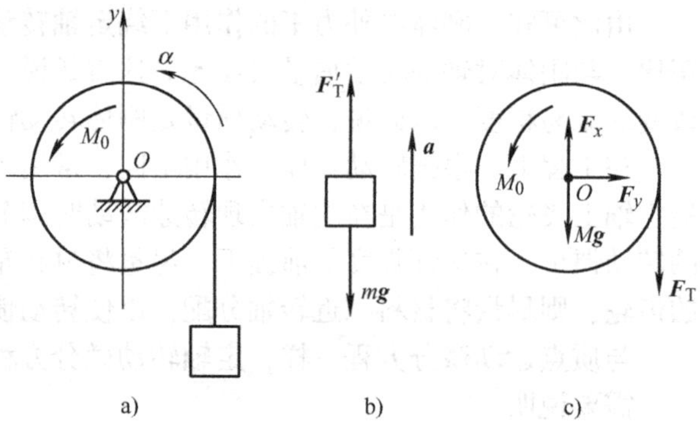

图 3-3-18　卷扬机运动简图

a）运动简图　b）重物受力分析　c）鼓轮受力分析

Ⅲ. 题目关键点解析

此题如果以整体作为质点系运用动量矩定理只能求解出加速度，而绳索的拉力作为整体的内力无法求解，故应该以其中某部分为研究对象。另外加速度求解也可以以鼓轮为研究对象或者以整体为研究对象。

动量矩定理是动力学部分的难点，注意与动量定理的比较，两个定理的适用范围不一样，动量定理对求解平移刚体的动力学问题是十分方便的，特别是求解支座约束力的问题，只要将支座约束力看作外力，求解非常容易，而动量矩定理的适用范围更广泛。定理的应用要做到具体问题具体分析，一个刚体可以看作质点系，多个刚体组成的刚体系统也可以看成质点系。质点系动量矩定理属于一般式，研究对象可以是某一个刚体或者是一个刚体系统；平移和定轴转动刚体的转动微分方程是质点系动量矩定理的特殊形式，它们是一般与特殊、共性与个性之间的关系，了解其关系之后才能针对不同的问题进行求解。

思考与练习

1. 均质杆和均质圆盘分别绕固定轴 O 转动，如图 3-3-19 所示。杆和盘的质量均为 m，角速度为 ω，杆长为 l，盘半径为 R。计算它们对轴 O 的动量矩。

2. 表演花样滑冰的运动员利用手臂的伸张和收拢改变旋转的速度，说明其道理。

3. 某质点系对空间任一固定点的动量矩都完全相同，且不等于零。这种运动情况可能吗？

4. J_A、J_B 分别是细长杆对于通过其 A、B 两端的一个平行轴的转动惯量，则 $J_A = J_B + Ml^2$，对不对？为什么？

5. 如图 3-3-20 所示传动系统中，J_1、J_2 分别为轮Ⅰ、轮Ⅱ的转动惯量，轮Ⅰ的角加速度可以用 $\alpha_1 = \dfrac{M}{J_1 + J_2}$ 求解吗？

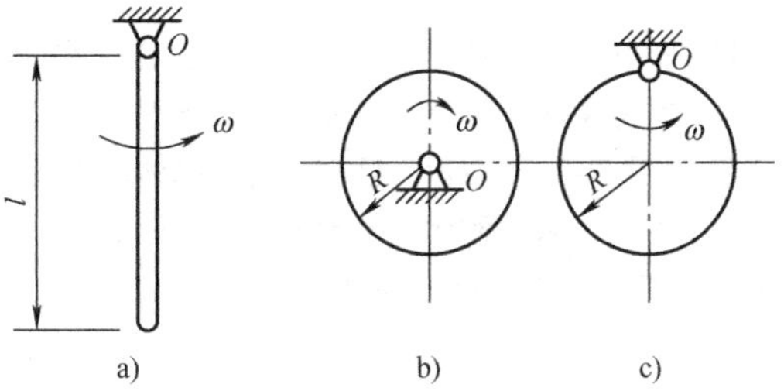

图 3-3-19　题 1 图

6. 质量为 m 的均质圆盘，平放在光滑的水平面上，其受力情况如图 3-3-21 所示，设初始时圆盘静止，图中 $r = \dfrac{R}{2}$。试说明圆盘将如何运动。

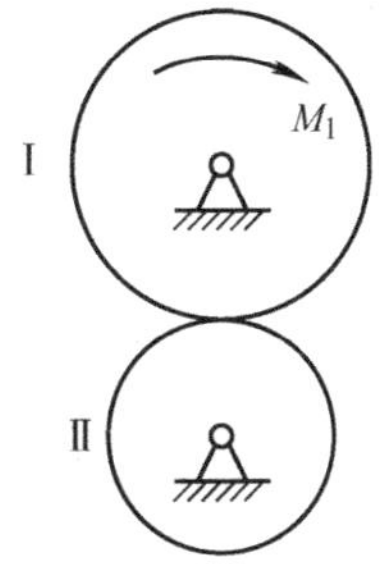

图 3-3-20　题 5 图

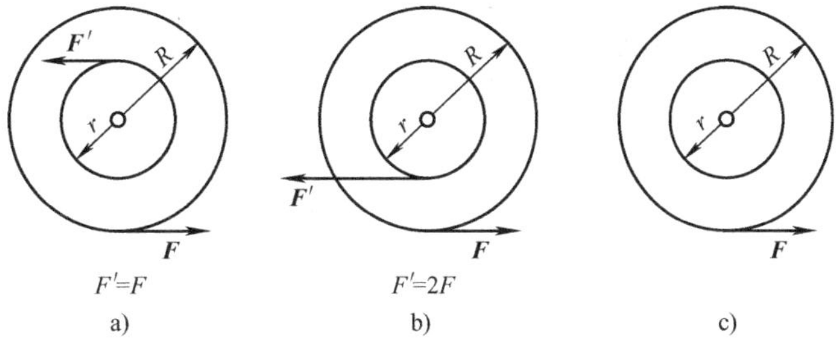

图 3-3-21　题 6 图

7. 已知：质量为 m 的质点在平面 Oxy 内运动，其运动方程为 $x = a\cos\omega t$，$y = b\sin 2\omega t$，其中 a、b、ω 是常量。试求质点对原点 O 的动量矩。

8. 如图 3-3-22 所示，A 为离合器，开始时轮 2 静止，轮 1 具有角速度 ω_0，当离合器接合后，依靠摩擦使轮 2 启动。轮 1 和 2 的转动惯量分别为 J_1 和 J_2。试求：

（1）当离合器接合后，两轮共同转动的角速度 ω；

（2）若经过 t 后两轮的转速相同，离合器应有多大的摩擦力矩 M_f。

9. 如图 3-3-23 所示结构中，半径分别为 R、r 的圆轮固结在一起，对轴 O 的转动惯量为 J_O，轮上绳子分别悬挂两重物 A、B。A 和 B 的质量分别为 m_A 和 m_B，且 $m_A > m_B$，求鼓轮的角加速度 α。

10. 如图 3-3-24 所示，两相同的均质滑轮各绕一细绳，图 a 中绳的末端挂一重为 W 的重物；图 b 中绳的末端作用一铅直向下的力 $\boldsymbol{F}$，且 $F = W$，问两轮的角加速度是否相等？

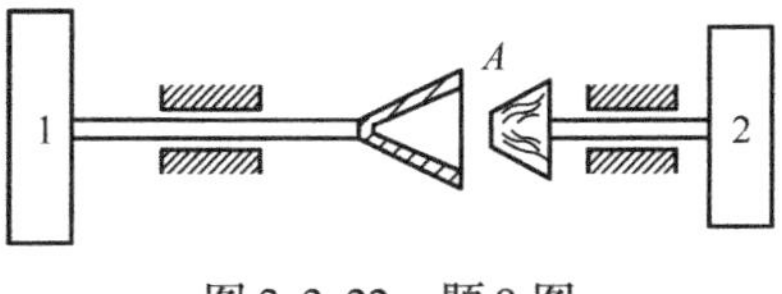

图 3-3-22　题 8 图

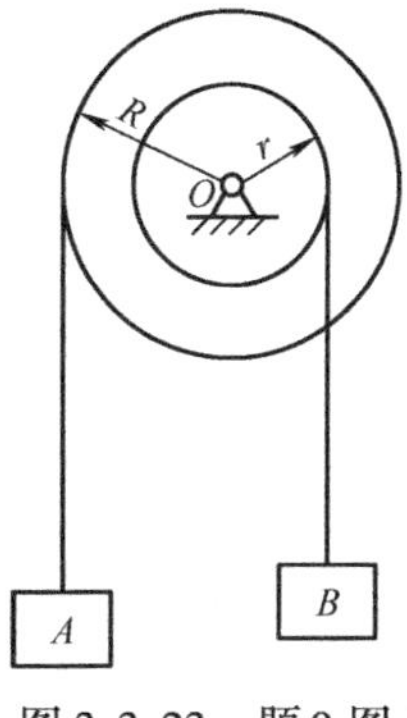

图 3-3-23　题 9 图

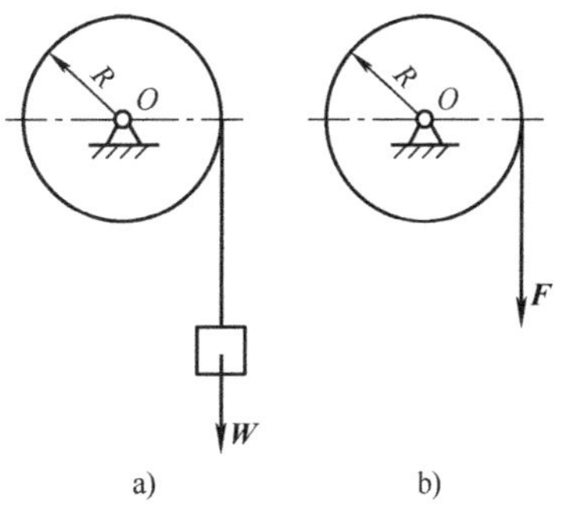

图 3-3-24　题 10 图

11. 如图 3-3-25 所示，已知轮 B、轮 C 的半径分别为 R、r，对各自水平转轴 B、C 的转动惯量分别为 J_1、J_2，重物 A 的质量为 m，在轮 C 上作用一力偶矩 M。设绳与轮之间不打滑，试求重物 A 上升的加速度。

12. 如图 3-3-26 所示，已知：为求刚体对于通过重心 G 的轴 AB 的转动惯量，用两杆 AD、BE 与刚体牢固连接，并借两杆将刚体活动地挂在水平轴 DE 上。AB 轴平行于 DE，然后使刚体绕 DE 轴做微小摆动，求出振动周期 T。如果刚体的质量为 m，轴 AB 与 DE 间的距离为 h，杆 AD 和 BE 的质量忽略不计，试求刚体对 AB 轴的转动惯量。

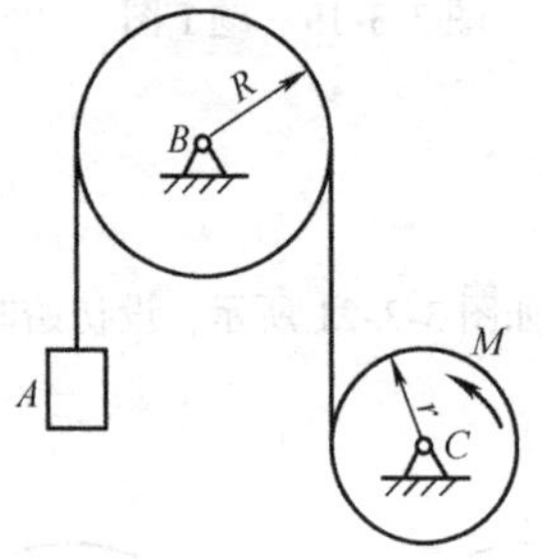

图 3-3-25　题 11 图

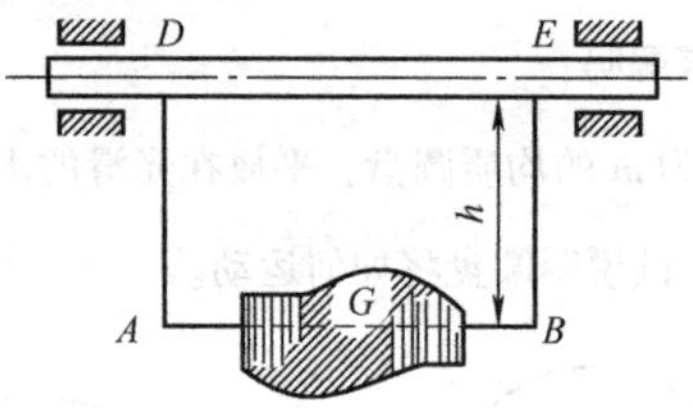

图 3-3-26　题 12 图

任务四　动 能 定 理

任务描述

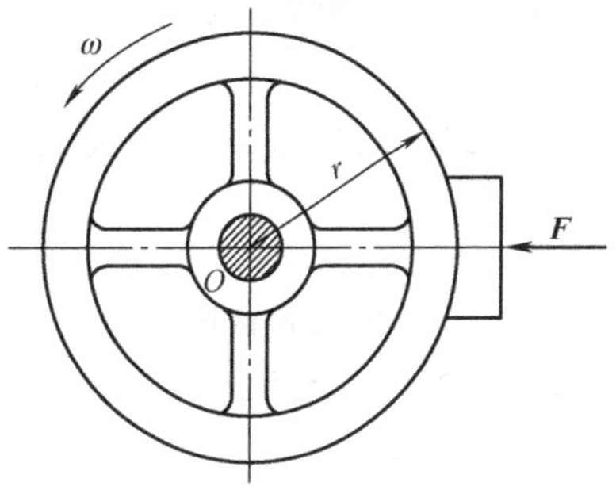

图 3-4-1　鼓轮和制动块制动系统

如图 3-4-1 所示鼓轮和制动块制动系统，已知鼓轮质量 m、半径 r、回转半径 ρ 及转动时的角速度 ω，假设制动时制动块与轮缘的摩擦因数为 f，试求作用于制动块上的压力 $\boldsymbol{F}$ 应该为多大才能使鼓轮经 n 转后停止。

任务分析

本任务需要根据机械能守恒定律或动能定理求解，即作用在鼓轮上的摩擦力做功，且等于鼓轮动能的变化。动能定理建立了质点系动能的变化与力做功之间的关系，从能量方面来反映机械运动的变化规律。动能定理不仅可以度量运动的传递过程，还可以度量运动的相互转化（如电流通过电动机带动起重机提升重物）。

知识准备

动能定理体现的是能量转化与功之间的关系，是自然界中各种形式运动的普遍规律。动能定理是从能量的角度分析质点和质点系的动力学问题，它给出了动能的变化与功之间的关系，建立机械运动和其他形式运动之间的联系。

本任务介绍力的功、功率、动能、势能等概念，介绍动能定理和机械能守恒定律，并用之分析复杂动力学问题。

一、力的功和功率

1. 力的功

设质点 M 在大小和方向都不变的力 $\boldsymbol{F}$ 作用下，沿直线走过一段路程 s，力 $\boldsymbol{F}$ 在这段路程内所积累的效应用力的功来量度，以 W 记之，并定义为

$$W = F\cos\theta \cdot s$$

式中，θ 为力 $\boldsymbol{F}$ 与直线位移方向之间的夹角。

功是代数量，在国际单位制中，功的单位为焦耳，符号为 J，1J 等于 1N 的力在同方向 1m 路程上做的功。如果路径用矢量 $\boldsymbol{s}$ 来表达，则力 $\boldsymbol{F}$ 的功可写为

$$W = \boldsymbol{F} \cdot \boldsymbol{s} \tag{3-4-1}$$

设质点 M 在任意变力 $\boldsymbol{F}$ 作用下沿曲线运动，如图 3-4-2 所示。力 $\boldsymbol{F}$ 在无限小位移 $\mathrm{d}\boldsymbol{r}$ 中

可视为常力，经过的一小段弧长ds 可视为直线，d$\boldsymbol{r}$ 可视为沿点 M 的切线。在一无限小位移中力做的功称为元功，以 δW 记之。于是有

$$\delta W=\boldsymbol{F}\cdot \mathrm{d}\boldsymbol{r} \tag{3-4-2}$$

力在全路程上做的功等于元功之和，即

$$W=\int_{M_1}^{M_2}\boldsymbol{F}\cdot \mathrm{d}\boldsymbol{r} \tag{3-4-3}$$

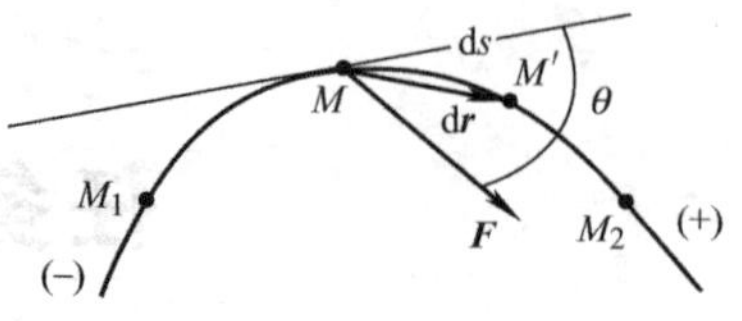

图 3-4-2 力的元功

由式(3-4-3) 可知，当力始终与质点位移垂直时，该力不做功。

若取固结于地面的直角坐标系为质点运动的参考系，$\boldsymbol{i}$、$\boldsymbol{j}$、$\boldsymbol{k}$ 为三坐标轴的单位矢量，则

$$\boldsymbol{F}=F_x\boldsymbol{i}+F_y\boldsymbol{j}+F_z\boldsymbol{k},\ \mathrm{d}\boldsymbol{r}=\mathrm{d}x\boldsymbol{i}+\mathrm{d}y\boldsymbol{j}+\mathrm{d}z\boldsymbol{k}$$

将以上两式代入式(3-4-3)，得到作用力在质点从 M_1 到 M_2 的运动过程中所做的功

$$W_{12}=\int_{M_1}^{M_2}(F_x\mathrm{d}x+F_y\mathrm{d}y+F_z\mathrm{d}z) \tag{3-4-4}$$

式(3-4-4) 称为功的解析表达式。

2. 常见力所做的功

(1) 重力的功

设质点沿轨道从 M_1 运动到 M_2，如图 3-4-3 所示。其重力 $W=mg$ 在直角坐标轴上的投影为 $F_x=0$、$F_y=0$、$F_z=-mg$。将其代入式(3-4-4) 中，得重力的功为

$$W_{12}=\int_{z_1}^{z_2}-mg\mathrm{d}z=mg(z_1-z_2) \tag{3-4-5}$$

可见重力做功仅与质点运动开始和末了位置的高度差 (z_1-z_2) 有关，与运动轨迹的形状无关。

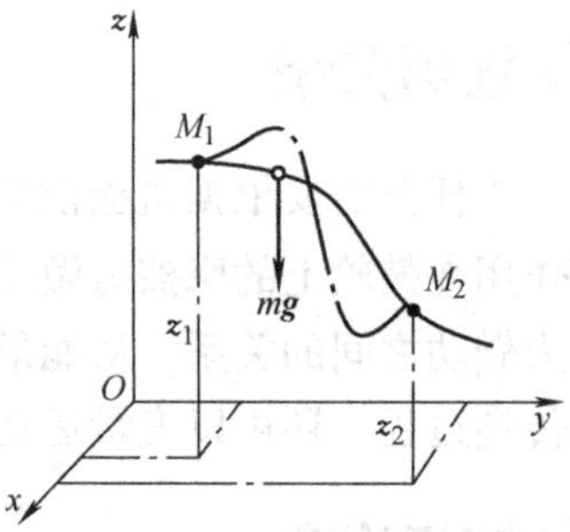

图 3-4-3 重力的功

对于质点系，设质点 i 的质量为 m_i，运动始末的高度差为 $(z_{i1}-z_{i2})$，则全部重力做功之和为

$$\sum W_{12}=\sum m_i g(z_{i1}-z_{i2})$$

由质心坐标公式，有

$$mz_C=\sum m_i z_i$$

由此可得

$$\sum W_{12}=\sum mg(z_{C1}-z_{C2}) \tag{3-4-6}$$

式中，m 为质点系全部质量之和；$(z_{C1}-z_{C2})$ 为运动始末位置其质心的高度差。质心下降，重力做正功；质心上移，重力做负功。质点系重力做功仍与质心的运动轨迹形状无关。

(2) 弹性力的功

以弹簧为例，弹性极限内，弹性力的大小与其变形量 δ 成正比，即

$$F=-k\delta \tag{3-4-7}$$

式中，负号表示弹性力的方向与质点的位移（对坐标原点的位移）方向相反，总是指向自然位置；比例系数 k 称为弹簧的刚度系数（或劲度系数）。在国际单位制中，k 的单位为 N/m或 N/mm。

以弹簧未变形时质点 M 所在的位置为坐标原点，沿弹簧伸长方向为 x 轴，如图 3-4-4 所

示。物体受弹性力作用，当质点 M 开始运动而使弹簧的伸长度由图中 δ_1 变到 δ_2 时，弹性力做功为

$$W_{12}=-\int_{\delta_1}^{\delta_2}kx\mathrm{d}x=\frac{k}{2}(\delta_1^2-\delta_2^2) \qquad (3\text{-}4\text{-}8)$$

式(3-4-8) 是计算弹性力做功的普遍公式。上述推导中如果 Ox 轴同时也绕 O 任意转动，即点 M 的轨迹可以是任意曲线，弹性力的功仍由式(3-4-8) 决定。由此可见，弹性力做的功只与弹簧在初始和末了位置的变形量 δ 有关，与力作用点 M 的轨迹形状无关。由式(3-4-8) 可见，当 $\delta_1>\delta_2$ 时，弹性力做正功；$\delta_1<\delta_2$ 时，弹性力做负功。

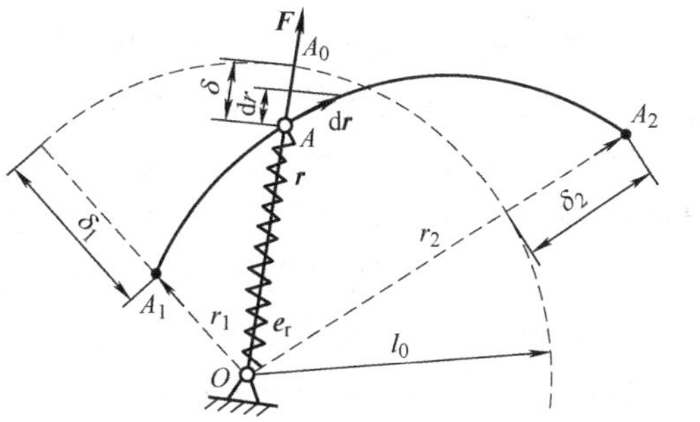

图 3-4-4　弹性力的功

(3) 定轴转动刚体上作用力的功

设力 $\boldsymbol{F}$ 与力作用点 A 处的轨迹切线之间的夹角为 θ，如图 3-4-5 所示。则力 $\boldsymbol{F}$ 在轨迹切线上的投影为

$$F_t=F\cos\theta$$

当刚体绕定轴转动时，转角 φ 与弧长 s 的关系为

$$\mathrm{d}s=R\mathrm{d}\varphi$$

式中，R 为力作用点 A 到转轴的垂直距离。力 $\boldsymbol{F}$ 的元功为

$$\delta W=\boldsymbol{F}\cdot\mathrm{d}\boldsymbol{r}=F_t\mathrm{d}s=F_tR\mathrm{d}\varphi$$

因为 F_tR 等于力 $\boldsymbol{F}$ 对于转轴 z 的力矩 M_z，于是

$$\delta W=M_z\mathrm{d}\varphi \qquad (3\text{-}4\text{-}9)$$

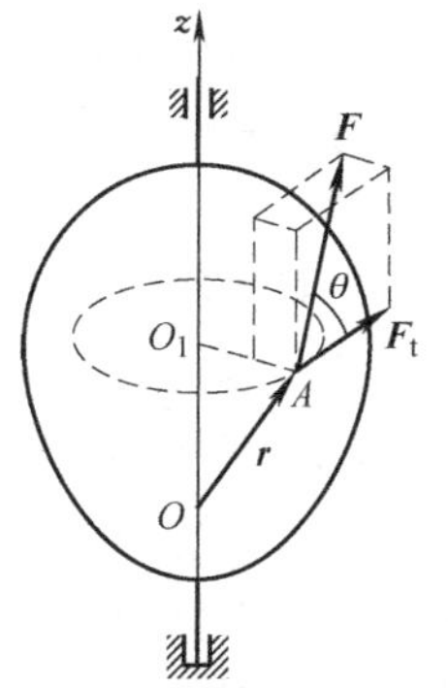

图 3-4-5　定轴转动刚体上外力的功

力 $\boldsymbol{F}$ 在刚体从角 φ_1 到 φ_2 转动过程中做的功为

$$W_{12}=\int_{\varphi_1}^{\varphi_2}M_z\mathrm{d}\varphi \qquad (3\text{-}4\text{-}10)$$

如果作用在刚体上的是力偶，则力偶所做的功仍可用式(3-4-10) 计算，其中 M_z 为力偶对转轴 z 的矩，也等于力偶矩矢 $\boldsymbol{M}$ 在 z 轴上的投影。

(4) 摩擦力的功

物体沿图 3-4-6a 所示粗糙轨道滑动时，动滑动摩擦力 $F_d=fF_N$，其方向总与滑动方向相反，所以，功恒为负值，由式(3-4-2) 知

$$W=-\int_{M_1M_2}F_d\mathrm{d}s=-\int_{M_1M_2}fF_N\mathrm{d}s$$

这是曲线积分，因此，动滑动摩擦力的功不仅与起止位置有关，还与路径有关。

当物体纯滚动时，例如图 3-4-6b 所示纯滚动的圆轮，它与地面之间没有相对滑动，其滑动摩擦力属于静滑动摩擦力。圆轮纯滚动时，轮与地面的接触点 C 是圆轮在此瞬时的速度瞬心，$v_C=0$，由式(3-4-1) 得

$$\delta W=\boldsymbol{F}\cdot\mathrm{d}\boldsymbol{r}_C=\boldsymbol{F}\cdot\boldsymbol{v}_C\mathrm{d}t=0$$

即圆轮沿固定轨道滚动而无滑动时，滑动摩擦力不做功。

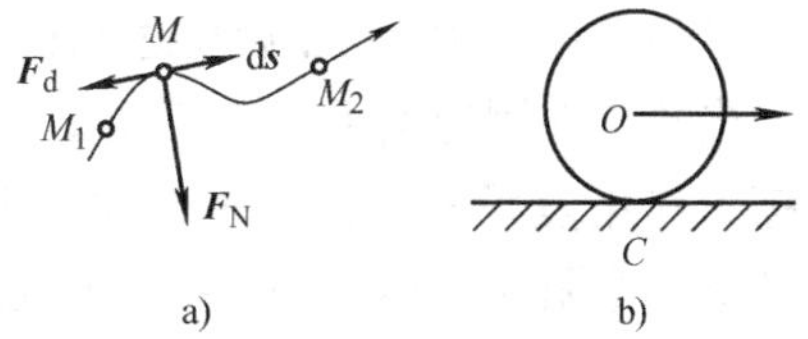

图 3-4-6　摩擦力的功
a) 物体沿轨道滑动　b) 圆轮纯滚动

（5）内力的功

必须注意，作用于质点系的力既有外力，也有内力，在某些情形下，内力虽然等值、反向，但所做功的和并不等于零。例如，由两个相互吸引的质点 M_1 和 M_2 组成的质点系，两质点相互作用的力 $\boldsymbol{F}_{12}$和 $\boldsymbol{F}_{21}$是一对内力，如图 3-4-7 所示。虽然内力的矢量和等于零，但是当两质点相互趋近时，两力所做功的和为正；当两质点相互离开时，两力所做功的和为负。所以内力做功的和一般不等于零。又如，汽车发动机的气缸内膨胀的气体对活塞和气缸的作用力都是内力，内力功的和不等于零，内力的功使汽车的动能增加。此外，如机器中轴与轴承之间相互作用的摩擦力对于整个机器是内力，它们做负功，总和为负，弹簧内力也做功，应用动能定理时都要计入这些内力所做的功。

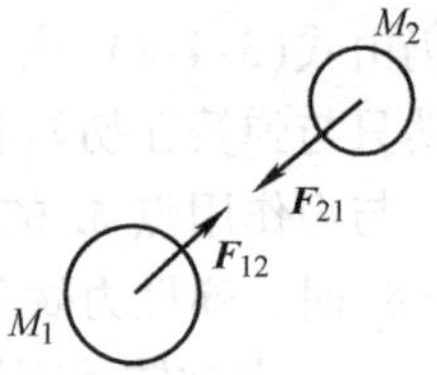

图 3-4-7　内力的功

同时也应注意，在不少情况下，内力所做功的和等于零。例如，刚体内两质点相互作用的力是内力，两力大小相等、方向相反。因为刚体上任意两点的距离保持不变，沿这两点连线的位移必定相等，其中一力做正功，另一力做负功，这一对力所做的功的和等于零。

于是得结论：刚体所有内力做功的和等于零。不可伸长的柔绳、钢索等所有内力做功的和也等于零。

（6）约束力的功

对于光滑固定面和一端固定的绳索等约束，其约束力都垂直于力作用点的位移，约束力不做功。又如光滑铰支座、固定端等约束，显然其约束力也不做功。约束力做功等于零的约束称为理想约束。在理想约束条件下，质点系动能的改变只与主动力做功有关。

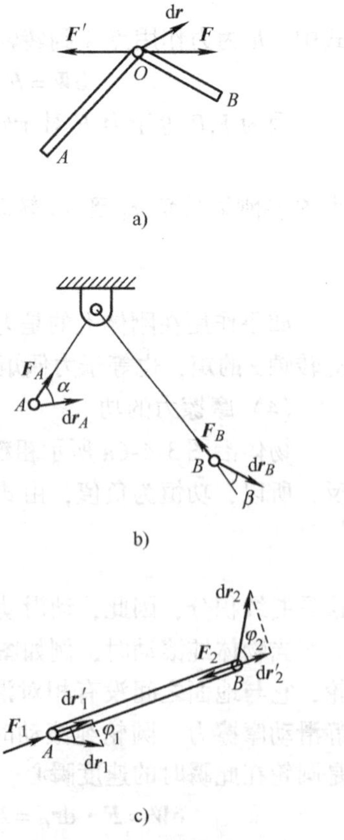

a)
b)
c)
图 3-4-8　约束力的功
a）中间铰链　b）柔索约束　c）二力杆

光滑铰链、刚性二力杆以及不可伸长的细绳等作为系统内的约束时，其中单个的约束力不一定不做功，但一对约束力做功之和等于零，也都是理想约束。如图 3-4-8a 所示的铰链，铰链处相互作用的约束力 $\boldsymbol{F}$ 和 $\boldsymbol{F}'$是等值反向的，它们在铰链中心的任何位移 $d\boldsymbol{r}$ 上做功之和都等于零。又如图 3-4-8b 中，跨过光滑支持轮的细绳对系统中两个质点的拉力 $F_A = F_B$，如绳索不可伸长，则两端的位移 $d\boldsymbol{r}_A$ 和 $d\boldsymbol{r}_B$ 沿绳索的投影必相等，因而 $\boldsymbol{F}_A$ 和 $\boldsymbol{F}_B$ 二约束力做功之和等于零。至于图 3-4-8c 所示的二力杆对 A、B 两点的约束力，有 $F_1 = F_2$，而两端位移沿 AB 连线的投影又是相等的，显然约束力 $\boldsymbol{F}_1$、$\boldsymbol{F}_2$ 做功之和也等于零。

当轮子在固定面上只滚不滑时，接触点为瞬心，滑动摩擦力作用点没动，此时的滑动摩擦力也不做功。因此，不计滚动摩阻时，纯滚动的接触点也是理想约束。

3. 功率

在工程中，一般需要了解一部机器单位时间内能做多

少功。单位时间内力做的功称为功率，以 P 表示，其数学表达式为

$$P=\frac{\delta W}{\mathrm{d}t} \tag{3-4-11}$$

因为 $\delta W=\boldsymbol{F}\cdot\mathrm{d}\boldsymbol{r}$，因此功率可写成

$$P=\boldsymbol{F}\cdot\frac{\mathrm{d}\boldsymbol{r}}{\mathrm{d}t}=\boldsymbol{F}\cdot\boldsymbol{v}=F_t v$$

式中，$\boldsymbol{v}$ 为力 $\boldsymbol{F}$ 作用点的速度。功率等于切向力 F_t 与力作用点速度 v 的乘积。例如对于每部机床来说，其能够输出的最大功率是一定的，因此切削加工中，如果切削力大，必须选择较小的切削速度。当今高速切削技术发展很快，那么切削过程中切削力能否降下来是实现高速切削的关键问题。汽车启动或上坡时，由于需要较大的驱动力，需选择较低档位，以求在发动机功率一定的条件下，产生大的驱动力。

作用在转动刚体上的力的功率为

$$P=\frac{\delta W}{\mathrm{d}t}=M_z\frac{\mathrm{d}\varphi}{\mathrm{d}t}=M_z\omega \tag{3-4-12}$$

式中，M_z 为力对转轴 z 的矩；ω 为角速度。

在国际单位制中，每秒钟力所做的功等于 1J 时，其功率为 1W（瓦特）（1W = 1J/s）。工程中常用 kW 作单位，1kW = 1000W。

二、质点和质点系的动能

1. 质点的动能

设质点的质量为 m，速度为 v，则质点的动能为 $\frac{1}{2}mv^2$。动能是标量，恒取正值，在国际单位制中动能的单位为 J（焦耳）。

动能和动量都是表征机械运动的量，前者与质点速度的平方成正比，是一个标量；后者与质点速度的一次方成正比，是一个矢量，它们是机械运动的两种度量。

2. 质点系的动能

质点系内各质点动能的算术和称为质点系的动能，即

$$T=\sum\frac{1}{2}m_i v_i^2$$

例如图 3-4-9 所示的质点系有三个质点，它们的质量分别为 $m_1=2m_2=4m_3$。忽略绳的质量，并假设绳不可伸长，则三个质点的速度 v_1、v_2、v_3 大小相同，都等于 v，而方向各异。计算质点系的动能不必考虑它们的方向，于是得

$$T=\frac{1}{2}m_1v_1^2+\frac{1}{2}m_2v_2^2+\frac{1}{2}m_3v_3^2=\frac{7}{2}m_3v^2$$

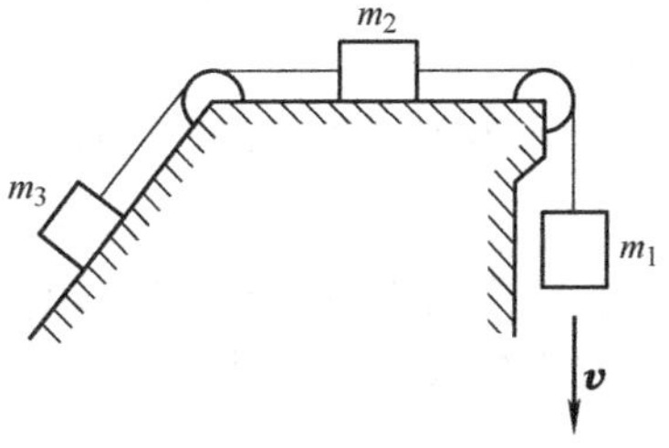

图 3-4-9 绳和物块组成的质点系

3. 刚体的动能

刚体是由无数质点组成的质点系。刚体做不同的运动时，各质点的速度分布不同，刚体的动能应按照刚体的运动形式来计算。

（1）平移刚体的动能

当刚体做平移时，各点的速度都相同，可以质心速度 v_C 为代表，于是得平移刚体的动能为

$$T=\sum\frac{1}{2}m_iv_i^2=\frac{1}{2}v_C{}^2\cdot\sum m_i$$

或写成

$$T=\frac{1}{2}mv_C{}^2 \tag{3-4-13}$$

式中，$m=\sum m_i$ 是刚体的质量。如果假想质心是一个质点，它的质量等于刚体的质量，则平移刚体的动能等于此质点的功能。

（2）定轴转动刚体的动能

当刚体绕定轴 z 轴转动时，如图 3-4-10 所示，其中任一点 m_i 的速度为

$$v_i=r_i\omega$$

式中，ω 为刚体的角速度；r_i 为质点 m_i 到转轴的垂直距离。于是绕定轴转动的刚体的动能为

$$T=\sum\frac{1}{2}m_iv_i^2=\sum\left(\frac{1}{2}m_ir_i\omega^2\right)=\frac{1}{2}\omega^2\cdot\sum m_ir_i{}^2$$

其中，$\sum m_ir_i{}^2=J_z$，是刚体对于 z 轴的转动惯量，于是得

$$T=\frac{1}{2}J_z\omega^2 \tag{3-4-14}$$

即绕定轴转动的刚体的动能，等于刚体对于转轴的转动惯量与角速度平方乘积的一半。

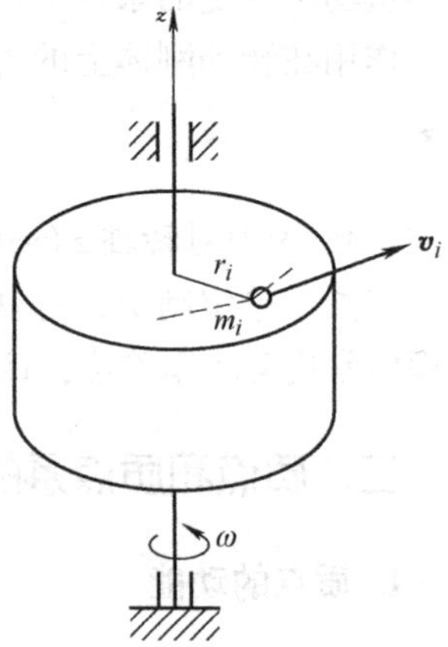

图 3-4-10　定轴转动刚体的动能

（3）平面运动刚体的动能

取刚体质心 C 所在的平面图形如图 3-4-11 所示。设图形中的点 P 为某瞬时的瞬心，ω 为平面图形转动的角速度，于是做平面运动的刚体的动能为

$$T=\frac{1}{2}J_P\omega^2$$

式中，J_P 为刚体对于瞬时轴的转动惯量。因为在不同时刻，刚体以不同的点作为瞬心，因此用上式计算动能在一般情况下是不方便的。

如 C 为刚体的质心，根据计算转动惯量的平行移轴定理有

$$J_P=J_C+md^2$$

式中，m 为刚体的质量；$d=CP$；J_C 为对于质心的转动惯量。代入计算动能的公式中，得

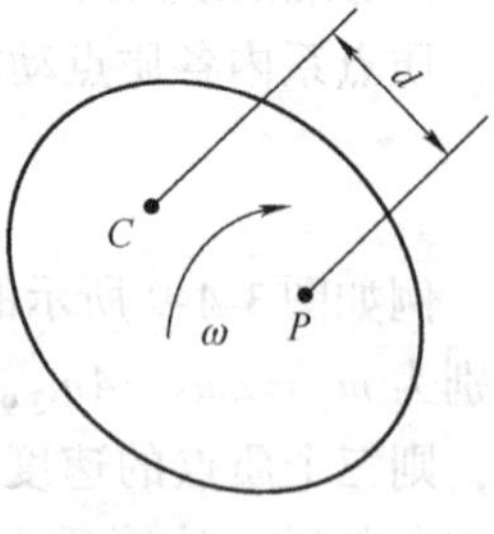

图 3-4-11　平面运动刚体的动能

$$T=\frac{1}{2}(J_C+md^2)\omega^2=\frac{1}{2}J_C\omega^2+\frac{1}{2}m\ (d\cdot\omega)^2$$

因 $d\cdot\omega=v_C$，于是得

$$T=\frac{1}{2}mv_C{}^2+\frac{1}{2}J_C\omega^2 \tag{3-4-15}$$

即**做平面运动的刚体的动能，等于随质心平动的动能与绕质心转动的动能之和**。

例如，一车轮在地面上滚动而不滑动，如图 3-4-12 所示。若轮心做直线运动，速度为 v_C，车轮质量为 m，质量分布在轮缘，轮辐的质量不计，则车轮的动能为

$$T = \frac{1}{2}mv_C^{\ 2} + \frac{1}{2}mR^2\left(\frac{v_C}{R}\right)^2 = mv_C^{\ 2}$$

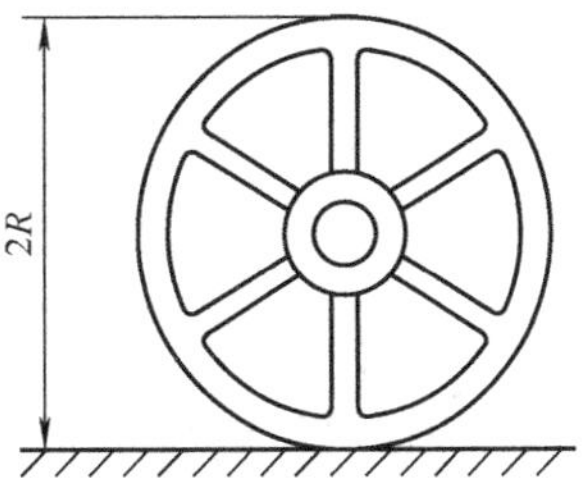

图 3-4-12　纯滚动轮子的示意图

其他运动形式的刚体，应按其速度分布计算该刚体的动能。

三、动能定理

1. 质点的动能定理

质点的动能定理建立了质点的动能与作用力的功的关系。取质点的运动微分方程的矢量形式

$$m\frac{\mathrm{d}\boldsymbol{v}}{\mathrm{d}t} = \boldsymbol{F}$$

在方程两边点乘 $\mathrm{d}\boldsymbol{r}$，得

$$m\frac{\mathrm{d}\boldsymbol{v}}{\mathrm{d}t}\cdot\mathrm{d}\boldsymbol{r} = \boldsymbol{F}\cdot\mathrm{d}\boldsymbol{r}$$

因 $\mathrm{d}\boldsymbol{r} = \boldsymbol{v}\mathrm{d}t$，于是上式可写为

$$m\boldsymbol{v}\cdot\mathrm{d}\boldsymbol{v} = \boldsymbol{F}\cdot\mathrm{d}\boldsymbol{r}$$

或

$$\mathrm{d}\left(\frac{1}{2}mv^2\right) = \delta W \tag{3-4-16}$$

式(3-4-16) 称为**质点动能定理的微分形式：质点动能的增量等于作用在质点上力的元功**。

积分式(3-4-16)，得

$$\frac{1}{2}mv_2^2 - \frac{1}{2}mv_1^2 = W_{12} \tag{3-4-17}$$

式(3-4-17) 是**质点动能定理的积分形式：在质点运动的某个过程中，质点动能的改变量等于作用于质点的力做的功**。

由式(3-4-16) 或式(3-4-17) 可见，力做正功，质点动能增加；力做负功，质点动能减小。

2. 质点系的动能定理

取质点系内任一质点，质量为 m_i，速度为 v_i，作用在该质点上的力为 $\boldsymbol{F}_i$。根据质点的动能定理的微分形式有

$$\mathrm{d}\left(\frac{1}{2}m_iv_i^2\right) = \delta W_i$$

式中，δW_i 为作用于这个质点的力所做的元功。

设质点系有 n 个质点，对于每个质点都可列出一个如上的方程，将 n 个方程相加，得

$$\sum \mathrm{d}\left(\frac{1}{2}m_i v_i^2\right) = \sum \delta W_i$$

或

$$\mathrm{d}\left[\sum\left(\frac{1}{2}m_i v_i^2\right)\right] = \sum \delta W_i$$

式中，$\sum\left(\frac{1}{2}m_i v_i^2\right)$为质点系的动能，以 T 表示。于是上式可写为

$$\mathrm{d}T = \sum \delta W_i \tag{3-4-18}$$

式(3-4-18) 为**质点系动能定理的微分形式：质点系动能的增量等于作用于质点系全部力所做的元功之和。**

对式(3-4-19) 积分，得

$$T_2 - T_1 = \sum W_i \tag{3-4-19}$$

式中，T_1、T_2 分别为质点系在某一段运动过程的起点和终点的动能。式(3-4-19) 为**质点系动能定理的积分形式：质点系在某一段运动过程中，起点和终点的动能的改变量，等于作用于质点系的全部力在这段过程中所做功的和。**

3. 功率方程

取质点系动能定理的微分形式，两端除以 dt，得

$$\frac{\mathrm{d}T}{\mathrm{d}t} = \sum \frac{\delta W_i}{\mathrm{d}t} = \sum P_i$$

上式**称为功率方程：质点系动能对时间的一阶导数，等于作用于质点系的所有力的功率的代数和。**

功率方程常用来研究机器在工作时能量变化和转化的问题。例如车床工作时，电场对电机转子作用的力做正功，使转子转动，电场力的功率称为输入功率。由于胶带传动、齿轮传动和轴承与轴之间都有摩擦，摩擦力做负功，使一部分机械能转化为热能；传动系统中的零件也会相互碰撞，也要损失一部分功率。这些功率都取负值，称为无用功率或损耗功率。车床切削工件时，切削阻力对夹持在车床主轴上的工件做负功，这是车床加工零件必须付出的功率，称为有用功率或输出功率。

每部机器的功率都可分为上述三部分。在一般情形下，可有

$$\frac{\mathrm{d}T}{\mathrm{d}t} = P_{输入} - P_{有用} - P_{无用}$$

或

$$P_{输入} = P_{有用} + P_{无用} + \frac{\mathrm{d}T}{\mathrm{d}t}$$

其中，有效功率 $= P_{有用} + \frac{\mathrm{d}T}{\mathrm{d}t}$，有效功率与输入功率的比值称为机器的机械效率，用 η 表示，即

$$\eta = \frac{有效功率}{输入功率}$$

机械效率 η 表明机器对输入功率的有效利用程度，它是评定机器质量好坏的指标之一。显然，一般情况下，$\eta < 1$。

例 3-4-1 质量为 m 的质点，自高处自由落下，落到下面有弹簧支持的板上，如图 3-4-13 所示。设板和弹簧的质量都可忽略不计，弹簧的刚度系数为 k，求弹簧的最大压缩量。

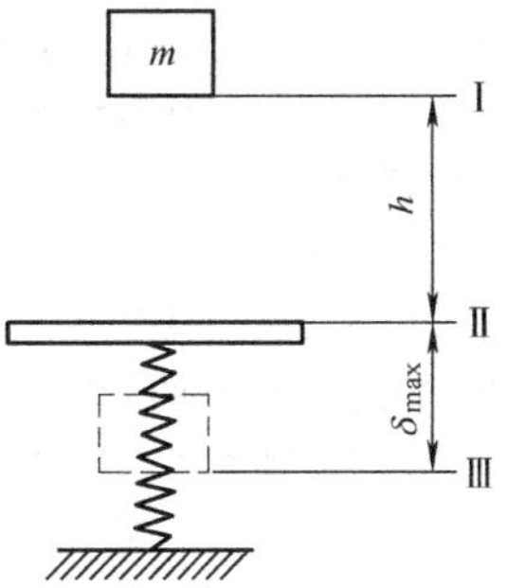

图 3-4-13 质点、板和弹簧组成质点系

Ⅰ. 题目分析

本题可利用质点系的动能定理求解。质点、板和弹簧组成质点系满足动能定理，忽略板和弹簧的质量，则质点动能的变化等于其重力做功和弹簧的弹性势能之和。

Ⅱ. 题目求解

解：质点从位置 1 落到板上时是自由落体运动，速度由 0 增加到 v_1，动能由 0 变到$\frac{1}{2}mv_1^2$，在这段过程中，重力做的功为 mgh，应用动能定理

$$\frac{1}{2}mv_1^2 - 0 = mgh$$

求得

$$v_1 = \sqrt{2gh}$$

质点继续向下运动，弹簧被压缩，质点速度逐渐减小，当速度等于零时，弹簧被压缩到最大值 $\delta_{\max}$。在这段过程中重力做的功为 $mg\delta_{\max}$，弹簧力做的功为$\frac{1}{2}k(0-\delta_{\max}^2)$，应用动能定理

$$0 - \frac{1}{2}mv_1^2 = mg\delta_{\max} - \frac{1}{2}k\delta_{\max}^2$$

解得

$$\delta_{\max} = \frac{mg}{k} \pm \frac{1}{k}\sqrt{m^2g^2 + 2kmgh}$$

由于弹簧的压缩量必定是正值，因此答案取正号，即

$$\delta_{\max} = \frac{mg}{k} + \frac{1}{k}\sqrt{m^2g^2 + 2kmgh}$$

本题也可以把上述两段过程合在一起考虑，即对质点从开始下落至弹簧压缩到最大值的过程应用动能定理，在这一过程的始末位置质点的动能都等于零。在这一过程中，重力做的功为 $mg(h+\delta_{\max})$，弹簧力做的功同上，于是有

$$0 - 0 = mg(h+\delta_{\max}) - \frac{1}{2}k\delta_{\max}^2$$

解得的结果与前面所得结果相同。

Ⅲ. 题目关键点解析

本题的关键点有两个：一是在质点从位置Ⅰ到位置Ⅲ的运动过程中，重力做正功，弹簧力做负功，恰好抵消，因此质点在运动始、末两位置的动能是相同的；二是质点在运动过程中速度是变化的，但在应用动能定理时不必考虑在始、末位置之间速度的变化情况，简化了计算。

例 3-4-2 卷扬机如图 3-4-14 所示。鼓轮在常力偶 M 的作用下将圆柱沿斜坡上拉。已知鼓轮的半径为 R_1，质量为 m_1，质量分布在轮缘上；圆柱的半径为 R_2，质量为 m_2，质量均匀分布。设斜坡的倾角为 θ，圆柱只滚不滑。系统从静止开始运动，求圆柱中心 C 经过路程 s 时的速度和加速度。

Ⅰ. 题目分析

本题可利用质点系的动能定理求解。对圆柱和鼓轮组成的质点系进行受力分析，力偶做功和圆柱重力做功之和等于质点系动能的变化。

Ⅱ. 题目求解

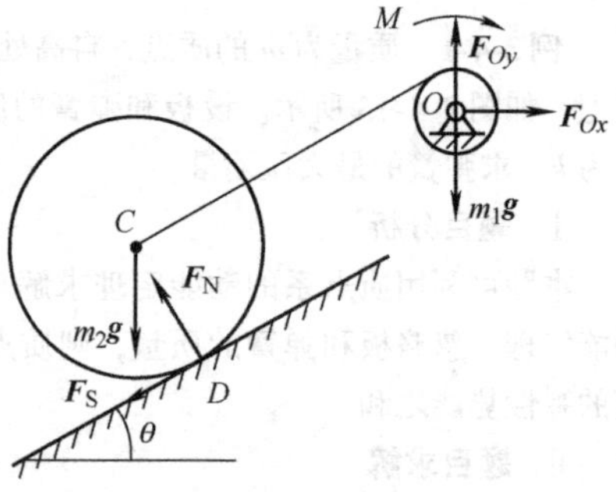

图 3-4-14　卷扬机

解：(1) 受力分析。圆柱和鼓轮一起组成质点系。作用于该质点系的外力有：重力 $m_1\boldsymbol{g}$ 和 $m_2\boldsymbol{g}$，外力偶 M，水平轴支座约束力 $\boldsymbol{F}_{Ox}$ 和 $\boldsymbol{F}_{Oy}$，斜面对圆柱的作用力 $\boldsymbol{F}_N$ 和静摩擦力 $\boldsymbol{F}_S$。应用动能定理进行求解。

其中，因为点 O 没有位移，力 F_{Ox}、F_{Oy} 和 m_1g 所做的功等于零；圆柱沿斜面只滚不滑，边缘上任一点与地面只瞬时接触，因此作用于瞬心 D 的法向约束反力 F_N 和静摩擦力 F_S 不做功，此系统只受理想约束，且内力做功为零。主动力所做的功为

$$W_{12}=M\varphi-m_2g\sin\theta\cdot s$$

(2) 运动分析。鼓轮定轴转动，设角速度为 ω_1，圆柱平面运动，设角速度为 ω_2，圆柱中心的速度为 v_C，质点系初始的动能及过程结束的动能分别为

$$T_1=0$$

$$T_2=\frac{1}{2}J_1\omega_1^2+\frac{1}{2}m_2v_C^2+\frac{1}{2}J_2\omega_2^2$$

式中，J_1、J_2 分别为鼓轮对于中心轴 O、圆柱对于过质心 C 的轴的转动惯量，有

$$J_1=m_1R_1^2,\ J_2=\frac{1}{2}m_2R_2^2$$

且

$$\omega_1=\frac{v_C}{R_1},\ \omega_2=\frac{v_C}{R_2}$$

于是

$$T_2=\frac{v_C^2}{4}(2m_1+3m_2)$$

(3) 根据质点系的动能定理，并将动能和功的计算结果代入，得

$$\frac{v_C^2}{4}(2m_1+3m_2)-0=M\varphi-m_2g\sin\theta\cdot s \tag{a}$$

以 $\varphi=\dfrac{s}{R_1}$ 代入，解得

$$v_C=2\sqrt{\frac{(M-m_2gR_1\sin\theta)s}{R_1(2m_1+3m_2)}}$$

圆柱运动过程中，速度 v 及经过的距离 s 都是变化的，将式(a) 两端对时间取一阶导数，并注意到 $\dfrac{\mathrm{d}v_C}{\mathrm{d}t}=a$，$\dfrac{\mathrm{d}s}{\mathrm{d}t}=v_C$，得

$$\frac{v_C}{2}(2m_1+3m_2)\frac{\mathrm{d}v_C}{\mathrm{d}t}=\left(\frac{M}{R_1}-m_2g\sin\theta\right)\frac{\mathrm{d}s}{\mathrm{d}t} \tag{b}$$

上式两端消去 v_C，可求得重物的加速度

$$a=\frac{2(M-m_2gR_1\sin\theta)}{R_1(2m_1+3m_2)}$$

Ⅲ. 题目关键点解析

本题的关键点有三个：一是计算力的功时只有圆柱的重力做功和力偶对鼓轮做功；二是计算质点系的动能时需要考虑刚体的运动形式，不同的运动形式，动能的计算方法不同；三是根据动能定理得到速度的表达式后，由于速度和位移均为时间的函数，可以进一步对时间求导得到重物的加速度。

综合以上各例，总结应用动能定理解题的步骤如下：

1）受力分析。选取某质点系（或质点）作为研究对象进行受力分析，确定哪些力做功，得到功的表达式。

2）运动分析。分析运动过程中各刚体的运动形式，设定相关刚体的运动要素，比如位移、速度、角速度等，计算系统的初始和末了的动能，得到动能的表达式。

3）应用动能定理建立方程，求解相关未知量。

四、势力场　势能　机械能守恒定律

1. 势力场

如果一物体在某空间任一位置都受到一个大小和方向完全由所在位置确定的力的作用，则这部分空间称为力场。如果物体在力场内运动，作用于物体的力所做的功只与力作用点的初始位置和终了位置有关，而与其作用点经过的路径无关，这种力场称为势力场或保守力场。在势力场中，物体所受到的力称为有势力或保守力，如重力、弹性力等都是有势力。

2. 势能

在势力场中，质点从点 M 运动到任选的点 M_0，有势力所做的功称为质点在点 M 相对于点 M_0 的势能。以 V 表示为

$$V=\int_M^{M_0}\boldsymbol{F}\cdot \mathrm{d}\boldsymbol{r}=\int_M^{M_0}(F_x\cdot \mathrm{d}x+F_y\cdot \mathrm{d}y+F_z\cdot \mathrm{d}z) \tag{3-4-20}$$

式中，M_0 为势能等于零的位置，称为零势能点。由于零势位置可以任选，所以对于同一考察位置的势能，将因零势能点的不同而有不同的数值。现在计算几种常见的势能。

（1）重力场中的势能

重力场中，以铅垂轴为 z 轴，z_0 为零势能点。质点于 z 坐标处的势能 V 等于重力 mg 由 z 到 z_0 处所做的功，即

$$V=\int_z^{z_0}-mg\mathrm{d}z=mg(z-z_0) \tag{3-4-21}$$

（2）弹性力场中的势能

设弹簧的一端固定，另一端与物体连接，弹簧的刚度系数为 k。以变形量为 δ_0 处为零势能点，则变形量为 δ 处的弹簧势能 V 为

$$V=\frac{k}{2}(\delta^2-\delta_0^2) \tag{3-4-22}$$

如果取弹簧的自然位置为零势能点，则有 $\delta_0=0$，于是得

$$V=\frac{k}{2}\delta^2 \tag{3-4-23}$$

3. 机械能守恒定律

设质点系在运动过程的初始和终了瞬时的动能分别为 T_1 和 T_2，势能分别为 V_1 和 V_2，所受力在这一过程所做的功为 W_{12}，根据有势力的定义和功的概念，可得到有势力的功和势能的关系：

$$W_{12}=V_1-V_2$$

这说明有势力所做的功等于质点系在运动过程的起始位置与终了位置的势能差。这一关

系可以更好地帮助理解功和势能的概念。

质点系在某瞬时的动能和势能的代数和称为机械能。**当作用在系统上做功的力均为有势力时，其机械能保持不变。**这即为**机械能守恒定律**，其数学表达式为

$$T_1 + V_1 = T_2 + V_2$$

事实上，在很多情况下，质点系会受到非保守力作用，此时系统称为非保守系统，我们只要在动能定理中加上非保守力的功 W'_{12} 即可，也就是

$$T_2 - T_1 = V_2 - V_1 + W'_{12} \tag{3-4-24}$$

或者

$$(T_2 + V_2) - (T_1 + V_1) = W'_{12}$$

例如，如果系统上除了保守力外还有摩擦力做功，则 W'_{12} 即为摩擦力做的功。

五、普遍定理的综合应用举例

质点和质点系的普遍定理包括动量定理、动量矩定理和动能定理。这些定理可分为两类：动量定理和动量矩定理属于一类，动能定理属于另一类。前者是矢量形式，后者是标量形式；两者都用于研究机械运动，而后者还可用于研究机械运动与其他运动形式有能量转化的问题。

质心运动定理与动量定理一样，也是矢量形式，常用来分析质点系受力与质心运动的关系；它与相对于质心的动量矩定理联合，共同描述了质点系机械运动的总体情况；特别是联合用于刚体，可建立起刚体运动的基本方程。应用动量定理或动量矩定理时，质点系的内力不能改变系统的动量和动量矩，只需考虑质点系所受的外力。

动能定理是标量形式，在很多实际问题中约束力又不做功，因而应用动能定理分析系统的速度变化是比较方便的。功率方程可视为动能定理的另一种微分形式，便于计算系统的加速度。但应注意，在有些情况下质点系的内力做功并不等于零，应用时要具体分析质点系内力做功问题。

动力学普遍定理中的各定理在求解质点系（包括质点）动力学问题中各有自己的特点。动量定理和质心运动定理主要用于已知运动求约束力；动量矩定理、动能定理则主要用于已知力求运动。若遇到已知主动力而欲求系统的运动及约束力时，需综合运用各定理，一般常用方法有：

1）动能定理与质心运动定理（或动量定理）联合应用，由动能定理求系统的运动，用质心运动定理（或动量定理）求约束力。

2）动量矩定理与质心运动定理（或动量定理）联合应用，用前者求运动，后者求约束力。

下面举例说明。

例 3-4-3 在提升设备中（图 3-4-15），半径为 r、质量为 m_1 的均质滑轮绕水平固定轴转动；一绳绕过滑轮吊一质量为 m_2 的重物，由电动机传过来的转动力矩为 M。不计摩擦，求重物的加速度及轴承 O 的约束力。

Ⅰ. 题目分析

本题需要同时求系统的运动和约束力，可以采用两种方法求解。方法一：采用动能定理求重物的加速度，用质心运动定理求约束力；方法二：用动量矩定理求重物的加速度，用质心运动定理求约束力。

Ⅱ. 题目求解

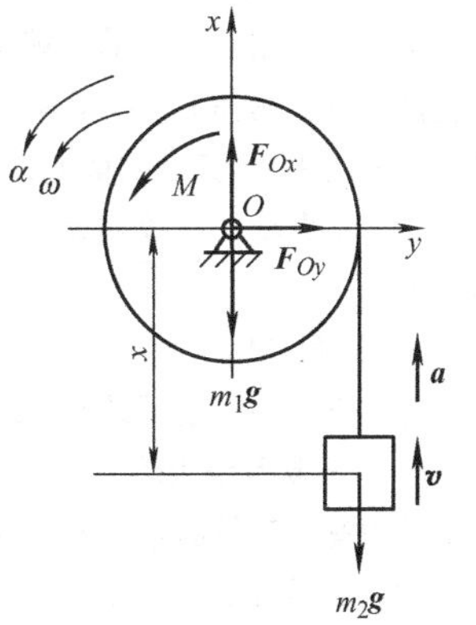

图 3-4-15　滑轮提升设备

解：方法一　动能定理与质心运动定理联合应用，由动能定理求重物的加速度，用质心运动定理求解约束力。

（1）动能定理求重物的加速度。取系统为研究对象，受力分析如图3-4-15所示，系统受到重力 $m_1\boldsymbol{g}$、$m_2\boldsymbol{g}$、力矩 M 及轴承约束力 $\boldsymbol{F}_{Ox}$、$\boldsymbol{F}_{Oy}$作用。其中做功的力只有 $m_2\boldsymbol{g}$ 和力矩 M。

分析运动：滑轮做定轴转动，重物做直线平移。

设某瞬时重物的速度为 $\boldsymbol{v}$、加速度为 $\boldsymbol{a}$，则轮的角速度为 $\omega=\dfrac{v}{r}$，角加速度为 $\alpha=\dfrac{a}{r}$。

由微分形式的动能定理
$$\frac{\mathrm{d}T}{\mathrm{d}t}=\sum\frac{\delta W_i}{\mathrm{d}t}=\sum P_i$$

得
$$\frac{\mathrm{d}}{\mathrm{d}t}\left(\frac{1}{2}m_2v^2+\frac{1}{2}J_O\omega^2\right)=M\omega-m_2gv$$

式中，$\sum P_i$ 为主动力功率。

将 $v=r\omega$ 及 $J_O=\dfrac{1}{2}m_1r^2$ 代入上式得
$$\frac{1}{2}(2m_2+m_1)v\frac{\mathrm{d}v}{\mathrm{d}t}=\left(\frac{M}{r}-m_2g\right)v$$

由于 $a=\dfrac{\mathrm{d}v}{\mathrm{d}t}$，则解得
$$a=\frac{2}{r}\left(\frac{M-m_2gr}{2m_2+m_1}\right)$$

（2）由质心运动定理求轴承处约束力。由质心运动定理投影式
$$(m_1+m_2)a_{Cx}=\sum F_x^{(\mathrm{e})}\text{ 得 }(m_1+m_2)\frac{\mathrm{d}^2x_C}{\mathrm{d}t^2}=\sum F_x^{(\mathrm{e})}$$

式中，$x_C=\dfrac{m_1\cdot 0+m_2\cdot x}{m_1+m_2}$，两边对时间求导，得$\dfrac{\mathrm{d}^2x_C}{\mathrm{d}t^2}=\dfrac{m_2a}{m_1+m_2}$，代入微分方程得
$$m_2a=F_{Ox}-m_1g-m_2g$$

从而求得
$$F_{Ox}=m_2a+m_1g+m_2g$$

将 a 代入得
$$F_{Ox}=(m_1+m_2)g+\frac{2m_2(M-m_2gr)}{r(2m_2+m_1)}$$

由载荷的对称性或 $Ma_{Cy}=\sum F_y^{(\mathrm{e})}$ 得 $F_{Oy}=0$，此题得解。

方法二　动量矩定理与质心运动定理联合应用

用动量矩定理求得重物的加速度 $a=\dfrac{2}{r}\left(\dfrac{M-m_2gr}{2m_2+m_1}\right)$。

然后同第一种解法一样，再应用质心运动定理求得轴承约束力 F_{Ox}、F_{Oy}。

Ⅲ. 题目关键点解析

本题的关键点有两个：一是用动能定理求重物加速度时要明确只有 m_2和 M 做功；二是本题中约束力仅能运用质心运动定理求解，而加速度可以采用动能定理或动量矩定理求解，相对而言，用动量矩定理操作更为简单。

例 3-4-4　鼓轮质量 $m_1=1500\mathrm{kg}$，回转半径 $\rho=0.8\mathrm{m}$，物体 C 的质量 $m_2=1000\mathrm{kg}$，它们的连接方式如图 3-4-16 所示。系统从静止开始释放，不计 B 点滑轮和绳子的质量。试求物体垂直下降 $h=4\mathrm{m}$ 后鼓轮中心 O 的速度、加速度及下降 h 所用的时间。其中，$R=1\mathrm{m}$，$r=0.5\mathrm{m}$。

Ⅰ. 题目分析

本题可利用质点系的动能定理或机械能守恒定理求解，质点系包括鼓轮和物体 C，作用其上的主动力分为鼓轮的重力 $\boldsymbol{G}_1$ 和物体 C 的重力 $\boldsymbol{G}_2$。其余约束力，包括 A 点绳的约束力和铰链 B 点的约束力均不做功。系统初始时刻的动能为零。故此题可用动能定理求解。

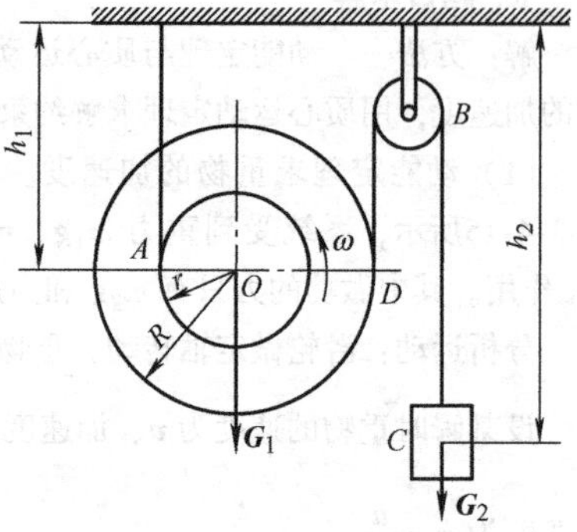

图 3-4-16　鼓轮传送装置

Ⅱ. 题目求解

解：方法一　运用动能定理求解

（1）选取系统为研究对象，即包括鼓轮和物体 C，作用其上的主动力有：鼓轮的重力 $\boldsymbol{G}_1$ 和物体 C 的重力 $\boldsymbol{G}_2$。

（2）计算系统的动能。因系统从静止开始无初始速度释放，所以系统在初始位置的动能

$$T_1 = 0$$

当物体下降 h 时，设物体速度为 v_C，鼓轮做平面运动，设鼓轮角速度为 ω，其质心 O 点的速度为 v_O，则系统在末了位置的动能为

$$T_2 = \frac{1}{2}m_1 v_O^2 + \frac{1}{2}J_0\omega^2 + \frac{1}{2}m_2 v_C^2$$

式中，$J_0 = m_1\rho^2$。由于鼓轮的瞬心在 A 点，则有

$$\omega = \frac{v_O}{r},\ v_C = (r+R)\omega = 3v_O$$

将其代入 T_2，则有

$$T_2 = \frac{1}{2}v_O^2\left(m_1 + \frac{m_1\rho^2}{r^2} + 9m_2\right)$$

（3）计算系统主动力的功。系统中只有重力 $\boldsymbol{G}_1$ 和 $\boldsymbol{G}_2$ 做功，当物体下降 h 时，鼓轮中心点 O 上升 h_0，$h = 3h_0$，则重力做功之和为

$$\sum W = G_2 h - G_1 h_0 = m_2 g \cdot 3h_0 - m_1 g h_0 = g h_0 (3m_2 - m_1)$$

（4）根据动能定理方程有

$$T_2 - T_1 = \sum W$$

将以上计算结果代入方程内，可得

$$\frac{1}{2}v_O^2\left(m_1 + \frac{m_1\rho^2}{r^2} + 9m_2\right) - 0 = g h_0 (3m_2 - m_1)$$

所以

$$v_O = \sqrt{\frac{2gh_0(3m_2 - m_1)}{m_1 + m_1\rho^2/r^2 + 9m_2}}$$

将已知数据代入上式，则得

$$v_O = 1.65\mathrm{m/s}$$

（5）求鼓轮质心 O 的加速度。将 v_O 的表达式两边平方，则有

$$v_O^2 = \frac{2gh_0(3m_2 - m_1)}{m_1 + m_1\rho^2/r^2 + 9m_2}$$

将 v_O 看作变量 h_0 的函数。对上式等号两边关于时间 t 求导，得

$$2v_O\frac{\mathrm{d}v_O}{\mathrm{d}t} = \frac{2g(3m_2 - m_1)}{m_1 + m_1\rho^2/r^2 + 9m_2} \cdot \frac{\mathrm{d}h_0}{\mathrm{d}t}$$

式中，$\frac{\mathrm{d}v_O}{\mathrm{d}t} = a_O$，$\frac{\mathrm{d}h_0}{\mathrm{d}t} = v_O$，所以鼓轮质心的加速度为

$$a_O=\frac{g(3m_2-m_1)}{m_1+m_1\rho^2/r^2+9m_2}=1.025\text{m/s}^2$$

（6）求物体下降4m所用时间即求鼓轮上升$\frac{4}{3}$m所用的时间。因为上升过程是匀加速运动，故求时间t可用运动学的匀变速运动公式

$$s=s_0+v_0t+\frac{1}{2}a_0t^2$$

式中，$s_0=0$，$v_0=0$，$s=h_0=\frac{4}{3}$m，$a_0=a_O=1.025\text{m/s}^2$，可得

$$t=\sqrt{\frac{2s}{a_0}}=1.6\text{s}$$

方法二　用机械能守恒定律求解

（1）选取系统为研究对象，即包括鼓轮和物体C，作用其上的主动力有：鼓轮的重力$\boldsymbol{G}_1$和物体C的重力$\boldsymbol{G}_2$。故此题可用机械能守恒定律求解。

（2）计算系统的动能。采用方法一中（2）的相同步骤，可求得系统在初始位置的动能

$$T_1=0$$

则系统在末了位置的动能为

$$T_2=\frac{1}{2}v_O^2\left(m_1+\frac{m_1\rho^2}{r^2}+9m_2\right)$$

（3）计算系统的势能。选取天花板顶部为零势能线，如图3-4-16所示。系统在初始位置的势能为

$$V_1=-m_1gh_1-m_2gh_2$$

在终了位置系统的势能为

$$V_2=-m_1g(h_1-h_0)-m_2g(h_2+h)$$

式中，h为物体下降距离；h_0为鼓轮质心上升距离，$h=3h_0$。

（4）根据机械能守恒定律

$$T_1+V_1=T_2+V_2$$

有

$$0-m_1gh_1-m_2gh_2=\frac{1}{2}v_O^2\left(m_1+\frac{m_1\rho^2}{r^2}+9m_2\right)-m_1g(h_1-h_0)-m_2g(h_2+h)$$

整理得

$$\frac{1}{2}v_O^2(m_1+m_1\rho^2/r^2+9m_2)-0=gh_0(3m_2-m_1)$$

上式与用动能定理求得的结果完全相同。后面求速度、加速度和时间t也与方法一相同，这里不再重复。

Ⅲ. 题目关键点解析

本题的关键点主要是明确鼓轮和物体C组成的系统只有重力做功。无论运用动能定理还是机械能守恒定律，均需要分析清楚鼓轮的质心O、点A、重物C的速度关系及其与鼓轮角速度的关系。分析清楚系统初始和末了位置的动能，然后用相关定理求解。

任务实施

求如图3-4-1所示任务描述中的压力$\boldsymbol{F}$。假设$m=150$kg，$r=0.34$m，$\rho=0.3$m，$\omega=31.4$rad/s，$f=0.2$，$n=10$转。

Ⅰ．题目分析

本题可以取鼓轮为研究对象，对其进行受力及运动分析（图 3-4-17），可以看出摩擦力做功等于鼓轮动能的变化，分别写出功和动能的表达式，根据动能定理求解。

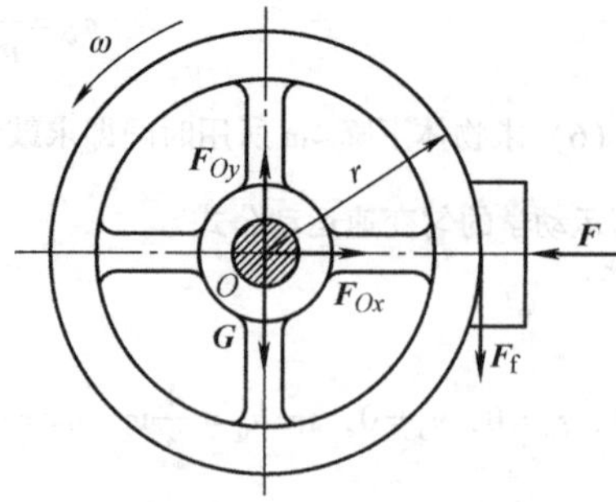

图 3-4-17　鼓轮受力分析

Ⅱ．题目求解

解：选鼓轮为研究对象，在制动过程中，作用其上的力有：轴承约束力 $\boldsymbol{F}_{Ox}$、$\boldsymbol{F}_{Oy}$，鼓轮重力 $\boldsymbol{G}$，制动块对它的压力 $\boldsymbol{F}$ 以及摩擦力 $\boldsymbol{F}_f$，摩擦力大小为 $F_f = Ff$。

鼓轮在初始状态时，角速度为 ω，其动能为

$$T_1 = \frac{1}{2}J\omega^2 = \frac{1}{2}m\rho^2\omega^2 = \left(\frac{1}{2} \times 150 \times 0.3^2 \times 31.4^2\right)\text{J} = 6655\text{J}$$

鼓轮在终了时刻的角速度为零，故 $T_2 = 0$。

在制动过程中，作用在鼓轮上的力中只有摩擦力 $\boldsymbol{F}_f$ 的力矩 $M_0 = F_f r$ 做功

$$W = -M_0\varphi = -F_f r\varphi = -F_f r 2\pi \times 10 = -0.2 \times 0.34\text{m} \times 20\pi F = -4.27\text{m} \times F$$

根据动能定理

$$T_2 - T_1 = \sum W$$

得

$$(0 - 6655)\text{J} = -4.27\text{m} \times F$$

解得

$$F = 1.56\text{kN}$$

Ⅲ．题目关键点解析

该题目的关键点在于要明确只有摩擦力做功，而且摩擦力做功等于鼓轮动能的变化。对于摩擦力做功，可以采用摩擦力矩做功（功等于力矩的大小乘转角）来计算，也可以采用摩擦力做功（功等于力的大小乘轮子转动 10 圈行驶的距离）来计算，其计算结果相同。

思考与练习

1. 三个质量相同的质点，同时由点 A 以大小相同的初速度（$v_0 = v_1 = v_2$）抛出，但其方向各不相同，如图 3-4-18 所示。如不计空气阻力，这三个质点落到水平面时，三者的速度大小、方向是否相等？三者重力的功是否相等？三者重力的冲量是否相等？

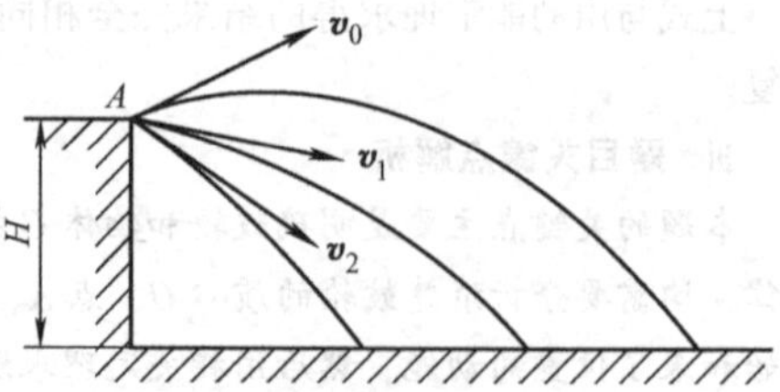

图 3-4-18　题 1 图

2. 为什么切向力做功，法向力不做功？为什么作用在瞬心上的力不做功？

3. 甲、乙两人重量相同，沿绕过无重滑轮的细绳，由静止起同时向上爬升，如甲比乙更努力上爬，问：（1）谁先到达上端？（2）谁的动能最大？（3）谁做的功多？（4）如何对甲、乙两人分别应用动能定理？

4. 如图 3-4-19 所示两轮的质量相同，轮 A 的质量均匀分布，轮 B 的质心 C 偏离几何中心 O。设两轮以相同的角速度绕中心 O 转动，问它们的动能是否相同？

5. 如图 3-4-20 所示将一弹簧拉到 l_1 的长度放手，问弹簧每缩短相同的长度 20mm，弹簧力做的功是否相同？

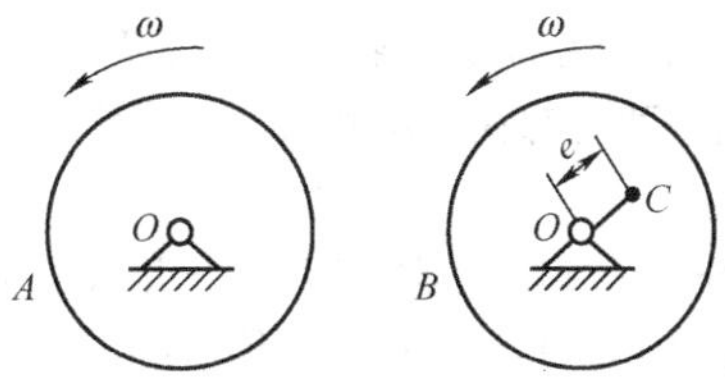

图 3-4-19 题 4 图

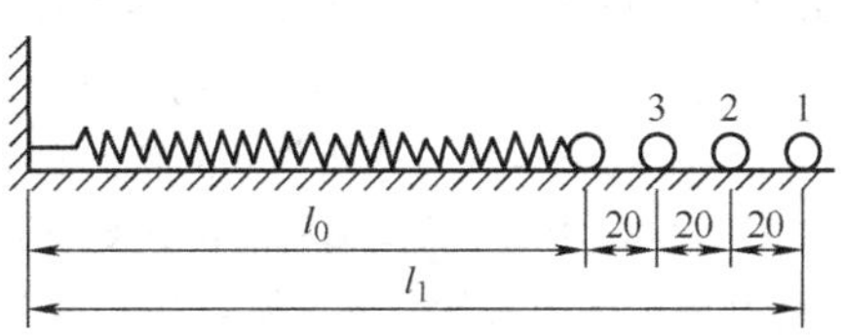

图 3-4-20 题 5 图

6. 一质点 M 在粗糙的水平圆槽内滑动，如图 3-4-21 所示，如果该质点获得的初速度 $\boldsymbol{v}_0$ 恰能使它在圆槽内滑动一周，则摩擦力的功等于零。这种说法对吗？为什么？

7. 均质杆和均质圆盘分别绕固定轴 O 转动或纯滚动，如图 3-4-22 所示。杆和盘的质量均为 m，角速度为 ω，杆长为 l，盘半径为 R，计算刚体的动能。

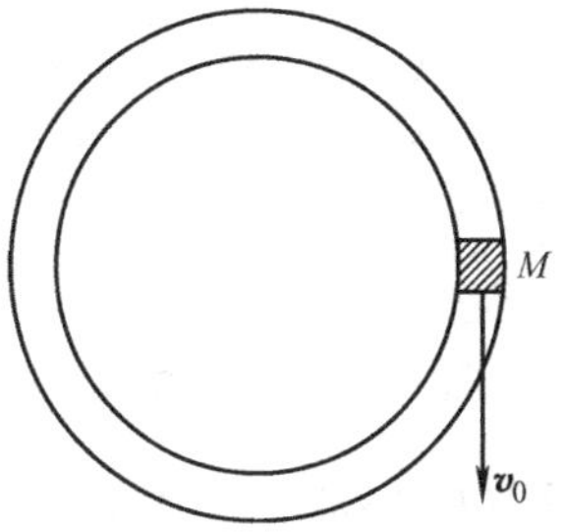

图 3-4-21 题 6 图

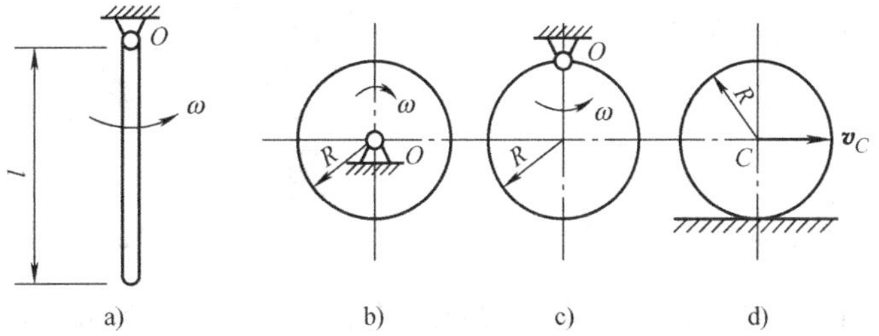

图 3-4-22 题 7 图

8. 圆盘的半径 $r=0.5\text{m}$，可绕水平轴 O 转动，如图 3-4-23 所示。在绕过圆盘的绳上吊有两物块 A、B，质量分别为 $m_A=3\text{kg}$，$m_B=2\text{kg}$。绳与盘之间无相对滑动。在圆盘上作用一力偶，力偶矩按 $M=4\varphi$ 的规律变化（M 以 N · m 计，φ 以 rad 计）。求由 $\varphi=0$ 到 $\varphi=2\pi$ 时，力偶 M 与物块 A、B 的重力所做功之总和。

9. 坦克的履带质量为 m，两个车轮的质量均为 m_1，如图 3-4-24 所示。车轮可视为均质圆盘，半径为 R，两车轮轴间的距离为 πR。设坦克前进速度为 $\boldsymbol{v}$，计算此质点系的动能。

10. 自动弹射器如图 3-4-25 放置。弹簧在未受力时的长度为 200mm，恰好等于筒长。欲使弹簧改变 10mm，需力 2N。如弹簧被压缩到 100mm，然后让质量为 30g 的小球自弹射器中射出，求小球离开弹射器筒口时的速度。

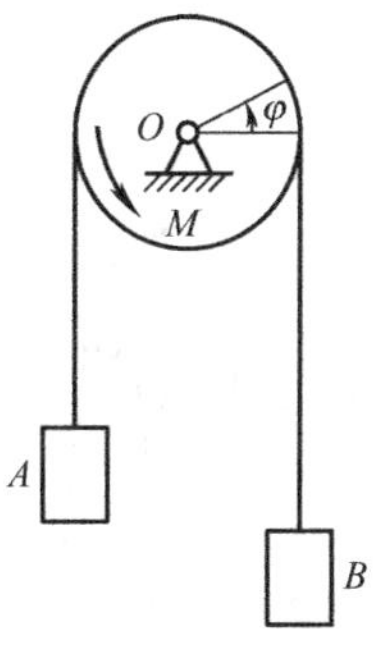

图 3-4-23 题 8 图

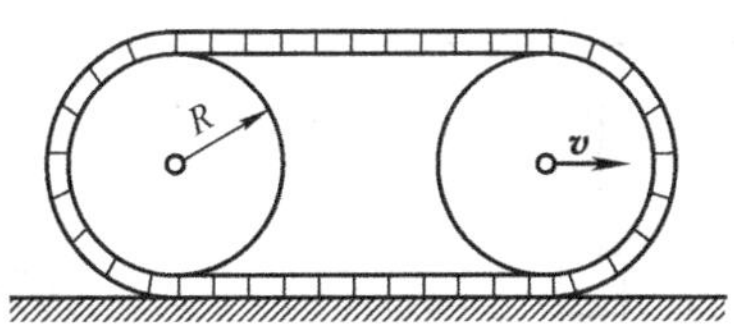

图 3-4-24 题 9 图

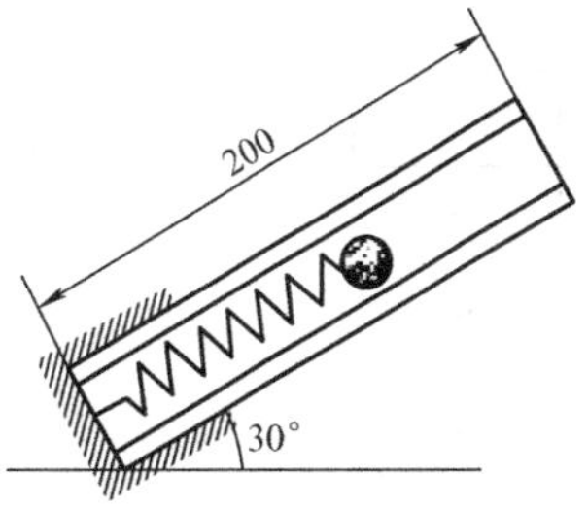

图 3-4-25 题 10 图

11. 如图 3-4-26 所示冲床冲压工件时冲头受的平均工作阻力 $F=52\text{kN}$，工作行程 $s=10\text{mm}$。飞轮的转动惯量 $J=40\text{kg}\cdot\text{m}^2$，转速 $n=415\text{r/min}$。假定冲压工件所需的全部能量都由飞轮供给，计算冲压结束后飞轮的转速。

12. 在图 3-4-27 所示滑轮组中悬挂两个重物，其中重物Ⅰ的质量为 m_1，重物Ⅱ的质量为 m_2。定滑轮 O_1 的半径为 r_1，质量为 m_3；动滑轮 O_2 的半径为 r_2，质量为 m_4。两轮都视为均质圆盘。如绳重和摩擦略去不计，并设 $m_2>2m_1-m_4$，求重物Ⅱ由静止下降距离 h 时的速度。

13. 如图 3-4-28 所示带式运输机的轮 B 受矩为 M 的恒力偶作用，使带式运输机由静止开始运动。若物体 A 的质量为 m_1，轮 B 和轮 C 的半径均为 r，质量均为 m，并视为均质圆柱。运输机传动带与水平线成交角 θ，它的质量忽略不计，传动带与轮之间没有相对滑动。求物体 A 移动距离 s 时的速度和加速度。

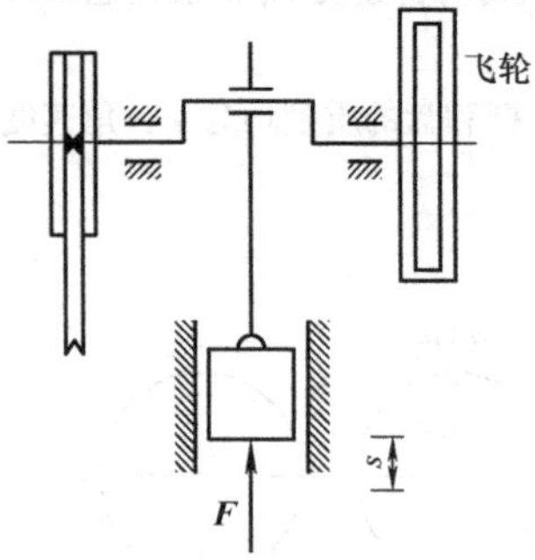

图 3-4-26　题 11 图

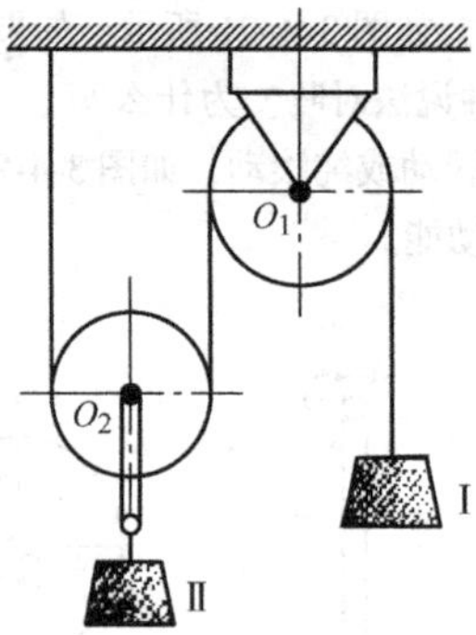

图 3-4-27　题 12 图

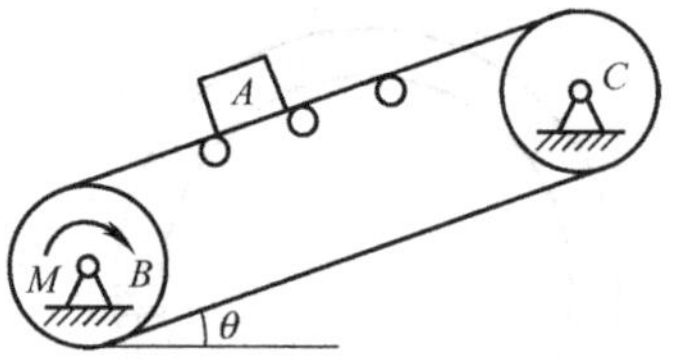

图 3-4-28　题 13 图

14. 质量为 2kg 的物块 A 在弹簧上静止，如图 3-4-29 所示。弹簧的刚度系数 k 为 400N/m。现将质量为 4kg 的物块 B 放置在物块 A 上，刚接触就释放它。求：（1）弹簧对两物块的最大作用力；（2）两物块得到的最大速度。

15. 在绞车的主动轴Ⅰ上作用一恒力偶 M 以提升重物，如图 3-4-30 所示。已知重物的质量为 m；主动轴Ⅰ和从动轴Ⅱ连同安装在轴上的齿轮等附件的转动惯量分别为 J_1、J_2，传动比 $\frac{\omega_1}{\omega_2}=i_{12}$；鼓轮的半径为 R。轴承的摩擦和吊索的质量均可不计。绞车开始静止，求当重物上升的距离为 h 时的速度和加速度。

16. 力偶矩 M 为常量，作用在绞车的鼓轮上，使轮转动，如图 3-4-31 所示。轮的半径为 r，质量为 m_1。缠绕在鼓轮上的绳子系一质量为 m_2 的重物，使其沿倾角为 θ 的斜面上升。重物与斜面间的滑动摩擦因数为 f，绳子质量不计，鼓轮可视为均质圆柱。在开始时，此系统静止。求鼓轮转过 φ 时的角速度和角加速度。

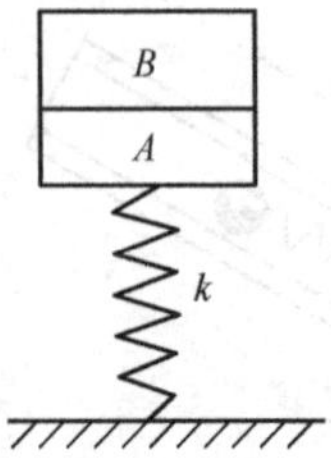

图 3-4-29　题 14 图

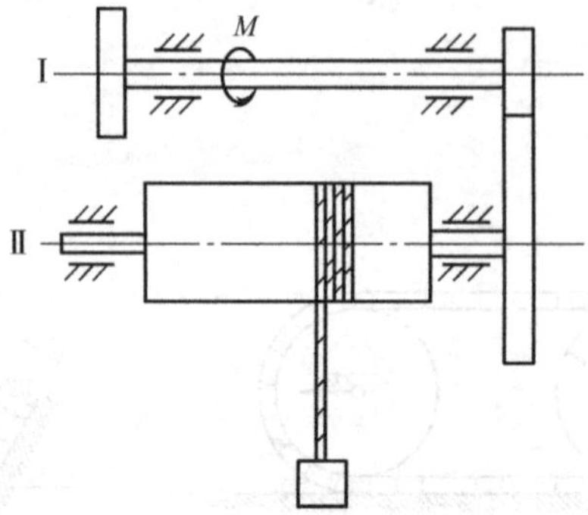

图 3-4-30　题 15 图

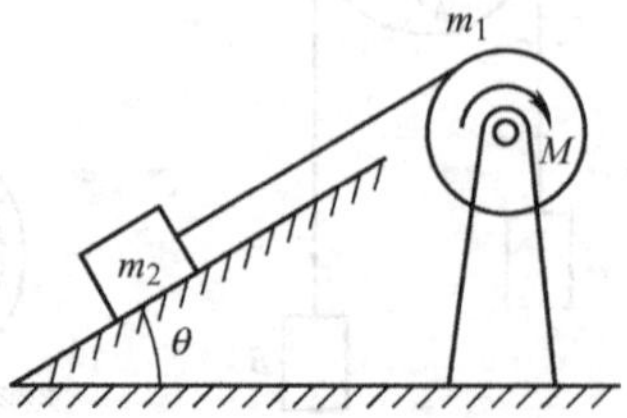

图 3-4-31　题 16 图

17. 水平均质细杆质量为 m，长为 l，C 为杆的质心。杆 A 处为光滑铰支座，B 端为一挂钩，如图 3-4-32 所示。如 B 端突然脱落，杆转到铅垂位置时，问 b 多大能使杆有最大角速度？

18. 如图 3-4-33 所示圆环以角速度 ω 绕铅直轴 AC 自由转动。此圆环半径为 R，对轴的转动惯量为 J。在圆环中的点 A 放一质量为 m 的小球。设由于微小的干扰小球离开点 A，小球与圆环间的摩擦忽略不计。求当小球到达点 B 和点 C 时，圆环的角速度和小球的速度。

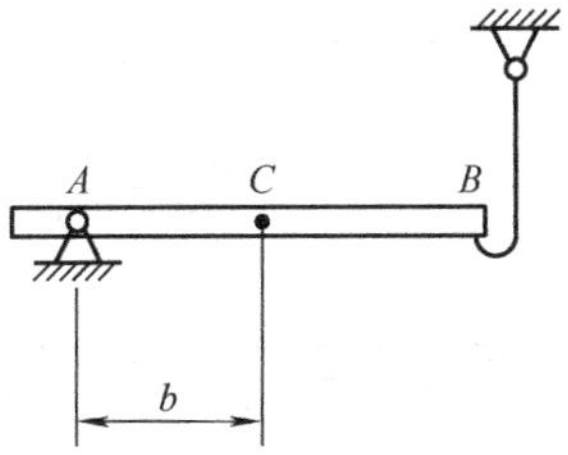

图 3-4-32　题 17 图

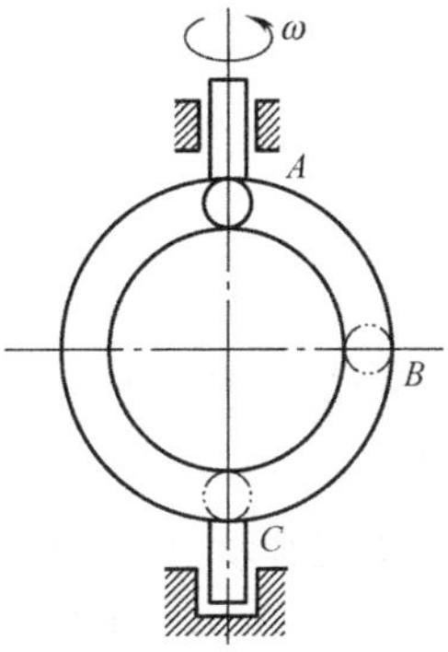

图 3-4-33　题 18 图

19. 滚子 A 质量为 m_1，沿倾角为 θ 的斜面向下只滚不滑，如图 3-4-34 所示。滚子借一跨过滑轮 B 的绳提升质量为 m_2 的物体 C，同时滑轮 B 绕 O 轴转动。滚子 A 与滑轮 B 的质量、半径均相等，且都为均质圆盘。求滚子重心的加速度和系在滚子上绳的张力。

20. 在图 3-4-35 所示机构中，沿斜面纯滚动的圆柱体 O' 和鼓轮 O 为均质物体，质量均为 m，半径均为 R。绳子不能伸缩，其质量略去不计。粗糙斜面的倾角为 θ，不计滚阻力偶。如在鼓轮上作用一常力偶 M。求：(1) 鼓轮的角加速度；(2) 轴承 O 的水平约束力。

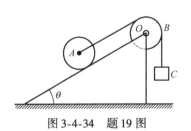

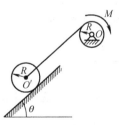

图 3-4-34　题 19 图

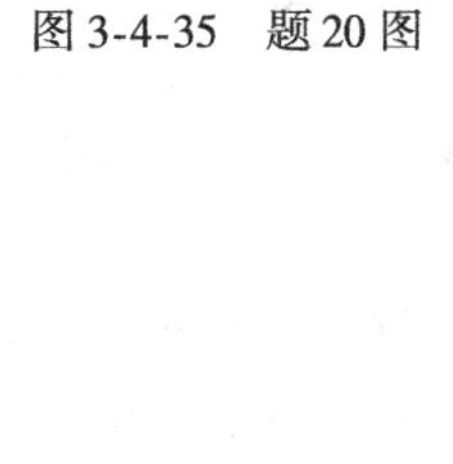

图 3-4-35　题 20 图

任务五　达朗贝尔原理

任务描述

一电动机水平放置，转子质量 $m=300\text{kg}$，对其转轴 z 的回转半径 $\rho=0.2\text{m}$。质心偏离转轴 $e=2\text{mm}$。已知该电动机在起动过程中的起动力矩 $M=150\text{kN}\cdot\text{m}$，当转子转至图 3-5-1 所示的瞬时位置，转速 $n=2400\text{r/min}$。试求此瞬时转子的角加速度和轴承的动约束力。不计轴承的摩擦。

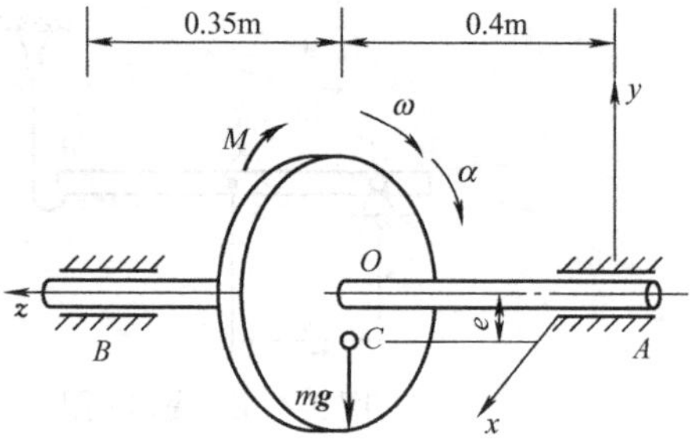

图 3-5-1　电动机主轴示意图

任务分析

掌握求解动力学问题的一种方法——动静法，动静法是求解非自由质点和质点系动力学问题的普遍方法。根据达朗贝尔原理，假想在质点或质点系上加上惯性力，则可用静力学平衡方程理论求解动力学问题。达朗贝尔原理是动静法的理论基础。动静法在求解动约束力和构件的动载荷问题中得到广泛的应用。

知识准备

一、惯性力　达朗贝尔原理

1. 惯性力的概念

在水平直线轨道上推质量为 m 的小车（图 3-5-2），设手作用于小车上的水平力为 $\boldsymbol{F}$，不计轨道摩擦，小车将获得加速度 $\boldsymbol{a}$，根据牛顿第二定律有 $\boldsymbol{F}=m\boldsymbol{a}$；同时由于小车具有保持其原有运动状态不变的惯性，因此小车将给施力体一反作用力 $\boldsymbol{F}'$。根据牛顿第三定律有

图 3-5-2　人力推车示意图

$$\boldsymbol{F}'=-\boldsymbol{F}=-m\boldsymbol{a}$$

再如系在绳子一端质量为 m 的小球，在水平面内做匀速圆周运动（图 3-5-3），此小球在水平面内所受的力只有绳子对它的拉力 $\boldsymbol{F}$，正是这个力迫使小球改变运动状态，产生了向心加速度 $\boldsymbol{a}_n$，这个力 $\boldsymbol{F}=m\boldsymbol{a}_n$ 称为向心力。而小球对绳子的反作用力 $\boldsymbol{F}'=-m\boldsymbol{a}_n$ 同样也是由于

小球有惯性，力图保持原来的运动状态不变对绳子进行反抗而产生的。

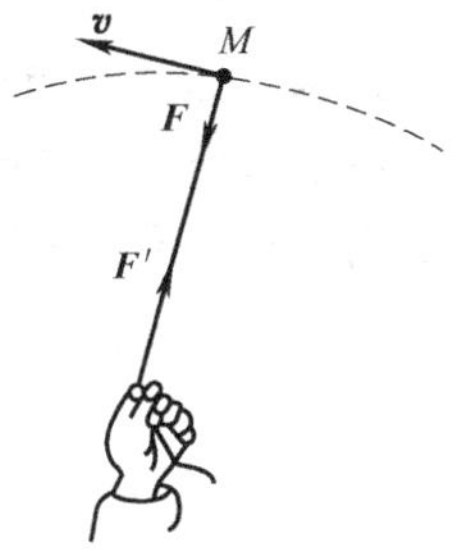

图 3-5-3　绳端小球运动示意图

上述两例中，由于受力体的惯性而产生的对施力体的反抗的力称为受力体（小车和小球）的惯性力，质点惯性力的大小等于质点的质量与其加速度的乘积，方向与质点加速度方向相反，即

$$\boldsymbol{F}_{\mathrm{I}} = -m\boldsymbol{a} \tag{3-5-1}$$

式中，$\boldsymbol{F}_{\mathrm{I}}$ 为惯性力；m 为质点质量；$\boldsymbol{a}$ 为质点的加速度。

显然，若质点的运动状态不改变，即质点做匀速直线运动，此时加速度为零，则不会有惯性力。只有当质点的运动状态发生改变时才会有惯性力。

必须指出，惯性力是质点作用于迫使它改变运动状态的施力体上的力，而不是质点所承受的力，上例中，惯性力分别作用于施力体手和绳子上。

当物体的加速度很大时，惯性力可以达到很大的数值，因此它在工程技术中有非常重要的意义。

2. 质点的达朗贝尔原理

设有非自由质点，其质量为 m，作用于其上的有主动力 $\boldsymbol{F}$ 和约束力 $\boldsymbol{F}_{\mathrm{N}}$，质点的加速度为 $\boldsymbol{a}$。根据牛顿第二定律，则有

$$m\boldsymbol{a} = \boldsymbol{F} + \boldsymbol{F}_{\mathrm{N}}$$

或改写为

$$\boldsymbol{F} + \boldsymbol{F}_{\mathrm{N}} - m\boldsymbol{a} = 0$$

$-m\boldsymbol{a}$ 即为质点的惯性力 $\boldsymbol{F}_{\mathrm{I}}$，于是上式可写为

$$\boldsymbol{F} + \boldsymbol{F}_{\mathrm{N}} + \boldsymbol{F}_{\mathrm{I}} = 0 \tag{3-5-2}$$

式(3-5-2) 表明，**质点运动的每一瞬时，作用于质点上主动力、约束力和虚加在质点上的惯性力在形式上组成平衡力系**。这就是**质点的达朗贝尔原理**。

应当着重指出，质点并非处于平衡状态，这样做的目的是将动力学问题转化为静力学问题求解。质点上真正作用的力是主动力和约束力，惯性力并不作用在质点上。因此并不存在受三个力作用而平衡的实际物体，式(3-5-2) 只表示作用于不同物体上的三个力之间的矢量关系，所以我们说在形式上组成一个平衡力系，并不是真正的平衡力系。

3. 质点系的达朗贝尔原理

设有 n 个质点组成的非自由质点系，质点的质量分别为 m_1，m_2，…，m_n。由质点的达朗贝尔原理可知，每个质点上的外力、内力和它的惯性力在形式上组成平衡力系。这表明，整个质点系受到所有外力、内力和惯性力在形式上也必然组成平衡力系。

把作用于第 i 个质点的所有力分为外力的合力 $\sum\boldsymbol{F}_i^{(\mathrm{e})}$、内力的合力 $\sum\boldsymbol{F}_i^{(\mathrm{i})}$。由静力学知，空间任意力系平衡的充分必要条件是力系的主矢和对任意一点的主矩等于零，即

$$\sum\boldsymbol{F}_i^{(\mathrm{e})} + \sum\boldsymbol{F}_i^{(\mathrm{i})} + \sum\boldsymbol{F}_{\mathrm{I}i} = 0$$

$$\sum\boldsymbol{M}_O(\boldsymbol{F}_i^{(\mathrm{e})}) + \sum\boldsymbol{M}_O(\boldsymbol{F}_i^{(\mathrm{i})}) + \sum\boldsymbol{M}_O(\boldsymbol{F}_{\mathrm{I}i}) = 0$$

由于质点系的内力总是成对存在，且等值、反向、共线，因此有 $\sum\boldsymbol{F}_i^{(\mathrm{i})} = 0$ 和 $\sum\boldsymbol{M}_O(\boldsymbol{F}_{\mathrm{I}i}) = 0$，于是有

$$\left.\begin{aligned}\sum\boldsymbol{F}_i^{(\mathrm{e})} + \sum\boldsymbol{F}_{\mathrm{I}i} = 0\\ \sum\boldsymbol{M}_O(\boldsymbol{F}_i^{(\mathrm{e})}) + \sum\boldsymbol{M}_O(\boldsymbol{F}_{\mathrm{I}i}) = 0\end{aligned}\right\} \tag{3-5-3}$$

式(3-5-3) 表明，**作用在质点系上所有外力和虚加在每个质点上的惯性力在形式上组成平衡力系**。这就是**质点系的达朗贝尔原理**。

由于与静力学平衡方程在形式上相同，因此静力学中关于平衡力系的一切陈述及求解方法都适用于质点系的达朗贝尔原理。应用时一般用其投影形式，例如对平面任意力系，方程为

$$\left.\begin{aligned}\sum F_x^{(e)} + \sum F_{Ix} = 0\\ \sum F_y^{(e)} + \sum F_{Iy} = 0\\ \sum M_O(\boldsymbol{F}^{(e)}) + \sum M_O(\boldsymbol{F}_I) = 0\end{aligned}\right\} \tag{3-5-4}$$

其矩心可以任意选择，也可以采用二矩式或三矩式方程。

例 3-5-1 在水平直线运动的列车车厢挂一只单摆，当列车做匀变速运动时，摆将与铅垂直线成一角度 α，如图 3-5-4 所示，试求列车的加速度。

Ⅰ. 题目分析

本题可以用动力学的普遍定理或者牛顿第二定律求解，比较烦琐，如果考虑用达朗贝尔原理解题，取摆锤为研究对象，视摆锤为质点，在摆锤上虚加惯性力，惯性力与车的加速度有关，利用汇交力系的平衡方程求解就会非常方便。

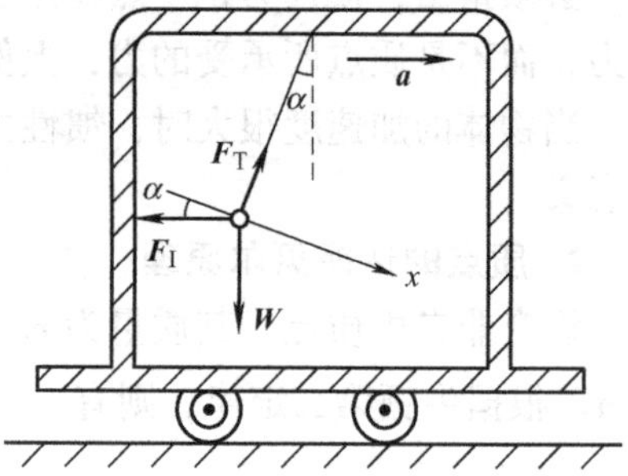

图 3-5-4　车厢内单摆示意图

Ⅱ. 题目求解

解：(1) 取摆锤为研究对象，视摆锤为质点，进行受力分析。作用于摆锤上的主动力有重力 $\boldsymbol{W}$ 和绳子拉力 $\boldsymbol{F}_T$，设质点的质量为 m，在摆锤上虚加惯性力 $\boldsymbol{F}_I = -m\boldsymbol{a}$，方向与加速度方向相反，具体如图 3-5-4 所示。根据达朗贝尔原理，重力、绳子拉力、惯性力在形式上构成平衡力系。

(2) 根据达朗贝尔原理，列方程求解。

$$\sum F_x = 0,\quad -F_I\cos\alpha + W\sin\alpha = 0$$

解得

$$a = g\tan\alpha$$

可见，α 随着加速度 a 变化，只要测出偏角 α，就能知道列车的加速度。摆式加速度计利用的就是此原理。

结论：列车的加速度为 $g\tan\alpha$，方向如图所示。

Ⅲ. 题目关键点解析

该题目的关键点在于通过取摆锤为研究对象，虚加惯性力，而且一定注意惯性力的方向与加速度的方向相反，虚加惯性力后，就变成了静力平衡问题，可以灵活建立坐标系，列平衡方程求解，降低了问题的难度。

例 3-5-2 如图 3-5-5a 所示，杆 $CD=2L$，两端各系一重物，$W_1 = W_2 = W$，杆中间与铅垂转轴焊接，两者的夹角为 α，轴 AB 以等角速度 ω 转动，轴承 A、B 间的距离为 h。不计杆和转轴的重量，求轴承 A、B 的约束力。

Ⅰ. 题目分析

本题可以用达朗贝尔原理解题，运动的构件主要有两个重物、杆和轴，此两重物可以看作两个质点，绕轴做圆周运动，回转半径为 $L\sin\alpha$，加速度为向心加速度，虚加惯性力方向与加速度方向相反，而杆和轴的重力忽略，所以可以不计杆和轴的惯性力。A、B 处的约束仍然按约束的性质画出，画出受力图后，即可列静力平衡方程进行求解。

Ⅱ. **题目求解**

解：(1) 取整个系统为研究对象。作用于系统的主动力有 $\boldsymbol{W}_1$、$\boldsymbol{W}_2$，约束力 $\boldsymbol{F}_{Ax}$、$\boldsymbol{F}_{Ay}$、$\boldsymbol{F}_{Bx}$，虚加的法向惯性力 $\boldsymbol{F}_{I1}$、$\boldsymbol{F}_{I2}$，如图3-5-5b所示。取坐标系如图，根据动静法，该系统的主动力、约束力、虚加的法向惯性力在形式上构成一平衡力系，法向惯性力的大小为 $F_{I1}=F_{I2}=\dfrac{W}{g}(L\sin\alpha)\omega^2$。

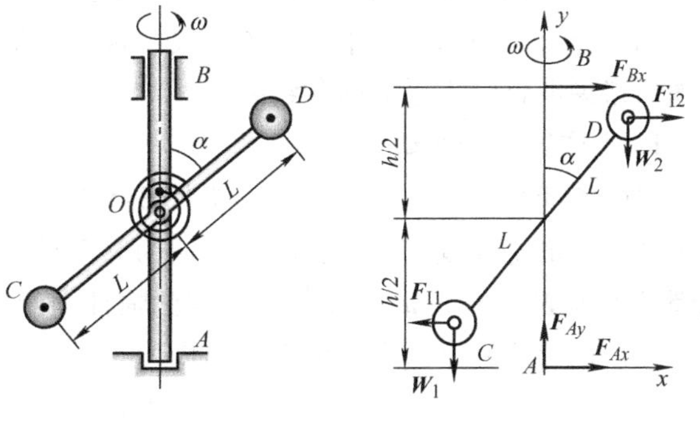

图3-5-5　转动机构示意图

a) 转动机构运动要素示意图　b) 转动机构受力及惯性力示意图

(2) 根据达朗贝尔原理，列方程求解。

$\sum F_x=0$，$F_{Ax}+F_{Bx}-F_{I2}+F_{I1}=0$

$\sum F_y=0$，$F_{Ay}-W_1-W_2=0$

$\sum M_A(\boldsymbol{F})=0$，$-F_{Bx}h-\left(\dfrac{W}{g}L\omega^2\sin\alpha\right)\cdot 2L\cos\alpha-W_2L\sin\alpha+W_1L\sin\alpha=0$

由此解得
$$F_{Ax}=-F_{Bx}=\frac{WL^2\omega^2}{gh}\sin 2\alpha,\ F_{Ay}=2W$$

结论：轴承 A 处的约束力为 $F_{Ax}=\dfrac{WL^2\omega^2}{gh}\sin 2\alpha$，$F_{Ay}=2W$，方向如图所示；轴承 B 处的约束力为 $F_{Bx}=\dfrac{WL^2\omega^2}{gh}\sin 2\alpha$，方向与图示方向相反。

Ⅲ. **题目关键点解析**

该题目的关键点在于通过取整体为研究对象，虚加重物的惯性力，必须注意惯性力的方向与加速度的方向相反，虚加惯性力后，就变成了静力平衡问题，用静力学的知识求解，降低了问题的难度。

二、刚体惯性力系的简化

应用动静法解质点系动力学问题时，需要在每个质点上假想地加上惯性力。对于刚体来说，由于它由无数个质点组成，每次逐点计算其惯性力是不可能的。若利用静力学中力系简化的方法，将刚体上每个质点的惯性力组成的惯性力系加以简化，得到此惯性力系的简化结果，则可直接在刚体上加上此简化结果，即加上惯性力系的主矢和主矩，从而省去了逐点施加惯性力的复杂过程。下面分别研究刚体做各种运动时的惯性力系简化的结果。

刚体是由无穷多质点构成的不变质点系，应用动静法解决刚体或刚体系统的动力学问题时，应将惯性力系进行简化。由静力学中力系的简化理论知道：任一力系向已知点简化后，结果可得到一个作用于简化中心的力和一个力偶，它们由力系的主矢和对于简化中心的主矩决定；力系的主矢与简化中心的位置无关，而力系的主矩与简化中心位置的选择有关。

首先研究惯性力系的主矢。设刚体质量为 m，刚体内任一质点 M_i 的质量为 m_i，加速度为 a_i，则惯性力系的主矢为

$$\boldsymbol{F}_{IR}=\sum\boldsymbol{F}_{Ii}=\sum(-m_i\boldsymbol{a}_i)=-\sum m_i\boldsymbol{a}_i$$

由质心运动定理知
$$\sum m_i\boldsymbol{a}_i=m\boldsymbol{a}_C$$

故得
$$\boldsymbol{F}_{IR}=-m\boldsymbol{a}_C \tag{3-5-5}$$

式(3-5-5) 表明：无论刚体做什么运动，惯性力的主矢都等于刚体的质量与其质心加速

度的乘积，方向与质心加速度的方向相反。至于惯性力系的主矩，一般来说，除随刚体运动的不同而异外，还与简化中心位置有关。现在仅就刚体的平移、绕定轴转动和平面运动这三种情形来说明惯性力系的简化结果。

1. 刚体做平行移动

设刚体质量为 m'，质心为 C，如图 3-5-6 所示，相对惯性参考系做平移。由于平移刚体每瞬时各处的加速度均相等，因此可认为等于质心的加速度。刚体上任一质量为 m_i 的质点的惯性力为 $\boldsymbol{F}_{\mathrm{I}i}=-m_i\boldsymbol{a}_C$，刚体上各点的惯性力组成一个类似于重力的同向平行力系，这个力系可以简化为一个过质心的合力，即

$$\boldsymbol{F}_{\mathrm{IR}}=-m'\boldsymbol{a}_C \tag{3-5-6}$$

由此可知，刚体做平移时，惯性力系简化为一个通过质心的合力，合力的大小等于刚体的质量与质心加速度的乘积，合力的方向与质心加速度的方向相反。

2. 刚体绕定轴转动

下面讨论一种简单而在工程技术中常见的情况。设刚体有质量对称平面，并且刚体的转轴垂于该平面（图 3-5-7）。在这种情况下各质点的惯性力对质量对称面完全对称，因此惯性力系可以简化为质量对称面内的平面力系。将此平面力系向转轴 z 与质量对称面的交点 O 简化。

设刚体质量为 m，角速度为 ω，角加速度为 α，转向如图 3-5-7 所示。根据式(3-5-5)可知，惯性力系的主矢为

$$\boldsymbol{F}_{\mathrm{IR}}=-m\boldsymbol{a}_C=-m(\boldsymbol{a}_{C\mathrm{t}}+\boldsymbol{a}_{C\mathrm{n}}) \tag{3-5-7}$$

式中，$a_{C\mathrm{t}}=r\alpha$；$a_{C\mathrm{n}}=r\omega^2$；$r$ 为质心到转轴的距离。

如图 3-5-8 所示，质量对称面内距 O 点为 r_i、质量为 m_i 的质点 M_i，切向加速度为 $\boldsymbol{a}_i^{\mathrm{t}}$，法向加速度为 $\boldsymbol{a}_i^{\mathrm{n}}$。惯性力系的主矩为

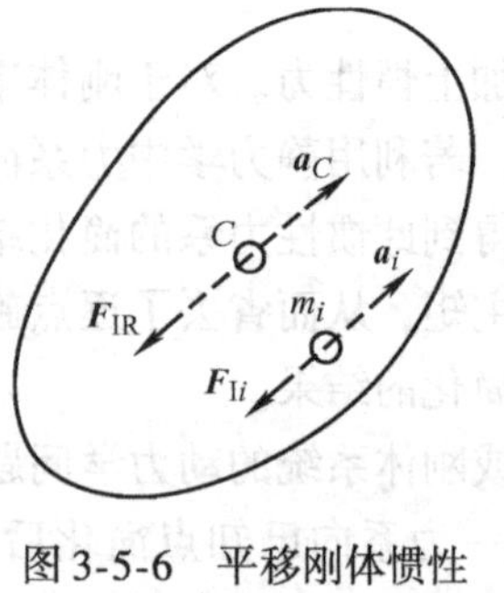

图 3-5-6　平移刚体惯性力系的简化

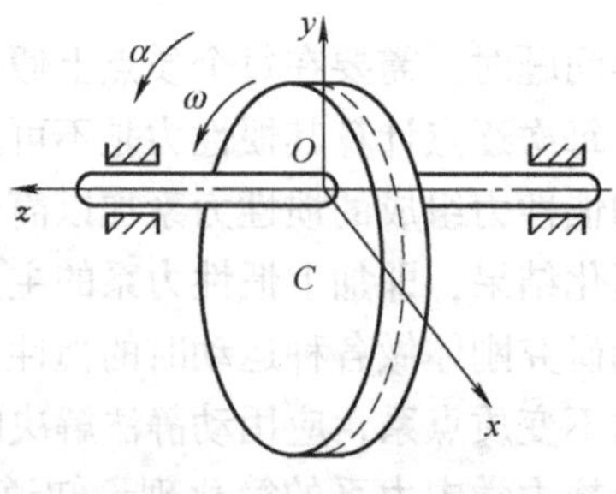

图 3-5-7　定轴转动刚体惯性力系的简化

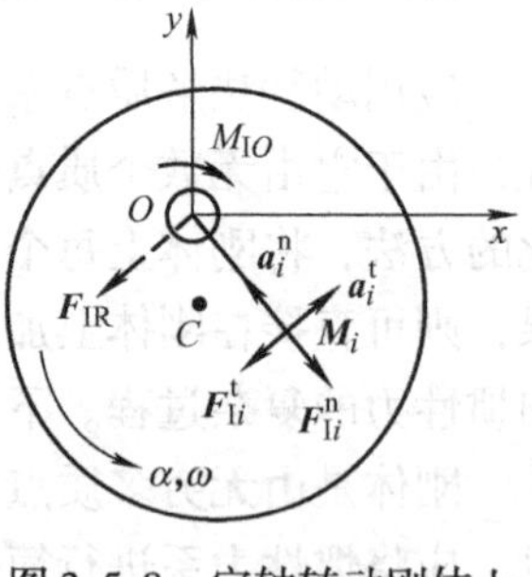

图 3-5-8　定轴转动刚体上质点 M_i 的惯性力

$$M_{\mathrm{I}O}=\sum M_O(\boldsymbol{F}_{\mathrm{I}i}^{\mathrm{t}})+\sum M_O(\boldsymbol{F}_{\mathrm{I}i}^{\mathrm{n}})$$

由于 $\boldsymbol{F}_{\mathrm{I}i}^{\mathrm{n}}$ 都通过转轴，故 $\sum M_O(\boldsymbol{F}_{\mathrm{I}i}^{\mathrm{n}})=0$

所以惯性力系的主矩简化为

$$M_{\mathrm{I}O}=\sum M_O(\boldsymbol{F}_{\mathrm{I}i}^{\mathrm{t}})=\sum r_i(-m_ir_i\alpha)=-\alpha\sum m_ir_i^2=-J_z\alpha \tag{3-5-8}$$

式中，负号表示惯性力系的主矩转向与角加速度 α 的方向相反；J_z 为刚体对转轴 Oz 的转动惯量。

由式(3-5-7)、式(3-5-8) 可知，如刚体有质量对称面，并且绕垂直于此平面的轴转动，则刚体的惯性力系可以向转轴简化为一个力和一个力偶，此力的力矢等于刚体质量与质心加速度的乘积，方向与质心加速度方向相反；惯性力偶的力偶矩等于刚体对转轴的转动惯量与刚体角加速度的乘积，转向与角加速度的转向相反。

下面讨论几种特殊情况：

1）若转轴过质心 C，则由于 $a_C=0$，主矢为零。此时若 $\alpha\neq0$，惯性力系简化为一个力偶，其力偶矩为 $M_{IO}=-J_C\alpha$。若刚体匀速转动，即 $\alpha=0$，惯性力系向 O 点简化的主矢、主矩都为零，此时惯性力系是一个平衡力系。

2）若转轴不过质心，则由于 $a_C\neq0$，故主矢不为零。此时若刚体匀速转动，即 $\alpha=0$，则惯性力系的主矩为零，只有主矢；此时若刚体非匀速转动，即 $\alpha\neq0$，则惯性力系既有主矢，又有主矩，且都假想地加在转轴 O 上。

3. 刚体做平面运动

这里仍只研究刚体具有质量对称平面，并且在平行于此平面内做平面运动的情况。此时刚体的惯性力系仍可简化为对称平面内的平面力系（图 3-5-9）。

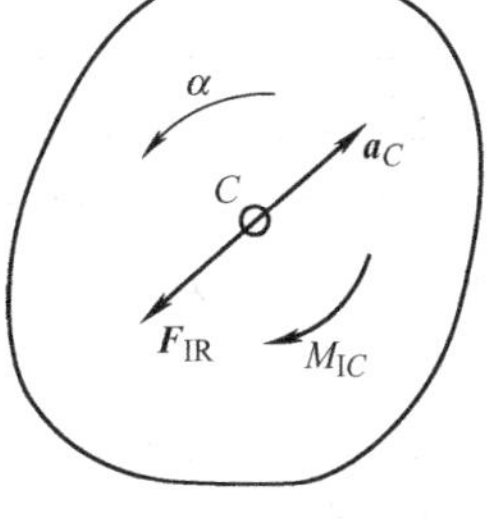

图 3-5-9　平面运动刚体惯性力系的简化

将此平面力系向质心 C 简化，可得到一个力和一个力偶。由运动学知，若取质心 C 为基点，则刚体的平面运动可分解为随质心 C 的平移和绕质心 C 的转动。我们将此平面力系向质心 C 简化，设刚体质量为 m''，根据前面的讨论可知，惯性力系的主矢和对于质心轴 C 的主矩为

随质心 C 的平移　　$\boldsymbol{F}_{IR}=-m''\boldsymbol{a}_C$　　(3-5-9)

绕质心 C 的转动　　$M_{IC}=-J_C\alpha$　　(3-5-10)

式中，负号表示 M_{IC} 与 α 反向；J_C 是刚体对质心轴的转动惯量。式(3-5-9)、式(3-5-10) 表明：刚体做平面运动时，惯性力系简化为通过质心 C 的一力和一力偶，此力 $\boldsymbol{F}_{IR}=-m''\boldsymbol{a}_C$，此力偶矩 $M_{IC}=-J_C\alpha$。

例 3-5-3　重为 W 的货箱放在一水平车上，货箱与平车间的摩擦因数为 f，尺寸如图 3-5-10 所示，欲使货箱在平车上不滑也不倒，平车的加速度应为多少？

Ⅰ. 题目分析

本题可以用达朗贝尔原理求解，运动的构件主要有车和货箱，由于车和货箱一起运动，所以二者加速度相等，运动的形式可以看作平行移动的刚体。如果取货箱为研究对象，可以按平移刚体的惯性力的施加方法虚加惯性力，其他的受力按常规的画出，列静力平衡方程进行求解即可。

Ⅱ. 题目求解

解：(1) 取货箱为研究对象，作用于货箱上的主动力有重力 $\boldsymbol{W}$、摩擦力 $\boldsymbol{F}$ 和法向约束力 $\boldsymbol{F}_N$，货箱做平动，惯性力为 $F_I=-ma_C$，虚加在质心 C 上，方向与 $\boldsymbol{a}$ 相反。受力坐标如图所示。根据达朗贝尔原理列平衡方程如下：

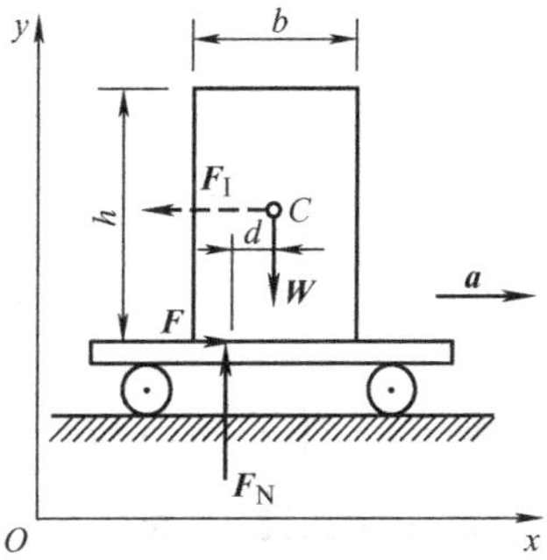

图 3-5-10　货箱受力示意图

$$\sum F_x=0,\qquad F-F_I=0$$

$$\sum F_y=0,\qquad F_N-W=0$$

$$\sum M_C(\boldsymbol{F})=0,\quad F\frac{h}{2}-F_{\mathrm{N}}d=0$$

解得
$$F=F_{\mathrm{I}}=\frac{W}{g}a,F_{\mathrm{N}}=W,d=\frac{ah}{2g}$$

货箱不滑的条件为 $F\leqslant fF_{\mathrm{N}}$，即$\frac{W}{g}a\leqslant fW$，由此得 $a\leqslant fg$。

货箱不翻倒的条件是 $d\leqslant\frac{b}{2}$，得$\frac{ah}{2g}\leqslant\frac{b}{2}$，由此得 $a\leqslant\frac{b}{h}g$。

所以，欲使货箱既不滑动又不翻倒，加速度 a 必须同时满足 $a\leqslant fg$ 和 $a\leqslant\frac{b}{h}g$，此题得解。

Ⅲ. 题目关键点解析

该题目的关键点在于正确分析刚体的运动形式，针对运动形式正确添加惯性力，注意不同运动形式的刚体惯性力的作用位置及惯性力的种类是不同的。本题目货箱做平行移动，按平行移动刚体的运动特性，在货箱质心上正确添加惯性力是解决本题目的关键。

例 3-5-4 如图 3-5-11 所示摆锤机构，设刚体具有垂直于转轴的质量对称平面，悬于 O 轴上，刚体的质量为 m，对 Oz 轴的转动惯量为 J_z，C 为质心，$OC=d$，$Ok=h$，在 k 点受到 S 力的打击。求打击瞬时，O 点的约束力。

Ⅰ. 题目分析

本题是动力学问题，运动的构件为定轴转动刚体，可以按定轴转动刚体的惯性力的施加方法虚加惯性力，需要注意，在击打的瞬时，角速度为 0，角加速度可以设为 α。加上惯性力后，变成静力学问题，列静力平衡方程进行求解即可。

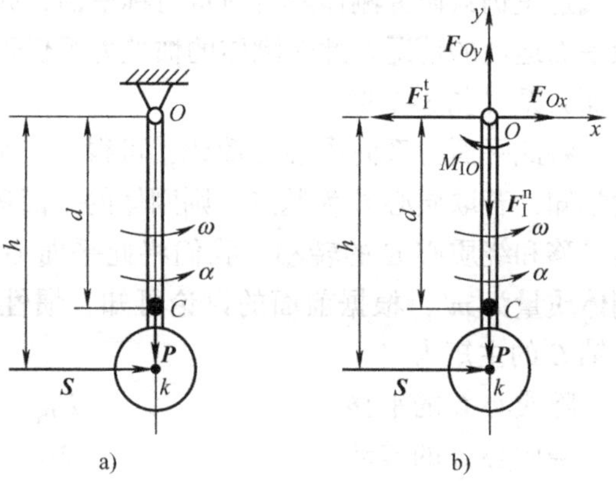

图 3-5-11 摆锤机构示意图

a）摆锤机构运动示意图 b）摆锤机构受力图

Ⅱ. 题目求解

解：(1) 取刚体为研究对象，作用于刚体上的主动力有重力 $\boldsymbol{W}$、打击力 $\boldsymbol{S}$，约束力 $\boldsymbol{F}_{Ox}$、$\boldsymbol{F}_{Oy}$，刚体定轴转动，惯性力虚加在转轴 O 上，且打击瞬时 $\omega=0$，则 $F_{\mathrm{I}}^{\mathrm{t}}=ma_C^{\mathrm{t}}=md\alpha$，$F_{\mathrm{I}}^{\mathrm{n}}=ma_C^{\mathrm{n}}=0$，$M_{\mathrm{IO}}=J_z\alpha$，方向及坐标如图 3-5-11b 所示。

(2) 根据动静法列平衡方程如下：

$$\sum F_x=0,\qquad F_{Ox}+S-F_{\mathrm{I}}^{\mathrm{t}}=0 \tag{a}$$

$$\sum F_y=0,\qquad F_{Oy}-W=0 \tag{b}$$

$$\sum M_O(\boldsymbol{F})=0,\qquad Sh-M_{\mathrm{IO}}=0 \tag{c}$$

由式(c) 得 $Sh=J_z\alpha$，$\alpha=\frac{Sh}{J_z}$，代入式(a) 得

$$F_{Ox}=F_{\mathrm{I}}^{\mathrm{t}}-S=md\alpha-S=\frac{Shmd}{J_z}-S=S\left(\frac{hmd}{J_z}-1\right)$$

由此得 $F_{Ox}=S\left(\frac{hmd}{J_z}-1\right)$，$F_{Oy}=W$。在约束力中，只有约束力 F_{Ox} 与 S 有关，F_{Oy} 与 S 无关。

Ⅲ. 题目关键点解析

该题目的关键点在于正确添加定轴转动刚体的惯性力，并能够正确理解击打的瞬时角速度 $\omega=0$，但角加速度 $\alpha\neq0$。

任务实施

求如图 3-5-1 所示任务描述中转子的角加速度和轴承的动约束力。

Ⅰ. 题目分析

本任务是求解轴承的动约束力问题，对于机械设计中轴的设计及轴承的选择具有一定的实践指导意义。如果考虑用达朗贝尔原理解题，关键就是对定轴转动的转子虚加惯性力，正确虚加惯性力后，就可以列静力平衡方程来解题。

Ⅱ. 题目求解

解：(1) 取轴系零部件整体为研究对象，进行受力分析。取整个系统为研究对象，作用于系统上的主动力有重力 $m\boldsymbol{g}$、起动力矩 M，约束力 $\boldsymbol{F}_{Ax}$、$\boldsymbol{F}_{Ay}$、$\boldsymbol{F}_{Bx}$、$\boldsymbol{F}_{By}$，刚体定轴转动，惯性力虚加在转轴 O 上，$F_{\mathrm{I}x}=ma_C^{\mathrm{t}}=me\alpha$，$F_{\mathrm{I}y}=ma_C^{\mathrm{n}}=me\omega^2$，$M_{\mathrm{I}}=J_z\alpha$，方向及坐标如图 3-5-12b 所示。

(2) 根据动静法，首先列力矩方程，计算图示瞬时的角加速度。

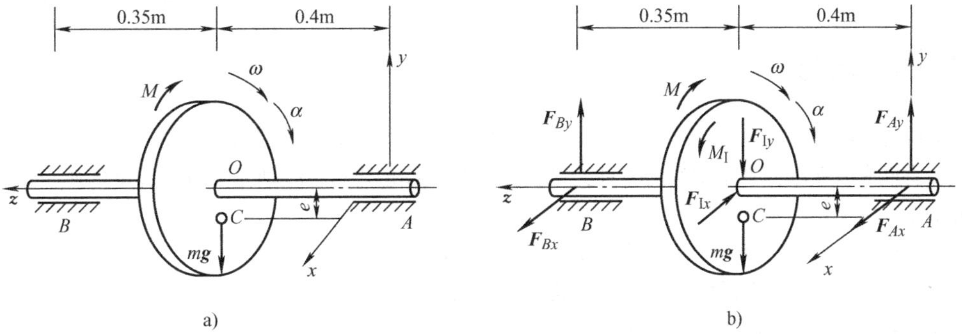

图 3-5-12　电动机主轴示意图

a) 电动机主轴运动示意图　b) 电动机主轴受力示意图

由
$$\sum M_z(\boldsymbol{F})=0,\ M-M_{\mathrm{I}}=0,\ M-m\rho^2\alpha=0$$

解得
$$\alpha=\frac{M}{m\rho^2}=12.5\mathrm{rad/s^2}$$

此瞬时角速度
$$\omega=\frac{2\pi n}{60}=80\pi\ \mathrm{rad/s}$$

由此得
$$F_{\mathrm{I}x}=ma_C^{\mathrm{t}}=me\alpha=7.5\mathrm{N},\ F_{\mathrm{I}y}=ma_C^{\mathrm{n}}=me\omega^2=37.9\times10^3\mathrm{N}$$

其方向如图所示。

(3) 根据空间力系的平衡条件，列平衡方程并计算轴承约束力：

$$\sum M_{Ax}(\boldsymbol{F})=0,\qquad -0.75F_{By}+0.40(mg+F_{\mathrm{I}y})=0$$

解得
$$F_{By}=\frac{0.40}{0.75}(mg+F_{\mathrm{I}y})=21.78\mathrm{kN}$$

$$\sum F_y=0,\qquad F_{Ay}+F_{By}-F_{\mathrm{I}y}-mg=0$$

解得
$$F_{Ay}=\frac{0.35}{0.75}(mg+F_{\mathrm{I}y})=19.06\mathrm{kN}$$

$$\sum M_{Ay}(\boldsymbol{F})=0,\qquad 0.75F_{Bx}-0.40F_{\mathrm{I}x}=0$$

解得

$$F_{Bx}=\frac{0.40}{0.75}F_{Ix}=4.0\text{kN}$$

$$\sum F_x=0,\qquad F_{Ax}+F_{Bx}-F_{Ix}=0$$

解得

$$F_{Ax}=F_{Ix}-F_{Bx}=3.0\text{kN}$$

在 y 方向的静约束力 $F_{Ay}^{(j)}=\frac{0.35}{0.75}mg=1372\text{N}$，$F_{By}^{(j)}=\frac{0.40}{0.75}mg=1568\text{N}$

在 y 方向附加动约束力 $F_{Ay}^{(d)}=\frac{0.35}{0.75}F_{Iy}=17.69\text{kN}$，$F_{By}^{(d)}=\frac{0.40}{0.75}F_{Iy}=20.21\text{kN}$

在 y 方向附加动约束力与静约束力之比 $\gamma=\frac{F_{Ay}^{(d)}}{F_{Ay}^{(j)}}=\frac{F_{By}^{(d)}}{F_{By}^{(j)}}=\frac{F_{Iy}}{mg}=12.89$

由此可见，仅仅由于质心偏离转轴 2mm，轴承的附加动约束力高达静约束力的 12.89 倍。这说明，在制造安装转速比较高的转子时，必须尽量减小质心偏离转轴的距离。

Ⅲ. 题目关键点解析

该题目的关键点在于通过取电动机主轴整体为研究对象虚加惯性力，一定注意惯性力的方向与加速度的方向相反。虚加惯性力后，就变成了静力平衡问题，降低了问题的难度。

思考与练习

1. 应用动静法时，对静止的质点是否需要加惯性力？对运动着的质点是否都需要加惯性力？

2. 设质量为 m 的质点在空中运动时只受到重力作用，标出图 3-5-13 所示三种情况下的质点惯性力的大小和方向。

3. 一列火车在启动过程中哪一节车厢的挂钩受力最大，为什么？

4. 是否质点有运动就有惯性力？惯性力作用于什么物体上？

5. 质点系的达朗贝尔原理为什么不包含内力？

6. 如图 3-5-14 所示，滑轮的转动惯量 J_O，绳两端物重 $W_1=W_2$，问在下述两种情况下滑轮两边绳的张力是否相等：（1）物块Ⅱ做匀速运动；（2）物块Ⅱ做加速运动。

7. 如图 3-5-14 所示，图 a 中挂物块Ⅱ的绳端，在图 b 中作用以力 W_2，问当两图中物块Ⅰ的加速度相同时，图 a、b 中相对应的绳段受的张力是否相同，为什么？

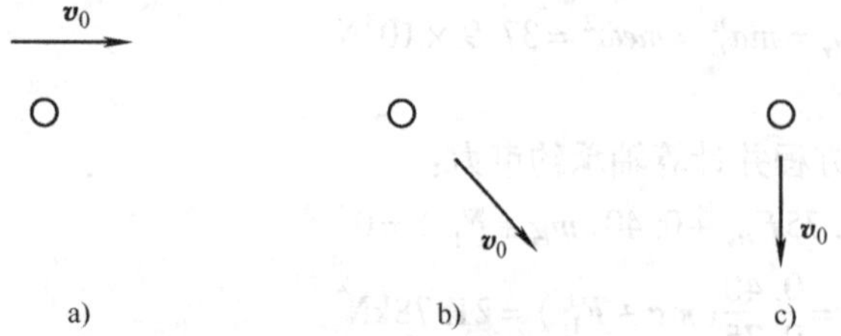

图 3-5-13 题 2 图

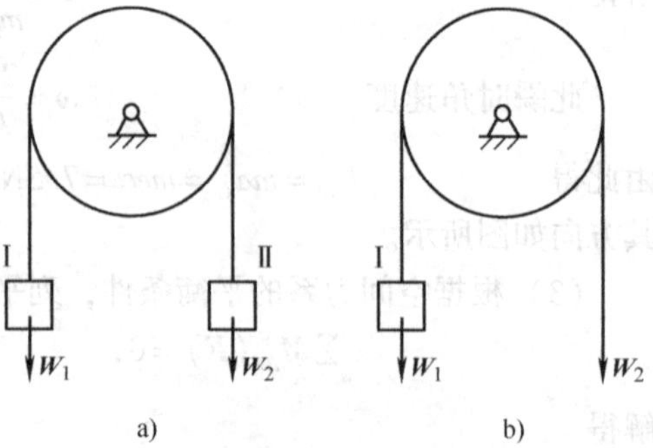

图 3-5-14 题 6、7 图

8. 能不能说应用达朗贝尔原理将动力学问题转换成静力学问题？

9. 当刚体有与转轴垂直的对称面时，如图 3-5-15 所示几种情况惯性力系简化的结果是什么，试计算其大小并图示方向。

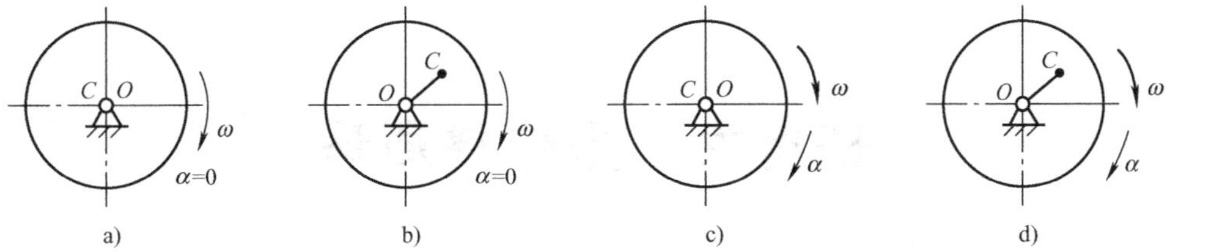

图 3-5-15　题 9 图

10. 如图 3-5-16 所示平面机构，$AC // BD$，且 $AC = BD = a$，均质杆 AB 的质量为 m，长度为 l。问 AB 做何种运动？其惯性力系的简化结果是什么？计算其大小并图示其方向。

11. 如图 3-5-17 所示重为 W 的小球 M 系于长为 L 的软绳下端，并以匀角速度 ω 绕铅垂线回转，如绳与铅垂线成 α 角，求绳中拉力和小球的速度。

12. 图 3-5-18 所示均质板质量为 m，放在两个均质圆柱滚子上，滚子质量皆为 $\frac{m}{2}$，其半径均为 r，如在板上作用一水平力 $\boldsymbol{F}$，并假设滚子无滑动，求板的加速度。

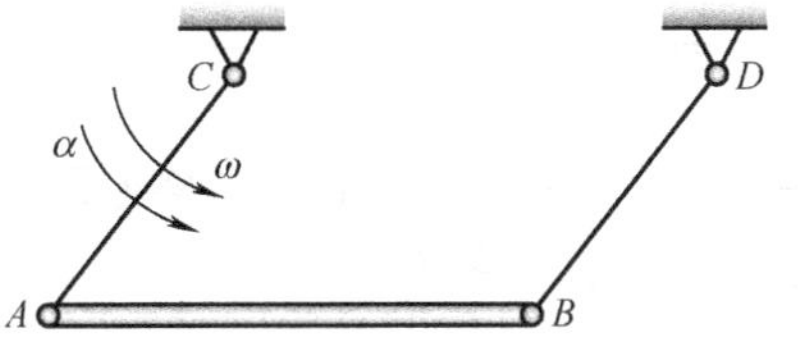

图 3-5-16　题 10 图

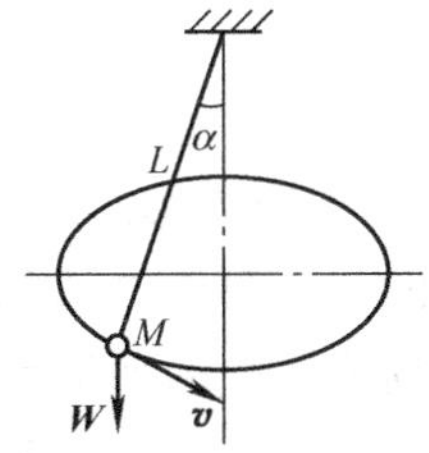

图 3-5-17　题 11 图

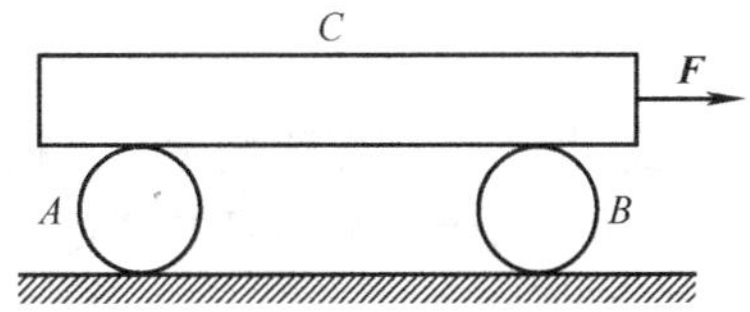

图 3-5-18　题 12 图

13. 均质圆柱重 W，半径为 R，在常力 $\boldsymbol{F}_{\mathrm{T}}$ 的作用下沿水平面做纯滚动（图 3-5-19），求轮心的加速度及地面的约束力。

14. 如图 3-5-20 所示的梳毛机曲柄滑块机构，已知曲柄 OA 的长度 $r = 15\text{mm}$，转速 $n = 360\text{r/min}$，连杆长度 $AB = 191\text{mm}$，滑块在运动中所受的阻力 $F = 640\text{N}$，滑块重量 $W = 548\text{N}$。求当 $\theta = 45°$ 时，连杆所受的力。

15. 偏心轮固结在水平轴 AB 上，轮重 $W = 196\text{N}$，半径 $r = 0.25\text{m}$，偏心距 $OC = 0.125\text{m}$，在图 3-5-21 所示位置时一水平力 $F_{\mathrm{T}} = 10\text{N}$ 作用于轮的上缘，角速度 $\omega = 4\text{rad/s}$。不计轴承摩擦及轴重，求角加速度 α 及轴承 A、B 处的约束力。

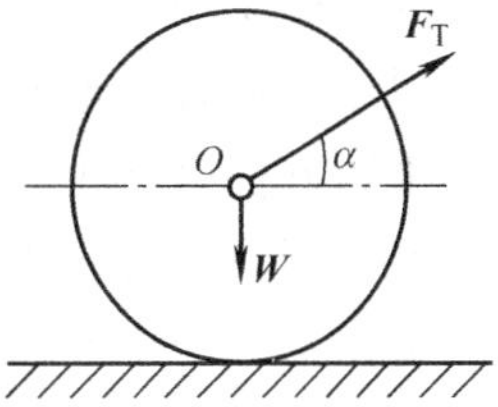

图 3-5-19　题 13 图

16. 轮轴质心位于 O 处，对轴 O 的转动惯量为 J_O；在轮轴上系两个质量分别为 m_1、m_2 的物体，如图 3-5-22所示，若此轮轴以顺时针转向转动，求轮轴的角加速度 α 和轴承 O 的动约束力。

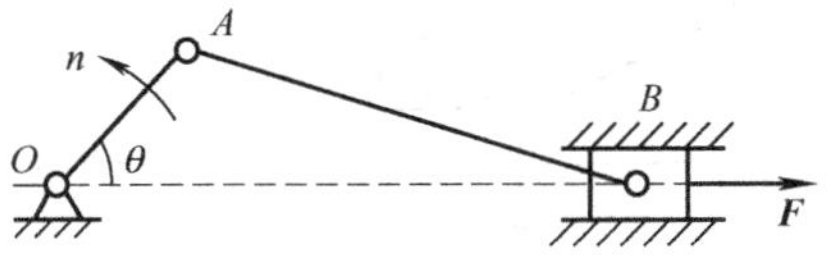

图 3-5-20　题 14 图

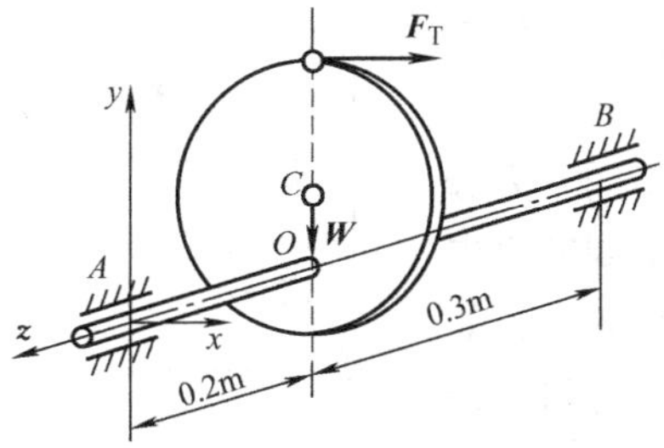

图 3-5-21　题 15 图

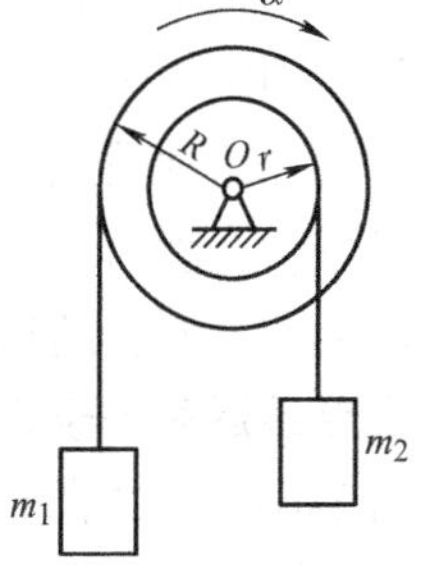

图 3-5-22　题 16 图

任务六　虚位移原理

任务描述

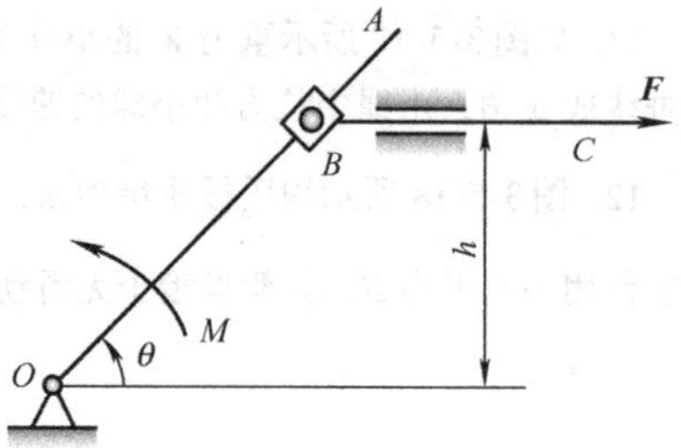

图 3-6-1　推杆机构示意图

如图 3-6-1 所示机构，不计各杆自重和各处摩擦，求机构在图示位置平衡时，主动力偶矩 M 与主动力 F 之间的关系。

任务分析

本任务可以利用机构平衡时的静力平衡方程求解，但比较烦琐，现在我们学习平衡问题的另一种解决方法——虚位移原理，应用虚位移原理，引入功的概念，分析具有理想约束的物体系统的平衡问题比列平衡方程更方便。

知识准备

虚位移原理，是应用功的概念分析系统的平衡问题，是研究静力学平衡问题的另一途径。对于只具有理想约束的物体系统，由于未知的约束力不做功，有时应用虚位移原理求解比列平衡方程更方便。

虚位移原理与达朗贝尔原理结合起来组成动力学普遍方程，又为求解复杂系统的动力学问题提供了另一种普遍的方法。这些理论构成分析力学体系的基础。

本任务只介绍虚位移原理的工程应用，不按分析力学体系追求其完整性和严密性。

一、约束　虚位移　虚功

1. 约束

工程中大多数物体的运动都受到周围物体的限制，不能任意运动，这种质点系称为非自由质点系。与静力学有所不同，为分析问题方便，这里把**限制非自由质点系运动的条件称为约束**，如图 3-6-2 中的曲柄 OA 受到铰链 O 的约束，只能绕 O 转动；滑块 B 受到滑道的约束，只能沿滑道

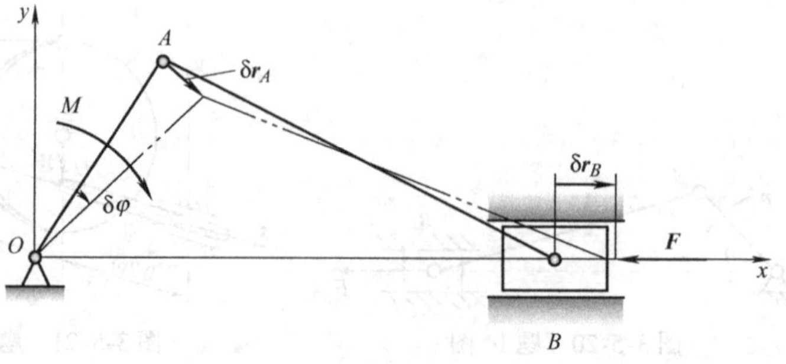

图 3-6-2　曲柄滑块机构示意图

运动；连杆 AB 又使曲柄和滑块间的距离 AB 保持不变等，这些都是约束。这里把限制质点或质点系在空间的几何位置的条件称为几何约束。表示限制条件的数学方程称为约束方程。例如图 3-6-2 中点 A 的约束方程为 $x_A^2+y_A^2=OA^2$，滑块 B 的约束方程为 $y=0$。

如果约束方程中不显含时间 t，称为定常约束。如果约束方程中不包含坐标对时间的导数，或者包含坐标对时间的导数但可以积分为有限形式，这类约束称为完整约束。如果约束方程为等式，称为双侧约束。本章研究的是定常、完整的双侧几何约束。其约束方程的一般形式为

$$f_j(x_1,y_1,z_1,x_2,y_2,z_2,\cdots x_n,y_n,z_n)=0,\ j=1,2,\cdots,s$$

式中，n 为质点系的质点数；s 为约束的方程数。

2. 虚位移

定义：**在某瞬时，质点系在约束允许的条件下，可能实现的任何无限小的位移称为虚位移**。虚位移可以是线位移，也可以是角位移。虚位移用符号 δ 表示，它是变分符号，“变分”包含有无限小的“变更”的意思。例如图 3-6-2 中，尽管系统在 $\boldsymbol{M}$ 及 $\boldsymbol{F}$ 作用下处于平衡，并不运动，但点 B 仍可有虚位移 $\delta\boldsymbol{r}_B$，点 A 可有虚位移 $\delta\boldsymbol{r}_A$。因为这是约束允许的（不破坏约束）、可能实现的（并不需要真实实现）无限小的位移。

必须注意，虚位移与实际位移（简称实位移）是不同的概念。实位移是质点系在一定时间内真正实现的位移，它除了与约束条件有关外，还与时间、主动力以及运动的初始条件有关；而虚位移仅与约束条件有关。因为虚位移是任意的无限小的位移，所以在定常约束的条件下，实位移只是所有虚位移中的一个，而虚位移视约束情况，可以有多个，甚至无穷多个。

3. 虚功

质点或质点系所受的力在虚位移上所做的功称为虚功。力在虚位移上做功的计算与力在真实小位移上所做元功的计算是一样的。在图 3-6-2 中，设机构在 $\boldsymbol{F}$ 及 $\boldsymbol{M}$ 作用下处于平衡状态。按图示的虚位移，力 $\boldsymbol{F}$ 的虚功为 $F\delta\boldsymbol{r}_B$，是负功；力偶 $\boldsymbol{M}$ 的虚功为 $M\delta\varphi$，是正功。一般情况，力 $\boldsymbol{F}$ 在虚位移 $\delta\boldsymbol{r}$ 上所做的虚功可表示为 $\delta\boldsymbol{W}=\boldsymbol{F}\cdot\delta\boldsymbol{r}$。应该指出，虚位移只是假想的，而不是真实发生的，因而虚功也是假想的。图 3-6-2 的机构处于静止的平衡状态，显然任何力都没做功。

很多情况下，约束力与约束所允许的虚位移互相垂直，约束力的虚功等于零；很多系统内部的相互约束力所做虚功之和也等于零，这种约束称为理想约束。在动能定理一章中已分析过光滑表面、光滑铰链、刚性杆以及不可伸长的绳索等理想约束，其约束力都不做功或做功之和等于零。同样，这种理想约束的约束力 $\boldsymbol{F}_{Ni}$ 在虚位移 $\delta\boldsymbol{r}_i$ 中也不做虚功或虚功之和等于零，即

$$\sum\boldsymbol{F}_{Ni}\cdot\delta\boldsymbol{r}_i=0$$

二、虚位移原理概述

设有一质点系处于静止平衡状态，取质点系中任一质点 m_i，如图 3-6-3 所示，作用在该质点上的主动力的合力为 $\boldsymbol{F}_i$，约束力的合力为 $\boldsymbol{F}_{Ni}$，因为质点系处于平衡状态，则这个质点也处于平衡状态，因此有

$$\boldsymbol{F}_i+\boldsymbol{F}_{Ni}=0$$

若给质点系以某种虚位移，其中质点 m_i 的虚位移为 $\delta\boldsymbol{r}_i$，则作用在质点 m_i 上的力 $\boldsymbol{F}_i$ 和

$\boldsymbol{F}_{Ni}$的虚功的和为

$$\boldsymbol{F}_i \cdot \delta \boldsymbol{r}_i + \boldsymbol{F}_{Ni} \cdot \delta \boldsymbol{r}_i = 0$$

对于质点系内所有质点，都可以得到与上式同样的等式。将这些等式相加，得

$$\sum \boldsymbol{F}_i \cdot \delta \boldsymbol{r}_i + \sum \boldsymbol{F}_{Ni} \cdot \delta \boldsymbol{r}_i = 0$$

如果质点系具有理想约束，则约束力在虚位移中所做虚功的和为零，即

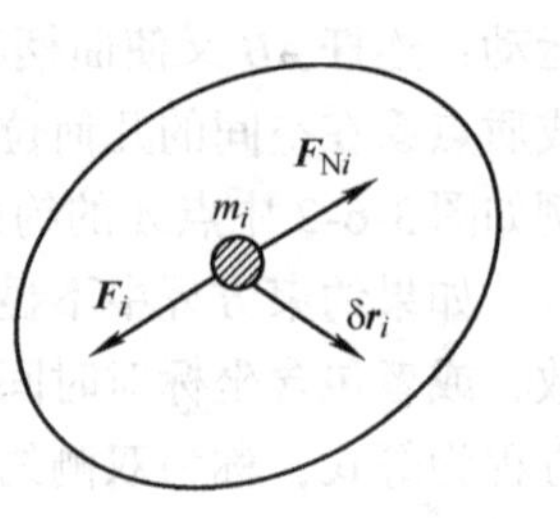

图 3-6-3　质点受力示意图

$$\sum \boldsymbol{F}_{Ni} \cdot \delta \boldsymbol{r}_i = 0$$

代入上式得

$$\sum \boldsymbol{F}_i \cdot \delta \boldsymbol{r}_i = 0 \tag{3-6-1}$$

用 δW_{Fi}代表作用在质点 m_i上的主动力的虚功，由于 $\delta W_{Fi} = \boldsymbol{F}_i \cdot \delta \boldsymbol{r}_i$，则式(3-6-1) 可以写为

$$\sum \delta W_{Fi} = 0 \tag{3-6-2}$$

可以证明，式(3-6-2) 不仅是质点系平衡的必要条件，也是充分条件。

因此可得结论：**对于具有理想约束的质点系，其平衡的充分和必要条件是，作用于质点系的所有主动力在任何虚位移中所做虚功的和等于零。**上述结论称为**虚位移原理**，又称为**虚功原理**，式(3-6-1)、式(3-6-2) 又称为**虚功方程**。

式(3-6-1) 也可写成解析表达式，即

$$\sum (F_{xi}\delta x_i + F_{yi}\delta y_i + F_{zi}\delta z_i) = 0$$

式中，F_{xi}、F_{yi}、F_{zi}为作用于质点 m_i的主动力 $\boldsymbol{F}_i$在直角坐标轴上的投影；δx_i、δy_i、δz_i为虚位移 $\delta \boldsymbol{r}_i$在直角坐标轴上的投影。

应该指出，虽然应用虚位移原理的条件是质点系应具有理想约束，但也可以用于有摩擦的情况，只要把摩擦力当作主动力，在虚功方程中计入摩擦力所做的虚功即可。

三、虚位移原理的工程应用

虚位移原理一般用于静力平衡问题中求解约束力的问题，基本解题步骤如下：

1）选取研究对象并进行受力分析，受力分析时如果约束不是理想约束，需要把约束力看作主动力代入。

2）确定各力之间的虚位移关系。确定虚位移关系常用的方法有几何法、解析法和虚速度法，后面会用相关的例题说明。

3）利用虚位移原理列出虚功方程，对未知力进行求解。

虚位移原理是静力学普遍方程，建立的是平衡时主动力之间的关系，求解问题时可以避免出现未知的约束力，用起来比较方便。下面我们举例说明虚位移原理的工程应用。

例 3-6-1　如图 3-6-4 所示，在螺旋压榨机的手柄 AB 上作用一在水平面内的力偶（$\boldsymbol{F}$，$\boldsymbol{F}'$），其力偶矩 $M = 2Fl$，螺杆的螺距为 h。求机构平衡时加在被压榨物体上的力。

Ⅰ. 题目分析

本题可以用静力平衡方程求解，需要考虑主动力、约束力和摩擦力矩的平衡问题，比较烦琐，可以考

虑用虚位移原理解题，研究以手柄、螺杆和压板组成的平衡系统。若忽略螺杆和螺母间的摩擦，则约束是理想的。设定手柄按螺纹方向的微小角位移、压板向下的微小线位移，并找到手柄角位移和线位移的数值关系，利用虚功方程求解就会非常方便。

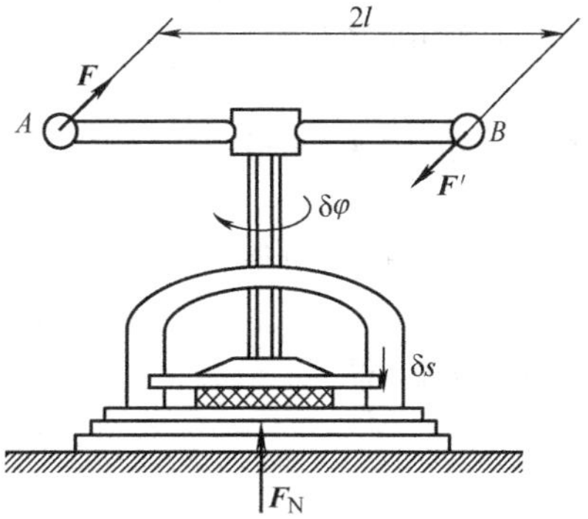

图 3-6-4　螺旋压榨机构示意图

Ⅱ. 题目求解

解：(1) 设定平衡情况下的系统的虚位移。作用于平衡系统上的主动力有：作用于手柄上的力偶 ($\boldsymbol{F}$, $\boldsymbol{F}'$)，被压物体对压板的阻力 $\boldsymbol{F}_N$。

假设手柄按螺纹方向转过极小角度，设此虚位移为 $\delta\varphi$，由此螺杆和压板将得到向下的虚位移，设为 δs。

(2) 计算所有主动力在虚位移中所做虚功的和，列出虚功方程

$$\sum \delta W_F = -F_N \delta s + 2Fl \cdot \delta\varphi = 0$$

由机构的传动关系知：对于单头螺纹，手柄 AB 转一周，螺杆上升或下降一个螺距 h，故有

$$\frac{\delta\varphi}{2\pi} = \frac{\delta s}{h} \quad 即 \quad \delta s = \frac{h}{2\pi}\delta\varphi$$

将上述虚位移 δs 与 $\delta\varphi$ 的关系式代入虚功方程中，得

$$\sum \delta W_F = \left(2Fl - \frac{F_N h}{2\pi}\right)\delta\varphi = 0$$

因为 $\delta\varphi$ 是任意的，所以

$$2Fl - \frac{F_N h}{2\pi} = 0$$

解得

$$F_N = \frac{4\pi l}{h}F$$

作用于被压榨物体上的力与此力等值反向，此题得解。

Ⅲ. 题目关键点解析

该题目的关键点在于通过机构的传动关系找到虚位移之间的几何关系，让解题得到简化。这种方法称为**几何法**。

例 3-6-2　如图 3-6-5 所示结构，各杆自重不计，在 G 点作用一铅直向上的力 $\boldsymbol{F}$，$AC = CE = CD = CB = DG = GE = l$。求支座 B 的水平约束力。

Ⅰ. 题目分析

此题涉及的是一个结构，无论如何假想产生虚位移，结构都不允许。为了求出 B 处水平约束力，需要把 B 处水平约束解除，以力 $\boldsymbol{F}_{Bx}$ 代替，把此力当作主动力，这个结构就变成如图 3-6-5b 所示的机构，此时就可以假想产生虚位移，用虚位移原理来求解。

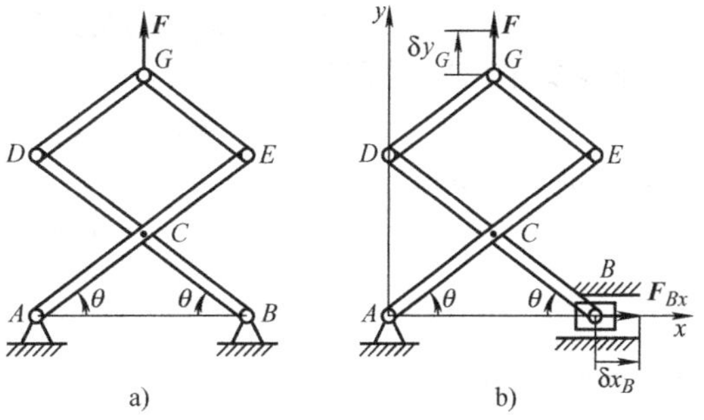

图 3-6-5　桁架结构示意图

a) 桁架结构图　b) 桁架虚位移示意图

Ⅱ. 题目求解

解：(1) 设定平衡情况下的系统的虚位移。取机构为研究对象，建立坐标如图 3-6-5b 所示，设

G、B 处的虚位移分别为 δy_G、δx_B。

（2）列出虚功方程

$$\sum \delta W_F = F_{Bx}\delta x_B + F\delta y_G = 0$$

由机构的结构关系，可得

$$x_B = 2l\cos\theta,\ y_G = 3l\sin\theta$$

将上述虚位移进行变分得

$$\delta x_B = -2l\sin\theta\delta\theta,\ \delta y_G = 3l\cos\theta\delta\theta$$

代入虚功方程，得

$$F_{Bx}(-2l\sin\theta\delta\theta) + F\cdot 3l\cos\theta\delta\theta = 0$$

解得

$$F_{Bx} = \frac{3}{2}F\cot\theta$$

此题得解。

Ⅲ. 题目关键点解析

该题目的关键点有两个：一是需要把 B 处水平约束解除，以力 $\boldsymbol{F}_{Bx}$ 代替，把此力当作主动力，从而使结构产生虚位移；二是深刻理解虚位移的概念及其数学意义，通过实位移的变分找到虚位移，从而求得所需的量。这道题目的求解方法称为**解析法**。

例 3-6-3 图 3-6-6 所示椭圆规机构中，连杆 AB 长为 l，滑块 A、B 与杆重均不计，忽略各处摩擦，机构在图示位置平衡。求主动力 $\boldsymbol{F}_A$ 与 $\boldsymbol{F}_B$ 之间的关系。

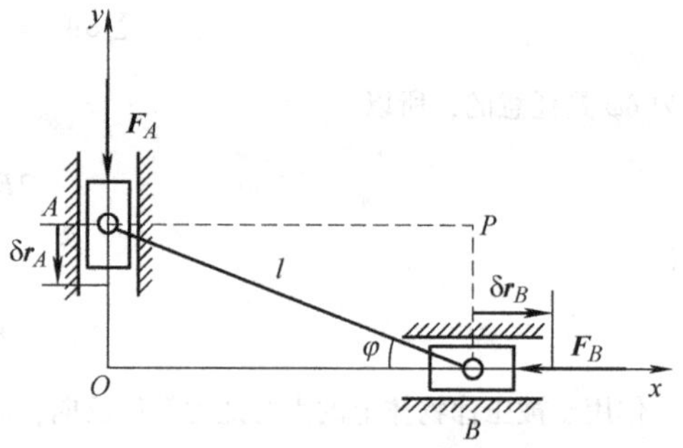

图 3-6-6　椭圆规机构示意图

Ⅰ. 题目分析

此题涉及的是一个机构问题，主动力 $\boldsymbol{F}_A$ 与 $\boldsymbol{F}_B$ 之间的关系会影响滑块 A、B 的位移、速度的关系，反之亦然。我们可以结合这个关系，用虚位移原理来求解。

Ⅱ. 题目求解

解：方法一

（1）设定平衡情况下滑块 A、B 的虚位移。取机构为研究对象，建立坐标如图所示，在约束允许的情况下，设 A、B 处的虚位移分别为 $\delta\boldsymbol{r}_A$、$\delta\boldsymbol{r}_B$。

（2）列出虚功方程

$$\sum \boldsymbol{F}_i\cdot\delta\boldsymbol{r}_i = 0$$

$$F_A\delta r_A - F_B\delta r_B = 0 \tag{a}$$

为求得 F_A 与 F_B 的关系，应找出 δr_A、δr_B 的关系。由于 AB 杆为刚性杆，A、B 两点的虚位移在 AB 连线上的投影应该相等，由图示得

$$\delta r_A\sin\varphi = \delta r_B\cos\varphi,\ \delta r_A = \delta r_B\cot\varphi \tag{b}$$

将式(b) 代入式(a)，得

$$F_A\cot\varphi - F_B = 0$$

解得

$$F_A = F_B\tan\varphi$$

这种解法可以理解为几何法。

方法二　此题也可以用解析法列虚功方程

由图示坐标，列解析法的虚功方程

$$\sum(F_{xi}\delta x_i+F_{yi}\delta y_i+F_{zi}\delta z_i)=0$$

根据题目具体情况有

$$-F_B\delta r_B-F_A\delta r_A=0 \tag{c}$$

A、B 点的坐标为

$$x_B=l\cos\varphi,\ y_A=l\sin\varphi$$

进行变分计算，得

$$\delta x_B=-l\sin\varphi\delta\varphi,\ \delta y_A=l\cos\varphi\delta\varphi$$

将 δx_B、δ_{yA}代入式（c），得

$$F_A=F_B\tan\varphi$$

方法三　此题也可以用虚速度法列虚功方程

为求虚位移间的关系，也可以用所谓的“虚速度法”。我们可以假想虚位移 δr_A、δr_B是在某个极短的时间 dt 内发生的，这时对应点 A 和点 B 的速度 $v_A=\dfrac{\delta r_A}{dt}$和 $v_B=\dfrac{\delta r_B}{dt}$称为虚速度。代入式(a) 得

$$F_Bv_B-F_Av_A=0 \tag{d}$$

由速度投影定理得

$$v_B\cos\varphi=v_A\sin\varphi$$

$$v_B=v_A\tan\varphi \tag{e}$$

将式(e) 代入式(d) 得

$$F_A=F_B\tan\varphi$$

Ⅲ. 题目关键点解析

该题目的关键点在于：一是仍然要深刻理解虚位移的概念及其数学意义，通过实位移的变分找到虚位移，从而求得所需的量；二是通过机构的传动关系，找到虚位移之间的几何关系，让解题得到简化。虚速度法某种意义上来说就是几何法的变形，实质是一样的。

任务实施

求如图 3-6-1 所示任务描述中主动力偶矩 M 与主动力 F 之间的关系。

Ⅰ. 题目分析

此题目涉及的是一个机构问题，系统的约束为理想约束，摇杆 OA 与直线运动的零件 BC 通过铰链 B 链接，假想摇杆 OA 在图示位置逆时针转过一微小角度 $\delta\theta$，则点 C 将会有水平虚位移 δr_C，可以根据之前学习的点的合成运动知识，求得 $\delta\theta$ 和 δr_C之间的关系，然后根据虚位移原理求到主动力偶矩 M 与主动力 F 之间的关系。

Ⅱ. 题目求解

解：方法一

（1）设定平衡情况下摇杆 OA 和直杆 BC 的虚位移。取机构为研究对象，建立坐标如图 3-6-7 所示，在约束允许的情况下，设在图示位置 OA 在力偶作用下逆时针产生一微小角度的虚位移 $\delta\theta$，设 C 点产生水平虚位移 δr_C。

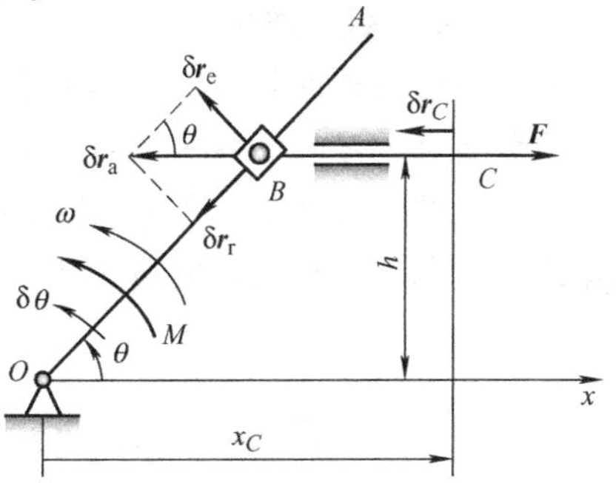

图 3-6-7　推杆机构坐标及虚位移示意图

（2）列出虚功方程

$$\sum\delta W_{Fi}=0$$

$$M\delta\theta - F\delta r_C = 0 \tag{a}$$

为求得 M 与 F 的关系，应找出虚位移 $\delta\theta$、δr_C的关系。

根据点的合成运动的知识，可以选取 BC 上的 B 点为动点，OA 为动坐标系，B 点的绝对位移、相对位移、牵连位移的三角形关系如图所示。

$$\delta r_a = \frac{\delta r_e}{\sin\theta} \tag{b}$$

而

$$\delta r_e = OB \cdot \delta\theta = \frac{h}{\sin\theta}\delta\theta, \quad \delta r_c = \delta r_a = \frac{h\delta\theta}{\sin^2\theta}$$

代入式(a)，解得

$$M = \frac{Fh}{\sin^2\theta}$$

这种解法可以理解为几何法。

方法二　这道题目也可以用虚速度法来解决，由式(a) 有

$$M\omega - Fv_C = 0$$

虚角速度 ω 与点 C 的虚速度类似于图中的虚位移关系，只需把各虚位移改为虚速度即可，即

$$v_e = OB \cdot \omega = \frac{h}{\sin\theta}\omega, \quad v_a = v_C = \frac{h\omega}{\sin^2\theta}$$

从而求得

$$M = \frac{Fh}{\sin^2\theta}$$

方法三　本题还可以用解析法求解

图 3-6-7 所示坐标系，C 点坐标可表示为

$$x_C = h\cot\theta + BC, \qquad \delta x_C = -\frac{h\delta\theta}{\sin^2\theta}, \qquad M\delta\theta - F\delta r_C = 0$$

从而求得

$$M = \frac{Fh}{\sin^2\theta}$$

此题得解。

Ⅲ. 题目关键点解析

该任务的关键点与例题 3-6-3 基本一致，但由于融入了合成运动的知识，显得有些复杂。这就要求学习时要举一反三，融会贯通。

从以上的学习可知，和达朗贝尔原理一样，虚位移原理也属于分析力学的基础内容，其基本思想是利用功和位移的概念求解静力学平衡问题。和静力学相比，虚位移原理有以下特点：

1）静力学通常是研究几何不变形的质点系（即刚体）或刚体系统；虚位移原理可以研究几何不变结构，也可以研究几何可变的平衡结构。

2）静力学用几何方法建立平衡方程（利用几何关系进行投影或求矩）；虚位移原理用位移和功的概念建立平衡方程。

3）对某些结构关系非常复杂的系统，虚位移原理求解起来比较简单，而静力学往往要取多次研究对象，解联立方程，较麻烦。

思考与练习

1. 试判别下列说法正确与否？

（1）所有几何约束都是完整约束，所有运动约束都是非完整约束。

（2）质点系在力系的作用下处于平衡，因此各质点的虚位移均为零。

（3）在任何约束情况下，实位移都是所有虚位移中的一个。

（4）虚位移不仅与约束条件有关，还与时间有关。

2. 如图3-6-8所示机构均处于静止平衡状态，图中所给各虚位移有无错误，如有错误应该如何改正？

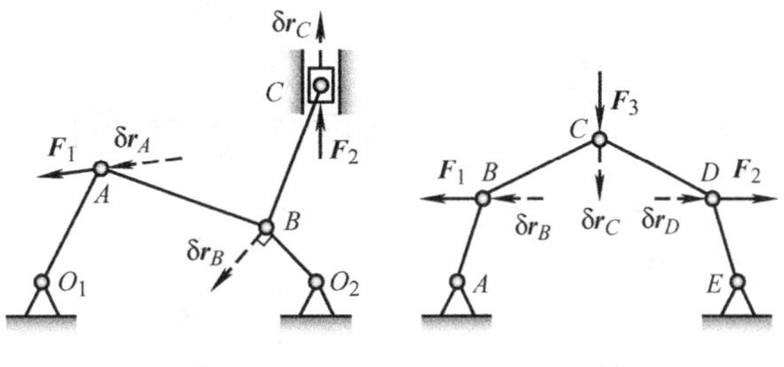

图3-6-8　题2图

3. 如图3-6-9所示各种机构，可以用哪些不同的方法确定虚位移 $\delta\theta$ 与力 $\boldsymbol{F}$ 作用点 A 的虚位移的关系，并比较各种方法。

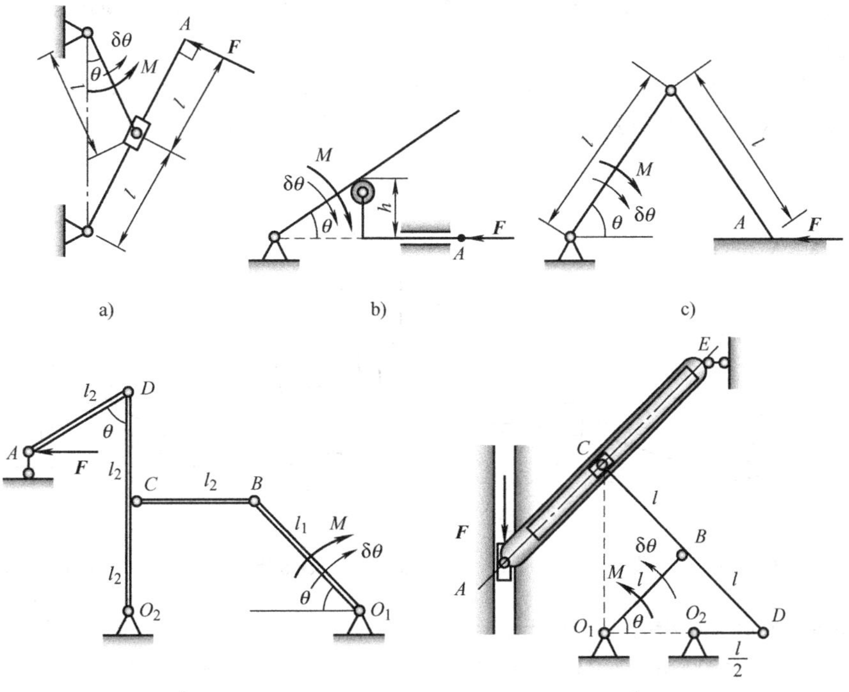

图3-6-9　题3图

4. 图3-6-10所示曲柄式压榨机的销钉 B 上作用有水平力 $\boldsymbol{F}$，此力位于平面 ABC 内，作用线平分 $\angle ABC$，$AB=BC$，各处摩擦及杆重不计，求对物体的压缩力。

5. 在压缩机的手轮上作用一力偶，其矩为 M。手轮轴的两端各有螺距同为 h，但方向相反的螺纹。螺纹上各套有一个螺母 A 和 B，这两个螺母分别与长为 a 的杆相铰接，四杆形成菱形框，如图3-6-11所示。此菱形框的点 D 固定不动，而点 C 连接在压缩机的水平压板上。求当菱形框的顶角等于 2θ 时，压缩机对被压物体的压力。

6. 图3-6-12所示机构中，当曲柄 OC 绕轴 O 摆动时，滑块 A 沿曲柄滑动，从而带动杆 AB 在铅直导槽内移动，不计各构件自重与各处摩擦。求机构平衡时力 $\boldsymbol{F}_1$ 与 $\boldsymbol{F}_2$ 的关系。

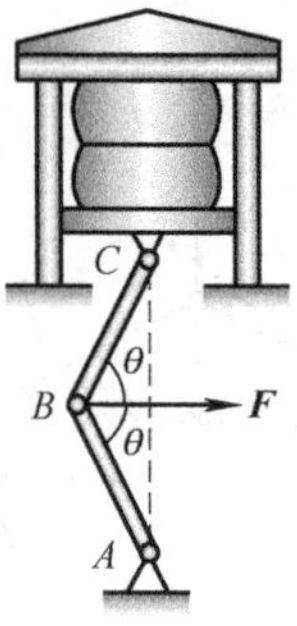

图3-6-10　题4图

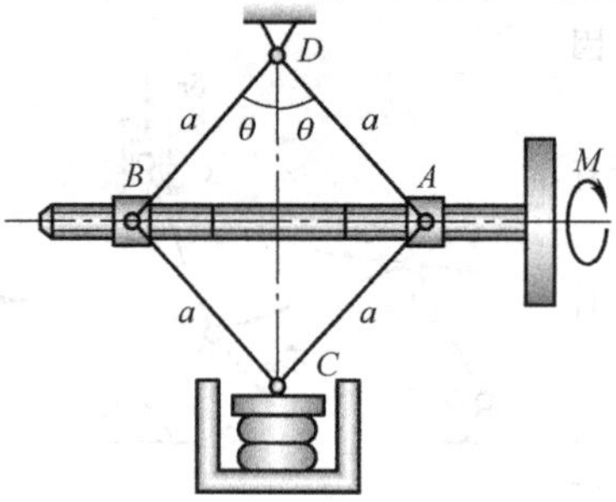

图3-6-11　题5图

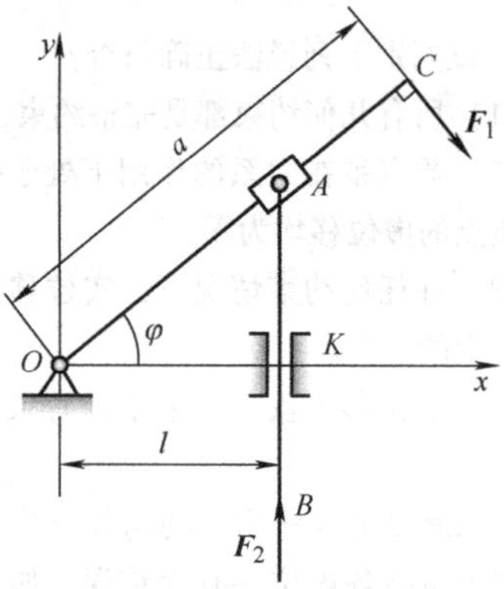

图3-6-12　题6图

7. 在图3-6-13所示夹紧机构中，曲柄 OA 上作用一力偶，其矩为 M，另在滑块 D 上作用水平力 $\boldsymbol{F}$。机构尺寸如图所示，不计各构件自重与各处摩擦。求当机构平衡时，力 $\boldsymbol{F}$ 与力偶矩 M 的关系。

8. 滑轮机构将两物体 A 和 B 悬挂如图3-6-14所示，如绳和滑轮重量不计，当两物体平衡时，求重量 $\boldsymbol{P}_A$ 与 $\boldsymbol{P}_B$ 的关系。

9. 图3-6-15所示滑套 D 套在直杆 AB 上，并带动杆 CD 在铅直滑道上滑动。已知 $\theta=0°$ 时弹簧为原长，弹簧刚度系数为5kN/m，不计各构件自重与各处摩擦。求在任意位置平衡时，应加多大的力偶矩 M？

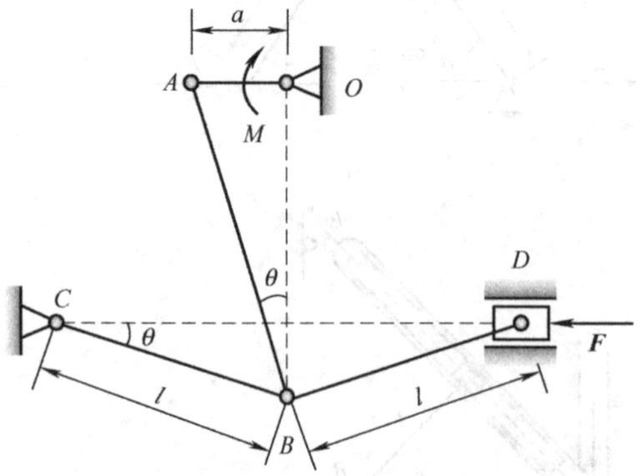

图3-6-13　题7图

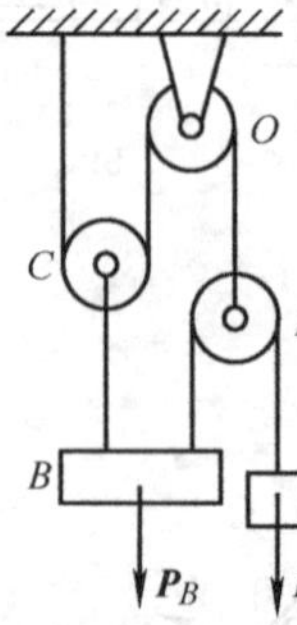

图3-6-14　题8图

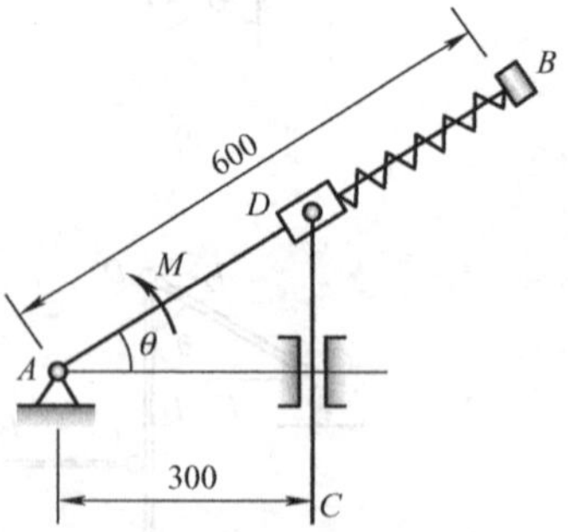

图3-6-15　题9图

10. 如图3-6-16所示人字梯，两等长杆 AB 与 BC 在点 B 用铰链连接，又在杆的 D、E 两点连一弹簧。弹簧的刚度系数为 k，当距离 AC 等于 d 时，弹簧内拉力为零，不计各构件自重与各处摩擦。如在点 C 作用一水平力 $\boldsymbol{F}$，杆系处于平衡，求距离 AC 之值。

11. 用虚位移原理求图3-6-17所示桁架中杆3的内力。

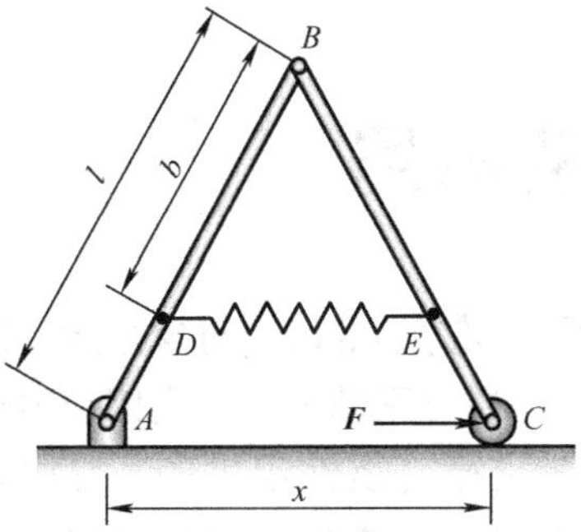

图 3-6-16　题 10 图

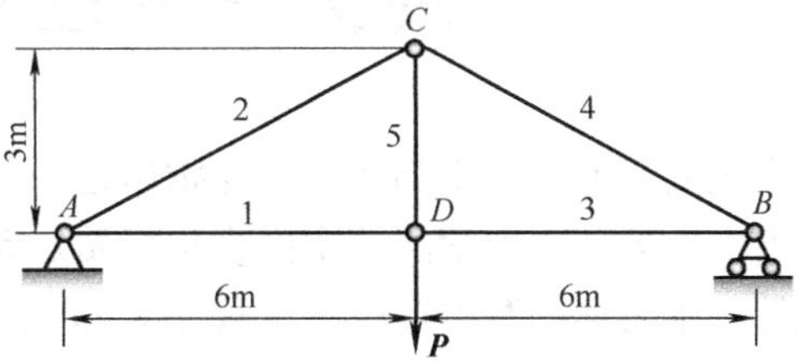

图 3-6-17　题 11 图

12. 组合梁载荷分布如图 3-6-18 所示，已知跨度 $l=8\text{m}$，$P=4900\text{N}$，均布力 $q=2450\text{N/m}$，力偶矩 $M=4900\text{N}\cdot\text{m}$。求各支座约束力。

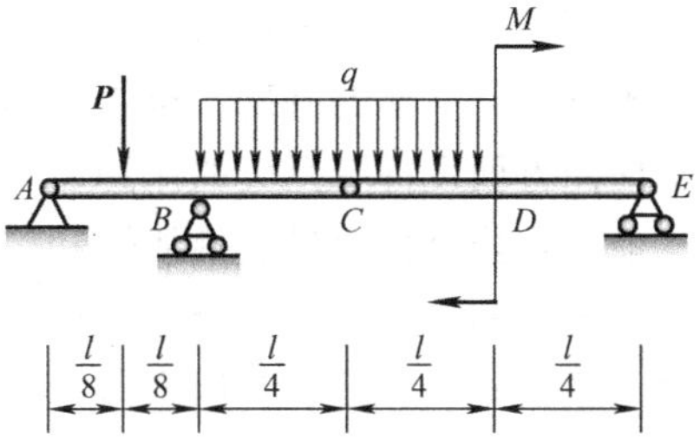

图 3-6-18　题 12 图

动力学的应用及拓展

动力学主要研究作用于物体的力与物体运动的关系。动力学的研究对象是运动速度远小于光速的宏观物体。动力学的基本内容包括质点动力学、质点系动力学、刚体动力学、达朗贝尔原理等。动力学的基本定律、定理主要包括牛顿三定律（惯性定律、力与加速度之间的关系定律及作用与反作用定律）、动量定理、动量矩定理、动能定理以及由这三个基本定理推导出来的其他定理。动量、动量矩和动能是描述质点、质点系和刚体运动的基本物理量。作用于力学模型上的力或力矩与这些物理量之间的关系构成了动力学普遍定理。动力学是物理学和天文学的基础，也是许多工程学科的基础。随着科技的发展，动力学在现代工程技术应用方面发挥着巨大的作用。

航天是当今世界最具挑战性和广泛带动性的高科技领域之一，航天活动深刻改变了人类对宇宙的认知，为人类社会进步提供了重要动力。要开展航天活动就必须掌握航天技术。航天技术是探索、开发和利用宇宙空间的技术，它是一门高度综合性的科学技术，涉及各类航天飞行器的设计、制造、发射和应用。航天技术的应用非常广泛，比如卫星导航、卫星通信、卫星气象地质勘测、卫星侦察及开展各种太空实验等。

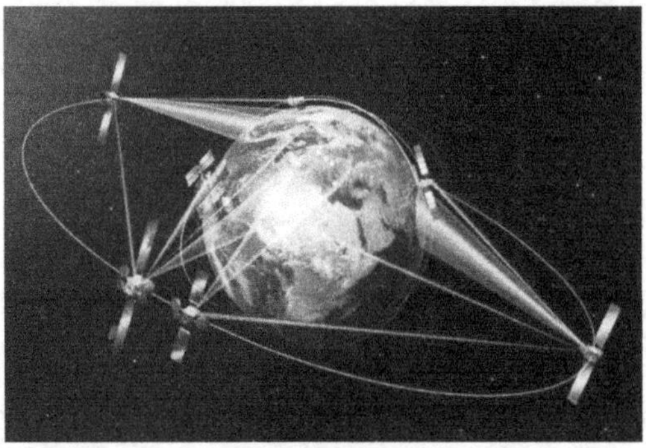

卫星导航系统

火箭

要想把航天器发射到太空，就要用到运载工具——火箭。火箭之所以能带着航天器飞行，是因为火箭燃料燃烧所生成的炽热气体，通过火箭尾部的尾喷管向后快速喷出，向后喷的燃气就会对火箭产生反作用力，它推动着火箭向前飞，这就是火箭推力的来源。当这个推力大于火箭及所带航天器的总重力时，火箭就起飞了。由此可见火箭的飞行原理就是牛顿第三定律（作用与反作用定律）。不过要想把航天器发射到预定轨道甚至飞离地球，就需要火箭具有更大的推力使航天器达到一定的速度，此时就要用到动量定理等动力学相关知识。航天器发射到太空后一般按预定轨道运行，但有的时候需要对航天器（空间站、宇宙飞船、卫星等）的姿态进行调整，比如改变轨道、航天器对接等。航天器姿态调整的方法一般是在航天器上安装喷气发动机或者动量轮，此时主要用到动量矩定理、动量矩守恒定理等动力学相关知识。

中国空间站

钱学森

航天技术对一个国家来说非常重要，因此新中国成立后国家积极开展航天技术研究。我国的航天事业是从1956年开始的，到现在已走过60余年的光辉历程，创造了以“两弹一星”、载人航天、月球探测为代表的辉煌成就，走出了一条自力更生、自主创新的发展道路，积淀了深厚博大的航天精神——“特别能吃苦、特别能战斗、特别能攻关、特别能奉献”，涌现了一大批以钱学森为代表的航天科学家，他们为了新中国的航天事业贡献了全部。作为理工科专业的当代大学生一定要学习中国航天精神，努力学习，刻苦钻研，为中华民族的伟大复兴尽一份力量。

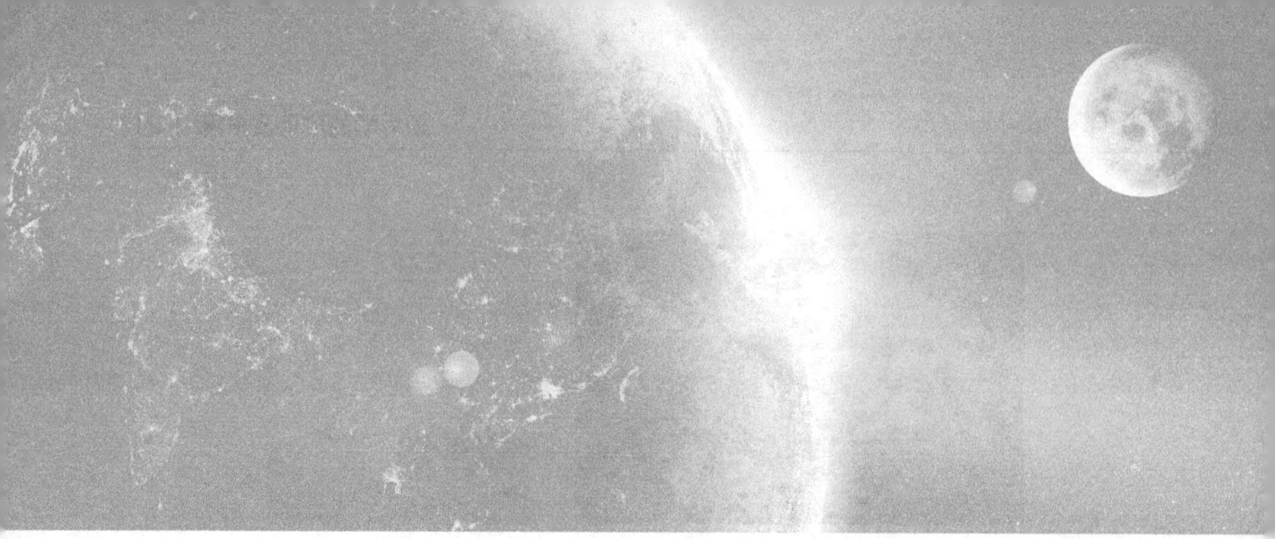

模块四 材料力学

引 言

1. 材料力学的任务

各种工程结构和机构都是由若干构件组成，承受载荷作用，为确保正常工作，构件必须满足以下要求：

（1）有足够的强度

保证构件在载荷作用下不发生断裂破坏或塑性变形（解除载荷后不可恢复的变形，也称为残余变形）。例如起重机，在起吊额定重量时，它的各部件不能断裂，钢丝绳也不能有塑性变形；传动轴在工作时不应被扭断；压力容器工作时不应开裂等。可见，所谓强度，是指构件在载荷作用下抵抗断裂破坏或塑性变形的能力。

（2）有足够的刚度

保证构件在载荷作用下不产生影响其正常工作的变形。例如车床主轴的变形过大，将会影响其加工零件的精度；又如齿轮传动轴的变形过大，将使轴上的齿轮啮合不良，引起振动和噪声，影响传动的精确性。可见，所谓刚度，是指构件在外力作用下抵抗弹性变形的能力。

（3）有足够的稳定性

保证构件不会失去原有的平衡形式而丧失工作能力。例如细长直杆所受轴向压力不能太大，否则会突然变弯，或由此折断。因此，构件这种保持其原有平衡形态的能力称为稳定性。

材料力学的任务就是在满足强度、刚度和稳定性的要求下，为设计既安全又经济的构件，提供必要的理论基础和计算方法。

2. 材料力学的研究对象

材料力学中研究的物体均为变形固体。在工程实际中，变形固体的形状多种多样，按照其几何特征，主要可分为杆件与板件两类。

一个方向的尺寸远大于其他两个方向的尺寸的构件，称为杆件（图4-1-1）。杆件是工程中最常见、最基本的构件。

杆件的形状与尺寸由其轴线与横截面确定。轴线通过横截面的形心，横截面与轴线相互正交。根据轴线与横截面的特征，杆件可分为直杆与曲杆，以及等截面杆与变截面杆等。

一个方向的尺寸远小于其他两个方向的尺寸的构件，称为板件（图4-1-2）。平分板件厚度的几何面，称为中面。中面为平面的板件称为板（图4-1-2a）；中面为曲面的板件称为壳（图4-1-2b）。

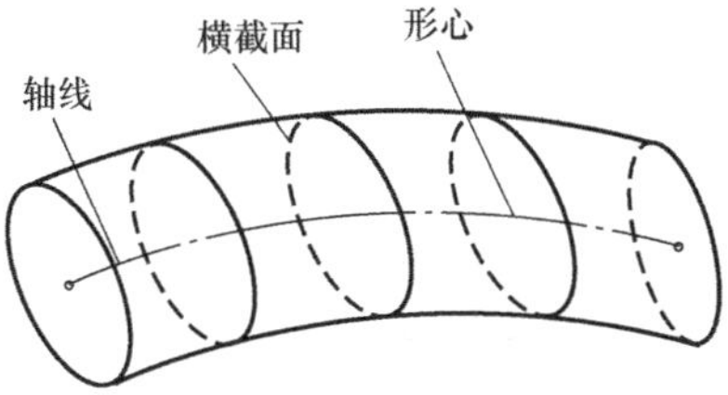

图4-1-1　杆件要素示意图

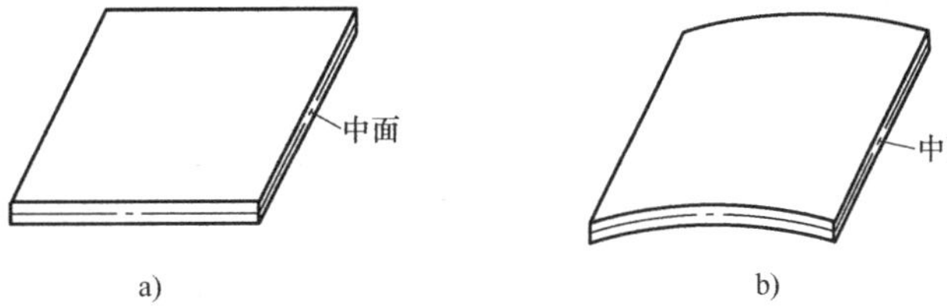

图4-1-2　板件要素示意图

a）板　b）壳

材料力学主要研究杆件的承载能力，也包括由若干杆组成的简单杆系，同时也研究一些形状与受力均比较简单的板与壳。至于一般较复杂的杆系与板壳问题，则属于结构力学与弹性力学等的研究范畴。

3. 材料力学的基本假设

制造构件所用的材料多种多样，其具体组成和微观结构则更是非常复杂。为便于进行强度、刚度和稳定性的理论分析，现根据工程材料的主要性质对其做如下假设。

（1）连续性假设

即认为组成物体的材料毫无空隙地充满了物体的整个空间。实际上，构件的材料是由很多微粒或晶体组成的，它们之间是有很多空隙的。但是由于空隙的大小与工件的尺寸相比极其微小，可以忽略不计，因此可认为物体是连续的，各力学参数是空间坐标的连续性函数。

（2）均匀性假设

即认为物体内各处的力学性能完全相同。就工程中使用的金属材料来说，它是由极多的微小晶粒组成的，各晶粒的性质并不完全一样。但是，因材料力学所研究的构件或构件的一部分，其包含的晶粒数目极多，且无规则排列，其力学性能是所有各晶粒的性质的统计平均值，所以可以认为构件内各部分的性质是均匀的。

（3）各向同性假设

即认为物体在各个方向具有完全相同的力学性能。例如玻璃即为典型的各向同性材料。金属的各个晶粒，均属于各向异性体，但由于金属构件所含晶粒极多，而且在构件内的排列又是随机的，因此，宏观上仍可将金属看成各向同性材料。

（4）小变形条件

材料力学研究的变形主要是构件的小变形。小变形是指构件的变形量远小于其原始尺寸的变形。因而在研究构件的平衡和运动时，可忽略变形量，仍按原始尺寸进行计算。

综上所述，在材料力学中，一般将实际材料看作是连续、均匀和各向同性的可变形固体。实践表明在此基础上所建立的理论与分析计算结果，符合工程要求。

4. 杆件变形的基本形式

任何物体受到外力作用后都会产生变形。就其变形性质来说，可分为弹性变形和塑性变形。载荷卸除后能消失的变形称为弹性变形；载荷卸除后不能消失的变形称为塑性变形。

在不同的载荷作用下，杆件变形的形式各异。杆件变形的基本形式主要有以下四种，即：①轴向拉伸或压缩变形，如图4-1-3a所示；②剪切变形，如图4-1-3b所示；③扭转变形，如图4-1-3c所示；④弯曲变形，如图4-1-3d所示。复杂的变形可归结为上述基本变形的组合。

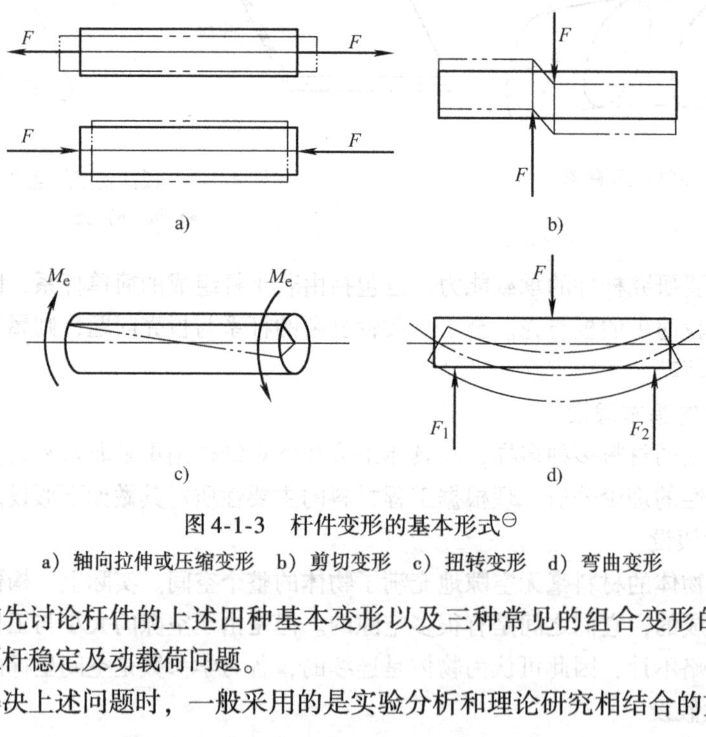

图4-1-3　杆件变形的基本形式⊖

a）轴向拉伸或压缩变形　b）剪切变形　c）扭转变形　d）弯曲变形

本模块将首先讨论杆件的上述四种基本变形以及三种常见的组合变形的强度和刚度问题，最后研究压杆稳定及动载荷问题。

材料力学解决上述问题时，一般采用的是实验分析和理论研究相结合的方法。

⊖ 材料力学不强调力的矢量性，为叙述方便，本模块中力的符号统一用明体表示，不再加粗。

任务一　轴向拉伸与压缩

任务描述

某工地自制悬臂起重机，如图 4-1-4 所示，撑杆 AB 为空心钢管，外径 105mm，内径 95mm，钢索 1 和 2 互相平行，且设钢索可作为相当于直径 d = 25mm 的圆杆计算，材料的许用应力 $[\sigma]$ = 60MPa，试确定起重机的许可吊重。

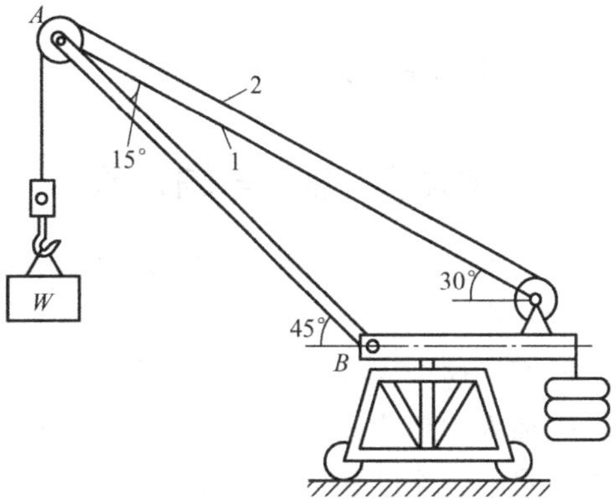

图 4-1-4　悬臂起重机结构简图

任务分析

掌握典型构件轴向拉伸与压缩变形时的受力特点、变形特点，通过截面法利用静力平衡方程求解轴向拉压时的内力，学习如何绘制内力图。通过实验观察，结合工程实际归纳得出拉压杆横截面上应力的分布规律及计算公式，理解拉压杆强度和刚度的概念，学习强度的计算方法。

知识准备

一、轴向拉伸与压缩的概念与实例

在工程实际中，许多构件承受拉力和压力的作用。如图 4-1-5 所示为一简易吊车，忽略自重，AB、BC 两杆均为二力杆；BC 杆在通过轴线的拉力作用下沿杆轴线发生拉伸变形；而杆 AB 则在通过轴线的压力作用下沿杆轴线发生压缩变形。再如液压缸中的活塞杆，在油压和工作阻力作用下受拉，如图 4-1-6 所示；此外，拉床的拉刀在拉削工件时承受拉力，千斤顶的螺杆在顶重物时承受压力。

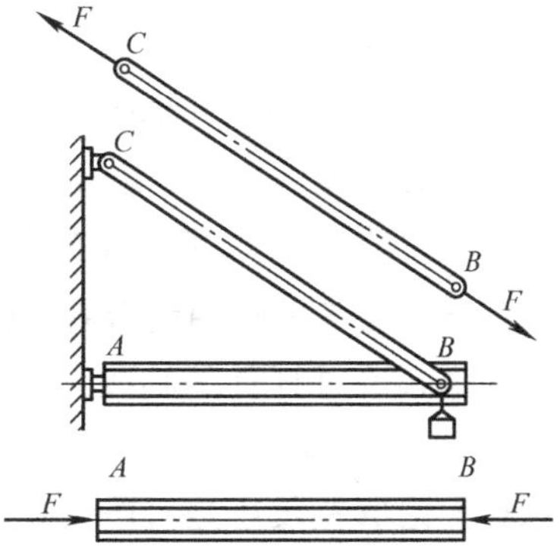

图 4-1-5　简易吊车

这些受拉或受压的杆件的结构形式虽各有差异，加载方式也并不相同，但若把杆件形状和受力情况进行简化，都可以画成图 4-1-7 所示的计算简图。这类杆件的受力特点是：杆件承受外力的作用线与杆件轴线重合；变形特点是：杆件沿轴线方向伸长或缩短。这种变形形式称为轴向拉伸或压缩变形，简称拉伸或压缩。

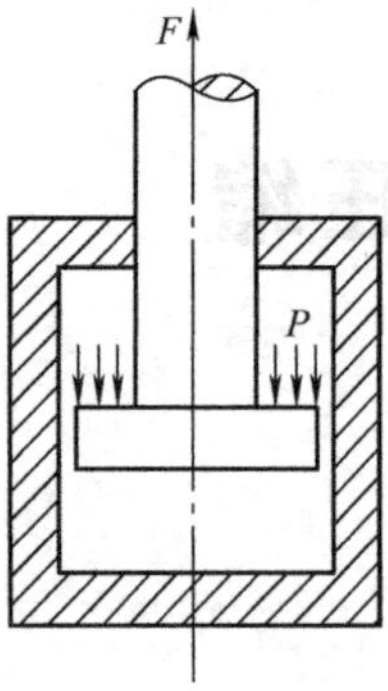

图 4-1-6　液压传动中的活塞

图 4-1-7　拉压杆力学简图

二、截面法　轴力与轴力图

为了维持构件各部分之间的联系，保持构件的形状和尺寸，构件内部各部分之间必定存在着相互作用的力，称为内力。在外部载荷作用下，构件内部各部分之间相互作用的内力也随之改变，这个因为外部载荷作用而引起构件内力的改变量，称为附加内力。在材料力学中，附加内力简称内力。其大小及其在构件内部的分布规律随外部载荷的改变而变化，并与构件的强度、刚度和稳定性等问题密切相关。若内力的大小超过一定的限度，则构件不能正常工作。内力分析是材料力学的基础，一般用截面法分析杆件内力。

1. 截面法

将杆件假想地切开以显示内力，并由平衡条件建立内力与外力的关系或由外力确定内力的方法，称为**截面法**，它是分析杆件内力的一般方法。其过程可归纳为三个步骤：

1）截开，在需求内力的截面处，假想地将杆件截成两部分。

2）代替，任取一段（一般取受力情况较简单的部分），在截面上用内力代替截掉部分对该段的作用。

3）平衡，对所研究的部分建立平衡方程，求出截面上的未知内力。

2. 轴力和轴力图

如图 4-1-8a 所示两端受轴向拉力 F 的杆件，为了求任一横截面 1－1 上的内力，可采用截面法。假想地用与杆件轴线垂直的平面在 1－1 截面处将杆件截开；取左段为研究对象，用分布内力的合力 F_N 来替代右段对左段的作用（图 4-1-8b），建立平衡方程，可得 $F_N=F$。

由于外力 F 的作用线沿着杆件的轴线，内力 F_N 的作用线也必通过杆件的轴线，故轴向拉伸或压缩时杆件的内力称为轴力。轴力的正负由杆件的变形确定。为保证无论取左段还是右段为研究对象所求得的同一个横截面上轴力的正负号相同，对轴力的正负号规定如下：轴力的方向与所在横截面的外法线方向一致时，轴力为正；反之为负。由此可知，当杆件受拉时轴力为正，杆件受压时轴力为负。

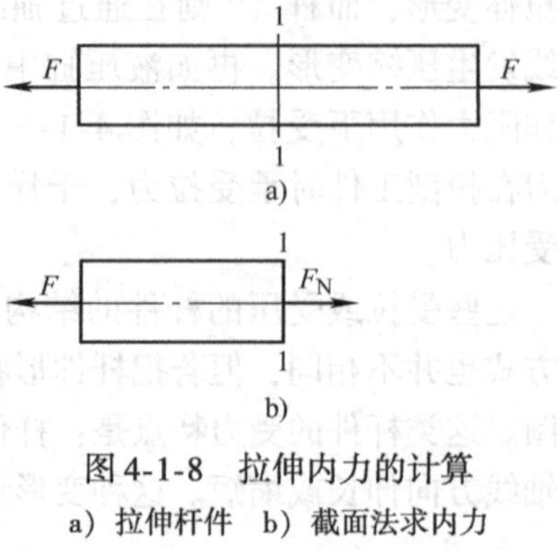

图 4-1-8　拉伸内力的计算
a）拉伸杆件　b）截面法求内力

实际问题中，杆件所受外力可能很复杂，这时直

杆各横截面上的轴力将不相同，F_N将是横截面位置坐标 x 的函数。即

$$F_N = F_N(x)$$

用平行于杆件轴线的 x 坐标表示各横截面的位置，以垂直于杆件轴线的 F_N坐标表示对应横截面上的轴力，这样画出的函数图形称为轴力图。

例 4-1-1　直杆 AD 受力如图 4-1-9 所示。已知 $F_1 = 16\text{kN}$，$F_2 = 10\text{kN}$，$F_3 = 20\text{kN}$。试画出直杆 AD 的轴力图。

Ⅰ. 题目分析

为画出直杆的轴力图，需要计算直杆的轴力，由于杆件的受力比较复杂，每两个集中力之间的轴力是不相同的，所以首先根据已知力，利用静力平衡方程求出固定端约束力，然后再分段求出各段的轴力，轴力求出后，画出直角坐标系，注意坐标原点与杆件的左端点对齐，水平轴 x 表示杆件的轴线，x 坐标表示截面的位置，纵坐标轴 F_N表示对应横截面上的轴力，根据轴力的代数值分段画出 x 轴的平行线，最后再用平行于 F_N轴的竖线连接成封闭的图形即可。

Ⅱ. 题目求解

解：(1) 计算固定端约束反力。由平衡方程得

$$\sum F_x = 0,\ F_D = 14\text{kN}$$

(2) 分段计算轴力。由于在横截面 B 和 C 处作用有外力，故应将杆分为 AB、BC 和 CD 三段，利用截面法，逐段计算轴力。

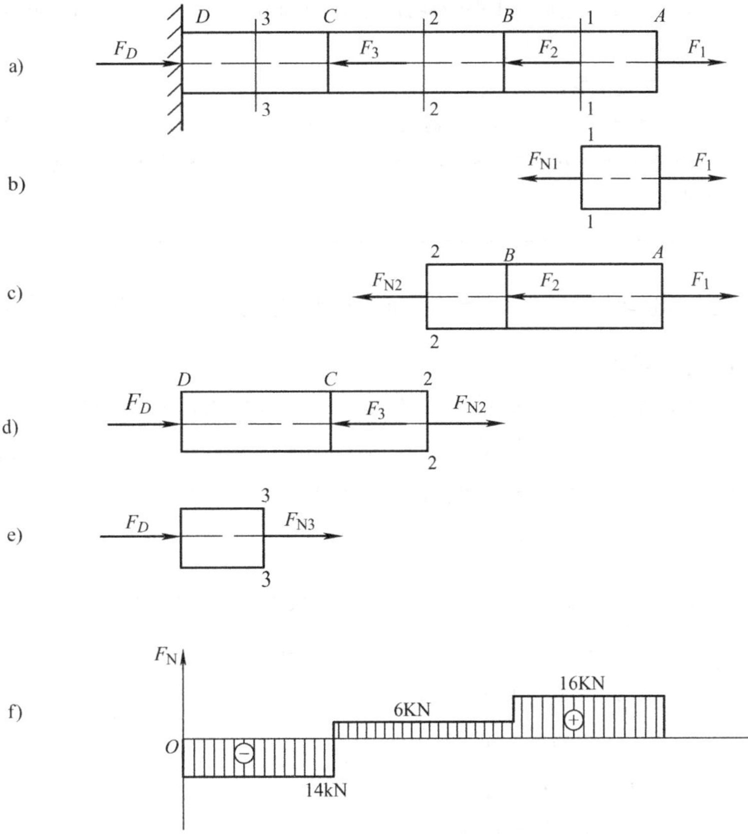

图 4-1-9　多力杆轴力分析

a）杆件受力图　b）求 1－1 截面轴力　c）取右段求 2－2 截面轴力

d）取左段求 2－2 截面轴力　e）求 3－3 截面轴力　f）杆件轴力图

在 AB 段的任一截面 1－1 处将杆截开，并选择右段为研究对象，其受力情况如图 4-1-9b 所示。由平衡方程

$$\sum F_x = 0,\quad F_1 - F_{N1} = 0$$

得 AB 段的轴力为

$$F_{N1} = F_1 = 16\text{kN}$$

对于 BC 段，在任一截面 2－2 处将杆截开，并选择右段研究其平衡，如图 4-1-9c 所示，得 BC 段的轴力为

$$F_{N2}=F_1-F_2=(16-10)\text{kN}=6\text{kN}$$

为了计算 BC 段的轴力，同样也可选择截开后的左段为研究对象，如图 4-1-9d 所示。由该段的平衡条件得

$$F_{N2}=F_3-F_D=(20-14)\text{kN}=6\text{kN}$$

对于 CD 段，在任一截面 3－3 处将杆截开，显然取左段为研究对象计算较简单，如图 4-1-9e 所示。由该段的平衡条件得

$$F_{N3}=-F_D=-14\text{kN}$$

所得 F_{N3} 为负值，说明 F_{N3} 的实际方向与所假设的方向相反，即应为压力。

（3）画轴力图。根据所求得的轴力值，画出轴力图如图 4-1-9f 所示。由轴力图可以看出，轴力的最大值为 16kN，发生在 AB 段内。

Ⅲ. 题目关键点解析

该题目的关键点在于正确求解约束力，正确以集中力为界点分段（轴力图的分段数目等于集中力的数目减 1），正确判断轴力的正负号（对截面而言拉力为正，压力为负）。另外需要注意轴力图对于坐标系而言为封闭的图形。

三、轴向拉（压）杆横截面上的应力　斜截面上的应力

1. 应力的概念

确定了轴力后，单凭轴力并不能判断杆件的强度是否足够。例如，用同一材料制成粗细不等的两根直杆，在相同的拉力作用下，虽然两杆轴力相同，但随着拉力的增大，横截面小的杆件必然先被拉断。这说明杆件的强度不仅与轴力的大小有关，而且还与横截面面积的大小有关。为此，引入应力的概念。截面上内力的分布集度称为应力，工程上通常以应力作为衡量受力程度的尺度。

如图 4-1-10a 所示杆件，在截面 $m-m$ 上任一点的周围取微小面积 ΔA，设在微面积 ΔA 上分布内力的合力为 ΔF，一般情况下 ΔF 与截面不垂直，则 ΔF 与 ΔA 的比值称为微面积 ΔA 上的平均应力，用 p_m 表示，即

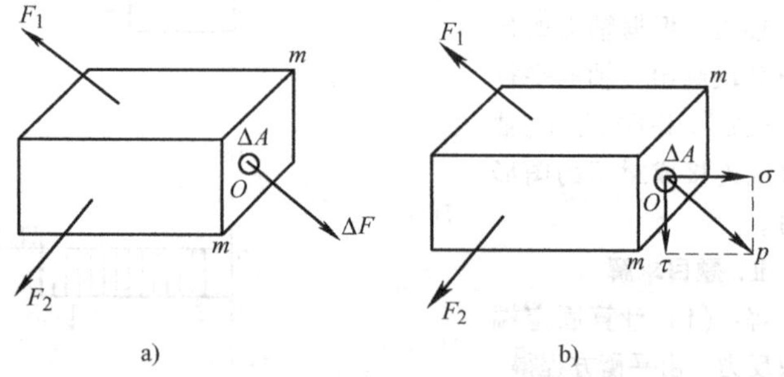

图 4-1-10　杆件应力分析

a）应力概念　b）正应力和切应力

$$p_m=\frac{\Delta F}{\Delta A}$$

一般情况下，内力在截面上的分布并非均匀，为了更精确地描述内力的分布情况，令微面积 ΔA 趋近于零，由此所得平均应力 p_m 的极限值，用 p 表示：

$$p=\lim_{\Delta A\to 0}\frac{\Delta F}{\Delta A}=\frac{dF}{dA}$$

则 p 称为 O 点处的应力，它是一个矢量，通常将其分解为两个正交分量，如图 4-1-10b 所示。与截面垂直的分量称为正应力，用符号 σ 表示；与截面相切的分量称为切应力，用

符号 τ 表示。

在我国法定计量单位中，应力的单位为 Pa，其名称为“帕斯卡”，$1Pa = 1N/m^2$。在工程中，这一单位太小，而常用 MPa 和 GPa，其关系为 $1GPa = 10^3 MPa = 10^9 Pa$。

2. 轴向拉（压）杆横截面上的正应力

现在研究拉压杆横截面上的应力分布，即确定横截面上各点处的应力。

欲求横截面上的应力，必须研究横截面上轴力的分布规律。为此对杆进行拉伸或压缩实验，观察其变形。

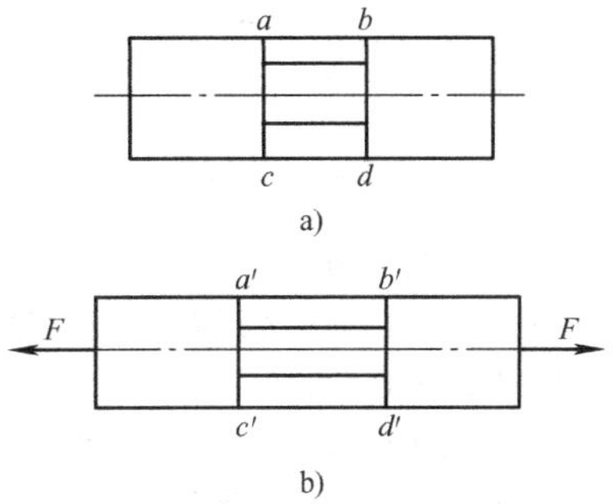

图 4-1-11 拉杆的变形现象
a）变形前 b）变形后

任取一等截面直杆，在杆上画两条与杆轴线垂直的横向线 ac 和 bd，并在平行线 ac 和 bd 之间画与杆件轴线平行的纵向线，如图 4-1-11a 所示，然后沿杆的轴线作用拉力 F，使杆件产生拉伸变形。在此期间可以观察到：横向线 ac 和 bd 在杆件变形过程中始终为直线，只是从起始位置平移到了 $a'c'$ 和 $b'd'$ 的位置，仍垂直于杆轴线；各纵向线伸长量相同，横向线收缩量也相同，如图 4-1-11b 所示。

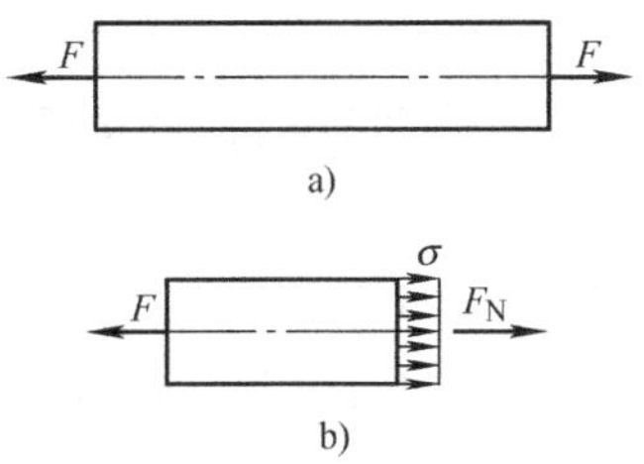

图 4-1-12 拉杆横截面上的应力
a）杆件受拉示意图
b）横截面上正应力分布示意图

根据对上述现象的分析，可做如下假设：受拉伸的杆件变形前为平面的横截面，变形后仍为平面，仅沿轴线产生了相对平移，仍与杆的轴线垂直，该假设称为**平面假设**。设想杆件是由无数条纵向纤维所组成，根据平面假设，在任意两个横截面之间的各条纤维的伸长相同，即变形相同。由材料的连续性、均匀性假设可以判断出内力在横截面上的分布是均匀的，即横截面上各点处的应力大小相等，其方向与横截面上轴力 F_N 一致，垂直于横截面，故为正应力，如图 4-1-12b 所示。

设杆件横截面的面积为 A，轴力为 F_N，则根据上述假设可知，横截面上各点处的正应力均为

$$\sigma = \frac{F_N}{A} \tag{4-1-1}$$

式(4-1-1) 已为实践所证实，适用于横截面为任意形状的等截面直杆。正应力符号规则与轴力符号规则相同，即拉应力为正，压应力为负。

例 4-1-2 一正中开槽的直杆，承受轴向载荷 $F = 20kN$ 的作用，如图 4-1-13a 所示。已知 $h = 25mm$，$h_0 = 10mm$，$b = 20mm$。试求杆内的最大正应力。

Ⅰ. 题目分析

本题目为一受拉杆件，需要求最大正应力，核心还是求正应力的问题。受拉杆件的正应力等于轴力除以横截面面积。通过分析可知，杆件仅在两端受外力，所以轴力处处相等，由于杆件中有开槽的情况，开槽处的面积变小，相应的开槽处的应力就会变大，所以最大正应力应该发生在开槽截面处。所以只需要计算出轴力，再计算出开槽处的横截面面积，利用公式计算即可。

Ⅱ. 题目求解

解：（1）计算轴力。用截面法求得杆中各处的轴力均为

$$F_N = -F = -20\text{kN}$$

（2）计算最大正应力。由于整个杆件轴力相同，由图4-1-13b所示，最大正应力发生在面积较小的横截面2-2处，即开槽部分横截面上。开槽部分的截面面积A_2为

$$A_2 = (h-h_0)b = [(25-10)\times 20]\text{mm}^2 = 300\ \text{mm}^2$$

则杆件内的最大正应力$\sigma_{\max}$为

$$\sigma_{\max} = \frac{F_N}{A} = -\frac{20\times 10^3}{300}\text{N/mm}^2 = -66.7\text{MPa}$$

负号表示最大应力为压应力。

结论：杆件内的最大正应力为66.7MPa，是压应力。

Ⅲ. 题目关键点解析

该题目的关键点在于正确判断最大正应力发生的截面位置，另外就是注意单位的使用，就工程经验而言，一般应力的单位用MPa的场合较多，所以计算时将轴力的单位化为N，面积的单位用mm^2，这样通过运算直接得到MPa，简化了计算过程，效果较好，建议大家今后计算应力时按上述的单位来计算。

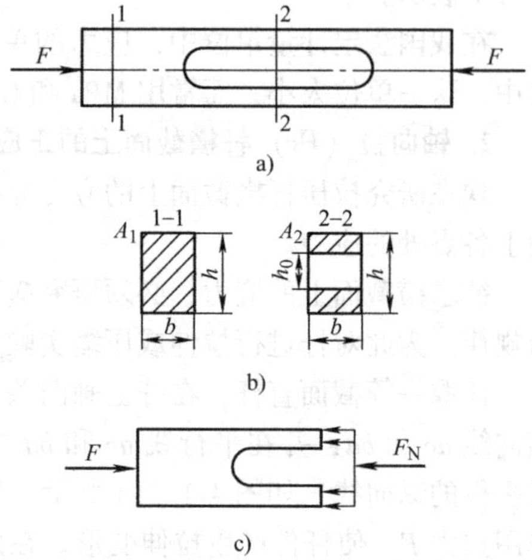

图4-1-13　正中开槽的直杆

a）正中开槽的直杆　b）截面面积示意图

c）正应力分布示意图

---

3. 轴向拉（压）杆斜截面上的应力

以上研究了拉压杆横截面上的应力，为了更全面地了解杆件内的应力情况，现在研究斜截面上的应力。

如图4-1-14a所示的等直杆，横截面面积为A，横截面上正应力为

$$\sigma = \frac{F_N}{A} = \frac{F}{A} \tag{a}$$

设过杆内M点的斜截面$n-n$与横截面成α角，其面积A_α与A之间的关系为

$$A_\alpha = \frac{A}{\cos\alpha} \tag{b}$$

沿斜截面$n-n$假想地把杆件分成两部分，以$F_{N\alpha}$表示斜截面上的内力（图4-1-14b），由左段的平衡可知

$$F_{N\alpha} = F$$

与横截面的情况相同，任意两个平行的斜截面$m-m$和$n-n$间的纵向纤维伸长（缩短）均相等，因此轴力也是均匀分布在斜截面上的。若以p_α表示斜截面$n-n$上的总应力，于是有

$$p_\alpha = \frac{F_{N\alpha}}{A_\alpha} = \frac{F}{A_\alpha}$$

把式(b)代入上式，并注意到式(a)所表示的关系，得

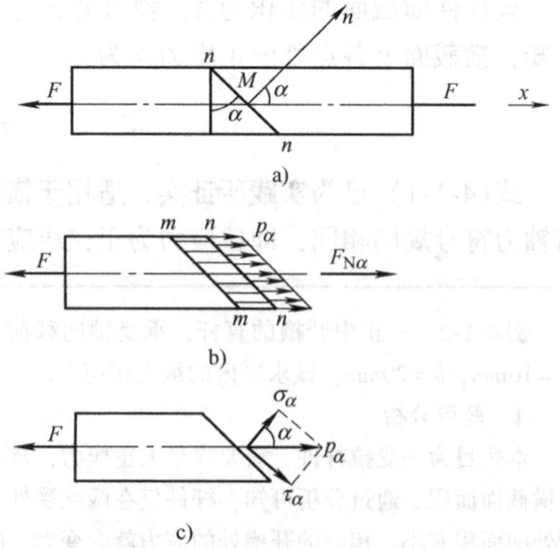

图4-1-14　斜截面上的应力

a）直杆斜截面方位示意图　b）斜截面总应力分布示意图

c）斜截面应力关系示意图

$$p_\alpha = \frac{F}{A_\alpha} = \frac{F}{A}\cos\alpha = \sigma\cos\alpha$$

把应力 p_α 分解成垂直斜截面的正应力 σ_α 和切于斜截面的切应力 τ_α，如图 4-1-14c 所示，其值分别为

$$\sigma_\alpha = p_\alpha\cos\alpha = \sigma\cos^2\alpha \tag{4-1-2}$$

$$\tau_\alpha = p_\alpha\sin\alpha = \frac{\sigma}{2}\sin2\alpha \tag{4-1-3}$$

从式(4-1-2)、式(4-1-3) 看出，斜截面上的正应力 σ_α 和切应力 τ_α 都是 α 的函数，所以斜截面的方位不同，截面上的应力也不同。

当 $\alpha=0°$时，正应力最大，其值为

$$\sigma_{max} = \sigma$$

即拉压杆的最大正应力发生在横截面上，其值为 σ。

当 $\alpha=45°$时，切应力最大，其值为

$$\tau_{max} = \frac{\sigma}{2}$$

即拉压杆的最大切应力发生在与杆轴成45°的斜截面上，其值为 $\sigma/2$。

在应用上述公式时，需注意 σ_α、τ_α 和 α 的正负号。规定如下：σ_α 仍以拉为正，压为负；τ_α 的方向与截面外法线按顺时针方向转 90°所示方向一致时为正，反之为负；α 的方向以自 x 轴的正向逆时针转至截面外法线方向为正，反之为负。

四、轴向拉（压）杆的变形 胡克定律

1. 纵向线应变和横向线应变、泊松比

设原长为 l、直径为 d 的圆截面直杆，承受轴向拉力 F 后，变形为图 4-1-15 双点划线所示的形状。杆件的纵向长度由 l 变为 l_1，横向尺寸由 d 变为 d_1，则杆的纵向绝对变形为

$$\Delta l = l_1 - l$$

横向绝对变形为

$$\Delta d = d_1 - d$$

为了消除杆件原尺寸对变形大小的影响，用单位长度内杆件的变形即线应变来衡量杆件的变形程度。与上述两种绝对变形相对应的纵向线应变为

$$\varepsilon = \frac{\Delta l}{l} \tag{4-1-4}$$

横向线应变为

$$\varepsilon' = \frac{\Delta d}{d} \tag{4-1-5}$$

线应变表示的是杆件的相对变形，它是一个量纲为一的量。线应变 ε、ε'的正负分别与 Δl、Δd 的正负一致。

试验表明：当应力不超过某一限度时，横向线应变 ε'与轴向线应变 ε 之间存在成正比关系，且符号相反。即

$$\varepsilon' = -\mu\varepsilon \tag{4-1-6}$$

式中，比例系数 μ 称为材料的横向变形

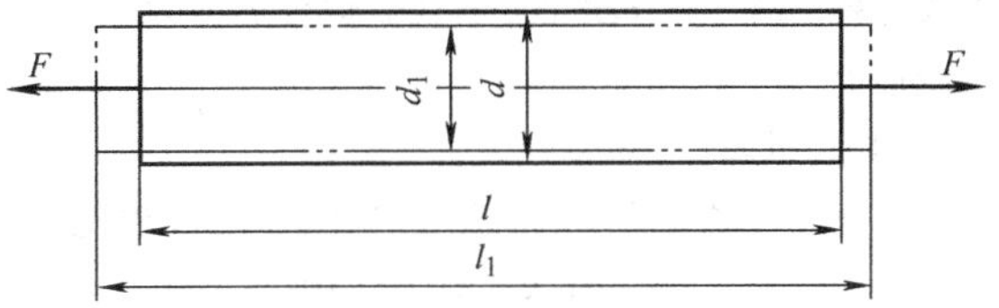

图 4-1-15 拉杆的变形

系数，或称为**泊松比**。

2. 胡克定律

轴向拉伸和压缩表明：当杆横截面上的正应力不超过某一限度时，正应力 σ 与其相应的轴向线应变 ε 成正比。即

$$\sigma = E\varepsilon \tag{4-1-7}$$

式(4-1-7) 称为**胡克定律**。常数 E 称为材料的**弹性模量**，其值随材料而异，可由实验测定。E 的单位常用 GPa。

若将式 $\sigma = \dfrac{F_N}{A}$ 和 $\varepsilon = \dfrac{\Delta l}{l}$ 代入式(4-1-7)，则得到胡克定律的另一种表达形式

$$\Delta l = \frac{F_N l}{EA} \tag{4-1-8}$$

式(4-1-8) 表明，当杆件横截面上的正应力不超过某一限度时，杆的轴向变形 Δl 与轴力 F_N 及杆长 l 成正比，与乘积 EA 成反比。EA 越大，杆件变形越困难；EA 越小，杆件变形越容易。它反映了杆件抗拉伸（压缩）变形的能力，故乘积 EA 称为拉压杆件截面的**抗拉（压）刚度**。

弹性模量 E 和泊松比 μ 都是表征材料弹性的常数，可由实验测定。几种常用材料的 E 和 μ 值见表 4-1-1。

表 4-1-1　常用材料的 E 和 μ

材料名称	E/GPa	μ
碳钢	196 ~ 216	0.24 ~ 0.28
合金钢	186 ~ 206	0.25 ~ 0.30
灰铸铁	78.5 ~ 157	0.23 ~ 0.27
铜及铜合金	72.6 ~ 128	0.31 ~ 0.42
铝合金	70	0.33

例 4-1-3　图 4-1-16a 所示阶梯杆，已知横截面面积 $A_{AB} = A_{BC} = 500\text{mm}^2$，$A_{CD} = 300\text{mm}^2$，弹性模量 $E = 200\text{GPa}$，试求整个杆的变形量 Δl_{AD}。

Ⅰ. 题目分析

本题目需要求解杆件的变形，根据胡克定律，杆件的变形与杆件的内力、横截面积、长度有关。由已知条件，杆件各段的面积和长度均已知，核心问题是分析杆件各段的内力。然后代入胡克定律公式(4-1-8)，分三段计算，最后将各段变形的代数值叠加即为整个杆的变形量。

Ⅱ. 题目求解

解：(1) 作轴力图。用截面法求得 CD 段和 BC 段的轴力 $F_{NCD} = F_{NBC} = -10\text{kN}$，AB 段的轴力为 $F_{NAB} = 20\text{kN}$，画出杆的轴力图（图 4-1-16b）。

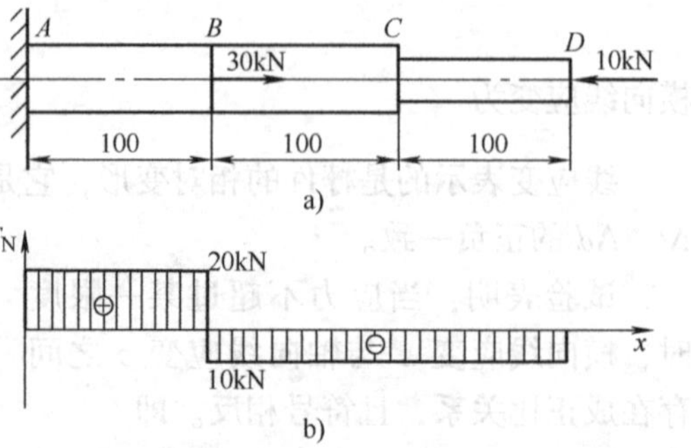

图 4-1-16　阶梯杆

a) 阶梯杆受力示意图　b) 轴力图

（2）计算各段杆的变形量

$$\Delta l_{AB}=\frac{F_{NAB}l_{AB}}{EA_{AB}}=\frac{20\times10^3\times100}{200\times10^3\times500}\text{mm}=0.02\text{mm}$$

$$\Delta l_{BC}=\frac{F_{NBC}l_{BC}}{EA_{BC}}=\frac{-10\times10^3\times100}{200\times10^3\times500}\text{mm}=-0.01\text{mm}$$

$$\Delta l_{CD}=\frac{F_{NCD}l_{CD}}{EA_{CD}}=\frac{-10\times10^3\times100}{200\times10^3\times300}\text{mm}=-0.0167\text{mm}$$

（3）计算杆的总变形量。杆的总变形量等于各段变形量之和，即

$$\Delta l=\Delta l_{AB}+\Delta l_{BC}+\Delta l_{CD}=(0.02-0.01-0.0167)\text{mm}=-0.0067\text{mm}$$

计算结果为负，说明杆的总变形为压缩变形。

结论：杆件的总变形为0.0067mm，为压缩变形。

Ⅲ. 题目关键点解析

该题目的关键点在于正确计算轴力、做出轴力图，套用公式时注意单位的使用和变形量的正负号，计算时将轴力的单位化为N，面积的单位用mm^2，长度单位用mm，弹性模量的单位用MPa，这样就直接得到了以mm为单位的变形量。另外需要注意计算总变形时，变形量是代数量，需要代入正负号。

五、材料在轴向拉伸（压缩）时的力学性能

材料的力学性能是指材料在外力作用下其强度和变形方面所表现的性能，它是强度计算和选用材料的重要依据。材料的力学性能一般通过各种试验方法来确定，在此只讨论在常温和静载条件下材料在轴向拉伸压缩时的力学性能。

1. 拉伸试验和应力-应变曲线

轴向拉伸试验是研究材料力学性能最常用的试验。为便于比较试验结果，需按照国家标准加工成标准试样。常用的圆截面拉伸标准试样如图4-1-17所示，试样中间等直杆部分为试验段，其长度l称为标距；试样较粗的两端是装夹部分；标距l与直径d之比常取$l:d=10$和$l:d=5$两种。而对矩形截面试样，标距l与横截面面积A之间的关系规定为标距$l=11.3\sqrt{A}$或$l=5.65\sqrt{A}$。

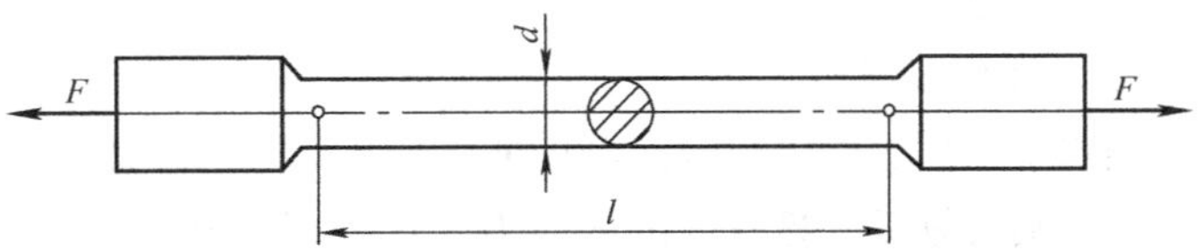

图4-1-17　拉伸标准试样

拉伸试验在液压式或电子式万能试验机上进行，试验时将试样装在夹头中，然后开动机器加载。试样受到由零逐渐增加的拉力F的作用，产生拉伸变形，直至试样断裂为止。试验机上一般附有自动绘图装置，在试验过程中能自动绘出载荷F和相应的伸长量Δl的关系曲线，如图4-1-18a所示，此曲线称为拉伸图。

拉伸图的形状与试样的尺寸有关。为了消除试样横截面尺寸和长度的影响，将载荷F除以试样原来的横截面面积A，将变形Δl除以试样原长标距l，即可得到以应力σ为纵坐标和以应变ε为横坐标的$\sigma-\varepsilon$曲线，称为应力-应变曲线，如图4-1-18b所示。它的形状与拉伸图相似。

2. 低碳钢在拉伸时的力学性能

低碳钢是工程上广泛使用的金属材料，它在拉伸时表现出来的力学性能具有典型性。图4-1-18b是低碳钢圆截面标准试样拉伸时的 $\sigma-\varepsilon$ 曲线。由图可知，整个拉伸过程大致可分为4个阶段，现分别说明如下。

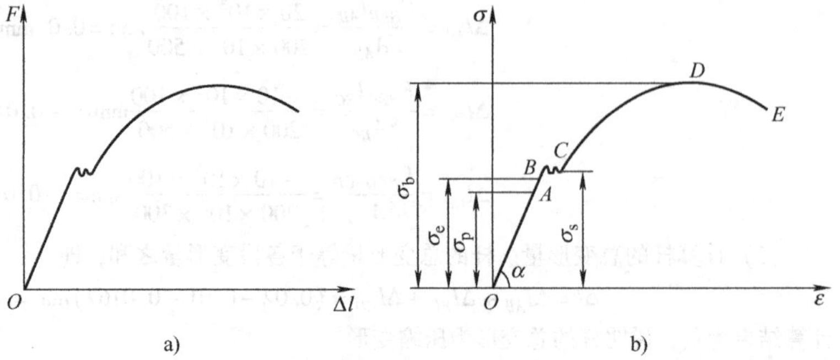

图4-1-18　低碳钢拉伸特征图

a）低碳钢试样的拉伸图　b）低碳钢拉伸应力-应变曲线

（1）弹性阶段

图4-1-18b中 OA 为一直线段，说明该段内应力和应变成正比，即满足胡克定律。直线部分的最高点 A 所对应的应力 σ_p，称为**比例极限**。低碳钢的比例极限 $\sigma_p=190\sim200\text{MPa}$。由图可见，弹性模量 E 即为直线 OA 的斜率，$E=\dfrac{\sigma}{\varepsilon}=\tan\alpha$。

当应力超过比例极限后，图中的 AB 段已不是直线，胡克定律不再适用。但当应力不超过 B 点所对应的应力 σ_e 时，如外力卸去，试样的变形也随之全部消失，这种变形为弹性变形，σ_e 称为**弹性极限**。比例极限和弹性极限的概念不同，但实际上 A 点和 B 点非常接近，工程上对两者不做严格区分。

（2）屈服阶段

当应力超过弹性极限后，图上出现接近水平的小锯齿形波动段 BC，这说明此时应力虽有小的波动，但基本保持不变，而应变却迅速增加，材料暂时失去了抵抗变形的能力。这种应力变化不大而变形显著增加的现象称为材料的屈服。BC 段对应的过程称为屈服阶段，屈服阶段的最低应力值较为稳定，其值 σ_s 称为材料的**屈服极限**或**屈服点**。低碳钢的屈服极限 $\sigma_s=220\sim240\text{MPa}$。在屈服阶段，如果试样表面光滑，可以看到试样表面有与轴线大约成45°的条纹，称为滑移线。因为拉伸变形时，在与杆轴线成45°夹角的斜截面上切应力为最大值，可见屈服现象的出现与最大切应力有关。如图4-1-19a所示。

（3）强化阶段

屈服阶段后，图上出现上凸的曲线段 CD。这表明，若要使材料继续变形，必须增加应力，即材料又恢复了抵抗变形的能力，这种现象称为材料的强化；CD 段对应的过程称为材料的强化阶段。曲线最高点 D 所对应的应力用 σ_b 表示，称为材料的**抗拉强度**或**强度极限**，它是材料所能承受的最大应力。低碳钢的抗拉强度 σ_b 为 $370\sim460\text{MPa}$。

（4）缩颈阶段

应力达到强度极限后，在试样较薄弱的横截面处发生急剧的局部收缩，出现缩颈现象。如图4-1-19b所示。由于缩颈处的横截面面积迅速减小，所需拉力也逐渐降低，最终导致试样被拉断。这一阶段为缩颈

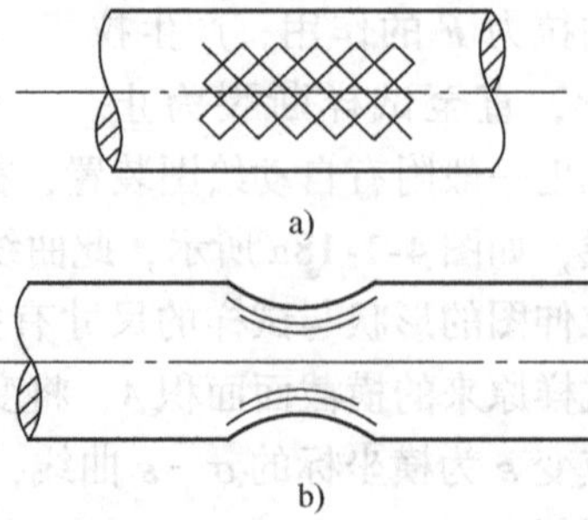

图4-1-19　屈服阶段和缩颈阶段

a）45°滑移线　b）缩颈现象

阶段，在 $\sigma-\varepsilon$ 曲线上为一段下降曲线 DE。

综上所述，当应力增大到屈服极限时，材料出现了明显的塑性变形；抗拉强度表示材料抵抗破坏的最大应力，故 σ_s 和 σ_b 是衡量材料强度的两个重要指标。

3. 材料的塑性

试样拉断后，弹性变形消失，但塑性变形保留下来。工程中常用试样拉断后残留的塑性变形来表示材料的塑性性能。常用的塑性指标有两个：

伸长率 δ
$$\delta=\frac{l_1-l}{l}\times 100\% \tag{4-1-9}$$

断面收缩率 ψ
$$\psi=\frac{A-A_1}{A}\times 100\% \tag{4-1-10}$$

式中，l 为标距原长；l_1 为拉断后标距的长度；A 为试样初始横截面面积；A_1 为拉断后缩颈处的最小横截面积，如图 4-1-20 所示。

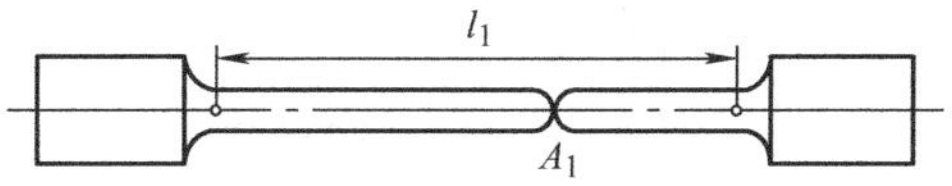

图 4-1-20 试样拉断后的变形

工程上通常把伸长率 $\delta\geqslant 5\%$ 的材料称为塑性材料，如钢材、铜和铝等；把 $\delta<5\%$ 的材料称为脆性材料，如铸铁、砖和石料等。低碳钢的伸长率 $\delta=20\%\sim30\%$，断面收缩率 $\psi=60\%\sim70\%$，故低碳钢是很好的塑性材料。

4. 冷作硬化

试验表明，如果将试样拉伸到屈服极限 σ_s 后的任一点，例如图 4-1-21 中的 F 点，然后缓慢卸载。这时可以发现，卸载过程中试样的应力和应变保持直线关系，沿着与 OA 几乎平行的直线 FG 回到 G 点，而不是沿原来的加载曲线回到 O 点。OG 是试样残留下来的塑性应变，GH 表示消失的弹性应变。如果卸载后接着重新加载，则 $\sigma-\varepsilon$ 曲线将基本上沿着卸载时的直线 GF 上升到 F 点，F 点以后的曲线仍与原来的 $\sigma-\varepsilon$ 曲线相同。由此可见，将试样拉伸到超过屈服极限后卸载，然后重新加载时，材料的比例极限有所提高，而塑性变形减小，这种现象称为**冷作硬化**。工程中常利用材料冷作硬化的特性，通过冷拔等工序来提高某些构件（如钢筋、钢丝绳等）的承载能力。若要消除冷作硬化，需经过退火处理。

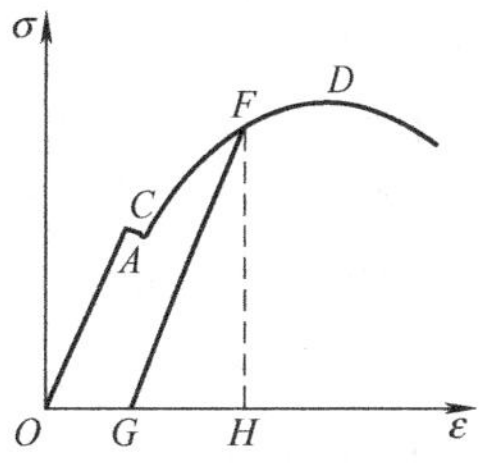

图 4-1-21 冷作硬化

5. 其他塑性材料在拉伸时的力学性能

其他金属材料的拉伸试验和低碳钢拉伸试验做法相同，但材料所显示出来的力学性能有差异。图 4-1-22 给出了锰钢、硬铝、退火球墨铸铁和 45 钢的应力-应变曲线，这些都是塑性材料，但前三种材料没有明显的屈服阶段。对于没有明显屈服极限的塑性材料，工程上规定，取对应于试样产生 0.2% 的塑性应变时的应力值为材料的屈服强度，以 $\sigma_{0.2}$ 表示（图 4-1-23）。

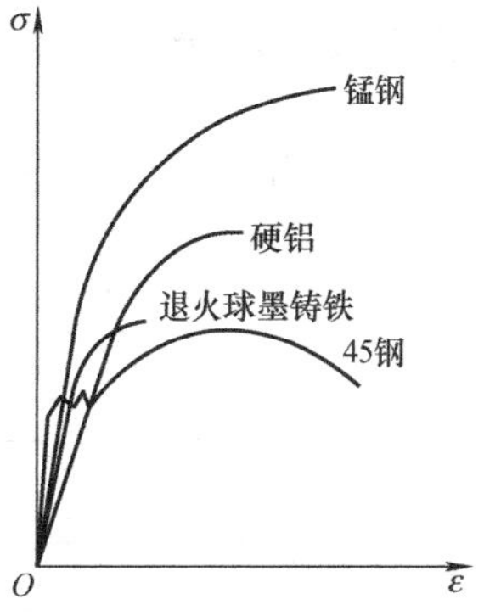

图 4-1-22 几种材料拉伸时的 $\sigma-\varepsilon$ 曲线

6. 脆性材料在拉伸时的力学性能

图 4-1-24 为灰铸铁拉伸时的 $\sigma-\varepsilon$ 曲线。由图可见，曲线没有明显的直线部分，既无屈服阶段，也无缩颈现象；断裂时

伸长率通常只有 0.4% ~0.5%，断口垂直于试样轴线。因铸铁构件在实际使用的应力范围内，其 $\sigma-\varepsilon$ 曲线的曲率很小，实际计算时常近似地以图 4-1-24 中的虚直线代替，即认为应力和应变近似地满足胡克定律。铸铁的伸长率通常只有 0.5% ~0.6%，是典型的脆性材料。抗拉强度 σ_b 是脆性材料唯一的强度指标。

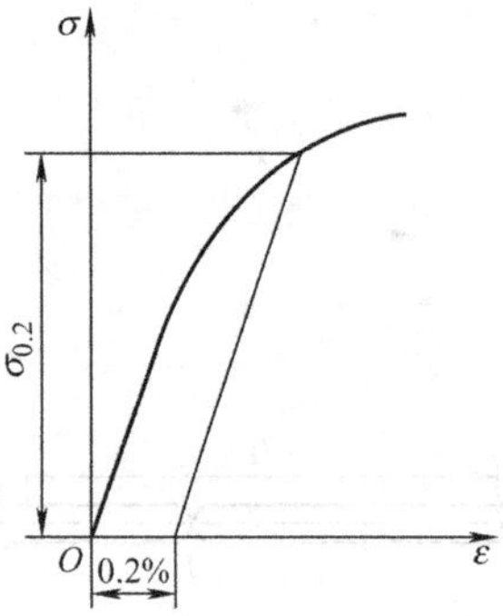

图 4-1-23　$\sigma_{0.2}$的确定

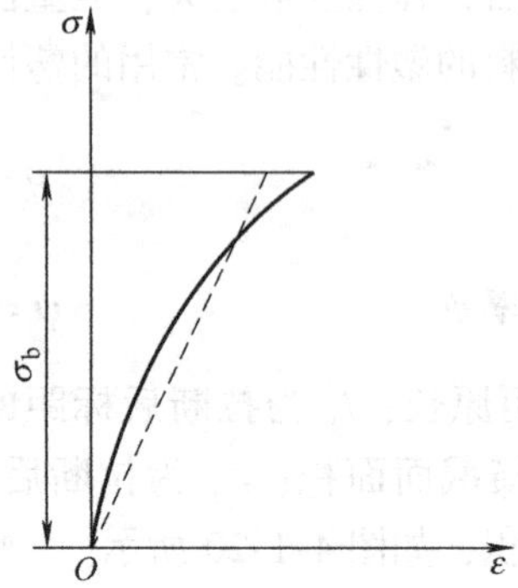

图 4-1-24　灰铸铁拉伸时的 $\sigma-\varepsilon$ 曲线

7. 材料压缩时的力学性能

金属材料的压缩试样，一般做成短圆柱体。为避免压弯，其高度为直径的 1.5 ~3 倍；非金属材料，如水泥等，常用立方体形状的试样。

图 4-1-25 为低碳钢压缩时的 $\sigma-\varepsilon$ 曲线，虚线代表拉伸时的 $\sigma-\varepsilon$ 曲线。可以看出，在弹性阶段和屈服阶段两曲线是重合的。这表明，低碳钢在压缩时的比例极限 σ_p、弹性极限 σ_e、弹性模量 E 和屈服点 σ_s 等都与拉伸时基本相同。进入强化阶段后，两曲线逐渐分离，压缩曲线上升。

由于应力超过屈服点后，试样被越压越扁，横截面面积不断增大，因此，一般无法测出低碳钢材料的抗压强度极限。对塑性材料一般不做压缩试验。

铸铁压缩时的 $\sigma-\varepsilon$ 曲线如图 4-1-26 所示，虚线为拉伸时的 $\sigma-\varepsilon$ 曲线。可以看出，铸铁压缩时的 $\sigma-\varepsilon$ 曲线也没有直线部分，因此压缩时也只是近似地满足胡克定律。铸铁压缩时的抗压强度比抗拉强度高出 4 ~5 倍，塑性变形也较拉伸时明显增加，其破坏形式为沿 45°左右的斜面剪断，说明试样沿最大切应力面发生错动而被剪断。对于其他脆性材料，如硅石、水泥等，其抗压能力也显著地高于抗拉能力。一般脆性材料价格较便宜，因此工程上常用脆性材料做承压构件。

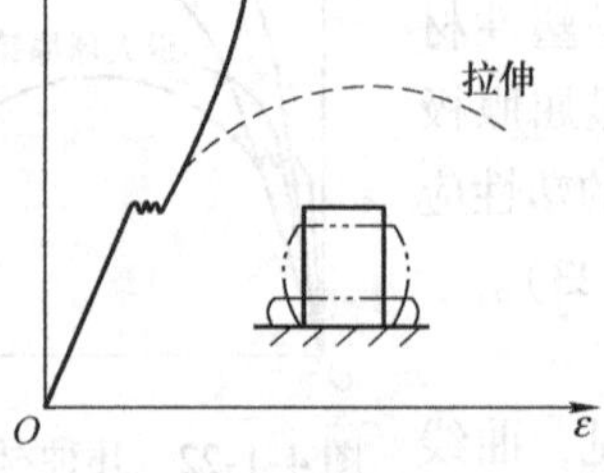

图 4-1-25　低碳钢压缩时的 $\sigma-\varepsilon$ 曲线

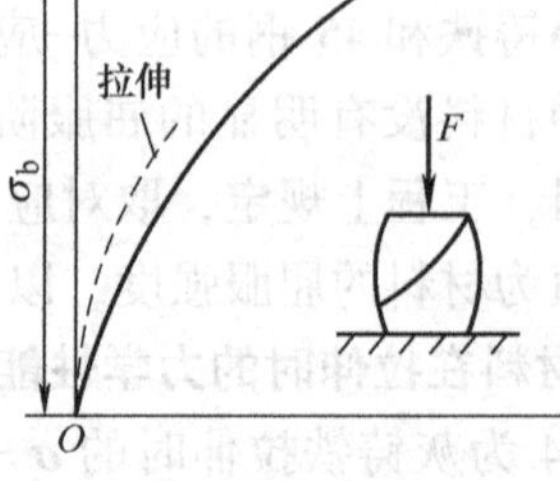

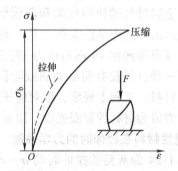

图 4-1-26　铸铁压缩时的 $\sigma-\varepsilon$ 曲线

几种常用材料的力学性能见表4-1-2，表中所列数据是在常温与静载荷的条件下测得的。

表 4-1-2 几种常用材料的力学性能

材料名称或牌号	屈服点 σ_s/MPa	抗拉强度 σ_b/MPa	伸长率 δ/%	断面收缩率 ψ/%
Q235A 钢	216 ~ 235	373 ~ 461	25 ~ 27	—
35 钢	216 ~ 341	432 ~ 530	15 ~ 20	28 ~ 45
45 钢	265 ~ 353	530 ~ 598	13 ~ 16	30 ~ 45
40G	343 ~ 785	588 ~ 981	8 ~ 9	30 ~ 45
QT600 - 2	412	538	2	—
HT150	—	拉 98 ~ 275 压 637 弯 206 ~ 461	—	—

六、轴向拉（压）杆的强度计算

1. 极限应力、许用应力、安全因数

试验表明，塑性材料的应力达到 σ_s 或屈服强度 $\sigma_{0.2}$后，产生显著的塑性变形，影响构件的正常工作；脆性材料的应力达到抗拉强度或抗压强度时，发生脆性断裂破坏。构件工作时发生显著的塑性变形或断裂都是不允许的。通常将发生显著的塑性变形或断裂时的应力称为材料的**极限应力**，用 σ^0 表示。对于塑性材料，取 $\sigma^0=\sigma_s$；对于脆性材料，取 $\sigma^0=\sigma_b$。

考虑到载荷估算的准确程度、应力计算方法的精确程度、材料的均匀程度以及构件的重要性等因素，为了保证构件安全可靠地工作，应使它的最大工作应力小于材料的极限应力，使构件留有适当的强度储备。一般把极限应力除以大于 1 的**安全因数** n，作为设计时应力的最大允许值，称为**许用应力**，用 $[\sigma]$ 表示。即

$$[\sigma]=\frac{\sigma^0}{n} \tag{4-1-11}$$

正确地选择安全因数，关系到构件的安全与经济这一对矛盾的问题。过大的安全因数会浪费材料，过小的安全因数则又可能使构件不能安全工作。

影响安全因数的选取主要基于以下几点：①材料的素质，比如材料的均匀程度、质地好坏、是塑性还是脆性。②载荷估算是否准确，是静载荷还是动载荷。③实际结构简化过程和计算方法的精确程度。④零件在设备中的重要性、工作条件、损坏后造成的后果严重程度、制造和修配的难易程度等。⑤对自重和设备机动性的要求情况。这些因素都会影响安全因数的确定。所以安全因数的选取要具体问题具体分析，例如材料均匀程度差、分析方法的精度不高、载荷估算粗糙等，都是偏于不安全的因素，这时就要适当地增加安全因数的数值，以补偿这些不利因素的影响。对于某些工程结构对减轻自重的要求高，材料质地好，而且不要求长期使用，就可以减小安全因数。

各种不同工作条件下构件安全因数 n 的选取，可从有关工程手册中查找。一般对于塑性材料，取 $n=1.3\sim2.0$；对于脆性材料，由于均匀性较差，且断裂突然发生，有更大的危险性，所以取 $n=2.0\sim3.5$。

2. 拉（压）杆的强度条件

为了保证拉（压）杆在载荷作用下安全工作，必须使杆内的最大工作应力 $\sigma_{\max}$ 不超过材料的许用应力 $[\sigma]$，即

$$\sigma_{\max}=\left(\frac{F_N}{A}\right)_{\max}\leqslant[\sigma] \tag{4-1-12}$$

式(4-1-12) 称为拉（压）杆的强度条件。对于等截面杆件，上式则变为

$$\sigma_{\max}=\frac{F_{N\max}}{A}\leqslant[\sigma] \tag{4-1-13}$$

式中，$F_{N\max}$、A 分别为危险截面上的轴力及其横截面面积。

利用强度条件，可以解决下列三种强度计算问题：

（1）校核强度

已知杆件的尺寸、所受载荷和材料的许用应力，根据强度条件［式(4-1-12)］校核杆件是否满足强度要求。

（2）设计截面尺寸

已知杆件所承受的载荷及材料的许用应力，根据强度条件可以确定杆件所需横截面面积 A。例如对于等截面拉（压）杆，其所需横截面面积为

$$A\geqslant\frac{F_{N\max}}{[\sigma]} \tag{4-1-14}$$

（3）确定许可载荷

已知杆件的横截面尺寸及材料的许用应力，根据强度条件可以确定杆件所能承受的最大轴力。由式(4-1-12) 确定杆件最大许用轴力，其值为

$$F_{N\max}\leqslant[\sigma]A \tag{4-1-15}$$

例 4-1-4 图 4-1-27 所示空心圆截面杆，外径 $D=20\text{mm}$，内径 $d=15\text{mm}$，承受轴向载荷 $F=20\text{kN}$ 作用，材料的屈服极限 $\sigma_s=235\text{MPa}$，安全因数 $n=1.5$，试校核杆的强度。

Ⅰ. 题目分析

本题目要求校核受拉杆件的强度，根据强度条件，可以先计算出来工作应力，然后与许用应力比较，只要工作应力小于许用应力，强度就是足够的。

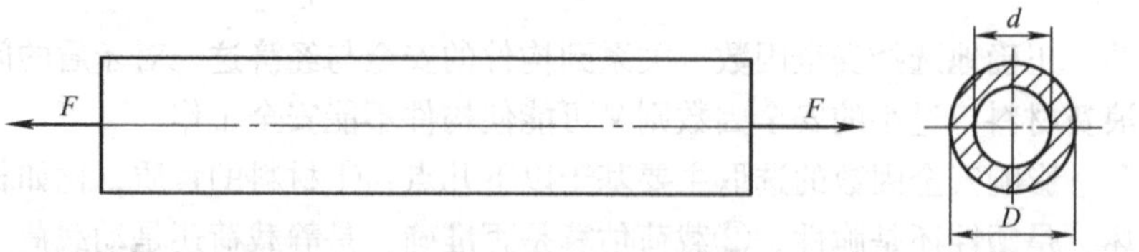

图 4-1-27　空心圆截面杆

工作应力等于轴力除以横截面面积。通过分析可知，杆件仅在两端受外力，所以轴力处处相等，此杆为等截面的空心杆件，外径和内径已知，截面面积可求。另由于杆件为塑性材料，所以许用应力取屈服极限除以安全因数即可得到。计算过工作应力和许用应力后进行比较，就可以得到结论。

Ⅱ. 题目求解

解：(1) 杆件的轴力。利用截面法可得

$$F_N=F=20\text{kN}$$

(2) 材料的许用应力。根据式(4-1-11) 可知

$$[\sigma]=\frac{\sigma_s}{n}=\frac{235}{1.5}\text{MPa}=156\text{MPa}$$

（3）材料的工作应力与强度校核

$$\sigma=\frac{4F}{\pi(D^2-d^2)}=\frac{4(20\times10^3)}{\pi(20^2-15^2)}\text{MPa}=145.5\text{MPa}<[\sigma]$$

结论：工作应力小于许用应力，所以杆件的强度足够。

Ⅲ. 题目关键点解析

该题目的关键点在于深刻理解强度、工作应力、许用应力（注意脆性材料与塑性材料许用应力的计算方法不同）的概念，同时注意各物理量单位的选取。

例 4-1-5　简易悬臂吊车如图 4-1-28 所示，AB 为圆截面钢杆，面积 $A_1=600\text{mm}^2$，许用拉应力 $[\sigma_+]=160\text{MPa}$；BC 为圆截面木杆，面积 $A_2=10\times10^3\text{mm}^2$，许用压应力 $[\sigma_-]=7\text{MPa}$，若起吊重量 $F_G=45\text{kN}$，问此结构是否安全。

Ⅰ. 题目分析

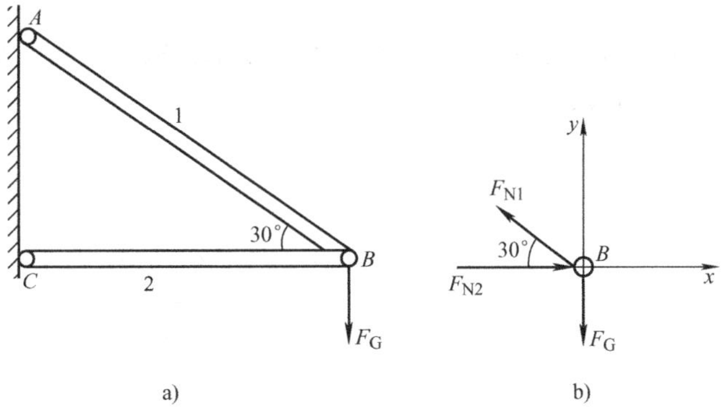

图 4-1-28　悬臂吊车

a）悬臂吊车结构图　b）节点 B 受力图

本题目为结构的强度问题，对于结构的安全性而言，只有结构中每一个杆件均安全了，该结构才能安全，所以需要校核组成结构的每一个杆件的安全性。该结构主要由两根杆件与机架铰接而成，与理论力学近似，一般机架及支座的强度不需要校核，所以该结构只需要校核 AB、BC 杆件的强度即可。由于 AB、BC 杆件只在两端受力且重力忽略不计，所以 AB、BC 杆件均为二力杆，二杆件的外力可以根据理论力学汇交力系的平衡方程求得，二杆件内力与外力大小相同。分别计算出工作应力，然后与许用应力比较，就可以得到是否安全的结论。

Ⅱ. 题目求解

解：（1）求两杆件的轴力。设杆 AB 受拉伸，杆 BC 受压缩。分析节点 B 的平衡有

$$\sum F_x=0,\qquad F_{N2}-F_{N1}\cos30°=0$$

$$\sum F_y=0,\qquad F_{N1}\sin30°-F_G=0$$

可解得

$$F_{N1}=2F_G=90\text{kN},\ F_{N2}=\sqrt{3}F_G=77.9\text{kN}$$

（2）校核强度。根据轴向拉（压）杆的强度条件，AB、BC 杆件的最大应力为

$$\sigma_{AB}=\frac{F_{N1}}{A_1}=\frac{90\times10^3}{600}\text{MPa}=150\text{MPa}<[\sigma_+]$$

$$\sigma_{BC}=\frac{F_{N2}}{A_2}=\frac{77.9\times10^3}{10\times10^3}\text{MPa}=7.8\text{MPa}>[\sigma_-]$$

结论：由于 BC 杆件的最大工作应力超过了材料的许用应力，所以此结构不安全。

Ⅲ. 题目关键点解析

该题目的关键点在于理解结构的安全性是指系统整体的强度安全问题，涉及系统中除机架、支座以外的所有零件，当结构工作的时候，每个零件承担的外载荷一般需要利用理论力学列平衡方程的方法求解，从而进一步求解内力、工作应力等，再进一步进行强度校核。求解时仍需注意各物理量单位的选取。

由上面计算可知，若起吊重量 $F_G=45\text{kN}$ 时，此结构危险，那么如何使该结构安全呢？

可以有两种方法，一种是减小起吊重量，其实质就是求解结构的许可载荷问题；另一种是增大 BC 杆件的截面面积，其实质是设计杆件的截面面积问题。下面分别来求解。

方法一：确定许可载荷

根据钢杆 AB 的强度要求，有

$$F_{N1}=2F_G\leqslant[\sigma_+]A_1$$

$$F_G\leqslant\frac{[\sigma_+]A_1}{2}=\frac{160\times600}{2}\text{N}=48\text{kN}$$

根据木杆 BC 的强度要求，有

$$F_{N2}=\sqrt{3}F_G\leqslant[\sigma_-]A_2$$

$$F_G\leqslant\frac{[\sigma_-]A_2}{\sqrt{3}}=\frac{7\times10\times10^3}{\sqrt{3}}\text{N}=40.4\text{kN}$$

为同时满足 AC、BC 杆件的强度要求，取数值较小者，吊车的最大起吊重量即许可载荷为 $F_G=40.4\text{kN}$。

方法二：设计 BC 杆件的截面面积

根据木杆 BC 的强度要求，有

$$\sigma_{BC}=\frac{F_{N2}}{A_2}=\frac{77.9\times10^3}{10\times10^3}\text{MPa}=7.8\text{MPa}>[\sigma_-]$$

$$A_2\geqslant\frac{F_{N2}}{[\sigma_-]}=\frac{77.9\times10^3}{7}\text{mm}^2=11.1\times10^3\ \text{mm}^2$$

可见，为满足结构强度要求，BC 杆件的截面面积最小应为 $11.1\times10^3\text{mm}^2$。

七、拉（压）杆超静定问题简介

1. 超静定的概念及其解法

在静力学中，当未知力的个数未超过独立平衡方程的数目时，则由平衡方程可求解全部未知力，这类问题称为**静定问题**，相应的结构即为**静定结构**。若未知力的个数超过了独立平衡方程的数目，仅由平衡方程无法确定全部未知力，这类问题称为**超静定问题**，相应的结构即为**超静定结构**。未知力的个数与独立的平衡方程数之差称为**超静定次数**。

超静定结构是根据特定工程的安全可靠性要求，在静定结构上增加了一个或几个约束，从而使未知力的个数增加。这些在静定结构上增加的约束为多余约束。多余约束的存在改变了结构的变形几何关系，因此建立变形协调的几何关系（即变形协调方程）是解决超静定问题的关键。下面举例说明。

例 4-1-6 图 4-1-29 所示 AB 杆两端固定，在截面 C 处承受轴向载荷 F 的作用。设抗拉（压）刚度 EA 为常数，试求杆件两端的约束力。

Ⅰ. 题目分析

本题目为求解约束力的问题，通过图 4-1-29b 分析，杆件受的力为共线力系，可以列一个平衡方程，只能够求解一个未知约束力。但题目要求求解两个未知约束力，所以是一次超静定问题。为求出全部未知约束力，需要列变形协调方程。通过变形协调方程得到未知约束力之间的数值关系，那么两个未知约束力就变成一个未知约束力了，用一个平衡方程就可以解出。通过观察杆件两端的约束情况，发现无论杆件内部如何变形，总的变形量都是零，利用这个条件就可以得到变形协调方程，从而计算出两端的约束力。

Ⅱ. **题目求解**

（1）取 AB 为研究对象，进行受力分析、列平衡方程。在载荷 F 作用下，AC 段伸长，BC 段缩短，设杆端约束力 F_A 与 F_B 的方向如图 4-1-29b 所示，约束力 F_A、F_B 与 F 组成一共线力系，其平衡方程为

$$\sum F_x=0,\ F-F_A-F_B=0 \qquad \text{(a)}$$

（2）变形协调方程。根据杆端的约束条件可知，受力后各段虽然变形，但杆的总长不变，所以，如果将 AC 与 BC 段的轴向变形分别用 Δl_{AC} 与 Δl_{CB} 表示，则变形协调方程为

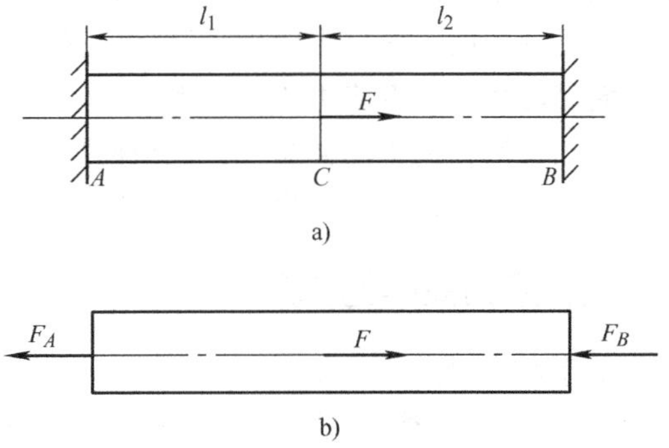

图 4-1-29　等截面直杆

a）杆件载荷图　b）杆件受力图

$$\Delta l_{AC}+\Delta l_{CB}=0 \qquad \text{(b)}$$

（3）胡克定律。由图 4-1-29b 可以看出，AC 与 BC 段的轴力分别为

$$F_{N1}=F_A$$

$$F_{N2}=-F_B$$

由胡克定律得

$$\Delta l_{AC}=\frac{F_{N1}l_1}{EA}=\frac{F_A l_1}{EA} \qquad \text{(c)}$$

$$\Delta l_{CB}=\frac{F_{N2}l_2}{EA}=\frac{(-F_B)l_2}{EA} \qquad \text{(d)}$$

（4）约束力的计算。将式(c)、式(d) 代入式(b)，即得补充方程为

$$F_A l_1-F_B l_2=0 \qquad \text{(e)}$$

最后，联立求解平衡方程（a）与补充方程（e），于是得

$$F_A=\frac{Fl_2}{l_1+l_2},\ F_B=\frac{Fl_1}{l_1+l_2}$$

结果均为正，说明关于杆端约束力方向的假设是正确的。

Ⅲ. **题目关键点解析**

该题目的关键点在于理解变形协调方程的物理意义并准确列出变形协调方程，通过变形协调方程得到未知约束力之间的关系，从而利用共线力系的平衡方程计算出全部未知约束力。

2. 装配应力与温度应力简介

所有构件在制造中都会有一些误差。这种误差，在静定结构中不会引起任何应力。而在超静定结构中因构件制造误差，装配时会引起应力。例如，图 4-1-30 所示的三杆桁架结构，若杆 3 制造时短了 δ，为了能将三根杆装配在一起，则必须将杆 3 拉长，杆 1、2 压短，这种强行装配会在杆 3 中产生拉应力，而在杆 1、2 中产生压应力。如误差 δ 较大，这种应力会达到很大的数值。这种由于装配而引起杆内产生的应力，称为**装配应力**。装配应力是在载荷作用前结构中已经具有的应力，因而是一种初应力。在工程中，对于装配应力的存在，有时是不利的，应予以避免；但有时却应有意识地利用它，比如机械制造中的紧密配合和土木结构中的预应力钢筋混凝土等。

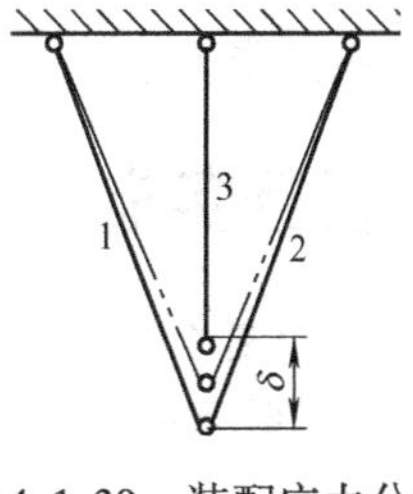

图 4-1-30　装配应力分析

在工程实际中，杆件遇到温度的变化，其尺寸将有微小的变化。

在静定结构中，由于杆件能自由变形，不会在杆内产生应力。但在超静定结构中，由于杆件受到相互制约而不能自由变形，这将使其内部产生应力。这种因温度变化而引起的杆内应力称为**温度应力**。温度应力也是一种初应力。在工程上常采用一些措施来降低或消除温度应力，例如蒸汽管道中的伸缩节，铁道两段钢轨间预先留有适当空隙，钢桥桁架一端采用活动铰链支座等，都是为了减少或预防产生温度应力而常用的方法。

八、应力集中的概念

由于构造与使用方面的需要，许多构件常常带有沟槽（如螺纹）、孔和圆角（构件由粗到细的过度圆角）。在外力作用下，构件中邻近沟槽、孔或圆角的局部范围内，应力急剧增大。例如，图4-1-31a所示含圆孔的受拉薄板，圆孔处截面 $A-A$ 上的应力分布如图4-1-31b所示，最大应力 σ_{max} 显著超过该截面的平均应力。这种由于杆件横截面尺寸急剧变化而引起局部应力增大的现象，称为**应力集中**。

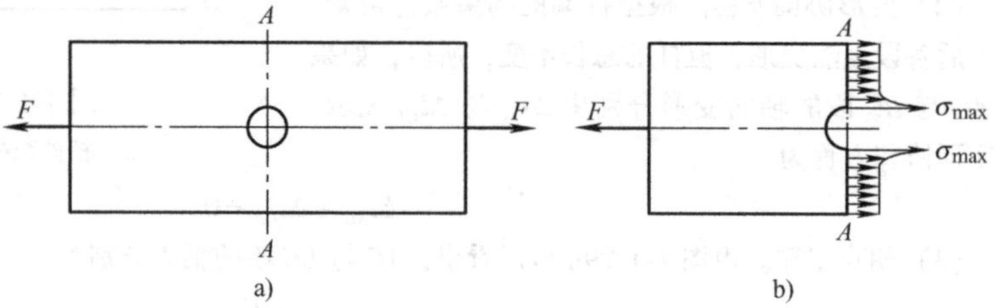

图4-1-31　应力集中

a）受拉薄板　b）应力集中现象

发生应力集中的截面上，其最大应力 σ_{max} 与同截面上的平均应力 σ_m 的比值，称为**应力集中系数**，用 k 表示，即

$$k=\frac{\sigma_{max}}{\sigma_m}$$

k 反映了应力集中的程度，是一个大于1的系数，其值取决于截面的几何形状与尺寸、开孔的大小及截面改变处过度圆角的尺寸，而与材料性能无关。截面尺寸变化的越急剧，应力集中的程度就越严重。

各种材料对应力集中的敏感程度并不相同。低碳钢等塑性材料的良好性能具有缓和应力集中的作用。当局部的最大应力 σ_{max} 达到屈服极限时，该处产生塑性变形，应力基本不再增加，弹性区域可以继续承担外载荷。直至整个截面全部屈服，构件才丧失承载能力，此时称为极限状态。脆性材料因无屈服阶段，当应力集中处的最大应力 σ_{max} 达到强度极限 σ_b 时，该处首先开裂，所以对应力集中十分敏感。因此，对于脆性材料及塑性较低的材料（例如高强度钢），必须考虑应力集中的影响。但对于铸铁等材料，本身存在引起应力集中的宏观缺陷（缩孔、夹杂物等），其影响已在试验结果中体现，因而在设计时可以不考虑应力集中的影响。

任务实施

求如图4-1-4所示任务描述中起重机的许可吊重。

Ⅰ. 题目分析

本题目为结构中设计许可载荷的问题，暂且设许可吊重为 W。该起重机结构主要由两根钢丝绳和一根撑杆与机架铰接而成，*AB* 杆两端铰接且不考虑自重，可视为二力杆，假设其受压力，钢丝绳仅可以承受拉力。撑杆、钢丝绳在节点 *A* 形成如图 4-1-32b 所示的汇交力系，分析该力系可知，钢索 2 的拉力与吊重 *W* 相等，钢索 1 的拉力和撑杆 *AB* 的压力可以根据理论力学汇交力系的平衡方程用 *W* 表示出来。然后再利用强度条件，分别计算出撑杆 *AB* 及钢索允许的许可吊重，通过比较，选取其中的最小值，从而确定悬臂起重机的许可吊重。

Ⅱ. 题目求解

解：(1) 求钢索 2 与撑杆 *AB* 的轴力。分析起重机结构中，节点 *A* 的受力及坐标如图 4-1-32b所示，有

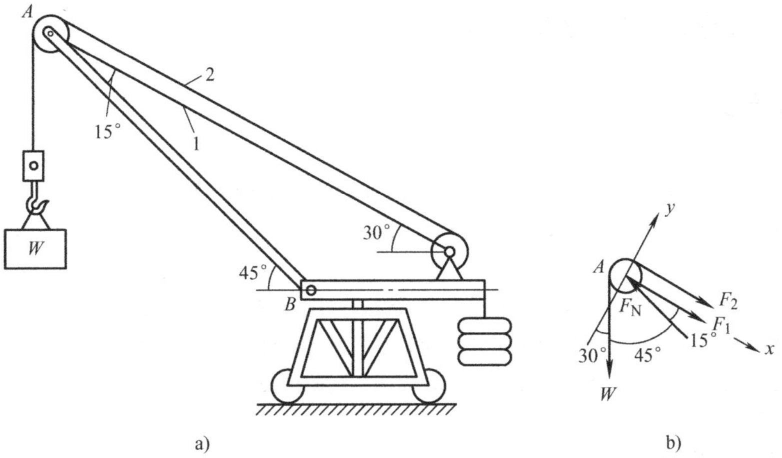

图 4-1-32　悬臂起重机的受力分析

a) 悬臂起重机结构示意图　b) 节点 *A* 的受力分析

$$\sum F_x = 0,\qquad F_1 + F_2 + W\cos 60° - F_N\cos 15° = 0$$

$$\sum F_y = 0,\qquad F_N\sin 15° - W\cos 30° = 0$$

式中，$F_2 = W$，通过计算可得

$$F_N = W\frac{\cos 30°}{\sin 15°} = 3.346W \tag{a}$$

$$F_1 = F_N\cos 15° - W(1+\cos 60°) = 1.732W \tag{b}$$

求得的 F_N 及 F_1 均为正号，说明假设撑杆 *AB* 受压、钢索 1 受拉的方向与实际一致。

(2) 确定许可吊重。根据轴向拉（压）杆的强度条件，撑杆 *AB* 允许的最大轴力为

$$F_{Nmax} \leqslant [\sigma]A = \left[60\times\frac{\pi}{4}(105^2 - 95^2)\right]\text{N} = 94248\text{N} = 94.248\text{kN} \tag{c}$$

将式(c) 代入式(a) 得相应的吊重为

$$W = \frac{F_{Nmax}}{3.346} \leqslant \frac{94.248}{3.346}\text{kN} = 28.17\text{kN}$$

同理，钢索 1 允许的最大轴力为

$$F_{1max} \leqslant [\sigma]A_1 = \left(60\times\frac{\pi}{4}25^2\right)\text{N} = 29452\text{N} = 29.452\text{kN} \tag{d}$$

将式(d) 代入式(b) 得相应的吊重为

$$W=\frac{F_{1\max}}{1.732}\leqslant\frac{29.452}{1.732}\text{kN}=17\text{kN}$$

比较以上结果，可得起重机的许可吊重为17kN。

结论：该起重机的许可吊重为17kN。

Ⅲ. 题目关键点解析

该题目的关键点在于：一是理解结构的许可载荷的概念，结构的许可载荷是指系统中除机架、支座以外的所有零件都满足强度要求的载荷，所以必须通过强度条件，计算出每根杆件的许可载荷，然后进行比较，取其中的最小值；二是正确选取研究对象进行受力分析，理清结构中各杆的受力关系，零活建立坐标系求解各杆轴力，再进一步进行强度相关的计算；三是求解时仍需注意各物理量单位的选取。

思考与练习

1. 轴向拉、压杆件横截面上、斜截面上分别有什么应力？是如何分布的？

2. 低碳钢在拉、压过程中分别表现为几个阶段？σ_p、σ_e、σ_s、σ_b 各表示什么？如何测定？冷作硬化现象有何特点？

3. 什么是强度条件？杆件的强度与哪些量有关系？如何用来校核强度、设计截面和计算许可载荷？

4. 胡克定律有几种表达形式？其应用条件是什么？如何计算杆件的纵向变形和横向变形？

5. 受轴向拉、压的杆件，只要轴力和横截面积相同，则横截面上的正应力一定相同，线应变也一定相同，这种说法对不对？为什么？

6. 指出下列概念的区别：

（1）内力与应力；（2）变形与应变；（3）强度与刚度；（4）工作载荷与许可载荷。

7. 两根不同材料的等截面杆，承受相同的轴向拉力，它们的横截面和长度都相等。

试说明：（1）横截面上的应力是否相等？（2）强度是否相同？（3）纵向变形是否相同？为什么？

8. 若有两根拉杆，一为钢质（$E=200\text{GPa}$），一为铝质（$E=70\text{GPa}$），试比较：在应力相同的情况下，哪种材料的应变大？在相同应变的情况下，哪种材料的应力大？

9. 试求图4-1-33中各杆指定截面的轴力，并画出各杆的轴力图。

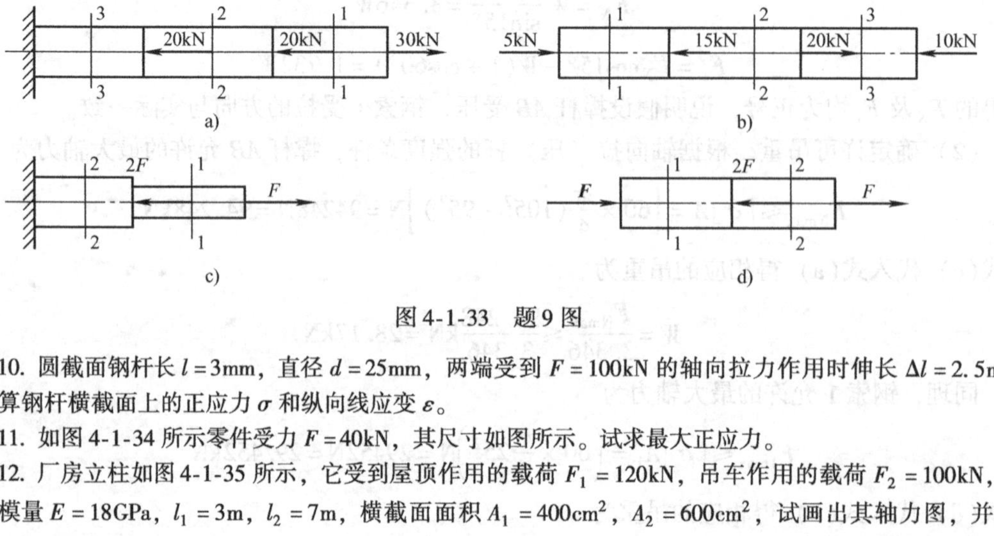

图4-1-33　题9图

10. 圆截面钢杆长 $l=3\text{mm}$，直径 $d=25\text{mm}$，两端受到 $F=100\text{kN}$ 的轴向拉力作用时伸长 $\Delta l=2.5\text{mm}$。试计算钢杆横截面上的正应力 σ 和纵向线应变 ε。

11. 如图4-1-34所示零件受力 $F=40\text{kN}$，其尺寸如图所示。试求最大正应力。

12. 厂房立柱如图4-1-35所示，它受到屋顶作用的载荷 $F_1=120\text{kN}$，吊车作用的载荷 $F_2=100\text{kN}$，其弹性模量 $E=18\text{GPa}$，$l_1=3\text{m}$，$l_2=7\text{m}$，横截面面积 $A_1=400\text{cm}^2$，$A_2=600\text{cm}^2$，试画出其轴力图，并求：

（1）立柱各段横截面上的应力；（2）立柱的最大切应力；（3）立柱的纵向变形。

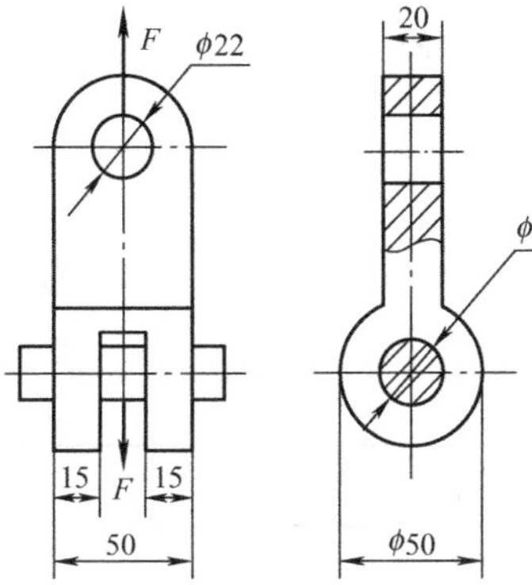

图 4-1-34　题 11 图

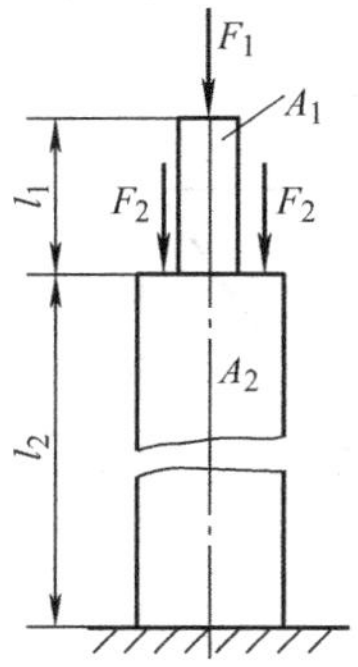

图 4-1-35　题 12 图

13. 阶梯直杆受力如图 4-1-36 所示。已知 AD 段横截面面积为 $A_{AD}=1000\text{mm}^2$，DB 段横截面面积为 $A_{DB}=500\text{mm}^2$，材料的弹性模量 $E=200\text{GPa}$。求该杆的总变形量 Δl_{AB}。

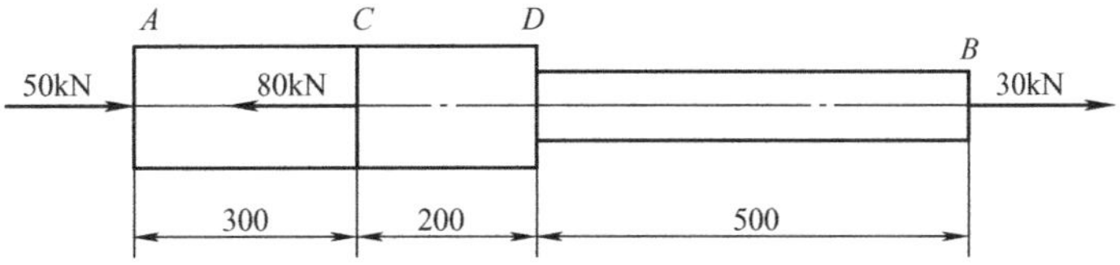

图 4-1-36　题 13 图

14. 用一根灰口铸铁管作为受压杆件。已知材料的许用压应力为 $[\sigma]=200\text{MPa}$，轴向压力 $F=1000\text{kN}$，管的外径 $D=130\text{mm}$，内径 $d=100\text{mm}$。试校核其强度。

15. 用绳索吊起重物如图 4-1-37 所示。已知 $F=20\text{kN}$，绳索横截面面积 $A=12.6\text{cm}^2$，许用应力 $[\sigma]=10\text{MPa}$。试校核 $\alpha=45°$ 和 $\alpha=60°$ 两种情况下绳索的强度。

16. 悬臂吊车如图 4-1-38 所示。最大起重载荷 $G=20\text{kN}$，杆 BC 为 Q235A 圆钢，许用应力为 $[\sigma]=120\text{MPa}$。试按图示位置设计杆 BC 的直径 d。

17. 如图 4-1-39 所示，AC 和 BC 两杆铰接于 C，吊重物 G。已知杆 BC 许用应力 $[\sigma_1]=160\text{MPa}$，杆 AC 许用应力 $[\sigma_2]=100\text{MPa}$，两杆截面积均为 $A=2\text{cm}^2$。求所吊重物的最大重量。

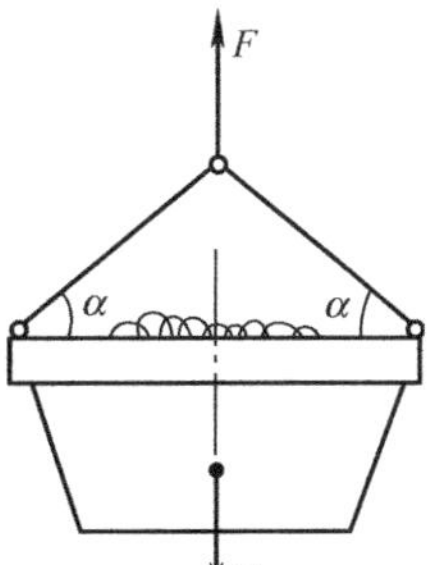

图 4-1-37　题 15 图

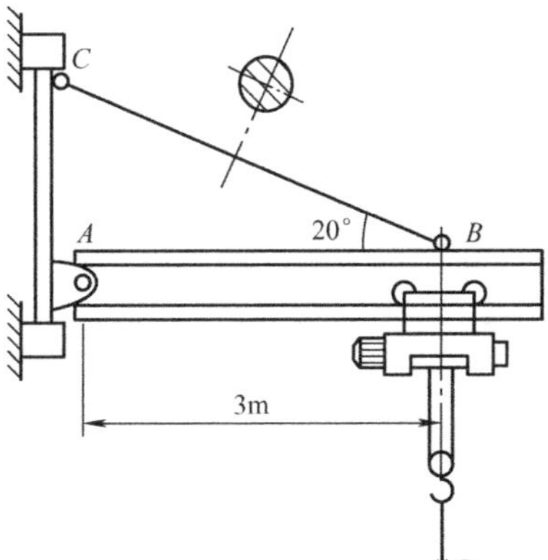

图 4-1-38　题 16 图

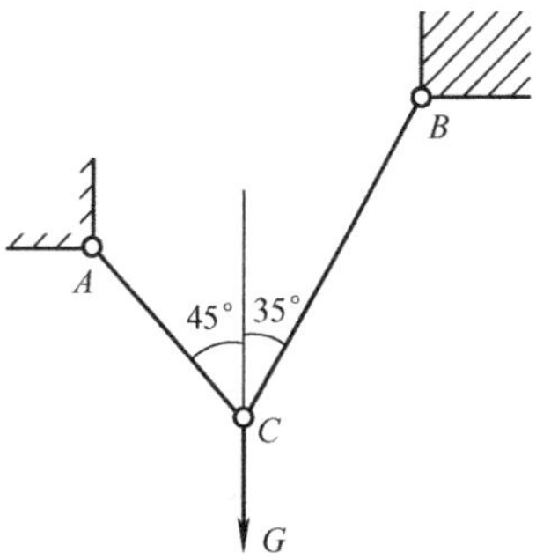

图 4-1-39　题 17 图

18. 三角架结构如图 4-1-40 所示。已知杆 AB 为钢杆，其横截面面积 $A_1=600\text{mm}^2$，许用应力 $[\sigma_1]=140\text{MPa}$；杆 BC 为木杆，横截面面积 $A_2=3\times10^4\text{mm}^2$，许用应力 $[\sigma_2]=3.5\text{MPa}$，试求许用载荷 $[G]$。

19. 两端固定的等截面直杆受力如图 4-1-41 所示，求两端的支座约束力。

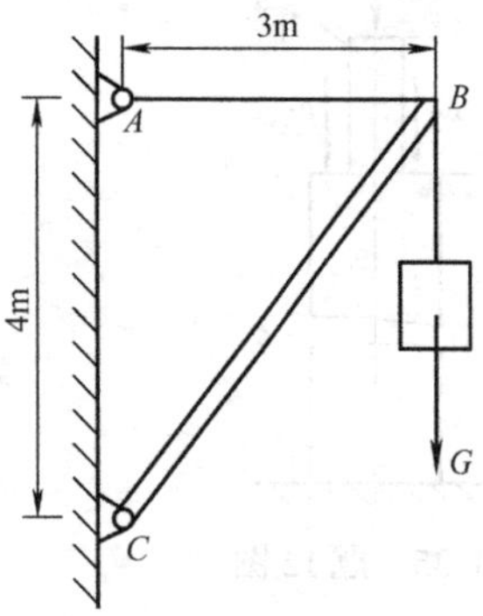

图 4-1-40　题 18 图

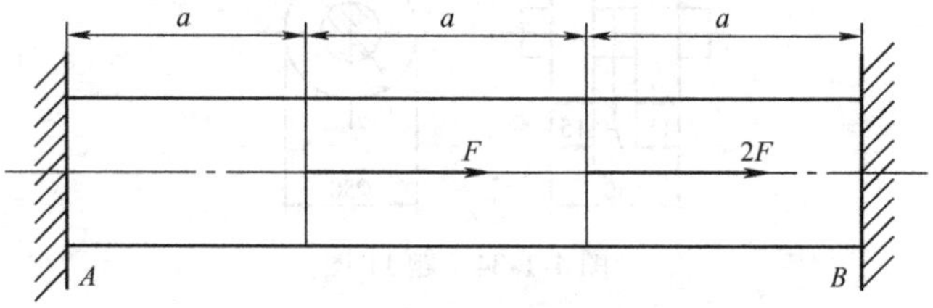

图 4-1-41　题 19 图

任务二　剪切与挤压

任务描述

如图 4-2-1 所示拉杆，用四个直径相同的铆钉固定在格板上，拉杆与铆钉的材料相同，已知载荷 $F=80\text{kN}$，板宽 $b=80\text{mm}$，板厚 $\delta=10\text{mm}$，铆钉直径 $d=16\text{mm}$，许用切应力 $[\tau]=100\text{MPa}$，许用挤压应力 $[\sigma_j]=300\text{MPa}$，许用拉应力 $[\sigma]=160\text{MPa}$。试校核该铆钉连接件的强度。

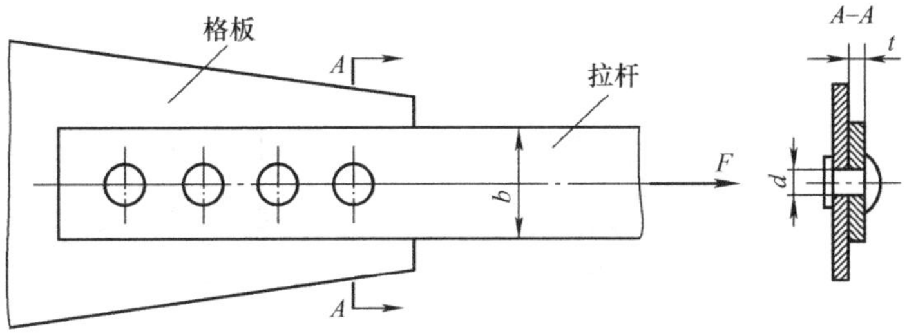

图 4-2-1　铆钉连接件结构图

任务分析

了解实用计算的概念，掌握剪切强度和挤压强度的实用计算方法。

知识准备

一、剪切的概念和实用计算

1. 剪切的概念与实例

工程中常遇到剪切问题。比如常用的销钉（图 4-2-2）、螺栓（图 4-2-3）、平键（图 4-2-4）、铆钉、焊缝等都是主要发生剪切变形的构件，称为剪切构件。这类构件的受力和变形情况可概括为如图 4-2-5 所示的简图。其受力特点是：作用于构件两侧面上横向外力的合力，大小相等，方向相反，作用线相距很近。在这样外力作用下，其变形特点是：两力间的横截面发生相对错动，这种变形形式称为**剪切**。发生相对错动的截面称为剪切面，只有一个剪切面的剪切变形称为单剪（图 4-2-3a）；有两个剪切面的剪切变形称为双剪（图 4-2-2a）。

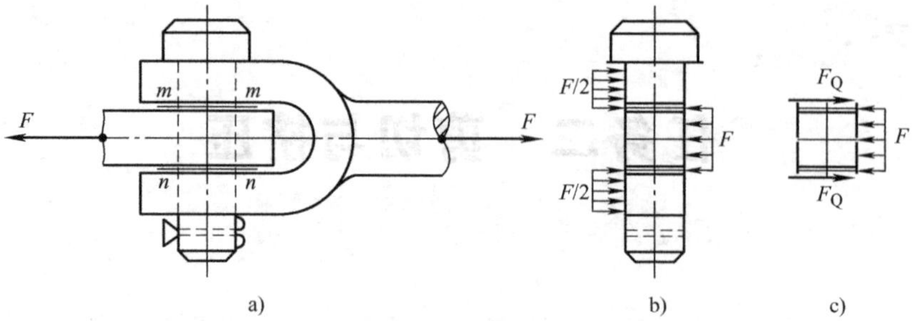

图 4-2-2　销钉连接

a）销钉连接结构简图　b）销钉的受力情况　c）销钉截面的剪力

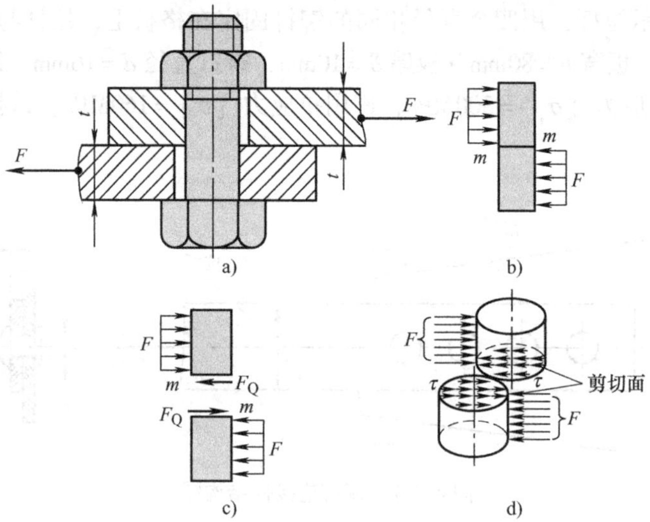

图 4-2-3　螺栓连接

a）螺栓连接结构简图　b）螺栓的受力情况　c）螺栓截面的剪力　d）螺栓截面的应力

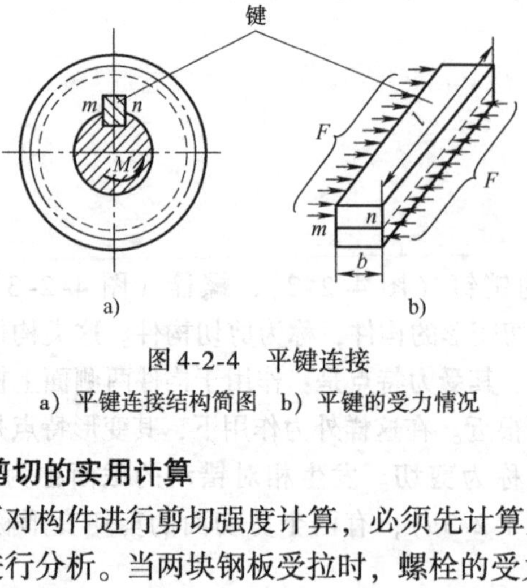

图 4-2-4　平键连接

a）平键连接结构简图　b）平键的受力情况

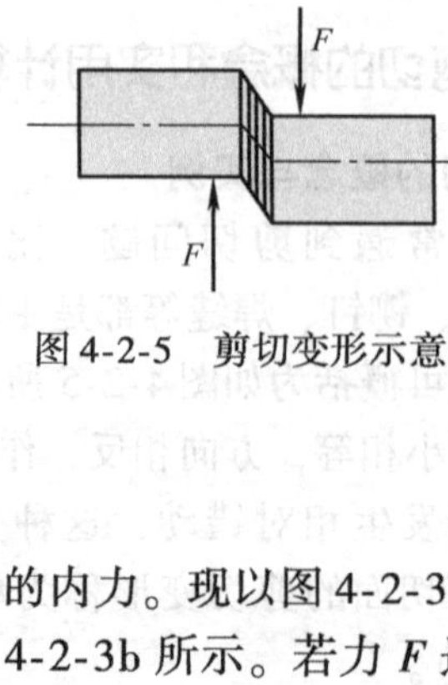

图 4-2-5　剪切变形示意图

2. 剪切的实用计算

为了对构件进行剪切强度计算，必须先计算剪切面上的内力。现以图 4-2-3a 所示的螺栓为例进行分析。当两块钢板受拉时，螺栓的受力图如图 4-2-3b 所示。若力 F 过大，螺栓可能沿剪切面 $m-m$ 被剪断。为了求得剪切面上的内力，运用截面法将螺栓沿剪切面假想截开（图 4-2-3c)，并取其中一部分研究。由于任一部分均保持平衡，故在剪切面内必然有与外力 F 大小相等、方向相反的内力存在，这个内力称为剪力，以 F_Q 表示。它是剪切面上分布内力的合力。由平衡方程式 $\sum F=0$，得

$$F_Q = F$$

剪力在剪切面上分布情况是比较复杂的，工程上通常采用以试验、经验为基础的“实用计算法”。在实用计算中，假定剪力在剪切面上均匀分布。前面轴向拉伸和压缩的任务中，曾用正应力 σ 表示单位面积上垂直于截面的内力；同样，对剪切构件，也可以用单位面积上平行截面的内力来衡量内力的聚集程度，称为**切应力**，以 τ 表示，其单位与正应力一样。按假定算出的平均切应力称为名义切应力，一般简称为切应力，切应力在剪切面上的分布如图 4-2-3d 所示。所以剪切构件的切应力可按下式计算：

$$\tau = \frac{F_Q}{A} \tag{4-2-1}$$

式中，A 为剪切面面积，单位为 m^2。

为保证螺栓工作时安全可靠，要求其工作时的切应力不得超过某一许用值。因此，螺栓的剪切强度条件为

$$\tau = \frac{F_Q}{A} \leqslant [\tau] \tag{4-2-2}$$

式中，$[\tau]$ 为材料许用切应力，常用单位为 MPa。

式(4-2-2) 虽然是以螺栓为例得出的，但也适用于其他剪切构件。

试验表明，在一般情况下，材料的许用切应力 $[\tau]$ 与其许用拉应力 $[\sigma]$ 有如下关系：

塑性材料　　$[\tau] = (0.6 \sim 0.8)[\sigma]$

脆性材料　　$[\tau] = (0.8 \sim 1.0)[\sigma]$

运用剪切强度条件也可以对剪切构件进行强度校核、设计截面面积和确定许可载荷等三类强度问题的计算。

例 4-2-1　图示 4-2-6 所示凸缘联轴节传递的力偶矩为 $M_e = 200\text{N}\cdot\text{m}$，凸缘之间用四个对称分布在 $D_0 = 80\text{mm}$ 圆周上的螺栓连接，螺栓的内径 $d = 10\text{mm}$，螺栓材料的许用切应力 $[\tau] = 60\text{MPa}$。试校核螺栓的剪切强度。

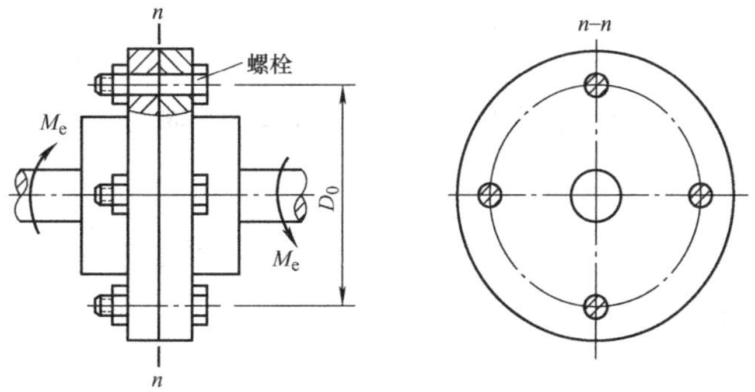

图 4-2-6　凸缘联轴节示意图

Ⅰ. 题目分析

此题需要校核螺栓的剪切强度，首先根据已知条件求出每个螺栓承受的剪力和剪切面面积，然后代入公式即可求出切应力，再与许用切应力进行比较即可求解。

Ⅱ. 题目求解

解：设每个螺栓承受的剪力为 F_Q，则由

$$F_Q \cdot \frac{D_0}{2} \cdot 4 = M_e$$

可得

$$F_Q = \frac{M_e}{2D_0}$$

因此，螺栓的切应力 τ 为

$$\tau = \frac{F_Q}{A} = \frac{2M_e}{\pi d^2 D_0} = \frac{2 \times 200 \times 10^3}{\pi \times 10^2 \times 80}\text{MPa} = 15.9\text{MPa} < [\tau]$$

螺栓满足剪切强度条件。

Ⅲ. 题目关键点解析

本例中有四个螺栓，每个螺栓剪切面上的剪力和切应力大小均相等。本题的关键是求剪力的大小，由于对称，各螺栓所受的剪力相等，四个螺栓的剪力对轴的力矩之和等于外力偶矩 M_e 的大小。

二、挤压的概念和实用计算

1. 挤压的概念与实例

连接件在发生剪切变形的同时，在传递力的接触面上，由于局部受到压力作用，致使接触面处的局部区域产生塑性变形，这种现象称为**挤压**。例如图 4-2-3a 中的下层钢板，由于与螺栓圆柱面的相互压紧，当挤压力过大时，相互接触面处将产生局部显著的塑性变形，材料向两边隆起，钉孔有可能被压成长圆孔（图 4-2-7），螺栓也可能被压成扁圆柱。可见，连接件除了可能以剪切的形式破坏外，也可能因挤压而破坏，所以应该进行挤压强度计算。工程机械上常用的平键经常发生挤压破坏。构件上产生挤压变形的接触面称为挤压面。挤压面上的压力称为挤压力，用 F_j 表示。一般情况下，挤压面垂直于挤压力的作用线。

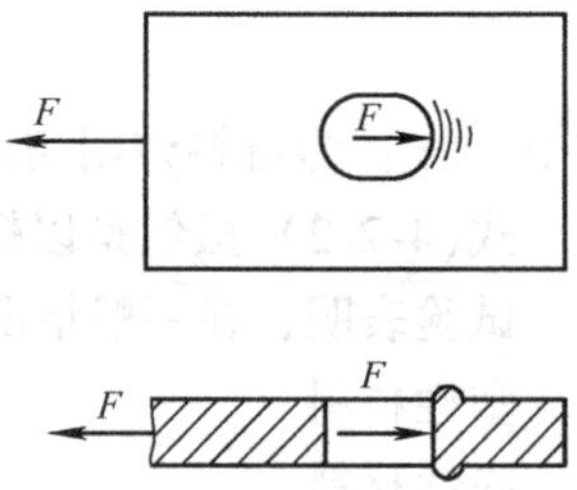

图 4-2-7　挤压破坏

2. 挤压的实用计算

由挤压而引起的应力称为**挤压应力**，用 σ_j 表示。挤压应力与直杆压缩中的压应力不同，压应力遍及整个受压杆件的内部，在横截面上是均匀分布的。挤压应力则只限于接触面附近的区域，在接触面上的分布也比较复杂，像剪切的实用计算一样，挤压在工程上也采用实用计算方法，即假定在挤压面上应力是均匀分布的。如果以 F_j 表示挤压面上的作用力，A_j 表示挤压面面积，则

$$\sigma_j = \frac{F_j}{A_j} \tag{4-2-3}$$

于是建立挤压强度条件为

$$\sigma_j = \frac{F_j}{A_j} \leqslant [\sigma_j] \tag{4-2-4}$$

式中，$[\sigma_j]$ 为材料的许用挤压应力，其数值由试验确定，可从有关设计手册中查到。根据试验，$[\sigma_j]$ 一般可取：

塑性材料　　$[\sigma_j] = (1.5 \sim 2.5)[\sigma]$

脆性材料　　$[\sigma_j] = (0.9 \sim 1.5)[\sigma]$

式中，$[\sigma]$ 为材料的许用拉应力。必须注意：如果两个相互挤压构件的材料不相同，则必

须对材料挤压强度小的构件进行挤压强度计算。

关于挤压面面积 A_j 的计算，要根据接触面的具体情况而定。对于螺栓、铆钉和销钉等连接件，挤压时接触面为半圆柱面（图 4-2-8a）。但在计算挤压应力时，挤压面积采用实际接触面在垂直于挤压力方向的平面上的投影面积，如图 4-2-8c 所示的阴影面积，即 $A_j = dt$，其中 d 为销钉的直径，t 为连接件的厚度。这是因为从理论分析得知，在半圆柱挤压面上，挤压应力分布如图 4-2-8b 所示，最大挤压应力在半圆柱圆弧的中点处，其值与按正投影面积计算结果相近。当接触面为平面时，如图 4-2-8d 所示的键连接，挤压面的计算面积就是接触面的面积，即图中带阴影部分的面积，即 $A_j = \frac{h}{2} \times l$。

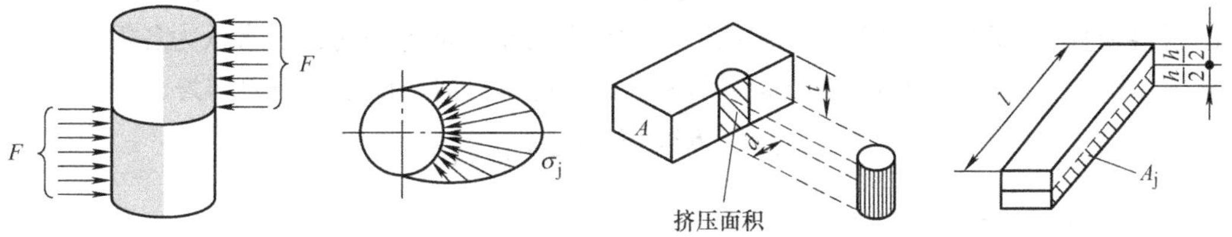

图 4-2-8　挤压面积的确定

a）圆柱表面受挤压力作用　b）圆柱面挤压应力的分布　c）圆柱零件的挤压面积　d）键连接的挤压面积

例 4-2-2　两块厚度均为 6mm 的钢板用一个内径为 12mm 的螺栓连接，如图 4-2-9 所示。若螺栓材料的 $[\tau] = 100\text{MPa}$、$[\sigma_j] = 280\text{MPa}$，问螺栓连接能承受多大的拉力 F。

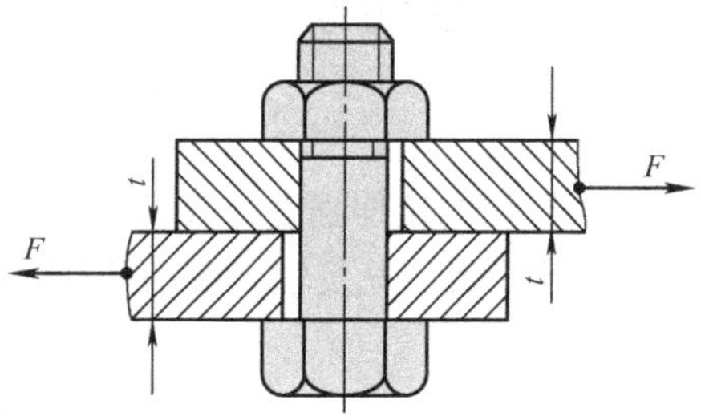

图 4-2-9　螺栓连接件

Ⅰ. 题目分析

本题需求解螺栓连接所承受的拉力 F。根据外力特点判断螺栓连接将产生剪切变形和挤压变形，由截面法计算螺栓所受的剪力和挤压力，代入剪切强度条件和挤压强度条件分别求出螺栓所承受的拉力，为同时满足螺栓连接件的剪切强度和挤压强度，取其较小值，此题得解。

Ⅱ. 题目求解

解：根据螺栓的剪切条件

$$\tau = \frac{F_Q}{A} = \frac{4F}{\pi d^2} \leqslant [\tau] = 100\text{MPa}$$

得

$$F \leqslant 100 \times \frac{\pi \cdot 12^2}{4}\text{N} = 11.3\text{kN}$$

由铆钉的挤压条件

$$\sigma_j = \frac{F_j}{A_j} = \frac{F}{td} \leqslant [\sigma_j] = 280\text{MPa}$$

得

$$F \leqslant (6 \times 12 \times 280)\text{N} = 20.16\text{kN}$$

故为确保安全，该结构能承受的最大拉力为 11.3kN。

Ⅲ. 题目关键点解析

本题目的关键点是需要同时根据螺栓的剪切强度条件和挤压强度条件计算出拉力 F，为满足连接件的强度要求，取其较小值，即可以确定许可载荷 $[F]$。

任务实施

试校核如图 4-2-1 所示任务描述中铆钉连接件的强度。

Ⅰ. 题目分析

此题需校核铆钉连接件强度，涉及剪切与挤压变形以及轴向拉压变形。因此需要分别对铆钉进行剪切和挤压的强度校核，以及拉杆的轴向拉压强度校核，且仅当三个校核强度均满足要求时，整个连接件才是安全的。

Ⅱ. 题目求解

解：(1) 铆钉的剪切强度计算。首先计算各铆钉剪切面上的剪力。分析表明，当各铆钉的材料和直径均相同，且外力作用线通过铆钉群剪切面的形心时，通常认为各铆钉剪切面的剪力相同。因此，对于图 4-2-10a 所示铆钉群，各铆钉剪切面上的剪力均为

$$F_Q = \frac{F}{4} = \frac{80 \times 10^3 \text{N}}{4} = 2.0 \times 10^4 \text{N}$$

而相应的切应力则为

$$\tau = \frac{4F_Q}{\pi d^2} = \frac{4(2.0 \times 10^4)}{\pi \times 16^2} \text{MPa} = 99.5 \text{MPa} < [\tau]$$

(2) 铆钉的挤压强度计算。在本例中，铆钉所受挤压力等于铆钉剪切面上的剪力，即

$$F_j = F = 2.0 \times 10^4 \text{N}$$

因此，最大挤压应力为

$$\sigma_j = \frac{F_j}{\delta d} = \frac{2.0 \times 10^4}{10 \times 16} \text{MPa} = 125 \text{MPa} < [\sigma_j]$$

(3) 拉杆的拉伸强度计算

拉杆的受力情况及轴力图分别如图 4-2-10b、c 所示。显然，横截面 1 − 1 的正应力最大，其值为

$$\sigma_{max} = \frac{F_{Nmax}}{(b-d)\delta} = \frac{80 \times 10^3}{(80-16) \times 10} \text{MPa} = 125 \text{MPa} < [\sigma]$$

可见，铆钉与拉杆均满足强度要求。

Ⅲ. 题目关键点解析

该题目的关键点在于：一是准确求出施加在每个铆钉上的剪力和挤压力；二是根据拉杆的轴力图判断出危险截面及其轴力；当铆钉的剪切强度和挤压强度以及拉杆的拉伸强度均满足要求时，整个连接件才是安全的。

以上例题，均为保证剪切构件强度的问题。但有时在实际工程中，也会遇到与上述问题相反的情况，就是利用剪切破坏而达到工作要求的。例如，冲床冲模时使工件发生剪切破坏而得到所需的形状（图 4-2-11），又如切料装置用刀刃把棒料切断（图 4-2-12）等，都是利用剪切破坏的例子。对于这类问题所要求的破坏条件为 $\tau = \frac{F_Q}{A} \geqslant \tau_b$，式中 τ_b 为剪切强度极限，与材料有关，其值可在相关机械手册中查得。

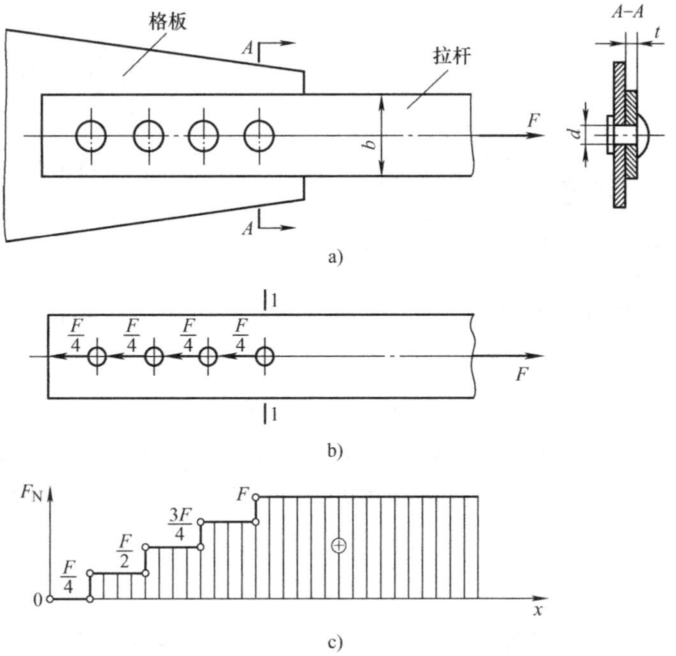

图 4-2-10　铆钉连接件示意图

a）铆钉连接件结构图　b）拉杆的受力图　c）拉杆的轴力图

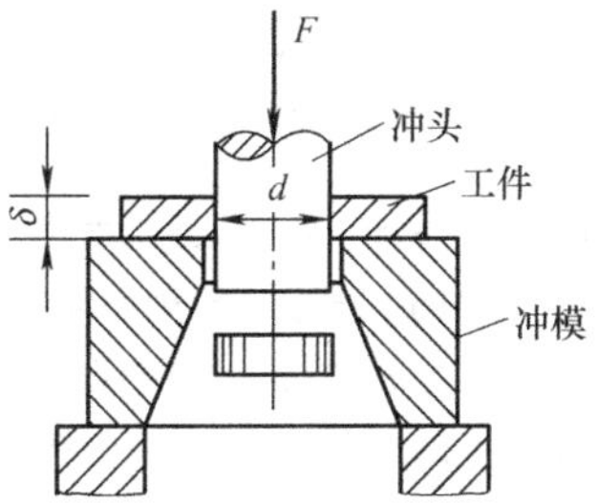

图 4-2-11　冲床冲模结构简图

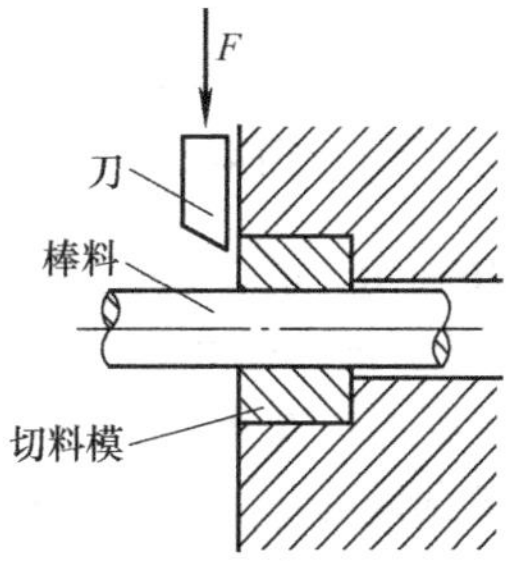

图 4-2-12　切料装置结构简图

思考与练习

1. 剪切变形的受力特点和变形特点是什么？

2. 剪切与挤压的实用计算采用了什么假设？为什么？

3. 挤压应力和轴向压缩应力有什么区别？

4. 剪切的受力特点和变形特点与拉伸时比较有何不同？剪切面面积和挤压面面积怎样计算？

5. 分析图 4-2-13 所示两个连接件的剪切面与挤压面。

6. 图 4-2-14 所示为拖车挂钩用的销钉连接，已知挂钩部分钢板厚度为 $\delta = 8\text{mm}$，销钉材料为 20 钢，许用切应力 $[\tau] = 60\text{MPa}$，许用挤压应力为 $[\sigma_j] = 100\text{MPa}$，又知拖车的拉力 $F = 15\text{kN}$，试设计销钉的直径。

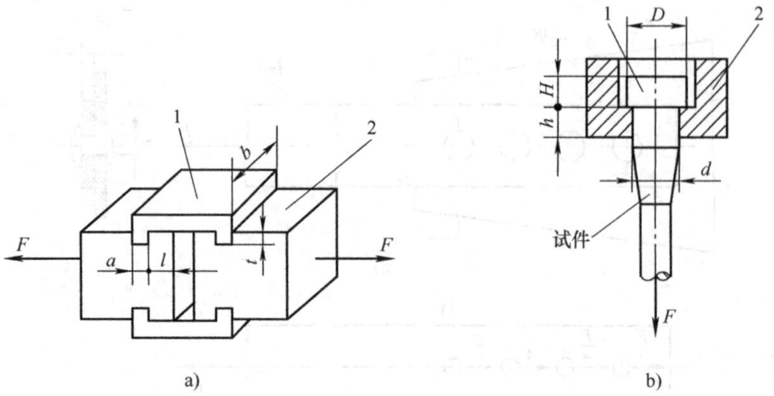

图 4-2-13　题 5 图

7. 如图 4-2-15 所示，冲床的最大冲力为 $F=400\text{kN}$，冲头材料的许用压应力为 $[\sigma_j]=440\text{MPa}$，被冲剪的钢板的许用切应力 $[\tau]=360\text{MPa}$。求在最大冲力作用下所能冲剪的圆孔最小直径 d 和板的最大厚度 t。

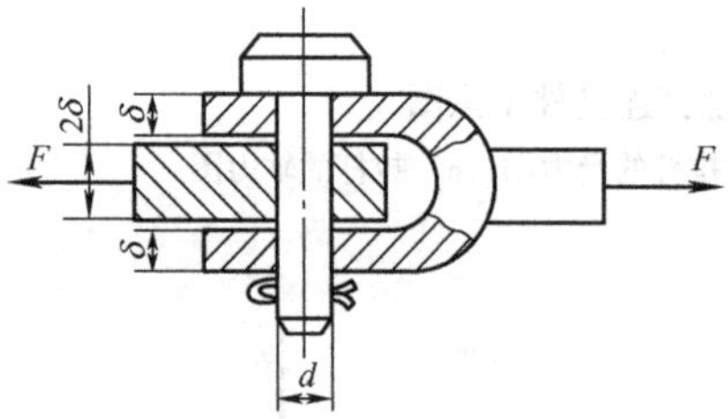

图 4-2-14　题 6 图

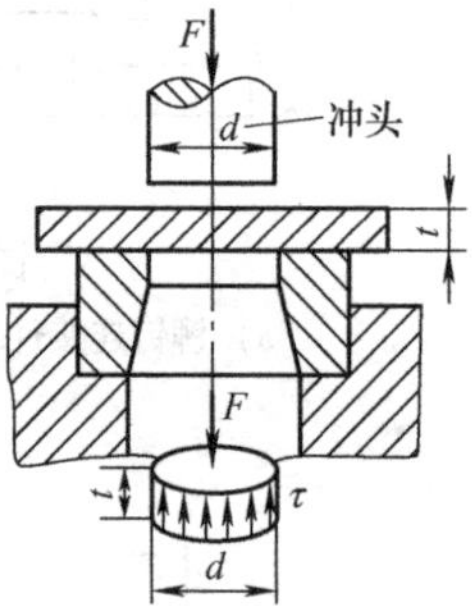

图 4-2-15　题 7 图

8. 如图 4-2-16 所示为矩形截面木拉杆的接头。已知轴向拉力 $F=50\text{kN}$，截面的宽度 $b=250\text{mm}$，木材顺纹的许用挤压应力 $[\sigma_j]=100\text{MPa}$，顺纹的许用切应力 $[\tau]=1\text{MPa}$。试求接头处所需的尺寸 l 和 a。

9. 一铆接头如图 4-2-17 所示，已知拉力 $F=100\text{kN}$，铆钉直径 $d=16\text{mm}$，钢板厚度 $t=20\text{mm}$，$t_1=12\text{mm}$，铆钉和钢板的许用应力为 $[\sigma]=160\text{MPa}$；许用切应力为 $[\tau]=140\text{MPa}$，许用挤压应力为 $[\sigma_j]=320\text{MPa}$，试确定所需铆钉的个数 n 及钢板的宽度 b。

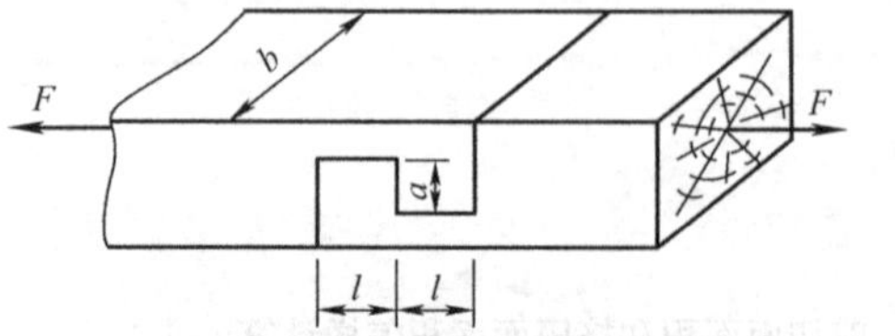

图 4-2-16　题 8 图

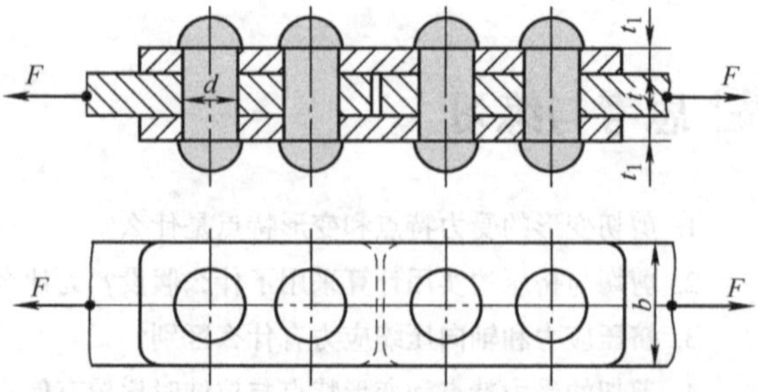

图 4-2-17　题 9 图

10. 某数控机床电动机轴与带轮用平键连接如图 4-2-18 所示。已知轴的直径 $d=50\text{mm}$，平键尺寸 $b\times h\times l=16\text{mm}\times10\text{mm}\times50\text{mm}$，所传递的扭矩 $M=600\text{N}\cdot\text{m}$，键材料为 45 钢，其许用切应力为 $[\tau]=60\text{MPa}$，许用挤压应力为 $[\sigma_j]=100\text{MPa}$。试校核键的强度。

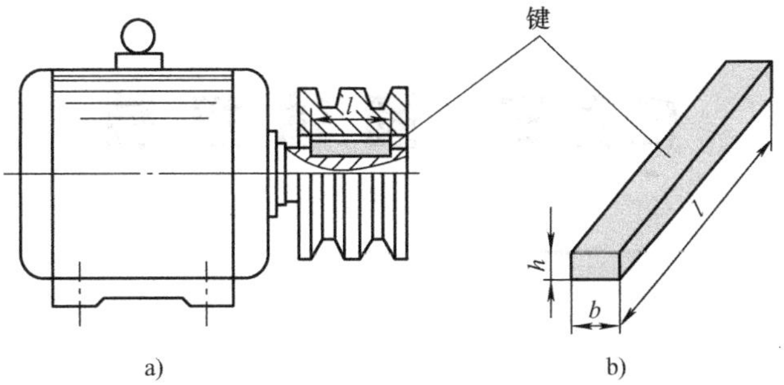

图 4-2-18　题 10 图

11. 如图 4-2-19 所示螺栓受拉力 F 作用，已知材料的许用切应力 [τ] 和许用拉应力为 [σ] 之间的关系为 [τ] =0.6 [σ]，试求螺栓直径 d 和螺栓头高度 h 的合理比例。

12. 设计如图 4-2-20 所示钢销钉的尺寸 h 和 δ，并校核拉杆的强度。已知钢拉杆及销子材料的许用应力 [σ] = 100MPa，[τ] = 80MPa，[σ_j] = 150MPa，直径 d = 50mm，承受载荷 F = 100kN。

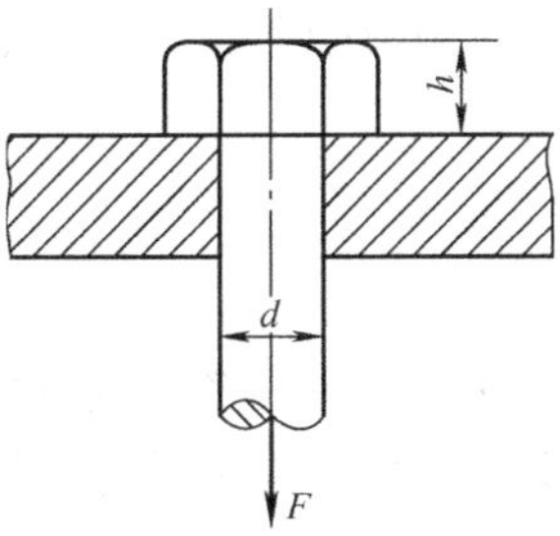

图 4-2-19　题 11 图

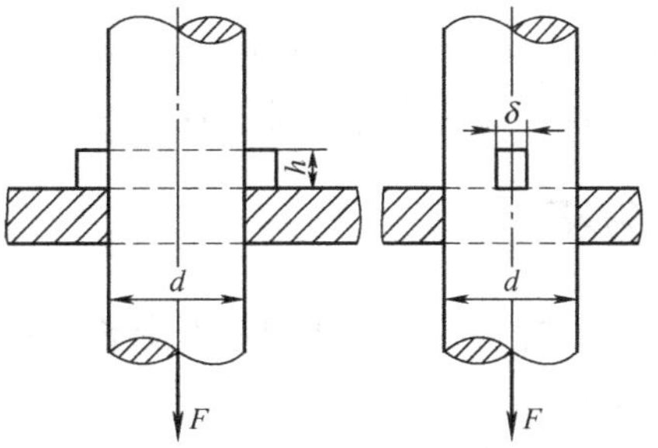

图 4-2-20　题 12 图

任务三　圆轴扭转

任务描述

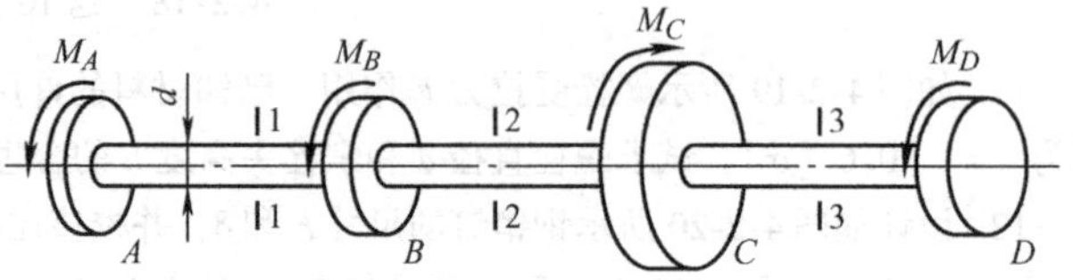

图 4-3-1　传动轴

传动轴如图 4-3-1 所示，已知该轴转速 $n=300\text{r/min}$，主动轮输入功率 $P_C=30\text{kW}$，从动轮输出功率 $P_D=15\text{kW}$，$P_B=10\text{kW}$，$P_A=5\text{kW}$，材料的切变模量 $G=80\text{GPa}$，许用切应力 $[\tau]=40\text{MPa}$，单位长度许用扭转角 $[\theta]=1(°)/\text{m}$，试按强度条件和刚度条件设计此轴的直径。

任务分析

本任务涉及杆件的一种新的基本变形——圆轴扭转。为了解决本任务，读者需要首先掌握扭转的受力特点和变形特征，并且能准确绘制扭转变形的内力图，判断危险截面所在位置，且能够求出危险截面上的最大应力，进而实现圆轴扭转变形的强度、刚度计算和提高圆轴承载能力的措施。

知识准备

一、圆轴扭转的概念与实例

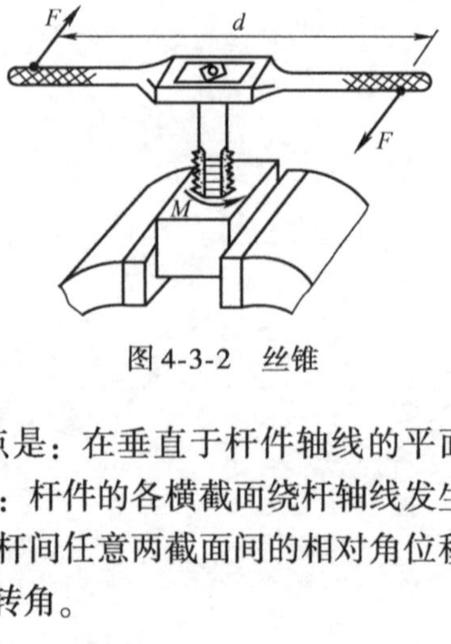

图 4-3-2　丝锥

在工程中，常会遇到直杆因受力偶作用而发生扭转变形的情况。例如当钳工攻螺纹孔时，两手所加的外力偶作用在丝锥杆的上端，工件的约束力偶作用在丝锥杆的下端，使得丝锥杆发生扭转变形（图 4-3-2）。图 4-3-3 所示的汽车转向盘的操纵杆，以及一些传动轴等均是扭转变形的实例。以扭转为主要变形的构件常称为轴，其中圆轴在机械中的应用为最广。本章主要讨论圆轴扭转时应力和变形的分析计算方法以及强度和刚度计算。

一般扭转杆件的计算简图如图 4-3-4 所示。其受力特点是：在垂直于杆件轴线的平面内，作用着一对大小相等、转向相反的力偶。其变形特点是：杆件的各横截面绕杆轴线发生相对转动，杆轴线始终保持直线。这种变形称为扭转变形。杆间任意两截面间的相对角位移称为**扭转角**。图 4-3-4 中的 φ_{AB} 是截面 B 相对于截面 A 的扭转角。

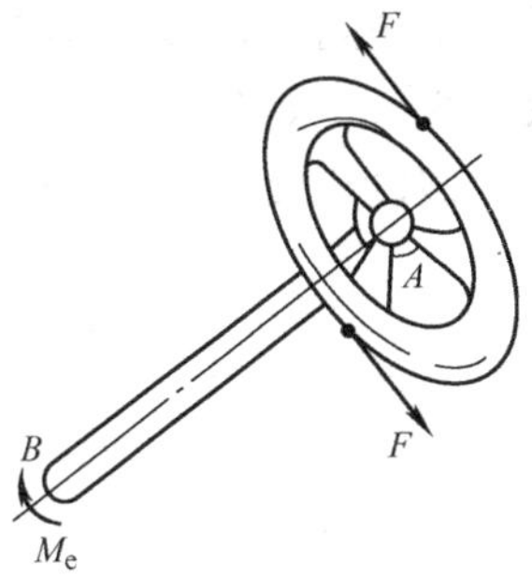

图 4-3-3 汽车转向轴

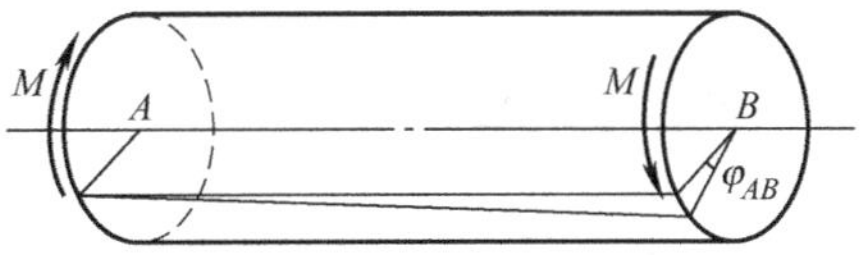

图 4-3-4 扭转及扭转角

二、扭矩和扭矩图

1. 外力偶矩与功率、转速的关系

为了利用截面法求出圆轴扭转时截面上的内力，要先计算出轴上的外力偶矩。作用在轴上的外力偶矩一般不是直接给出，而是根据所给定轴的传递功率和转速求出来的。功率、转速和外力偶矩之间的关系可由动力学知识导出，其公式为

$$M = 9550\frac{P}{n} \qquad (4\text{-}3\text{-}1)$$

式中，M 为外力偶矩（N·m）；P 为轴传递的功率（kW）；n 为轴的转速（r/min）。或者

$$M = 7024\frac{P}{n} \qquad (4\text{-}3\text{-}2)$$

式中，M 为外力偶矩（N·m）；P 为轴传递的功率，单位为马力（1 马力 =736W）；n 为轴的转速（r/min）。

2. 扭矩

若已知轴上作用的外力偶矩，可用截面法研究圆轴扭转时横截面上的内力。如图 4-3-5a 所示等截面圆轴 AB 两端面上作用有一对平衡外力偶矩 M。在任意 $m-m$ 截面处将轴分为两段，并取左段为研究对象，如图 4-3-5b 所示。因 A 端有外力偶矩 M 作用，为保持左段平衡，故在 $m-m$ 面上必有一个内力偶矩 T 与之平衡，T 称为**扭矩**，单位 N·m。由平衡方程

$$\sum m_x = 0, \quad T - M = 0$$

得
$$T = M$$

若取右段为研究对象，所得扭矩数值相同而转向相反，它们是作用与反作用的关系。

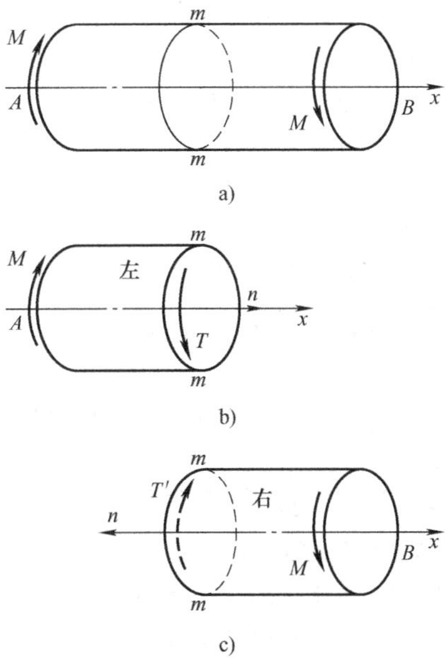

图 4-3-5 扭转内力计算
a）圆轴受力示意图 b）左段受力示意图 c）右段受力示意图

为了使不论取左段或右段求得的扭

矩的大小、符号都一致，对扭矩的正负号规定如下：用右手螺旋法则，大拇指指向横截面外法线方向，扭矩的转向与四指的转向一致时，扭矩为正，反之为负，如图 4-3-6 所示。在求扭矩时，在截面上均按正向画出，所得为负则说明扭矩转向与假设相反。此为设正法。

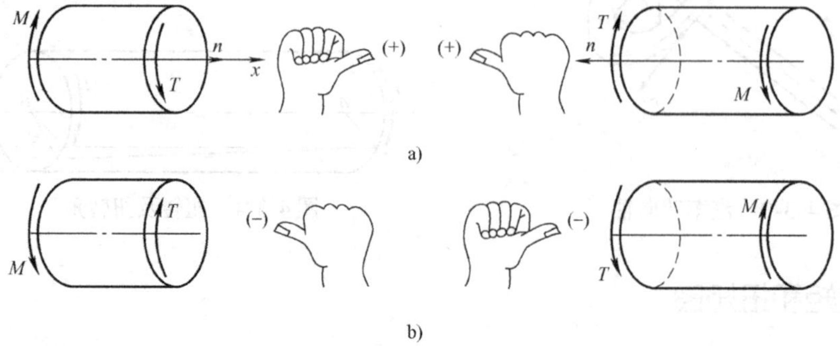

图 4-3-6　扭矩符号的确定

a）扭矩为正　b）扭矩为负

3. 扭矩图

当轴上作用有多个外力偶矩时，需以外力偶矩所在的截面将轴分成数段。逐段求出其扭矩。为了清楚地看出各截面上扭矩的变化情况，以便确定危险截面，通常把扭矩随截面位置的变化绘成图形，称为**扭矩图**。作图时，以横坐标 x 轴表示各横截面的位置，纵坐标用 T 表示对应横截面上的扭矩。下面举例说明。

例 4-3-1　传动轴如图 4-3-7a 所示。已知轴的转速 $n=200\text{r/min}$，主动轮 1 输入的功率 $P_1=20\text{kW}$，三个从动轮 2、3、4 输出的功率分别为 $P_2=5\text{kW}$、$P_3=5\text{kW}$、$P_4=10\text{kW}$，试绘制轴的扭矩图。

Ⅰ. 题目分析

此题需要绘制传动轴的扭矩图。首先根据转速和功率分别计算出外力偶矩，然后根据截面法分段求出对应截面上扭矩，最后即可绘制出扭矩图。

Ⅱ. 题目求解

解：(1) 计算外力偶矩。由式(4-3-1) 得

$$M_1=9550\frac{P_1}{n}=\left(9550\times\frac{20}{200}\right)\text{N}\cdot\text{m}=955\text{N}\cdot\text{m}$$

$$M_2=M_3=9550\frac{P_2}{n}=\left(9550\times\frac{5}{200}\right)\text{N}\cdot\text{m}=238.75\text{N}\cdot\text{m}$$

$$M_4=9550\frac{P_4}{n}=\left(9550\times\frac{10}{200}\right)\text{N}\cdot\text{m}=477.5\text{N}\cdot\text{m}$$

(2) 计算各截面上的扭矩。

① 沿截面 1-1 截开，取左段部分为研究对象，见图 4-3-7b，求轮 2 至轮 3 间横截面上的扭矩 T_1。

由　　$\sum m=0$，$T_1+M_2=0$

得　　$T_1=-M_2=-238.75\text{N}\cdot\text{m}$

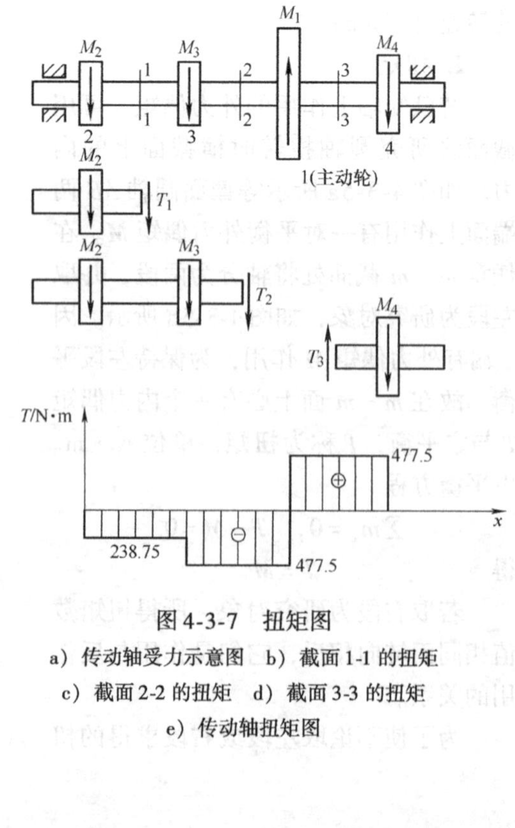

图 4-3-7　扭矩图

a）传动轴受力示意图　b）截面 1-1 的扭矩

c）截面 2-2 的扭矩　d）截面 3-3 的扭矩

e）传动轴扭矩图

② 沿截面2-2截开，取左段部分为研究对象，见图4-3-7c，求轮3至轮1间横截面上的扭矩 T_2。

由
$$\sum m=0,\ T_2+M_2+M_3=0$$
得
$$T_2=-M_2-M_3=-477.5\text{N}\cdot\text{m}$$

③ 沿截面3-3截开，取右段部分为研究对象，见图4-3-7d，求轮1至轮4间横截面上的扭矩 T_3。

由
$$\sum m=0,\quad T_3-M_4=0$$
得
$$T_3=M_4=477.5\text{N}\cdot\text{m}$$

(3) 画扭矩图。根据以上计算结果，按比例画出扭矩图，见图4-3-7e。

Ⅲ. 题目关键点解析

该题目的关键在于利用截面法绘制扭矩图。计算扭矩时，为了符号统一，采用设正法表示扭矩的符号，按照右手螺旋定则，一律设扭矩为正，计算结果中的正负号统一表示扭矩的转向。

根据扭矩图4-3-7e可以看出，在集中力偶作用面处，扭矩发生突变，其突变值等于作用在该截面的集中力偶矩的大小，因此，在作扭矩图时可根据这个特点，采用突变法绘制更简便。即以轴的左端为原点画起，在集中力偶作用的截面上，当集中力偶方向向上时，该截面扭矩向上突变。当集中力偶方向向下时，该截面扭矩向下突变；在无力偶作用的截面上，扭矩不发生变化。突变法原理除了绘制圆轴扭转时的扭矩图，也可用于绘制轴向拉杆的轴力图，和绘制扭矩图的原理相同。

三、圆轴扭转时的应力与变形

在讨论圆轴扭转应力和变形之前，先研究切应力与切应变两者的关系。

1. 切应力互等定理、剪切胡克定律

图4-3-8a表示等厚度薄壁圆筒承受扭转。受扭时在表面上用圆周线和纵向线画成方格。扭转试验结果表明，在小变形条件下，截面 $m-m$ 和 $n-n$ 发生相对转动，造成方格两边错动，如图4-3-8b所示，但方格沿轴线的长度及圆筒的半径长度均不变。这表明，圆筒横截面和包含轴线的纵向截面上都没有正应力，横截面上只有切应力。因圆筒很薄，可认为切应力沿厚度均匀分布，如图4-3-8c所示。

从薄壁圆筒中取单元体，即边长分别为 dx、dy、δ 的长方体，如图4-3-8d所示。左、右侧面上有切应力 τ 组成力偶矩为 $(\tau dy\cdot\delta)\cdot dx$ 的力偶。因单元体是平衡的，故上、下侧面上必定存在方向相反的切应力 τ'，组成力偶矩为 $(\tau' dx\cdot\delta)\cdot dy$ 的力偶与上述力偶相平衡。由
$$\sum M=0,\quad (\tau dy\cdot\delta)\cdot dx=(\tau' dx\cdot\delta)\cdot dy$$
得
$$\tau=\tau' \tag{4-3-3}$$

式(4-3-3)表明，**单元体互相垂直的两个平面上的切应力必然成对存在，且大小相等，方向都垂直指向或背离两平面的交线**。这一关系称为**切应力互等定理**。

在上述单元体的上下左右四个侧面上，只有切应力而无正应力，这种情况称为纯剪切。在切应力 τ 和 τ' 的作用下，单元体的直角要发生微小的改变。这个直角的改变量 γ 称为**切应变**。

试验表明，当切应力 τ 不超过材料的剪切比例极限 τ_p 时，切应力 τ 与切应变 γ 成正比。即
$$\tau=G\gamma \tag{4-3-4}$$

式(4-3-4) 称为**剪切胡克定律**。式中比例常数 G 称为材料的**切变模量**，常用单位是 GPa，其值随材料而异，由试验测定。例如，钢的切变模量 $G=75\sim80\text{GPa}$，铝与铝合金的切变模量 $G=26\sim30\text{GPa}$。材料的切变模量 G 与弹性模量 E、泊松比 μ 之间存在如下关系：

$$G=\frac{E}{2(1+\mu)} \tag{4-3-5}$$

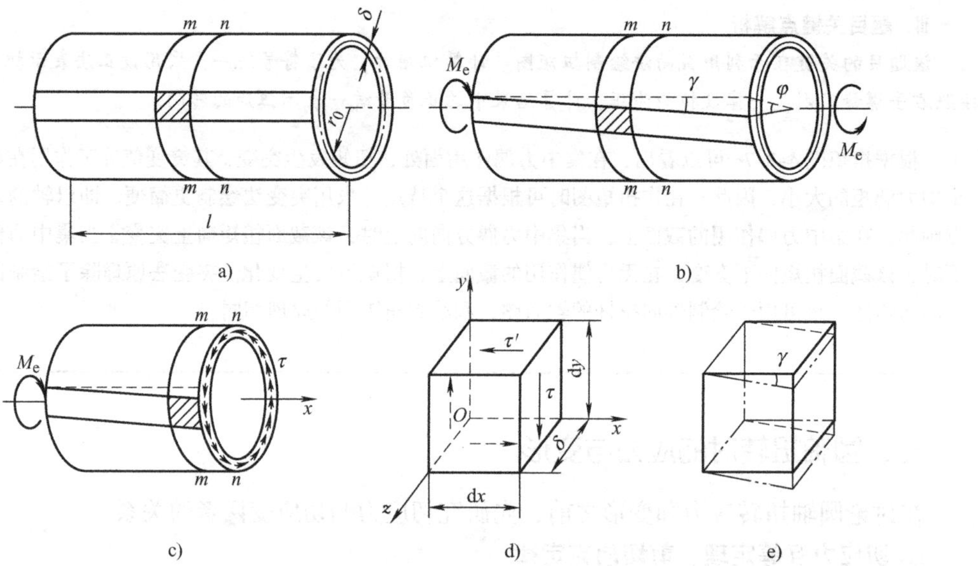

图 4-3-8　等厚度薄壁圆筒承受扭转

a）薄壁圆筒　b）薄壁圆筒的扭转　c）薄壁圆筒截面的应力　d）单元体的切应力互等定理　e）切应变

2. 圆轴扭转时横截面上的切应力

确定受扭构件的应力，仅仅利用静力学条件是无法解决的，而应从研究变形入手，并利用应力-应变关系以及静力学条件，即从变形几何关系、物理方程和静力学方程三方面进行综合分析。

（1）变形几何关系

通过试验可以观察到圆轴扭转时的变形。取一圆轴，加载前在其表面上画出圆周线及纵向平行线，如图 4-3-9a 所示。加载后可观察到如下变形现象，如图 4-3-9b 所示。

① 各纵向线都倾斜统一角度 γ。

② 各圆周线绕轴线转动，圆周线的形状、大小及任意两圆周线之间距不变。

根据上述现象，对轴内变形假设如下：变形后，横截面仍保持平面，其形状、大小与横截面间的距离均不改变，而且，半径仍为直线。概言之，圆轴扭转时，各横截面如同刚性片，仅绕轴线做相对旋转。此假设称为**圆轴扭转平面假设**。

圆轴扭转时，由于圆周线间距不变，不发生轴向的拉伸或压缩变形，故横截面上无正应力。处于表面的矩形变成了歪斜的平行四边形，γ 即为其切应变，表明在圆轴横截面上有切应力。

现在分析横截面上的切应力。为此，用两个垂直于轴线的平面从圆轴上截取一长为 dx 的微段，放大后如图 4-3-10 所示，则微段左、右两侧面的相对扭转角为 $d\varphi$。由几何关系可得

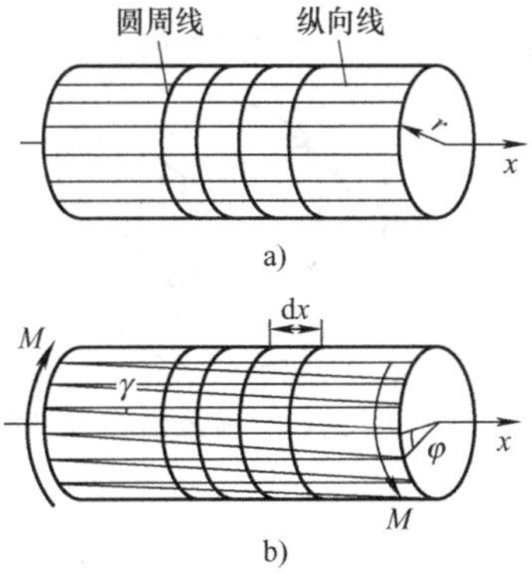

图 4-3-9 扭转变形现象

a）变形前 b）变形后

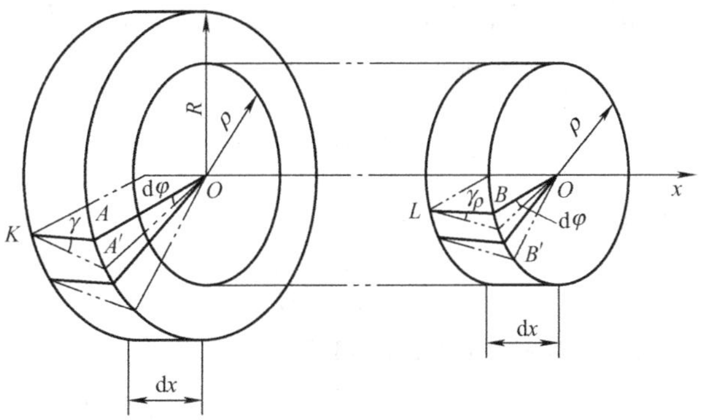

图 4-3-10 变形几何关系

$$AA' = R\mathrm{d}\varphi = \tan\gamma \mathrm{d}x \approx \gamma \mathrm{d}x$$

$$\gamma = R\frac{\mathrm{d}\varphi}{\mathrm{d}x}$$

同理，在任意半径 ρ 处，其切应变

$$\gamma_\rho = \rho\frac{\mathrm{d}\varphi}{\mathrm{d}x} \tag{4-3-6}$$

由于任意指定截面上$\frac{\mathrm{d}\varphi}{\mathrm{d}x}$为常量，故由式(4-3-6)可知：横截面上任一点的切应变 γ_ρ 与该点到轴心的距离成正比。有 $\rho=0$，$\gamma_\rho=0$；$\rho=R$，$\gamma_\rho=\gamma_{\max}=\gamma$。

（2）物理关系

根据剪切胡克定律 $\tau=G\gamma$，则有

$$\tau_\rho = G\gamma_\rho = G\rho\frac{\mathrm{d}\varphi}{\mathrm{d}x} \tag{4-3-7}$$

式(4-3-7)表明，横截面上任意点处的切应力 τ_ρ 与该点到圆心的距离 ρ 成正比，即 τ_ρ 沿半径呈线性变化。$\rho=0$，$\tau_\rho=0$；$\rho=R$，$\tau_\rho=\tau_{\max}$。又因为切应变 γ_ρ 发生在垂直于半径的平面内，所以横截面上各点切应力的方向垂直于半径且与扭矩的方向一致。实心圆轴与空心圆轴横截面上切应力分布如图 4-3-11 所示。

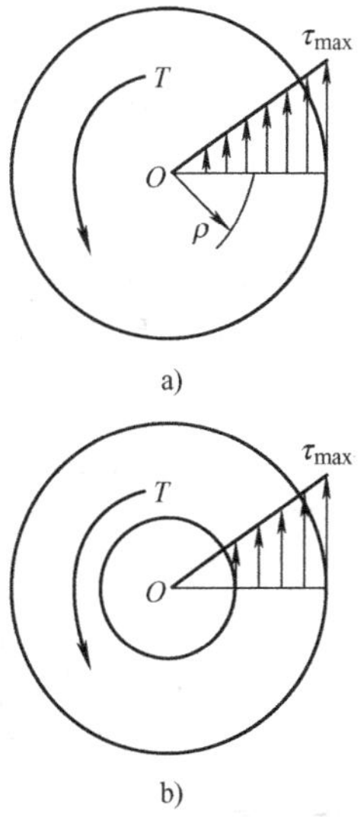

图 4-3-11 切应力分布示意图

a）实心圆截面切应力分布

b）空心圆截面切应力分布

（3）静力关系

如图 4-3-12 所示，在距圆心 ρ 处的微面积 $\mathrm{d}A$ 上，作用有微剪力 $\tau_\rho \mathrm{d}A$，它对圆心 O 的力矩为 $\rho\tau_\rho \mathrm{d}A$。在整个横截面上，所有微力矩之和等于该截面的扭矩，即

$$T = \int_A \rho\tau_\rho \mathrm{d}A$$

将式(4-3-7)代入上式，并注意到$\frac{\mathrm{d}\varphi}{\mathrm{d}x}$和 G 为常量，可得

$$T = \int_A \rho G\rho\frac{\mathrm{d}\varphi}{\mathrm{d}x}\mathrm{d}A = G\frac{\mathrm{d}\varphi}{\mathrm{d}x}\int_A \rho^2 \mathrm{d}A \tag{4-3-8}$$

式中，$\int_A \rho^2 \mathrm{d}A$ 仅与横截面的几何性质有关，称为横截面的**极惯性矩**，用 I_p 表示。即

$$I_p = \int_A \rho^2 \mathrm{d}A$$

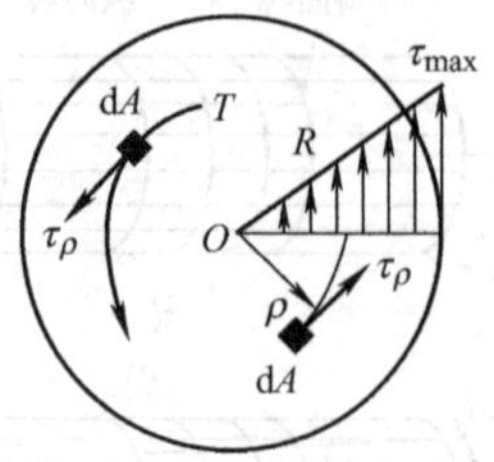

图 4-3-12　横截面静力关系

于是式(4-3-8) 可写为

$$\frac{\mathrm{d}\varphi}{\mathrm{d}x} = \frac{T}{GI_p} \qquad (4\text{-}3\text{-}9)$$

将式(4-3-9) 代入式(4-3-7)，得

$$\tau_\rho = \frac{T\rho}{I_p} \qquad (4\text{-}3\text{-}10)$$

式(4-3-10) 为求横截面上距离圆心为 ρ 处的切应力的一般公式。式中，T 为扭矩，单位为 N·m；I_p 为横截面的极惯性矩，单位为 m^4；ρ 为从欲求切应力的点到横截面的距离；τ_ρ 为横截面内距离圆心为 ρ 点的切应力。

对于轴上一指定圆截面，当 $\rho = R$ 时，切应力最大，即圆轴横截面上边缘点的切应力最大，其值为

$$\tau_{max} = \frac{TR}{I_p}$$

令 $W_p = \frac{I_p}{R}$，则上式变为

$$\tau_{max} = \frac{T}{W_p} \qquad (4\text{-}3\text{-}11)$$

式中，W_p 为**抗扭截面系数**，单位为 m^3。

应当注意：

1）应力计算公式只适用于圆轴扭转，且 τ_{max} 不超过材料的比例极限的情况。

2）扭转切应力的分布不同于一般剪切切应力，前者组成一个力偶，后者则组成一个力。前两种情况下的切应力计算公式完全不同。

四、极惯性矩和抗扭截面系数

1. 实心圆截面

对于直径为 D 的实心圆截面，取一距离圆心为 ρ、厚度为 $\mathrm{d}\rho$ 的圆环作为微面积 $\mathrm{d}A$，如图 4-3-13a 所示，则

$$\mathrm{d}A = 2\pi\rho \mathrm{d}\rho$$

于是

$$I_p = \int_A \rho^2 \mathrm{d}A = 2\pi \int_0^{\frac{D}{2}} \rho^3 \mathrm{d}\rho = \frac{\pi D^4}{32}$$

所以

$$W_p = \frac{I_p}{R} = \frac{I_p}{\frac{D}{2}} = \frac{\pi D^3}{16}$$

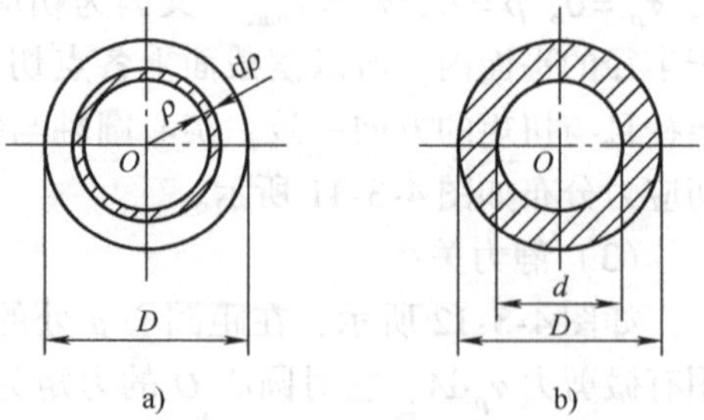

图 4-3-13　极惯性矩的计算

a）实心圆截面　b）空心圆截面

2. 空心圆截面

对于内径为 d、外径为 D 的空心圆截面，如图 4-3-13b 所示，其极惯性矩可以采用与实心圆截面相同的方法求出

$$I_p = \int_A \rho^2 dA = \int_{\frac{d}{2}}^{\frac{D}{2}} 2\pi\rho^3 d\rho = \frac{\pi}{32}(D^4 - d^4)$$

即

$$I_p = \frac{\pi D^4}{32}(1 - \alpha^4)$$

抗扭截面系数为

$$W_p = \frac{I_p}{\frac{D}{2}} = \frac{\pi D^3}{16}(1 - \alpha^4)$$

式中，$\alpha = d/D$，为内径与外径的比值。

例 4-3-2 图 4-3-14 所示，一直径 $D = 80\text{mm}$ 的圆轴，横截面上的扭矩 $T = 20.1\text{kN} \cdot \text{m}$。试求图中 $\rho = 30\text{mm}$ 的 a 点切应力的大小、方向及该截面上的最大切应力。

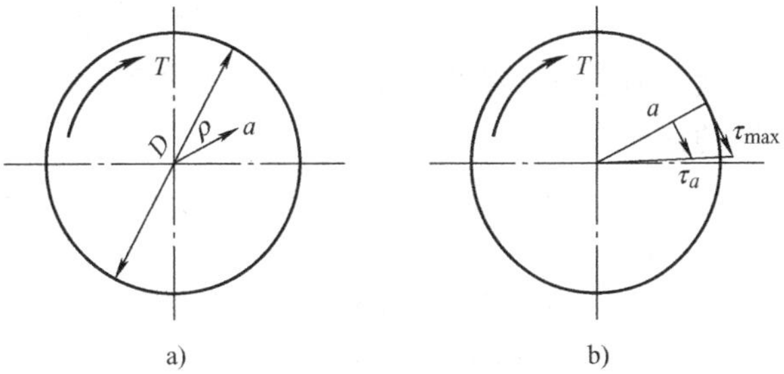

图 4-3-14 扭转应力的计算

a）截面扭矩情况 b）截面应力分布规律

Ⅰ. 题目分析

此题主要考察对圆轴扭转切应力公式的应用。首先利用直径可计算出极惯性矩和抗扭截面系数。已知扭矩大小，分别运用式(4-3-10)和式(4-3-11) 即可计算处横截面任意一点切应力以及最大切应力的大小。实心圆轴横截面上的切应力沿半径方向线性分布，在最外圆周上切应力最大，在截面圆心的切应力为零。且有横截面上各点切应力的方向垂直于半径且与扭矩的方向一致。

Ⅱ. 题目求解

解：(1) 极惯性矩

$$I_p = \frac{\pi D^4}{32} = \frac{\pi \times 80^4}{32}\text{mm}^4 = 4.02 \times 10^6 \text{mm}^4$$

(2) a 点应力

$$\tau_a = \frac{T_\rho}{I_p} = \frac{20.1 \times 10^6 \times 30}{4.02 \times 10^6}\text{MPa} = 150\text{MPa}$$

其方向如图 4-3-14b 所示。

(3) 最大切应力 τ_{max}。最大切应力 τ_{max} 发生在 $\rho = \frac{D}{2} = 40\text{mm}$ 处，为

$$\tau_{max} = \frac{T(D/2)}{I_p} = \frac{20.1 \times 10^6 \times 40}{4.02 \times 10^6}\text{MPa} = 200\text{MPa}$$

最大切应力发生在横截面内的圆周上所有点，方向均与圆周相切，指向与 T 方向一致。

Ⅲ. 题目关键点解析

该题目的关键在于能准确用对应公式求极惯性矩、抗扭截面系数，进而代入式(4-3-10) 求各点切应力。最大切应力的求解可以采用式(4-3-10)，此时 $\rho = D/2$，也可以直接用式(4-3-11)。

五、圆轴扭转时的强度和刚度计算

1. 圆轴扭转时的强度计算

圆轴扭转时，为了分析最大切应力，要综合考虑轴上的最大扭矩和有关的截面性质，确

定危险截面。整个圆轴的最大切应力发生在危险截面的外边缘各点处，这些点称为危险点。危险点的最大切应力为

$$\tau_{max}=\frac{T_{max}}{W_p}$$

显然，为了保证圆轴工作时不致因强度不够而破坏，最大扭转切应力 τ_{max} 不得超过材料的扭转许用切应力［τ］，即要求

$$\tau_{max}=\left(\frac{T}{W_p}\right)_{max}\leqslant[\tau] \tag{4-3-12}$$

此即**圆轴扭转强度条件**。对于等截面圆轴，则要求

$$\tau_{max}=\frac{T_{max}}{W_p}\leqslant[\tau] \tag{4-3-13}$$

运用圆轴扭转强度条件，可以进行强度校核、设计截面面积和确定许可载荷等三类强度问题的计算分析。

例 4-3-3　阶梯轴如图 4-3-15 所示，$M_1=5\text{kN}\cdot\text{m}$，$M_2=3.2\text{kN}\cdot\text{m}$，$M_3=1.8\text{kN}\cdot\text{m}$，材料的许用切应力［$\tau$］$=60\text{MPa}$。试校核该轴的强度。

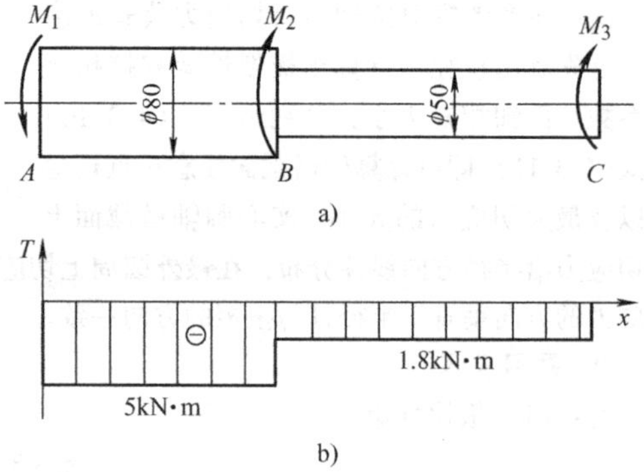

图 4-3-15　阶梯轴

a）阶梯轴受力示意图　b）阶梯轴扭矩图

Ⅰ．题目分析

此题要求校核阶梯轴的强度。首先需要绘制扭矩图，找到危险截面，求出危险截面上最大切应力，然后校核轴的强度。对于这种截面直径变化的阶梯轴，如果无法直接通过扭矩图判断危险截面所在的位置，需要分段进行强度校核，即把每一段轴都进行强度校核，然后判断总的阶梯轴是否安全。

Ⅱ．题目求解

解：（1）作扭矩图。利用截面法作出扭矩图，得

$$T_{AB}=-5\text{kN}\cdot\text{m},\quad T_{BC}=-1.8\text{kN}\cdot\text{m}$$

（2）校核轴的强度。因两段的扭矩、直径各不相同，需分别校核。

AB 段：$\tau_{max}=\dfrac{|T_{AB}|}{W_{pAB}}=\dfrac{16\times5\times10^6}{\pi\times80^3}\text{MPa}=49.7\text{MPa}<[\tau]$

故 AB 段的强度是安全的。

BC 段：$\tau_{max}=\dfrac{T_{BC}}{W_{pBC}}=\dfrac{16\times1.8\times10^6}{\pi\times50^3}\text{MPa}=73.4\text{MPa}>[\tau]$

故 BC 段的强度不够。

综上所述，阶梯轴的强度不够。

应指出，在求 τ_{max} 时，T 取绝对值，其正负号（转向）对强度计算无影响。

Ⅲ．题目关键点解析

该题目的关键在于需要分两段进行强度校核，只有这两段轴的强度均满足要求时，阶梯轴的强度才是满足需要的。

例 4-3-4　某传动轴，轴内的最大扭矩 $T=1.5\text{kN}\cdot\text{m}$，若许用切应力 $[\tau]=50\text{MPa}$，试按下列方案确定轴的横截面尺寸，并比较其重量。

（1）实心圆截面轴；

（2）空心圆截面轴，其内、外径的比值 $d_i/d_o=0.9$。

Ⅰ. 题目分析

本题通过理论分析说明了工程上的一些机械装置采用空心传动轴的优点。根据题目中已知条件，通过强度条件设计截面尺寸，进而比较不同截面情况下传动轴的重量。题目默认空心圆轴和实心圆轴的密度和长度均相等，所以重量的比即为二者圆截面面积的比。

Ⅱ. 题目求解

解：（1）由强度条件确定实心圆轴的直径。

因

$$\tau_{max}=\frac{T_{max}}{W_p}\leqslant[\tau],\quad W_p=\frac{\pi d^3}{16}$$

故

$$d\geqslant\sqrt[3]{\frac{16T}{\pi[\tau]}}=\sqrt[3]{\frac{16(1.5\times10^6)}{\pi\times50}}\text{mm}=54\text{mm}$$

（2）由强度条件确定空心圆轴的内、外径。

因

$$\tau_{max}=\frac{T_{max}}{W_p}\leqslant[\tau],\quad W_p=\frac{\pi d_o^3}{16}(1-\alpha^4)$$

$$d_o\geqslant\sqrt[3]{\frac{16T}{\pi(1-a^4)[\tau]}}=\sqrt[3]{\frac{16(1.5\times10^6)}{\pi(1-a^4)\times50}}\text{mm}=76.3\text{mm}$$

而其内径则相应为

$$d_i=0.9d_o=0.9\times76.3\text{mm}=68.7\text{mm}$$

（3）重量比较。上述空心与实心圆轴的长度与材料均相同，所以，二者的比重 β 等于其横截面面积之比，即

$$\beta=\frac{A_{空}}{A_{实}}=\frac{d_o^2-d_i^2}{d^2}=\frac{76.3^2-68.7^2}{54^2}=0.411$$

由计算结果可知，采用空心轴比实心轴节省材料。原因在于：横截面上的切应力沿半径按线性规律分布，圆心附近的应力很小，材料没有充分发挥承载能力。若把轴心附近的材料向边缘移置，使其成为空心轴，就会增大 I_p 和 W_p，提高轴的强度和刚度。值得一提的是，尽管在相同强度条件下，空心轴更加节省材料，但是通过比较实心轴和空心轴的外径可以发现，相比于实心轴，空心轴更加占用空间。而且随着内、外径比值的增大，空心圆轴所占用空间越大。所以在机械设计轴尺寸时，在满足轴强度要求的前提下，要综合考量空间和轻量化的设计要求。

Ⅲ. 题目关键点解析

按照强度条件选择圆轴的直径是扭转强度条件的重要应用。该题目的关键点在于正确运用圆轴扭转的强度条件设计截面尺寸。此外，还需要注意计算过程中的单位换算。

2. 圆轴扭转时的刚度计算

（1）圆轴扭转时的变形

圆轴扭转时的变形可用两个横截面间的扭转角 φ 来度量，相距 $\mathrm{d}x$ 的两个横截面间的相对扭转角为

$$\mathrm{d}\varphi=\frac{T}{GI_p}\mathrm{d}x$$

对于长为 l 的等截面圆轴，若 T、G 不变，可得两横截面间的扭转角为

$$\varphi = \int_l \mathrm{d}\varphi = \int_0^l \frac{T}{GI_p}\mathrm{d}x = \frac{Tl}{GI_p} \tag{4-3-14}$$

式(4-3-14) 表明，扭转角 φ 与扭矩 T、轴长 l 成正比，与 GI_p 成反比。GI_p 称为截面**抗扭刚度**，反映截面抵抗扭转变形的能力。

(2) 圆轴扭转时的刚度计算

对于承受扭转的圆轴，除了强度要求外，还要求有足够的刚度，即要求轴在弹性范围内的扭转变形不超过一定的限度。如果轴的刚度不足，则会影响机器的加工精度或引起扭转振动。故为保证受扭圆轴具有足够的刚度，通常规定，最大单位长度扭转角不超过规定的许用值 $[\theta]$，即 $\theta_{max} \leqslant [\theta]$。

对于等截面圆轴，则有

$$\theta_{max} = \frac{T_{max}}{GI_p} \leqslant [\theta]$$

式中，单位长度扭转角 θ 和单位长度许用扭转角 $[\theta]$ 的单位为 rad/m。

工程上，单位长度许用扭转角 $[\theta]$ 的单位为 (°)/m，考虑单位换算，则得

$$\theta_{max} = \frac{T_{max}}{GI_p} \times \frac{180°}{\pi} \leqslant [\theta] \tag{4-3-15}$$

不同类型轴的 $[\theta]$ 值可从有关工程手册中查得。

例 4-3-5 传动轴及其所受外力偶如图 4-3-16a 所示，直径 $D = 40$mm，AB 段的长度为 800mm，BC 段的长度为 1000mm。材料的切变模量 $G = 80$GPa。试计算该轴的总扭转角 φ_{AC}。

Ⅰ. 题目分析

本题需求计算该轴的总扭转角 φ_{AC}。根据扭转角的计算公式(4-3-14)，首先需要确定圆轴各段的扭矩，画出扭矩图（图 4-3-16b）。然后分 AB、BC 两段计算其扭转角，将两段的扭矩角进行代数值叠加，即可求出传动轴的总扭转角 φ_{AC}。

Ⅱ. 题目求解

解：(1) 画轴的扭矩图，如图 4-3-16b 所示。由图可知

$$T_{AB} = 1200\text{N}\cdot\text{m},\quad T_{BC} = -800\text{N}\cdot\text{m}$$

(2) 圆轴截面的极惯性矩为

$$I_p = \frac{\pi D^4}{32} = \frac{\pi \times 40^4}{32}\text{mm}^4 = 0.25\times10^6\text{mm}^4$$

(3) 总扭转角 φ_{AC}。AB 段和 BC 段的扭转角分别为

$$\varphi_{AB} = \frac{T_{AB}l_{AB}}{GI_p} = \frac{1200\times10^3\times800}{80\times10^3\times0.25\times10^6}\text{rad} = 0.048\text{rad}$$

$$\varphi_{BC} = \frac{T_{BC}l_{BC}}{GI_p} = \frac{-800\times10^3\times1000}{80\times10^3\times0.25\times10^6}\text{rad} = -0.04\text{rad}$$

由此得轴的总扭转角为

$$\varphi_{AC} = \varphi_{AB} + \varphi_{BC} = (0.048 - 0.04)\text{rad} = 0.008\text{rad}$$

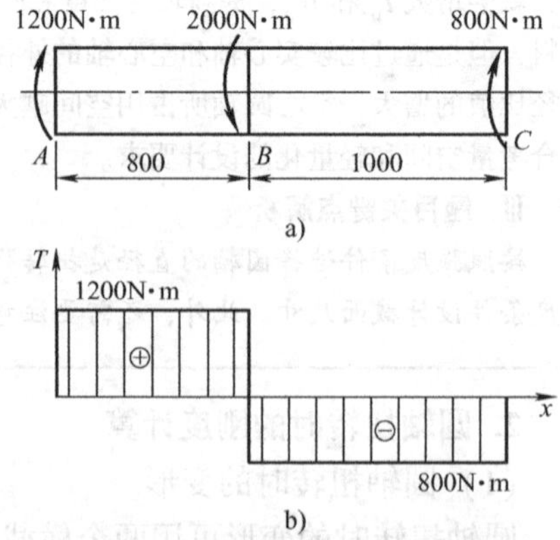

图 4-3-16 扭转角的计算

a) 圆阶梯轴受力示意图 b) 圆轴的扭矩图

Ⅲ. 题目关键点解析

计算扭矩、绘制扭矩图是本任务中解题的首要步骤。本题中根据扭矩图可以将传动轴分为两段，AB 段的扭矩为正和 BC 段的扭矩为负，两段的扭转变形相反，所以在计算各段扭转角时要考虑扭矩的正负，最

后 AC 轴的总扭转角等于各段扭转角的代数和。

例 4-3-6　等截面实心圆轴，如图 4-3-17 所示，所受的外力偶矩 $M_A=2.5\text{kN}\cdot\text{m}$，$M_B=1.8\text{kN}\cdot\text{m}$，$M_C=0.7\text{kN}\cdot\text{m}$，轴材料的许用切应力 $[\tau]=60\text{MPa}$，切变模量 $G=80\text{GPa}$，轴的单位长度许用扭转角 $[\theta]=1\ (°)/\text{m}$，试确定该轴的直径 d。

Ⅰ. 题目分析

本题需根据扭转强度和刚度条件设计轴的直径。首先需画出轴的扭矩图，确定危险截面，即 $|T_{max}|$ 所在截面。然后运用强度条件［式(4-3-13)］和刚度条件［式(4-3-15)］，分别求出轴的直径，为同时满足强度和刚度的要求，取其绝对值最大者，即可以得到实心圆轴的截面尺寸。

Ⅱ. 题目求解

解：(1) 作扭矩图。利用截面法作出扭矩图，得

$$T_{max}=1.8\text{kN}\cdot\text{m}$$

(2) 由强度条件确定实心圆轴的直径 d。

因
$$\tau_{max}=\frac{T_{max}}{W_p}\leqslant[\tau],\quad W=\frac{\pi d^3}{16}$$

故
$$d\geqslant\sqrt[3]{\frac{16T}{\pi[\tau]}}=\sqrt[3]{\frac{16(1.8\times10^6)}{\pi\times60}}\text{mm}=53.5\text{mm}$$

(3) 由刚度条件确定实心圆轴的直径 d。

因
$$\theta_{max}=\frac{T_{max}}{GI_p}\times\frac{180°}{\pi}\leqslant[\theta],\quad I_p=\frac{\pi d^4}{32}$$

故
$$d\geqslant\sqrt[4]{\frac{32\times180°\times T_{max}}{\pi^2\times G\times[\theta]}}=\sqrt[4]{\frac{32\times180°\times1.8\times10^6}{\pi^2\times80\times10^3\times1\times10^3}}\text{mm}=60.2\text{mm}$$

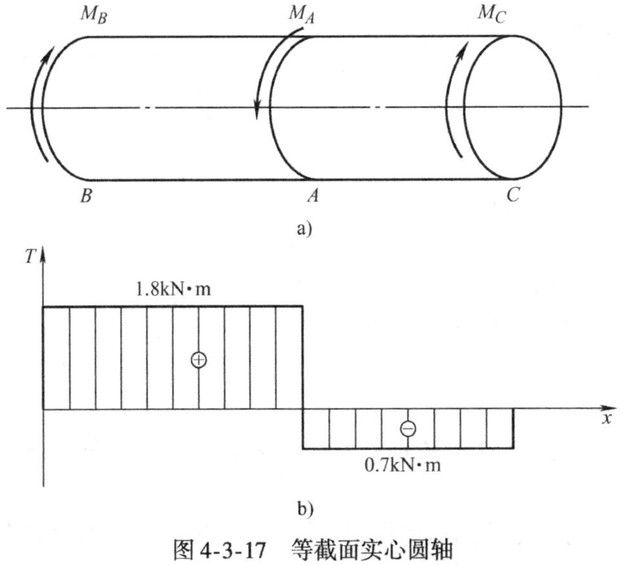

图 4-3-17　等截面实心圆轴

a) 实心圆轴　b) 扭矩图

所以，为使实心圆轴同时满足强度和刚度条件，取 $d=60.2\text{mm}$，可见该轴是由刚度条件所控制的。大多数机床为保证工件的加工精度，用刚度条件作为轴的控制因素是比较合理的。

Ⅲ. 题目关键点解析

本题的关键是能正确运用圆轴扭转的强度条件和刚度条件设计截面尺寸。在运用刚度条件时，一定要注意题中给出的轴的单位长度许用扭转角的单位。如果单位是（°）/m，则采用的刚度公式为 $\theta_{max}=\frac{T_{max}}{GI_p}\times\frac{180°}{\pi}$；如果单位是 rad/m，则刚度公式为 $\theta_{max}=\frac{T_{max}}{GI_p}$。

六、提高圆轴扭转强度和刚度的措施

对圆轴扭转时的强度和刚度条件进行分析，在设计受扭杆件时，欲使 τ_{max} 和 θ_{max} 减小，可以从降低 T_{max}，增大 I_p、W_p、G 等方面考虑。

1）由 $M=9550\frac{P}{n}$ 可知，在轴传递功率不变的情况下，提高轴的转速 n 可减小外力偶矩 M，从而使 T_{max} 降低。

2）合理布置主动轮与从动轮的位置，也可使 T_{max} 降低。如图 4-3-18 所示，其中 A 轮为主动轮，B、C 为从动轮。轮的布置方案有两种，所得的最大扭矩不同：方案 a 中，$T_{max}=300\text{N}\cdot\text{m}$；方案 b 中，$T_{max}=500\text{N}\cdot\text{m}$。两种方案使轴产生的扭转角也不同：方案 b 中，轴产生的相对扭转角的绝对值要大。因此，就轴的强度和刚度而言，方案 a 是合理的。

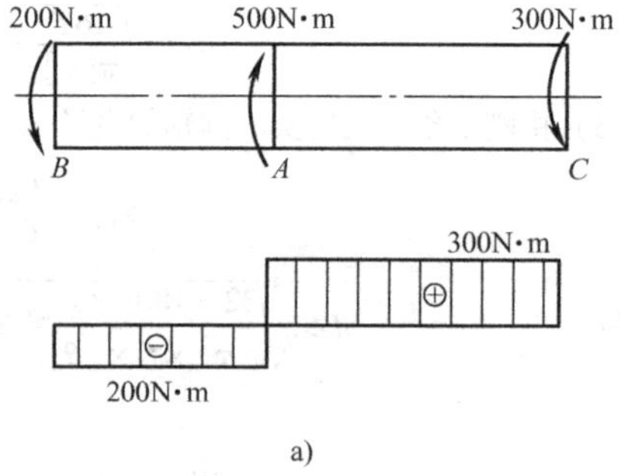

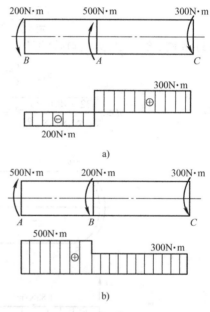

图 4-3-18　传动轴的扭矩图

a）方案 a　b）方案 b

3）合理选择截面形状，增大 I_p 和 W_p 的数值。空心圆轴截面比实心圆轴截面优越，是因为圆轴扭转时横截面上切应力呈三角形分布，圆心附近的材料远不能发挥作用。因此，仅从提高强度和刚度的角度而言，当截面积一定时，管壁越薄，直径将越大，截面上各点的应力越接近于相等，强度和刚度将大大提高。当然，管壁也不易太薄，以免杆件受扭时出现皱折（即扭转时丧失稳定性的现象）而破坏。

4）合理选择材料。就扭转刚度而言，不宜采用提高 G 值的办法。因为各种钢材的 G 值相差不大，用优质合金钢经济上不合算，而且效果甚微。

需要说明，工程中有时是非圆截面杆的扭转问题。实验和弹性理论分析表明，非圆截面杆扭转时的变形和应力分布，与圆截面扭转大不相同。其特点是：扭转后横截面不再保持平面，而将发生翘曲，变为曲面；横截面上的切应力不再与各点至形心的距离 ρ 成正比。因此，以平面假设为前提导出的圆轴扭转应力和变形公式，对于非圆截面杆不再适用。至于这类问题的应力和变形分析，可参考有关资料，这里不做介绍。

任务实施

试按强度条件和刚度条件设计如图 4-3-1 所示任务描述中传动轴的直径。

Ⅰ. 题目分析

本题要求根据强度和刚度条件确定圆轴的直径。首先需要根据转速和功率求出外力偶矩，绘制扭矩图，得到危险截面上的扭矩，然后根据强度条件和刚度条件分别求出轴的直径，为同时满足强度和刚度的要求，取其绝对值最大者，即可以得到实心圆轴的直径。

Ⅱ. 题目求解

解：(1) 求外力偶矩。由 $M=9550\dfrac{P}{n}$可得

$$M_A=9550\frac{P_A}{n}=9550\times\frac{5}{300}\text{N}\cdot\text{m}=159.2\text{N}\cdot\text{m}$$

$$M_B=9550\frac{P_B}{n}=9550\times\frac{10}{300}\text{N}\cdot\text{m}=318.3\text{N}\cdot\text{m}$$

$$M_C=9550\frac{P_C}{n}=9550\times\frac{30}{300}\text{N}\cdot\text{m}=955\text{N}\cdot\text{m}$$

$$M_D=9550\frac{P_D}{n}=9550\times\frac{15}{300}\text{N}\cdot\text{m}=477.5\text{N}\cdot\text{m}$$

(2) 画扭矩图，计算各段扭矩。

AB 段：$T_{AB}=-M_A=-159.2\text{N}\cdot\text{m}$

BC 段：$T_{BC}=-M_A-M_B=-477.5\text{N}\cdot\text{m}$

CD 段：$T_{CD}=M_D=477.5\text{N}\cdot\text{m}$

按求得的扭矩值画出扭矩图（图 4-3-19），由图可知最大扭矩发生在 BC 段和 CD 段，即

$$T_{\max}=477.5\text{N}\cdot\text{m}$$

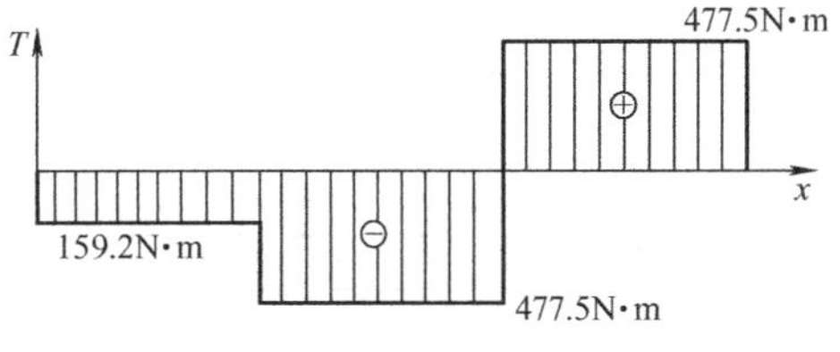

图 4-3-19 扭矩图

(3) 按强度条件设计轴的直径 d。由式 $W_p=\dfrac{\pi d^3}{16}$和强度条件 $\tau_{\max}=\dfrac{T_{\max}}{W_p}\leqslant[\tau]$，得

$$d\geqslant\sqrt[3]{\frac{16T_{\max}}{\pi[\tau]}}=\sqrt[3]{\frac{16\times477.5\times10^3}{\pi\times40}}\text{mm}=39.3\text{mm}$$

(4) 按刚度条件设计轴的直径。由式 $I_p=\dfrac{\pi d^4}{32}$和刚度条件 $\theta_{\max}=\dfrac{T_{\max}}{GI_p}\times\dfrac{180°}{\pi}\leqslant[\theta]$，得

$$d\geqslant\sqrt[4]{\frac{32\times180\times T_{\max}}{\pi^2\times G\times[\theta]}}=\sqrt[4]{\frac{32\times180\times477.5\times10^3}{\pi^2\times80\times10^3\times10^{-3}}}\text{mm}=43.2\text{mm}$$

为使轴同时满足强度条件和刚度条件，可选取较大的值，即 $d=44\text{mm}$。

Ⅲ. 题目关键点解析

本题具有较强的综合性，是对圆轴扭转基本变形知识点的一个综合应用。读者在做这类

题时需要根据求“外力→内力→应力→变形→强度和刚度条件”的步骤逐步分析求解。这也是求解各类基本变形问题的一般求解顺序。

思考与练习

1. 何谓扭转？扭矩的正负号是如何规定的？如何计算扭矩与绘制扭矩图？

2. 减速箱中高速轴直径大还是低速轴直径大？为什么？

3. 若两轴上的外力偶矩及各段轴长相等，而截面尺寸不同，其扭矩图相同吗？

4. 圆轴扭转切应力公式是如何建立的？该公式的应用条件是什么？

5. 直径和长度均相同而材料不同的两根轴，在相同扭矩作用下，它们的最大切应力和扭转角是否相同？

6. 从力学角度分析，在同等条件下，为什么空心圆轴比实心圆轴较合理？

7. 试画出图 4-3-20 中各轴的扭矩图，并指出最大扭矩。

8. 如图 4-3-21 所示的传动轴，转速 $n=300\text{r/min}$，轮 1 为主动轮，输入功率 $P_1=50\text{kW}$，轮 2、3、4 均为从动轮，输出功率分别为 $P_2=10\text{kW}$，$P_3=P_4=20\text{kW}$：

（1）试绘出轴的扭矩图；

（2）如果将轮 1 和轮 3 的位置对调，试分析对轴的受力是否有利。

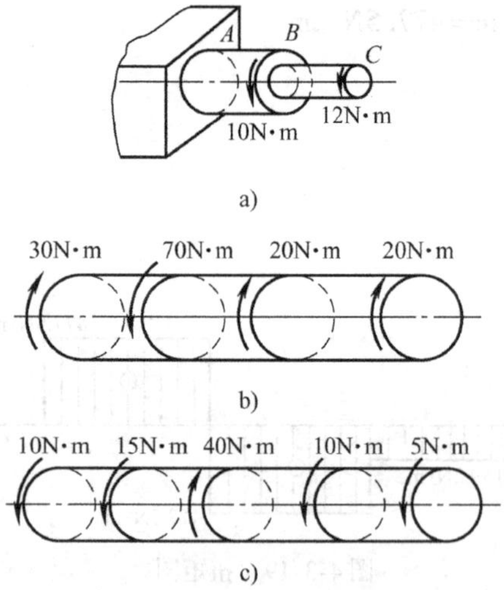

图 4-3-20　题 7 图

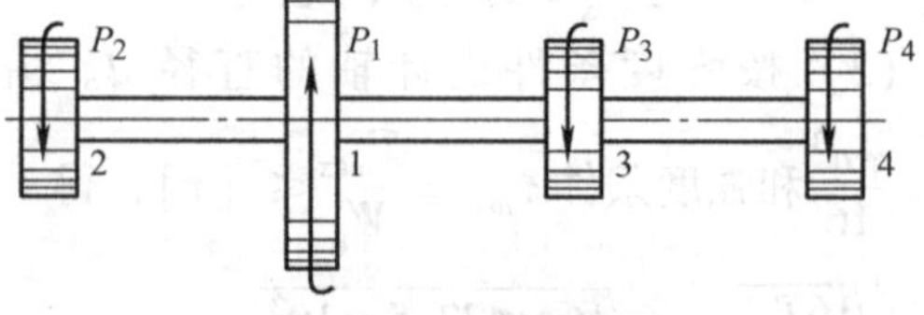

图 4-3-21　题 8 图

9. 某受扭圆管，外经 $D=44\text{mm}$，内径 $d=40\text{mm}$，横截面上的扭矩 $T=750\text{N}\cdot\text{m}$，试计算圆管横截面上的最大切应力。

10. 如图 4-3-22 所示圆截面轴，直径 $d=50\text{mm}$，扭矩 $T=1\text{kN}\cdot\text{m}$，试计算 A 点处（$\rho_A=20\text{mm}$）的扭转切应力 τ_A，以及横截面上的最大扭转切应力 $\tau_{\max}$ 与最小切应力 $\tau_{\min}$。

11. 如图 4-3-23 所示传动轴，直径 $d=80\text{mm}$，其上作用着外力偶矩 $M_1=1000\text{N}\cdot\text{m}$，$M_2=600\text{N}\cdot\text{m}$，$M_3=200\text{N}\cdot\text{m}$ 和 $M_4=200\text{N}\cdot\text{m}$，试：

（1）计算各段内的最大切应力；

（2）如材料的切变模量 $G=79\text{GPa}$，求轴的总扭转角。

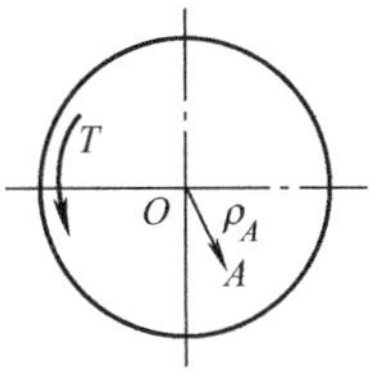

图 4-3-22　题 10 图

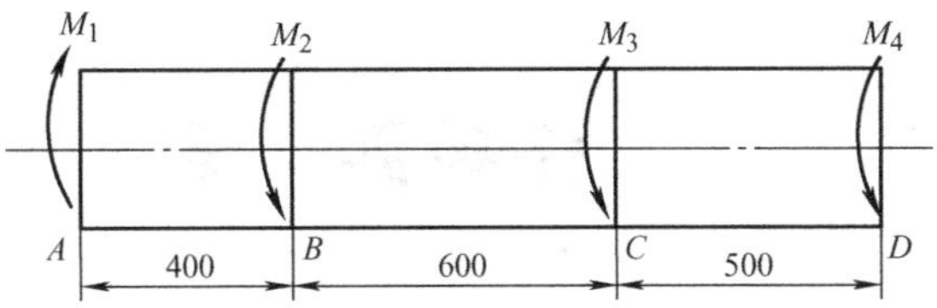

图 4-3-23　题 11 图

12. 阶梯轴如图 4-3-24 所示，直径 $d_1=40\text{mm}$，$d_2=70\text{mm}$。轴上装有三个带轮，由轮 3 输入功率 $P_3=30\text{kW}$，轮 1 输出功率 $P_1=13\text{kW}$。轴的转速 $n=200\text{r/min}$，材料的许用切应力 $[\tau]=60\text{MPa}$，许用扭转角 $[\theta]=2(°)/\text{m}$，切变模量 $G=80\text{GPa}$，试校核轴的强度和刚度。

13. 传动轴如图 4-3-25 所示，已知主动轮 A 输入的功率 $P_A=120\text{kW}$；从动轮 B、C、D 输出的功率分别为 $P_B=60\text{kW}$，$P_C=40\text{kW}$，$P_D=20\text{kW}$。轴的转速 $n=600\text{r/min}$，轴材料的切变模量 $G=80\text{GPa}$，许用切应力 $[\tau]=45\text{MPa}$，单位长度的许用扭转角 $[\theta]=0.8(°)/\text{m}$，试按强度条件及刚度条件确定此轴直径。

14. 船用推进轴如图 4-3-26 所示，一端是实心的，其直径 $d_1=28\text{cm}$；另一端是空心轴，其内径 $d=14.8\text{cm}$，外径 $D=29.6\text{cm}$。若 $[\tau]=50\text{MPa}$，试求此轴允许传递的外力偶矩。

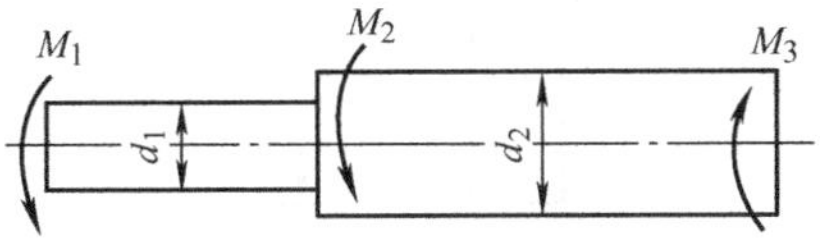

图 4-3-24　题 12 图

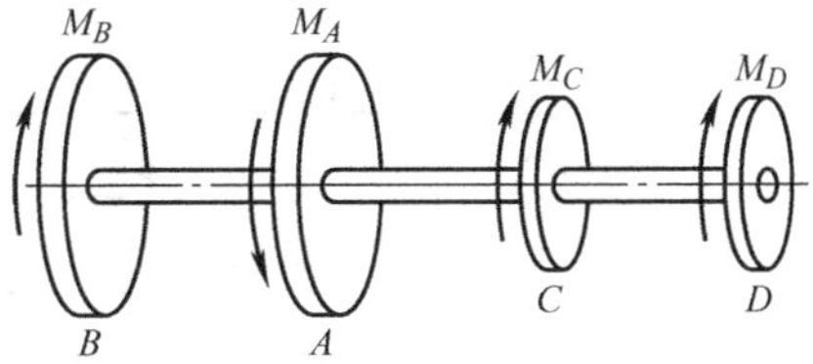

图 4-3-25　题 13 图

15. 齿轮变速箱第Ⅱ轴如图 4-3-27 所示，轴所传递的功率 $P=5.5\text{kW}$，转速 $n=200\text{r/min}$，$[\tau]=40\text{MPa}$，试按强度条件初步设计轴的直径。

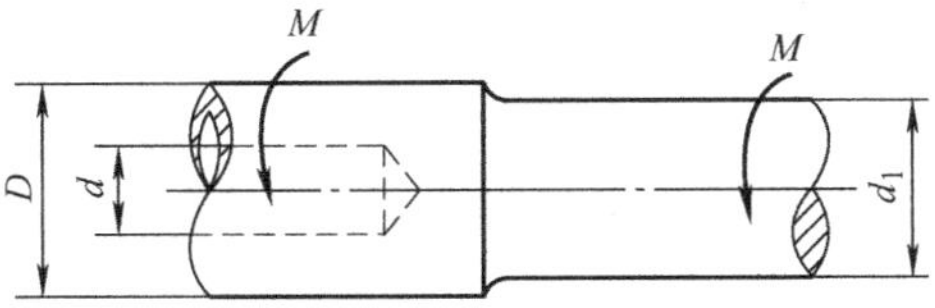

图 4-3-26　题 14 图

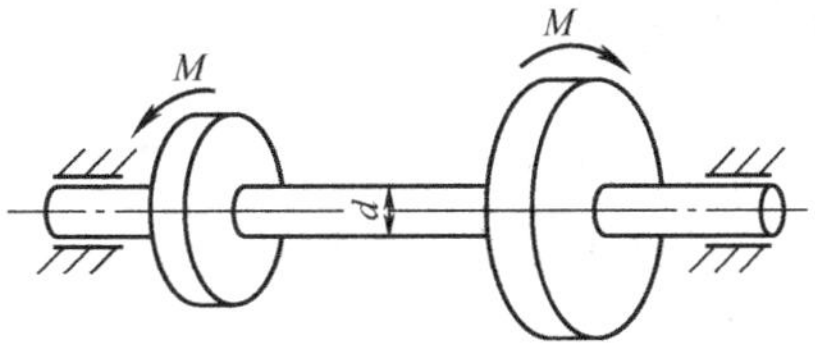

图 4-3-27　题 15 图

16. 如图 4-3-28 所示，传动轴的直径 $d=40\text{mm}$，A 轮输出功率 $2P/3$，C 轮输出功率 $P/3$，$[\tau]=60\text{MPa}$，单位长度许用扭转角 $[\theta]=0.5(°)/\text{m}$，电动机的转速 $n=1450\text{r/min}$，电动机的功率 $P=12\text{kW}$，带轮传动比 $i=3$。试校核轴的强度和刚度。

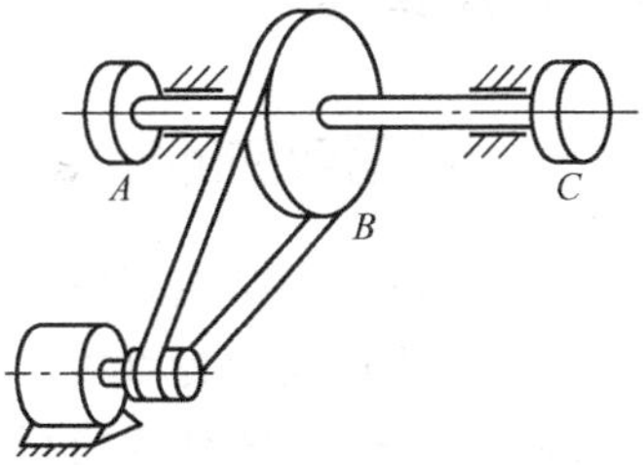

图 4-3-28　题 16 图

任务四　弯　　曲

任务描述

T 形截面外伸梁尺寸及受载如图 4-4-1a 所示，截面对形心轴 z 的惯性矩 $I_z = 86.8\text{cm}^4$，$y_1 = 3.8\text{cm}$，材料的许用拉应力 $[\sigma_+] = 30\text{MPa}$，许用压应力 $[\sigma_-] = 60\text{MPa}$。试校核该梁的强度。

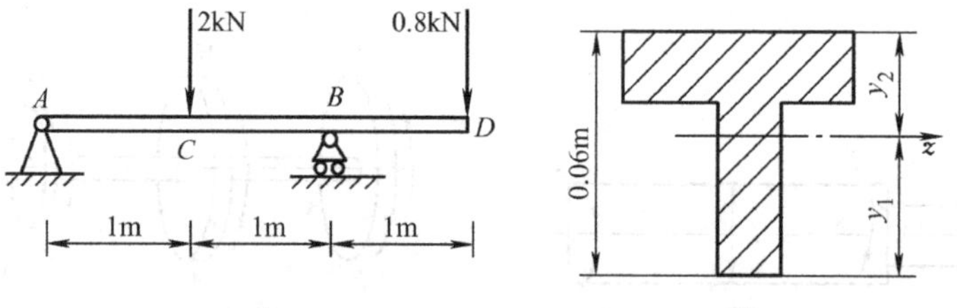

图 4-4-1　T 形截面外伸梁工作示意图
a）梁载荷简图　b）梁截面尺寸

任务分析

了解平面弯曲的概念，掌握梁弯曲时横截面上内力、应力的计算方法；了解梁的挠度、转角、挠曲线的概念，掌握梁弯曲变形的计算方法；灵活应用弯曲强度和刚度条件解决工程实际问题。

知识准备

一、平面弯曲的概念与实例

工程实际中经常遇到像火车轮轴（图 4-4-2）、桥式起重机大梁（图 4-4-3）这样的杆件。这些杆件的受力特点为，在杆件的轴线平面内受到力偶或垂直于杆轴线的外力作用，杆的轴线由原来的直线变为曲线，这种形式的变形称为**弯曲变形**。垂直于杆件轴线的力称为横向力。以弯曲变形为主的杆件通常称为梁。

工程问题中，绝大多数受弯杆件的横截面都有一根对称轴，如图 4-4-4 所示为常见的截面形状，y 轴为横截面对称轴。通过截面对称轴与梁轴线确定的平面，称为梁的纵向对称面（图 4-4-5）。若作用在梁上的所有外力（包括力偶）均作用在梁的纵向对称面内，则变形后梁的轴线将是在纵向对称面内的一条平面曲线，这种弯曲变形称为**平面弯曲**。这是最常见、最简单的弯曲变形。

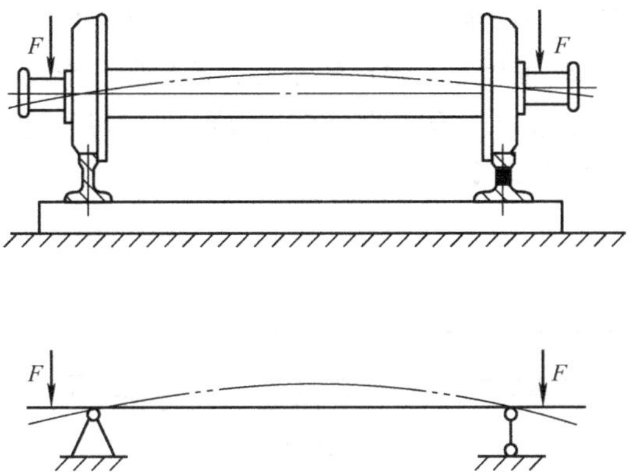

图 4-4-2　火车轮轴

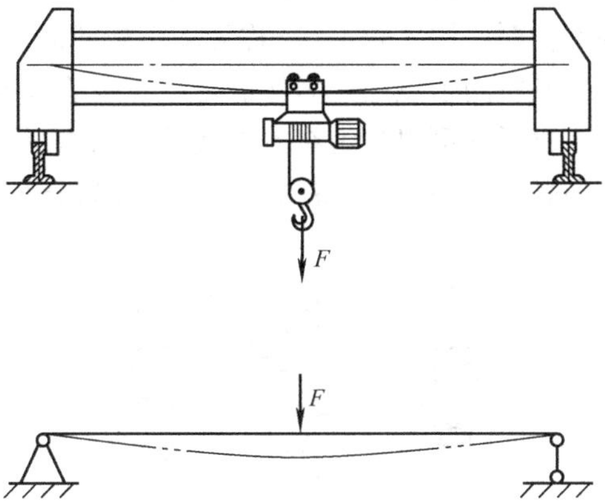

图 4-4-3　桥式起重机大梁

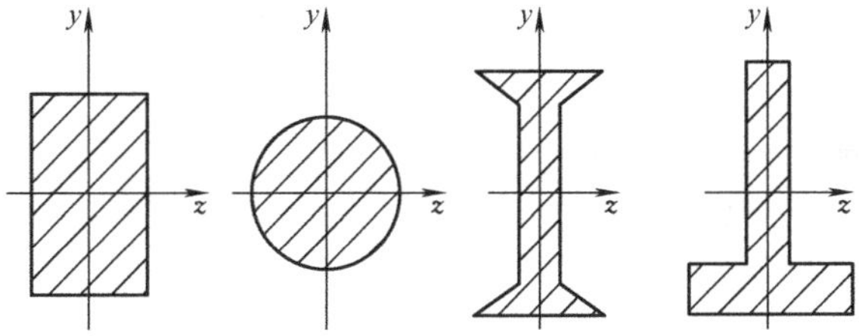

图 4-4-4　梁的截面形状

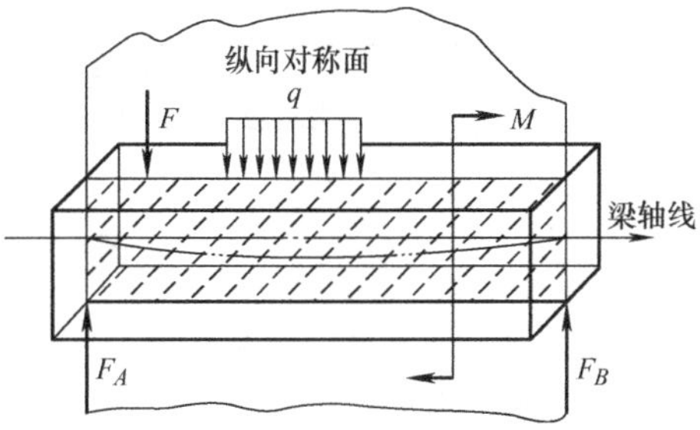

图 4-4-5　梁的平面弯曲

二、梁的计算简图及分类

为了便于分析和计算梁平面弯曲时的强度和刚度，对于梁需建立力学模型，得出其计算简图。梁的力学模型包括了梁的简化、载荷的简化和支座的简化。

1. 梁的简化

由前述平面弯曲的概念可知，载荷作用在梁的纵向对称面内，梁的轴线弯成一条平面曲线。因此，无论梁的外形尺寸如何复杂，用梁的轴线来代替梁可以使问题得到简化（图 4-4-2、图 4-4-3）。

2. 载荷的简化

不论梁的截面如何复杂，通常取梁的轴线来表示实际的梁，如图 4-4-2、图 4-4-3 所示。作用在梁上的外力，包括载荷和约束力，可以简化成三种形式：

（1）集中载荷

当力的作用范围远远小于梁的长度时，可简化为作用于一点的集中力。如图 4-4-2、图 4-4-3 中的力 F。

（2）集中力偶

通过微小梁段作用在梁轴线平面内的外力偶。如图 4-4-6a 所示带有圆柱斜齿轮的传动轴，F_a 为齿轮啮合力中的轴向分力，把 F_a 向轴线简化后得到的力偶，可视为集中力偶。

（3）均布载荷

当载荷连续均匀地分布在梁的全长或部分长度，且其分布长度与梁长比较不是一个很小的数值时，用 q 表示，q 称为均布载荷的载荷集度。载荷集度 q 的单位为 N/m。图 4-4-6b 为薄板轧机的示意图。为保证轧制薄板的厚度均匀，轧辊尺寸一般比较粗壮，其弯曲变形就很小，这样就可以认为在 l_0 长度内的轧制力是均匀分布的。若载荷分布连续但不均匀时称为分布载荷，用 $q(x)$ 表示，$q(x)$ 称为分布载荷的载荷集度。

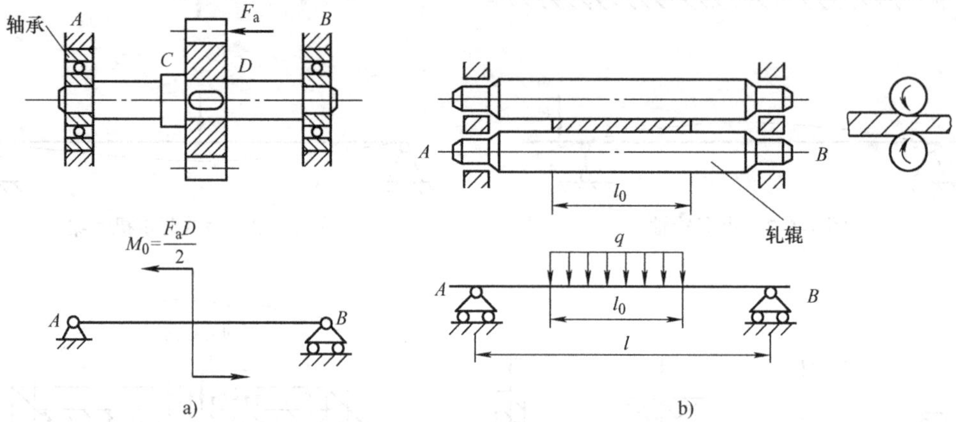

图 4-4-6　梁的力学模型简化图

a）传动轴　b）薄板轧机

3. 支座的简化

按支座对梁的约束作用不同，可以简化为下面三种基本的理想形式。

（1）滚动铰链支座

约束的情况是梁在支承点不能沿垂直于支承面的方向移动，但可以沿着支承面移动，也可以绕支承点转动。与此相应，只有一个垂直于支座平面的约束力。滑动轴承、桥梁下的滚动支座等，可简化为滚动铰链支座。

（2）固定铰链支座

约束情况是梁在支承点不能沿任何方向移动，但可以绕支承点转动，所以可用水平和垂直方向的约束力表示。如图 4-4-2 中的火车轮轴和图 4-4-3 中的桥式起重机大梁，都是通过车轮安置于钢轨之上。钢轨不限制车轮平面的微小偏转，但车轮凸缘与钢轨的接触却可约束轴线方向的位移，所以也可以把两条钢轨中的一条看作固定铰链支座，而另一条则视为滚动铰链支座。

（3）固定端约束

约束情况是梁端不能向任何方向移动，也不能转动，故约束力有三个：水平约束力、垂直约束力和力偶。长滑动轴承、车刀刀架等，可简化为固定端约束。

4. 静定梁的基本形式

根据支承情况，可将静定梁简化为如下三种情况。

1）简支梁：一端固定铰链支座，另一端滚动铰链支座约束的梁（图 4-4-7a、图 4-4-3）。

2）外伸梁：具有一端或两端外伸部分的简支梁（图4-4-7b、图4-4-2）。

3）悬臂梁：一端为固定端支座，另一端自由的梁（图4-4-7c）。

梁的约束力数目多于静力平衡方程数目，约束力不能完全由静力平衡方程确定，这种梁称为超静定梁。关于超静定梁的解法将在后面介绍。

三、剪力和弯矩 剪力图和弯矩图

1. 剪力和弯矩的计算

为对梁进行强度和刚度计算，当作用于梁上的外力确定后，可用截面法来分析梁任意截面上的内力。

如图4-4-8a所示悬臂梁，已知梁长为 l，主动力为 F，则该梁的约束力可由静力平衡方程求得，$F_B=F$，$M_B=Fl$。现欲求任意截面 $m-m$ 上的内力。可在 $m-m$ 处将梁截开，取左段为研究对象（图4-4-8b），列平衡方程

$$\sum F_y=0, F-F_Q=0$$

得

$$F_Q=F \tag{a}$$

式中，F_Q 称为横截面 $m-m$ 上的剪力，它是与横截面相切的分布内力的合力。

$$\sum M_O(F)=0, M-Fx=0$$

得

$$M=Fx \tag{b}$$

式中，M 称为横截面 $m-m$ 上的弯矩，它是与横截面垂直的分布内力的合力偶矩。

同理，取右段为研究对象（图4-4-8c），列平衡方程

$$\sum F_y=0, F_Q-F_B=0$$

得

$$F_Q=F_B=F \tag{c}$$

$$\sum M_O(F)=0, -M-F_B(l-x)+M_B=0$$

得

$$M=M_B-F(l-x)=Fx \tag{d}$$

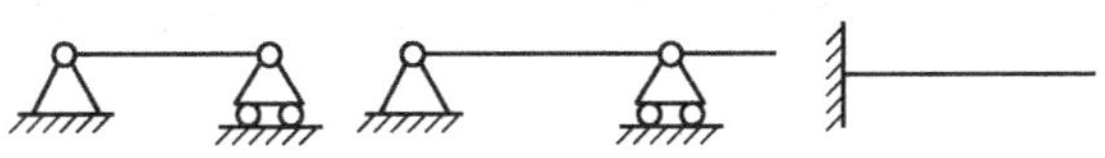

图4-4-7 梁的分类

a）简支梁 b） 外伸梁 c）悬臂梁

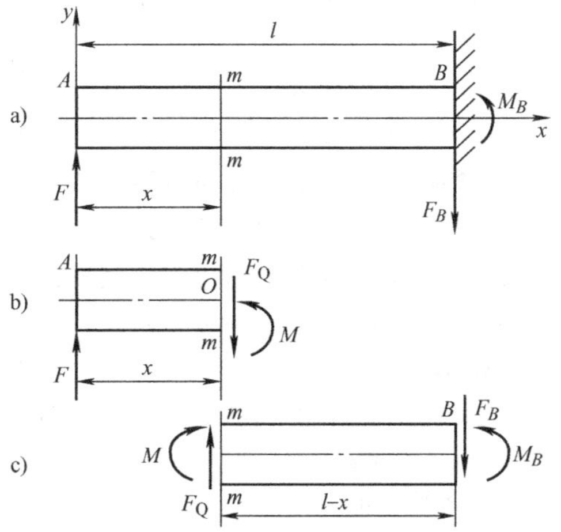

图4-4-8 梁的剪力和弯矩

a）悬臂梁受力示意图 b）取左段为研究对象

c）取右段为研究对象

为了使所取左段梁和右段梁求得的剪力与弯矩，不仅数值相等，而且符号一致，特规定如下：凡使所取梁段具有做顺时针转动趋势的剪力为正，反之为负（图4-4-9）；凡使梁段产生凸面向下弯曲变形的弯矩为正，反之为负（图4-4-10）。

按上述关于符号的规定，一个截面上的剪力和弯矩无论取这个截面左段还是右段的外力来计算，所得结果的数值和符号都是一致的。

需要注意的是，模块一静力学中列平衡方程正负号的规定，与材料力学中上面按变形规定的正负号规定并不一致。为了避免符号的混乱，在求内力时可假定截面上内力 F_Q 和 M 均按变形规定取正号，代入平衡方程运算时沿用静力学中符号规则进行；结果为正说明假定方向为正，结果为负说明与假定方向相反。

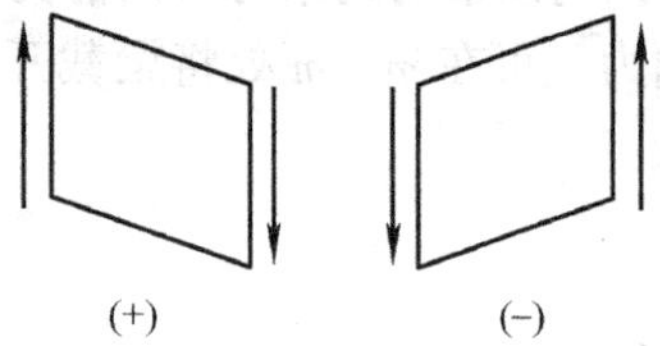

图 4-4-9　剪力符号表示

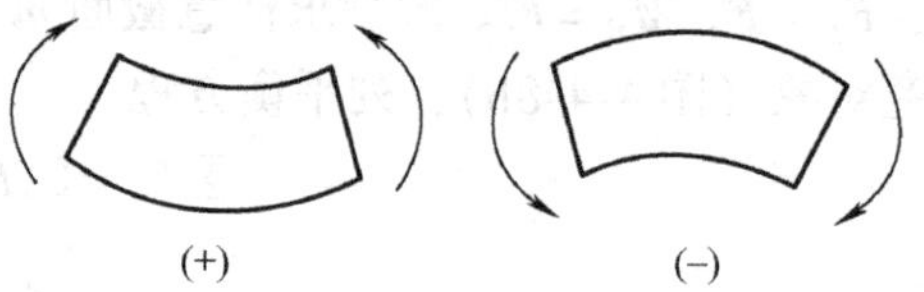

图 4-4-10　弯矩符号表示

2. 剪力和弯矩的简便计算法则

由上述截面法求任意 x 截面的剪力和弯矩的表达式［式(a)　~式(d)］可总结出求剪力和弯矩的简便方法。任意 x 截面的剪力，等于 x 截面左段梁或右段梁上外力的代数和；左段梁上向上的外力或右段梁上向下的外力产生的剪力为正，反之为负。任意 x 截面的弯矩，等于 x 截面的左段梁或右段梁上所有外力对截面形心力矩的代数和；左段梁上顺时针转向或右段梁上逆时针转向的外力矩产生的弯矩为正，反之为负。简述为：

$F_Q(x)=x$ 截面左（或右）段梁上外力的代数和，左上右下为正。

$M(x)=x$ 截面的左（或右）段梁上外力矩的代数和，左顺右逆为正。

方向：一般情况下，剪力和弯矩方向均先假设为正，如果计算结果为正，表明实际的剪力和弯矩与假设方向相同；如果计算结果为负，则表明与假设相反。

虽然截面法是求剪力和弯矩的基本方法，但在总结出上述规律之后，在实际计算中就可以不再截取研究对象通过平衡方程求解剪力和弯矩，而直接根据截面左段梁或右段梁上的外力来求横截面上的剪力和弯矩，这种方法较简便。

例 4-4-1　外伸梁如图 4-4-11a 所示，已知 q、a。试求图中各指定截面上的剪力和弯矩。图上截面 2、3 分别为集中力 F_A 作用处的左、右邻截面（即截面2、3 间的间距趋于无穷小量），截面4、5 亦为集中力偶 M_{T0} 的左、右邻截面。

Ⅰ. 题目分析

本题属于求指定截面上的剪力和弯矩问题。首先根据静力学平衡方程求出支座 A、B 处的约束力，然后再利用剪力和弯矩的简便计算法则进行求解。在求解指定截面上的内力时，为简便计算，尽量选择受力较简单的那段梁作为研究对象。

Ⅱ. 题目求解

解：(1) 求约束力。设约束力 F_A 和 F_B 均向上，由平衡方程 $\sum M_B(F)=0$ 和 $\sum M_A(F)=0$ 得，$F_A=-5qa$，$F_B=qa$。F_A 为负值，说明其实际方向与假设方向相反。

(2) 用截面法，求指定截面上的剪力和弯矩。考虑 1－1 截面左段的外力，得

$$F_{Q1}=qa$$

$$M_1=qa\frac{a}{2}=\frac{qa^2}{2}$$

考虑 2-2 截面左段的外力，得

$$F_{Q2}=2qa$$

$$M_2=2qa\cdot a=2qa^2$$

考虑 3-3 截面左段的外力，得

$$F_{Q3}=2qa+F_A=2qa+(-5qa)=-3qa$$

$$M_3=2qa\cdot a+F_A\times 0=2qa^2$$

考虑 4-4 截面右段的外力，得

$$F_{Q4}=-qa-F_B=-qa-qa=-2qa$$

$$M_4=F_Ba+\frac{qa}{2}\cdot a-M_{T0}=qa^2+\frac{qa^2}{2}-2qa^2=-\frac{qa^2}{2}$$

考虑 5-5 截面右段的外力，得

$$F_{Q5}=-qa-qa=-2qa$$

$$M_5=F_Ba+qa\cdot\frac{a}{2}=qa\cdot a+\frac{qa^2}{2}=\frac{3}{2}qa^2$$

考虑 6-6 截面右段的外力，得

$$F_{Q6}=-F_B=-qa$$

$$M_6=0$$

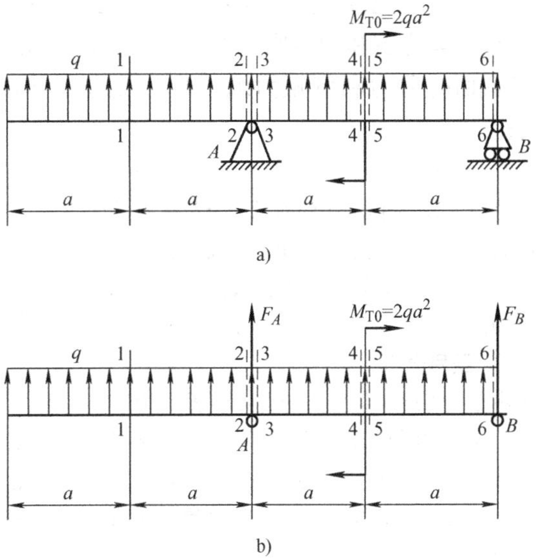

图 4-4-11 外伸梁

a) 梁的受载图 b) 受力分析图

比较截面 2、3 之剪力值，可以看出，由于 F_A 的存在，引起 F_A 邻域内剪力产生突变，突变量与 F_A 值相等。同样，比较截面 4、5 之弯矩值，可得在集中力偶 M_{T0} 处，弯矩值产生突变，突变量与力偶 M_{T0} 值相等。

Ⅲ. 题目关键点解析

本题目为求解指定截面剪力和弯矩的问题，关键点在于：一是外力分析，也就是正确求解支座约束力；二是用截面法求解指定截面内力时，尽量选择受力较简单的那段梁作为研究对象，这样可以简化计算过程。

3. 剪力方程和弯矩方程、剪力图和弯矩图

从上面的讨论可以看出，一般情况下，梁横截面上的剪力和弯矩随截面位置的不同而变化。如取梁的轴线为 x 轴，以坐标 x 表示截面位置，则剪力和弯矩可表示为 x 的函数，即

$$F_Q=F_Q(x)$$

$$M=M(x)$$

上述关系表达了剪力和弯矩沿轴线变化的规律，分别称为梁的**剪力方程**和**弯矩方程**。

为了清楚地表示剪力和弯矩沿梁的轴线的变化情况，把剪力方程和弯矩方程用图线表示，称为**剪力图**和**弯矩图**。作图时按选定的比例，以横截面沿轴线的位置 x 为横坐标，以表示各截面的剪力和弯矩为纵坐标，按方程作图。下面以例题说明绘制剪力图和弯矩图的方法。

例 4-4-2 图 4-4-12a 所示起重机大梁的跨度为 l，自重力可看成均布载荷 q。若小车所吊起物体的重力暂不考虑，试作剪力图和弯矩图。

Ⅰ. 题目分析

本题属于通过建立梁的剪力方程和弯矩方程，作剪力图和弯矩图的问题。首先求出支座 A、B 处的约束力，然后利用截面法选择受力较简单的那段梁作为研究对象，列出剪力方程和弯矩方程，描点绘制梁的剪力图和弯矩图。

Ⅱ. 题目求解

解：(1) 求约束力。将起重机大梁简化为简支梁，受力如图 4-4-12b 所示，由静力平衡方程，可得

$$F_A = F_B = \frac{ql}{2}$$

(2) 列剪力方程和弯矩方程。以 A 点为坐标原点，建立坐标系。用距 A 点为 x 的任一截面截 AB 段，取左段列平衡方程得

$$F_Q(x) = \frac{ql}{2} - qx = q\left(\frac{l}{2} - x\right), 0 < x < l$$

$$M(x) = \frac{ql}{2}x - qx\,\frac{x}{2} = \frac{q}{2}(lx - x^2), 0 \leqslant x \leqslant l$$

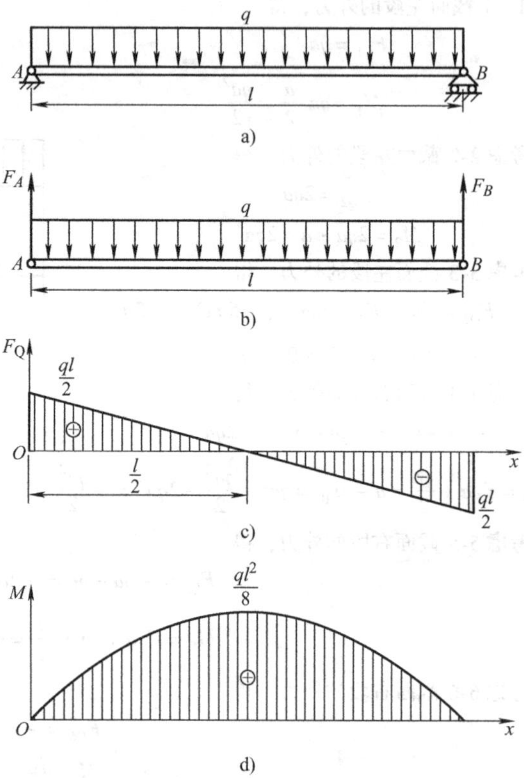

图 4-4-12 起重机大梁
a) 起重机大梁简图 b) 梁受力图
c) 剪力图 d) 弯矩图

(3) 按方程作图。由剪力方程可知，剪力图为一直线，在 $x = \frac{l}{2}$ 处，$F_Q = 0$。由弯矩方程可知，弯矩图为一抛物线，最高点在 $x = \frac{l}{2}$ 处，$M_{max} = \frac{ql^2}{8}$。由剪力方程和弯矩方程可画出剪力图和弯矩图分别如图 4-4-12c、d 所示。

工程上，弯矩图中画抛物线仅需注意极值和开口方向，画出简图，并在图上标明极值的大小。

Ⅲ. 题目关键点解析

本题目求作梁的剪力图和弯矩图，关键点在于：一是正确求解支座约束力，这是正确做图的基础；二是列出各梁段的剪力方程和弯矩方程。梁的分段点为支座约束力的作用点、分布载荷的起始和终止点，如果这些点中有重合的，可作为一个点处理，本题目中两个支座约束力的作用点分别与分布载荷的起始和终止点重合，所以整个梁的剪力方程和弯矩方程都只有一个。

例 4-4-3　简支梁受载如图 4-4-13a 所示。若已知 F、a，试作梁的剪力图和弯矩图。

Ⅰ. 题目分析

本题和例 4-4-2 类似，区别在于简支梁的 C 处作用一集中力 F。首先求出支座 A、B 处的约束力，然后根据梁受载荷的特点，将梁分为 AC 段和 CB 段两段，分段列出梁的剪力方程和弯矩方程。再根据每段梁的剪力方程和弯矩方程，分别描点绘制梁的剪力图和弯矩图。

Ⅱ. 题目求解

解：（1）求约束力。取整体为研究对象，受力如图 4-4-13b 所示，由静力学平衡方程可得

$$F_A = \frac{Fb}{l},\quad F_B = \frac{Fa}{l}$$

（2）列剪力方程和弯矩方程。以点 A 为坐标原点，建立坐标系。集中力 F 作用于 C 点，梁在 AC 和 BC 内的剪力方程和弯矩方程不同，故应分段考虑。用距点 A 为 x 的任一截面截 AC 段，取左段列平衡方程得

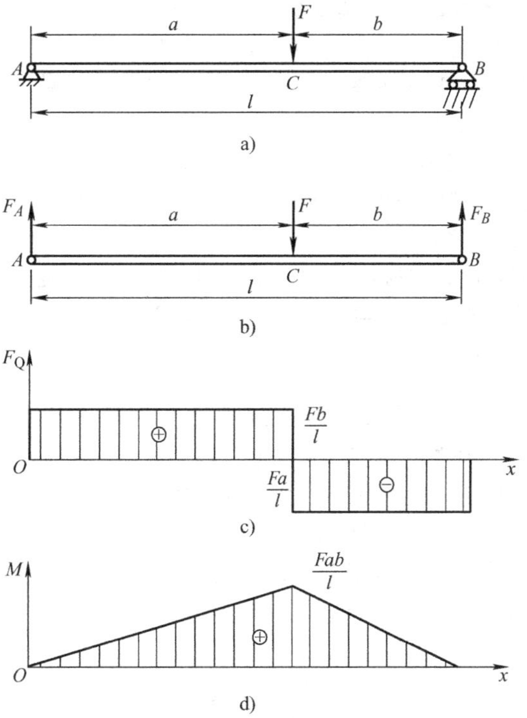

图 4-4-13　受集中力作用的简支梁计算简图

a）简支梁简图　b）受力图　c）剪力图　d）弯矩图

$$F_Q(x) = \frac{Fb}{l},\ 0 < x < a$$

$$M(x) = \frac{Fb}{l}x,\ 0 \leqslant x \leqslant a$$

同理用距 A 点为 x 的任一截面截 CB 段，取左段列平衡方程得

$$F_Q(x) = \frac{Fb}{l} - F = -\frac{Fa}{l},\ a < x < l$$

$$M(x) = \frac{Fb}{l}x - F(x-a) = \frac{Fa}{l}(l-x),\ a \leqslant x \leqslant l$$

（3）画剪力图和弯矩图。按剪力方程和弯矩方程分段绘制图形。其中剪力图在 C 点有突变，弯矩图在 C 点发生转折，剪力图和弯矩图如图 4-4-13c、d 所示。

Ⅲ. 题目关键点解析

在作梁的剪力图和弯矩图时，通常需要分段建立梁的剪力方程和弯矩方程，分段时要注意，在载荷和梁的不连续处需分段。如集中力、支座约束力、集中力偶作用处，分布载荷起始、终止处，都应该分段。

由本例剪力图和弯矩图可以看出，在梁的端面、支座所在截面以及各段梁的交界处，如果有集中力作用，梁的剪力图发生突变，突变值等于集中力的数值，剪力图不连续。梁的弯矩图上的斜率发生突变，弯矩图在该处发生拐折。

例 4-4-4 简支梁受集中力偶作用，如图 4-4-14a 所示。若已知 M、a、b，试作此梁的剪力图和弯矩图。

Ⅰ. 题目分析

本题和上题区别是在简支梁的 C 处作用一集中力偶，求解过程相同。

Ⅱ. 题目求解

解：(1) 求约束力。取整体为研究对象，受力如图 4-4-14b 所示，由静力学平衡方程可得

$$F_A=-\frac{M}{a+b},\ F_B=\frac{M}{a+b}$$

(2) 列剪力方程和弯矩方程。以 A 点为坐标原点，建立坐标系。集中力偶 M 作用于 C 点，梁在 AC 和 CB 内的剪力方程和弯矩方程不同，故应分段考虑。用距 A 点为 x 的任一截面截 AC 段，取左段列平衡方程得

$$F_Q(x)=F_A=-\frac{M}{a+b},\ 0<x\leqslant a$$

$$M(x)=F_Ax=-\frac{Mx}{a+b},\ 0\leqslant x<a$$

同理用距 A 点为 x 的任一截面截 BC 段，取左段列平衡方程得

$$F_Q(x)=F_A=-\frac{M}{a+b},\ a\leqslant x<l$$

$$M(x)=F_Ax+M=-\frac{Mx}{a+b}+M,\ a<x\leqslant l$$

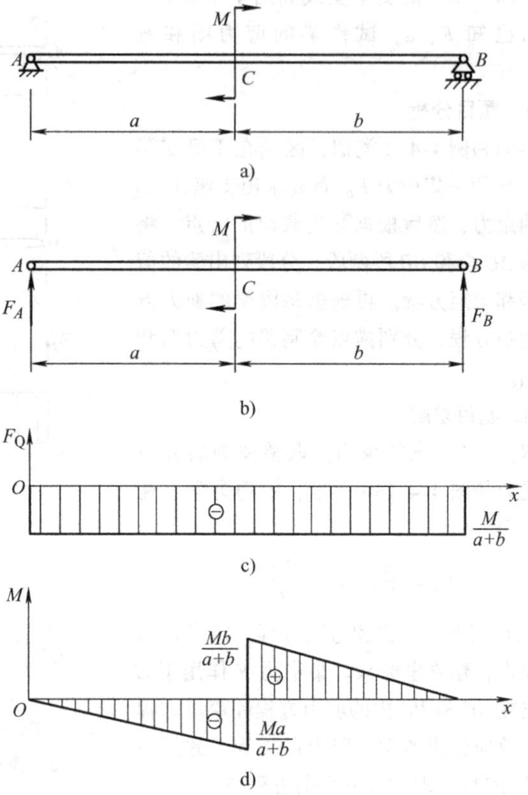

图 4-4-14 受力偶作用的简支梁计算简图

a) 简支梁简图 b) 受力图 c) 剪力图 d) 弯矩图

(3) 画剪力图和弯矩图。按剪力方程和弯矩方程分段绘制图形。其中剪力图为水平线，弯矩图在 C 点有突变，剪力图和弯矩图分别如图 4-4-14c、d 所示。

Ⅲ. 题目关键点解析

由本例剪力图和弯矩图可以看出，在梁的端面、支座所在截面以及各段梁的交界处，如果有集中力偶作用，梁的剪力图不受影响，梁的弯矩图发生突变，突变值等于集中力偶矩的数值。

四、剪力、弯矩与分布载荷集度之间的微分关系

研究表明，任一截面上的剪力、弯矩和作用于该截面处的载荷集度之间存在着一定的关系。如图 4-4-15a 所示，轴线为直线的梁，以轴线为 x 轴，y 轴向上为正。梁上作用着任意载荷，梁上分布载荷的集度 $q(x)$ 是 x 的连续函数。

从 x 截面处截取微段 dx 进行分析（图 4-4-15b）。左截面上有剪力 $F_Q(x)$ 和弯矩 $M(x)$，当坐标 x 有一增量 dx 时，$F_Q(x)$ 和 $M(x)$ 的相应增量是 $dF_Q(x)$ 和 $dM(x)$，所以微段右截面上的剪力和弯矩分别为 $F_Q(x)+dF_Q(x)$ 和 $M(x)+dM(x)$。由平衡条件可得

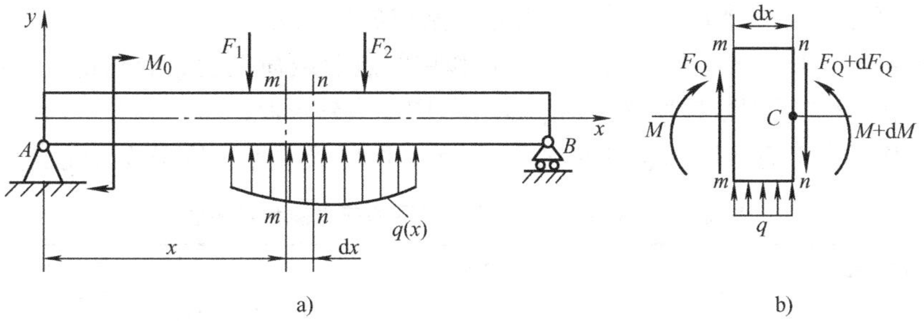

图 4-4-15　剪力、弯矩与载荷集度间的关系

a）梁的载荷图　b）梁微段受力图

$$\sum F_y = 0,\ F_Q(x) - [F_Q(x) + dF_Q(x)] + q(x)dx = 0 \qquad (a)$$

$$\sum M_C(F) = 0,\ M(x) + dM(x) - M(x) - F_Q(x)dx - q(x)dx \cdot \frac{dx}{2} = 0 \qquad (b)$$

将式(b) 忽略去二阶微分量后，化简得

$$\frac{dF_Q(x)}{dx} = q(x) \qquad (4\text{-}4\text{-}1)$$

$$\frac{dM(x)}{dx} = F_Q(x) \qquad (4\text{-}4\text{-}2)$$

$$\frac{d^2M(x)}{dx^2} = \frac{dF_Q(x)}{dx} = q(x) \qquad (4\text{-}4\text{-}3)$$

式(4-4-3) 表明了同一截面处 $F_Q(x)$、$M(x)$ 和 $q(x)$ 三者间的微分关系。即弯矩 $M(x)$ 对截面位置坐标 x 的导数等于在同一截面上的剪力 $F_Q(x)$；弯矩 $M(x)$ 对截面位置坐标 x 的二阶导数等于在同一截面上的分布载荷集度 $q(x)$（向上为正）；剪力 $F_Q(x)$ 对截面位置坐标 x 的导数等于在同一截面上的分布载荷集度 $q(x)$。

利用这些微分关系可以对梁的剪力、弯矩图进行绘制和检查，由导数的性质可知载荷情况与剪力图和弯矩图的关系。

1. 载荷情况与剪力图的关系

梁上某段没有均布载荷，即 $q=0$ 时，由式(4-4-1) 可知，$F_Q(x)$ = 常量，即为一水平直线。

梁上某段有向上的均布载荷，即 $q>0$ 时，剪力图相应段图线上各点的切线斜率为一正值常数，即为一段向右上方倾斜的直线，反之为一段向右下方倾斜的直线。

梁上某点有集中力作用时，剪力图有突变，突变量为集中力 F；某点有集中力偶作用时对剪力图无影响。

2. 载荷情况与弯矩图的关系

梁上某段没有均布载荷，即 $q=0$ 时，弯矩图中相应段各点的斜率无变化，即为一直线。

梁上某段有向上的均布载荷，即 $q>0$ 时，弯矩图中相应段各点切线的斜率变化率为正值，即为一段开口向上的抛物线；反之为开口向下的抛物线。见表 4-4-1。

利用这种关系可绘制和校核剪力图和弯矩图，步骤为：

1）求约束力，根据梁上已知载荷正确地求解梁的约束力。

2）分段定形，凡梁上有集中力（力偶）作用的点及载荷集度 q 的起止点，都作为分段的点，并利用微分关系判断各段 $F_Q(x)$、$M(x)$ 图的大致形状。

3）定值作图，计算各段起止点的 F_Q、M 及 M 图的极值点，根据数值连线作图。

表 4-4-1　各种形式载荷作用下的剪力图和弯矩图

载荷情况	剪力图	弯矩图
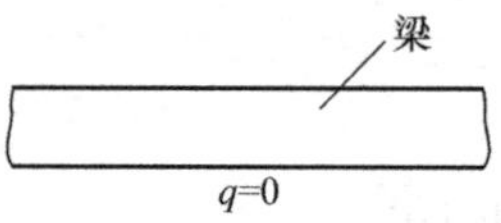	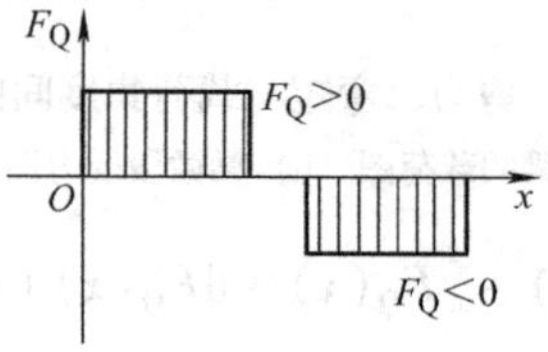	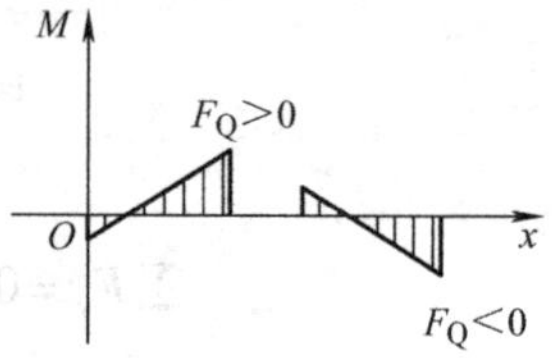
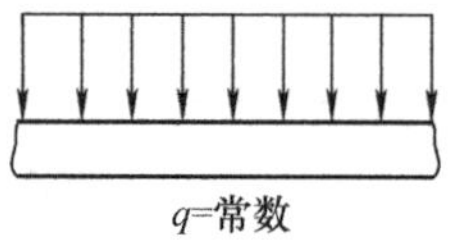	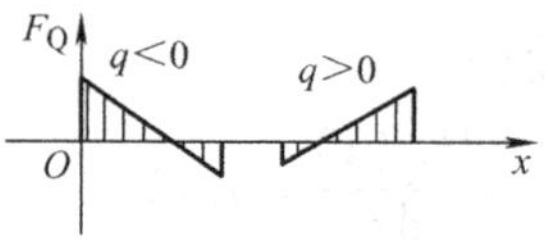	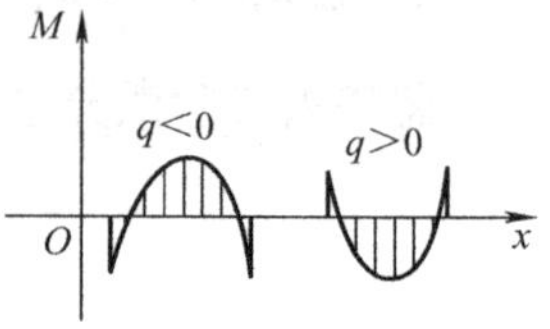
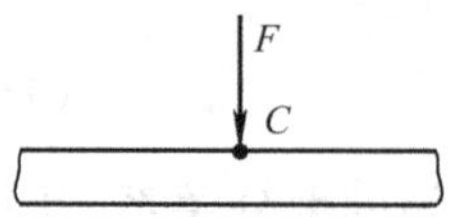	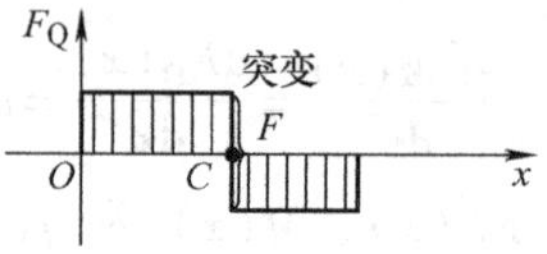	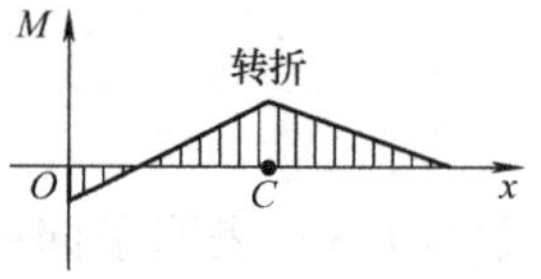
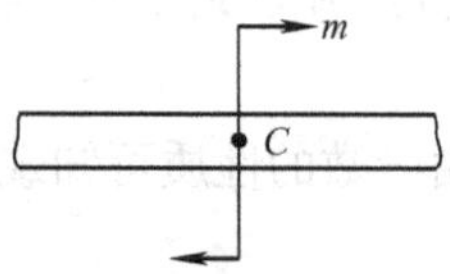	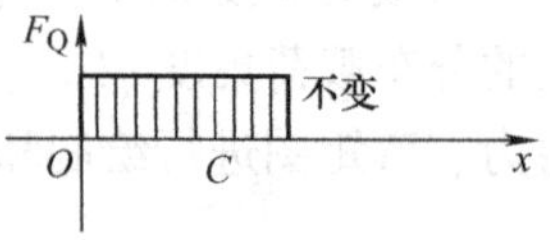	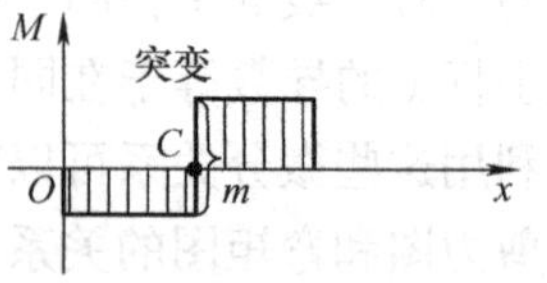

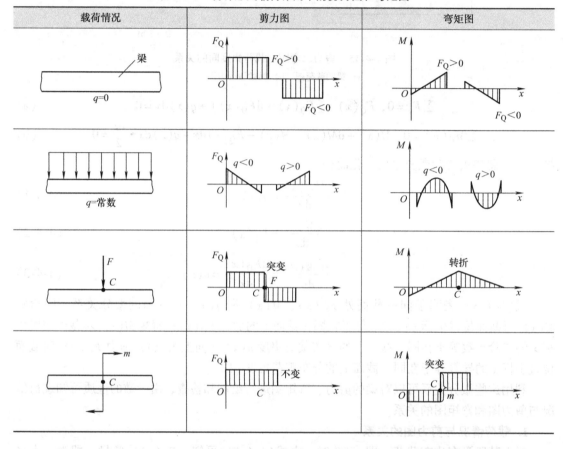

例 4-4-5　外伸梁受载如图 4-4-16a 所示，不列剪力方程和弯矩方程，试作梁的剪力图和弯矩图。

Ⅰ. 题目分析

本题不需要列剪力方程和弯矩方程，常利用剪力、弯矩和载荷集度间的微分关系作剪力图和弯矩图。根据求约束力、分段定形、定值作图的步骤求解即可。

Ⅱ. 题目求解

解：(1) 求约束力。受力如图 4-4-16b 所示，由静力学平衡方程得

$$F_A = 7\text{kN},\ F_B = 5\text{kN}$$

(2) 分段定形。根据受载情况将梁分为 AC、CD、DB、BE 四段。列出各段 F_Q 图和 M 图的特征表（表 4-4-2）。

(3) 定值作图。计算各段起点和终点的剪力值和弯矩值，列表（表 4-4-3）。然后根据数值和特征表连线。

表 4-4-2 特征表

分段	AC	CD	DB	BE
外力	q = 常数 <0		$q=0$	$q=0$
F_Q 图	下斜直线	下斜直线	水平直线	水平直线
M 图	上凸抛物线	上凸抛物线	斜直线	斜直线

表 4-4-3 剪力和弯矩

分段	AC		CD		DB		BE	
横截面	A_+	C_-	C_+	D_-	D_+	B_-	B_+	E_-
F_Q/kN	7	3	1	−3	−3	−3	2	2
M/kN · m	0	20	20	16	6	−6	−6	0

由以上数据可画出 F_Q 图。由图可知，在 CD 段的横截面 H 处，F_Q 为零，所以 M 图在 H 处有极值。设 $CH=x$，得

$$x:(4-x)=1:3$$

$$x=1\text{m}$$

然后计算 H 处的弯矩

$$M_H=\left(7\times5-2\times1-1\times5\times\frac{5}{2}\right)\text{kN}\cdot\text{m}$$

$$=20.5\text{kN}\cdot\text{m}$$

外伸梁 AE 的剪力图和弯矩图分别如图 4-4-16c、d 所示。

Ⅲ. 题目关键点解析

本题利用剪力、弯矩和载荷集度之间的微分关系来绘制梁的剪力图和弯矩图，这种方法比较简单快捷。需要注意的是，画剪力图和弯矩图时，应正确分段，根据表 4-4-1 画出具有相应特征的剪力图和弯矩图，准确计算受载点的剪力和弯矩，以及极值点的弯矩值。极值弯矩不一定是梁的最大弯矩 $|M_{max}|$，应比较全梁各受载点的弯矩后，确定出 $|M_{max}|$。

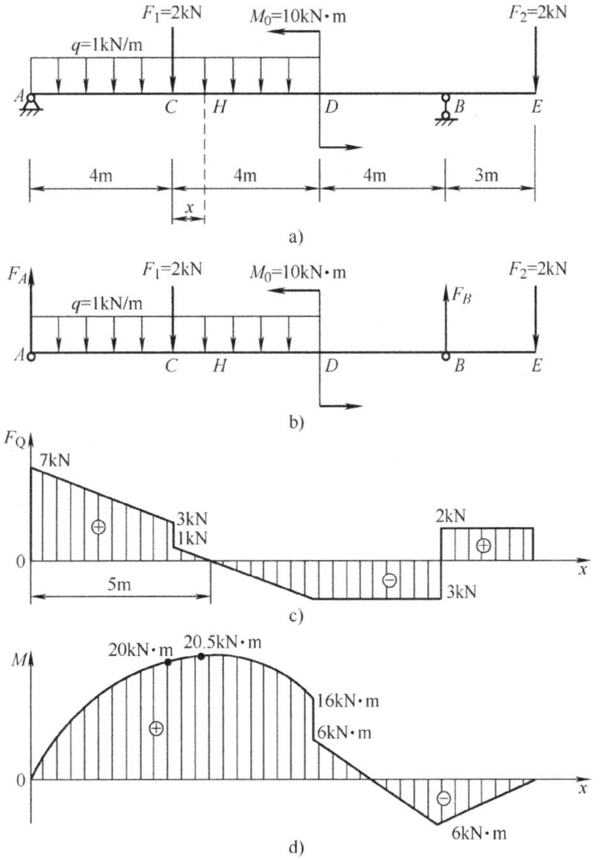

图 4-4-16 微分法作弯曲内力图

a）外伸梁简图 b）受力图 c）剪力图 d）弯矩图

在工程中，某些机器的机身或机架的轴线是由几段直线组成的折线，如液压机机身、钻床床架、轧钢机机架等。这种机架的每两个组成部分在其连接处夹角不变，即两部分在连接处不能有相对转动，这种连接称为**刚节点**。在图 4-4-17 中的节点 C 即为刚节点，各部分由刚节点连接成的框架结构称为**刚架**。平面刚架任意横截面上的内力，一般有剪力、弯矩和轴力。支座约束力和内力可由静力学平衡方程确定的刚架称为**静定刚架**。下面用例题说明静定刚架弯矩图的绘制。至于轴力图和剪力图，需要时也可按相似的方法绘制。

例 4-4-6 绘制图 4-4-17a 所示刚架的内力图。

Ⅰ. 题目分析

本题需绘制刚架的内力图，通常刚架横截面上的内力有轴力、剪力和弯矩。通过分段建立刚架的内力方程，画出其内力图。在画内力图时，和前面的步骤一样，不同的是内力符号的规定，从刚架内侧观察，将刚架的每一段看作一水平梁，按照梁的变形情况，将内力分量（F_N、F_Q 及 M）的正值画在刚架每一段的受压侧，即变形后凹面的一侧。

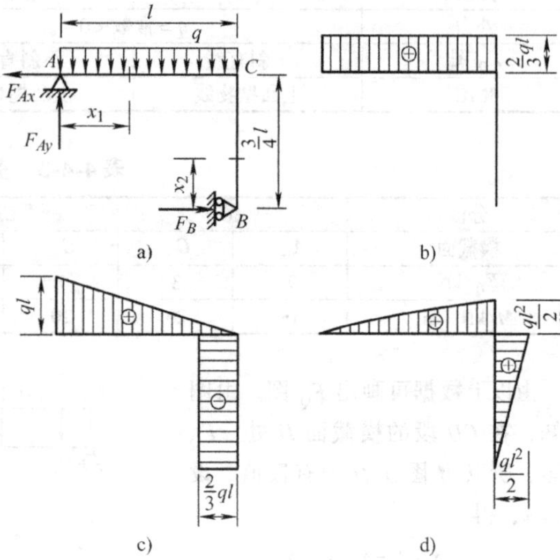

图 4-4-17　刚架内力图的绘制

a）刚架计算简图　b）轴力图　c）剪力图　d）弯矩图

Ⅱ. 题目求解

解：(1) 求支座约束力。设各支座约束力的方向如图 4-4-17a 所示，列平衡方程

$$\sum F_y = 0,\quad F_{Ay} - ql = 0$$

$$\sum F_x = 0,\quad F_B - F_{Ax} = 0$$

$$\sum M_A(F) = 0,\quad -ql \cdot \frac{l}{2} + F_B \cdot \frac{3}{4}l = 0$$

解得

$$F_{Ax} = \frac{2}{3}ql,\ F_{Ay} = ql,\ F_B = \frac{2}{3}ql$$

(2) 列内力方程　在两杆的连接处将刚架分为 AC 和 BC 两段，从刚架内侧观察，分别列出两段的内力方程。

AC 段：在 x_1 处截取左侧部分为研究对象，根据其上的外力，可列方程

$$F_{N1} = F_{Ax} = \frac{2}{3}ql,\qquad 0 < x_1 < l$$

$$F_Q(x_1) = F_{Ay} - qx_1 = ql - qx_1,\quad 0 < x_1 < l$$

$$M(x_1) = F_{Ay}x_1 - qx_1\frac{x_1}{2} = qlx_1 - \frac{q}{2}x_1^2,\qquad 0 \leqslant x_1 \leqslant l$$

BC 段：在 x_2 处截取下部分为研究对象，可列方程：

$$F_{N2} = 0$$

$$F_Q(x_2) = -F_B = -\frac{2}{3}ql,\ 0 < x_2 < \frac{3}{4}l$$

$$M(x_2) = F_B x_2 = \frac{2}{3}qlx_2,\ 0 \leqslant x_2 \leqslant \frac{3}{4}l$$

(3) 画内力图。由上述各式可知，BC 段的轴力为零，AC 段的弯矩为二次抛物线，其他各段的内力图皆为直线。可画出刚架的内力图如图 4-4-17b、c、d 所示，由图可见：

在 AC 段　　$F_{N\max} = \frac{2}{3}ql$

在 A 端稍右处　　$F_{Q\max} = ql$

在 C 点处　　$M_{\max} = \frac{1}{2}ql^2$

Ⅲ. 题目关键点解析

在绘制刚架内力图时，和前面水平梁的步骤解法一样，关键是正确判断内力的符号。还需注意的是，在刚架的刚节点处不受集中力偶作用时，刚节点两侧弯矩的数据及正负号均相同；当刚节点处受集中力偶

作用时，刚节点两侧弯矩将发生突变，其突变值等于集中力偶的值。

五、纯弯曲梁横截面上的正应力

梁弯曲变形时，工程上可以近似地认为梁横截面上的弯矩是由横截面上的正应力形成的，而剪力是由横截面上的切应力形成的，本节将在弯曲梁内力分析的基础上，推导出梁弯曲时的正应力计算方法。

1. 纯弯曲与剪切弯曲

一般情况下，梁的截面上既有弯矩又有剪力，这种弯曲称为**剪切弯曲**，也称为**横力弯曲**。如果梁各横截面上只有弯矩而无剪力，则称为**纯弯曲**。例如，在具有纵向对称面的简支梁 *AB* 上，距梁两端各为 a 处，分别作用一横向力 *F*（图 4-4-18a)，从该梁的剪力、弯矩图（图 4-4-18b、c）可知，梁中间 *CD* 段各横截面上的剪力均为零，弯矩为一常数，即 $M = Fa$，因此，该梁中间一段为纯弯曲，*AC*、*DB* 两端的梁段为剪切弯曲。

2. 纯弯曲梁横截面上的正应力

研究纯弯曲时的正应力和研究扭转时切应力的方法相似，也是从观察分析实验现象入手，综合考虑几何、物理、静力学等三方面进行推证。

（1）变形几何关系

为了研究纯弯曲梁横截面上的正应力分布规律，可做纯弯曲实验。取一矩形截面等直梁，在表面画些平行于梁轴线的纵向线和垂直于梁轴线的横向线，如图 4-4-19a 所示。在梁的两端施加一对位于梁纵向对称面内的力偶，使梁发生纯弯曲，如图 4-4-19b 所示。通过梁的纯弯曲实验可观察到如下现象：

① 纵向线弯曲成圆弧线，其间距不变。靠近梁顶部凹面的纵向线缩短，靠近梁底部凸面的纵向线伸长。

② 横向线仍为直线，且与纵向线正交，横向线间相对地转过了一个微小的角度。

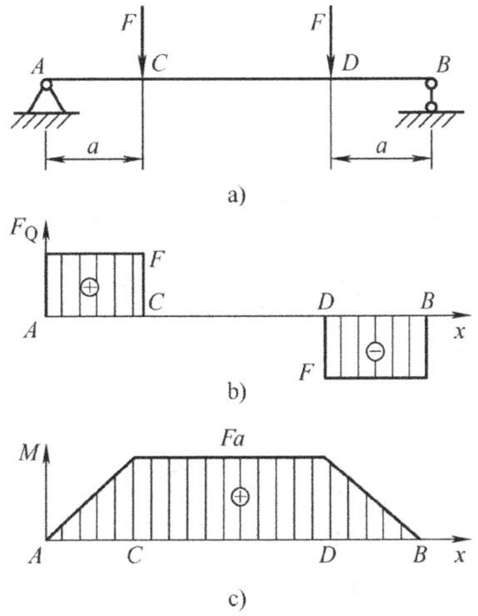

图 4-4-18 纯弯曲梁

a）梁的计算简图 b）剪力图 c）弯矩图

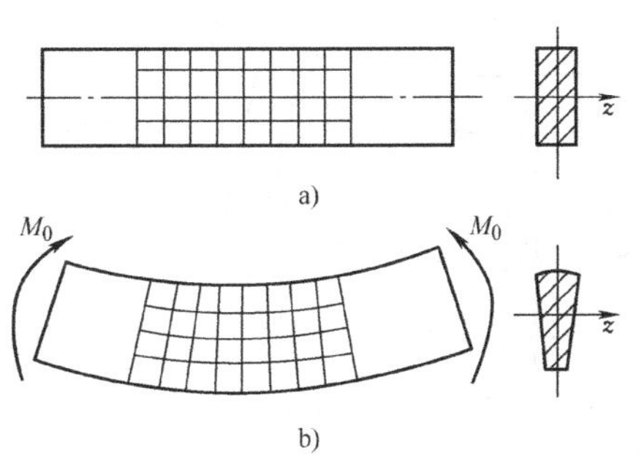

图 4-4-19 纯弯曲实验

a）变形前的纵向线和横向线 b）变形后的纵向线和横向线

由于梁内部材料的变化无法观察，因此假设横截面在变形过程中始终保持为平面，仅绕横截面内某一轴线旋转了一个微小的角度，这就是梁弯曲时的平面假设。可以设想梁由无数条纵向纤维组成，且纵向纤维无相互挤压作用，处于单向受拉或受压状态。

根据观察结果，可以设想，梁弯曲时，梁下部的纵向纤维受拉伸长，上部的纵向纤维受压缩短，其长度的改变是沿着截面高度而逐渐变化的。因此，可以推断，在其间必然存在着一层纵向纤维既不伸长也不缩短，这层纵向纤维称为**中性层**，如图 4-4-20 所示。中性层和横截面的交线称为**中性轴**，弯曲变形中，梁的横截面绕中性轴旋转一微小角度。显然在平面弯曲的情况下，中性轴垂直于截面的对称轴。

从上述分析可得出以下结论：①梁纯弯曲时，梁的各横截面像刚性平面一样绕其自身中性轴转过了一个微小的角度，即两横截面间的纵向纤维发生拉伸或压缩变形，因此梁纯弯曲时横截面上有垂直于截面的正应力；②纵向纤维与横截面保持垂直，截面无切应力。

为了得到变形在横截面上的分布规律，从平面假设出发，相距为 dx 的两横截面间的一段梁，变形后如图 4-4-21a 所示。取坐标系的 y 轴为截面的对称轴，z 轴为中性轴，如图 4-4-21b 所示。距中性层为 y 处的纵向纤维变形后的长度 $\overset{\frown}{b'b'}$ 应为

$$\overset{\frown}{b'b'} = (\rho + y)\,d\theta$$

这里 ρ 为变形后中性层的曲率半径，$d\theta$ 是相距为 dx 的两横截面的相对转角。$\overset{\frown}{b'b'}$ 纵向纤维的原长 $\overline{bb}$ 应与中性层内的纤维 $\overline{O'O'}$ 相等，即 $\overline{bb} = \overline{O'O'} = \overset{\frown}{O'O'} = \rho d\theta$。其线应变为

$$\varepsilon = \frac{\overset{\frown}{b'b'} - \overline{b'b}}{\overline{bb}} = \frac{(\rho + y)\,d\theta - \rho d\theta}{\rho d\theta} = \frac{y}{\rho} \tag{a}$$

式(a) 表明，**同一横截面上各点的线应变 ε 与该点到中性层的距离成正比**。

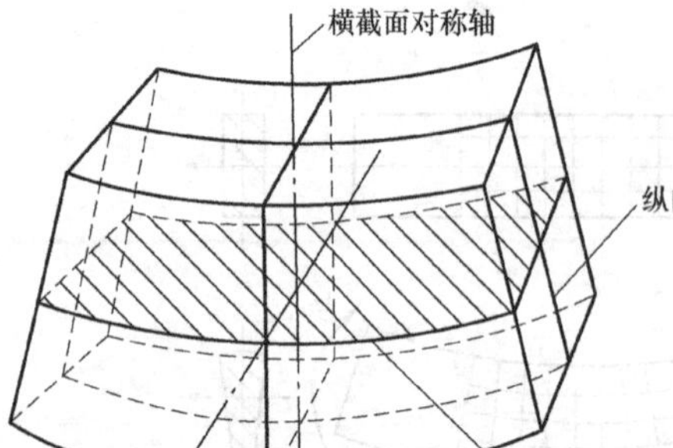

图 4-4-20　弯曲术语

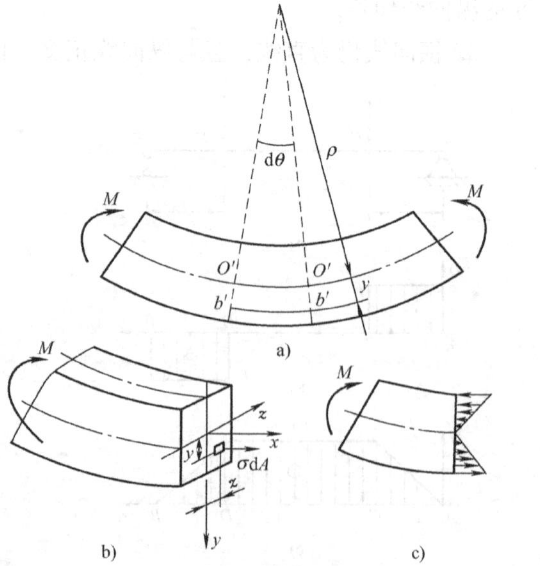

图 4-4-21　变形关系

a）纵向纤维的变形　b）横截面内力　c）横截面应力分布规律

(2) 物理关系

因假设纵向纤维不相互挤压，只发生了单向的拉伸或压缩变形，当应力不超过材料的比例极限时，材料符合胡克定律，即

$$\sigma = E\varepsilon = E\frac{y}{\rho} \tag{b}$$

式(b) 表明，**横截面上任一点的正应力与该点到中性轴的距离 y 成正比**。即横截面上的正应力沿截面高度按直线规律变化，如图 4-4-21c 所示。在中性轴上的正应力为零。

(3) 静力关系

式(b) 虽然找到了正应力在横截面上的分布规律，但中性轴的位置和曲率半径 ρ 却未知，所以仍然不能用式(b) 求出正应力的大小，而需用应力和内力间的静力学关系来确定。

从图 4-4-21b 上看，横截面上无数个微内力 $\sigma \mathrm{d}A$ 组成一个与横截面垂直的空间平行力系，将这个力系向截面形心简化，只可以得到三个内力分量

$$F_N = \int_A \sigma \mathrm{d}A \tag{c}$$

$$M_y = \int_A z\sigma \mathrm{d}A \tag{d}$$

$$M_z = \int_A y\sigma \mathrm{d}A \tag{e}$$

由于纯弯曲时横截面左侧的外力只有对 z 轴的外力偶 M，所以式(c)、式(d) 均为零。根据式(c) 为零，经数学推理可以得到中性轴 z 必通过截面的形心。

根据图 4-4-21b 所示的平衡关系，横截面上微内力对 z 轴力矩的总和等于该截面的弯矩，即

$$M = \int_A y\sigma \mathrm{d}A \tag{f}$$

将式(b) 代入式(f)，得

$$M = \int_A \frac{E}{\rho}y^2 \mathrm{d}A = \frac{E}{\rho}\int_A y^2 \mathrm{d}A \tag{g}$$

令 $I_z = \int_A y^2 \mathrm{d}A$，$I_z$ 称为横截面对中性轴 z 的**惯性矩**。于是式(g) 可写成

$$\frac{1}{\rho} = \frac{M}{EI_z} \tag{4-4-4}$$

式(4-4-4) 为**梁弯曲变形的基本公式**。该式说明，中性层的曲率 $1/\rho$ 与弯矩 M 成正比，与 EI_z 成反比。由该式还可看出，在弯矩 M 一定时，EI_z 越大，曲率越小，梁不易产生弯曲变形；反之，梁容易产生弯曲变形。EI_z 表示梁抵抗弯曲变形的能力，所以称为梁的**抗弯刚度**。

将式(4-4-4) 代入式(b) 简化后得

$$\sigma = \frac{My}{I_z} \tag{4-4-5}$$

式(4-4-5) 即为**梁纯弯曲时横截面上任一点的正应力计算公式**。由式(4-4-5) 可知，梁横截面上任一点的正应力 σ，与截面上弯矩 M 和该点到中性轴的距离 y 成正比，与截面对中

性轴的惯性矩 I_z 成反比。

工程中常见的梁，许多处于剪切弯曲变形，而式(4-4-5) 是在纯弯曲时导出的，但试验和弹性理论的研究都表明，对于梁长大于5倍梁高的情形，剪力对正应力分布规律的影响很小，上述公式计算得到的正应力已足够精确。在应用此式时，M 及 y 均可用绝对值代入。至于所求点的正应力是拉应力还是压应力，可根据梁的变形情况而定。即以中性轴为界，梁变形后靠凸边的一侧受拉应力，靠凹边的一侧受压应力。也可根据弯矩的正负来判断，当弯矩为正时，中性轴以下部分受拉，以上部分受压；弯矩为负时，则反之。

当 $y=y_{\max}$ 时，梁的截面最外边缘上的各点处正应力达到最大值，即

$$\sigma_{\max}=\frac{My_{\max}}{I_z}=\frac{M}{W_z} \tag{4-4-6}$$

式中，W_z 为梁的**抗弯截面系数**，$W_z=I_z/y_{\max}$。它只与截面的几何形状有关，单位为 mm^3 或 m^3。

若截面是高为 h、宽为 b 的矩形，则

$$W_z=\frac{I_z}{h/2}=\frac{bh^3/12}{h/2}=\frac{bh^2}{6} \tag{4-4-7}$$

若截面是直径为 d 的圆形，则

$$W_z=\frac{I_z}{d/2}=\frac{\pi d^4/64}{d/2}=\frac{\pi d^3}{32} \tag{4-4-8}$$

若截面是内径为 d、外径为 D 的圆环形截面，则

$$W_z=\frac{I_z}{D/2}=\frac{\pi D^4(1-\alpha^4)/64}{D/2}=\frac{\pi D^3}{32}(1-\alpha^4) \tag{4-4-9}$$

式中，α 为圆环内外径之比。

例 4-4-7 如图4-4-22所示，试求矩形截面梁 A 端右侧截面上 a、b、c、d 这四个点的弯曲正应力。

Ⅰ. 题目分析

本题需求解梁 A 端右侧截面上指定点的弯曲正应力，根据式(4-4-5) 可知，需先求出 A 截面上的弯矩，然后代入公式即可求解。计算各点弯曲正应力时一定要注意，M 及 y 均可用绝对值代入。至于所求点的正应力是拉应力还是压应力，可根据梁的变形情况而定。本题根据梁的变形可知，a、b 两点为拉应力，d 点为压应力，c 点在中性轴上正应力为零。

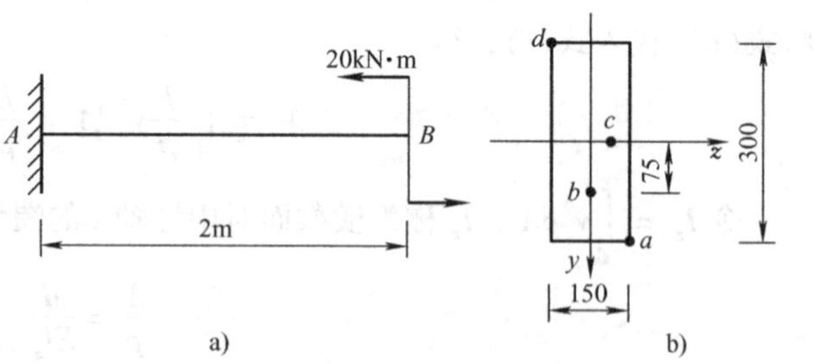

图 4-4-22 矩形截面梁示意图

Ⅱ. 题目求解

解：(1) 计算弯矩。梁只受到集中力偶作用，因此该梁为纯弯曲，其任一截面上的弯矩均相等，为

$$M=20\text{kN}\cdot\text{m}$$

(2) 计算各点的正应力。根据式(4-4-5)，计算梁 A 端右侧截面上 a、b 两点的正应力：

$$\sigma_a = \frac{My_a}{I_z} = \frac{20 \times 10^6 \times 150}{\frac{1}{12}(150 \times 300^3)}\text{MPa} = 8.89\text{MPa}$$

$$\sigma_b = \frac{My_b}{I_z} = \frac{20 \times 10^6 \times 75}{\frac{1}{12}(150 \times 300^3)}\text{MPa} = 4.445\text{MPa}$$

c 点在中性轴上，故 c 点的正应力为

$$\sigma_c = 0$$

d 点与 a 点位于中性轴的两侧，且关于中性轴对称，故 d 点的正应力与 a 点的正应力相等，即

$$\sigma_d = -\sigma_a = -8.89\text{MPa}$$

正号表示 a、b 两点为拉应力，负号则表示 d 点为压应力。

Ⅲ. 题目关键点解析

求解本题的关键是，需要了解梁弯曲时横截面上正应力的分布规律，正应力沿截面高度方向呈线性分布。在中性轴上，各点处的正应力为零；在中性轴的上下两侧，一侧受拉，另一侧受压；离中性轴越远处的正应力越大。至于所求点的正应力是拉应力还是压应力，可根据梁的变形情况而定。

六、截面惯性矩与平行移轴公式

在应用梁弯曲正应力公式时，需预先计算出截面对中性轴 z 轴和 y 轴的惯性矩。显然，I_z 和 I_y 只与截面的几何形状和尺寸有关，它反映了截面的几何性质。

1. 惯性矩

任意截面图形如图 4-4-23 所示，其面积为 A，Ozy 为图形所在平面内的任意直角坐标系，在图形内坐标为（z，y）处取微面积 $\mathrm{d}A$，遍及整个图形面积 A 的积分

$$I_z = \int_A y^2 \mathrm{d}A, \quad I_y = \int_A z^2 \mathrm{d}A \qquad (4\text{-}4\text{-}10)$$

分别定义为截面图形对 z 轴和 y 轴的**惯性矩**，也称为图形对 z 轴和 y 轴的二次矩。

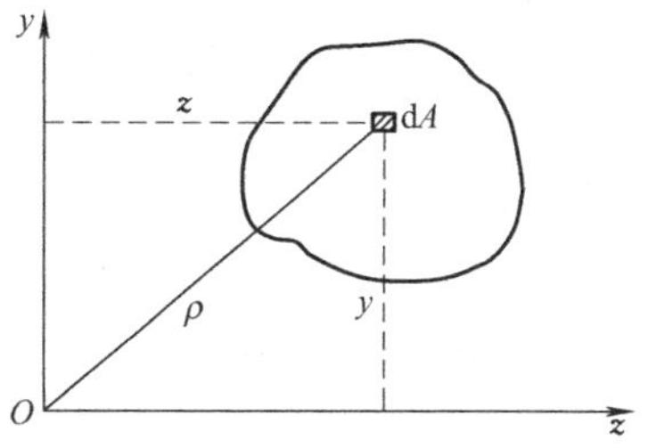

图 4-4-23　任意截面图形

由上述定义式可见：截面图形的惯性矩是对某坐标轴而言的，坐标轴不同，惯性矩就不同；由于 y^2 和 z^2 总是正的，所以惯性矩的值也恒为正值；惯性矩的量纲为长度的四次方。

当一个平面图形是由若干个简单的图形组成时，根据惯性矩的定义，可以先算出每一个简单图形对某一轴的惯性矩，然后求其总和，即等于整个图形对于同一轴的惯性矩。可表达为

$$I_z = \sum_{i=1}^{n} I_{zi}, \quad I_y = \sum_{i=1}^{n} I_{yi} \qquad (4\text{-}4\text{-}11)$$

式中，I_{zi}、I_{yi}分别为任一组成部分对 z 轴和 y 轴的惯性矩。

以 ρ 表示微面积 $\mathrm{d}A$ 到坐标原点 O 的距离，则

$$I_\mathrm{p} = \int_A \rho^2 \mathrm{d}A \qquad (4\text{-}4\text{-}12)$$

定义为截面图形对坐标原点 O 的**极惯性矩**。由于 $\rho^2 = z^2 + y^2$，于是有

$$I_p = \int_A \rho^2 \mathrm{d}A = \int_A (z^2 + y^2)\mathrm{d}A = \int_A z^2 \mathrm{d}A + \int_A y^2 \mathrm{d}A = I_y + I_z \qquad (4\text{-}4\text{-}13)$$

即截面图形对任意一对互相垂直的轴的惯性矩之和等于它对该两轴交点的极惯性矩。

例 4-4-8 试计算如图 4-4-24 所示矩形截面对通过其形心的 z 轴和 y 轴的惯性矩。

Ⅰ. 题目分析

本题需求矩形截面的惯性矩 I_z 和 I_y，根据式(4-4-10) 即可求解。

Ⅱ. 题目求解

解：先求对 z 轴的惯性矩。取图 4-4-24 中的平行于 z 轴的狭长条作为微面积 $\mathrm{d}A$。则 $\mathrm{d}A = b\mathrm{d}y$，代入式(4-4-10) 得

$$I_z = \int_A y^2 \mathrm{d}A = \int_{-\frac{h}{2}}^{\frac{h}{2}} b y^2 \mathrm{d}y = \frac{bh^3}{12}$$

同理可得

$$I_y = \frac{hb^3}{12}$$

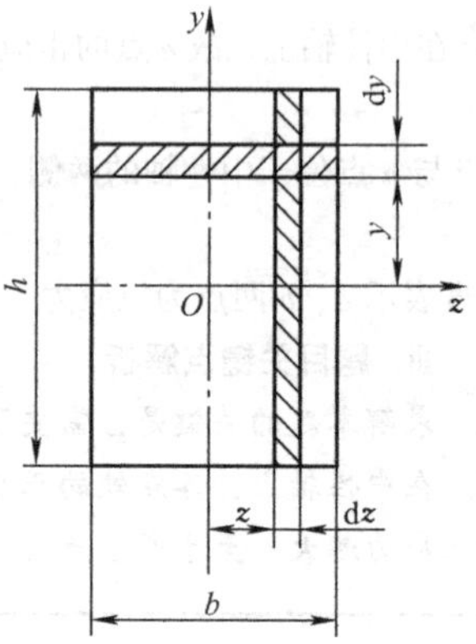

图 4-4-24 矩形截面的惯性矩

Ⅲ. 题目关键点解析

该题目的关键点在于微面积的截取方法，在平行于坐标轴的方向截取，会使计算变得简单。

例 4-4-9 试计算如图 4-4-25 所示圆形截面对其形心轴的惯性矩。

Ⅰ. 题目分析

本题需求圆形截面对其形心轴的惯性矩，根据式(4-4-10) 即可求解。

Ⅱ. 题目求解

解：(1) 计算惯性矩。取图 4-4-25 中的阴影线面积为 $\mathrm{d}A$，则 $\mathrm{d}A = 2\sqrt{R^2 - y^2}\,\mathrm{d}y$，有

$$I_z = \int_A y^2 \mathrm{d}A = 2\int_{-\frac{D}{2}}^{\frac{D}{2}} y^2 \sqrt{R^2 - y^2}\,\mathrm{d}y = \frac{\pi D^4}{64}$$

由于 z 轴和 y 轴都与圆的直径重合，因此必然有

$$I_z = I_y = \frac{\pi D^4}{64}$$

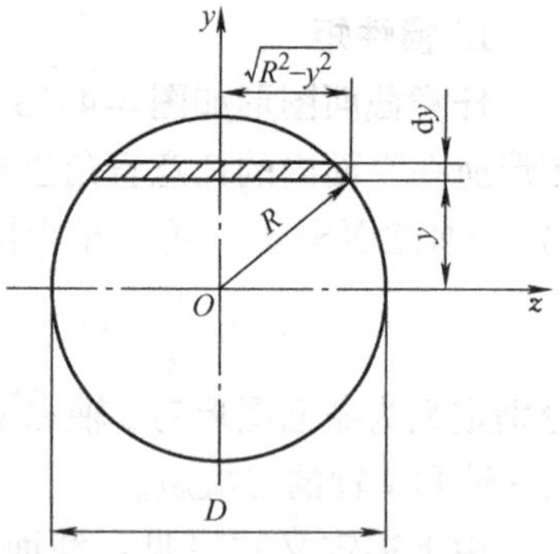

图 4-4-25 圆截面的惯性矩

Ⅲ. 题目关键点解析

圆形截面关于任意中性轴对称，对任意中性轴的惯性矩都相等。

例 4-4-10 试计算如图 4-4-26 所示环形截面对其形心轴的惯性矩。

Ⅰ. 题目分析

本题需求环形截面对其形心轴的惯性矩，根据式(4-4-11) 即可求解。

Ⅱ. 题目求解

解：由式(4-4-11) 得到环形截面对其形心轴的惯性矩为

$$I_z = I_y = \frac{\pi D^4}{64} - \frac{\pi d^4}{64} = \frac{\pi D^3}{64}(1 - \alpha^4)$$

式中，α 为圆环的内外径之比，$\alpha = \frac{d}{D}$。

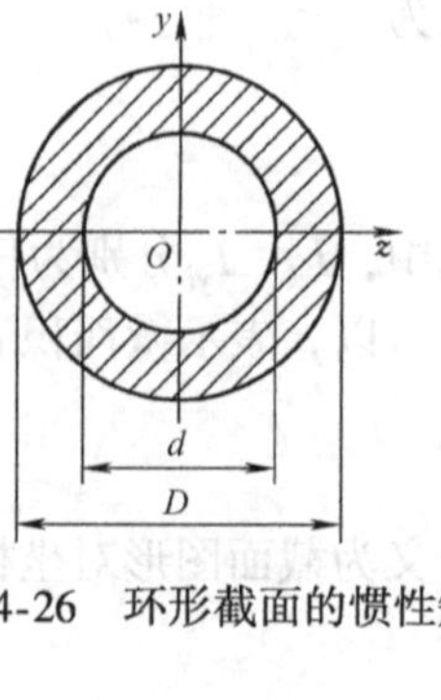

图 4-4-26 环形截面的惯性矩

Ⅲ. 题目关键点解析

根据惯性矩的定义，组合截面对某一轴的惯性矩可以视为其各个简单图形对同一轴的惯性矩之和。因此对环形截面可以看成由大圆和小圆组成的，可以先算出大圆和小圆对某一轴的惯性矩，然后用大圆的惯性矩减去小圆的惯性矩，即等于环形截面对于同一轴的惯性矩。环形截面关于任意中心轴对称，对任意中心轴的惯性矩都相等。

为了便于计算不同截面的惯性矩，表4-4-4给出了一些简单图形的面积、形心位置及其对形心轴的惯性矩。对于工程中常见的工字钢、角钢和槽钢等，它们的惯性矩可直接从附录型钢表中查得。

表4-4-4　几种简单图形的面积、形心位置及其对形心轴的惯性矩

图形	面积	形心位置	惯性矩
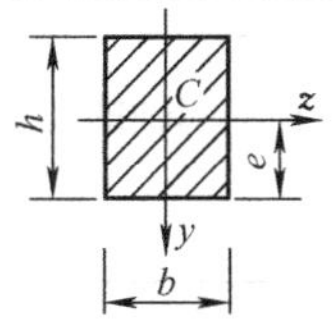	$A=bh$	$e=\frac{h}{2}$	$I_z=\frac{bh^3}{12}$ $I_y=\frac{hb^3}{12}$
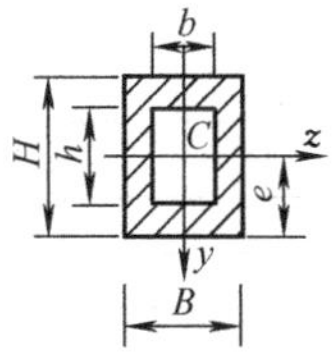	$A=BH-bh$	$e=\frac{H}{2}$	$I_z=\frac{BH^3-bh^3}{12}$ $I_y=\frac{HB^3-hb^3}{12}$
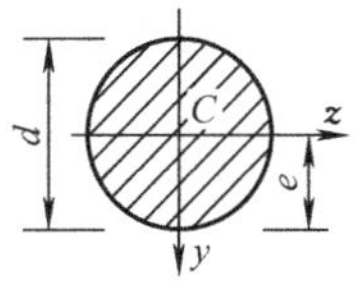	$A=\frac{\pi d^2}{4}$	$e=\frac{d}{2}$	$I_z=I_y=\frac{\pi d^4}{64}$
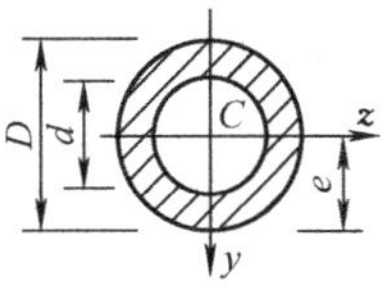	$A=\frac{\pi}{4}(D^4-d^4)$	$e=\frac{D}{2}$	$I_z=I_y=\frac{\pi}{64}(D^4-d^4)$
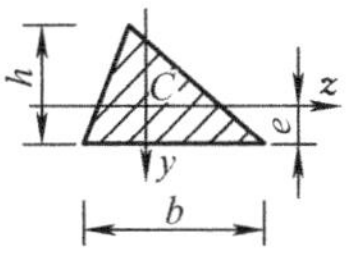	$A=\frac{bh}{2}$	$e=\frac{h}{3}$	$I_z=\frac{bh^3}{36}$
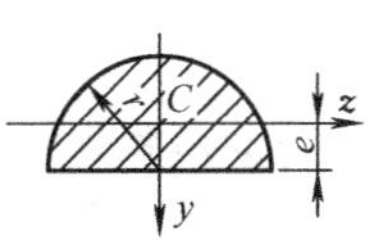	$A=\frac{\pi r^2}{2}$	$e=\frac{4r}{3\pi}$	$I_z=\frac{(9\pi^2-64)r^4}{72\pi}=0.1098r^4$
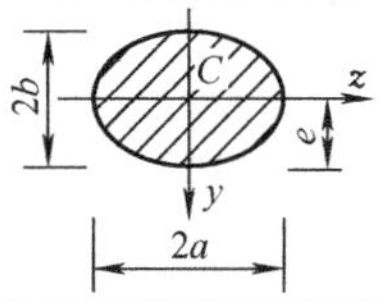	$A=\pi ab$	$e=b$	$I_z=\frac{\pi ab^3}{4}$ $I_y=\frac{\pi ba^3}{4}$

2. 平行移轴公式

工程中很多梁的横截面是由若干简单图形组合而成的，称为组合截面。如图4-4-28的T形截面。一般来说，组合图形的形心与各组成部分的形心不重合时，需用平行移轴公式来求解惯性矩。

图4-4-27表示一任意截面的图形，C为图形的形心，z_C轴和y_C轴为图形的形心轴。设截面图形对于形心轴z_C和y_C的惯性矩分别为I_{zC}和I_{yC}，平面图形的面积为A，则对于分别与z_C和y_C平行的轴z和y的惯性矩分别为

$$I_z = I_{zC} + a^2A \quad (4\text{-}4\text{-}14)$$

$$I_y = I_{yC} + b^2A \quad (4\text{-}4\text{-}15)$$

此即为惯性矩的**平行移轴公式**。可见，在一组相互平行的轴中，截面图形对各轴的惯性矩以通过形心轴的惯性矩为最小。应用平行移轴公式，可以使较复杂的组合图形惯性矩的计算得以简化。

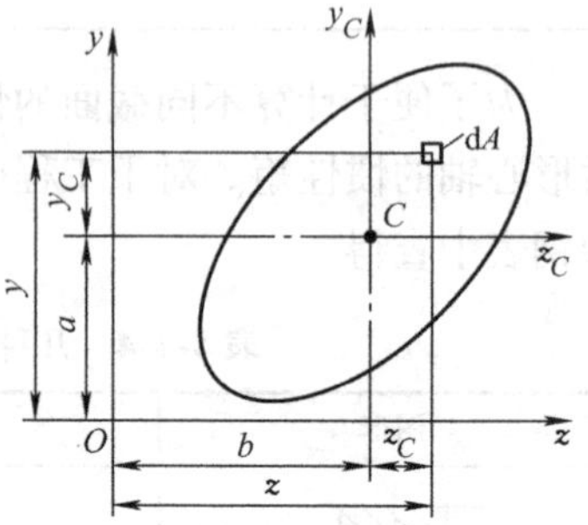

图4-4-27　截面对不同轴的惯性矩

例4-4-11　T形截面尺寸如图4-4-28所示，求其对形心轴z_C的惯性矩。

Ⅰ. 题目分析

本题需求T形截面对其形心轴z_C的惯性矩，T形截面可以看成是由矩形1和矩形2组成的组合截面，先求出T形截面的形心C的位置，再根据平行移轴公式计算出矩形1和矩形2对组合截面形心轴z_C的惯性矩，最后求其代数和即可求解。

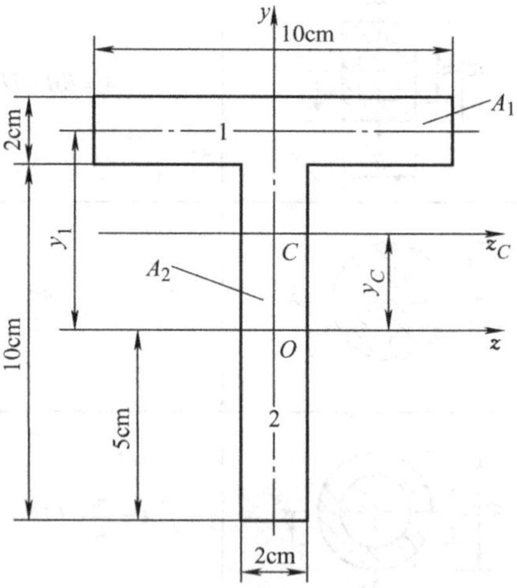

图4-4-28　T形截面的惯性矩

Ⅱ. 题目求解：

解：(1) 确定截面的形心位置

$$y_C = \frac{A_1y_1 + A_2y_2}{A_1 + A_2} = \frac{20\times(5+1)+20\times 0}{20+20}\text{cm} = 3\text{cm}$$

(2) 计算两矩形截面对z_C轴的惯性矩。根据平行移轴定理，得

$$I_{zC1} = \left[\frac{10\times 2^3}{12} + (2+1)^2\times 20\right]\text{cm}^4 = 186.7\ \text{cm}^4$$

$$I_{zC2} = \left(\frac{2\times 10^3}{12} + 3^2\times 20\right)\text{cm}^4 = 346.7\ \text{cm}^4$$

$$I_{zC} = I_{zC1} + I_{zC2} = (186.7+346.7)\text{cm}^4 = 533.4\ \text{cm}^4$$

Ⅲ. 题目关键点解析

对于组合截面求解惯性矩问题，一般先将组合截面分成几个简单截面，利用公式计算出组合截面形心C的位置。当组合图形的形心与各组成部分的形心不重合时，需根据平行移轴公式，计算每个简单截面对组合截面形心轴的惯性矩，最后求其代数和，得到组合截面对其中心轴的惯性矩。对于挖去部分，其面积和惯性矩均为负值。

七、梁的切应力简介

梁在剪切弯曲时，其横截面不仅有弯矩，而且有剪力，因而横截面也就有切应力。对于矩形、圆形截面的跨度比高度大得多的梁，因其弯曲正应力比切应力大得多，这时切应力可以忽略不计。但对于跨度较短而截面较高的梁，以及一些薄壁梁或剪力较大的截面，则切应力就不能忽略。本节只介绍几种常见截面梁的切应力分布规律及其最大切应力计算公式。

1. 矩形截面梁横截面上的切应力

梁横截面上的切应力亦非均匀分布的，对于矩形截面梁横截面上的切应力，可做如下假设：

1）横截面上各点的切应力方向和剪力 F_Q 的方向平行。

2）切应力沿截面宽度均匀分布，大小与距中性轴 z 的距离 y 有关，到中性轴距离相等的点上的切应力大小相等。

根据以上假设，可推导出矩形截面梁横截面上距中性轴为 y 处的切应力

$$\tau = \frac{F_Q S_z^*}{bI_z} \tag{4-4-16}$$

式中，F_Q 为横截面上的剪力；S_z^* 为图4-4-29 中打剖面线的矩形截面面积 A 对中性轴 z 的静矩，$S_z^* = \frac{b}{2}\left(\frac{h^2}{4} - y^2\right)$，应用式(4-4-16) 时，$S_z^*$ 以绝对值代入；I_z 为整个截面对中性轴的惯性矩；b 为截面宽度。

其分布规律为二次曲线，中性轴上的切应力最大，上下边缘处的切应力为零（图4-4-29）。

$$\tau_{max} = 3F_Q/2A \tag{4-4-17}$$

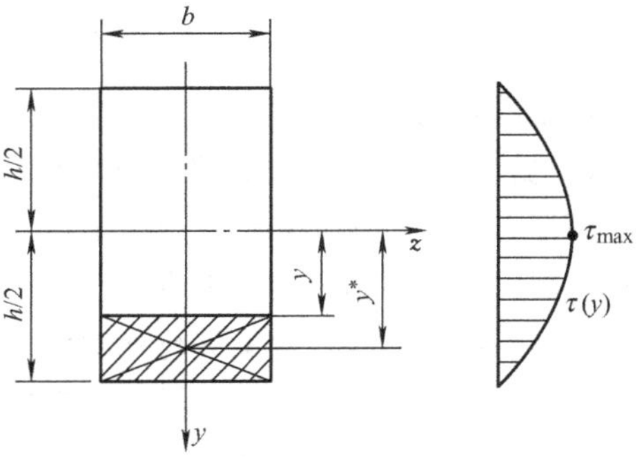

图4-4-29 矩形截面切应力分布规律

2. 其他常见横截面上的最大切应力

τ_{max}发生在各自截面的中性轴上（图4-4-30）。

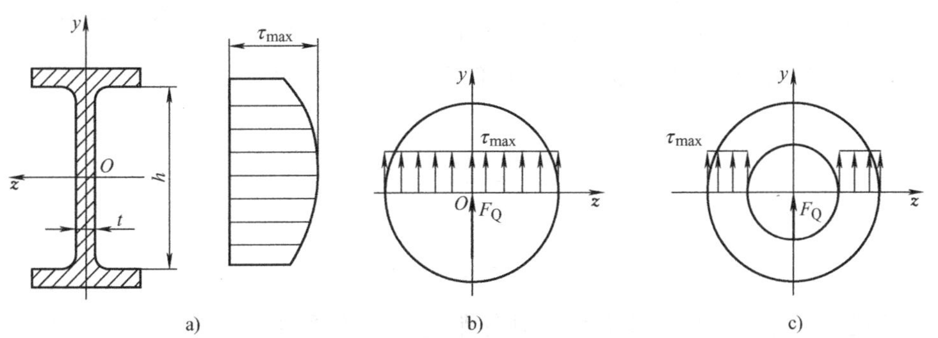

图4-4-30 不同截面切应力分布规律

a）工字形截面 b）圆形截面 c）圆环形截面

（1）工字形截面

$$\tau_{max}=\frac{F_Q}{A}(A\text{ 为腹板面积})\tag{4-4-18}$$

（2）圆形截面

$$\tau_{max}=\frac{4F_Q}{3A}\tag{4-4-19}$$

（3）圆环形截面

$$\tau_{max}=\frac{2F_Q}{A}\tag{4-4-20}$$

八、梁弯曲时的强度计算

1. 弯曲正应力强度条件

由前述分析可知，梁弯曲时截面上的最大正应力发生在截面的上、下边缘处。对于等截面直梁来说，其最大正应力一定在最大弯矩截面的上下边缘处。要使梁具有足够的强度，必须使梁的最大工作应力不得超过材料的许用应力，所以，弯曲正应力强度条件为

$$\sigma_{max}\leqslant[\sigma]$$

即

$$\sigma_{max}=\left(\frac{M}{W_z}\right)_{max}\leqslant[\sigma]\tag{4-4-21}$$

需要说明的是：

1）式(4－4－21）是以平面纯弯曲正应力建立的强度条件，对于剪切弯曲的梁，只要梁的跨度 l 远大于截面高度 h（$l/h>5$）时，截面剪力对正应力的分布影响很小，可以忽略不计。因此对于剪切弯曲的正应力强度计算仍用纯弯曲应力建立的强度条件。

2）用式(4-4-21）对梁进行强度计算时，需具体问题具体分析。工程实际中，为了充分发挥梁的弯曲承载能力，根据塑性材料抗拉与抗压性能相同的特征，即 $[\sigma_+]=[\sigma_-]$，一般宜采用上、下对称于中性轴的截面形状，按式(4-4-21）对梁进行强度计算。而对于脆性材料抗拉与抗压性能不相同的特征，即 $[\sigma_+]<[\sigma_-]$，一般宜采用上、下不对称中性轴的截面形状，如图 4-4-31 所示的 T 形截面，其强度条件为

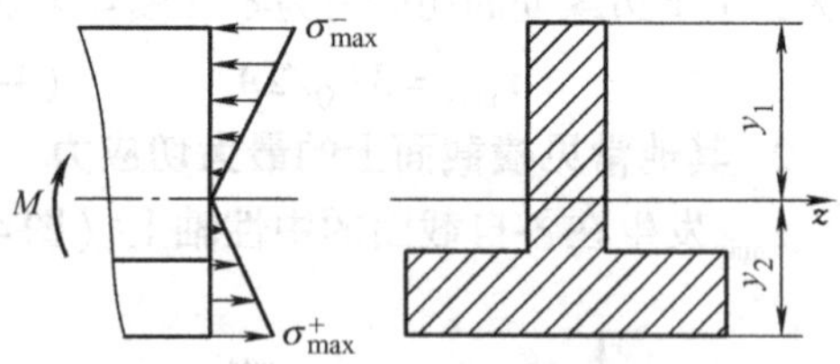

图 4-4-31　T 形截面应力计算

$$\left.\begin{aligned}\sigma^-_{max}&=\frac{My_1}{I_z}\leqslant[\sigma_-]\\ \sigma^+_{max}&=\frac{My_2}{I_z}\leqslant[\sigma_+]\end{aligned}\right\}\tag{4-4-22}$$

式中，y_1 为受压一侧的截面边缘到中性轴的距离；y_2 为受拉一侧的截面边缘到中性轴的距离。

2. 弯曲切应力强度条件

对于短跨梁、薄壁梁或承受较大剪力的梁，除了进行弯曲正应力强度计算外，还应进行

弯曲切应力强度计算。梁弯曲时最大切应力通常发生在中性轴上各点处，为使梁的强度足够，必须使梁内的最大切应力 τ_{max} 不超过材料的许用切应力［τ］，所以，梁的弯曲切应力强度条件为

$$\tau_{max} \leqslant [\tau] \tag{4-4-23}$$

例 4-4-12　一吊车用 32c 工字钢制成，可将其简化为一简支梁（图 4-4-32a），梁长 $l=10m$，自重力不计。若最大起重载荷 $F=35kN$（包括葫芦和钢丝绳），许用应力为［σ］$=130MPa$，试校核梁的强度。

Ⅰ. 题目分析

工字钢是关于截面中性轴对称的截面，要校核此梁的强度，需根据梁的正应力强度条件式(4-4-21)求解。先求出梁上危险截面处的最大弯矩，根据附录查出 32c 工字钢的抗弯截面系数 W_z，再代入强度条件进行强度校核。

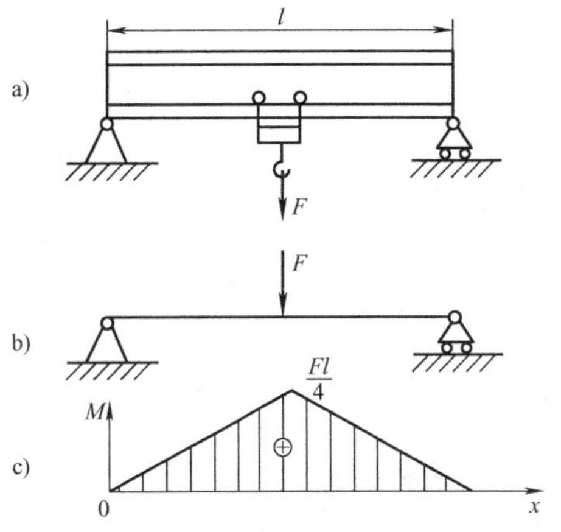

图 4-4-32　吊车工作示意图

a）吊车工作示意图　b）吊车梁受力图　c）弯矩图

Ⅱ. 题目求解

解：（1）求最大弯矩。当载荷在中点时，该处产生最大弯矩，由图 4-4-32c 可得

$$M_{max}=Fl/4=[(35\times10)/4]kN\cdot m=87.5kN\cdot m$$

（2）校核梁的强度。查型钢表得 32c 工字钢的抗弯截面系数 $W_z=760\ cm^3$，所以

$$\sigma_{max}=\frac{M_{max}}{W_z}=\frac{87.5\times10^6}{760\times10^3}MPa=115.1MPa<[\sigma]$$

所以该梁满足强度要求。

Ⅲ. 题目关键点解析

求解本题的关键在于正确判断梁的危险截面和危险点。对于许用拉应力与许用压应力相同的材料，如采用中性轴为对称轴的截面，则产生最大拉应力与最大压应力的点为最大弯矩截面的上下边缘上的点。

例 4-4-13　槽形截面铸铁梁如图 4-4-33a 所示，形心的位置尺寸 $y_1=77mm$，$y_2=120mm$，已知截面对形心轴 z 的惯性矩 $I_z=5260\times10^4mm^4$，材料的许用拉应力［σ_+］$=30MPa$，许用压应力［σ_-］$=90MPa$。试确定该梁的许可载荷［F］。

Ⅰ. 题目分析

槽形截面是关于截面中性轴非对称的截面，其危险截面上的最大拉应力和最大压应力不相等，又因脆性材料的许用压应力大于许用拉应力，所以需根据梁的正应力强度条件式(4-4-22)分别校核求解许可载荷。先求出梁上危险截面处的最大弯矩，再对应代入强度条件求出满足拉应力、压应力强度条件的许可载荷，为满足梁的强度条件，取两者中的较小值即可。

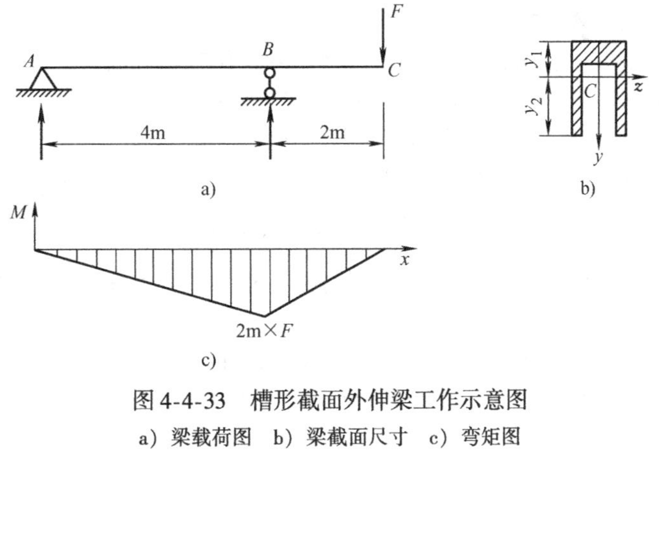

图 4-4-33　槽形截面外伸梁工作示意图

a）梁载荷图　b）梁截面尺寸　c）弯矩图

Ⅱ. 题目求解

解：（1）确定最大弯矩。作出弯矩图如图 4-4-33c 所示，可见最大弯矩发生在截面 B 处，其大小为

$$|M|_{max}=2m\times F$$

（2）确定许可载荷 $[F]$。截面 B 处弯矩为负值，则梁上侧受拉、下侧受压，因而，危险截面处最大拉应力和最大压应力分别发生在该截面的上边缘和下边缘各点处，应根据式(4-4-22) 分别进行强度计算。

由拉应力强度条件

$$\sigma_{max}^{+}=\frac{|M|_{max}y_1}{I_z}=\frac{2F\times10^3\text{mm}\times77\text{mm}}{5260\times10^4\text{mm}^4}\text{MPa}\leqslant30\text{MPa}$$

得
$$F\leqslant10.25\times10^3\text{N}=10.25\text{kN}$$

由压应力强度条件

$$\sigma_{max}^{-}=\frac{|M|_{max}y_2}{I_z}=\frac{2F\times10^3\text{mm}\times120\text{mm}}{5260\times10^4\text{mm}^4}\text{MPa}\leqslant90\text{MPa}$$

得
$$F\leqslant19.73\times10^3\text{N}=19.73\text{kN}$$

通过比较，此梁的许可载荷为

$$[F]=10.25\text{kN}$$

Ⅲ. 题目关键点解析

在进行梁的强度计算时，对于脆性材料，许用压应力一般大于许用拉应力。在采用中性轴为非对称的截面时，比如槽形截面、T 形截面等，需要同时考虑最大正弯矩和最大负弯矩所在截面边缘上的点，分别校核其拉应力强度和压应力强度。本题只有最大负弯矩，因此只需对 B 截面进行强度的相关计算即可。

例 4-4-14 如图 4-4-34a 所示简支梁，采用工字钢制造。材料的许用正应力 $[\sigma]=140\text{MPa}$，许用切应力 $[\tau]=80\text{MPa}$。试选择合适的工字钢型号。

Ⅰ. 题目分析

本题需从正应力强度条件和切应力强度条件来选择工字钢的型号。根据已知条件，先作出剪力图和弯矩图，求出危险截面的 M_{max}、$F_{Q\max}$，代入正应力强度条件选出工字钢型号，然后再利用切应力强度条件校核即可求解。

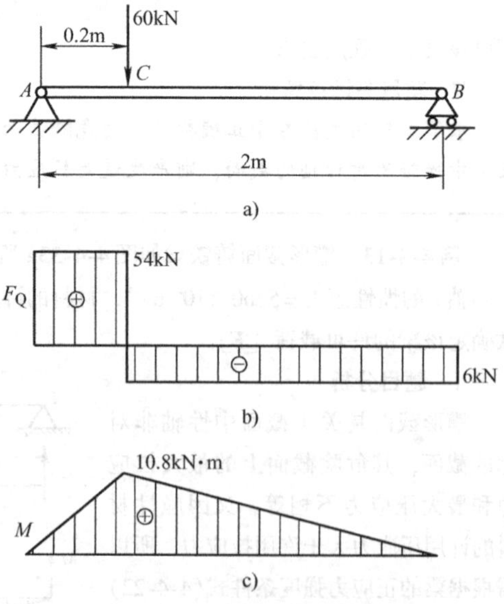

图 4-4-34 简支梁工作示意图

a）简支梁工作简图 b）剪力图 c）弯矩图

Ⅱ. 题目求解

解：（1）用静力学平衡方程得梁的约束力 $F_A=54\text{kN}$，$F_B=6\text{kN}$，并作剪力图和弯矩图分别如图 4-4-34b、c 所示，得 $F_{Q\max}=54\text{kN}$，$M_{max}=10.8\text{kN}\cdot\text{m}$。

（2）选择工字钢型号。由正应力强度条件得

$$W_z\geqslant\frac{M_{max}}{[\sigma]}=\frac{10.8\times10^6}{140}\text{mm}^3=77.1\times10^3\ \text{mm}^3$$

查型钢表，选用 12.6 号工字钢，$W_z=77.529\times10^3\text{mm}^3$，$h=126\text{mm}$，$t=8.4\text{mm}$，$d=5\text{mm}$。

（3）切应力校核。12.6 号工字钢腹板面积为

$$A=(h-2t)d=[(126-2\times8.4)\times5]\text{mm}^2=546\ \text{mm}^2$$

$$\tau_{\max}=\frac{F_Q}{A}=\frac{54\times10^3}{546}\text{MPa}=98.9\text{MPa}>[\tau]$$

故需重选。选用14号工字钢，其中 $h=140\text{mm}$，$t=9.1\text{mm}$，$d=5.5\text{mm}$，则

$$A=(h-2t)d=[(140-2\times9.1)\times5.5]\text{mm}^2=669.9\text{ mm}^2$$

$$\tau_{\max}=\frac{F_Q}{A}=\frac{54\times10^3}{669.9}\text{MPa}=80.6\text{MPa}>[\tau]$$

最大切应力不超过许用应力的5%，工程上可以认为是安全的，所以最后确定选用14号工字钢。

Ⅲ. 题目关键点解析

解决此类题目的关键在于能够正确判断梁的危险截面和危险点。对于等直梁，最大正弯矩或最大负弯矩所在截面为弯曲正应力的危险截面，危险点在危险截面的上下边缘处。最大剪力所在截面为弯曲切应力的危险截面，危险点在危险截面的中性轴处。

在梁的强度分析中，必须同时满足正应力和切应力的强度条件，通常按正应力强度条件选择横截面的尺寸和形状，或者确定许可载荷，然后再按切应力强度条件进行校核。

九、梁的弯曲变形与刚度条件

工程实际中，梁除了应有足够的强度外，还必须具有足够的刚度，即在载荷作用下梁的弯曲变形不能过大，否则梁就不能正常工作。如齿轮轴变形过大，会使齿轮不能正常啮合，产生振动和噪声；起重机横梁的变形过大，使吊车移动困难；机械加工中刀杆或工件的变形，将导致较大的制造误差（图4-4-35）。因此，工程中对梁的变形有一定要求，即其变形量不得超出工程容许的范围。

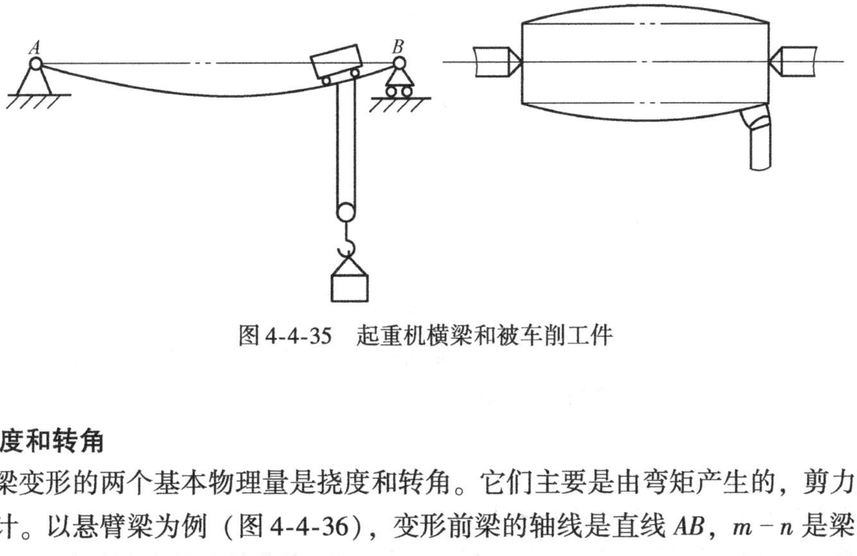

图4-4-35　起重机横梁和被车削工件

1. 挠度和转角

度量梁变形的两个基本物理量是挠度和转角。它们主要是由弯矩产生的，剪力的影响可以忽略不计。以悬臂梁为例（图4-4-36），变形前梁的轴线是直线 AB，$m-n$ 是梁的一横截面。变形后 AB 变为光滑的连续曲线 AB_1。

$m-n$ 转到了 m_1-n_1 的位置。轴线上各点在 y 方向上的位移称为**挠度**，在 x 方向上的位移很小可忽略不计。各横截面相对原来位置转过的角度称为**转角**。图中的 CC_1 即为 C 点的挠度，如规定向上的挠度为正值，则 CC_1 为负值。图中的 θ 为 $m-n$ 截面的转角，规定逆时针转动的转角为正，反之为负。可以看出，转角的大小与挠曲线上 C_1 点的切线与 x 轴的夹

角相等。曲线 AB_1 表示了全梁各截面的挠度值，称为梁的**挠曲线**。挠曲线是梁截面位置坐标x 的函数，记作

$$y=f(x) \tag{4-4-24}$$

式(4-4-24) 称为**挠曲线方程**。

由高等数学知识可知，挠曲线上任一点的切线斜率 $\tan\theta$，等于挠曲线方程 $y=f(x)$ 在该点的一阶导数，即

$$\tan\theta=\frac{\mathrm{d}y}{\mathrm{d}x}=y'=f'(x)$$

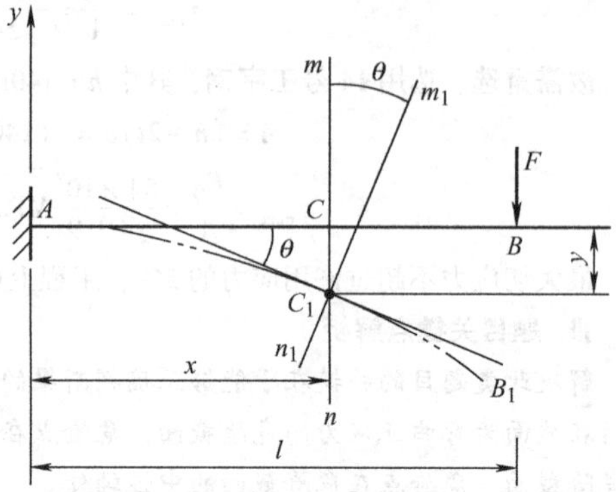

图 4-4-36 悬臂梁的挠度和转角

工程中梁的变形很小，转角 θ 角也很小，所以

$$\theta\approx\tan\theta=f'(x) \tag{4-4-25}$$

式(4-4-25) 称为**转角方程**，即梁上任一截面的转角 θ 等于该截面的挠度 y 对 x 的一阶导数，其中 θ 的单位为 rad。

在建立纯弯曲正应力计算公式时，曾得到曲率公式(式 4-4-4)，即

$$\frac{1}{\rho}=\frac{M}{EI_z}$$

该式是在纯弯曲情况下得到的，通常剪力对弯曲变形的影响很小，可以忽略不计，则该式也可用于一般的横力弯曲。由于梁轴上各点的曲率 $1/\rho$ 和弯矩 M 均是横截面位置的函数，因而可写为

$$\frac{1}{\rho(x)}=\frac{M(x)}{EI} \tag{a}$$

由高等数学知识可知，平面曲线 $y=f(x)$ 上任一点处的曲率为

$$\frac{1}{\rho(x)}=\pm\frac{y''}{(1+y'^2)^{\frac{3}{2}}} \tag{b}$$

将式(b) 代入式(a)，得

$$\pm\frac{y''}{(1+y'^2)^{\frac{3}{2}}}=\frac{M(x)}{EI}$$

由于工程实际中的梁变形一般都很小，挠曲线是一条极平坦的曲线，梁的转角 $y'(=\theta)$ 值很小，y'^2 可忽略不计，于是得到近似式

$$\pm y''=\frac{M(x)}{EI} \tag{c}$$

根据弯矩符号的规定，在如图 4-4-37 所示的坐标系下，弯矩 M 与二阶导数 y''的正负号始终一致，因此可得

$$y''=\frac{M(x)}{EI} \tag{4-4-26}$$

式(4-4-26) 称为挠曲线近似微分方程。

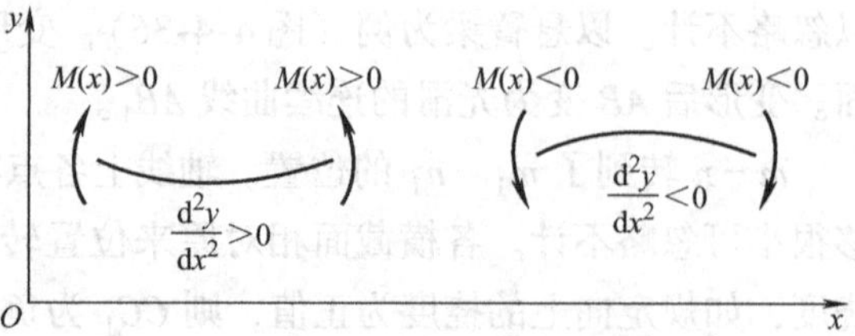

图 4-4-37 弯矩正负号规定

2. 积分法求梁的变形

对挠曲线近似微分方程（4-4-26）积分，即可求得梁的转角方程和挠曲线方程。对于同一材料的等截面梁，其抗弯刚度 EI 为常量。将方程（4-4-26）两边乘以 dx，积分一次得转角方程

$$\theta = \frac{dy}{dx} = \frac{1}{EI}\int M(x)\,dx + C \tag{4-4-27}$$

将式(4-4-27）积分一次得挠度方程

$$y = \frac{1}{EI}\iint M(x)\,dx \cdot dx + Cx + D \tag{4-4-28}$$

式中，C、D 为积分常数，可由梁的边界条件或连续条件来确定。积分常数 C、D 确定后，分别代入式(4-4-27）和式(4-4-28)，即得转角方程和挠曲线方程。

在梁的支座处，根据支座提供的位移限制特征，可给定挠度和转角。例如图 4-4-38 所示的悬臂梁，在固定端 A 处，$x=0$，$y=0$，$\theta=0$。又如图 4-4-39 所示的简支梁，在支座 A 处，$x=0$，$y=0$；在支座 B 处，$x=l$，$y=0$。

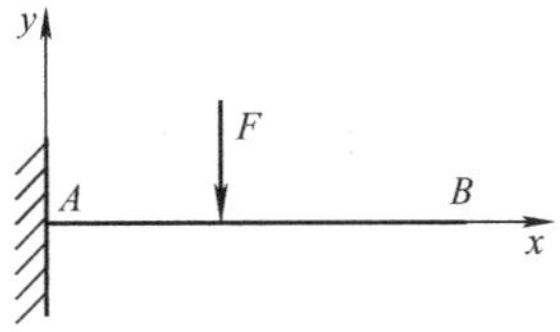

图 4-4-38　悬臂梁示意图

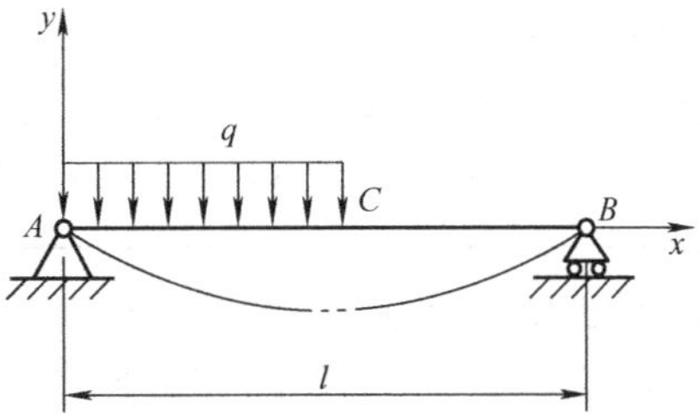

图 4-4-39　简直梁示意图

梁的连续光滑条件，是指在相邻区间交界处，截面的转角和挠度分别相等。如图 4-4-39 所示的简支梁，在 C 截面上，$y_{C左}=y_{C右}$，$\theta_{C左}=\theta_{C右}$。应注意的是，对于具有中间铰的组合梁，在中间铰左右两截面的挠度依然相等，但转角可不等。

例 4-4-15　图 4-4-40 所示悬臂梁，自由端受集中力 F 作用，若梁的抗弯刚度 EI 为常量，试求自由端 B 处的挠度和转角。

Ⅰ. 题目分析

利用截面法求出弯矩方程，列出悬臂梁的挠曲线近似微分方程，积分一次得转角方程，积分两次得挠度方程，然后根据边界条件确定积分常数，代入转角方程和挠度方程即可求解。

Ⅱ. 题目求解

解：（1）列弯矩方程。选取坐标系如图 4-4-40 所示，任意横截面上的弯矩为

$$M(x) = F(l-x)$$

（2）列挠曲线微分方程并积分

$$y'' = \frac{F(l-x)}{EI}$$

积分一次得

$$EIy' = Flx - \frac{1}{2}Fx^2 + C \tag{a}$$

再次积分得

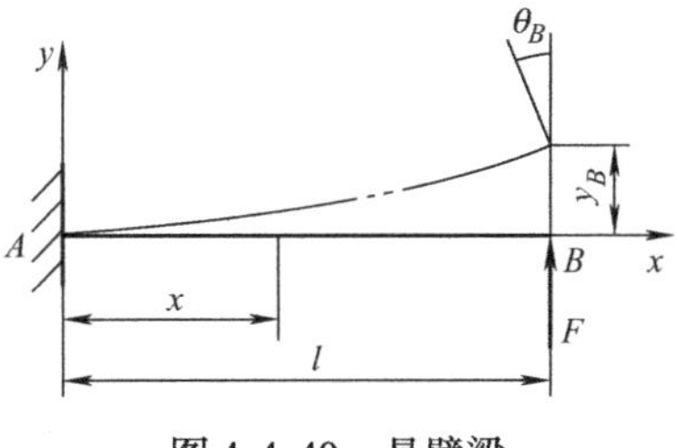

图 4-4-40　悬臂梁

$$EIy = \frac{Fl}{2}x^2 - \frac{F}{6}x^3 + Cx + D \tag{b}$$

(3) 确定积分常数。在固定端 A 处已知的边界条件为：当 $x=0$ 时，$\theta_A=0$，$y_A=0$。将此边界条件分别代入式(a)、式(b) 得

$$C=0,\ D=0$$

(4) 建立转角方程和挠曲线方程。将积分常数 C、D 的值代入式(a)、式(b) 得

$$\theta = \frac{Fx}{2EI}(2l-x) \tag{c}$$

$$y = \frac{Fx^2}{6EI}(3l-x) \tag{d}$$

(5) 确定自由端 B 处的挠度和转角。可以看出，自由端 B 处存在挠度最大值和转角最大值。将 $x=l$ 代入式(c)、式(d)，得

$$\theta_B = \frac{Fl^2}{2EI}$$

$$y_B = \frac{Fl^3}{3EI}$$

所得结果均为正值，表示自由端 B 处的转角为逆时针转向，挠度向上。

Ⅲ. 题目关键点解析

求解本题目的关键在于能正确列出悬臂梁的弯矩方程和挠曲线近似微分方程。会根据梁的边界条件和连续光滑条件确定积分常数，然后代入挠度方程和转角方程，即可求解。

例 4-4-16 桥式起重机的大梁可简化为简支梁，如图 4-4-41 所示，试讨论在自重载荷 q 作用下，简支梁的弯曲变形。

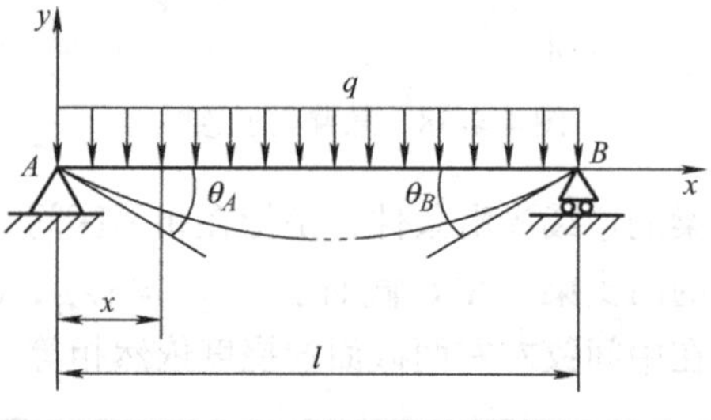

图 4-4-41 起重机大梁简图

Ⅰ. 题目分析

本题和上例分析过程类似。不同的是，需要根据转角方程和挠度方程，求出梁的最大转角和最大挠度。

Ⅱ. 题目求解

解：(1) 列弯矩方程。由对称性可知，梁 A、B 支座处的约束力相等，即

$$F_A = F_B = \frac{ql}{2}$$

则坐标为 x 截面上的弯矩为

$$M(x) = \frac{1}{2}qlx - \frac{1}{2}qx^2$$

(2) 列挠曲线微分方程并积分。将弯矩方程代入挠曲线微分方程 $y'' = \frac{M(x)}{EI}$，得

$$EIy'' = \frac{1}{2}qlx - \frac{1}{2}qx^2$$

积分一次得

$$EIy' = \frac{1}{4}qlx^2 - \frac{1}{6}qx^3 + C \tag{a}$$

再次积分得

$$EIy = \frac{1}{12}qlx^3 - \frac{1}{24}qx^4 + Cx + D \tag{b}$$

(3) 确定积分常数。梁在两端铰支座上的挠度都等于零，故得

$$x=0\text{ 处}，y_A=0$$

$$x=l\text{ 处}，y_B=0$$

将上述边界条件代入挠度 y 的表达式(b)，可得

$$C=-\frac{ql^3}{24},\ D=0$$

(4) 建立转角方程和挠曲线方程。将积分常数 C、D 的值代入式(a)、式(b) 得转角方程和挠曲线方程分别为

$$\theta=\frac{1}{EI}\left(\frac{1}{4}qlx^2-\frac{1}{6}qx^3-\frac{ql^3}{24}\right)$$

$$y=\frac{1}{EI}\left(\frac{1}{12}qlx^3-\frac{1}{24}qx^4-\frac{ql^3}{24}x\right)$$

(5) 求最大挠度和最大转角。在跨度中点，挠曲线切线的斜率等于零，挠度 y 为极大值。即

当 $x=0.5l$ 时，
$$y_C=-\frac{5ql^4}{384EI}$$

负号表示挠度向下。

在 A、B 两端，截面转角的数值相等、负号相反，且绝对值最大。即

当 $x=0$ 时，
$$\theta_A=-\frac{ql^3}{24EI}$$

当 $x=l$ 时，
$$\theta_B=\frac{ql^3}{24EI}$$

Ⅲ. 题目关键点解析

1) 在转角方程和挠曲线方程中，积分常数的数目一定等于梁的位移边界条件和连续光滑条件的总数目。注意在固定端处，梁的转角和挠度均为零；在铰支座处，梁的挠度为零；在中间铰处，挠度连续，而转角不连续。

2) 在梁的弯矩方程 $M(x)$ 或抗弯刚度 EI 不连续处，必须分段积分，分段建立转角方程和弯矩方程。

3) θ_{max} 和 y_{max} 所在位置的判断，利用对称性。悬臂梁受同向的横向载荷如例题 4-4-15，或横向载荷和集中力偶对固定端之矩具有相同符号时，θ_{max} 和 y_{max} 出现在自由端；简支梁的 θ_{max} 出现在左或右支座截面处，y_{max} 出现在 $\theta=0$ 的截面处；载荷和结构均对称时，对称截面（不含中间铰）上的转角为零。注意 θ_{max} 和 y_{max} 均指绝对值。

积分法是梁变形计算的基本方法，是其他计算方法的基础。积分法的优点在于适用性广泛，可用于求各种载荷作用下各种截面梁的转角和挠曲线的普遍方程。其缺点是计算过程冗繁，在只求少数指定截面的转角和挠度时，采用其他方法较简便，比如叠加法。

3. 叠加法求梁的变形

工程上为了快速求梁的变形，把常见梁及常见简单载荷组合起来，列出了它们的变形情况如表 4-4-5 所示，我们可根据实际情况进行对照求解。如梁上受到多个载荷，且梁在弹性变形的情况下，可以把它分解成若干简单载荷分别作用的情况，最终的变形是这若干个简单载荷叠加的结果。即梁在几个载荷共同作用下产生的变形等于各个载荷分别作用时产生的变形的代数和。这种求梁变形的方法称为**叠加法**。下面举例说明叠加法的具体应用。

例 4-4-17 抗弯刚度为 EI 的简支梁如图 4-4-42 所示，全梁受向下的分布载荷 q，中点受向上的集中力 F，试求梁中点的挠度和铰支座处的转角 θ_A、θ_B。

Ⅰ. 题目分析

本题用叠加法计算梁上指定截面的挠度和转角。将梁所受载荷分解为集中力 F 和集度为 q 的均布载荷分别单独作用在梁上，然后根据表 4-4-5 查两种载荷情况下对应截面上的挠度和转角，按代数值相加即可求解。

Ⅱ. 题目求解

解：将梁的受力分解为集中力 F 和分布力 q 两种情况，查表 4-4-5。

受集中力时

$$y_{CF}=\frac{Fl^3}{48EI},\ \theta_{AF}=\frac{Fl^2}{16EI},\ \theta_{BF}=-\frac{Fl^2}{16EI}$$

受分布力时

$$y_{Cq}=-\frac{5ql^4}{384EI},\ \theta_{Aq}=-\frac{ql^3}{24EI},\ \theta_{Bq}=\frac{ql^3}{24EI}$$

进行叠加

$$y_C=y_{CF}+y_{Cq}=\frac{Fl^3}{48EI}-\frac{5ql^4}{384EI}$$

$$\theta_A=\theta_{AF}+\theta_{Aq}=\frac{Fl^2}{16EI}-\frac{ql^3}{24EI}$$

$$\theta_B=\theta_{BF}+\theta_{Bq}=-\frac{Fl^2}{16EI}+\frac{ql^3}{24EI}$$

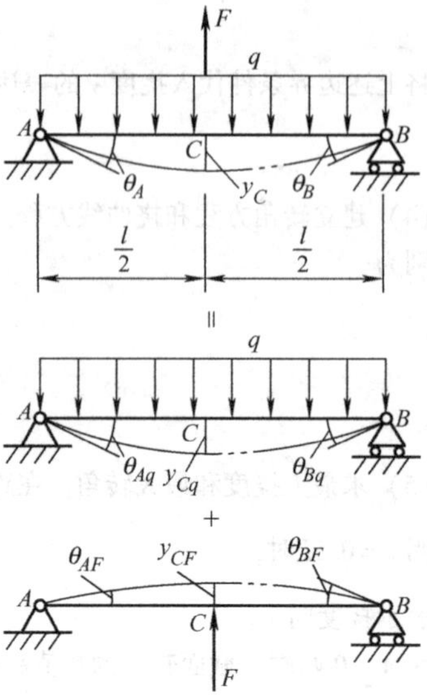

图 4-4-42 叠加法求梁的变形

Ⅲ. 题目关键点解析

采用叠加法计算梁的变形时，将梁所受多种载荷分解为若干个简单载荷的叠加，分解的目的是每一种简单载荷的变形有表可查。查表 4-4-5 时，要考虑题中载荷方向或转向与表中的差异，调整挠度和转角的正负号，还要考虑题中与表中的几何尺寸的差异，做相应调整，切忌生搬硬套。

将每一种简单载荷作用下梁的变形，按代数值相加，即可得到在多种载荷作用下梁的变形。

表 4-4-5 梁在简单载荷作用下的变形

序号	梁的简图	挠曲线方程	端截面转角	最大挠度
1	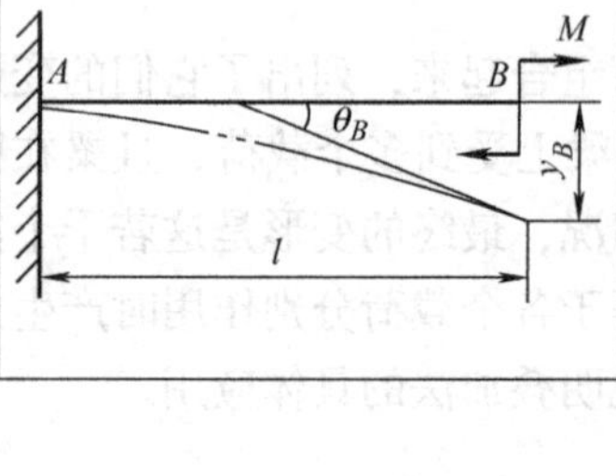	$y=\frac{Mx^2}{2EI}$	$\theta_B=-\frac{Ml}{EI}$	$y_B=-\frac{Ml^2}{2EI}$

（续）

序号	梁的简图	挠曲线方程	端截面转角	最大挠度
2	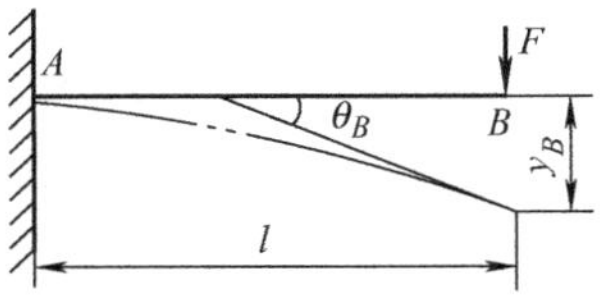	$y=-\frac{Fx^2}{6EI}(3l-x)$	$\theta_B=-\frac{Fl^2}{2EI}$	$y_B=-\frac{Fl^3}{3EI}$
3	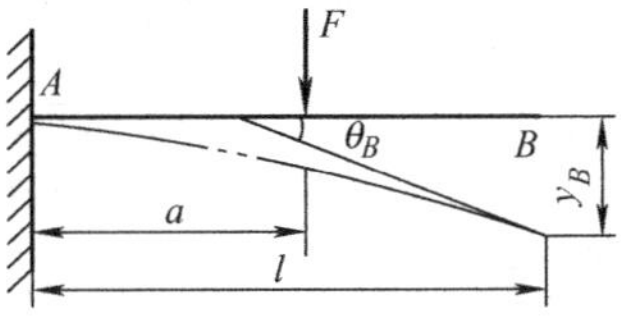	$y=-\frac{Fx^2}{6EI}(3a-x)$ $(0\leqslant x\leqslant a)$ $y=-\frac{Fa^2}{6EI}(3x-a)$ $(a\leqslant x\leqslant l)$	$\theta_B=-\frac{Fa^2}{2EI}$	$y_B=-\frac{Fa^2}{6EI}(3l-a)$
4	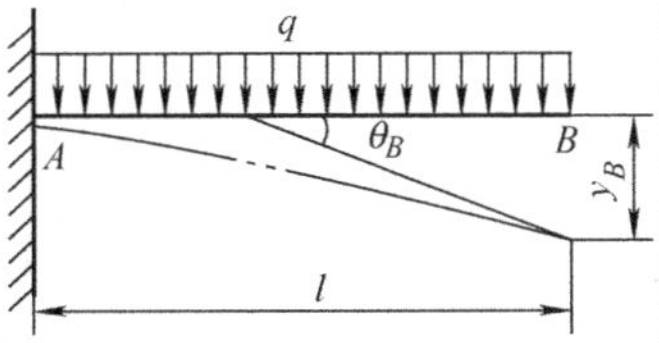	$y=-\frac{qx^2}{24EI}(x^2-4lx+6l^2)$	$\theta_B=-\frac{ql^3}{6EI}$	$y_B=-\frac{ql^4}{8EI}$
5	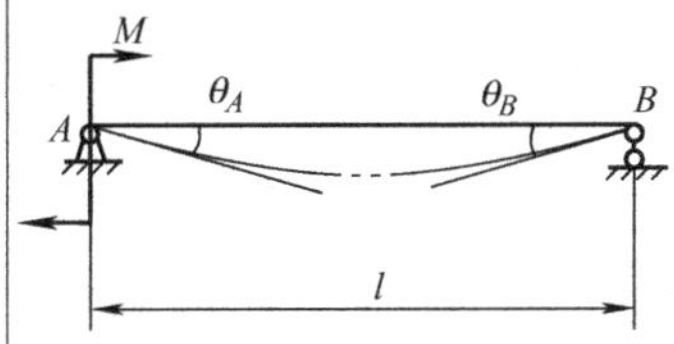	$y=-\frac{Mx}{6EIl}(l-x)(2l-x)$	$\theta_A=-\frac{Ml}{3EI}$ $\theta_B=\frac{Ml}{6EI}$	在 $x=\left(1-\frac{1}{\sqrt{3}}\right)l$ 处，$y_{max}=-\frac{Ml^2}{9\sqrt{3}EI}$ 在 $x=\frac{l}{2}$ 处，$y_{l/2}=-\frac{Ml^2}{16EI}$
6	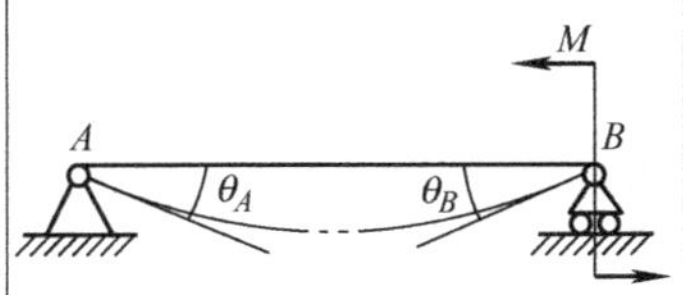	$y=-\frac{Mx}{6EIl}(l^2-x^2)$	$\theta_A=-\frac{Ml}{6EI}$ $\theta_B=\frac{Ml}{3EI}$	在 $x=\frac{l}{\sqrt{3}}$ 处，$y_{max}=-\frac{Ml^2}{9\sqrt{3}EI}$ 在 $x=\frac{l}{2}$ 处，$y_{l/2}=-\frac{Ml^2}{16EI}$
7	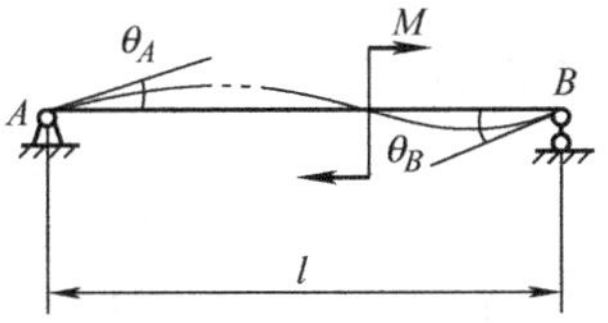	$y=\frac{Mx}{6EIl}(l^2-3b^2-x^2)$ $(0\leqslant x\leqslant a)$ $y=\frac{M}{6EIl}[-x^3+3l(x-a)^2+(l^2-3b^2)x]$ $(a\leqslant x\leqslant l)$	$\theta_A=\frac{M}{6EIl}(l^2-3b^2)$ $\theta_B=\frac{M}{6EIl}(l^2-3a^2)$	

（续）

序号	梁的简图	挠曲线方程	端截面转角	最大挠度
8	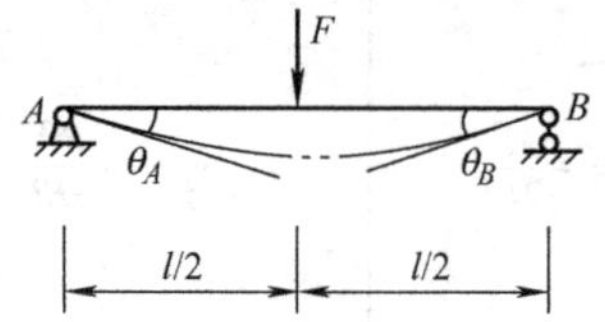	$y=-\dfrac{Fx}{48EI}(3l^2-4x^2)$ $\left(0\leqslant x\leqslant\dfrac{l}{2}\right)$	$\theta_A=-\theta_B=-\dfrac{Fl^2}{16EI}$	$y_{\max}=-\dfrac{Fl^3}{48EI}$
9	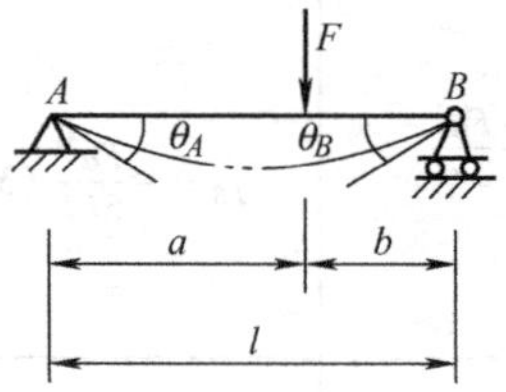	$y=-\dfrac{Fbx}{6EIl}(l^2-x^2-b^2)$ $(0\leqslant x\leqslant a)$ $y=-\dfrac{Fb}{6EIl}\left[\dfrac{l}{b}(x-a)^3+(l^2-b^2)x-x^3\right](a\leqslant x\leqslant l)$	$\theta_A=-\dfrac{Fab(l+b)}{6EIl}$ $\theta_B=\dfrac{Fab(l+a)}{6EIl}$	设$a>b$，在$x=\sqrt{\dfrac{l^2-b^2}{3}}$处，$y_{\max}=-\dfrac{Fb\sqrt{(l^2-b^2)^3}}{9\sqrt{3}EIl}$ 在$x=\dfrac{l}{2}$处，$y_{l/2}=-\dfrac{Fb(3l^2-4b^2)}{48EI}$
10	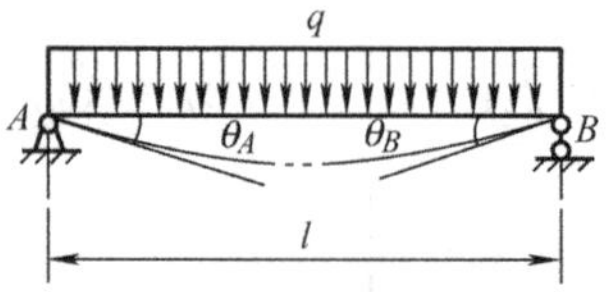	$y=-\dfrac{qx}{24EI}(l^3-2lx^2+x^3)$	$\theta_A=-\theta_B=-\dfrac{ql^3}{24EI}$	$y_{\max}=-\dfrac{5ql^4}{384EI}$
11	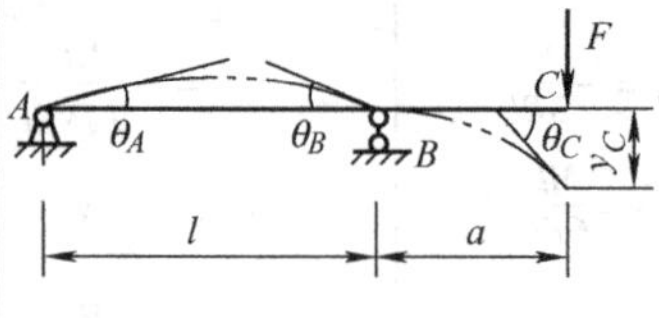	$y=-\dfrac{Fax}{6EIl}(l^2-x^2)$ $(0\leqslant x\leqslant l)$ $y=-\dfrac{F(x-l)}{6EI}[a(3x-l)-(x-l)^2]$ $[l\leqslant x\leqslant(l+a)]$	$\theta_A=\dfrac{Fal}{6EI}$ $\theta_B=-\dfrac{Fal}{3EI}$ $\theta_C=-\dfrac{Fa}{6EI}(2l+3a)$	在$x=l+a$处，$y_{\max}=-\dfrac{Fa^2}{3EI}(l+a)$ 在$x=\dfrac{l}{2}$处，$y_{l/2}=\dfrac{Fal^2}{16EI}$
12	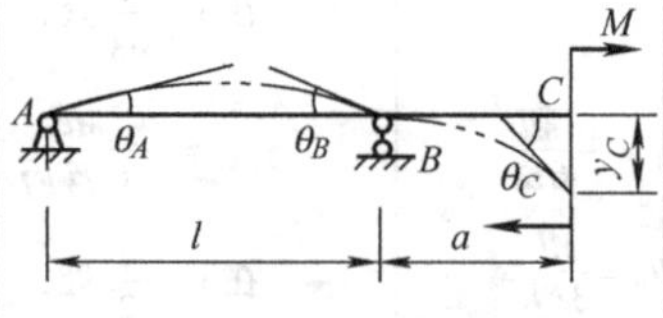	$y=-\dfrac{Mx}{6EIl}(x^2-l^2)$ $(0\leqslant x\leqslant l)$ $y=-\dfrac{M}{6EI}(3x^2-4lx+l^2)$ $[l\leqslant x\leqslant(l+a)]$	$\theta_A=\dfrac{Ml}{6EI}$ $\theta_B=-\dfrac{Ml}{3EI}$ $\theta_C=-\dfrac{M}{3EI}(l+3a)$	在$x=l+a$处，$y_C=-\dfrac{Ma}{6EI}(2l+3a)$

4. 梁弯曲的刚度条件

求得梁的挠度和转角后，工程中根据需要，限制梁的最大挠度和最大转角（或特定截面的挠度和转角），使其不超过某一规定数值，可得梁的刚度条件为

$$y_{\max}\leqslant[y] \tag{4-4-29}$$

$$\theta_{\max}\leqslant[\theta] \tag{4-4-30}$$

式中，$[y]$为许用挠度，$[\theta]$为许用转角。$[y]$、$[\theta]$的值可根据工作要求或参照有关手册确定。

在设计梁时，一般先按强度条件设计，再校核刚度条件。如所选截面不能满足刚度条件，再考虑重新选择。

十、用变形比较法解简单超静定梁

工程上常用增加约束的方法来提高梁的强度和刚度，这就构成了超静定梁。如车削加工时，如图4-4-43a所示，卡盘将工件夹紧（视为固定端）是一个静定结构。但在加工细长杆时，还要用顶尖（简化为滚动铰链支座）将工件末端顶住，必要时再使用跟刀架（简化为滚动铰链支座），可大幅提高工件的刚度，减少加工误差。但这也构成了一个超静定梁。

解超静定梁时，可将多余约束去掉，代之以约束力，并保持原约束处的变形条件，该梁称为原超静定梁的相当系统，或称静定基。对同一个超静定梁，根据解除的约束不同，可得到不同的静定基。图4-4-43c、d都是原超静定梁的静定基。下面举例说明超静定梁的解法。

例4-4-18　求作图4-4-44a所示超静定梁的弯矩图，并求出最大弯矩值（EI为常数）。

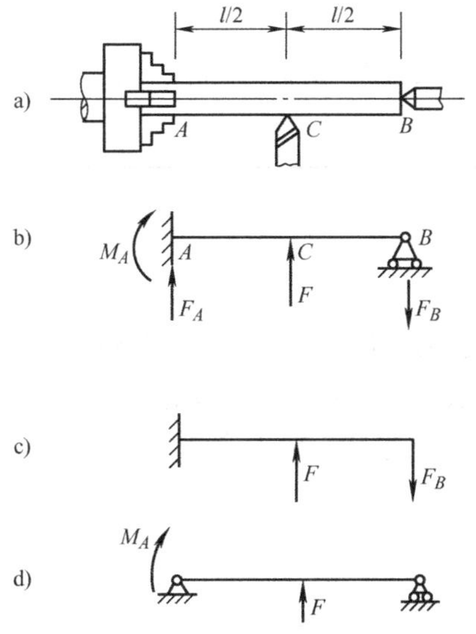

图4-4-43　超静定梁及其静定基

a）车削工件示意图　b）计算简图

c）静定基1　d）静定基2

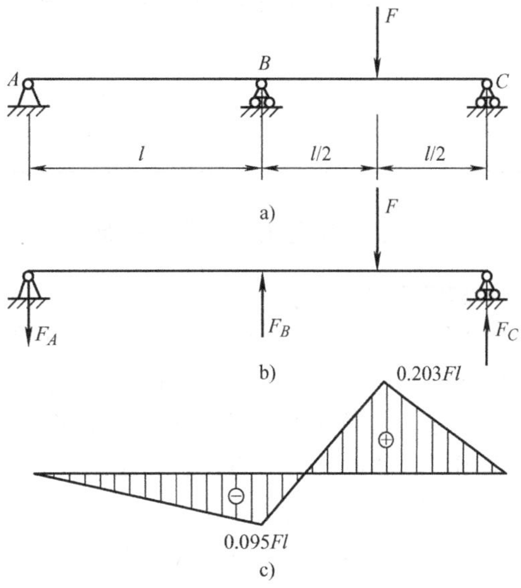

图4-4-44　三支点超静定梁

a）梁的工作简图　b）梁的载荷图

c）弯矩图

Ⅰ. 题目分析

本题采用变形比较法求解超静定梁AC的多余约束力。首先画其受力图，可判断出梁AC是一次超静定；然后解除多余约束B，并以相应的多余约束力F_B代替其作用，得到原超静定梁的相当系统；再计算相当系统在多余约束处B的位移，根据相应的变形协调条件建立补充方程，即可求出多余支座约束力F_B。之后由静力学方程求出F_A、F_C，再画弯矩图，此题得解。

Ⅱ. 题目求解

解：(1) 解除B点约束，得相当系统，且$y_B=0$，查表得

$$y_{BF}=\frac{F\cdot\dfrac{l}{2}\cdot l}{6\cdot 2lEI}\left[(2l)^2-l^2-\left(\frac{l}{2}\right)^2\right]=-\frac{11Fl^3}{96EI}$$

$$y_{BF_B}=\frac{F_B\ (2l)^3}{48EI}=\frac{F_Bl^3}{6EI}$$

根据叠加原理，$y_B = y_{BF} + y_{BF_B} = 0$，得 $F_B = \dfrac{11}{16}F$。

2）由静力平衡方程，得

$$\sum M_A(F) = 0, \qquad F_C \cdot 2l + F_B l - F \cdot \frac{3}{2}l = 0$$

$$F_C = \frac{13}{32}F$$

$$\sum F_y = 0, \qquad F_B + F_C - F_A - F = 0$$

$$F_A = \frac{3}{32}F$$

作梁的弯矩图如图 4-4-44c 所示，得梁上的最大弯矩为 $M_{max} = 0.203Fl$。

Ⅲ. 题目关键点解析

求解此类题目需要注意的是，在保持梁平衡的条件下可以去掉的约束都可以成为多余约束，选取多余约束的方案不是唯一的。但是要求所选的基本静定梁应该是几何不可变的结构且以简单为原则。当选择不同的多余约束时，相应的变形协调方程也不相同，但不会影响最终结果。本题还可以解除 C 点的约束，得到的结果相同。

本题目如去掉中间铰，则为静定梁。在受载相同的情况下，梁上的弯矩最大为 $M_{max} = 0.375Fl$，比超静定梁大得多，所以超静定梁实际上大大提高了梁的承载能力。

十一、提高梁强度和刚度的措施

1. 提高梁强度的措施

前面曾经指出，弯曲正应力是影响梁安全的主要因素。所以弯曲正应力的强度条件往往是设计梁的主要依据。从这个条件看，要提高梁的承载能力应从两方面考虑：一是合理安排梁的受力情况，以降低 M_{max} 的数值；二是采用合理的截面形状，以提高 W_z 的数值，另外还需充分利用材料的性能。下面我们分成几点进行讨论。

（1）合理安排梁的受力情况

改善梁的受力情况，尽量降低梁内最大弯矩，相对地说，也就是提高了梁的强度。

合理布置梁的支座。如图 4-4-45a 所示，$M_{max} = 0.125ql^2$；若将两端支座向里移动 $0.2l$。如图 4-4-45b 所示，则 M_{max} 减小为 $0.025ql^2$。工程中的门式起重机的大梁、锅炉筒体的支撑、家用长条凳的支撑等，都向内移动一定的距离，就是这个原因。

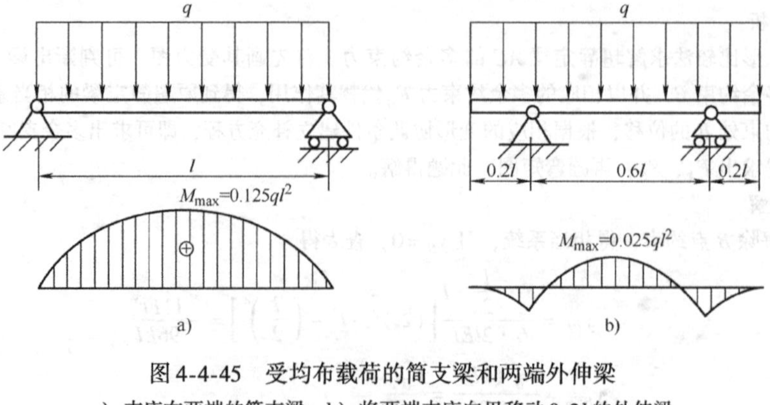

图 4-4-45　受均布载荷的简支梁和两端外伸梁

a）支座在两端的简支梁　b）将两端支座向里移动 0.2l 的外伸梁

合理布置载荷。当载荷已确定时，合理布置载荷的位置或作用方式可以减小梁上的最大弯矩，提高梁的承载能力。例如，对于梁上的集中载荷，如果能适当地将它分散，可以提高梁的抗弯强度。如图4-4-46a的简支梁所示，集中力 F 作用在梁的中点时，其最大弯矩为 $Fl/4$。如果在梁上加一根副梁将力 F 分为两个靠近支座的集中力，如图4-4-46b所示，这时最大弯矩仅为 $Fl/8$，减少了一半。同样，如果将力 F 以集度 $q=F/l$ 均布在整根梁上（图4-4-46c），也可以降低最大弯矩。其次，还可以将集中力 F 靠近梁一端的支座（图4-4-47），梁上的最大弯矩为 $5Fl/36$，也使弯矩减少了很多。在工程运输中，使用大型平板车运输重型设备过桥时，在底盘上装有多个车轮，目的就是将集中载荷分散为多个载荷，这样就大大降低了最大弯矩，提高了桥梁的承载能力，使大型平板车安全过桥。吊车采用副梁可以吊起更重的物体也是这个道理。

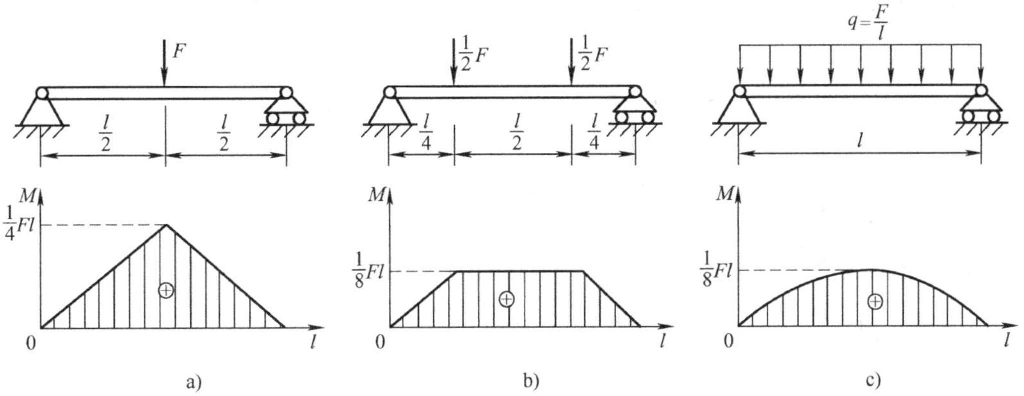

图4-4-46　受集中载荷和分散载荷的简支梁

a）集中载荷　b）分散载荷　c）均布载荷

（2）合理选择梁的截面

梁的抗弯截面系数 W_z 与截面的面积、形状有关，在满足 W_z 的情况下选择适当的截面形状，使其面积减小，可达到节约材料、减轻自重的目的。由于横截面上正应力和各点到中性轴的距离成正比，靠近中性轴的材料正应力较小，未能充分发挥其潜力，故将靠近中性轴的材料移至截面的边缘，必然使 W_z 增大。工字钢和槽钢制成的梁的截面较为合理。

若把弯曲正应力的强度条件写成

$$M_{\max} \leqslant [\sigma] W_z$$

可见，梁可能承受的 $M_{\max}$ 与抗弯截面系数 W_z 成正比，W_z 越大越有利。另一方面，使用材料的多少和自重的大小，则与截面面积 A 成正比，面积越小越经济。因而合理的截面形状应该是截面面积 A 较小，而抗弯截面系数 W_z 较大。例如使截面高度 h 大于宽度 b 的矩形截面梁，抵抗垂直平面内的弯曲变形时，如把截面竖放（图4-4-48a），则 $W_{z1}=\dfrac{bh^3}{6}$，如平放（图4-4-48b），则 $W_{z2}=\dfrac{hb^3}{6}$，两者之比是 $\dfrac{W_{z1}}{W_{z2}}=\dfrac{h}{b}>1$。

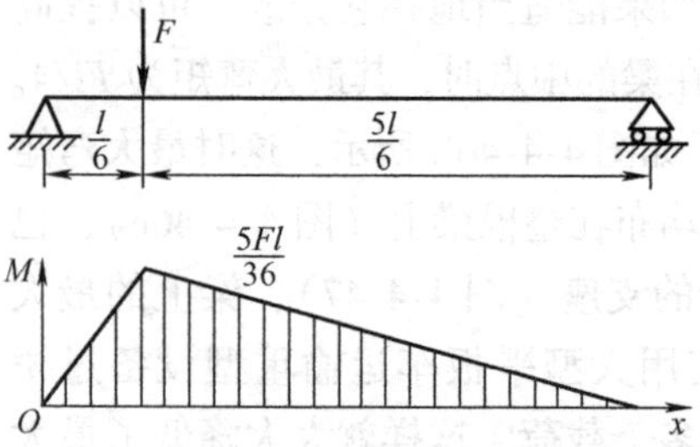

图 4-4-47　集中载荷靠近支座的简支梁

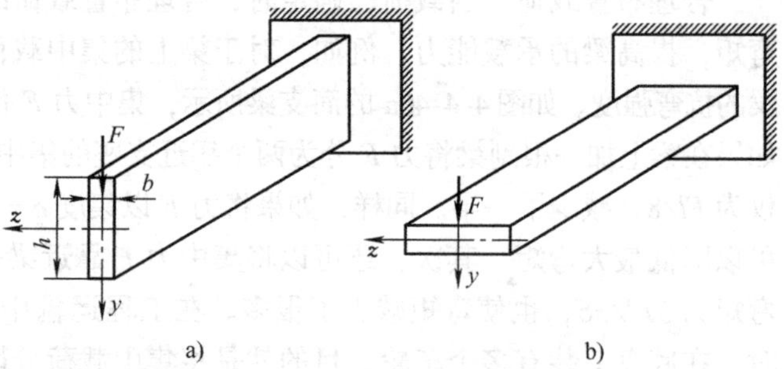

图 4-4-48　不同放置形式的矩形截面梁

a）竖放矩形截面梁　b）平放矩形截面梁

所以竖放比平放有较高的抗弯强度。因此，房屋和桥梁等建筑物中的矩形截面梁，一般都是竖放的。

截面的形状不同，其抗弯截面系数 W_z 也就不同。可以用比值$\frac{W_z}{A}$来衡量截面形状的合理性和经济性。比值$\frac{W_z}{A}$越大，则截面的形状就较为经济合理。可以算出

矩形截面的比值$\frac{W_z}{A}$为　　$\frac{W_z}{A}=\frac{1}{6}bh^2/bh=0.167h$

圆形的比值$\frac{W_z}{A}$为　　$\frac{W_z}{A}=\frac{\pi d^3}{32}/\frac{\pi d^2}{4}=0.125d$

对于其他形状的截面，也可得出形式相同的结果。因此可写成一般形式

$$\frac{W_z}{A}=kh$$

几种常用截面的比值 k 列于表 4-4-6 中。从表中所列数值看出，工字钢和槽钢比矩形截面经济合理，矩形截面比圆形截面经济合理。所以桥式起重机的大梁以及其他钢结构中的抗弯构件，经常采用工字形截面、槽形截面等。从正应力的分布规律来看，弯曲时梁截面上的点离中性轴越远，正应力越大。为了充分利用材料，应尽可能地把材料置放到离中性轴较远处。圆截面在中性轴附近聚集了较多的材料，使其未能充分地发挥作用。为了将材料移到离中性轴较远处，可将实心圆截面改为空心圆截面。至于矩形截面，如把中性轴附近的材料移置到上、下边缘处，这就成了工字形截面。

表 4-4-6　常用截面的 k 值

截面名称	正方形（对角线平置）	圆形	矩形	薄壁圆环	工字钢	理想截面
截面形状	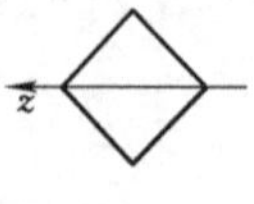	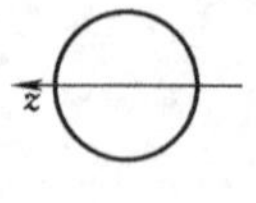	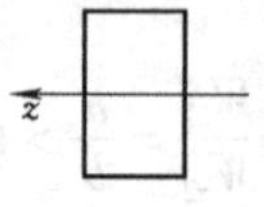	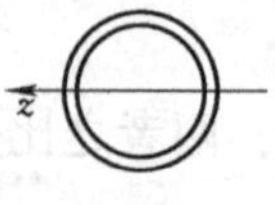	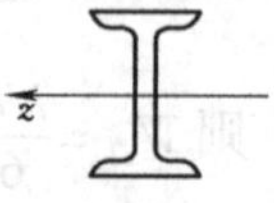	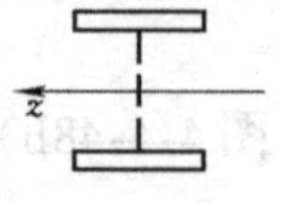
k	0.083	0.125	0.167	0.205	0.27～0.31	0.27～0.31

以上是从静载抗弯角度讨论问题。事物是复杂的，不能只从单方面考虑，例如，把一根细长的圆杆加工成空心杆，势必因加工工艺复杂而提高成本。又如轴类零件，虽然也承受弯曲，但它还承受扭转，还要完成传动任务，对它还有结构和工艺上的要求。考虑到这些方面，采用实心圆轴就比较切合实际了。

在讨论截面的合理形状时，还要考虑材料的特性。对抗拉和抗压强度相等的材料（如碳钢），宜采用对于中性轴对称的截面，如圆形、矩形等。这样可使截面上、下边缘处的最大拉应力和最大压应力数值相等，同时接近于许用应力。对抗拉和抗压强度不相等的材料（如铸铁），宜采用中性轴偏于受拉一侧的截面形状。

（3）等强度梁

前面讨论的梁都是等截面的，W_z = 常数，但梁在各个截面上的弯矩却随截面的位置而变化，对于等截面梁来说，只有在弯矩为最大值的截面上，最大应力才有可能接近许用应力。其余各截面上的弯矩较小，应力也就较低，材料没有充分利用。为了节约材料，减轻自重，可改变截面尺寸，使抗弯截面系数随弯矩而变化。在弯矩较大处采用较大截面，而在弯矩较小处采用较小截面。这种截面沿轴线变化的梁，称为变截面梁。变截面梁的正应力计算仍可近似的用等截面梁的公式，如变截面梁各横截面上的最大正应力都相等，且都等于许用应力，则该梁称为等强度梁。

等强度梁是一种理想状态的变截面梁。但考虑到加工与结构上的需要，工程实际中的变截面梁大都设计成近似等强度的，如叠板弹簧（图 4-4-49）、阶梯轴（图 4-4-50）、鱼腹梁、空调主机支撑架、屋架等。还有生活中常见的麦秆、稻秆、竹子等都是大自然中的等强度梁，比如竹子，下粗上细，高而不折，体轻质坚，是比较优质的抗弯材料，其抗弯能力强，有“植物界的钢铁”之称。

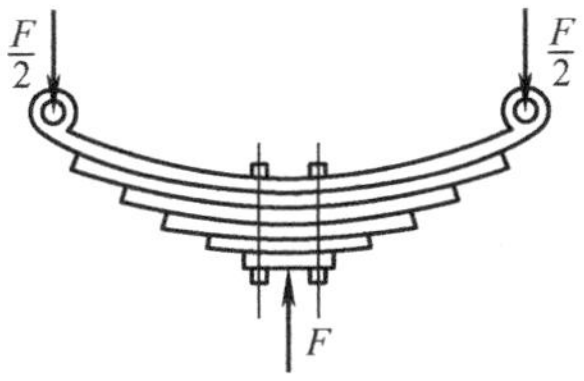

图 4-4-49 叠板弹簧

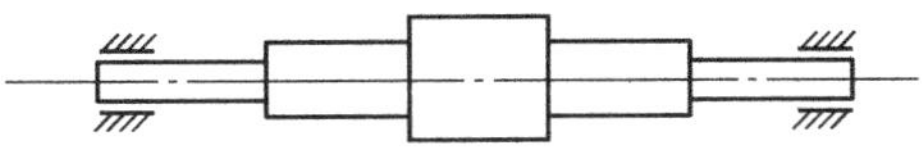

图 4-4-50 阶梯轴

2. 提高梁刚度的措施

从挠曲线的微分方程可以看出，弯曲变形与弯矩大小、跨度长短、支座条件、梁截面的惯性矩、材料的弹性模量有关，所以，提高梁的刚度应该从考虑以上各因素入手。

（1）改善结构形式，减小弯矩的数值

弯矩是引起弯曲变形的主要因素，所以减小弯矩也就是提高弯曲刚度。在结构允许的情况下，应使轴上的齿轮、带轮等尽可能地靠近支座；把集中力分散成分布力；减小跨度等都是减小弯曲变形的有效方法。如跨度缩短 1/2，挠度减为原来的 1/8。在长度不能缩短的时候，可采用增加支承的方法提高梁的刚度，变静定梁为超静定梁。

（2）选择合理的截面形状

增大截面惯性矩 I_z，也可以提高刚度。我们在前面提过，工字钢、槽钢比面积相等的矩形截面有更大的惯性矩。一般说，提高截面惯性矩，往往也同时提高了梁的强度。

（3）合理选择材料

弯曲变形还与材料的弹性模量 E 有关。因此从提高梁的刚度考虑，应选用弹性模量较大的材料。又因各种钢材的弹性模量大致相同，所以为提高刚度而采用高强度的钢材，并不会达到预期的效果。

任务实施

校核如图 4-4-1 所示任务描述中外伸梁 AD 的强度。

Ⅰ. 题目分析

T 形截面是关于截面中性轴非对称的截面，其危险截面上的最大工作拉应力和最大工作压应力不相等，又因采用脆性材料，许用压应力大于许用拉应力，所以需根据梁的正应力强度条件式(4-4-22) 分别对 $\sigma_{+\max}$、$|\sigma_{-\max}|$ 进行强度校核。先计算梁上危险截面处的弯矩值，根据梁的变形，判断危险截面上危险点的 $\sigma_{+\max}$ 和 $|\sigma_{-\max}|$，再对其进行正应力强度校核即可。

Ⅱ. 题目求解

解：（1）用平衡方程解出梁的约束力

$$F_A = 0.6\text{kN}, F_B = 2.2\text{kN}$$

作出弯矩图如图 4-4-51c 所示，得最大正弯矩在截面 C 处，$M_C = 0.6\text{kN}\cdot\text{m}$，最大负弯矩在截面 B 处，$M_B = -0.8\text{kN}\cdot\text{m}$。

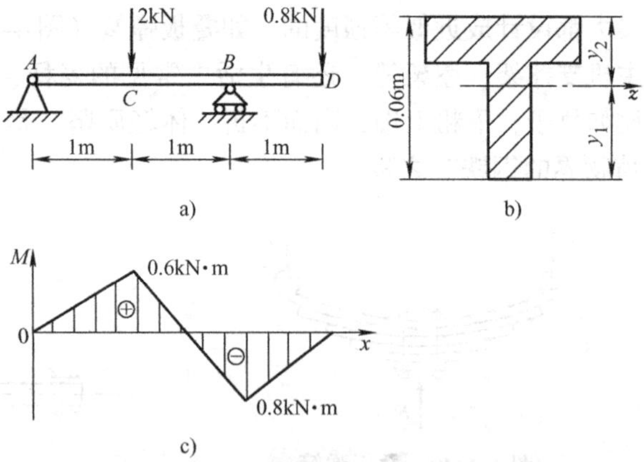

图 4-4-51 T 形截面外伸梁工作示意图

a）梁载荷简图 b）梁截面尺寸 c）T 形截面外伸梁弯矩图

（2）校核梁的强度。由梁的弯矩图可知，截面 C 和截面 B 均可能为危险截面，都要进行强度校核。根据梁的变形可以判明，截面 B 的下边缘各点及截面 C 的上边缘各点受压，截面 B 的上边缘各点及截面 C 的下边缘各点受拉。分别比较两截面的最大压应力和最大拉应力：因 $|M_B| > |M_C|$，$|y_1| > |y_2|$，故截面 B 下边缘各点处的压应力最大，即为此梁的最大的压应力。计算截面 B 上边缘各点的拉应力时，虽然 $|M_B| > |M_C|$，但 $|y_2| < |y_1|$；计算截面 C 下边缘各点的拉应力时，虽然 $|M_B| > |M_C|$，但 $|y_1| > |y_2|$，故需要经过计算后，才能判断此二处的拉应力哪处最大。

由上述分析可知，需校核以下各处的正应力：

截面 B 处：最大拉应力发生在截面上边缘各点处，得

$$\sigma_{B\max}^{+} = \frac{M_B y_2}{I_z} = \frac{0.8\times10^6\times2.2\times10}{86.8\times10^4}\text{MPa} = 20.3\text{MPa} < [\sigma_+]$$

最大压应力发生在截面下边缘各点处，得

$$\sigma_{B\max}^{-} = \frac{M_B y_1}{I_z} = \frac{0.8\times10^6 \times 3.8\times10}{86.8\times10^4}\text{MPa} = 35.2\text{MPa} < [\sigma_-]$$

截面 C 处：最大拉应力发生在截面下边缘各点处，得

$$\sigma_{C\max}^{+} = \frac{M_C y_1}{I_z} = \frac{0.6\times10^6 \times 3.8\times10}{86.8\times10^4}\text{MPa} = 26.4\text{MPa} < [\sigma_+]$$

由以上结果易知，此梁的最大压应力发生在截面 B 的下边缘各点处，最大拉应力发生在截面 C 下边缘各点处，各点应力值均小于其许用应力，所以该梁安全。

Ⅲ. 题目关键点解析

在对拉压强度不等、截面关于中性轴非对称的梁进行强度计算时，一般需要同时考虑最大正弯矩和最大负弯矩所在的两个横截面，只有当这两个横截面上危险点的应力都满足强度条件时，整根梁才是安全的。又因剪力在梁中引起的切应力较小，故只对正应力进行校核。

思考与练习

1. 什么情况下梁发生平面弯曲？如图 4-4-52 所示，悬臂梁受集中力 F 作用，F 与 y 轴的夹角如图所示。当截面为圆形、正方形、矩形时，梁是否发生平面弯曲？

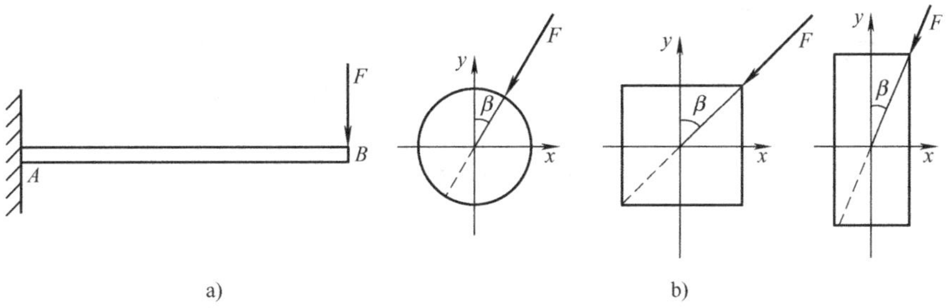

图 4-4-52　题 1 图

2. 在集中力作用处，梁的剪力图和弯矩图各有什么特点？在集中力偶作用处，梁的剪力图和弯矩图各有什么特点？

3. 扁担常在中间折断，跳水踏板易在固定端处折断，为什么？

4. 钢梁和铝梁的尺寸、约束、截面、受力均相同，其内力、最大弯矩、最大正应力及梁的最大挠度是否相同？

5. 在弯矩突变处，梁的转角、挠度有突变吗？在弯矩最大处，梁的转角、挠度一定最大吗？

6. 梁的抗弯刚度 EI_z 具有什么物理意义？它与抗弯截面系数 W_z 有什么区别？

7. 矩形截面梁如图 4-4-53 所示，试写出 A、B、C、D 各点正应力的计算公式。试问哪些点有最大正应力？

8. 工字钢形截面梁如图 4-4-54 所示，应分别在哪些截面上做正应力和切应力强度校核？

9. 试求图 4-4-55 所示各梁指定截面上的剪力和弯矩。设 q、F、a 均为已知。

10. 试作图 4-4-56 所示各梁的剪力图和弯矩图，并求出剪力和弯矩的绝对值的最大值，设 q、F、a、l 均为已知。

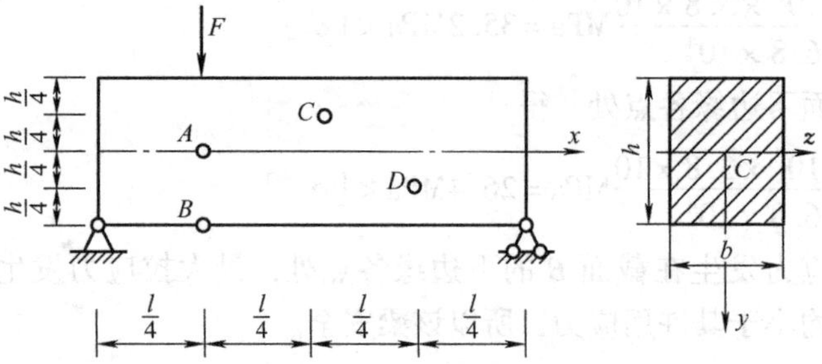

图 4-4-53　题 7 图

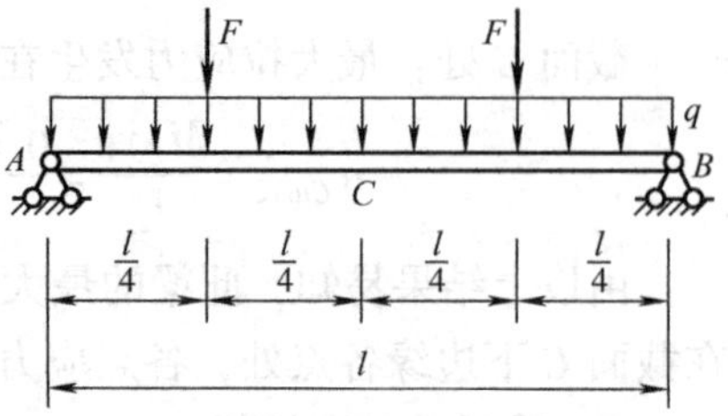

图 4-4-54　题 8 图

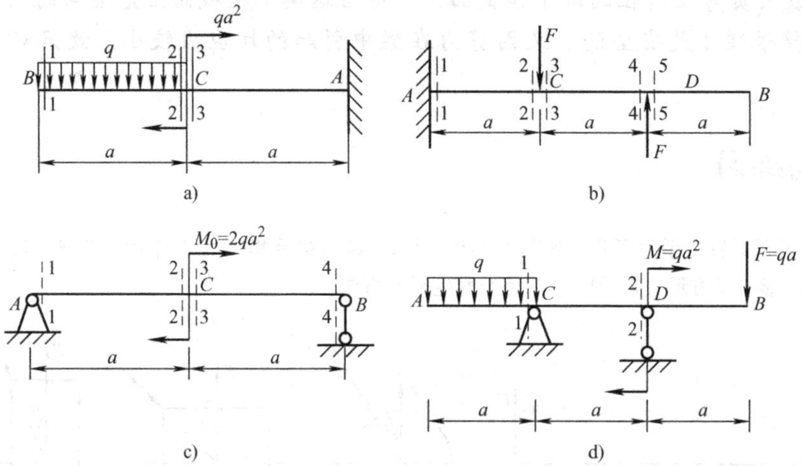

图 4-4-55　题 9 图

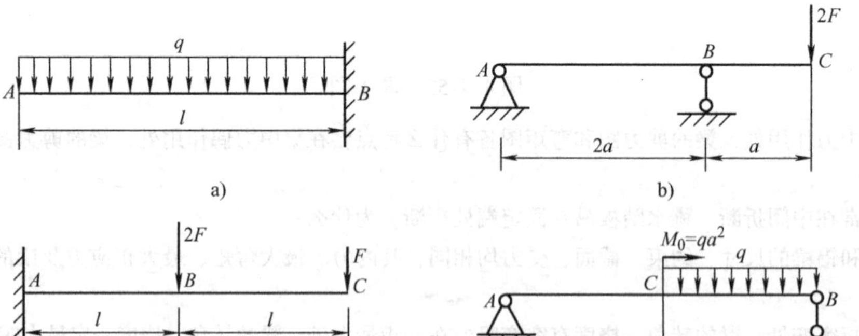

图 4-4-56　题 10 图

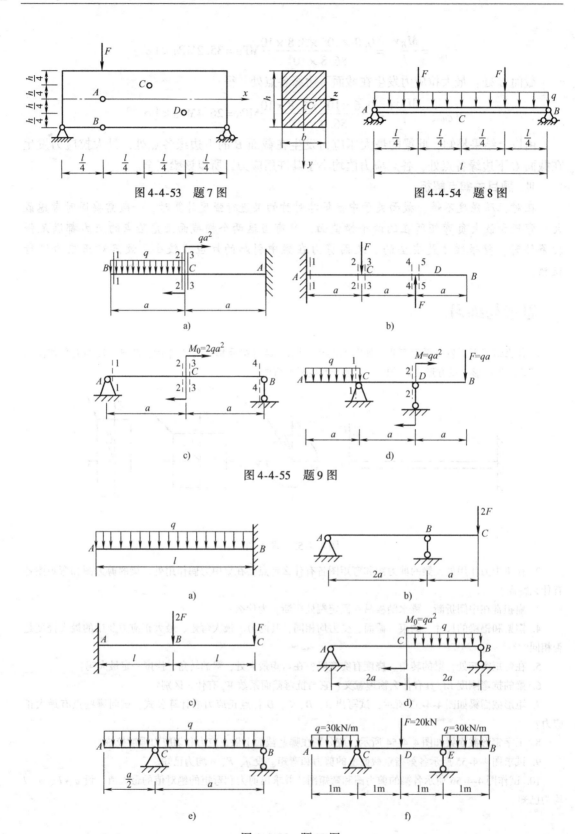

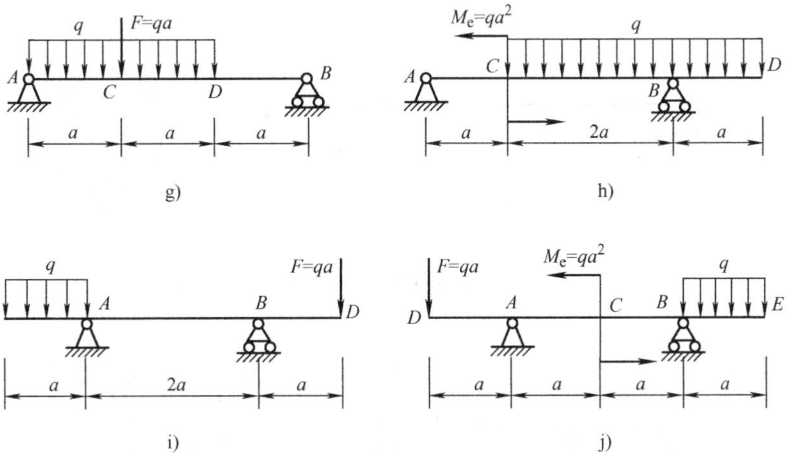

图 4-4-56　题 10 图（续）

11. 试作图 4-4-57 所示简单刚架的内力图。

12. 试判断如图 4-4-58 所示的梁的 F_Q、M 图是否有错，如有请改正错误。

13. 圆形截面梁受载荷如图 4-4-59 所示，试计算支座 B 处梁截面上的最大正应力。

14. 简支梁受载如图 4-4-60 所示，已知 $F=10\text{kN}$，$q=10\text{kN/m}$，$l=4\text{m}$，$c=1\text{m}$，$[\sigma]=160\text{MPa}$。试设计正方形截面和 $b/h=1/2$ 的矩形截面，并比较它们面积的大小。

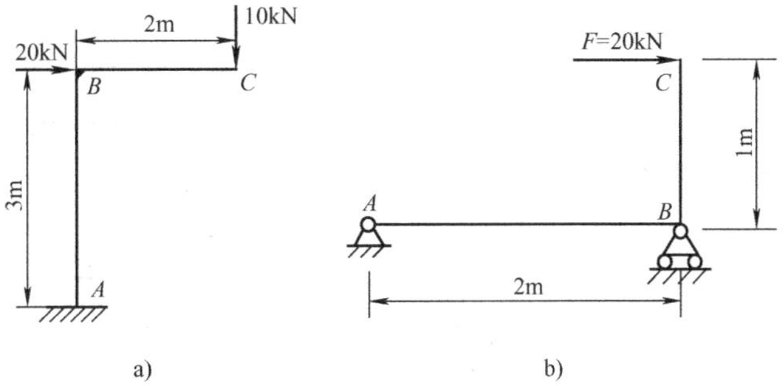

图 4-4-57　题 11 图

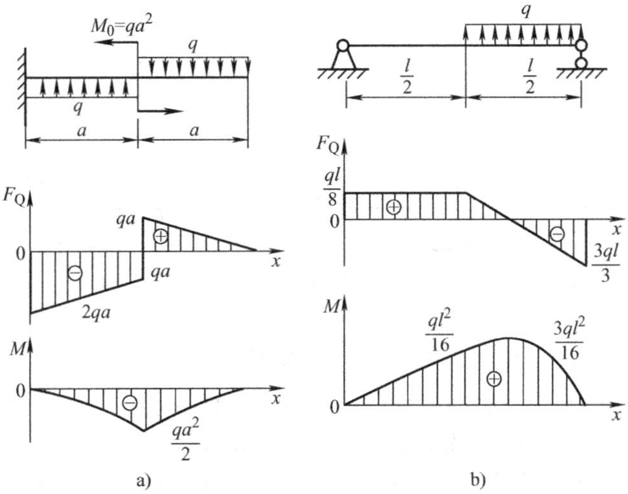

图 4-4-58　题 12 图

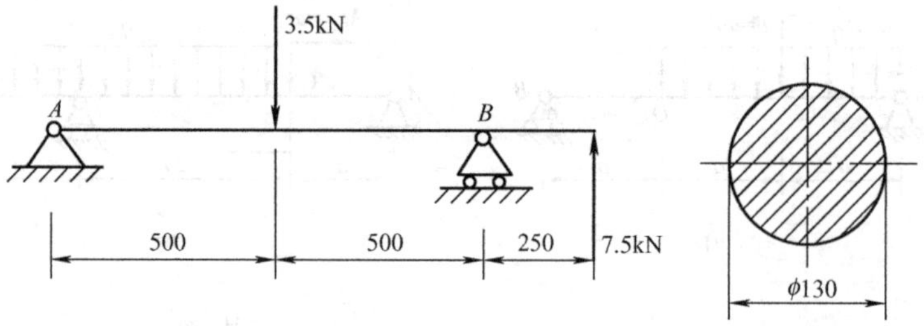

图 4-4-59　题 13 图

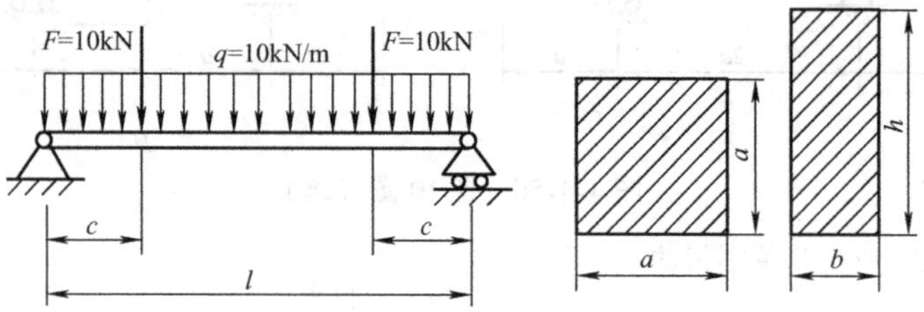

图 4-4-60　题 14 图

15. 空心管梁受载如图 4-4-61 所示。已知 $[\sigma]=150\text{MPa}$，管外径 $D=60\text{mm}$，在保证安全的条件下，求内径 d 的最大值。

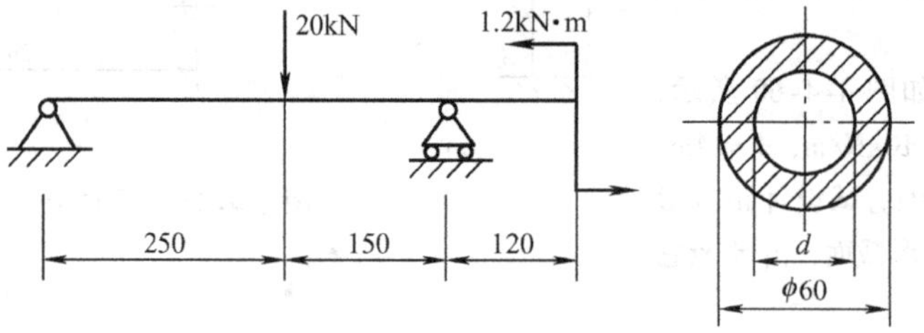

图 4-4-61　题 15 图

16. 槽形铸铁梁受载如图 4-4-62 所示，槽形截面对中性轴 z 的惯性矩 $I_z=40\times10^6\ \text{mm}^4$，材料的许用拉应力 $[\sigma_+]=40\text{MPa}$，许用压应力 $[\sigma_-]=150\text{MPa}$。试校核此梁的强度。

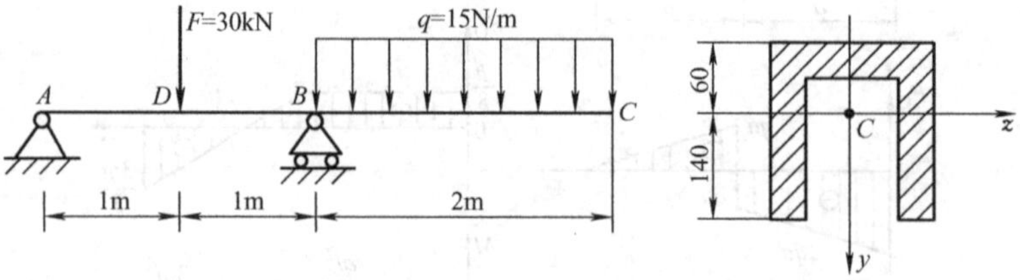

图 4-4-62　题 16 图

17. 轧辊轴如图 4-4-63 所示，直径 $D=280\text{mm}$，跨度 $l=1000\text{mm}$，$a=450\text{mm}$，$b=100\text{mm}$，轧辊轴材料的许用弯曲正应力 $\sigma=100\text{MPa}$。求轧辊轴所能承受的最大轧制力。

18. 由工字钢 20b 制成的外伸梁如图 4-4-64 所示，在外伸梁 C 处作用集中载荷 F，已知材料的许用应力 $[\sigma]=100\text{MPa}$，外伸部分长度为 2m，求最大许用载荷 $[F]$。

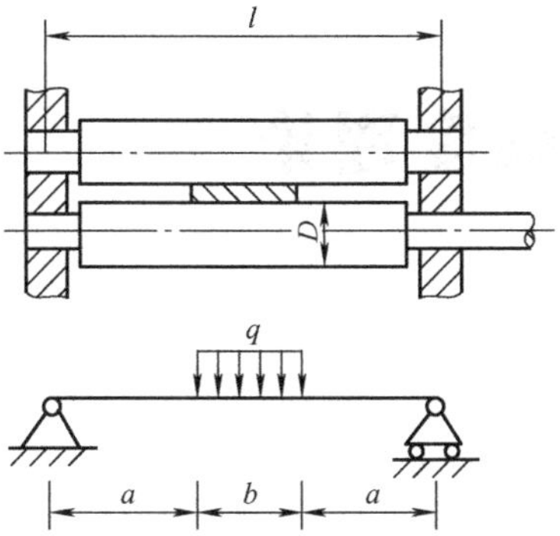

图 4-4-63 题 17 图

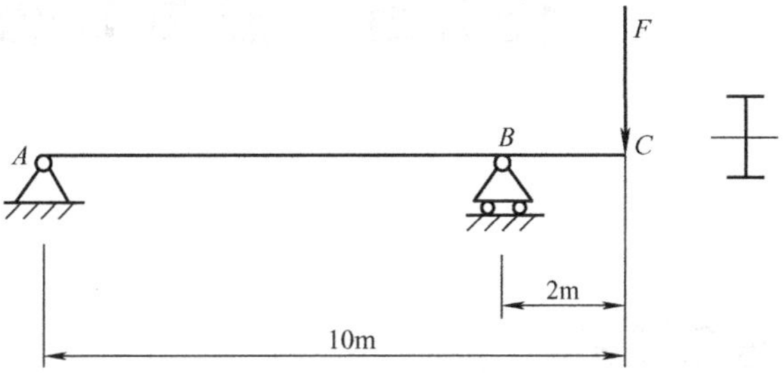

图 4-4-64 题 18 图

19. 写出如图 4-4-65 所示各梁用积分法求变形时确定积分常数的条件，其中图 c 中 BC 杆的抗拉刚度为 EA，图 d 中弹性支座 B 处弹簧的刚度系数为 k（N/m）。梁的抗弯刚度 EI 均为常量。

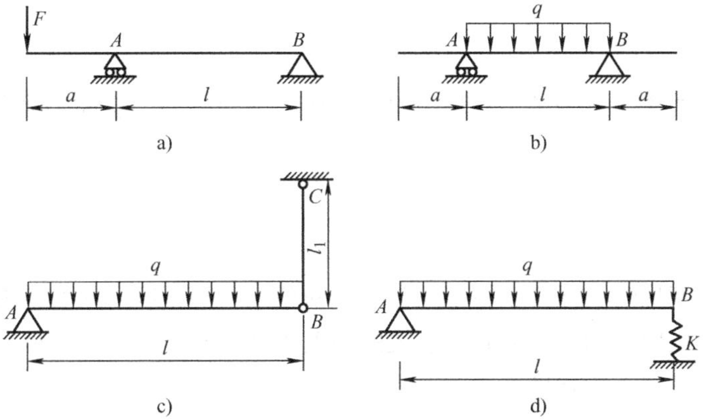

图 4-4-65 题 19 图

20. 用叠加法求图 4-4-66 所示等直截面梁 C 点的挠度。设抗弯刚度 EI 为常数。

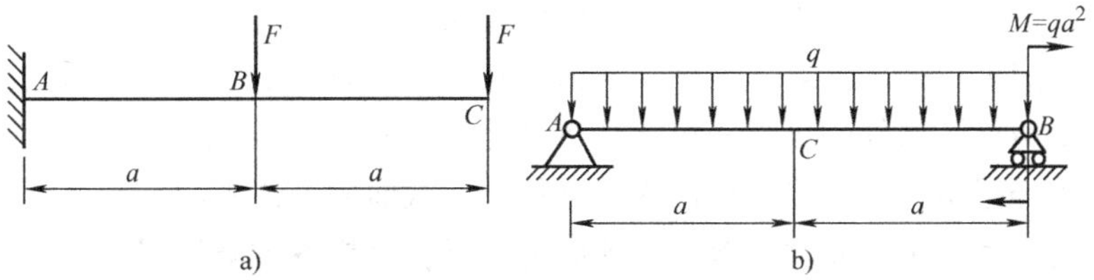

图 4-4-66 题 20 图

任务五　应力状态与强度理论

任务描述

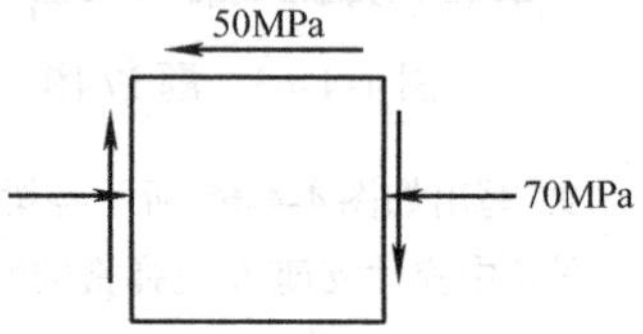

图 4-5-1　某点应力状态

从构件中取出一单元体，各截面的应力如图 4-5-1 所示，试用解析法和图解法确定主应力的大小和主平面的方位，并画出主单元体。

任务分析

了解应力状态的概念及分类，分析二向应力状态下的应力，掌握四种强度理论条件及适用范围。

知识准备

讨论杆的基本变形时，强度校核都是分别对横截面上的正应力或切应力进行的。当横截面上的点同时存在正应力和切应力时，前述的强度条件就不再适用。这就需要在分析一点处应力状态的基础上建立新的强度准则。

一、应力状态的概念

1. 研究一点处应力状态的目的

前面对杆件的强度分析，主要是研究杆件横截面上的应力分布规律，找出截面上正应力或切应力最大的点进行强度计算。但杆件的强度破坏也不总是发生在横截面上，也有发生在斜截面上的。如铸铁圆试件的压缩和扭转破坏都是发生在沿轴线约 45°的斜截面上。在轴向拉伸与压缩中曾经指出，通过受力构件内一点处所取截面的方位不同，截面上应力的大小和方向也是不同的。为了更全面地了解杆内的应力情况，分析各种破坏现象，必须研究受力构件内某一点处的各个不同方位截面上的应力情况。通常把受力构件内某一点处的各个不同方位截面上的应力情况称为该点的**应力状态**。研究危险点处应力状态的目的就在于确定在哪个截面上该点处有最大正应力，在哪个截面上该点处有最大切应力，以及它们的数值，为处于复杂受力状态下杆件的强度计算提供依据。

2. 研究一点处应力状态的方法

为了研究构件内某点的应力状态，可以在该点截取一个微小的正六面体，当正六面体的边长趋于无穷小时，称为单元体。因为单元体的边长是极其微小的，所以可以认为单元体各个面上的应力是均匀分布的，相对平行面上的应力大小和性质都是相同的。单元体六个面上的应力代表通过该点互相垂直的三个截面上的应力。如果单元体各面上的应力情况是已知的，则这个单元体称为原始单元体。根据原始单元体各面上的应力，应用截面法即可求出通过该点的任意斜截面上的应力，从而可知道该点的应力状态。

下面举例分析受力构件内某一点的应力状态。以直杆拉伸为例，如图 4-5-2 所示。为了分析杆件内任一点 A 的应力状态，假想围绕该点沿杆的横向和纵向截取一单元体，并将其放大，如图 4-5-2 所示。单元体的左右两面都是横截面的一部分，面上的应力皆为 $\sigma=\frac{F}{A}$。单元体的其余四个面都平行于杆件轴线，所以这些面上都没有应力。又如圆轴扭转时，如图 4-5-3 所示，欲分析圆轴表面上 C 点的应力状态，围绕着该点的轴向、径向和横向截取一单元体，单元体的左右两面都是横截面的一部分，面上的应力皆为 $\tau=\frac{T}{W_p}$，根据切应力互等定理可知在单元体的上下面上有切应力存在。同样的分析方法可以得到横力弯曲时梁上下边缘处 B 和 B' 点的单元体（图 4-5-4），以及同时产生弯曲和扭转变形的圆杆上 D 点的单元体（图 4-5-5）。

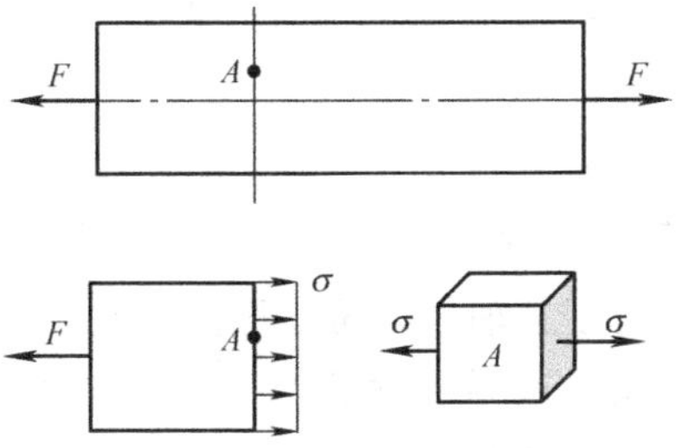

图 4-5-2　拉伸杆的应力状态

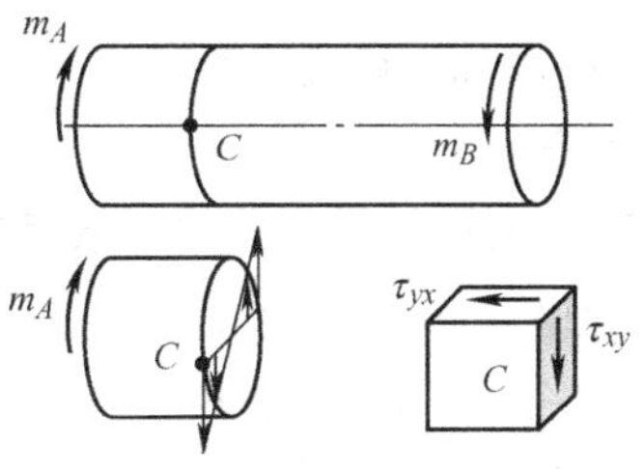

图 4-5-3　圆轴扭转的应力状态

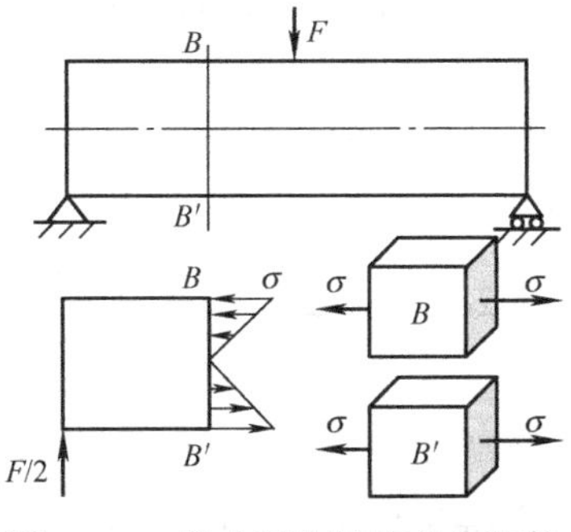

图 4-5-4　横力弯曲杆的应力状态

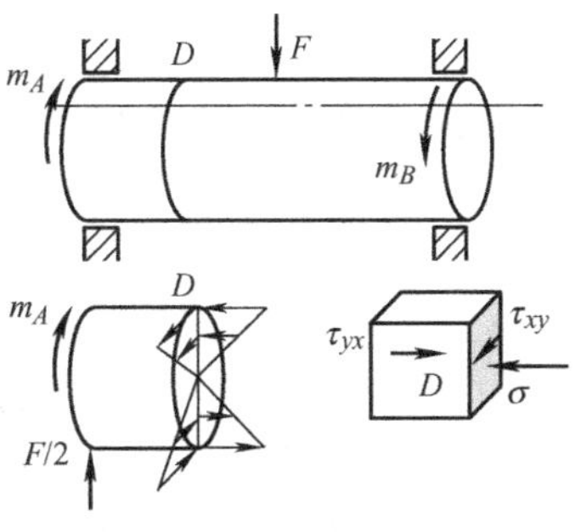

图 4-5-5　弯扭杆的应力状态

3. 主平面与主应力

从受力构件中某一点处截取任意的单元体，一般来说，其面上既有正应力也有切应力。但是弹性力学的理论证明，在该点处从不同方位截取的诸单元体中，总有一个特殊的单元体，在它相互垂直的三个面上只有正应力而无切应力。像这种切应力为零的面称为**主平面**，主平面上的正应力称为**主应力**，用 σ_1、σ_2、σ_3 表示，并按代数值排列，即 $\sigma_1 \geqslant \sigma_2 \geqslant \sigma_3$。这种在各个面上只有主应力的单元体称为主单元体。

4. 应力状态的分类

一点处的应力状态通常用该点处的三个主应力来表示，根据主应力不等于零的数目将一点处的应力状态分为三类。

（1）单向应力状态

一个主应力不为零的应力状态称为单向应力状态。

（2）二向应力状态

两个主应力不为零的应力状态称为二向应力状态或平面应力状态。

（3）三向应力状态

三个主应力都不为零的应力状态称为三向应力状态。

单向应力状态又称简单应力状态，而二向和三向应力状态则称为复杂应力状态，本任务只着重二向应力状态的分析，仅简略介绍三向应力状态的某些概念。

二、二向应力状态下的应力分析——解析法、图解法

应力状态分析的目的是要找出受力构件上某点处的主单元体，求出相应的三个主应力的大小、确定主平面的方位，为组合变形情况下构件的强度计算建立理论基础。应力状态分析的方法有解析法和图解法两种。

1. 解析法

图4-5-6a表示从受力构件中某点处取出的原始单元体，其上作用着已知的应力 σ_x、τ_x、σ_y 和 τ_y，并设 $\sigma_x > \sigma_y$。其中 σ_x 和 τ_x 是外法线平行于 x 轴的截面（称为 x 截面）上的正应力和切应力；而 σ_y 和 τ_y 是外法线平行于 y 轴的截面（称为 y 截面）上的正应力和切应力。由于此单元体前后面上没有应力，所以可以用4-5-6b图的平面图形来表示。现在用截面法来确定单元体的斜截面 ef 上的应力。斜截面 ef 的外法线 n 与 x 轴间的夹角用 α 表示，以后简称此截面为 α 截面，如图4-5-6c所示。在 α 截面上的正应力与切应力分别用 σ_α 与 τ_α 表示。

假想沿截面 ef 将单元体分成两部分，并取其左边部分为研究对象，如图4-5-6d所示。通过平衡关系可以求出 α 截面的正应力 σ_α 和切应力 τ_α：

$$\sigma_\alpha = \frac{\sigma_x + \sigma_y}{2} + \frac{\sigma_x - \sigma_y}{2}\cos 2\alpha - \tau_x \sin 2\alpha \tag{4-5-1}$$

$$\tau_\alpha = \frac{\sigma_x - \sigma_y}{2}\sin 2\alpha + \tau_x \cos 2\alpha \tag{4-5-2}$$

利用式(4-5-1)、式(4-5-2)进行计算时，应注意符号规定：正应力以拉应力为正，压应力为负；切应力则以截面外法线顺时针转90°为正方向，反之为负。α 角则规定从 x 轴沿逆时针转到截面外法线 n 时，α 为正，反之为负。在计算时应注意按规定的正负号将 σ_x、σ_y、τ_x 和 α 的代数值代入上面两公式。

2. 二向应力状态的主应力与主平面

由式(4-5-1)、式(4-5-2)可以看出，斜截面上的正应力和切应力是随截面的方位而改变的。为求得最大、最小正应力、切应力的值及其所在平面，可对式(4-5-1)、式(4-5-2)求导，令 $\frac{d\sigma_\alpha}{d\alpha}=0$、$\frac{d\tau_\alpha}{d\alpha}=0$，求出使截面应力取得极值的 α 角，代入式(4-5-1)、式(4-5-2)

中经数学推导得

正应力的极值

$$\left.\begin{array}{l}\sigma' \\ \sigma''\end{array}\right\} = \frac{\sigma_x + \sigma_y}{2} \pm \sqrt{\left(\frac{\sigma_x - \sigma_y}{2}\right)^2 + \tau_x^2} \tag{4-5-3}$$

主平面方位角

$$\tan 2\alpha_0' = -\frac{2\tau_x}{\sigma_x - \sigma_y} \tag{4-5-4}$$

式(4-5-4) 对应相互垂直的两个截面。

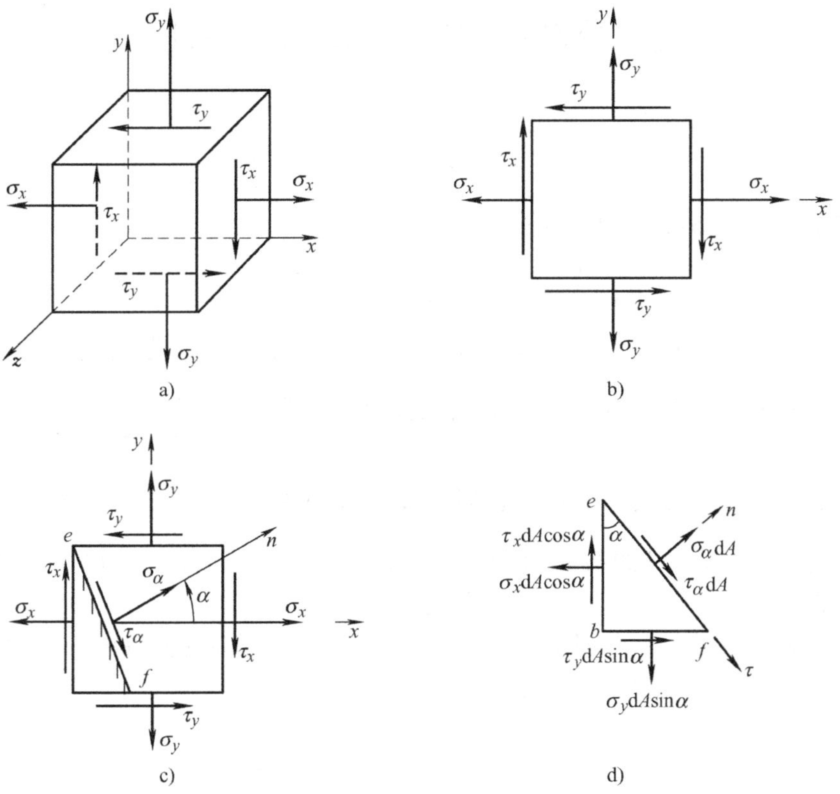

图 4-5-6　二向应力状态分析

a) 二向应力状态　b) 二向应力状态用平面图形来表示　c) 截面法　d) 截面法所取的研究对象

最大正应力 σ_{max} 的方位在 τ_x 与 τ_y 共同指向的象限内，如图 4-5-8b 所示，另一个最小主应力 σ_{min} 则与最大正应力 σ_{max} 垂直。在平面应力状态中，单元体上没有应力作用的平面也是一个主平面，如图 4-5-6a 所示的单元体垂直于 z 轴的平面，也是主平面，它与另外两个主平面也互相垂直。

切应力的极值

$$\left.\begin{array}{l}\tau_{max} = \sqrt{\left(\dfrac{\sigma_x - \sigma_y}{2}\right)^2 + \tau_x{}^2} \\ \tau_{min} = -\sqrt{\left(\dfrac{\sigma_x - \sigma_y}{2}\right)^2 + \tau_x{}^2}\end{array}\right\} \tag{4-5-5}$$

所在截面方位角

$$\tan 2\alpha_0{}' = \frac{\sigma_x - \sigma_y}{2\tau_x} \tag{4-5-6}$$

式(4-5-6) 对应相互垂直的两个截面，且与主平面成45°夹角。

3. 图解法（应力圆法）

式(4-5-1)、式(4-5-2) 表明斜截面上正应力 σ_α 和切应力 τ_α 都是 α 的函数，若消去参变量 α，便可得到 σ_α 和 τ_α 的关系式。为此，将式(4-5-1) 改写，并分别将其等号两边平方，得

$$\left(\sigma_\alpha - \frac{\sigma_x + \sigma_y}{2}\right)^2 = \left(\frac{\sigma_x - \sigma_y}{2}\cos 2\alpha - \tau_x \sin 2\alpha\right)^2 \tag{4-5-7}$$

将式(4-5-2) 两边平方，得

$$\tau_\alpha^2 = \left(\frac{\sigma_x - \sigma_y}{2}\sin 2\alpha + \tau_x \cos 2\alpha\right)^2 \tag{4-5-8}$$

将式(4-5-7) 与式(4-5-8) 相加，得

$$\left(\sigma_\alpha - \frac{\sigma_x + \sigma_y}{2}\right)^2 + \tau_\alpha{}^2 = \left(\frac{\sigma_x - \sigma_y}{2}\right)^2 + \tau_x{}^2 \tag{4-5-9}$$

可以看出，式(4-5-9) 是以 σ_α 和 τ_α 为变量的圆的方程。若以横坐标表示 σ、纵坐标表示 τ，则式(4-5-9) 所表示的 σ_α 和 τ_α 之间的关系，是以 $\left(\frac{\sigma_x + \sigma_y}{2},\ 0\right)$ 为圆心，以 $\sqrt{\left(\frac{\sigma_x - \sigma_y}{2}\right)^2 + \tau_x{}^2}$ 为半径的一个圆。此圆称为**应力圆**或**莫尔圆**。上述推导过程表明，圆周上一点的坐标就代表单元体的某一截面的应力情况。因此，应力圆上的点与单元体的斜截面有着一一对应的关系，应力圆表达了一点处的应力状态。

显然，可用应力圆来求单元体斜截面上的应力。这种方法就是图解法。下面以图4-5-6b 所示的单元体为例，说明图解法的步骤和方法。

（1）画应力圆

① 取 $O\sigma\tau$ 直角坐标系。②选定适当的比例尺，找到与 x 截面对应的点位于 D（σ_x，τ_x），与 y 截面对应的点位于 E（σ_y，τ_y）。在确定 D 点和 E 点时，应根据 σ_x、τ_x、σ_y 和 τ_y 的代数值在坐标系中量取。③连接 D 点和 E 点，交横轴 σ 于 C 点，以 C 点为圆心，以 CD 或 CE 为半径，即可作出该单元体的应力圆，如图4-5-7 所示。

（2）求 α 截面上的应力 σ_α 和 τ_α

将半径 CD 沿方位角 α 的转向旋转 2α 至 CH 处，所得 H 点的纵、横坐标 τ_H、σ_H 即分别代表 α 截面的切应力 τ_α 与正应力 σ_α。

在用应力圆分析应力时，应注意：单元体上两个截面间的夹角若为 α，则在应力圆上相应两点间的圆弧所对的圆心角为 2α，而且两者转向相同。

（3）主应力与主平面

如图4-5-8 所示应力圆与 σ 轴必有两个交点 A 和 B，A、B 两点的横坐标为应力上各点的横坐标的极值，而其纵坐标皆为零，即在单元体内与此两点对应的平面上正应力为极值，而切应力为零。因此 A 与 B 两点所对应的两个平面为两个主平面，其上的极值正应力分别为两个主应力。其值为

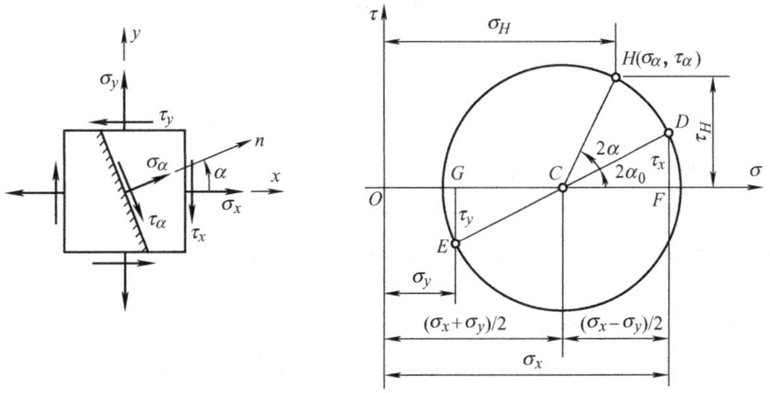

图 4-5-7　用图解法求任意斜截面上的应力

$$\left.\begin{matrix}\sigma'\\\sigma''\end{matrix}\right\}=\overline{OC}\pm\overline{CA}=\frac{\sigma_x+\sigma_y}{2}\pm\sqrt{\left(\frac{\sigma_x-\sigma_y}{2}\right)^2+\tau_x^2} \tag{4-5-10}$$

式(4-5-10)与解析法计算的单元体主应力的公式(4-5-3)相同。求得 σ' 与 σ'' 后，与已知的第三个主平面上的主应力 σ''' 比较，然后把三个主应力按代数值排序。

由图 4-5-8a 中可以看出，应力圆上 D 点（代表法线是 x 轴的平面）到 A 点所对圆心角为顺时针 $2\alpha_0$，在单元体中（图 4-5-8b），由 x 轴也按顺时针量取 α_0，这就确定了 σ_1 所在的主平面的法线位置。按照关于 α_0 符号的规定，顺时针的 α_0 是负的，$\tan2\alpha_0$ 应为负值，所以有

$$\tan2\alpha_0=-\frac{\overline{DF}}{\overline{CF}}=-\frac{\tau_x}{\dfrac{\sigma_x-\sigma_y}{2}}=-\frac{2\tau_x}{\sigma_x-\sigma_y} \tag{4-5-11}$$

可以看出，式(4-5-11)与式(4-5-4)相同，满足式(4-5-11)的角度有两个，即 α_0 和 $\alpha_0+90°$，它表明最大与最小正应力所在的截面互相垂直，各正应力极值所在截面的方位如图 4-5-8b 所示。

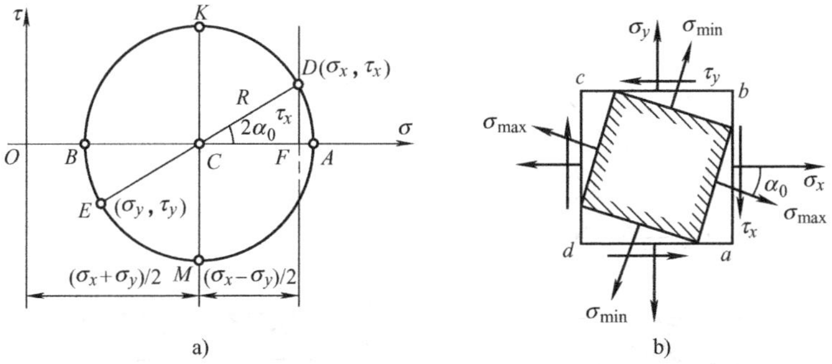

图 4-5-8　二向应力状态分析

a）应力圆　b）主单元体

4. 极值切应力及其所在截面

从应力圆上，可直接得到最大切应力和最小切应力分别为

$$\left.\begin{aligned}\tau_{\max}=\overline{CK}=\sqrt{\left(\frac{\sigma_x-\sigma_y}{2}\right)^2+\tau_x{}^2}\\ \tau_{\min}=-\overline{CM}=-\sqrt{\left(\frac{\sigma_x-\sigma_y}{2}\right)^2+\tau_x{}^2}\end{aligned}\right\}\tag{4-5-12}$$

该式与（4-5-5）相同，并与主平面成45°夹角。

例 4-5-1 试用图解法分析圆轴扭转时塑性材料和脆性材料的破坏现象。

Ⅰ. 题目分析

此题为根据圆轴扭转时的破坏现象进行力学分析的题目。首先，分析圆轴扭转时的应力分布情况，取出原始单元体；其次，分析单元体的应力状态，确定危险点和危险截面；最后，结合不同材料力学性能分析破坏现象，为工程中选择合适的材料提供依据。

Ⅱ. 题目求解

解：(1) 原始单元体分析。圆轴扭转时，最大切应力发生在圆轴的外表层，且 $\tau_x=\dfrac{T}{W_p}=\dfrac{M}{W_p}$。在圆轴表面 K 点取一单元体，如图 4-5-9a 所示，其应力状态如图 4-5-9b 所示。

(2) 应力状态分析。在 $O\sigma\tau$ 坐标系内，按选定的比例尺，由坐标（0，τ_x）与（0，$-\tau_x$）分别确定 D_1 点和 D_2 点，以 D_1D_2 为直径画圆即得相应的应力圆，如图 4-5-9c 所示。由应力圆可得

$$\sigma_1=\tau_x,\sigma_2=0,\sigma_3=-\tau_x$$

主平面的方位角 $\alpha_0=-45°$，由 x 轴到主平面外法线按顺时针旋转，得到主单元体如图 4-5-9b 所示。

(3) 分析破坏原因。对于塑性材料（如低碳钢）制成的圆轴，由于塑性材料的抗剪强度低于抗拉强度，圆轴扭转时横截面切应力达到最大值，所以塑性材料扭转时横截面破坏，本质上是由于最大切应力达到极值而产生的剪切破坏，如图 4-5-9d 所示；对于脆性材料（如铸铁）制成的圆轴，由于脆性材料的抗拉强度低于抗剪强度，最大拉应力发生在45°方向螺旋面上，所以脆性材料扭转时45°螺旋面破坏，本质上是由于最大拉应力达到极值而产生的拉伸破坏，如图 4-5-9e 所示。

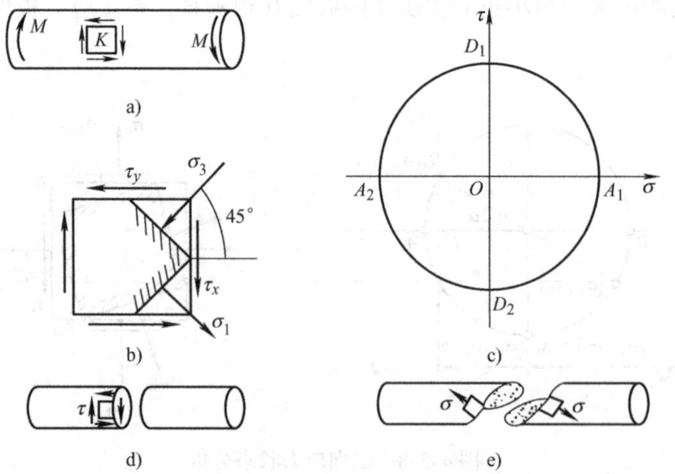

图 4-5-9　扭转破坏分析

a）圆轴表面上一点的应力状态　b）主单元体　c）应力圆

d）塑性材料扭转破坏面　e）脆性材料扭转破坏面

Ⅲ. 题目关键点解析

本例题的关键点在于分析扭转时应力状态，得到圆轴表面某点的原始单元体，再根据原始单元体的应力情况画出应力圆，找出极值切应力与正应力所在方位，最后根据不同材料的力学性能分析其产生破坏的根本原因。

例 4-5-2　已知应力状态如图 4-5-10a 所示，试用解析法和图解法求截面 $m-m$ 上的正应力 σ_m 与切应力 τ_m。

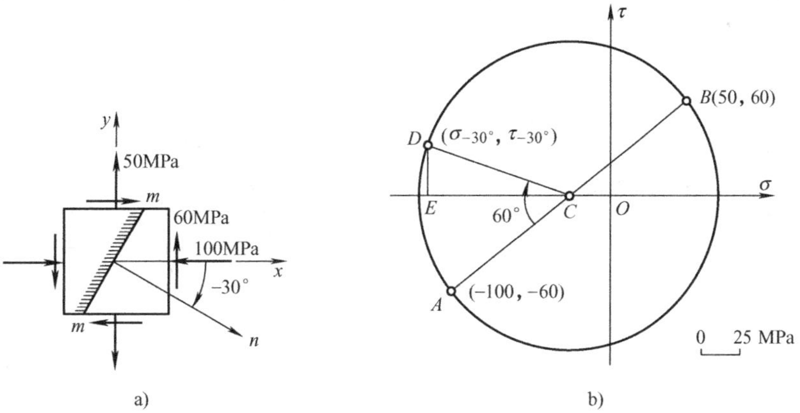

图 4-5-10　应力状态与应力圆
a) 应力状态　b) 应力圆

Ⅰ. 题目分析

此题为根据已经给出的应力状态分别用两种方法求解相应截面上的正应力与切应力的问题，解析法代入相应的公式即可；图解法需画出应力圆，然后根据截面间的方位关系在应力圆上找到对应的点，根据适当的比例尺量取该点的坐标，即为该截面的应力。

Ⅱ. 题目求解

解：(1) 解析法。由图可知，x 与 y 截面的应力分别为

$$\sigma_x = -100\text{MPa}$$

$$\tau_x = -60\text{MPa}$$

$$\sigma_y = 50\text{MPa}$$

而截面 $m-m$ 的方位角则为

$$\alpha = -30°$$

将上述数据分别代入式(4-5-1)、式(4-5-2)，于是

$$\sigma_m = \left[\frac{-100+50}{2} + \frac{-100-50}{2}\cos(-60°) - (-60)\sin(-60°)\right]\text{MPa} = -114.5\text{MPa}$$

$$\tau_m = \left[\frac{-100-50}{2}\sin(-60°) + (-60)\cos(-60°)\right]\text{MPa} = 35.0\text{MPa}$$

(2) 图解法。首先，建立 $O\sigma\tau$ 坐标系，按选定的比例尺，由坐标 $(-100, -60)$ 与 $(50, 60)$ 分别确定 A 点和 B 点，然后把 A 点和 B 点连接起来，与横轴交于 C 点，以 C 点为圆心，CA 为半径，即得相应的应力圆。

为了确定斜截面 $m-m$ 上的应力，将半径 CA 沿顺时针方向旋转 $|2\alpha| = 60°$ 至 CD 处，所得 D 点即为截面 $m-m$ 的对应点。

按选定的比例尺，量得 $OE = 115\text{MPa}$（压应力），$ED = 35\text{MPa}$，由此得截面 $m-m$ 的正应力与切应力分

别为

$$\sigma_m = -115\text{MPa}$$

$$\tau_m = 35\text{MPa}$$

Ⅲ. 题目关键点解析

本例题的关键点在于：一是熟悉解析法求任意斜截面上的应力公式，注意各应力及方位角代入公式时要用代数值代入；二是熟悉应力圆的画法，注意点面对应、转向相同、夹角两倍的对应关系。

例 4-5-3 如图4-5-11a 所示，已知点 A 在截面 AB 与 AC 上的应力，试利用应力圆求该点的主应力和主平面，并确定截面 AB 与 AC 间的夹角 θ。

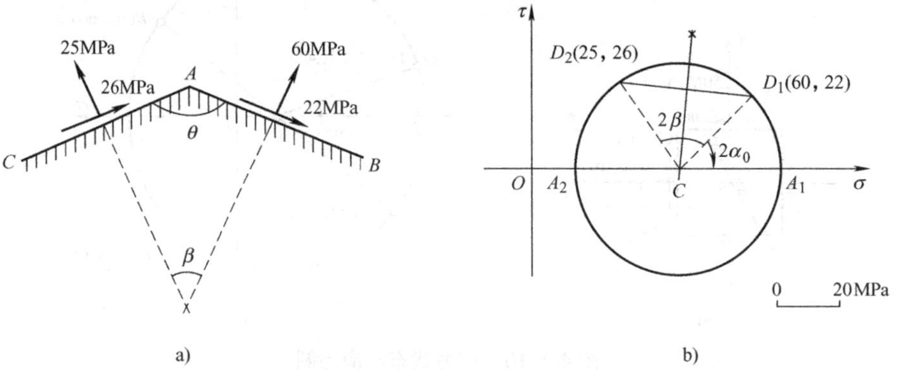

图 4-5-11 应力分布与应力圆

a）应力分布 b）应力圆

Ⅰ. 题目分析

此题为根据已经给出的两个截面的应力情况画出应力圆并求主应力与主平面的问题，已知应力圆上的两个点作其垂直平分线，与 σ 的交点即为圆心，从而应力圆得以画出，再根据图解法得以求解出主应力、主平面以及夹角 θ。

Ⅱ. 题目求解

解：如图 4-5-11b 所示，按选定比例尺，由截面 AB 上的应力确定点 D_1（60，22），由截面 AC 上的应力确定点 D_2（25，26），作 D_1D_2 垂直平分线，交 σ 轴于点 C，以点 C 为圆心，以 CD_1（或 CD_2）为半径作应力圆。

由应力圆，按选定比例尺量得，主应力 $\sigma_1 = OA_1 = 70\text{MPa}$，$\sigma_2 = OA_2 = 10\text{MPa}$，另一个主应力 $\sigma_3 = 0$。

由于在应力圆上，CD_1 顺时针旋转 $2\alpha_0 = 47.5°$ 至 CA_1 处，所以在单元体上，将截面 AB 的外法线顺时针旋转 $\alpha_0 = 23.75°$，即得 σ_1 所在主平面的外法线。

由应力圆，量得 $\angle CD_1D_2 = 2\beta = 72°$，所以截面 AB 的外法线与截面 AC 的外法线之间的夹角 $\beta = 36°$。故得截面 AB 与 AC 间的夹角 $\theta = 180° - \beta = 144°$。

Ⅲ. 题目关键点解析

本例题的关键点在于：一是掌握已知应力圆上两点画出应力圆的方法；二是单元体上两个截面间的夹角若为 α，则在应力圆上相应两点间的圆弧所对的圆心角为 2α，而且两者转向相同。

三、三向应力状态简介　广义胡克定律

1. 三向应力状态简介

三向应力状态的分析较为复杂，本节只研究三向应力状态下单元体内的最大正应力与最

大切应力。

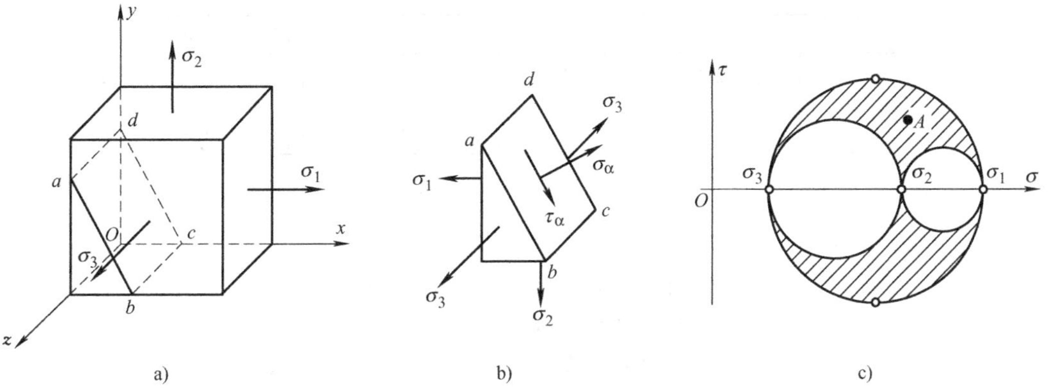

图 4-5-12　三向应力状态分析

a）三向应力状态　b）与主应力 σ_3 平行的任意斜截面 *abcd* 上的应力　c）三向应力状态下的应力圆

假设从受力构件内某点处取出一个主单元体，其上主应力 $\sigma_1>\sigma_2>\sigma_3>0$，如图 4-5-12a 所示。首先研究与主应力 σ_3 平行的任意斜截面 *abcd* 上的应力，如图 4-5-12b 所示，由于主应力 σ_3 所在的两平面上的力互相平衡，所以此斜截面 *abcd* 上的应力仅与 σ_1 和 σ_2 有关，因而平行于 σ_3 的各斜截面上的应力简化成只受 σ_1 和 σ_2 作用的二向应力状态，其各斜截面上的应力可由 σ_1 和 σ_2 所确定的应力圆上相应点的坐标来表示，如图 4-5-12c 所示。同理，平行于 σ_2 的平面上的应力，由 σ_1 和 σ_3 所确定的应力圆上相应点的坐标来表示；平行于 σ_1 的平面上的应力，由 σ_2 和 σ_3 所确定的应力圆上相应点的坐标来表示。对于与三个主应力均不平行的任意斜截面上的应力，在 $O\sigma\tau$ 直角坐标系中的对应点必定在三个应力圆所围成的阴影区域内。

因此，在三向应力状态下，一点处的最大和最小正应力为

$$\sigma_{\max}=\sigma_1,\ \sigma_{\min}=\sigma_3$$

最大切应力为

$$\tau_{\max}=\frac{\sigma_1-\sigma_3}{2} \tag{4-5-13}$$

$\tau_{\max}$位于与 σ_1 和 σ_3 均成 45°的斜截面上。

由上述分析可知，$\tau_{\max}$、$\sigma_{\max}$、$\sigma_{\min}$均发生在与 σ_2 平行的截面内。式(4-5-13) 同样适用于二向应力状态和单向应力状态。

2. 广义胡克定律

图 4-5-13a 是从受力物体中某点处取出的主单元体，设其上作用着已知的主应力 σ_1、σ_2、σ_3。该单元体在受力后，在各个方向的长度都要发生变化，沿三个主应力方向的线应变称为**主应变**，并分别用 ε_1、ε_2、ε_3 表示。假如材料是各向同性的，且在线弹性范围内工作，同时变形是微小的，那么，可以用叠加法求得。

在 σ_1 单独作用下，单元体沿 σ_1 方向的线应变为 $\varepsilon_1'=\dfrac{\sigma_1}{E}$。在 σ_2 与 σ_3 单独作用下，它们分别使单元体在 σ_1 的方向产生收缩。对于各向同性材料，σ_2 与 σ_3 在 σ_1 方向引起的线应

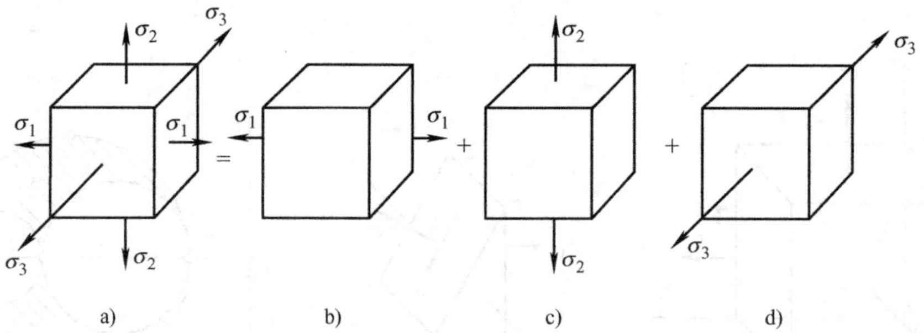

图 4-5-13　三向应力状态之分解

a）三向应力状态下的主单元体　b）σ_1 作用下的单向应力状态

c）σ_2 作用下的单向应力状态　d）σ_3 作用下的单向应力状态

变分别为 $\varepsilon_1''=-\mu\dfrac{\sigma_2}{E}$、$\varepsilon_1'''=-\mu\dfrac{\sigma_3}{E}$。将它们叠加起来，即得三个主应力共同作用下在 σ_1 方向的主应变

$$\varepsilon_1=\varepsilon_1'+\varepsilon_1''+\varepsilon_3'''=\frac{1}{E}[\sigma_1-\mu(\sigma_2+\sigma_3)]$$

同理可求得主应变 ε_2 和 ε_3。现将结果汇集如下：

$$\left.\begin{aligned}\varepsilon_1&=\frac{1}{E}[\sigma_1-\mu(\sigma_2+\sigma_3)]\\ \varepsilon_2&=\frac{1}{E}[\sigma_2-\mu(\sigma_1+\sigma_3)]\\ \varepsilon_3&=\frac{1}{E}[\sigma_3-\mu(\sigma_1+\sigma_2)]\end{aligned}\right\}\tag{4-5-14}$$

式(4-5-14）表示在复杂应力状态下主应变与主应力的关系，称为**广义胡克定律**。式中主应力为代数值，拉应力为正，压应力为负。若求出的主应变为正值则表示伸长，反之则表示缩短。该式同样也适用于二向应力状态和单向应力状态。

在弹性范围内，切应力对与其垂直的线应变没有影响，所以当单元体的各个面上除正应力外还有切应力时，沿 σ_x、σ_y 和 σ_z 方向的线应变 ε_x、ε_y 和 ε_z 与 σ_x、σ_y 和 σ_z 的关系仍可由式(4-5-14）求得，此时只需将该式中的字符下标 1、2、3 分别用 x、y 和 z 代替即可。

四、强度理论概述

1. 强度理论的概念

前面的学习中，轴向拉压、圆轴扭转、平面弯曲的强度条件，可用 $\sigma_{max}\leqslant[\sigma]$ 或 $\tau_{max}\leqslant[\tau]$ 形式表示，许用应力 $[\sigma]$ 或 $[\tau]$ 是通过试验测出失效（断裂或屈服）时的极限应力，再除以安全因数后得出的，可见基本变形的强度条件是以实验为基础的。

但在工程实际中，构件的受力情况是多种多样的，危险点通常处于复杂应力状态。材料的失效与三个主应力不同比例的组合有关，而由于受力情况的多样性，三个主应力不同比例的组合可能有无穷多组，从而需要进行无数次的试验。因此，要想直接通过材料试验的方法来建立复杂应力状态下的强度条件是不现实的。于是人们不得不从考察材料的破坏原因着手，研究在复杂应力状态下的强度条件。在长期的生产实践和大量的试验中发现，在常温静载下，材料的破坏主要有塑性屈服和脆性断裂两种形式。塑性屈服是指材料由于出现屈服现象或发生显著塑性变形而产生的破坏。例如低碳钢试件拉伸屈服时在与轴线约成45°的方向出现滑移线，这与最大切应力有关。脆性断裂是指不出现显著塑性变形的情况下突然断裂的破坏。例如灰铸铁拉伸时沿拉应力最大的横截面断裂，而无明显的塑性变形。

上述情况表明，在复杂应力状态下，尽管主应力的比值有无穷多种，但是材料的破坏却是有规律的，即某种类型的破坏都是同一因素引起的。据此，人们把在复杂应力状态下观察到的破坏现象同材料在单向应力状态的试验结果进行对比分析，将材料在单向应力状态达到危险状态的某一因素作为衡量材料在复杂应力状态达到危险状态的准则，先后提出了关于材料破坏原因的多种假说，这些假说就称为**强度理论**。根据不同的强度理论可以建立相应的强度条件，从而为解决复杂应力状态下构件的强度计算问题提供了依据。

2. 四种常用的强度理论

如上所述，材料的破坏主要有两种形式，因此相应地存在两类强度理论。一类是脆性断裂的强度理论，其中有最大拉应力理论和最大伸长线应变理论；另一类是塑性屈服的强度理论，主要是最大切应力理论和最大畸变能密度理论。

（1）最大拉应力理论（第一强度理论）

早在17世纪，著名科学家伽利略就提出了这一理论。这一理论认为，最大拉应力是引起材料脆性断裂的主要原因。也就是说，不论材料处于何种应力状态，只要危险点处的最大拉应力 σ_1 达到材料在单向拉伸断裂时的强度极限 σ_b 时，材料就发生脆性断裂破坏。因此材料发生脆性断裂破坏的条件为

$$\sigma_1=\sigma_b \tag{4-5-15}$$

相应的强度条件为

$$\sigma_{xd1}=\sigma_1\leqslant[\sigma] \tag{4-5-16}$$

式中，σ_{xd1} 为第一强度理论的相当应力；$[\sigma]$ 为单向拉伸断裂时材料的许用应力；$[\sigma]=\dfrac{\sigma_b}{n}$，$n$ 为安全因数。

试验证明，这一理论对解释材料的断裂破坏比较满意。例如脆性材料在单向、二向和三向拉伸时所发生的断裂，塑性材料在三向拉伸应力状态下所发生的脆性断裂。但这个理论没有考虑到其他两个主应力对断裂破坏的影响；同时，对于压缩应力状态，由于根本不存在拉应力，这个理论就无法应用。

（2）最大伸长线应变理论（第二强度理论）

这一理论是17世纪后期由科学家马里奥特首先提出的。这个理论认为，最大伸长线应变是引起材料脆性断裂的主要原因。也就是说不论材料处于何种应力状态，只要危险点处的最大伸长线应变 ε_1 达到材料单向拉伸断裂时线应变的极限值 ε^0，材料即发生脆性断裂破坏。因此材料发生脆性断裂破坏的条件为

$$\varepsilon_1=\varepsilon^0 \tag{4-5-17}$$

对于铸铁等脆性材料，如果我们近似地认为，从加载直至破坏，材料服从胡克定律，则有

$$\varepsilon^0 = \frac{\sigma_b}{E}$$

由广义胡克定律可知

$$\varepsilon_1 = \frac{1}{E}[\sigma_1 - \mu(\sigma_2 + \sigma_3)]$$

于是可得

$$\sigma_1 - \mu(\sigma_2 + \sigma_3) = \sigma_b$$

相应的强度条件为

$$\sigma_{xd2} = \sigma_1 - \mu(\sigma_2 + \sigma_3) \leqslant [\sigma] \tag{4-5-18}$$

式中，σ_{xd2}为第二强度理论的相当应力；[σ] 为单向拉伸断裂时材料的许用应力；$[\sigma] = \frac{\sigma_b}{n}$，$n$ 为安全因数。

试验表明，第二强度理论对于塑性材料并不适合；对于脆性材料，只有在二向拉伸（压缩）应力状态，且压应力的绝对值较大时，试验与理论结果才比较接近，但也并不完全符合。所以在目前的强度计算中很少应用第二强度理论。

（3）最大切应力理论（第三强度理论）

这一理论是1773年由科学家库仑首先提出的。这一理论认为，最大切应力是引起材料塑性屈服破坏的主要原因。也就是说，不论材料处于何种应力状态，只要危险点处的最大切应力 τ_{max} 达到单向拉伸屈服时的切应力值 τ_s，材料即发生塑性屈服破坏。因此材料塑性屈服破坏的条件为

$$\tau_{max} = \tau_s \tag{4-5-19}$$

在单向拉伸的情况下，当横截面上的拉应力达到屈服极限 σ_s 时，在与轴线成45°的斜截面上有 $\tau_s = \frac{\sigma_s}{2}$；在复杂应力状态下的最大切应力为 $\tau_{max} = \frac{\sigma_1 - \sigma_3}{2}$，于是破坏条件可改写为

$$\sigma_1 - \sigma_3 = \sigma_s$$

相应的强度条件为

$$\sigma_{xd3} = \sigma_1 - \sigma_3 \leqslant [\sigma] \tag{4-5-20}$$

式中，σ_{xd3}为第三强度理论的相当应力；[σ] 为单向拉伸屈服时材料的许用应力；$[\sigma] = \frac{\sigma_s}{n}$，$n$ 为安全因数。

试验证明，第三强度理论不仅能说明塑性材料的屈服破坏，还能说明脆性材料在单向受压时的剪切破坏，并能解释在三向等值压应力状态下，无论应力增大到何种程度，材料都不会破坏，这是因为它的相当应力总等于零。但是这个理论没有考虑主应力 σ_2 对材料破坏的影响。对于三向等值拉伸应力状态，按照这个理论材料就不会发生破坏，这与事实不符合。所以第三强度理论仍然是有缺陷的。

（4）最大畸变能密度理论（第四强度理论）

1885年，科学家贝尔特拉姆提出了能量强度理论，假定材料的破坏取决于形状改变必能。1904年，波兰力学家胡勃在总结前人理论研究的基础上，提出了最大畸变能密度理论。

物体受力发生弹性变形后，其各质点的相对位置及质点间的相互作用力也都要发生改变，因而在其内部将储存能量，这种能量称为弹性变形能。变形能包括体积改变能与形状改变能，单位体积内的形状改变能称为畸变能密度。在三向应力状态下，畸变能密度的表达式为（推导从略）

$$u_{\mathrm{d}}=\frac{1+\mu}{6E}[(\sigma_1-\sigma_2)^2+(\sigma_2-\sigma_3)^2+(\sigma_3-\sigma_1)^2]$$

第四强度理论认为，畸变能密度是引起材料塑性屈服破坏的主要原因。也就是说，不论材料处于何种应力状态，只要危险点处内部积蓄的畸变能密度 u_{d} 达到材料在单向拉伸屈服时的畸变能密度 u_{d}^0，材料即发生塑性屈服破坏。因此材料塑性屈服破坏的条件为

$$u_{\mathrm{d}}=u_{\mathrm{d}}^0 \tag{4-5-21}$$

材料在单向拉伸屈服时，$\sigma_1=\sigma_{\mathrm{s}}$，$\sigma_2=\sigma_3=0$，因此畸变能密度为

$$u_{\mathrm{d}}^0=\frac{1+\mu}{6E}[(\sigma_{\mathrm{s}}-0)^2+(0-0)^2+(0-\sigma_{\mathrm{s}})^2]=\frac{1+\mu}{3E}\sigma_{\mathrm{s}}^2$$

于是破坏条件改写为

$$\sqrt{\frac{1}{2}[(\sigma_1-\sigma_2)^2+(\sigma_2-\sigma_3)^2+(\sigma_3-\sigma_1)^2]}=\sigma_{\mathrm{s}}$$

相应的强度条件为

$$\sigma_{\mathrm{xd4}}=\sqrt{\frac{1}{2}[(\sigma_1-\sigma_2)^2+(\sigma_2-\sigma_3)^2+(\sigma_3-\sigma_1)^2]}\leqslant[\sigma] \tag{4-5-22}$$

式中，σ_{xd4}为第四强度理论的相当应力；$[\sigma]$ 为单向拉伸屈服时材料的许用应力；$[\sigma]=\dfrac{\sigma_{\mathrm{s}}}{n}$，$n$ 为安全因数。

试验表明，塑性材料在二向应力状态下，第四强度理论比第三强度理论更符合试验结果，因此在工程中得到广泛应用，例如对螺栓或丝杠的强度计算。

3. 强度理论的适用范围

材料的失效是一个极其复杂的问题，四种常用的强度理论都是在一定的历史条件下产生的，受到经济发展和科学技术水平的制约，都有一定的局限性。大量的工程实践和试验结果表明，上述四种强度理论的适用范围与材料的类别和应力状态等有关。一般原则如下：

1）脆性材料通常发生脆性断裂破坏，宜采用第一或第二强度理论。

2）塑性材料通常发生塑性屈服破坏，宜采用第三或第四强度理论。

3）在三向拉伸应力状态下，如果三个拉应力相近，无论是塑性材料还是脆性材料都将发生脆性断裂破坏，宜采用第一强度理论。

4）在三向压缩应力状态下，如果三个压应力相近，无论是塑性材料还是脆性材料都将发生塑性屈服破坏，宜采用第三或第四强度理论。

应用强度理论解决实际问题的步骤是：

1）分析计算危险点的应力；

2）确定主应力 σ_1、σ_2、σ_3；

3）根据危险点处的应力状态和构件材料的性质，选用适当的强度理论，应用相应的强度条件进行强度计算。

例 4-5-4 转轴边缘上某点处的应力状态如图 4-5-14 所示，试用第三和第四强度理论建立相应的强度条件。

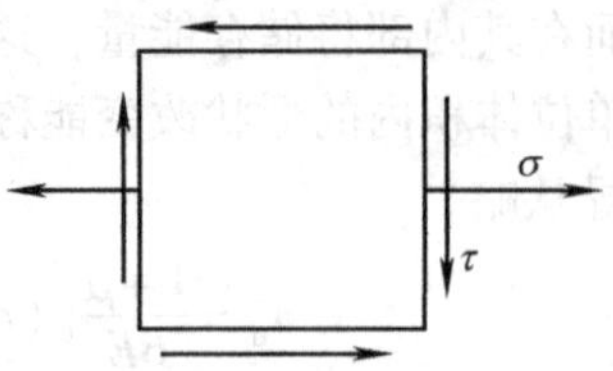

图 4-5-14 转轴上某点处的应力状态

Ⅰ. 题目分析

此题已知某点的应力状态，要求利用相应强度理论进行强度校核，由于强度理论需要运用主应力，所以求出主应力是第一步，而后根据相应的强度理论公式建立强度条件即可。

Ⅱ. 题目求解

解：(1) 确定该点的主应力。由单元体所示的已知应力，利用式(4-5-3) 可得

$$\left.\begin{matrix}\sigma' \\ \sigma''\end{matrix}\right\} = \frac{\sigma_x + \sigma_y}{2} \pm \sqrt{\left(\frac{\sigma_x - \sigma_y}{2}\right)^2 + \tau_x{}^2}$$

$$= \frac{\sigma}{2} \pm \sqrt{\left(\frac{\sigma}{2}\right)^2 + \tau^2}$$

三个主应力分别为

$$\sigma_1 = \frac{\sigma}{2} + \sqrt{\left(\frac{\sigma}{2}\right)^2 + \tau^2}，\sigma_2 = 0，\sigma_3 = \frac{\sigma}{2} - \sqrt{\left(\frac{\sigma}{2}\right)^2 + \tau^2}$$

(2) 第三和第四强度理论的强度条件。由式(4-5-20)、式(4-5-22) 可得

$$\sigma_{xd3} = \sigma_1 - \sigma_3 = \sqrt{\sigma^2 + 4\tau^2}$$

$$\sigma_{xd4} = \sqrt{\frac{1}{2}[(\sigma_1 - \sigma_2)^2 + (\sigma_2 - \sigma_3)^2 + (\sigma_3 - \sigma_1)^2]} = \sqrt{\sigma^2 + 3\tau^2}$$

所以强度条件分别为

$$\sigma_{xd3} = \sqrt{\sigma^2 + 4\tau^2} \leqslant [\sigma]$$

$$\sigma_{xd4} = \sqrt{\sigma^2 + 3\tau^2} \leqslant [\sigma]$$

Ⅲ. 题目关键点解析

本例题的关键点在于：一是主应力的求解；二是相应强度理论公式的应用。主应力的求解用解析法和图解法均可。

任务实施

用解析法和图解法确定如图 4-5-1 所示任务描述中单元体主应力的大小和方位，并画出主单元体。

Ⅰ. 题目分析

此题为根据已经给出的某点的二向应力状态分别用解析法和图解法求解主应力的问题，解析法代入相应公式，图解法用画应力圆的方法求解。

Ⅱ. 题目求解

解：(1) 解析法。由图 4-5-15a 已知，$\sigma_x = -70\text{MPa}$，$\sigma_y = 0$，$\tau_x = 50\text{MPa}$，$\tau_y = -50\text{MPa}$。该单元体为二向应力状态，已知一个主应力为零，另外两个主应力可由式(4-5-3) 求得

$$\left.\begin{matrix}\sigma' \\ \sigma''\end{matrix}\right\} = \frac{\sigma_x + \sigma_y}{2} \pm \sqrt{\left(\frac{\sigma_x - \sigma_y}{2}\right)^2 + \tau_x{}^2}$$

$$= \left[\frac{-70+0}{2} \pm \sqrt{\left(\frac{-70-0}{2}\right)^2 + 50^2}\right] \text{MPa}$$

$$= \left.\begin{matrix}26\text{MPa} \\ -96\text{MPa}\end{matrix}\right\}$$

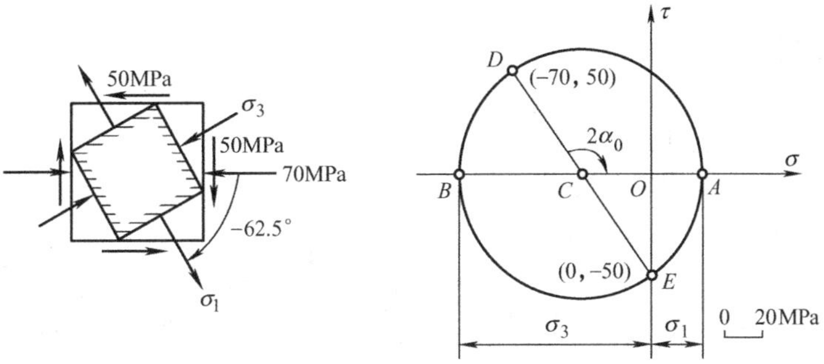

a)　　　　b)

图 4-5-15　二向应力状态分析

a）主单元体　b）应力圆

因此三个主应力为

$$\sigma_1 = 26\text{MPa},\ \sigma_2 = 0,\ \sigma_3 = -96\text{MPa}$$

主平面的方位角可由式(4-5-4) 求得

$$\tan 2\alpha_0 = -\frac{2\tau_x}{\sigma_x - \sigma_y} = -\frac{2 \times 50}{-70-0} = \frac{10}{7}$$

所以

$$\alpha_0 = \frac{1}{2}\arctan\frac{10}{7} = 27.5°(\text{逆时针})$$

另一个主平面与之垂直，即

$$\alpha_0 - 90° = -62.5°$$

从原单元体 x 轴顺时针转过 62.5°，得 σ_1 所在主平面，再转 90°得 σ_3 所在主平面，得到图 4-5-15a 所示的主单元体。

（2）图解法。在 $O\sigma\tau$ 坐标系内，按选定的比例尺，由坐标（−70，50）与（0，−50）分别确定 D 点和 E 点，以 DE 为直径画圆即得相应的应力圆，如图 4-5-15b 所示。

应力圆与坐标轴 σ 相交于 A 点和 B 点，按选定的比例尺，量得 $OA = 26\text{MPa}$，$OB = 96\text{MPa}$（压应力），所以

$$\sigma_1 = 26\text{MPa},\ \sigma_2 = 0,\ \sigma_3 = -96\text{MPa}$$

从应力圆中量得 $\angle DCA = 125°$，由于自半径 CD 至 CA 的转向为顺时针方向，因此，主应力 σ_1 的方位角为

$$\alpha_0 = -\frac{\angle DCA}{2} = -\frac{125°}{2} = -62.5°$$

同样的方法可得到主单元体，如图4-5-15a所示。

Ⅲ. 题目关键点解析

本例题要求分析某点的二向应力状态，求解主应力和主平面，可以用解析法或图解法求解。关键点在于：一是用解析法时注意各应力及方位角代入公式时要用代数值代入；二是画应力圆时，首先选定比例尺，然后注意单元体上的面与应力圆上的点是一一对应的关系，即点面对应、转向相同、夹角两倍。

思考与练习

1. 何谓点的应力状态？为什么要研究它？

2. 何谓单向应力状态、二向应力状态、三向应力状态？图示4-5-16单元体为何种应力状态？

3. 如何用解析法确定任一斜截面的应力？应力和方位角的正负号是怎样规定的？

4. 如何绘制应力圆？如何利用应力圆确定任一斜截面的应力？

5. 什么是主应力和主平面？如何确定主应力的大小和方位？通过受力构件内某一点有几个主平面？

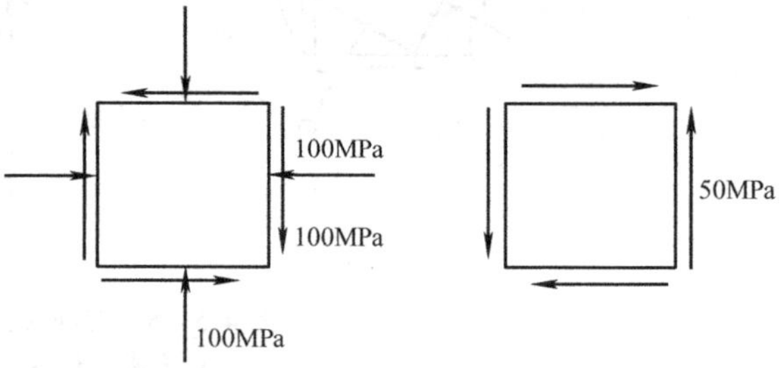

图4-5-16　题2图

6. 主应力和正应力有何区别和联系？

7. 在三向应力状态中，最大正应力和最大切应力各为何值？

8. 何谓广义胡克定律？该定律是怎样建立的？应用条件是什么？

9. 为什么要提出强度理论？在常温静载下，金属材料破坏有几种主要形式？工程中常用的强度理论有几个？指出它们的应用范围？

10. 单元体各面的应力如图4-5-17所示（应力单位为MPa）。试用解析法和图解法计算指定截面上的正应力和切应力。

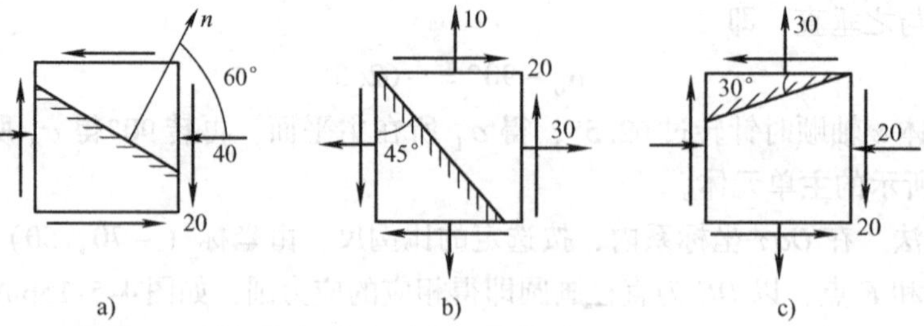

图4-5-17　题10图

11. 已知应力状态如图4-5-18所示（应力单位为MPa）。试求：（1）主应力的大小和主平面的位置；（2）在图中绘出主单元体；（3）最大切应力。

12. 试求图示4-5-19各单元体的主应力和最大切应力（应力单位为MPa）。

13. 已知某点A处两个截面上的应力或截面间的夹角如图4-5-20所示，各应力分量的单位为MPa，试求切应力τ和该点的主应力。

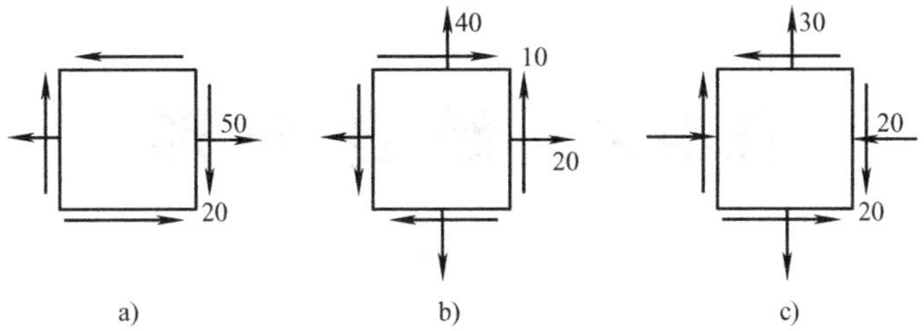

图4-5-18　题11图

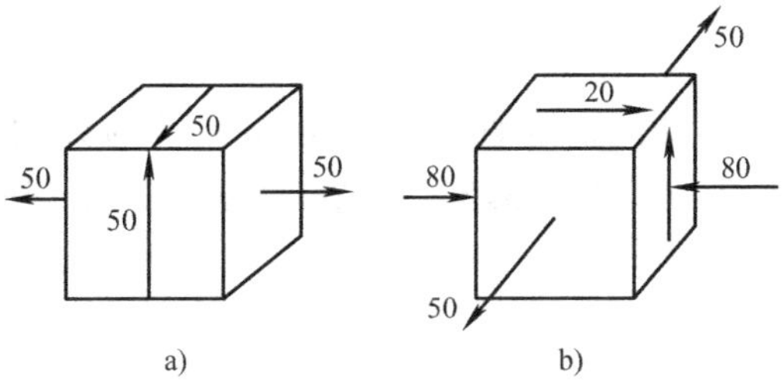

图4-5-19　题12图

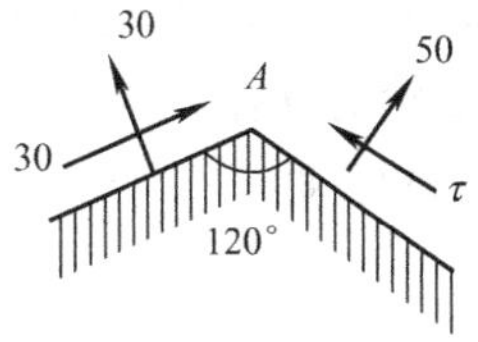

图4-5-20　题13图

14. 已知点的应力状态如图4-5-21所示（应力单位为MPa），试写出第一、三、四强度理论的相当应力。

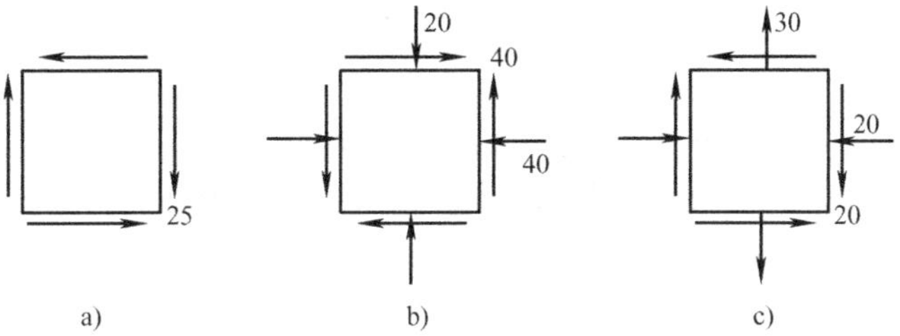

图4-5-21　题14图

15. 试对钢制零件进行强度校核，已知 $[\sigma]=120\text{MPa}$，危险点的主应力为

（1）$\sigma_1=140\text{MPa}$，$\sigma_2=100\text{MPa}$，$\sigma_3=40\text{MPa}$；

（2）$\sigma_1=60\text{MPa}$，$\sigma_2=0$，$\sigma_3=-50\text{MPa}$。

16. 试对铸铁零件进行强度校核，已知 $[\sigma]=30\text{MPa}$，$\mu=0.3$，危险点的主应力为

（1）$\sigma_1=29\text{MPa}$，$\sigma_2=20\text{MPa}$，$\sigma_3=-20\text{MPa}$；

（2）$\sigma_1=30\text{MPa}$，$\sigma_2=20\text{MPa}$，$\sigma_3=15\text{MPa}$。

17. 如图4-5-22所示，已知钢轨与车轮某接触点处的主应力为 −800MPa、−900MPa、−1100MPa。若材料的许用应力 $[\sigma]=300\text{MPa}$，试校核该接触点的强度。

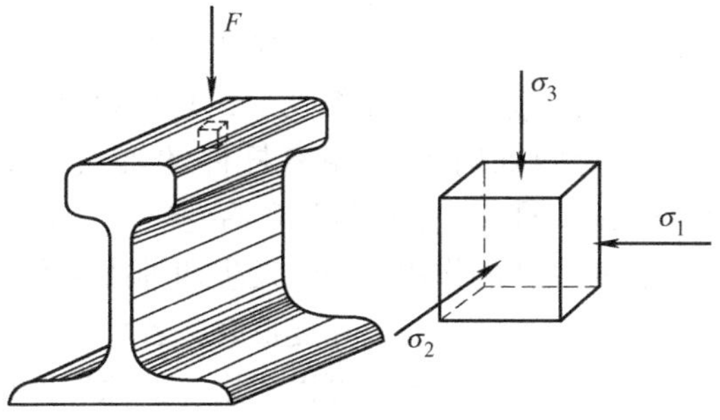

图4-5-22　题17图

任务六　组 合 变 形

任务描述

如图 4-6-1 所示电动机驱动带轮轴转动，轴的直径 $d=50\text{mm}$，轴的许用应力 $\sigma=120\text{MPa}$。带轮的直径 $D=300\text{mm}$，带的紧边拉力 $F_T=5\text{kN}$，松边拉力 $F_t=2\text{kN}$。按第三强度理论校核轴的强度。

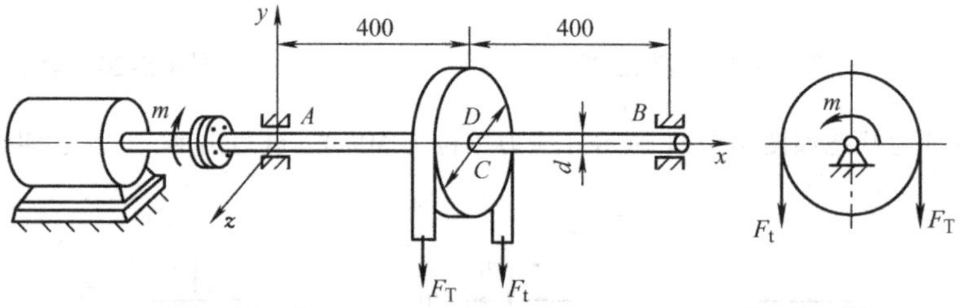

图 4-6-1 电动机驱动带轮轴工作简图

a）驱动轴工作示意图　b）皮带轮受力图

任务分析

了解组合变形的概念和实例；理解组合变形强度的分析方法，熟练掌握拉（压）弯组合变形和弯扭组合变形构件的强度计算。

知识准备

前面任务分别讨论了杆件在拉伸、扭转、弯曲等基本变形时的强度和刚度计算。但在工程实际中，多数杆件受力情况比较复杂，它们的变形常常是由两种或两种以上基本变形组合而成的。例如，悬臂式吊车（图 4-6-2a）横梁 AB 在横向力 F 作用下产生弯曲变形，同时在轴向力 F_{Ax}、F_{Bx} 作用下压缩变形，它是弯曲与压缩的组合变形；偏心受拉立柱（图 4-6-2b）杆件上所受的轴向力 F 偏离杆件的轴线，使杆件产生拉伸与弯曲组合变形；转轴 AB（图 4-6-2c）同时产生扭转和弯曲变形。

杆件在载荷的作用下同时发生两种或两种以上的基本变形组合的形式，称为**组合变形**。计算组合变形杆件的应力和变形时，若杆件的变形很小，则不同基本变形所引起的应力和变形各自独立、互不影响，可以应用叠加原理进行计算。解决组合变形强度问题的基本方法是叠加法：首先应根据静力等效的原则，即在不改变杆件内力和变形的前提下，将载荷进行适当简化，使每一组外力只产生一种基本变形；然后分别计算每一种基本变形在横截面上所引起的应力，将所得结果叠加起来；最后分析危险点的应力状态，建立其强度条件。当杆件的危险点处于单向应力状态时，可将同名应力进行代数叠加；若危险点处于复杂的应力状态，则需求出危险点的主应力，按有关强度理论进行强度计算。综上所述，可以把解决组合变形强度问题的方法归纳如下：

1）外力分析。分析外力作用特点和构件的变形特点，将作用在杆件上的载荷分解为若干种，使杆件在每一种载荷作用下只产生一种基本变形。

2）内力分析。分析在各种基本变形下杆件的内力并绘制内力图，确定危险截面。

3）应力分析。分析内力在危险截面上引起应力的分布特点，确定危险点。

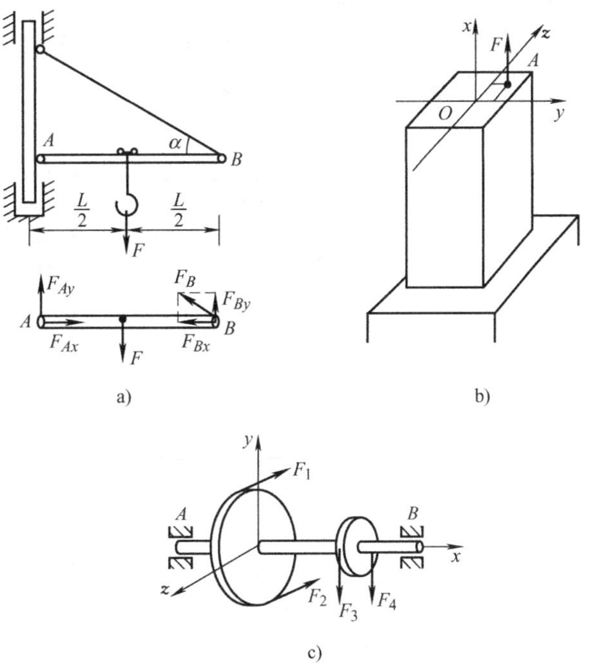

图 4-6-2　组合变形构件

a）悬臂式吊车　b）立柱　c）转轴

4）强度分析。根据危险点的应力状态和材料的力学性能选择适当的强度理论，进行强度计算。

本任务讨论组合变形时的静强度，研究如何运用叠加原理求组合变形时的内力和应力。

一、拉伸（压缩）与弯曲的组合变形

轴向拉伸（压缩）与弯曲的组合变形，根据其受力特点可分为两种情况：一是杆件上同时作用与轴线重合的轴向力和与轴线垂直的横向力；二是杆件所受的轴向力与杆件的轴线平行，但不通过横截面形心，此时杆件产生拉伸（压缩）与弯曲的组合变形，这种受力形式常称为偏心拉压。本节分别介绍这两种情况。

1. 杆件上同时作用与轴线重合的轴向力和垂直于轴线的横向力

如图 4-6-3a 所示的矩形截面悬臂梁，外力 F 位于梁的纵向对称平面 xy 内，并与梁的轴线成夹角 α。解决方法如下：

（1）外力分析，确定梁有几种基本变形

将力 F 沿轴线和垂直于轴线的方向分解成两个分力 F_x 和 F_y，则此二分力投影的大小为

$$F_x = F\cos\alpha, \quad F_y = F\sin\alpha$$

显然，轴向力 F_x 使梁产生拉伸变形，各横截面上轴力相同；垂直于梁轴线的力 F_y 使梁产生弯曲变形。可见，梁 AB 发生拉伸与弯曲组合变形。

（2）内力分析，确定危险截面

对于 F_x 和 F_y 所对应的拉伸与弯曲两种基本变形，分别作出其轴力图（图 4-6-3b）与

弯矩图（图4-6-3c），得

$$F_N = F_x = F\cos\alpha,\quad M_{max} = F_yL = FL\sin\alpha$$

所以，固定端横截面为危险截面。

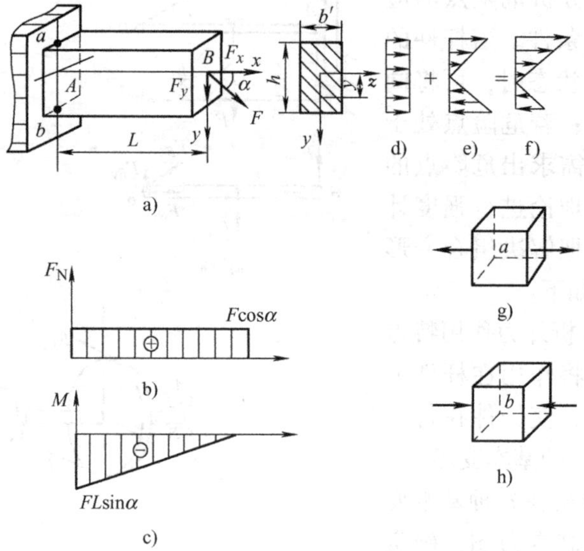

图4-6-3　拉弯组合变形杆件

a）悬臂梁受力图　b）轴力图　c）弯矩图　d）横截面轴向拉伸正应力
e）横截面弯曲正应力　f）横截面正应力合成　g）a点应力状态　h）b点应力状态

（3）应力分析，确定危险点

危险截面上的应力分布情况如图4-6-3d、e、f所示。由拉伸引起的正应力和由弯曲引起的最大正应力分别为

$$\sigma_N = \frac{F_N}{A} = \frac{F\cos\alpha}{A},\qquad \sigma_W = \pm\frac{M_{max}}{W_z} = \pm\frac{FL\sin\alpha}{W_z}$$

由于拉伸和弯曲引起的正应力都平行于轴线，故危险点的应力为

$$\sigma = \sigma_N + \sigma_W = \frac{F_N}{A} \pm \frac{M_{max}}{W_z}$$

a点：

$$\sigma^+_{max} = \frac{F_N}{A} + \frac{M_{max}}{W_z}$$

b点：

$$\sigma^-_{max} = \frac{F_N}{A} - \frac{M_{max}}{W_z}$$

不难看出，a点是最大拉应力点，b点是最大压应力点，两点都是危险点。

（4）根据应力状态、材料性质，选择强度理论，建立强度条件

由于危险点处于单向应力状态（图4-6-3g、h），故其强度条件为

$$\left.\begin{aligned}\sigma^+_{max} &= \left|\frac{F_N}{A} + \frac{M_{max}}{W_z}\right| \leqslant [\sigma_+]\\ \sigma^-_{max} &= \left|\frac{F_N}{A} - \frac{M_{max}}{W_z}\right| \leqslant [\sigma_-]\end{aligned}\right\}\tag{4-6-1}$$

式中，$\sigma_{\max}^{+}$和$\sigma_{\max}^{-}$为危险点最大拉应力和最大压应力；F_N 和 $M_{\max}$为危险截面的轴力和弯矩；$[\sigma_+]$ 和 $[\sigma_-]$ 为材料的许用拉应力和许用压应力。

应当指出：

1）应用式(4-6-1) 进行强度计算时，轴力 F_N 和弯矩 $M_{\max}$都取绝对值。

2）对于抗拉和抗压能力不同的材料，需用式(4-6-1) 两式分别校核杆件的强度。对于抗拉和抗压能力相同的材料，只需校核杆件危险点应力绝对值最大点处的强度。

3）对弯曲与拉伸（压缩）组合变形的杆件进行应力分析时，通常把弯曲切应力忽略不计，所以横截面上只有正应力，各点均处于单向应力状态，从而可使问题得以简化。

4）若为压弯组合变形，其强度条件为

$$\left.\begin{aligned}\sigma_{\max}^{+}&=\left|-\frac{F_N}{A}+\frac{M_{\max}}{W_z}\right|\leqslant[\sigma_+]\\\sigma_{\max}^{-}&=\left|-\frac{F_N}{A}-\frac{M_{\max}}{W_z}\right|\leqslant[\sigma_-]\end{aligned}\right\}\tag{4-6-2}$$

2. 偏心拉（压）的强度计算

当作用在直杆上的外力沿杆件轴线作用时，产生轴向拉伸或轴向压缩。然而，如果外力的作用线平行于杆的轴线，但不通过横截面的形心，则将引起偏心拉伸或偏心压缩，这是拉（压）弯组合变形的又一种形式。例如图 4-6-4 所示的钩头螺栓和受压立柱即分别为偏心拉伸和偏心压缩的实例。

在偏心外力作用下，杆件横截面上的应力不再均匀分布，即不能按式 $\sigma=\dfrac{F_N}{A}$来计算其应力。为了转化成基本变形形式，可将力 F 向轴线简化，得到通过轴线的力和一个（或两个）附加力偶。显然，轴向力使杆件产生轴向拉压，而力偶使杆件发生弯曲。下面举例说明这类问题的解法。

如图 4-6-5a 所示，杆件受到偏心拉力作用时，首先将偏心力 F 向截面形心 C 平移，得到作用线与轴线一致的轴向力 F'和力偶矩为 Fe 的力偶，使杆件产生拉伸与弯曲组合变形。由此，杆的任一横截面上的内力分量为：轴力 $F_N=F'=F$、弯矩 $M_z=Fe$。在小变形的情况下，横截面上的正应力是拉伸与弯曲两种应力的代数叠加。横截面上应力分布情况如图 4-6-5b 所示，其最大拉、压应力分别为

$$\left.\begin{aligned}\sigma_{\max}^{+}&=\frac{F_N}{A}+\frac{M_z}{W_z}\\\sigma_{\max}^{-}&=\frac{F_N}{A}-\frac{M_z}{W_z}\end{aligned}\right\}\tag{4-6-3}$$

同理，当杆件受到偏心压力作用时，最大拉、压应力为

$$\left.\begin{aligned}\sigma_{\max}^{+}&=-\frac{F_N}{A}+\frac{M_z}{W_z}\\\sigma_{\max}^{-}&=-\frac{F_N}{A}-\frac{M_z}{W_z}\end{aligned}\right\}\tag{4-6-4}$$

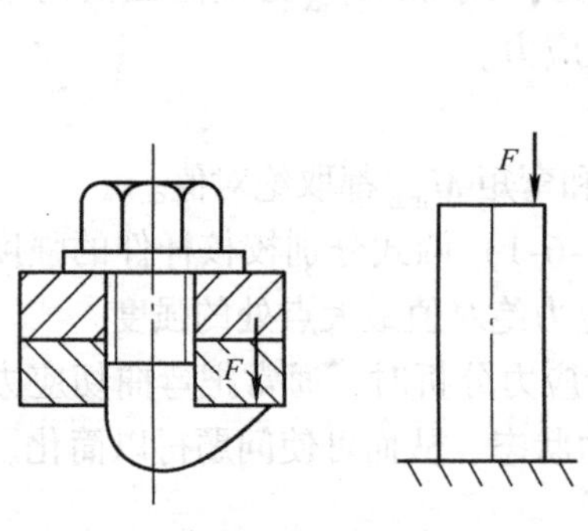

a)　b)

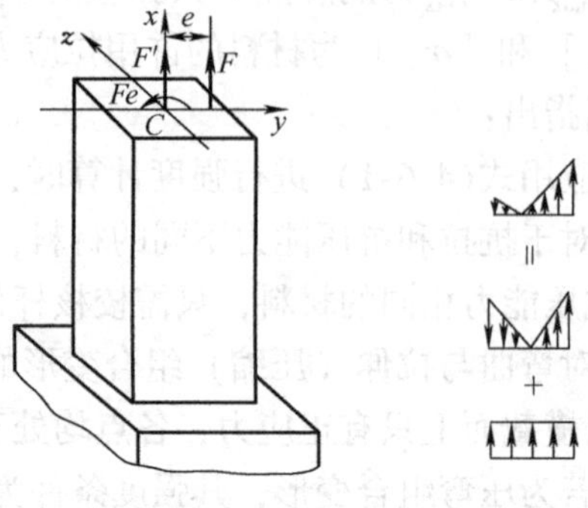

a)　b)

图 4-6-4　偏心拉压杆件

a）钩头螺栓　b）受压立柱

图 4-6-5　偏心拉伸杆件

a）杆件偏心拉伸示意图　b）横截面正应力合成

二、圆轴弯曲与扭转的组合变形

工程中的传动轴，大多数处于弯扭组合变形状态。当弯曲变形较小时，圆轴可近似地按扭转问题来计算。当弯曲变形不能忽略时，则需要按弯扭组合变形计算。

现以曲拐为例（图 4-6-6a），介绍弯扭组合变形时的强度分析方法。

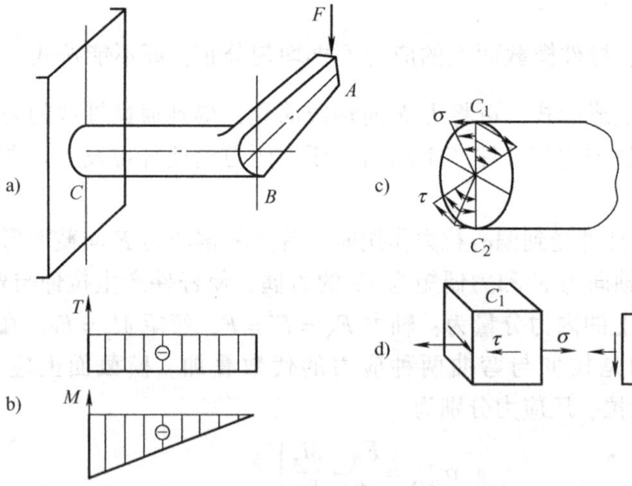

图 4-6-6　曲拐弯扭组合变形图

a）曲拐受力示意图　b）扭矩图和弯矩图

c）横截面的应力分布情况　d）危险点 C_1 的应力状态

（1）外力分析

曲拐端点 A 作用集中力 F，BC 段为圆截面杆件。如果设想把外力 F 由 A 点平移到 B 点，则得到一个与 F 作用线平行的力和一个附加力偶；这个力将引起 BC 杆铅垂平面内的弯曲，力偶引起 BC 杆扭转，所以 BC 杆为弯扭组合变形杆件。

（2）内力分析

作出杆 BC 的弯矩图和扭矩图（图 4-6-6b）。对杆 BC 而言，固定端 C 是危险截面。

(3) 应力分析

沿危险截面 C_1、C_2 连线上的应力分布情况如图 4-6-6c 所示。当圆轴承受弯矩 M 作用时，弯曲发生在铅垂平面内。所以正应力 σ 在 C_1C_2 连线上，垂直于横截面呈两三角形分布。当圆轴承受扭矩作用时，最大切应力 $\tau_{\max}$ 作用在圆轴横截面的外圆周处，相切于横截面。

根据应力计算公式可得

最大切应力
$$\tau_{\max}=\frac{T}{W_p}$$

最大正应力
$$\sigma_{\max}=\frac{M_{\max}}{W_z}$$

两者都作用在 C_1 和 C_2 点上。如果取出其中的一点 C_1 来研究，它处于二向应力状态，如图 4-6-6d 所示，要按有关的强度理论进行强度分析。根据应力状态理论，C_1 点的主应力为

$$\left.\begin{matrix}\sigma_1\\ \sigma_3\end{matrix}\right\}=\frac{\sigma}{2}\pm\sqrt{\left(\frac{\sigma}{2}\right)^2+\tau^2}=\frac{\sigma}{2}\pm\frac{1}{2}\sqrt{\sigma^2+4\tau^2}$$

(4) 强度分析

对于塑性材料而言，通常采用第三或第四强度理论进行强度计算。

按第三强度理论，其强度条件为

$$\sigma_{xd3}=\sigma_1-\sigma_3\leqslant[\sigma]$$

把 σ_1 和 σ_3 的计算关系代入上式得

$$\sigma_{xd3}=\sqrt{\sigma^2+4\tau^2}\leqslant[\sigma] \tag{4-6-5}$$

此式为圆轴弯扭组合时以应力表示的强度条件。

注意到 $\tau_{\max}=\dfrac{T}{W_p}$，$\sigma_{\max}=\dfrac{M_{\max}}{W_z}$、$W_p=2W_z$，得

$$\sigma_{xd3}=\frac{1}{W_z}\sqrt{M^2+T^2}\leqslant[\sigma] \tag{4-6-6}$$

此式为圆轴弯扭组合时以内力表示的强度条件。

同理，按第四强度理论，其强度条件为

$$\sigma_{xd4}=\sqrt{\sigma^2+3\tau^2}\leqslant[\sigma] \tag{4-6-7}$$

和
$$\sigma_{xd4}=\frac{1}{W_z}\sqrt{M^2+0.75T^2}\leqslant[\sigma] \tag{4-6-8}$$

应当指出：以上所述是圆轴只在某一个平面内发生弯曲的情形。如果圆轴在扭转的同时还在两个平面内发生弯曲，其弯矩分别为 M_y 和 M_z，这时对于圆截面杆件，通过圆心的任意直径都是形心主轴，可以直接求出其合弯矩，即 $M=\sqrt{M_y^2+M_z^2}$，然后仍按平面弯曲计算其应力。

三、组合变形的工程应用

例 4-6-1　简易悬臂式滑车架如图 4-6-7 所示。AB、CD 均为 18 号工字钢，材料的许用应力为 $[\sigma]=100\text{MPa}$。当 $\alpha=30°$、起吊重量 $F=10\text{kN}$ 时，忽略梁 AB、CD 自重，试校核梁 AB 的强度。

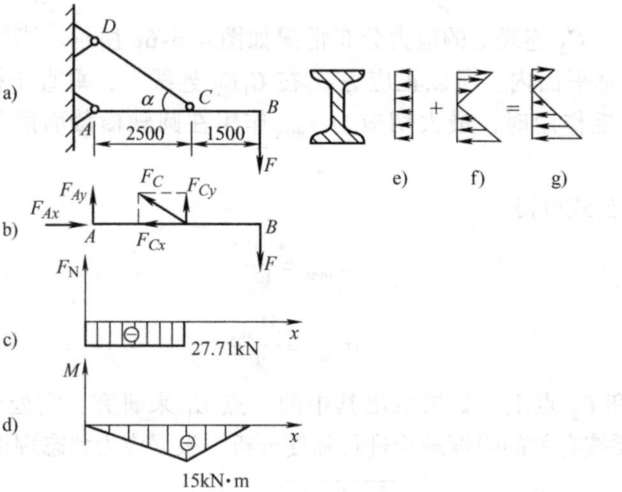

图 4-6-7 悬臂式滑车架简图

a）悬臂式滑车架工作示意图　b）悬臂式滑车架受力图　c）轴力图　（d）弯矩图

e）横截面轴向拉伸正应力　f）横截面弯曲正应力　g）横截面正应力合成

Ⅰ. 题目分析

此题需要校核梁 AB 的强度。首先需根据所受外力特点判断梁 AB 的变形。由已知可知，梁 CD 为二力杆，取梁 AB 为研究对象画其受力图。梁 AB 受横向力 F_{Ay}、F_{Cy}、F 作用，产生弯曲变形，同时铰链 A、C 对梁 AB 存在水平方向的轴力 F_{Ax}、F_{Cx}，产生压缩，因此梁 AB 产生压弯组合变形。又因梁 AB 采用塑性材料，其许用拉应力与许用压应力相等，只需要利用压弯组合变形公式(4-6-2)，对危险点的最大压应力 $|\sigma^-_{\max}|$ 校核即可。

Ⅱ. 题目求解

解：(1) 外力分析。取横梁 AB 为研究对象，CD 为二力杆，则 AB 受力如图 4-6-7b 所示。由静力平衡条件：

$$\sum M_A(F)=0,\quad -F\times(2.5+1.5)+F_C\sin\alpha\times2.5=0$$

从而求得

$$F_C=32\text{kN}$$

故

$$F_{Cx}=F_C\cos\alpha=27.71\text{kN},\quad F_{Cy}=F_C\sin\alpha=16\text{kN}$$

再由静力平衡条件：

$$\sum F_x=0,\quad F_{Ax}-F_{Cx}=0$$

$$\sum F_y=0,\quad F_{Ay}-F+F_{Cy}=0$$

从而求得

$$F_{Ax}=F_{Cx}=27.71\text{kN}$$

$$F_{Ay}=F-F_{Cy}=-6\text{kN}$$

其中，F、F_{Ay}、F_{Cy} 构成平衡力系，它们垂直于杆的轴线，使杆产生弯曲变形；F_{Ax}、F_{Cx} 沿杆件轴线，使杆产生压缩变形。所以，杆件 AB 产生弯曲和压缩的组合变形。

(2) 内力分析。AB 杆的轴力图和弯矩图分别如图 4-6-7c、d 所示，由图可知，杆件 C 截面处是危险截面。其轴力和弯矩值（绝对值）分别为

$$F_N=27.71\text{kN}(\text{压}),\ M_{\max}=15\text{kN}\cdot\text{m}$$

(3) 应力分析。由于所给工字钢的拉、压许用应力相同，且截面形状对称于中性轴，故截面上应力分布情况如图 4-6-7e、f、g 所示。可见截面的下边缘各点为危险点，其最大压应力为（查附录型钢规格表，选取 18 号工字钢，$A=3.06\times10^3\ \text{mm}^2$，$W=185\times10^3\ \text{mm}^3$）

$$\sigma_{max}^{-}=\left|-\frac{F_N}{A}-\frac{M_{max}}{W_z}\right|=\left|-\frac{27.71\times10^3}{3.06\times10^3}-\frac{15\times10^6}{185\times10^3}\right|\text{MPa}=90.14\text{MPa}$$

（4）强度分析。因为 $\sigma_{max}^{-}=90.14\text{MPa}<[\sigma]$，所以杆件的强度满足要求。

Ⅲ. 题目关键点解析

求解该题目的关键点是根据受载情况，准确判断梁 *AB* 的组合变形形式。熟练掌握组合变形的解题步骤，正确求解梁的危险截面和危险点，再利用式(4-6-2) 进行强度计算即可。在强度计算时还需注意，对于许用拉应力和许用压应力相同的材料（如低碳钢），只需校核杆件危险截面上危险点应力绝对值最大点处的强度。对于许用拉应力和许用压应力不相同的材料（如铸铁），需要对危险截面上危险点的 σ_{max}^{+}、σ_{max}^{-}分别进行强度校核。

例 4-6-2　一钻床如图 4-6-8 所示，工作时 $F=15\text{kN}$，立柱为铸铁材料，许用拉应力为 $[\sigma_+]=35\text{MPa}$，试计算所需的直径 d。

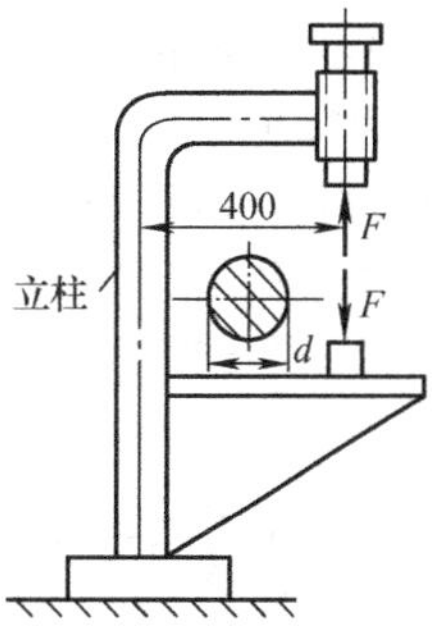

图 4-6-8　钻床装置简图

Ⅰ. 题目分析

此题需求解立柱的直径，解题思路和例 4-6-1 类似。首先根据受力特点判断立柱的组合变形形式，因受到外力 F 平行于立柱轴线但不通过截面形心，属于偏心拉伸问题。根据组合变形的解题步骤，确定立柱的危险截面及危险点的应力，代入偏心拉伸强度计算公式(4-6-3) 即可求解。

Ⅱ. 题目求解

解：(1) 外力分析。外力 F 平行于立柱轴线但不过截面形心，属于偏心拉伸问题。偏心距 $e=0.4\text{m}$。将力 F 向立柱横截面形心平移，得拉力 $F=15\text{kN}$，力偶矩 $M_O=Fe=6000\text{N}\cdot\text{m}$。

（2）内力分析。应用截面法可得轴力 F_N 和弯矩 M 分别为

$$F_N=F=15000\text{N},\quad M=M_O=6000\text{N}\cdot\text{m}$$

（3）应力分析。因为轴力和弯矩均在立柱内侧边缘产生拉应力，故此处为危险点，有

$$\sigma_{max}^{+}=\frac{F_N}{A}+\frac{M}{W_z}$$

（4）设计立柱直径 d。因为 A、W_z 中均含有未知量 d，不易直接求解。为此，可先根据弯曲正应力来选择直径 d，然后再校核最大拉应力。

由
$$\sigma=\frac{M}{W_z}=\frac{6000\text{N}\cdot\text{m}\times32}{\pi d^3}\leqslant[\sigma_+]=35\text{MPa}$$

得
$$d\geqslant\sqrt[3]{\frac{32\times6000}{\pi\times35}}\text{mm}=120.4\text{mm}$$

取
$$d=122\text{mm}$$

按 $d=122\text{mm}$ 来校核最大拉应力：

$$\sigma_{max}^{+}=\frac{F_N}{A}+\frac{M}{W_z}=\left(\frac{4\times15000}{\pi\times122^2}+\frac{32\times6000}{\pi\times122^3}\right)\text{MPa}=34.9\text{MPa}<[\sigma_+]=35\text{MPa}$$

因此选 $d=122\text{mm}$ 是安全的。

Ⅲ. 题目关键点解析

求解本题目的关键是理解偏心拉伸（压缩）的受力特点，掌握偏心拉伸（压缩）的强度计算方法。此外，在外力分析时，将力 F 向立柱的形心平移。需要说明的是，对于变形体，力是不准随意移动的，否则变形状态将有变化。但若限制力在横截面范围内平移，由圣维南原理可知，仅对力作用附近的应力分布有一定的影响，并不影响稍远处的横截面内的应力分布。

例 4-6-3 电动机通过带轮带动传动轴如图 4-6-9 所示，传递功率 $P=7.5\text{kW}$，轴的转速 $n=100\text{r/min}$，轴的直径 $d=50\text{mm}$，材料的许用应力 $[\sigma]=150\text{Mpa}$；带的拉力为 $F_1+F_2=5.4\text{kN}$，两带轮的直径均为 $D=600\text{mm}$，且 $F_1>F_2$。试按第四强度理论校核轴的强度。

Ⅰ. 题目分析

本题目涉及的是一个弯扭组合变形问题，此轴的受力情况比较复杂，所受外力需要简化到两个相互垂直的纵向对称平面中处理。先建立空间坐标系 $Oxyz$，将作用于两带轮上的圆周力 F_1、F_2 分别平移至轴心，得到图 4-6-9b 所示的两个力偶 M_e 和两个横向力 F_1+F_2，根据受力特点，可以判断出此轴产生弯扭组合。利用组合变形的求解步骤，确定危险截面上扭矩和弯矩，再运用第四强度理论公式(4-4-8) 进行校核，即可求解。

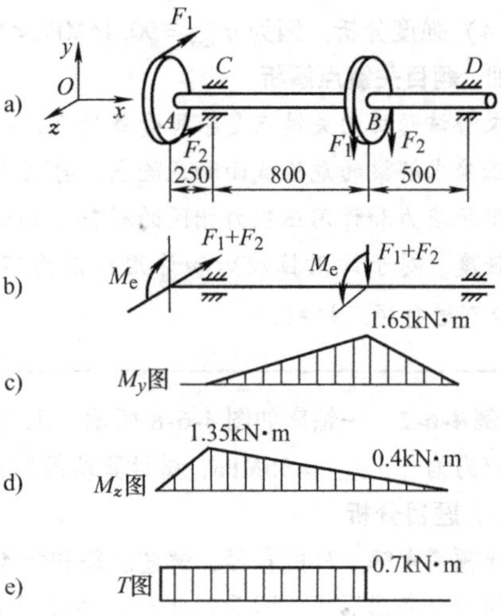

图 4-6-9 传动轴

a）传动轴工作示意图 b）传动轴受力图 c）铅垂平面弯矩图 d）水平面弯矩图 e）传动轴扭矩图

Ⅱ. 题目求解

解：（1）外力分析。转轴的扭转力矩为

$$T=9550\frac{P}{n}=9550\times\frac{7.5}{100}\times10^{-3}\text{kN}\cdot\text{m}=0.7\text{kN}\cdot\text{m}$$

因 T 是通过带的拉力 F_1 和 F_2 传递的，故 $(F_1-F_2)\frac{D}{2}=T$，有

$$(F_1-F_2)=\frac{2T}{D}=\frac{2\times0.7}{600\times10^{-3}}\text{kN}=2.3\text{kN}$$

已知
$$F_1+F_2=5.4\text{kN}$$

可得
$$F_1=3.85\text{kN},\quad F_2=1.55\text{kN}$$

将力向轴心简化，受力如图 4-6-9b 所示。力偶 M_e 使轴产生扭转变形，F_1+F_2 分别使轴产生铅垂平面和水平面内的弯曲变形。

（2）内力分析。这是扭转与两个平面内弯曲组合的情形。扭矩图见图 4-6-9e，$T=0.7\text{kN}\cdot\text{m}$。分别作出铅垂平面和水平面的弯矩图，见图 4-6-9c、d。对于圆截面，任一直径都是其形心主轴，故圆轴在两个垂直平面内弯曲时，可直接求其合弯矩，即

$$M=\sqrt{M_y^2+M_z^2}$$

由内力图可知，在截面 B 处合成弯矩最大，其值为

$$M_B=\sqrt{M_{By}^2+M_{Bz}^2}=\sqrt{0.4^2+1.65^2}\text{kN}\cdot\text{m}=1.7\text{kN}\cdot\text{m}$$

（3）校核轴的强度。由于截面 B 处弯矩最大，轴的扭矩为常量，故 B 截面为危险截面。按第四强度理论

$$\sigma_{xd4}=\frac{1}{W_z}\sqrt{M_B^2+0.75T^2}$$
$$=\left[\frac{32}{\pi\times50^3}\times\sqrt{(1.7\times10^6)^2+0.75\,(0.7\times10^6)^2}\right]\text{MPa}$$
$$=147\text{MPa}<[\sigma]=150\text{MPa}$$

故此轴安全。

Ⅲ. 题目关键点解析

该题目的关键点在于：一是理解弯扭组合变形强度校核的方法，弯扭组合变形的研究对象仅限于圆形杆件；二是对于圆轴在扭转的同时还在两个平面内发生弯曲时，因通过圆心的任意直径都是形心主轴，可直接利用 $M=\sqrt{M_y^2+M_z{}^2}$ 求其合弯矩，然后代入平面弯曲公式计算即可。

任务实施

按第三强度理论校核如图 4-6-1 所示任务描述中电动机驱动带轮轴的强度。

Ⅰ. 题目分析

本题需按第三强度理论校核带轮轴的强度。首先需判断带轮轴的变形形式，把作用在带轮 D 上的圆周力 F_T、F_t 分别向轴心点 C 简化，得到一力偶 m_1 和横向力 F_T+F_t，力偶 m 和 m_1 使轴产生扭转变形，F_{Ay}、F_{By}、F_T+F_t 使轴产生弯曲变形，是典型的弯扭组合问题。然后根据组合变形的求解步骤，确定危险截面上的扭矩和弯矩，再运用第三强度理论公式(4-6-6) 进行校核，即可求解。

Ⅱ. 题目求解

解：(1) 外力分析。把作用于带轮边缘上的紧边拉力 F_T 和松边拉力 F_t 都平移到轴心点 C 上，并去掉带轮，得到 AB 轴的受力简图 4-6-10c。

铅垂力

$$F=F_T+F_t=5\text{kN}+2\text{kN}=7\text{kN}=7000\text{N}$$

平移后的附加力偶矩

$$m_1=\frac{F_TD}{2}-\frac{F_tD}{2}=[(5-2)\times1000\times150]\text{N}\cdot\text{mm}=0.45\times10^6\text{N}\cdot\text{mm}$$

可见，圆轴 AB 在铅垂力 F 的作用下发生弯曲，而圆轴的 AC 段在附加力偶 m_1 及电动机驱动力偶 m 的共同作用下发生扭转，CB 段并没有扭转变形。即圆轴的 AC 段发生弯曲与扭转的组合变形。

(2) 内力分析。由铅垂力 F 所产生的弯矩如图 4-6-10d、e 所示，其最大值为

$$M=\frac{F}{2}\cdot\frac{l}{2}=\frac{7000\times800}{4}\text{N}\cdot\text{mm}=1.4\times10^6\text{N}\cdot\text{mm}$$

不考虑由铅垂力 F 所产生的剪力。

由附加力偶 m 所产生的扭矩如图 4-6-10f、g 所示，其 AC 段的扭矩值处处相等：

$$T=m_1=m=0.45\times10^6\text{N}\cdot\text{mm}$$

由此可见，轴的中央截面 C 处为危险截面。

(3) 强度分析。按第三强度理论的强度条件式(4-6-6) 可得

$$\sigma_{xd3}=\frac{\sqrt{M^2+T^2}}{W_z}=\frac{32\sqrt{(1.4\times10^6)^2+(0.45\times10^6)^2}}{\pi\times50^3}\text{MPa}=120\text{MPa}=[\sigma]$$

所以此轴有足够强度。

Ⅲ. 题目关键点解析

1) 本题与例 4-6-3 均为圆轴产生弯扭组合变形的问题，两者解题思路相同，在利用第三强度理论时，弯矩直接代入危险点处的最大弯矩值即可。

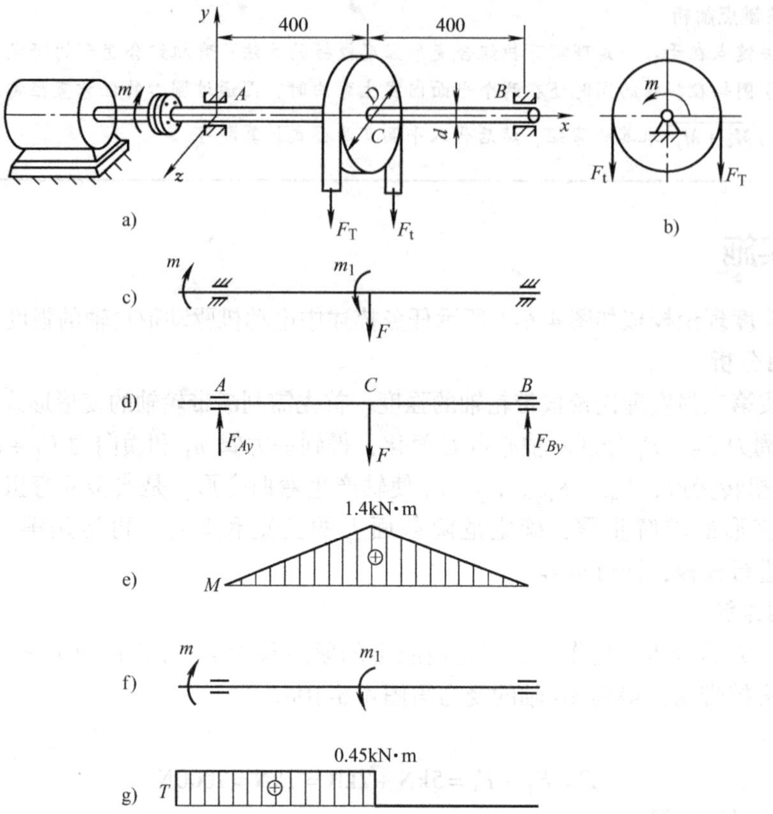

图 4-6-10　电动机驱动带轮轴工作简图

a）驱动轴工作示意图　b）带轮受力图　c）驱动轴受力图　d）驱动轴弯曲变形示意图
e）驱动轴弯矩图　f）驱动轴扭转变形示意图　g）驱动轴扭矩图

2）在进行组合变形强度计算时还需注意，不论哪种组合变形，在危险截面的最大扭转切应力和弯曲正应力均发生在圆周上，而轴向拉伸（压缩）应力沿截面均匀分布，所以相应各基本变形的应力叠加后危险点仍在圆周上。

3）对于弯扭组合变形，其强度条件可用危险截面的内力表示。因此无特殊要求，只需分析杆件危险截面的内力即可按强度条件进行计算，而不必分析危险点的应力情况。

思考与练习

1. 何谓组合变形？当杆件处于组合变形时，应力分析的理论依据是什么？有何限制？

2. 拉弯组合杆件危险点的位置如何确定？建立强度条件时为什么不必利用强度理论？

3. 弯扭组合的圆截面杆，在建立强度条件时，为什么要用强度理论？

4. 对于同时受轴向拉伸、扭转和弯曲变形的杆，按第三强度理论建立的强度条件是否可写成如下形式？为什么？

$$\sigma_{xd3} = \frac{F_N}{A} + \frac{\sqrt{M^2 + T^2}}{W_z} \leqslant [\sigma]$$

5. 用公式 $\sigma_{xd3} = \frac{1}{W_z}\sqrt{M^2 + T^2} \leqslant [\sigma]$、$\sigma_{xd4} = \frac{1}{W_z}\sqrt{M^2 + 0.75T^2} \leqslant [\sigma]$ 进行轴的强度计算时是否应考

虑轴的截面形状？为什么？

6. 有一斜梁 AB 如图4-6-11 所示，其横截面为正方形，边长为100mm，若 $F=3$kN，试求最大拉应力和最大压应力。

7. 起重机的最大起吊量（包括小车）为 $F=40$kN，横梁 AC 由两根18b 号槽钢组成，如图4-6-12 所示，材料的许用应力［σ］=120MPa，试校核梁的强度。

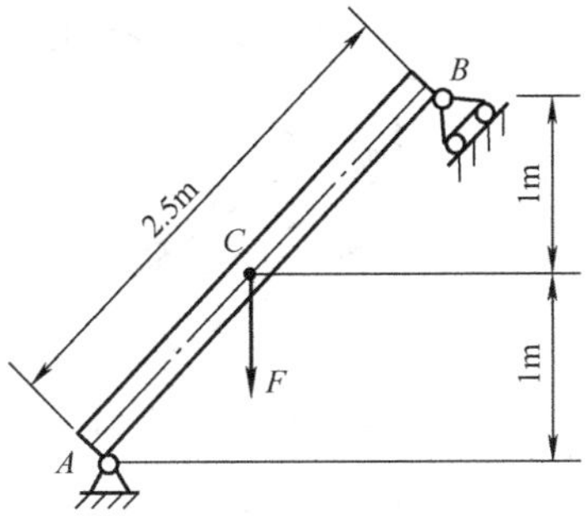

图4-6-11　题6图

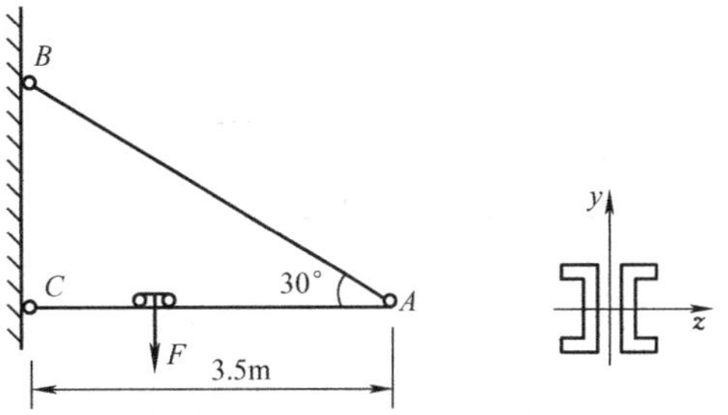

图4-6-12　题7图

8. 一夹具装置如图 4-6-13 所示，最大夹紧力 $F=5$kN，偏心距 $e=100$mm，$b=10$mm，其许用应力［σ］=80MPa。试设计立柱截面的尺寸。

9. 正方形截面立柱受力如图4-6-14 所示。若在其左侧中部开一深为 $a/4$ 的槽，试问：（1）开槽前后杆内最大应力位于何处？其值是多少？（2）若在槽的对侧再挖一个相同的槽，其应力有何变化？

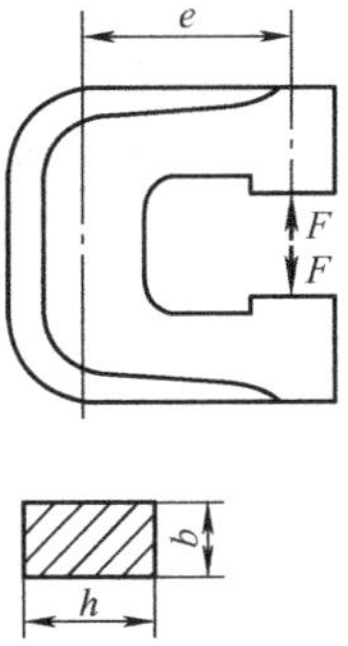

图4-6-13　题8图

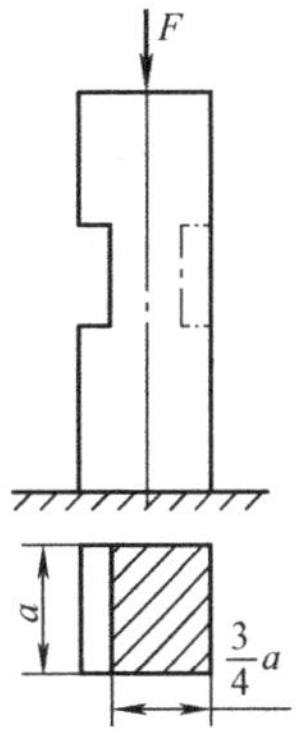

图4-6-14　题9图

10. 简支梁如图4-6-15 所示，已知 $F=100$kN，$l=1.2$m，［σ］=160MPa。试校核梁的强度。

11. 杆件 AB 如图4-4-16 所示，同时受横向力和偏心力作用。已知［σ_+］=30MPa，［σ_-］=90MPa，试确定 F 的许用值。

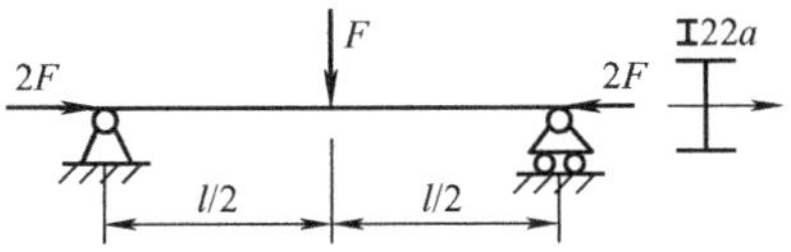

图4-6-15　题10图

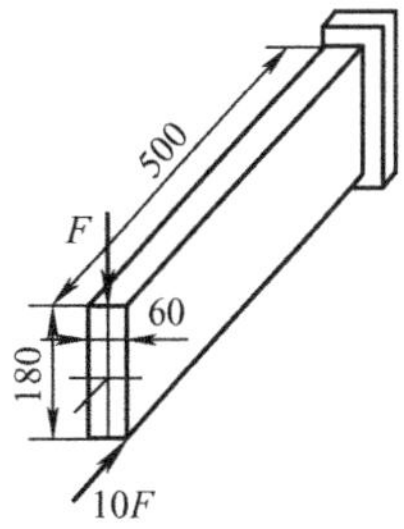

图4-6-16　题11图

12. 板件 AB 如图 4-6-17 所示。已知 $F=12\text{kN}$，$[\sigma]=100\text{MPa}$，试求切口的允许深度 x。

13. 拐轴受铅垂载荷 F 作用如图 4-6-18 所示，试按第三强度理论确定轴 AB 的直径。已知 $F=20\text{kN}$，$[\sigma]=160\text{MPa}$。

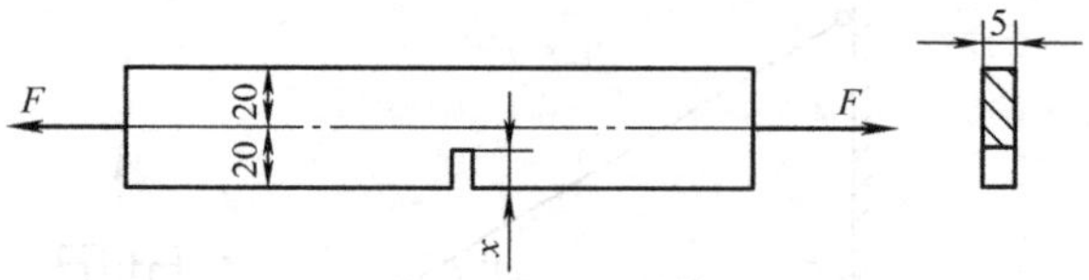

图 4-6-17　题 12 图

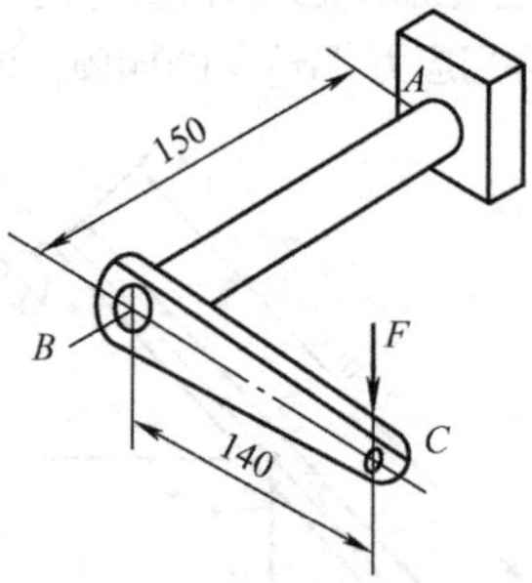

图 4-6-18　题 13 图

14. 一传动轴如图 4-6-19 所示，轮 A 的直径 $D_1=300\text{mm}$，其上作用铅垂力 $F_z=1\text{kN}$；轮 B 的直径 $D_2=150\text{mm}$，其上作用水平力 $F_x=2\text{kN}$，许用应力 $[\sigma]=160\text{MPa}$，试按第四强度理论设计轴的直径。

15. 一传动轴如图 4-6-20 所示，传递的功率 $P=2\text{kW}$，转速 $n=100\text{r/min}$，带轮直径 $D=250\text{mm}$。带的拉力 $F_T=2F_t$，许用应力 $[\sigma]=80\text{MPa}$，轴的直径 $d=45\text{mm}$。试按第三强度理论校核轴的强度。

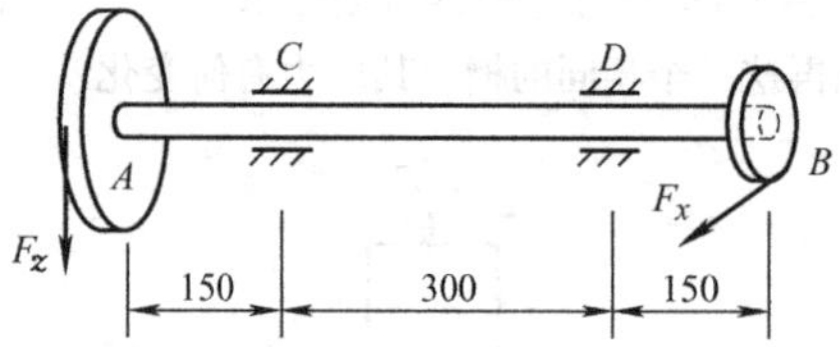

图 4-6-19　题 14 图

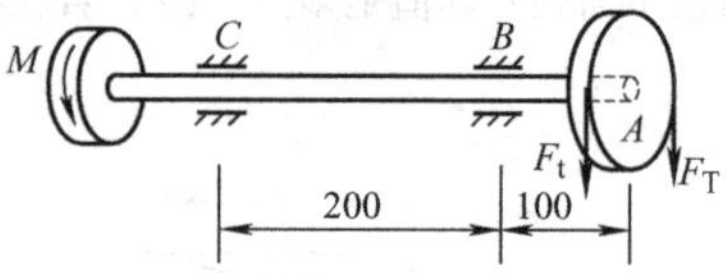

图 4-6-20　题 15 图

任务七　压杆稳定

任务描述

螺旋千斤顶如图 4-7-1 所示，螺杆旋出的最大长度 $l=375\text{mm}$，螺杆的螺纹内径 $d=40\text{mm}$，材料为 45 钢，千斤顶的最大起重量 $P=80\text{kN}$，规定的稳定安全系数 $n_w=4$，校核千斤顶的稳定性。

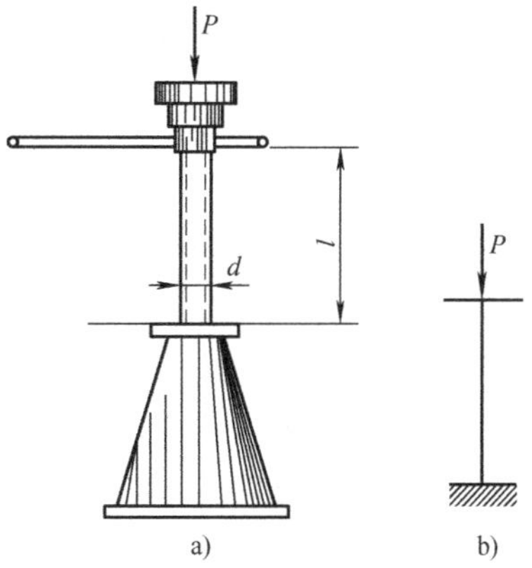

图 4-7-1　螺旋千斤顶

a）螺旋千斤顶工作简图　b）螺旋千斤顶计算简图

任务分析

了解压杆稳定的基本概念，掌握不同类型压杆的临界力和临界应力的计算方法，能熟练进行压杆的稳定性校核计算。

知识准备

一、压杆稳定的基本概念

承受轴向压力作用的直杆，如果杆是短粗的，虽然压力很大，直杆也不会变弯。例如压缩试验用的碳钢短柱，当压应力达到屈服极限时，将发生塑性变形，而铸铁短柱当压应力达到强度极限时，将发生断裂。这些破坏现象是由于强度不足而引起的。

对于承受轴向压力的细长直杆，仅仅满足强度条件，还不能保证安全可靠地工作。当所加的压力还不很大，杆内应力还远小于极限应力时，直杆就可能突然变弯曲，甚至折断。细长压杆的这种不能维持原有直线平衡状态，而发生突然变弯甚至折断的现象，称为压杆失去稳定性，简称压杆失稳或屈曲。

为了说明压杆失稳现象，我们做一个实验，取一根宽 30mm、厚 2mm、长 400mm 的钢板条，其材料的许用应力 $[\sigma]=160\text{MPa}$，按压缩强度条件计算，它的承载能力为

$$F\leqslant A[\sigma]=(30\times2\times160)\text{N}=9.6\text{kN}$$

逐渐加载时发现，在压力接近 7kN 时，它在外界的微扰动下已开始弯曲（图 4-7-2）。若压力继续增大，则弯曲变形急剧增加而最终导致折断，此时压力远小于 9.6kN。之所以丧失工作能力，是由于它不能保持原有的直线形状而发生弯曲。这说明钢板条不是强度不足，而是稳定性不够。

工程中，如连杆、桁架中的某些压杆、薄壁圆筒等，这些构件除了要有足够的强度外，还必须有足够的稳定性，才能保证正常的工作。

二、细长压杆的临界力——欧拉公式

1. 两端铰支压杆的临界力

现以两端铰支并受轴向力 F 作用的等截面直杆为例（图 4-7-3），说明确定压杆临界力的方法。选坐标系如图所示，由截面法得横截面上的弯矩为

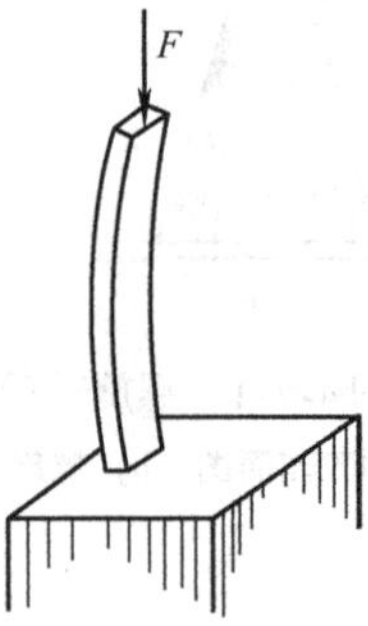

图 4-7-2　压杆的屈曲

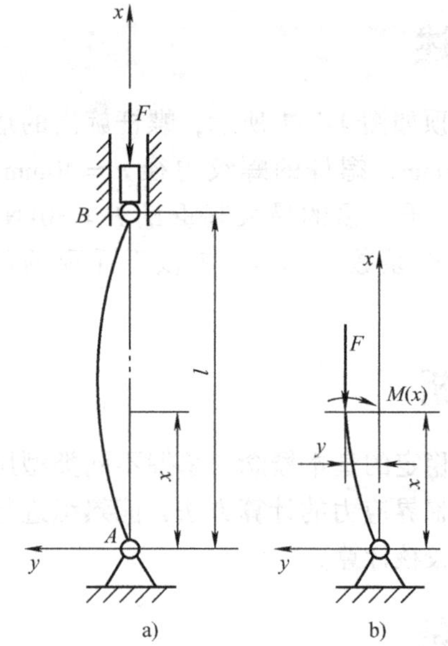

图 4-7-3　两端铰支压杆

$$M(x) = -Fy \tag{4-7-1}$$

式中，F 取绝对值。由图 4-7-3b 看出，弯矩 $M(x)$ 与挠度 y 的符号相反。当杆内的应力不超过材料的比例极限时，引用挠曲线的近似微分方程得

$$\frac{\mathrm{d}^2y}{\mathrm{d}x^2}=\frac{M(x)}{EI}=-\frac{Fy}{EI}$$

令 $k^2=\dfrac{F}{EI}$，上式可化简为

$$\frac{\mathrm{d}^2y}{\mathrm{d}x^2}+k^2y=0 \tag{4-7-2}$$

确定临界力必须求解上述微分方程并确定其中的 k 值。方程（4-7-2）的通解为

$$y=a\sin kx+b\cos kx \tag{4-7-3}$$

式中，a、b 为待定的积分常数；k 为待定值。

根据压杆的边界条件来确定积分常数和 k 值。当 $x=0$ 时，$y=0$，代入式(4-7-3) 得 $b=0$，于是式(4-7-3) 可写为

$$y=a\sin kx \tag{4-7-4}$$

当 $x=l$ 时，$y=0$，代入式(4-7-4) 得

$$a\sin kl=0 \tag{4-7-5}$$

要满足式(4-7-5)，必须 a 或 $\sin kl$ 等于零。若 $a=0$，由式(4-7-4) 得 $y=0$，即压杆轴线上各点的挠度都为零，这与压杆处于微弯状态的前提矛盾。因此，只有

$$\sin kl=0 \tag{4-7-6}$$

满足式(4-7-6) 的条件是

$$kl=n\pi,\ n=0,1,2,\cdots$$

由此可知

$$F=\frac{n^2\pi^2EI}{l^2},n=0,1,2,\cdots \tag{4-7-7}$$

这就说明，使压杆保持曲线状态平衡的压力，在理论上是多值的。但使压杆在微弯状态下保持平衡的最小压力，即临界力应取 $n=1$。这就得到细长杆在两端铰支时的临界力为

$$F_{\mathrm{cr}}=\frac{\pi^2EI}{l^2} \tag{4-7-8}$$

式(4-7-8) 称为**两端铰支压杆的欧拉公式**。在此临界力作用下，$k=\pi/l$，则式(4-7-4) 可写为

$$y=a\sin(\pi x/l)$$

可见，两端铰支压杆的挠曲线是条半波的正弦曲线。

2. 其他约束情况下压杆的临界力

在工程实际中，除两端铰支外，还有其他形式的杆端约束。例如，一端自由而另一端固定、两端固定等。对于这些情况的压杆，仿照前面的推导方法，也可以得到它们的临界力公式。如果以两端铰支压杆的挠曲线为基本情况，将它与其他约束情况下的挠曲线对比，就可得到**欧拉公式的一般形式**

$$F_{\mathrm{cr}}=\frac{\pi^2EI}{(\mu l)^2} \tag{4-7-9}$$

式中，μ 称为长度系数，它反映了不同支承情况对临界力的影响，μl 称为相当长度。几种理想的杆端约束情况下的临界力长度系数列于表 4-7-1。

表 4-7-1　其他约束情况下临界力长度系数

支承情况	一端固定一端自由	两端铰支	一端固定一端铰支	两端固定
简图		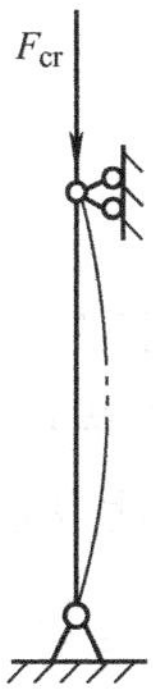	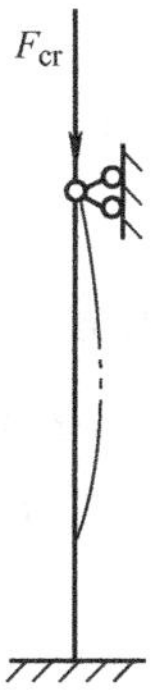	
μ	2	1	0.7	0.5

应该指出，实际应用时，要看实际约束与哪种理想约束相近，或介于哪两种情况之间，从而确定长度系数的值。

例 4-7-1 矩形截面如图 4-7-4 所示，一端固定，一端自由。材料为钢材，已知弹性模量 $E=200\text{GPa}$，$l=2\text{m}$，$b=40\text{mm}$，$h=90\text{mm}$。试计算此压杆的临界力。若 $b=h=60\text{mm}$，长度不变，此压杆的临界力又为多少？

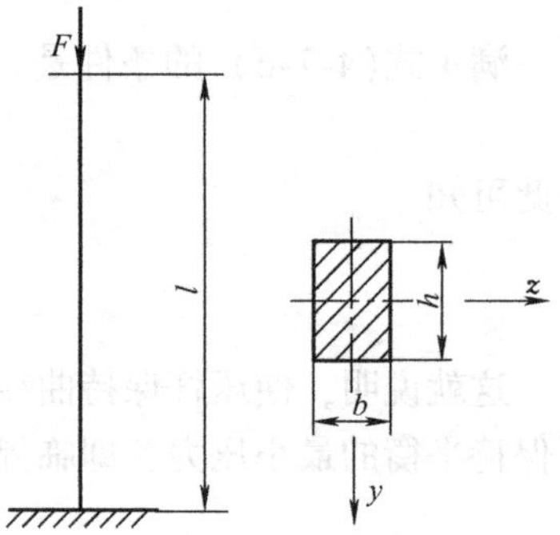

图 4-7-4 矩形截面受压杆件

Ⅰ. 题目分析

此题要求压杆的临界力，可以根据欧拉公式计算。

Ⅱ. 题目求解

解：（1）计算惯性矩。由于杆一端固定，一端自由，查表 4-7-1 得 $\mu=2$。截面对 y、z 轴的惯性矩分别为

$$I_y=\frac{hb^3}{12}=\frac{90\times40^3}{12}\text{mm}^4=48\times10^4\ \text{mm}^4$$

$$I_z=\frac{bh^3}{12}=\frac{40\times90^3}{12}\text{mm}^4=243\times10^4\ \text{mm}^4$$

（2）计算临界力。因为 $I_y<I_z$，压杆必绕 y 轴弯曲，易失稳。将 I_y 代入欧拉公式计算临界力，可得

$$F_{\text{cr}}=\frac{\pi^2EI_y}{(\mu l)^2}=\frac{\pi^2\times200\times10^3\times48\times10^4}{(2\times2000)^2}\text{N}=59\text{kN}$$

（3）计算第二种情况下的临界力，截面的惯性矩为

$$I_y=I_z=\frac{bh^3}{12}=\frac{60^4}{12}\text{mm}^4=108\times10^4\text{mm}^4$$

代入欧拉公式得临界力为

$$F_{\text{cr}}=\frac{\pi^2EI_z}{(\mu l)^2}=\frac{\pi^2\times200\times10^3\times108\times10^4}{(2\times2000)^2}\text{N}=133\text{kN}$$

比较以上的计算结果，两杆所用材料截面积相同，但临界力后者是前者的 2.25 倍。

Ⅲ. 题目关键点解析

此题主要是用欧拉公式计算临界力，注意不同的约束形式长度系数不同，应根据情况选取。如果压杆的截面形状对轴线不对称，那么压杆会在惯性矩较小的平面内发生失稳，计算临界力时需要综合考虑。

三、压杆的临界应力

1. 临界应力

对于受压杆件来说，由原来稳定的平衡状态，过渡到不稳定的平衡状态时，其截面上存在轴向压力即临界力 F_{cr}，那么单位面积的临界力即为其**临界应力**，由于它是截面法线方向上的，与轴向拉（压）的正应力方位相似，所以临界应力用 σ_{cr} 表示：

$$\sigma_{\text{cr}}=\frac{F_{\text{cr}}}{\text{A}} \tag{4-7-10}$$

σ_{cr} 的大小不仅与外载荷有关，还与杆件的长度、杆件支承情况、截面的形状和尺寸、杆件的材料有关。

2. 临界应力的计算公式

（1）欧拉公式的应用范围

用欧拉公式计算的 σ_{cr} 为

$$\sigma_{cr}=\frac{F_{cr}}{A}=\frac{\pi^2 EI}{(\mu l)^2 A} \tag{a}$$

令式(a) 中的 $I/A=i^2$，i 称为压杆截面的**惯性半径**，则式(a) 化简为

$$\sigma_{cr}=\frac{\pi^2 E i^2}{(\mu l)^2}=\frac{\pi^2 E}{\left(\frac{\mu l}{i}\right)^2} \tag{b}$$

令 $\lambda=\frac{\mu l}{i}$，代入式(b) 得，

$$\sigma_{cr}=\frac{\pi^2 E}{\lambda^2} \tag{4-7-11}$$

式中，λ 为称为压杆的**柔度**。

λ 是一个量纲为一的量，它反映了压杆的支承情况、杆长、截面尺寸和形状等因素对临界应力的综合影响。从式(4-7-11) 看出，压杆的临界应力与柔度的平方成反比，柔度越大，杆件越细长，临界应力越小，压杆越容易失稳；λ 越小，杆件越短粗，压杆越稳定。

由于压杆临界力的欧拉公式是由挠曲线近似微分方程导出的，而该方程只在材料服从胡克定律时才成立。因此，式(4-7-11) 只在压杆的临界应力不超过材料的比例极限 σ_p 时才能应用，即

$$\sigma_{cr}=\frac{\pi^2 E}{\lambda^2}\leqslant\sigma_p$$

或

$$\lambda\geqslant\sqrt{\frac{\pi^2 E}{\sigma_p}}$$

令 $\lambda_p=\pi\sqrt{\frac{E}{\sigma_p}}$，则欧拉公式的应用范围为 $\lambda\geqslant\lambda_p$。

对于 Q235A 钢，$E=206\text{GPa}$，$\sigma_p=200\text{MPa}$，得 $\lambda_p\approx100$。因此，Q235A 钢只有在 $\lambda\geqslant100$ 时，才能应用欧拉公式计算临界力或临界应力。

（2）经验公式

实验指出，当压杆的柔度小于某一数值 λ_s（即相当于屈服点的柔度）时，其破坏与否主要取决于强度，承载能力取决于强度指标。柔度介于 λ_p 与 λ_s 之间的压杆其破坏主要由于超过弹性范围的失稳所致。对于这种压杆，工程中一般用经验公式计算其临界力。经验公式包括抛物线公式和直线公式，这里着重介绍用直线公式计算临界应力，即

$$\sigma_{cr}=a-b\lambda \tag{4-7-12}$$

式中，λ 为压杆柔度；a、b 为与材料性质相关的常数。材料不同，a、b 的值不同，具体见表 4-7-2。

综合考虑受压杆件外载荷大小、杆件的长度、杆件支承情况、截面的形状和尺寸、杆件的材料等因素的情况下，得到临界应力的计算总图（图 4-7-5）。

图 4-7-5 所示的临界应力总图由三条线段组成：小柔度部分（$\lambda\leqslant\lambda_s$）是一条水平直线，

这种压杆称为短粗杆，也称为小柔度杆，承载能力取决于强度指标；中柔度部分（$\lambda_s \leqslant \lambda \leqslant \lambda_p$）是一段倾斜的直线，这种压杆称为中长杆，按式(4-7-12) 计算临界应力；大柔度部分（$\lambda \geqslant \lambda_p$）是欧拉曲线，这种压杆称为大柔度杆或细长杆，按式(4-7-11) 计算临界应力。

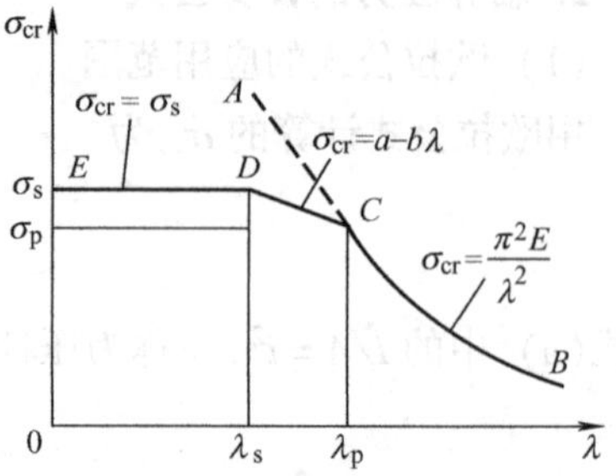

图 4-7-5　压杆临界应力总图

压杆稳定计算中，无论是欧拉公式还是经验公式，都是以杆件的整体变形为基础的。局部削弱（如螺钉孔等）对杆件的整体变形影响很小，所以计算临界应力时，可采用未经削弱的横截面面积 A 和惯性矩 I。对于小柔度杆采用压缩强度计算时，应该使用削弱后的横截面面积。

表 4-7-2　直线公式的系数 a 与 b

材料	a/MPa	b/MPa
Q235A 钢	304	1.14
优质碳钢	461	2.568
硅钢	578	3.744
铬钼钢	980	5.296
铸铁	332.2	1.454
强铝	373	2.15
松木	28.7	0.19

例 4-7-2　三个圆截面压杆，直径均为 $d=160\text{mm}$，材料为 Q235A 钢，$a=304\text{MPa}$，$b=1.12\text{MPa}$，$E=206\text{MPa}$，$\lambda_p=100$，$\lambda_s=61.6$，$\sigma_p=200\text{MPa}$，$\sigma_s=235\text{MPa}$，各杆两端均为铰支，长度分别为 $l_1=5\text{m}$，$l_2=2.5\text{m}$，$l_3=1.25\text{m}$。计算各杆的临界力。

Ⅰ. 题目分析

此题考查压杆临界力的计算，临界力等于临界应力乘以面积。临界应力的计算方法与柔度有关，可以首先计算出来压杆的柔度（长细比），最终确定临界力的计算公式。

Ⅱ. 题目求解

解：(1) 对于长度为 $l_1=5\text{m}$ 的杆件

$$\lambda_1=\frac{\mu l_1}{i}=\frac{1\times5\times10^3}{40}=125>\lambda_p$$

所以杆件 1 属于细长杆，用欧拉公式计算，得

$$F_{cr1}=\sigma_{cr}A=\frac{\pi^2E}{\lambda_1^2}\cdot\frac{\pi d^2}{4}=\frac{\pi^3\times206\times10^3\times160^2}{125^2\times4}\text{N}\approx2619\text{kN}$$

(2) 对于长度为 $l_2=2.5\text{m}$ 的杆件

$$\lambda_2=\frac{\mu l_2}{i}=\frac{1\times2.5\times10^3}{40}=62.5$$

$\lambda_s \leqslant \lambda_2 < \lambda_p$，所以杆件 2 属于中长杆，用直线公式计算如下：

$$F_{cr2} = \sigma_{cr} A = (a - b\lambda_2) \cdot \frac{\pi d^2}{4} = \left[(304 - 1.12 \times 62.5) \cdot \frac{\pi \times 160^2}{4}\right] \text{N} = 4702\text{kN}$$

（3）对于长度为 $l_3 = 1.25\text{m}$ 的杆件

$$\lambda_3 = \frac{\mu l_3}{i} = \frac{1 \times 1.25 \times 10^3}{40} = 31.3$$

则 $\lambda_3 < \lambda_s$，所以杆件 3 属于短粗杆，应按强度计算，得

$$F_{cr3} = \sigma_{cr} A = \left(235 \times \frac{\pi \times 160^2}{4}\right) \text{N} = 4722\text{kN}$$

Ⅲ. 题目关键点解析

此题主要考查了与压杆临界力计算相关的一些概念，通过学习知道，欧拉公式只有在弹性范围内才适用。为了解决一般性的压杆稳定问题，引入了柔度（长细比）的概念，通过柔度的数值，对压杆进行了分类，不同柔度的压杆临界力的计算方法不同，解题时，一定先计算柔度，然后再选择相应的公式计算临界力。

四、压杆的稳定性校核

在掌握了各种柔度压杆的临界应力的计算公式之后，就可以在此基础上建立压杆的稳定条件，进行压杆的稳定性校核。

由临界力的意义可知，F_{cr}相当于稳定性方面的破坏载荷，即临界应力 σ_{cr}是压杆丧失工作能力时的危险应力。为了保证压杆具有足够的稳定性，能够安全可靠地工作，不但要求压杆的轴向工作压力 F（或工作应力 σ）小于临界力 F_{cr}（或临界应力 σ_{cr}），而且还要有适当的稳定性储备，即要有适当的安全因数。因此压杆的稳定条件为

$$F \leqslant \frac{F_{cr}}{n_w} \text{ 或 } \sigma \leqslant \frac{\sigma_{cr}}{n_w} \tag{4-7-13}$$

式中，n_w 称为稳定的安全因数。考虑到压杆的初曲率、加载的偏心以及材料的不均匀等因素对临界力的影响，规定的稳定安全因数 n_w 一般比强度安全因数要大些。

令
$$\frac{F_{cr}}{F} = n_g \text{ 或 } \frac{\sigma_{cr}}{\sigma} = n_g \tag{4-7-14}$$

式中，n_g 为压杆工作过程中的稳定安全因数，于是得

$$n_g \geqslant n_w \tag{4-7-15}$$

即实际工作中的稳定安全因数应大于或等于规定的稳定安全因数。这样的计算方法称为压杆稳定性校核的安全因数法。

由于压杆失稳大都具有突发性，且危害性比较大，故通常规定的安全因数都要大于强度安全因数。对于金属结构中的压杆，$n_w = 1.8 \sim 3$；机床进给丝杠，$n_w = 2.5 \sim 4$；磨床液压缸活塞杆，$n_w = 4 \sim 6$；起重螺旋，$n_w = 3.5 \sim 5$。

还需指出，对局部截面被削弱（如螺钉孔、油空等）的压杆，除校核稳定性外，还应进行强度校核。在校核稳定性时，按未削弱横截面的尺寸计算惯性矩和截面面积，因压杆的稳定性取决于整个压杆，截面的削弱影响较小，在校核强度时，则应按削弱了的横截面面积计算。

例 4-7-3 Q235A 钢制矩形截面压杆，两端用销钉连接，如图 4-7-6 所示。杆长 $l=2300\text{mm}$，截面尺寸 $b=40\text{mm}$，$h=60\text{mm}$，材料的弹性模量 $E=206\text{GPa}$。若 $n_w=4$，试确定许用压力［F］。

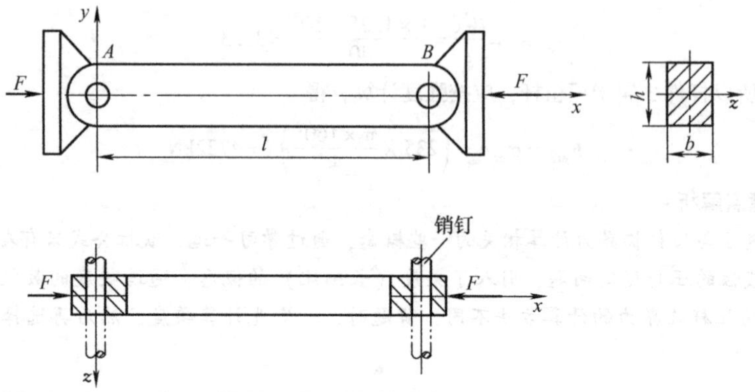

图 4-7-6 矩形截面压杆示意图

Ⅰ. 题目分析

此题需求压杆的许用压力［F］。需要根据压杆两端的约束特点，计算出压杆在失稳平面内的柔度，因压杆在两个纵向对称面内弯曲的柔度不同，必须分别进行计算，取柔度大者得到的较小临界力才是压杆失稳的临界力。然后根据压杆稳定性条件即可求解。

Ⅱ. 题目求解

解：（1）计算柔度。在 xy 平面内，两端为铰支，$\mu_{xy}=1$，则

$$i_z=\sqrt{\frac{I_z}{A}}=\sqrt{\frac{bh^3/12}{bh}}=\frac{h}{\sqrt{12}}=17.3\text{mm}$$

$$\lambda_z=\frac{\mu_{xy}l}{i_z}=\frac{1\times 2300}{17.3}=133$$

在 xz 平面内，两端为固定端，$\mu_{xz}=0.5$，则

$$i_y=\sqrt{\frac{I_y}{A}}=\sqrt{\frac{hb^3/12}{bh}}=\frac{b}{\sqrt{12}}=11.5\text{mm}$$

$$\lambda_y=\frac{\mu_{xz}l}{i_y}=\frac{0.5\times 2300}{11.5}=100$$

（2）计算临界应力。因 $\lambda_z>\lambda_y$，故压杆先在 xy 平面内失稳。按 λ_z 计算临界应力，即 $\lambda_z>\lambda_p=104$，可用欧拉公式计算，即

$$F_{cr}=\sigma_{cr}A=\frac{\pi^2 E}{\lambda^2}bh=\left(\frac{\pi^2\times 206\times 10^3}{133^2}\times 40\times 60\right)\text{N}=276\text{kN}$$

压杆的许用压力为

$$[F]=\frac{F_{cr}}{n_w}=69\text{kN}$$

Ⅲ. 题目关键点解析

求解本题的关键在于理解柔度的概念，柔度越大杆件越容易失稳。如果压杆在不同的纵向对称面内弯曲的柔度不同，要取柔度大者进行压杆的稳定性计算。

五、提高压杆稳定性的措施

从上面的分析和讨论可知，对于细长杆和中长杆才有稳定性的问题，而粗短杆只是压缩强度问题。如前所说，临界应力 σ_{cr}（或临界力 F_{cr}）的大小表征压杆稳定性的高低，所以，要提高压杆的稳定性，就要设法提高压杆的临界应力 σ_{cr}（或临界力 F_{cr}）。根据欧拉公式、经验公式以及柔度公式可知，临界应力的大小与压杆的材料、长度、横截面的形状和尺寸，以及压杆两端的支承情况等因素有关。因此，应该从这几方面着手采取相应的措施来提高压杆的稳定性。

1. 合理选择材料

1）对于细长杆，由欧拉公式可知，临界应力 σ_{cr}与材料的强度指标 σ_s 无关，而与材料的弹性模量 E 成正比。但是，优质钢和普通钢的 E 值近似，所以选用优质钢并不能明显提高细长杆的稳定性，不如选用普通钢，这样既合理又经济。

2）对于中长杆，由经验公式可知，临界应力 σ_{cr}随着材料的强度指标 σ_s 的增大而提高，所以可以选用优质钢来提高其稳定性。

2. 合理选择横截面的形状

1）选择惯性矩 I 大的截面形状。当横截面面积 A 一定时，增大惯性矩 I，就增大了惯性半径 i，即减小了压杆的柔度 λ。所以，材料的分布远离中性轴或轴线是合理的，因而框形好于方形，空心圆好于实心圆，两条槽钢的组合，“面对面”好于“背对背”，如图 4-7-7 所示。

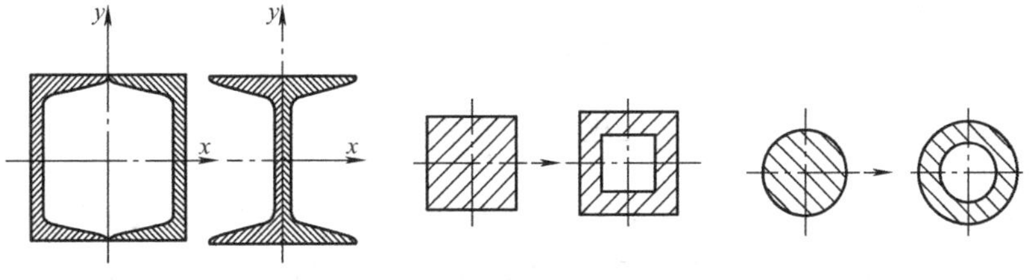

图 4-7-7　合理选择横截面的形状

2）根据支座情况选择横截面的形状。当压杆两端的支座是固定端或球形铰链时，横截面应选择正方形或圆形，这样可使各个方向的柔度相当。

3. 减小压杆长度

由柔度公式可知，减小压杆的长度 l，可减小压杆的柔度 λ。当压杆的工作长度不能减小时，可增加中间支座，以提高稳定性，如图 4-7-8 所示。

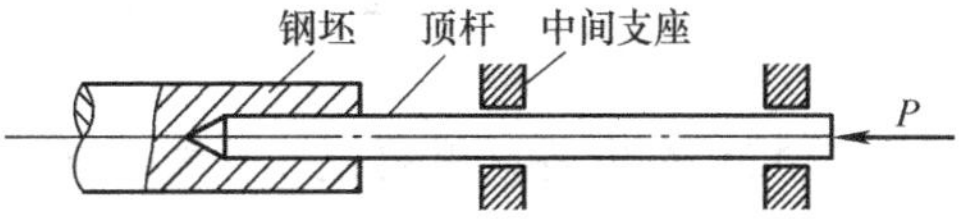

图 4-7-8　增加支座

4. 提高支座的约束能力

如前所述，两端固定的支座，对构件的约束能力是最强的，所以，应尽量采用固定端支座。对于压杆的连接处，应尽可能做成刚性连接或采用紧密的配合，以提高支座的约束能力。如图 4-7-9 所示，立柱的柱脚与底板的连接方式，a 图好于 b 图。

最后，如有可能，将机械或结构中的压杆转换成拉杆，以从根本上消除失稳的隐患。如

图 4-7-10 所示，a 图中的 *BD* 杆是压杆，而 b 图中的 *BD* 杆是拉杆。

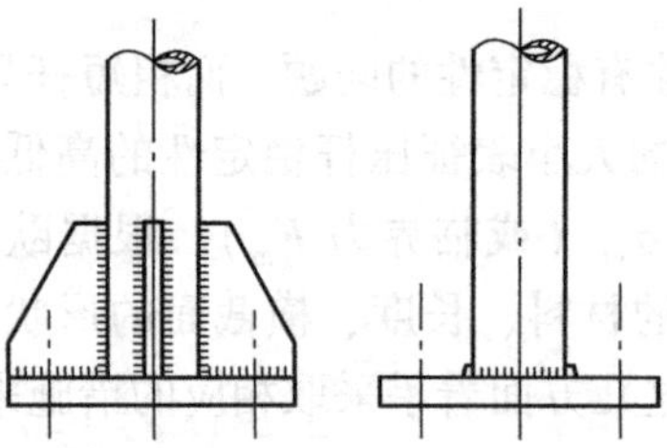

a)　　b)

图 4-7-9　采用固定端支座

a）紧密配合的刚性联接　b）非紧密配合的刚性联接

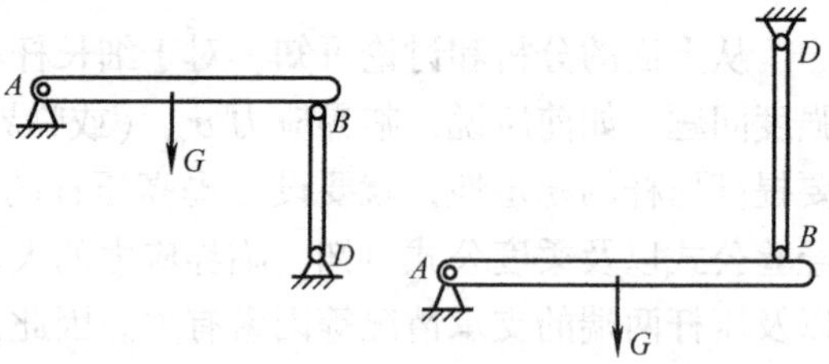

a)　　b)

图 4-7-10　压杆转换成拉杆

a）*BD* 为受压杆件　b）*BD* 为受拉杆件

任务实施

校核如图 4-7-1 所示任务描述中螺旋千斤顶的稳定性。

Ⅰ. 题目分析

该题目与上述例题类似，均属于稳定性校核，在此不再赘述分析过程。

Ⅱ. 题目求解

解：可把千斤顶螺杆简化为上端自由，下端固定的压杆，故长度系数 $\mu=2$。

（1）计算螺杆的柔度。由于螺杆是圆形，所以横截面的惯性矩 $I=\dfrac{\pi d^4}{64}$，面积 $A=\dfrac{\pi d^2}{4}$，惯性半径 $i=\sqrt{\dfrac{I}{A}}=\dfrac{d}{4}=10\text{mm}$。螺杆的柔度为

$$\lambda=\frac{\mu l}{i}=\frac{2\times375}{10}=75$$

（2）计算临界载荷。查表可知对于 45 钢，$\lambda_s=60$，$\lambda_p=100$。可见 $60<\lambda<100$，螺杆是中柔度杆，应采用经验公式求临界力，查表可知：$a=574\text{MPa}$，$b=3.744\text{MPa}$。所以临界力

$$F_{cr}=\sigma_{cr}A=(a-b\lambda)A=(a-b\lambda)\frac{\pi d^2}{4}$$

$$=\left[(574-3.744\times75)\times3.14\times\frac{40^2}{4}\right]\text{kN}=373\text{kN}$$

（3）校核稳定性。螺杆的实际稳定安全系数 $n_g=\dfrac{F_{cr}}{p}=\dfrac{373}{80}=4.66$

$$n_g=4.66>n_w=4$$

所以，千斤顶螺杆的稳定性是足够的。

Ⅲ. 题目关键点解析

此题与上述例题相似，均属于稳定性校核问题，解题关键是确定压杆的临界力，计算时要注意以下几点：

1）必须根据题设压杆支座的约束条件，正确确定在不同失稳弯曲平面的长度系数和杆件的惯性矩。

2）按最容易失稳弯曲的纵向对称面的柔度值（也就是最大柔度）计算临界力。

3）正确选择与柔度值相适应的临界力计算公式。

思考与练习

1. 如何判断压杆失稳的方向？各种柔度压杆的临界应力应如何确定？

2. 如果杆件上有孔和槽，计算压杆稳定性问题与强度问题时截面面积该如何确定？

3. 提高压杆稳定性的措施是什么？

4. 如图 4-7-11 所示压杆材料都是 Q235A 钢，$E=206\text{GPa}$，直径均为 $d=160\text{mm}$。求各杆的临界力 F_{cr}，哪一根的临界力最大？

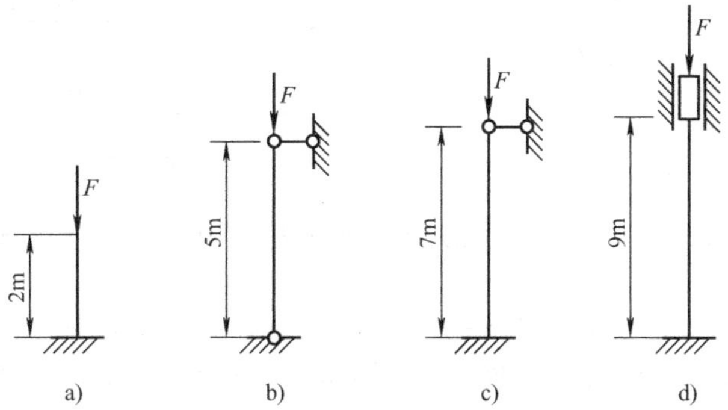

图 4-7-11　题 4 图

5. 如图 4-7-12 所示两端球形铰支细长压杆，弹性模量 $E=200\text{GPa}$。试用欧拉公式计算其临界力。

（1）圆形截面，$d=25\text{mm}$，$l=1\text{m}$；

（2）矩形截面，$h=2b=40\text{mm}$，$l=1\text{m}$；

（3）16 号工字钢，$l=2\text{m}$；

6. 如图 4-7-13 所示，三根相同的压杆，$l=400\text{mm}$，$b=12\text{mm}$，$h=20\text{mm}$，材料为 Q235A 钢，$E=206\text{GPa}$，$\sigma_p=200\text{MPa}$。试求三种支承情况下压杆的临界力各为多少？

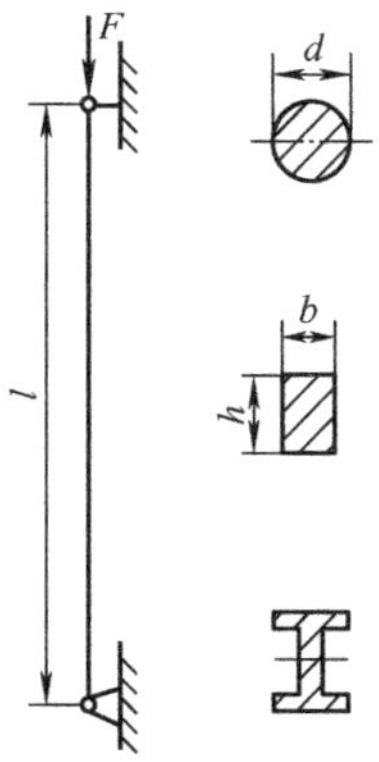

图 4-7-12　题 5 图

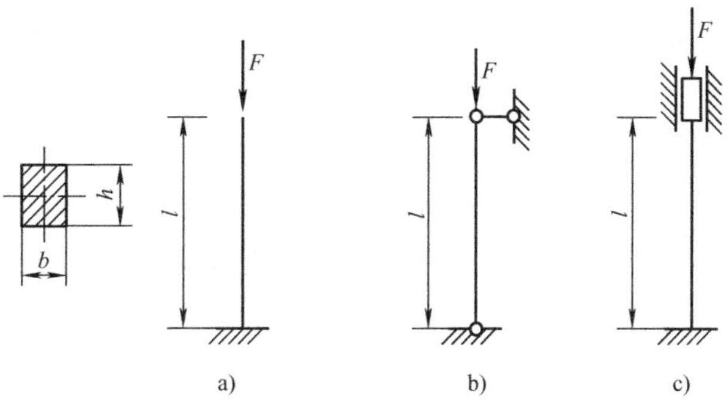

图 4-7-13　题 6 图

7. 压杆材料为 Q235A 钢，$E=206\text{GPa}$，$\sigma_p=200\text{MPa}$，横截面如图 4-7-14 所示四种形状，面积均为 $3.6\times10^3\ \text{mm}^2$。试计算它们的临界应力，并比较它们的稳定性。

8. 如图 4-7-15 所示一连杆，材料为 Q235A 钢，$E = 206\text{GPa}$，横截面面积 $A = 4.4 \times 10^3\ \text{mm}^2$，惯性矩 $I_y = 120 \times 10^4\ \text{mm}^4$，$I_z = 797 \times 10^4\ \text{mm}^4$。试计算临界力 F_{cr}。

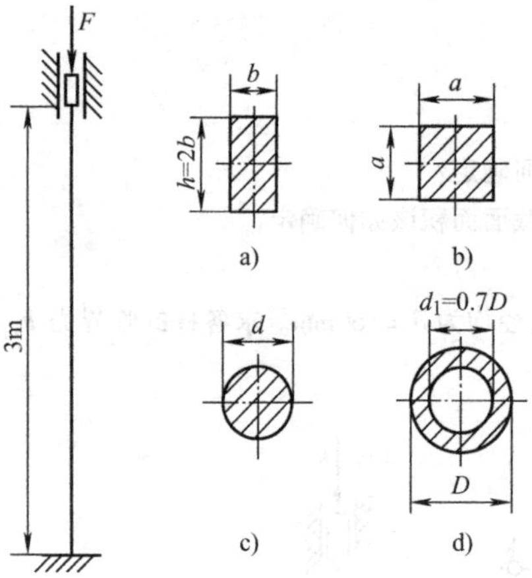

图 4-7-14　题 7 图

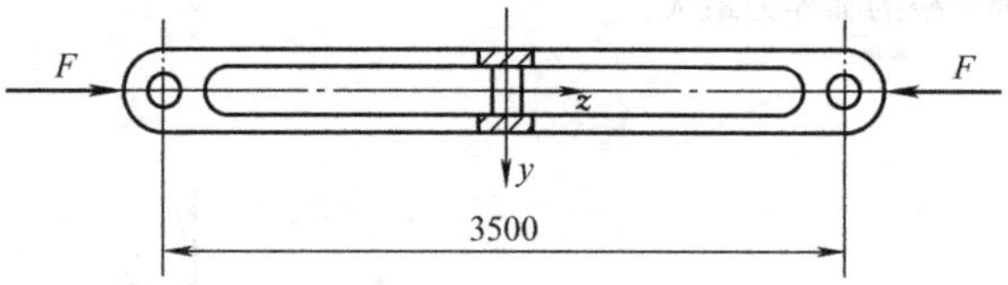

图 4-7-15　题 8 图

9. 如图 4-7-16 所示下端固定、上端铰支的钢柱，其横截面为 22b 号工字钢，弹性模量 $E = 206\text{GPa}$，试求其工作安全因数 n_g 为多少？

10. 如图 4-7-17 所示构架，承受载荷 $F = 10\text{kN}$，已知杆的外径 $D = 50\text{mm}$，内径 $d = 40\text{mm}$，两端为球铰，材料为 Q235A 钢，$E = 206\text{GPa}$，$\sigma_p = 200\text{MPa}$。若规定 $n_w = 3$，试问杆 AB 是否稳定？

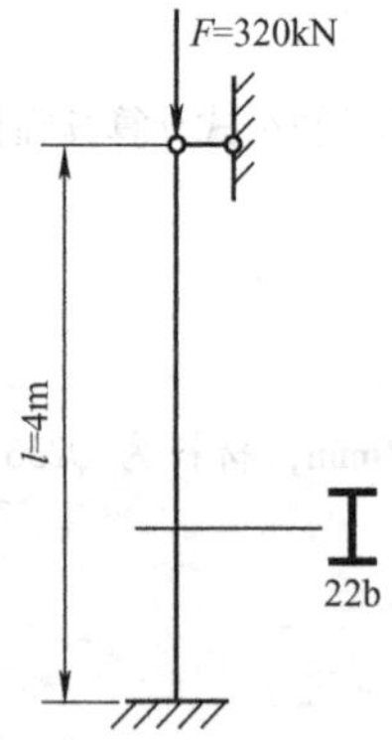

图 4-7-16　题 9 图

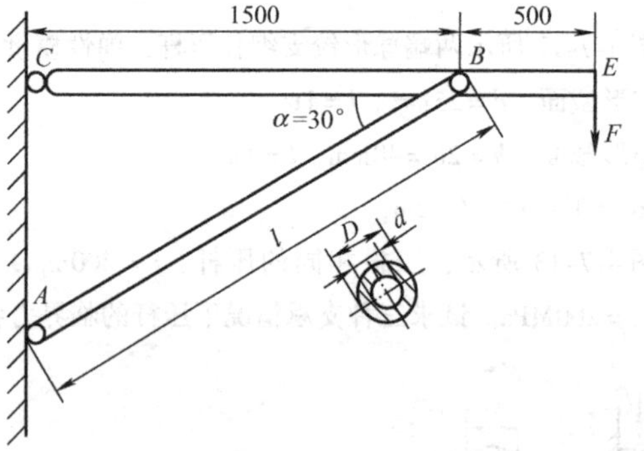

图 4-7-17　题 10 图

任务八　动载荷与交变应力

任务描述

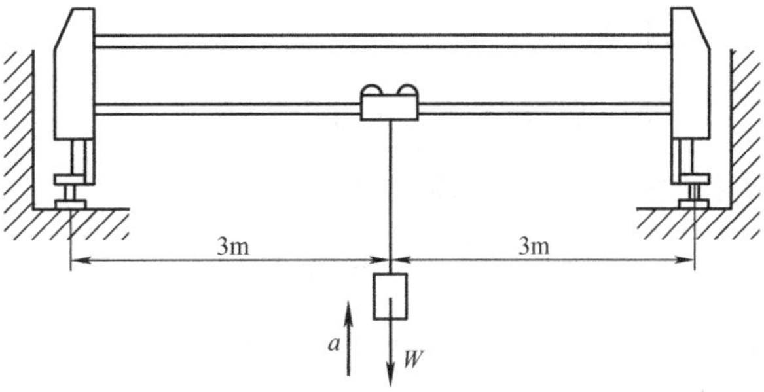

图 4-8-1　桥式起重机

桥式起重机以等加速度提升重物，如图 4-8-1 所示。物体重量 $W=10\text{kN}$，$a=4\ \text{m/s}^2$。起重机横梁为 28a 号工字钢，跨度 $l=6\text{m}$。不计横梁和钢丝绳的重量，求此时钢丝绳所受的拉力及梁的最大正应力。

任务分析

掌握构件做匀加速直线运动、匀速转动及构件受冲击载荷作用时的动应力的计算；理解动载荷、疲劳破坏、交变应力和持久极限的概念；了解提高持久极限和疲劳强度的措施。

知识准备

一、动载荷的概念及惯性力问题

1. 动载荷的概念

前面各章研究了各种构件在静荷载作用下的强度、刚度和稳定性的问题。静荷载是指从零开始缓慢地增加到最终值，然后不再变化的荷载。在静荷载作用下，构件内各点的加速度很小，可以忽略不计。

在工程中，除了受静载荷作用的构件之外，还有各种各样受动载荷作用的构件，如加速提升重物的绳索、汽锤锻压的坯件、内燃机的连杆以及高速旋转的转轴等，当它们受到的载荷随时间明显地变化或者速度发生显著变化时，工程上就称这些零件承受了**动载荷**。

动载荷问题按其特点不同可分为惯性力问题（构件做变速直线运动或转动）、冲击问题、交变应力问题，由于动载荷的作用，构件产生的变形和应力，分别称为动变形和动应力。以 δ_d 和 σ_d 表示，首先我们来分析一下构件做等加速度直线运动和等速转动时的动应力计算问题。

2. 惯性力问题

（1）构件做匀加速直线运动时的动应力计算

以吊车起吊重物为例，如图 4-8-2a 所示，重量为 W 的重物被钢丝绳牵引，以加速度 a

上升。钢丝绳的横截面面积为A，材料的密度为ρ。求钢丝绳任一横截面上的正应力。

在距钢丝绳下端为x处取一横截面$m-m$，假想地将其截开，取下部为研究对象，如图4-8-2b所示。该部分的受力有：钢丝绳横截面上的轴向动内力F_{Nd}、重物的重力W，钢丝绳重力ρAxg。根据动静法（达朗贝尔原理），假想地加上重物的惯性力$\frac{W}{g}a$和钢丝绳的惯性力ρAxa后，分离体形式上处于平衡。由平衡方程$\sum F_x=0$得

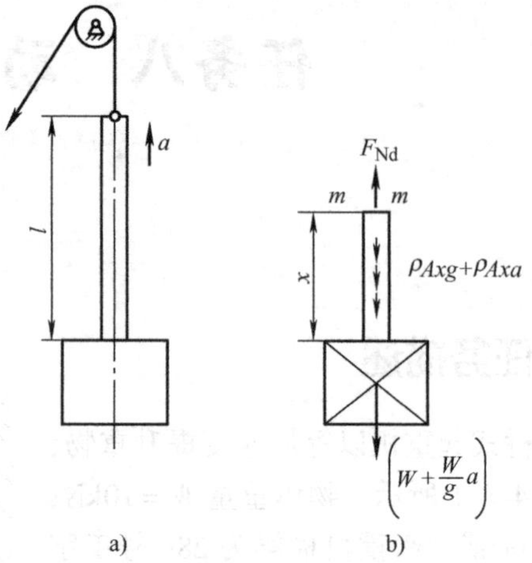

图4-8-2　吊车匀加速吊起重物示例

a）吊车匀加速起吊重物　b）钢丝绳及重物受力分析

$$F_{Nd}-W-\rho Axg-\frac{W}{g}a-\rho Axa=0$$

解得横截面上$m-m$的轴力为

$$F_{Nd}=\left(1+\frac{a}{g}\right)(W+\rho Axg)$$

设杆件静止时横截面上$m-m$的静内力为F_{Nj}，静应力为σ_{Nj}，则$F_{Nj}=W+\rho Axg$，$\sigma_{Nj}=\frac{F_{Nj}}{A}$。从而得

$$F_{Nd}=\left(1+\frac{a}{g}\right)F_{Nj} \tag{4-8-1}$$

该截面上的动应力为

$$\sigma_{Nd}=\frac{F_{Nd}}{A}=\left(1+\frac{a}{g}\right)\frac{F_{Nj}}{A}=\left(1+\frac{a}{g}\right)\sigma_{Nj} \tag{4-8-2}$$

若令

$$K_d=1+\frac{a}{g} \tag{4-8-3}$$

则式(4-8-1)、式(4-8-2)可分别写成

$$\left.\begin{aligned}F_{Nd}&=K_dF_{Nj}\\ \sigma_{Nd}&=K_d\sigma_{Nj}\end{aligned}\right\} \tag{4-8-4}$$

式中，K_d称为动荷系数。由此可见，只要求出构件在动载荷下的动荷系数和静应力，便可得到动应力。

可以看出，钢丝绳的动应力是随截面位置x的改变而变化的，危险截面显然在最上端，其强度条件为

$$\sigma_{dmax}=K_d\sigma_{jmax}\leqslant[\sigma] \tag{4-8-5}$$

式中，$[\sigma]$为材料在静载荷作用下的许用应力。

对于其他做匀加速运动的构件，同样可应用此方法计算动应力。

(2) 构件匀速转动时的动应力计算

这里讨论的是一个旋转圆环的动载荷问题。以图4-8-3a所示飞轮为例，如果不考虑轮辐的影响，可以认为飞轮的质量绝大部分集中在轮缘上，由此将其简化成一个绕轴旋转的圆环，如图4-8-3b所示。设圆环的横截面面积为A，平均直径为D，材料的密度为ρ，飞轮绕

轴转动的角速度 ω，由于环壁很薄，可认为圆环上各点具有相同的法向加速度，其大小为 $a_n=\frac{D}{2}\omega^2$。圆环产生的惯性力集度 $q_d=\rho A a_n=\frac{\rho AD}{2}\omega^2$。

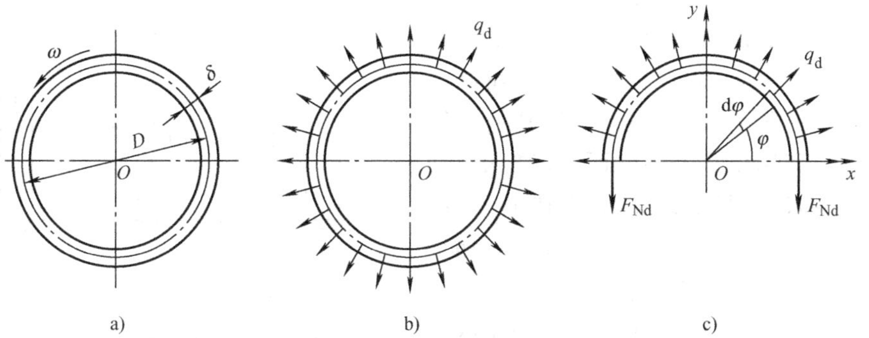

图 4-8-3 旋转圆环

a）圆环结构示意图 b）圆环惯性力示意图 c）半圆环受力示意图

取圆环的上半部分为研究对象，如图 4-8-3c 所示，设 F_{Nd} 为圆环横截面上的内力，虚加上惯性力，由达朗贝尔原理得平衡方程

$$\sum F_y = 0,\quad \int_0^{\pi} q_d \frac{D}{2}\sin\theta \mathrm{d}\theta - 2F_{Nd} = 0$$

$$F_{Nd}=\frac{q_d D}{2}=\frac{\rho AD^2}{4}\omega^2$$

圆环横截面上的应力为 $$\sigma_d=\frac{F_{Nd}}{A}=\frac{\rho D^2\omega^2}{4}=\rho v^2$$

圆环的强度条件为 $$\sigma_d=\rho v^2\leqslant[\sigma] \tag{4-8-6}$$

式中，$[\sigma]$ 为轮缘材料的许用应力。

由此可见，飞轮轮缘内的应力仅与材料的密度和轮缘各点的线速度有关。为保证飞轮安全工作，轮缘允许的线速度为 $v\leqslant\sqrt{\frac{[\sigma]}{\rho}}$。

二、构件承受冲击载荷时的动应力计算

当运动物体（冲击物）以一定的速度作用于静止零件（被冲击物）而受到阻碍时，其速度急剧变化，这种现象称为冲击。此时，零件受到了很大的冲击载荷。工程中的锻造、冲压等，就是利用了这种冲击作用。但是一般的工程零件都要避免或减小冲击，以免受损。

在冲击过程中，由于冲击物的速度在短时间内发生了很大的变化，而且冲击过程复杂，加速度不易测定，通常采用能量法。下面主要分析零件受落体冲击时的冲击应力和变形。

如图 4-8-4 所示，物体的重量为 W，由高度 h 自由下落，冲击下面的直杆，使杆发生轴向压缩。为便于分析，通常假设：

1）冲击物变形很小，可视为刚体；

2）直杆质量很小，可忽略不计，杆的力学性能是线弹性的；

3）冲击过程无能量损耗。

根据功能原理，在冲击过程中，冲击物所做的功 A 应等于被冲击物的变形能 U_d，即

$$A = U_d \tag{4-8-7}$$

当物体自由落下时，其初速度为零；当冲击直杆后，其速度还是零，而此时杆的受力从零增加到 F_d，杆的缩短量达到最大值 δ_d。因此在整个冲击过程中，冲击物的动能变化为零，冲击物所做的功为

$$A = W(h + \delta_d) \tag{4-8-8}$$

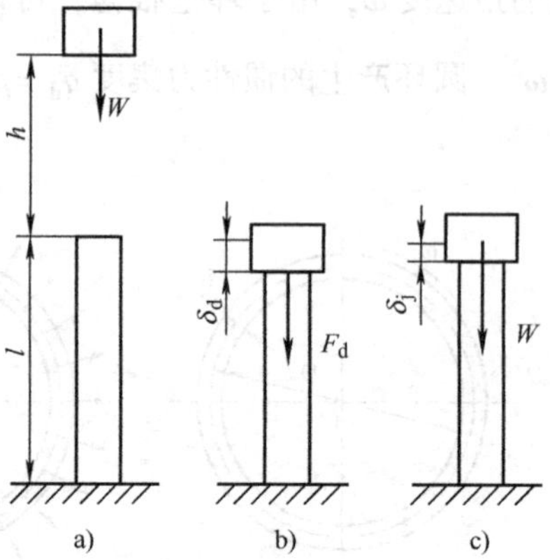

图 4-8-4　落体冲击示例

a）落体冲击　b）冲击时杆缩短量　c）静载时杆缩短量

杆的变形能为

$$U_d = \frac{1}{2}F_d\delta_d \tag{4-8-9}$$

又因假设杆的材料是线弹性的，故有

$$\frac{F_d}{\delta_d} = \frac{W}{\delta_j} \text{ 或 } F_d = \frac{\delta_d}{\delta_j}W \tag{4-8-10}$$

式中，δ_j 为直杆受静载荷作用时的静位移。将式(4-8-10) 代入式(4-8-9)，有

$$U_d = \frac{1}{2}\frac{W}{\delta_j}\delta_d^2 \tag{4-8-11}$$

再将式(4-8-8)、式(4-8-9) 代入式(4-8-7)，得

$$W(h + \delta_d) = \frac{1}{2}\frac{W}{\delta_j}\delta_d^2$$

整理后得

$$\delta_d^2 - 2\delta_j\delta_d - 2h\delta_j = 0$$

解方程得

$$\delta_d = \delta_j \pm \sqrt{\delta_j^2 + 2h\delta_j} = \left[1 \pm \sqrt{1 + \frac{2h}{\delta_j}}\right]\delta_j$$

为求冲击时杆的最大缩短量，上式中根号前应取正号，得

$$\delta_d = \left[1 + \sqrt{1 + \frac{2h}{\delta_j}}\right]\delta_j = K_d\delta_j \tag{4-8-12}$$

式中，K_d 为自由落体冲击的动荷系数，计算公式为

$$K_d = 1 + \sqrt{1 + \frac{2h}{\delta_j}} \tag{4-8-13}$$

由于冲击时材料服从胡克定律，故有

$$\sigma_d = K_d\sigma_j \tag{4-8-14}$$

由式(4-8-13) 可见，当 $h = 0$ 时，$K_d = 2$，即杆受突加载荷时，杆内应力和变形都是静载荷作用下的 2 倍，故加载时应尽量缓慢并避免突然放开。为提高构件抗冲击的能力，还应

设法降低构件的刚度。当 h 一定时，构件的静位移 δ_j 增大，动荷系数 K_d 即减小，从而降低构件在冲击过程中产生的动应力。如汽车车身与车轴之间加上钢板弹簧，就是为减小车身对车轴冲击的影响。

例 4-8-1　磨床上的砂轮，外径 $D=300\text{mm}$，砂轮材料的密度为 $\rho=3\text{t/m}^3$，许用应力 $[\sigma]=5\text{MPa}$，求砂轮的临界转速。

Ⅰ. 题目分析

题目要求砂轮的临界转速，通过前面学习的匀速转动刚体的动应力问题得到结论，飞轮轮缘内的动应力仅与材料的密度和轮缘各点的线速度有关，为保证飞轮安全工作，轮缘允许的线速度为 $v\leqslant\sqrt{\frac{[\sigma]}{\rho}}$。题目中密度、许用应力已知，故可以依据公式直接计算线速度，再根据线速度和转速的关系即可以求到转速。

Ⅱ. 题目求解

解：砂轮旋转时，其边缘的动应力最大。因此，当边缘处的材料失效时，相应的砂轮转速就为其临界转速，即

$$v\leqslant\sqrt{\frac{[\sigma]}{\rho}}$$

又因 $v=\frac{D}{2\omega}$，$\omega=\frac{2\pi n}{60}$，所以 $v=\frac{n\pi D}{60}$，代入上式，得

$$n=\frac{60}{\pi D}\sqrt{\frac{[\sigma]}{\rho}}=\frac{60}{\pi\times0.3}\sqrt{\frac{5\times10^6}{3000}}\text{r/min}=2600\text{r/min}$$

此题得解。

Ⅲ. 题目关键点解析

该题目关键点在于：一是匀速转动刚体的动应力问题，由于有前期的理论推导，直接用结论求解即可；二是把砂轮简化为圆盘模型，转动时是圆盘最外侧加速度最大，故圆盘边缘动应力最大。

例 4-8-2　一重为 W 的重物，从简支梁 AB 的上方 h 处自由下落至梁中点 C，如图 4-8-5 所示。梁的跨度为 l，横截面的惯性矩为 I_z，抗弯截面系数为 W_z，材料的弹性模量为 E。求梁受冲击时横截面上的最大应力。

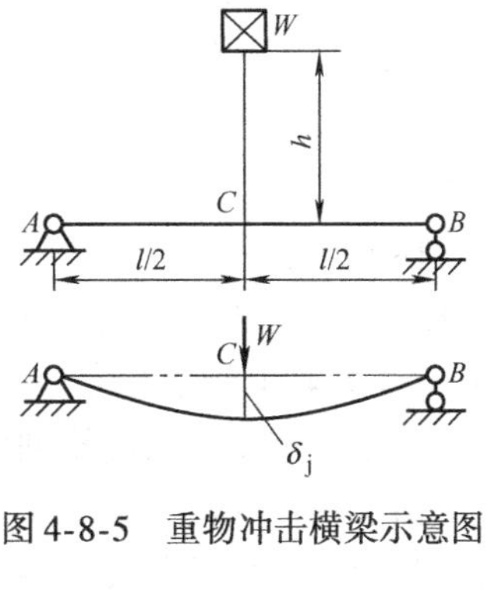

图 4-8-5　重物冲击横梁示意图

Ⅰ. 题目分析

此题目中重物自由落体，当落到梁 AB 上时产生冲击，冲击载荷是静载荷的动荷系数倍，同样的动应力也是静应力的动荷系数倍，所以此题可以用静载荷求解出最大弯曲正应力，乘以动荷系数，也可以将静载荷乘以动荷系数，直接求到最大动应力。另外自由落体冲击时，由于动荷系数与静变形量有关，所以还需要先求解静变形。

Ⅱ. 题目求解

解：（1）如图 4-8-5 所示，简支梁在静载荷 W 的作用下，可以查表 4-4-5 求得梁中点的挠度为

$$\delta_j=\frac{Wl^3}{48EI_z}$$

（2）依据式(4-8-13)，梁受自由落体载荷冲击时的动载系数

$$K_d=1+\sqrt{1+\frac{2h}{\delta_j}}=1+\sqrt{\frac{96hEI_z}{Wl^3}}$$

（3）梁横截面上的最大静弯曲应力为

$$\sigma_{\text{jmax}}=\frac{Wl}{4W_z}$$

（4）梁受冲击时横截面上最大正应力为

$$\sigma_{\text{dmax}}=K_{\text{d}}\sigma_{\text{jmax}}=\frac{Wl}{4W_z}\left(1+\sqrt{\frac{96hEI_z}{Wl^3}}\right)$$

Ⅲ. 题目关键点解析

冲击问题极其复杂，难以精确计算，工程中常采用一种较为简略但偏于安全的近似方法——能量法，来估算构件内的冲击载荷和冲击应力。前面已经推导出弹性体受自由落体的物体冲击时的动载系数，因此计算出静载荷下对应的应力和变形，乘以动荷系数，即可得出冲击载荷下的动应力和动变形。工程中可能会遇到各种动载荷问题，动荷系数可以根据工况查阅工程技术手册，查表能力是工程技术人员需要掌握的技能之一。

三、交变应力的概念　材料的持久极限

1. 交变应力的概念

工程中，很多构件工作时某点上的应力往往随时间呈周期性变化，这种应力称为交变应力。产生交变应力的原因有两种：一种是构件受交变载荷的作用；另一种是载荷不变，而构件本身在转动，从而引起构件内部应力发生交替变化。现举两个工程实例加以说明。

1）齿轮工作时齿根处的应力情况。如图 4-8-6a 所示，轴旋转 1 周，这个齿啮合一次，每次啮合过程中，齿根处 A 点的弯曲正应力就从零变化到某一最大值，然后再回到零。轴不停地旋转，A 点的弯曲正应力也就不断地重复上述过程。若以时间 t 为横坐标，弯曲正应力 σ 为纵坐标，应力随时间变化的曲线如图 4-8-6b 所示。

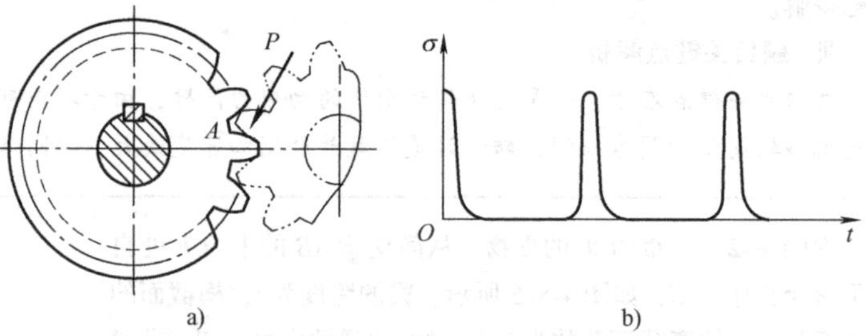

图 4-8-6　齿轮工作时齿根处的应力变化图

a）齿轮工作受力图　b）齿轮工作时齿根处的应力变化情况

2）火车轮轴上外边缘点处的应力情况。如图 4-8-7a 所示。虽然集中载荷 P 不随时间改变，但由于轴的转动，而使轮轴横截面边缘上 C 点的位置将按 1→2→3→4→1 变化，C 点的应力也经历了从 $0\to\sigma_{\max}\to0\to\sigma_{\min}\to0$ 的变化。若以时间 t 为横坐标，弯曲正应力 σ 为纵坐标，应力随时间变化的曲线如图 4-8-7b 所示。

2. 交变应力的类型

图 4-8-8 所示为杆件横截面上一点的应力随时间的变化曲线。通常把由最大应力 $\sigma_{\max}$ 变到最小应力 $\sigma_{\min}$，再由最小应力 $\sigma_{\min}$ 变回到最大应力 $\sigma_{\max}$ 的过程，称为一个应力循环。

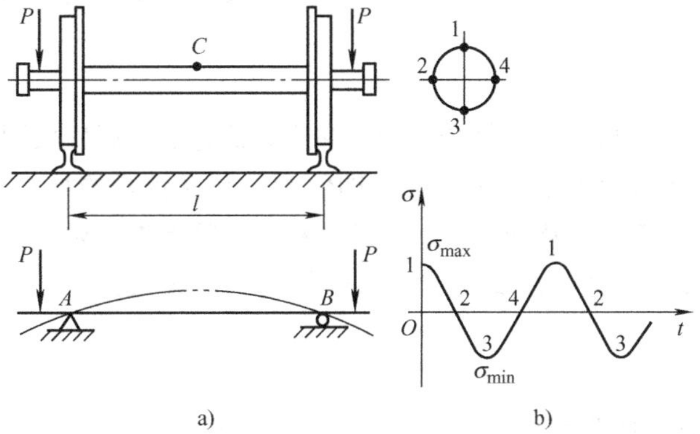

图 4-8-7　车轴受力示意图

a）车轴受力简图　b）车轴上某点应力变化规律

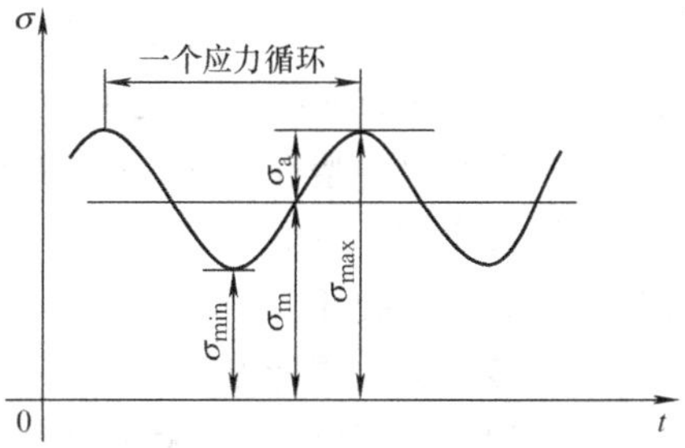

图 4-8-8　交变应力循环示意图

工程上把应力循环中最小应力与最大应力的比值称为应力循环特性，用 r 表示，即

$$r=\frac{\sigma_{\min}}{\sigma_{\max}}，当|\sigma_{\min}|\leqslant|\sigma_{\max}|时 \tag{4-8-15}$$

$$r=\frac{\sigma_{\max}}{\sigma_{\min}}，当|\sigma_{\max}|\leqslant|\sigma_{\min}|时 \tag{4-8-16}$$

式中，$\sigma_{\max}$、$\sigma_{\min}$均取代数值，拉应力为正，压应力为负，r 的值在 -1 和 $+1$ 之间变化。

应力循环中最大应力和最小应力的平均值称为平均应力 σ_m，即

$$\sigma_m=\frac{1}{2}(\sigma_{\max}+\sigma_{\min}) \tag{4-8-17}$$

应力循环中最大应力和最小应力差的一半称为应力幅 σ_a，即

$$\sigma_a=\frac{1}{2}(\sigma_{\max}-\sigma_{\min}) \tag{4-8-18}$$

工程上根据 r 的数值把交变应力分为以下几种类型：

1）对称循环。如图 4-8-9 所示，应力循环中，$\sigma_{\max}=-\sigma_{\min}$，这种循环称为对称循环。例如火车轮轴的交变应力。此时，$r=-1$，$\sigma_m=0$，$\sigma_a=\sigma_{\max}$。

2）非对称循环。最大应力与最小应力数值不等的交变应力，统称为非对称循环。

3）脉动循环。如图 4-8-10 所示，在非对称循环中，应力的方向不变，变动于零到某一最大值之间。例如图 4-8-6 所示的齿轮齿根 A 点处的应力。此时 $r=0$，$\sigma_{\min}=0$。

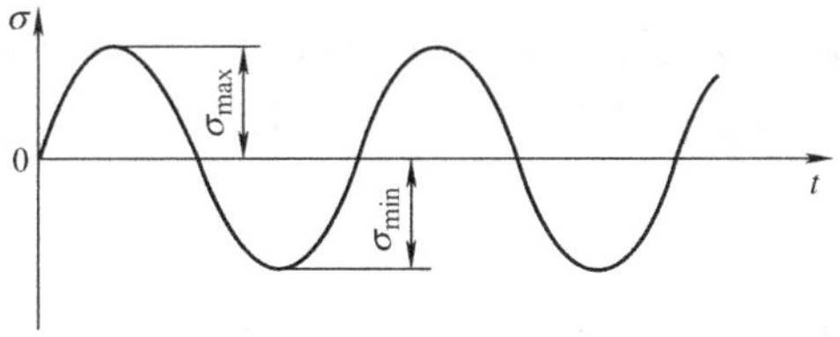

图 4-8-9　对称循环应力

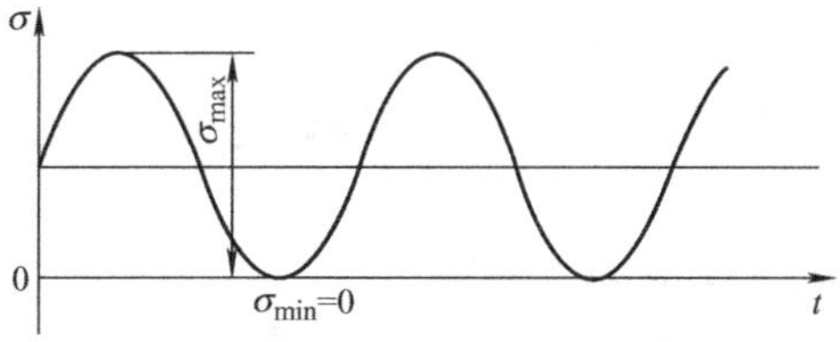

图 4-8-10　脉动循环应力

4）静应力。如图 4-8-11 所示，可看作是交变应力的一种特殊情况，应力不随时间而变化。此时 $r=1$，$\sigma_a=0$，$\sigma_{\max}=\sigma_{\min}=\sigma_m$。

注意：以上为弯曲或拉、压产生的正应力变化规律。对于构件由扭转变形产生的交变切应力 τ，只需将 σ 改为 τ 即可。

3. 疲劳破坏

实践表明，在交变应力作用下材料的破坏与静应力完全不同。在应力值远低于屈服极限的情况下，经过长时间的交变应力作用，构件会突然发生断裂。即使对于塑性较好的材料，断裂前也无明显的塑性变形。在19世纪30年代，欧洲的一些科学家和工程师首先开始对这类问题进行研究，并引入“疲劳”一词来描述这种在反复加载下构件的突然失效，并把这种现象称为疲劳破坏。

疲劳破坏的主要特点如下：

1）破坏时构件内的最大应力远低于材料的强度极限，甚至低于屈服极限。

2）构件在确定的应力水平下发生疲劳破坏需要一个过程，即需要一定数量的应力交变次数。

3）构件在破坏前和破坏时都没有明显的塑性变形，即使在静载下塑性很好的材料，也将呈现脆性断裂。

4）疲劳破坏断口表面一般可区分成光滑区和粗糙区，如图4-8-12所示。

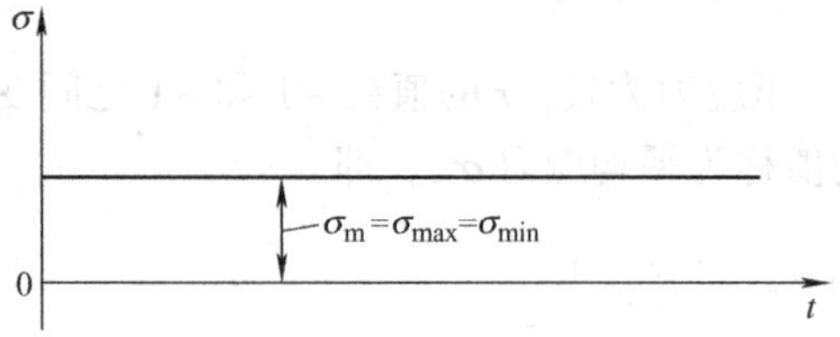

图4-8-11　脉动循环应力

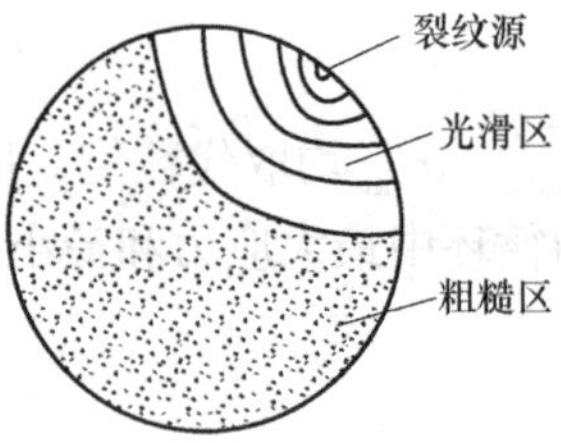

图4-8-12　疲劳断口形貌

通常认为，产生疲劳破坏的原因是：材料内部往往存在一些缺陷，如空穴、夹杂物及表面机加工留下的刻痕等，当交变应力的大小超过一定限度时，经过多次的应力循环，首先在缺陷处因较大的应力集中引起微观裂纹；裂纹尖端的严重应力集中，促使裂纹逐渐扩展；裂纹尖端一般处于三向拉伸应力状态，不易出现塑性变形；在这一过程中，裂纹两边的材料时分时合，类似研磨作用，形成断口的光滑区；随着裂纹的进一步扩展，构件截面逐渐削弱，以致不能承受所受的载荷而突然发生脆性断裂，形成了断口的粗糙区。

疲劳破坏往往在没有明显预兆下突然发生，从而容易造成严重的后果，飞机、车辆和机器发生的事故中，有很大比例是因为零件疲劳破坏引起的，因此，对于承受交变应力的构件，在设计、制造、使用过程中，应特别注意裂纹的形成和扩展过程。如当火车进站时，铁路工人用小锤轻轻敲击车轴，通过听声音判断车轴是否发生裂纹，以防突然发生事故。

4. 材料的持久极限

由于材料在交变应力作用下表现出来的性质与静载时完全不同，因此在静载试验中获得的屈服极限或强度极限已不能作为疲劳强度指标，必须重新测定材料在交变应力下的强度指标。

试验表明，材料发生疲劳破坏，不仅与最大应力 σ_{max} 有关，而且与循环特性 r 及循环次

数 N 有关。在一定的循环特性下，当最大应力 σ_{max} 不超过某一极限值时，材料可以经受无限多次应力循环而不发生疲劳破坏。所以，材料在交变应力的作用下，能够经受无限多次（对于钢材 $N=10^7$ 次）应力循环而不发生疲劳破坏的最大应力值，称为材料的持久极限，用 σ_r 表示。例如，σ_{-1} 表示对称循环时材料的持久极限，σ_0 表示脉动循环时材料的持久极限。

材料的持久极限标志着材料抵抗疲劳破坏的能力，是在交变应力作用下衡量材料强度的重要指标。同一种材料在不同的循环特性下，其持久极限是不同的，以对称循环下的持久极限为最低。换言之，对称循环下的交变应力对构件危害最大。

对称循环下材料的持久极限采用光滑小试件用纯弯曲试验机测定，其工作原理如图 4-8-13 所示。试件承受载荷后产生纯弯曲变形，并由电动机带动而旋转，每旋转一周，其横截面上的点便经受一次对称应力循环。

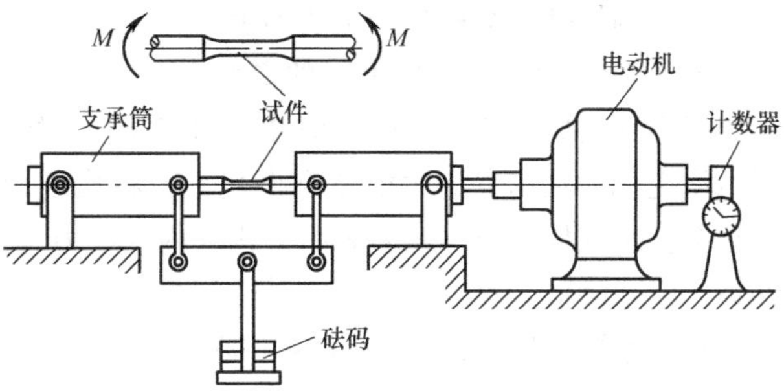

图 4-8-13　旋转式弯曲疲劳试验机

为了使测得的疲劳极限值更符合实际，试验需要材料相同、尺寸相同（直径为 7～10mm）的光滑小试件 10 根左右。第一根试件的最大应力 σ_{1max} 较高，约取强度极限 σ_b 的 60%，经历 N_1 次循环后，试件断裂。然后使第二根试件的 σ_{2max} 略低于第一根试件的 σ_{1max}，测出第二根试件断裂时的循环次数 N_2。这样逐步降低最大应力的数值，得出对应于每个 σ_{max} 的试件断裂时的循环次数 N。以 σ_{max} 为纵坐标，将试验结果描成一条曲线，称为疲劳曲线或 $\sigma-N$ 曲线，如图 4-8-14 所示。由疲劳曲线可以看出：试件断裂前所能经受的循环次数 N，随 σ_{max} 的减小而增大。疲劳曲线最后逐渐趋近于水平，其水平渐近线的纵坐标 σ_{-1} 就是材料的持久极限。通常认为，钢制的光滑小试件经过 10^7 次应力循环仍未发生疲劳破坏，则继续试验也不破坏，因此，$N=10^7$ 次应力循环对应的最大应力值，即为材料的持久极限 σ_{-1}。

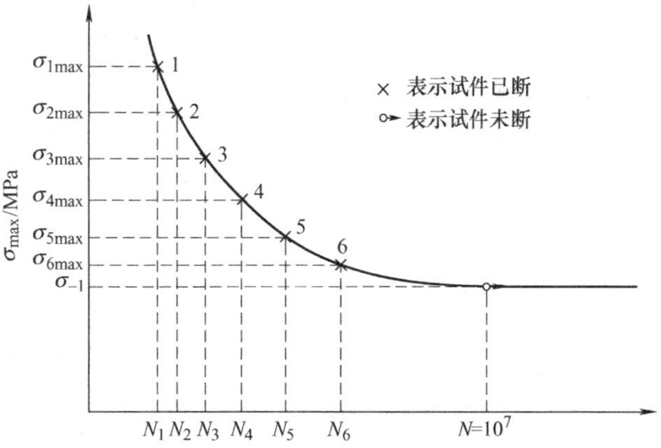

图 4-8-14　疲劳曲线

从大量试验数据可以得出，钢材的疲劳极限与其静强度极限 σ_b 存在以下近似关系：

$$\text{弯曲}\quad \sigma_{-1}\approx 0.4\sigma_b$$

$$\text{拉压}\quad \sigma_{-1}\approx 0.28\sigma_b$$

$$\text{扭转}\quad \sigma_{-1}\approx 0.22\sigma_b$$

四、构件的持久极限　疲劳强度计算

1. 构件的持久极限及其影响因素

构件的持久极限与循环特征有关，构件在不同循环特征的交变应力作用下有着不同的持久极限，以对称循环下的持久极限 σ_{-1} 为最低。因此，通常都将 σ_{-1} 作为材料在交变应力下的主要强度指标。

试验表明，构件的持久极限，与由同一材料制成的光滑小试样的持久极限在数值上是不同的，其不仅取决于所用的材料，而且还与构件的形状、尺寸、表面状况等因素有关。下面分别讨论影响构件持久极限的主要因素。

（1）构件形状（应力集中）的影响

由于实际需要，工程中很多构件上制有孔、切槽、切口、轴肩、螺蚊等，致使截面尺寸发生急剧变化。在构件的截面急剧变化处，将出现应力集中。在构件表面有划痕等损伤部位，也会发生同样现象。试验表明，构件内的应力集中，将使其持久极限比同样尺寸光滑试样的持久极限降低。没有应力集中时的持久极限与有应力集中时的持久极限的比值，称为有效应力集中系数，用 K_σ 表示。在对称循环下

$$K_\sigma = \frac{\sigma_{-1}}{\sigma^k_{-1}}$$

式中，σ_{-1}、σ^k_{-1}分别为在对称循环下无应力集中与有应力集中试件的持久极限。

K_σ 是一个大于1的系数，可以通过试验确定。应力集中将使持久极限降低，因此在设计制造承受交变应力的构件时，要尽量设法降低或避免应力集中。为了降低应力集中的影响，对于轴类零件，截面尺寸突变处要采用圆角过渡（图4-8-15），圆角半径越大，其有效应力集中系数则越小。若结构需要直角过渡，则需在直径大的轴段上设减荷槽（图4-8-16）、退刀槽（图4-8-17）或间隔环（图4-8-18）等。工程上已将常用的有效应力集中系数试验数据编制成表格或图线，并收录在一般机械设计手册或各种相关资料中，需要时可查用。

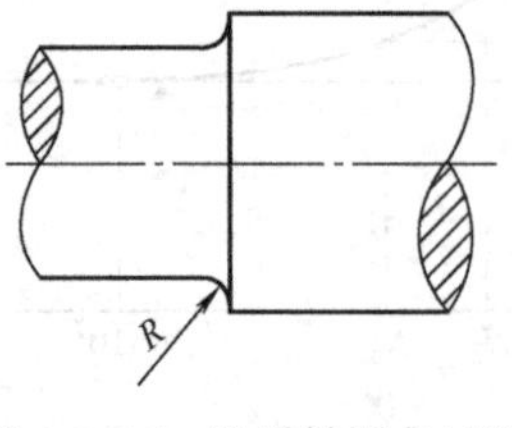

图4-8-15　阶梯轴圆角过渡

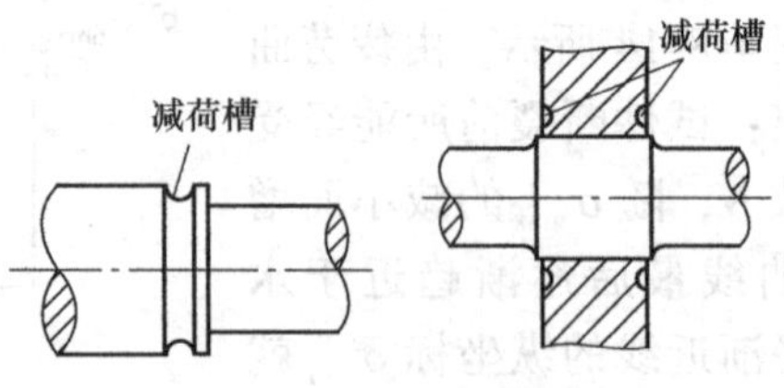

图4-8-16　减荷槽

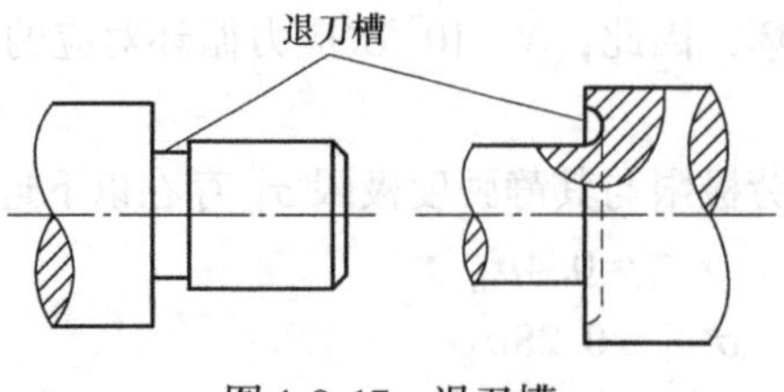

图4-8-17　退刀槽

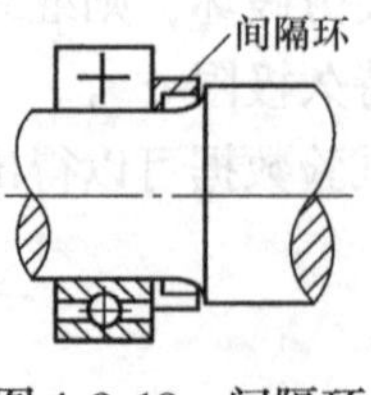

图4-8-18　间隔环

（2）构件尺寸的影响

试验表明，相同材料、形状的构件，若尺寸大小不同，其持久极限也不相同。构件尺寸越大，其内部所含的杂质和缺陷越多，产生疲劳裂纹的可能性就越大，材料的持久极限则相应降低。构件尺寸对持久极限的影响可用尺寸系数 ε_σ 表示。在对称循环下

$$\varepsilon_\sigma=\frac{\sigma^{d}_{-1}}{\sigma_{-1}}$$

式中，σ^{d}_{-1}为对称循环下大尺寸光滑试件的持久极限。

ε_σ 是一个小于1的系数，常用材料的尺寸系数可从有关的设计手册中查到。表4-8-1列出了部分尺寸因数。

表4-8-1　尺寸因数

直径 d/mm		>20～30	>30～40	>40～50	>50～60	>60～70
ε_σ	碳素钢	0.91	0.88	0.84	0.81	0.78
	合金钢	0.83	0.77	0.73	0.70	0.68
各种钢 ε_τ		0.89	0.81	0.78	0.76	0.74

（3）构件表面加工质量的影响

通常构件的最大应力发生在表层，疲劳裂纹也会在此形成。测定材料持久极限的标准试件，其表面是经过磨削加工的，而实际构件的表面加工质量若低于标准试件，就会因表面存在刀痕或擦伤而引起应力集中，疲劳裂纹将由此产生并扩展，材料的持久极限就随之降低。表面加工质量对持久极限的影响用表面质量因数β表示。在对称循环下

$$\beta=\frac{\sigma^{\beta}_{-1}}{\sigma_{-1}}$$

式中，σ^{β}_{-1}为表面加工质量不同的试件的持久极限。

表面质量因数可以从有关的设计手册中查到。随着表面加工质量的降低，高强度钢的β值下降更为明显。因此，优质钢材必须进行高质量的表面加工，才能提高疲劳强度。表4-8-2所示为不同表面粗糙度的表面质量因数β。

表4-8-2　不同表面粗糙度的表面质量因数β

加工方法	轴表面粗糙度 Ra/μm	β		
		$\sigma_b=400$MPa	$\sigma_b=800$MPa	$\sigma_b=1200$MPa
磨削	0.4～0.1	1	1	1
车削	3.2～0.8	0.95	0.90	0.80
粗车	25～6.3	0.85	0.80	0.65
未加工表面	—	0.75	0.65	0.45

此外，强化构件表面，如采用渗氮、渗碳、滚压、喷丸或表面淬火等措施，也可提高构件的持久极限。表4-8-3所列为各种强化方法的表面质量因数β。

表 4-8-3　各种强化方法的表面质量因数 β

强化方法	心部强度 σ_b/MPa	β		
		光轴	低应力集中的轴 $K_\sigma \leqslant 1.5$	高应力集中的轴 $K_\sigma \in [1.8, 2)$
高频淬火	600～800	1.5～1.7	1.6～1.7	2.4～2.8
	800～1000	1.3～1.5		
氮化	900～1200	1.1～1.25	1.5～1.7	1.7～2.1
渗碳	400～600	1.8～2.0	3	
	700～800	1.4～1.5		
	1000～1200	1.2～1.3	2	
喷丸强化	600～1500	1.1～1.25	1.5～1.6	1.7～2.1
滚子滚压	600～1500	1.1～1.3	1.3～1.5	1.6～2.0

2. 对称循环下构件的持久极限

综合考虑以上三方面的因素，对称循环下构件的持久极限为

$$\sigma^0_{-1} = \frac{\varepsilon_\sigma \beta}{K_\sigma}\sigma_{-1} \tag{4-8-19}$$

式中，σ_{-1}为光滑小试件在对称循环下的持久极限，即材料的持久极限。对扭转交变应力的情况，同样有

$$\tau^0_{-1} = \frac{\varepsilon_\tau \beta}{K_\tau}\tau_{-1} \tag{4-8-20}$$

综上所述可知，在交变应力作用下，构件的持久极限不仅与循环特性 r 有关，而且还受构件外形、尺寸和表面质量等众多因素的影响，因此它不是一个固定的数值，而是随具体的构件而异。但是这些因素对在静应力下的塑性材料（如钢）和组织不均匀的脆性材料（如铸铁）则基本上没有什么影响。所以我们在研究静应力下构件的强度问题时都不需要考虑这些因素。

3. 对称循环下构件的疲劳强度计算

在交变应力作用下，构件的持久极限是构件所能承受的极限应力。考虑一定的安全因数，构件在对称循环下的许用应力可表示为

$$[\sigma^0_{-1}] = \frac{\sigma^0_{-1}}{n}$$

式中，n 为规定的安全因数。

构件的疲劳强度条件为

$$\sigma_{\max} \leqslant [\sigma^0_{-1}] = \frac{\varepsilon_\sigma \beta}{nK_\sigma}\sigma_{-1} \tag{4-8-21}$$

式中，$\sigma_{\max}$为构件危险点的最大工作应力。

4. 提高构件疲劳强度的措施

疲劳失效是由裂纹扩展引起的，而裂纹的形成主要在应力集中的部位和材料的表面，所以在不改变构件的基本尺寸和材料的前提下，通过减缓应力集中、改善表面质量和合理选材

等方面考虑，以提高构件的疲劳强度。通常有以下措施：

1）减缓应力集中。应力集中是造成疲劳失效的主要原因，因此在设计构件的外形时，为了避免或减小应力集中，设计中应尽量避免构件横截面有急剧突变。通过适当加大截面突变处的过渡圆角以及采用减荷槽、退刀槽和间隔环等结构，有利于减缓应力集中，从而可以明显提高构件的疲劳强度。

2）提高构件表面质量。在应力非均匀分布的情形下，疲劳裂纹大都从构件表面开始形成和扩展。因此，通过机械的或化学的方法对构件表面进行强化处理，改善表面层质量，将使构件的疲劳强度有明显的提高。

表面热处理和化学处理（例如表面高频感应加热淬火、渗碳、渗氮和液体碳氮共渗等）、冷压机械加工（例如表面滚压和喷丸处理等），都有助于提高构件表面的质量。

3）合理选材。为提高疲劳强度，应选择对应力集中敏感性低的材料。在各种钢材中，通常强度极限较低的材料，对应力集中的敏感性较低，相同外形尺寸改变处的有效应力集中系数也较低，其构件的疲劳强度较高。

高强度钢制成的构件对应力集中较为敏感，在外形尺寸设计、表面加工工艺等方面要求较高，所以要提高高强度钢的加工质量，否则将会使其疲劳强度大幅度下降，失去了使用高强度材料的意义。

选材还需要考虑工作环境，如在低温下工作的构件，应选择韧性更好的材料；在腐蚀环境中工作的构件，应选择耐腐蚀的材料等。

任务实施

求如图 4-8-1 所示任务描述中钢丝绳所受的拉力及梁的最大正应力。

Ⅰ. 题目分析

此题是关于做等加速直线运动构件的动应力计算问题，已知提升重物的加速度，可以计算出动荷系数，钢丝绳所受拉力即可求解；钢丝绳所受的拉力与作用在简支梁上力为作用力、反作用力，根据此力按弯曲变形应力的求解方法，即可以计算出最大正应力。

Ⅱ. 题目求解

解：（1）计算钢丝绳的拉力。重物等加速直线运动时，动荷系数为

$$K_{\mathrm{d}} = 1 + \frac{a}{g}$$

由式(4-8-1) 求钢丝绳所受的拉力

$$F_{\mathrm{Nd}} = W\left(1 + \frac{a}{g}\right) = 10\left(1 + \frac{4}{9.8}\right)\mathrm{kN} = 14.08\mathrm{kN}$$

（2）计算横梁的最大弯矩。横梁的最大弯矩在梁长度中点处，其值为

$$M_{\mathrm{dmax}} = \frac{F_{\mathrm{Nd}}}{2}\frac{l}{2} = \frac{14.08\times 6}{4}\mathrm{kN\cdot m} = 21.12\mathrm{kN\cdot m}$$

（3）计算最大正应力。查表得 28a 号工字钢 $W_z = 508.15\mathrm{cm}^3$，梁的最大应力

$$\sigma_{\mathrm{dmax}} = \frac{M_{\mathrm{dmax}}}{W_z} = \frac{21.12\times 10^3\times 10^3}{508.15\times 10^3}\mathrm{MPa} = 41.56\mathrm{MPa}$$

此题得解。

Ⅲ. 题目关键点解析

此题是常规的构件做等加速直线运动时的动应力计算问题，根据前期的理论推导，用静载荷直接乘以动荷系数求解，或者先求出静应力，再乘以动荷系数，也可以得到正确答案。

思考与练习

1. 动载荷与静载荷有何区别？

2. 砂轮的转速为何要有一定的限制？转速过大会出现什么问题？

3. 什么叫交变应力？在交变应力中，什么叫最大应力、最小应力、平均应力、应力幅及应力循环特性？

4. 什么叫对称循环、非对称循环和脉动循环？它们的循环特征各为何值？试各举一例。

5. 如图4-8-19所示桥式起重机，横梁由两根32b工字钢组成，起重机A重为20kN，用钢丝绳吊起的物体重为60kN。起吊时第1s内重物等加速上升2.5m。求钢丝绳所受的拉力及梁内最大的正应力（考虑梁的自重）。

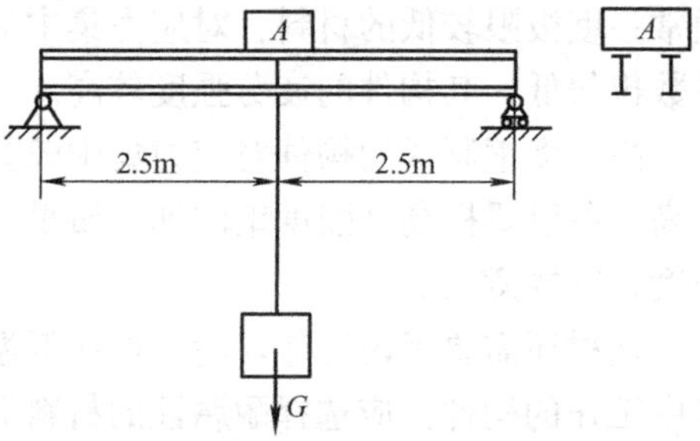

图4-8-19 题5图

6. 计算图4-8-20a、b、c、d所示交变应力的循环特性r、平均应力σ_m。

7. 如图4-8-21所示，两根吊索匀加速平行提升一根14号工字钢梁，加速度$a = 10\text{m/s}^2$，吊索横截面面积$A = 72\text{mm}^2$。若只考虑工字钢的重力，不计吊索自重，试计算工字钢的最大动应力和吊索的动应力。

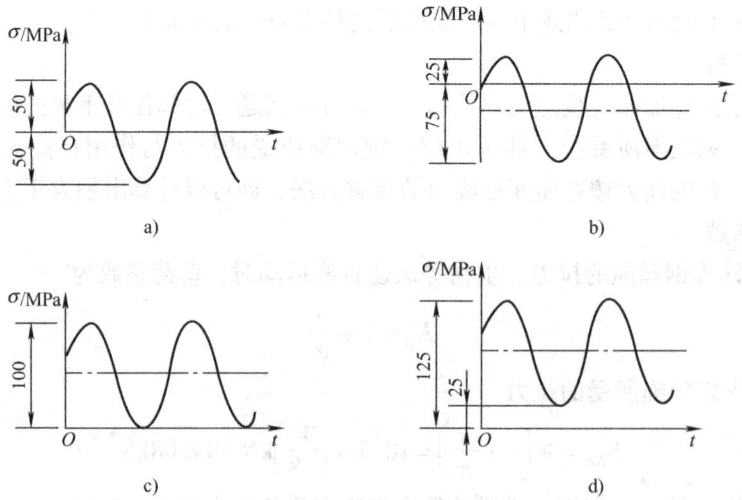

图4-8-20 题6图

8. 如图4-8-22所示，飞轮轮缘的线速度$v = 25\text{m/s}$，飞轮材料的密度$\rho = 7.41\text{kg/m}^3$。若不计轮辐的影响，试求轮缘的最大正应力。

9. 如图4-8-23所示，直径$d = 300\text{mm}$、长$l = 6\text{m}$的圆木桩下端固定、上端自由，并受重力$W = 2\text{kN}$的重锤作用。木材的弹性模量$E = 10\text{GPa}$。求下述三种情况下木桩内的最大应力：（1）重锤以静载荷方式作用于木桩上；（2）重锤从离木桩上端高0.5m处自由落下；（3）木桩上端放置$d_1 = 150\text{mm}$、$t = 40\text{mm}$的橡胶垫，橡胶的弹性模量$E = 8\text{GPa}$，重锤仍从离木桩上端高0.5m处自由落下。

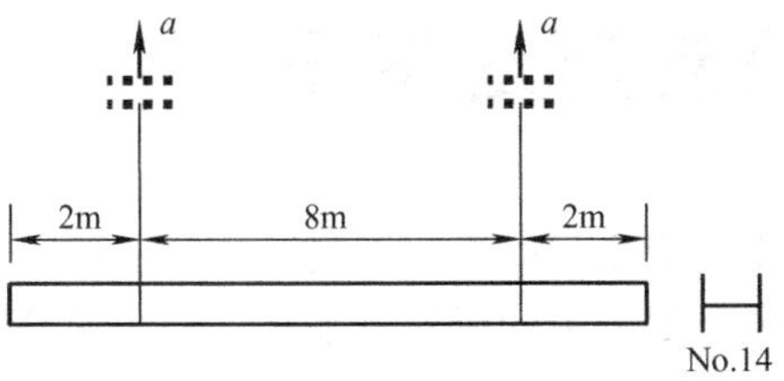

图 4-8-21　题 7 图

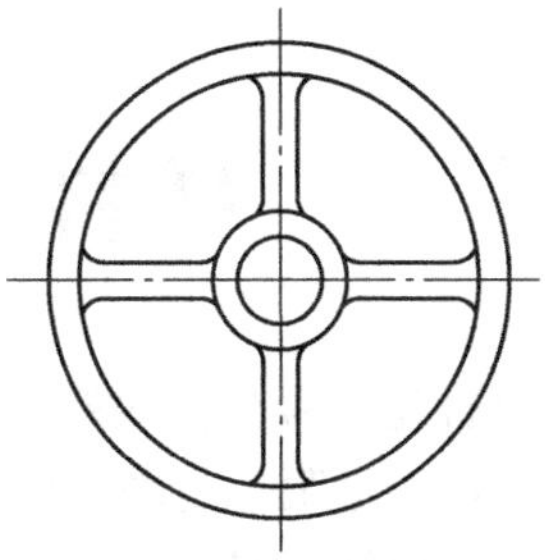

图 4-8-22　题 8 图

10. 如图 4-8-24 所示，一重量为 G 的重物自高度 H 处自由下落，冲击于梁上的 C 点。设梁的抗弯刚度 EI 和抗弯截面系数 W 均已知，求梁内的最大正应力和跨度中点的挠度。

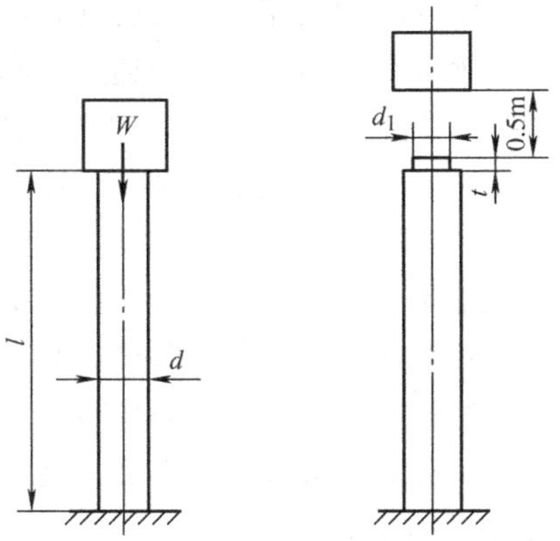

图 4-8-23　题 9 图

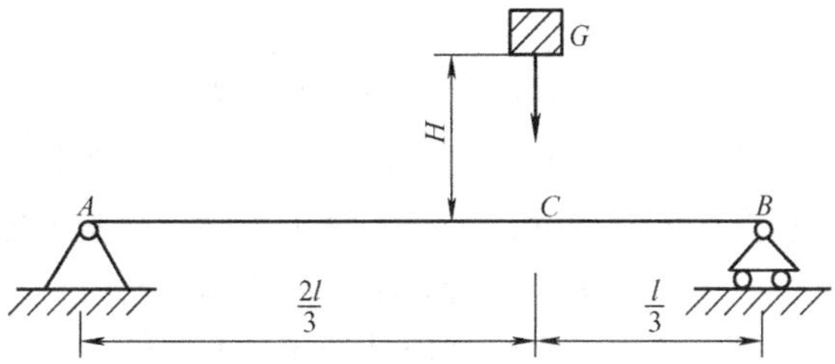

图 4-8-24　题 10 图

11. 如图 4-8-25 所示，杆 AB 的下端固定，长为 l。在 C 点受到一个沿水平方向运动物体的冲击。如果运动物体的重量为 G，与杆接触时的速度为 v，杆的抗弯刚度 EI 和抗弯截面系数 W 均已知，求杆内的最大应力。

12. 如图 4-8-26 所示，10 号工字钢梁的 C 端固定，A 端铰支于空心钢管 AB 上，管的内、外径分别为 $d=30\text{mm}$ 和 $D=40\text{mm}$。设梁和钢管材料的弹性模量均为 $E=200\text{GPa}$，试校核当重为 300kN 的重物自由下落至梁的 A 点时 AB 杆的稳定性。(稳定安全因数 $[n_w]=2.5$)

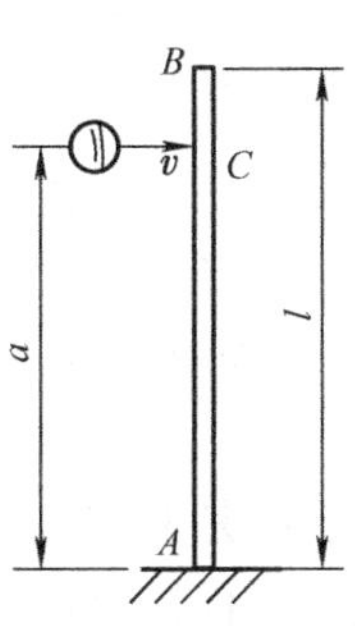

图 4-8-25　题 11 图

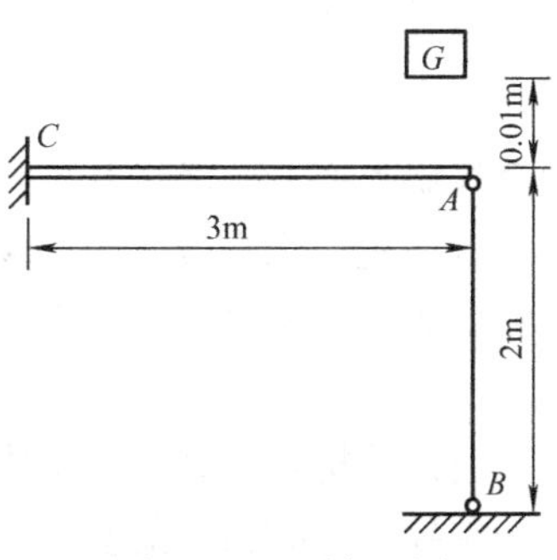

图 4-8-26　题 12 图

材料力学的应用及拓展

材料力学研究材料在各种外力作用下产生的应变、应力、强度、刚度、稳定性，以及导致各种材料破坏的极限。材料力学的研究对象主要是棒状材料，如杆、梁、轴等。材料力学的研究内容主要包括对材料进行力学性能研究和对杆件进行力学分析计算。材料力学的任务是在满足强度、刚度和稳定性的要求下，以最经济的代价设计构件，由此可见，材料力学在机械产品设计制造过程中占有非常重要的地位。

飞机是指具有一台或多台发动机的动力装置产生前进的推力或拉力，由机身的固定机翼产生升力，在大气层内飞行的重于空气的航空器。飞机一般由六个主要部分组成，即机翼、机身、尾翼、起落装置、操纵系统和动力装置。因为飞机高速高效，所以它在交通运输和军事方面发挥着重要作用。飞机的设计制造是一件非常复杂的系统性工程，尤其是大型飞机。为了保证零部件和整机的安全可靠工作，飞机设计制造过程中必须进行大量的试验，比如静力试验、疲劳试验、动力学试验、热强度试验等。其中，静力试验是指飞机在地面状态下，模拟飞机在空中飞行时的受力情况，来验证飞机在空中到底能承受多大的力量，验证飞机结构是否符合强度、刚度要求。疲劳试验则主要是用来暴露飞机结构的疲劳薄弱部位，验证疲劳分析方法的正确性；暴露经分析和研制试验未能识别出的结构危险部位、薄弱环节，为结构改进、工艺改进、飞行改型提供依据，同时获得结构的应力分布、裂纹形成寿命、裂纹扩展寿命等，以验证飞机结构是否满足耐久性、损伤容限设计目标要求。

静力试验

疲劳试验

航空业是国家战略性产业，经过几十年的大力发展，我国自主研制的大型运输机、大型客机、大型水陆两栖飞机、隐身战斗机、舰载战斗机、预警机、直升机及无人机不断飞向蓝天。我国正以国家意志、举国之力，托举起一个大国的“起飞”梦想：从航空大国向航空强国迈进。

新中国航空工业是从抗美援朝的硝烟中一路走来的，忠诚始终是航空人最鲜明的政治本色。没有党的坚强领导，没有祖国的坚强支撑，没有人民的充分信任，就没有我国今天的航空工业。对党忠诚，听党指挥，为党尽责，是航空工业生存之“根”。一代又一代航空人，把对党、对祖国、对人民的无限热爱融入血脉、熔于事业，以研制先进航空武器装备为己任，铸大国重器，挺民族脊梁，用汗水、智慧、热血，乃至生命，在蓝天上铸就一座又一座丰碑。一代人有一代人的使命，一代人有一代人的担当，但忠诚永远是我国航空人奋进新时代的庄严承诺。

隐身战斗机

运输机

作为新时代的理工科大学生要学习航空人的“航空报国精神”，用所学的科技知识为祖国的发展强大贡献自己的力量。

部分习题答案

模　块　一

任务一

略

任务二

6. $F_R=5000N$，与水平轴夹锐角 $38°28'$

7. $F_{AB}=54.64kN$（受拉），$F_{BC}=74.64kN$（受压）

8. $F_1=\frac{F}{2}\cot\alpha$

9. $F_C=2kN$，$F_A=F_B=2.01kN$

10. $F_{AB}=5.77kN$（受拉），$F_{BC}=11.54kN$（受压）

11. $F_2=173kN$，$\gamma=95°$

12. $F=80kN$

13. $F_H=\frac{F}{2\sin^2\theta}$

14. $F_1:F_2=0.644$

15. a）$F_A=0.707F$，$F_B=0.707F$　b）$F_A=0.79F$，$F_B=0.35F$

任务三

6. $M_A(F)=-Fb\cos\theta$，$M_B(F)=F(a\sin\theta-b\cos\theta)$

7. $F_A=F_C=\frac{M}{2\sqrt{2}a}$

8. a）$F_A=F_B=\frac{M}{l}$　b）$F_A=F_B=\frac{M}{l}$　c）$F_A=F_B=\frac{M}{l\cos\theta}$

9. $M_2=\frac{r_2}{r_1}M_1$，$F_{O1}=F_{O2}=\frac{M_1}{r_1\cos\theta}$

10. $M=111.5kN\cdot m$

11. $F=\frac{M}{a}\cot2\theta$

12. $F_A=F_B=1kN$

任务四

10. a）$F_A=\frac{1}{3}qa$（↑），$F_B=\frac{2}{3}qa$（↑）　b）$F_A=qa$（↓），$F_B=2qa$（↑）

c）$F_A=qa$（↑），$F_B=2qa$（↑） d）$F_A=\frac{11}{6}qa$（↑），$F_B=\frac{13}{6}qa$（↑）

e）$F_A=2qa$（↑），$M_A=\frac{7}{2}qa^2$（顺） f）$F_A=3qa$（↑），$M_A=3qa^2$（逆）

11. a）$F_D=90\text{kN}$，$F_C=90\text{kN}$，$F_B=360\text{kN}$，$F_A=90\text{kN}$

b）$F_D=\frac{10}{3}\text{kN}$，$F_C=\frac{10}{3}\text{kN}$，$F_B=\frac{5}{3}\text{kN}$，$F_A=\frac{25}{3}\text{kN}$ c）$F_D=\frac{5}{2}\sqrt{2}\,\text{kN}$，$F_{Cx}=5\sqrt{2}\,\text{kN}$，$F_{Cy}=\frac{5}{2}\sqrt{2}\,\text{kN}$，$F_{Ax}=5\sqrt{2}\,\text{kN}$，$F_{Ay}=\frac{5}{2}\sqrt{2}\,\text{kN}$，$M_A=41.2\text{kN}\cdot\text{m}$

d）$F_D=22.5\text{kN}$，$F_C=67.5\text{kN}$，$F_A=157.5\text{kN}$，$M_A=810\text{kN}\cdot\text{m}$

12. $F_{AB}=5\text{N}$，$M_2=3\text{N}\cdot\text{m}$

13. $G_{\text{pmax}}=7.41\text{kN}$

14. $M=\frac{Prr_1}{r_2}$

15. $F_1=-125\text{kN}$，$F_2=53\text{kN}$，$F_3=-87.5\text{kN}$

16. a）$F_{Ax}=0$，$F_{Ay}=17\text{kN}$，$M_A=33\text{kN}\cdot\text{m}$

b）$F_{Ax}=3\text{kN}$，$F_{Ay}=5\text{kN}$，$F_B=-1\text{kN}$

任务五

9. $F_{Rx}=-345.4\text{N}$，$F_{Ry}=249.6\text{N}$，$F_{Rz}=10.56\text{N}$

$M_x=-51.78\text{N}\cdot\text{m}$，$M_y=-36.65\text{N}\cdot\text{m}$，$M_z=-103.6\text{N}\cdot\text{m}$

10. $M_x=\frac{F}{4}(h-3r)$，$M_y=\frac{\sqrt{3}F}{4}(h+r)$，$M_z=-\frac{1}{2}Fr$

11. $F_A=F_B=-26.39\text{kN}$，$F_C=33.46\text{kN}$

12. $F_3=4\text{kN}$，$F_4=2\text{kN}$，$F_{Ax}=-6.375\text{kN}$

$F_{Ay}=1.299\text{kN}$，$F_{Bx}=-4.125\text{kN}$，$F_{By}=3.897\text{kN}$

13. $F_2=2.19\text{kN}$，$F_{Ax}=-2.01\text{kN}$，$F_{Az}=0.376\text{kN}$，$F_{Bx}=-1.17\text{kN}$，$F_{Bz}=-0.152\text{kN}$

14. a）（0，−4mm） b）（3.2mm，5mm）

15. a）（$0.83a$，$0.83a$） b）$\left(\frac{5}{6}a,\ \frac{5}{6}a\right)$

任务六

7. （1）$F_{s1}=1.49\text{kN}$（↗），$F_{s2}=1.51\text{kN}$（↙） （2）$F_1=26.06\text{kN}$，$F_2=20.93\text{kN}$

8. $f_s=0.223$

9. 20 本

10. $l_{\min}=100\text{mm}$

11. $F_{\min}=120\text{kN}$

12. $\alpha\geqslant 74.18°$

13. $P_{1\min}=\frac{\delta P}{r-\delta}$

14. $b=0.75\text{cm}$

15. $e \leqslant \frac{f_s D}{2}$

模　块　二

任务一

9. -9m；2s，-14m；23m；15m/s，18m/s^2；$0\text{s} \leqslant t \leqslant 2\text{s}$；$t > 2\text{s}$

10. $y = b\tan kt$，$v = bk\sec^2 kt$，$a = 2bk^2\tan kt\sec^2 kt$；

$\theta = \frac{\pi}{6}$时，$v = \frac{4}{3}bk$，$a = \frac{8\sqrt{3}}{9}bk^2$；$\theta = \frac{\pi}{3}$时，$v = 4bk$，$a = 8\sqrt{3}bk^2$

11. $v_C = \frac{av}{2l}$

1）自然法：$s_C = a\varphi$，$\varphi = \arctan\frac{vt}{l}$

2）直角坐标法：$x_C = a\cos\varphi = \frac{al}{\sqrt{l^2 + (vt)^2}}$，$y_C = a\sin\varphi = \frac{avt}{\sqrt{l^2 + (vt)^2}}$

12. 1）自然法：$s = 2R\omega t$，$v = 2R\omega$，$a_t = 0$，$a_n = 4R\omega^2$

2）直角坐标法：$x = R + R\cos 2\omega t$，$y = R\sin 2\omega t$

$v_x = -2R\omega\sin 2\omega t$，$v_y = 2R\omega\cos\omega t$；$a_x = -4R\omega^2\cos 2\omega t$，$a_y = -4R\omega^2\sin 2\omega t$

13. $v = 3\pi = 9.42\text{cm/s}$，$a = 3.68\text{cm/s}^2$

14. $\frac{x^2}{100^2} + \frac{y^2}{20^2} = 1$，$v_M = 80\text{cm/s}$，方向沿 y 轴正向；$a_M = -1.6\text{m/s}^2$，方向沿 x 轴负向。

15. $y = \sqrt{64 - t^2} + l_0$，$v = \frac{-t}{\sqrt{64 - t^2}}$

任务二

8. $v_M = \frac{\pi Rn}{30}$，$a_M = \frac{\pi^2 Rn^2}{900}$

9. $\omega_2 = 0$，$\alpha_2 = -\frac{lb\omega^2}{r^2}$

10. $t = 0\text{s}$ 时，$v_M = \frac{\pi}{4}\varphi_0(\text{m/s})$，$a = \frac{\pi^2}{16}\varphi_0^2 l(\text{m/s}^2)$；$t = 2\text{s}$ 时，$v_M = 0$，$a = -\frac{\pi}{16}\varphi_0 l(\text{m/s}^2)$

11. $\alpha = 38.4\text{rad/s}^2$

12. $v_C = v_D = 0.5\text{m/s}$，$a_C^n = a_D^n = 2.5\text{m/s}^2$，$a_C^t = a_D^t = 0.2\text{m/s}^2$

13. $\omega_{OA} = \frac{v_0}{\sqrt{l^2 - v_0^2 t^2}}$，$\alpha_{OA} = \frac{v_0^3 t}{\sqrt{(l^2 - v_0^2 t^2)^3}}$，$v_A = \frac{l v_0}{\sqrt{l^2 - v_0^2 t^2}}$

14. （1）$\omega_2 = \frac{R_1}{R_2}\omega_1$，$\alpha_2 = \frac{R_1}{R_2}\alpha_1$　（2）$a_2^t = R_1\alpha_1$，$a_2^n = \frac{R_1^2}{R_2^2}\omega_1^2$

15. （1）$\varphi = 8t^2$，$v = 320\text{cm/s}$，$a_t = 160\text{cm/s}^2$，$a_n = 102.4\text{cm/s}^2$　（2）$s = 40t^2$

任务三

5. a）$\omega_2 = 1.5\text{rad/s}$　b）$\omega_2 = 2\text{rad/s}$

6. $\omega_{OC}=\frac{\sqrt{3}v}{4r}$

7. $v_{AB}=e\omega$

8. $v=0.1\mathrm{m/s}$，$a=0.3463\mathrm{m/s^2}$

9. $v=0.173\mathrm{m/s}$，$a=0.05\mathrm{m/s^2}$

10. $\omega_{AC}=1.28\mathrm{rad/s}$（逆时针），$a_{AC}=2.46\mathrm{m/s^2}$（顺时针）

11. $a=0.746\mathrm{m/s^2}$

12. $v=0.173\mathrm{m/s}$，$a=0.35\mathrm{m/s^2}$

13. $\omega_{AB}=\frac{\omega_0}{4}$（逆时针），$\alpha_{AB}=\frac{\alpha_0}{4}=\frac{\sqrt{3}}{8}\omega_0^2$（顺时针）

14. $v_{CD}=0.325\mathrm{m/s}$，$a_{CD}=0.657\mathrm{m/s^2}$

任务四

9. $\omega_{ABD}=1.072\mathrm{rad/s}$，$v_D=0.254\mathrm{m/s}$

10. $\omega_{EF}=1.333\mathrm{rad/s}$，$v_F=0.462\mathrm{m/s}$

11. $v_A=50\mathrm{cm/s}$，$v_B=0$，$v_C=70.7\mathrm{cm/s}$，$v_D=100\mathrm{cm/s}$，$v_E=70.7\mathrm{cm/s}$

12. $\omega=\sqrt{3}\omega_0$

13. $\beta=0°$，$v_B=2v_A$；$\beta=90°$，$v_B=v_A$

14. $a_C=10.75\mathrm{cm/s^2}$

15. $a_1=2\mathrm{m/s^2}$，$a_2=3.16\mathrm{m/s^2}$，$a_3=6.32\mathrm{m/s^2}$，$a_4=5.83\mathrm{m/s^2}$

16. $a_n=2r\omega_0^2$，$a_t=r(\sqrt{3}\omega_0^2-2\alpha_0)$

模 块 三

任务一

7. $F_N=mg\left(1+\frac{a}{g}\right)$

8. $F_{N\max}=714.3\mathrm{N}$，$F_{N\min}=461.7\mathrm{N}$

9. $F_{AM}=\frac{ml}{2b}(b\omega^2+g)$，$F_{BM}=\frac{ml}{2b}(b\omega^2-g)$

10. $a=\frac{\sin\alpha+f\cos\alpha}{\cos\alpha-f\sin\alpha}$

11. $n=\frac{30}{\pi}\sqrt{\frac{fg}{r}}$

12. （1）$F_{N\max}=m(g+e\omega^2)$ （2）$\omega_{\max}=\sqrt{\frac{g}{e}}$

13. $n=66.8\mathrm{r/min}$

14. $v=\frac{p}{\mu}(1-e^{-\frac{\mu}{m}t})$

15. 运动方程 $x=\frac{v_0}{k}(1-e^{-kt})$，$y=h+\frac{g}{k^2}(1-e^{-kt})-\frac{g}{k}t$

轨迹 $y = h + \frac{gx}{kv_0} - \frac{g}{k^2}\ln\frac{v_0}{v_0 - kx}$

任务二

12. $F_N = (m_1 + m_2 + M)\ g - \frac{m_1R - m_2r}{R}a$

13. 向左移动，$\Delta x = -\frac{(m_1 + m_2)}{M + m_1 + m_2}a$

14. 向左移动 0.266mm

15. （1）$x_C = \frac{m_3 l}{2(m_1 + m_2 + m_3)} + \frac{m_1 + 2m_2 + 2m_3}{2(m_1 + m_2 + m_3)}l\cos\omega t, y_C = \frac{m_1 + 2m_2}{2(m_1 + m_2 + m_3)}l\sin\omega t$

（2）$F_{x\max} = \frac{1}{2}(m_1 + 2m_2 + 2m_3)l\omega^2$

任务三

7. $2mab\omega\cos^3\omega t$

8. （1）$\omega = \frac{J_1}{J_1 + J_2}\omega_0$ （2）$M_f = \frac{J_1 J_2 \omega_0}{(J_1 + J_2)t}$

9. $\alpha = \frac{(m_A R - m_B r)\ g}{J_0 + m_A R^2 + m_B r^2}$

10. 不相等

11. $a = \frac{(M - mgr)\ R^2 r}{J_1 r^2 + J_2 R^2 + mr^2 R^2}$

12. $J_{AB} = mg\left(\frac{T^2}{4\pi^2} - \frac{h}{g}\right)h$

任务四

8. $W = 109.7\text{J}$

9. $T = \frac{1}{2}(3m_1 + 2m)v^2$

10. $v = 8.1\text{m/s}$

11. $n = 412\text{r/min}$

12. $v_2 = \sqrt{\frac{4gh(m_2 - 2m_1 + m_4)}{8m_1 + 2m_2 + 4m_3 + 3m_4}}$

13. $v = \sqrt{\frac{2(M - m_1 gr\sin\theta)}{(m_1 + m_2)}s}$，$a = \frac{M - m_1 gr\sin\theta}{r(m_1 + m_2)}$

14. （1）$F = 98\text{kN}$ （2）$v_{\max} = 0.8\text{m/s}$

15. $v = \sqrt{\frac{2(Mi_{12} - mgR)Rh}{J_1 i_{12}^2 + J_2 + mR^2}}$，$a = \frac{(Mi_{12} - mgR)R}{J_1 i_{12}^2 + J_2 + mR^2}$

16. $\omega = \frac{2}{r}\sqrt{\frac{M - m_2 gr(\sin\theta + f\cos\theta)}{m_1 + 2m_2}\varphi}$，$\alpha = \frac{2[M - m_2 gr(\sin\theta + f\cos\theta)]}{r^2(m_1 + 2m_2)}$

17. $b = \frac{\sqrt{3}}{6}l$

18. $\omega_B=\frac{J\omega}{J+mR^2}$，$v_B=\sqrt{\frac{2mgR-J\omega^2\left[\frac{J^2}{(J+mR^2)^2}-1\right]}{m}}$；$\omega_C=\omega$，$v_C=\sqrt{4gR}$

19. $a=\frac{m_1\sin\theta-m_2}{2m_1+m_2}g$，$F=\frac{3m_1m_2+(2m_1m_2+m_1^2)\ \sin\theta}{2\ (2m_1+m_2)}g$

20. （1）$\alpha=\frac{M-mgR\sin\theta}{2mR^2}$；（2）$F_x=\frac{1}{8R}(6M\cos\theta+mgR\sin2\theta)$

任务五

11. $v=\sqrt{gL\sin^2\alpha/\cos\alpha}$，$F_T=W/\cos\alpha$

12. $a=\frac{8}{11}\frac{F}{m}$

13. $a_O=\frac{2F_T\cos\alpha}{3W}g$；$F_N=W-F_T\sin\alpha$，$F=\frac{F_T}{3}\cos\alpha$

14. $F=1485.4\text{N}$

15. $\alpha=4\text{rad/s}^2$，$F_{Ax}=0$，$F_{Ay}=93.7\text{N}$，$F_{Bx}=0$，$F_{By}=62.5\text{N}$

16. $\alpha=\frac{m_2r-m_1R}{J+m_1R^2+m_2r^2}g$；$F_{Ox}=0$；$F_{Oy}=\frac{-g\ (m_2r-m_1R)^2}{J_O+m_2r^2+m_1R^2}$

任务六

4. $F_N=\frac{1}{2}F\tan\theta$

5. $F_N=\pi\frac{M}{h}F\cot\theta$

6. $F_2=\frac{F_1l}{a\cos^2\varphi}$

7. $F=\frac{M}{a}\cot2\theta$

8. $P_B=5P_A$

9. $M=450\frac{\sin\theta(1-\cos\theta)}{\cos^3\theta}\text{N}\cdot\text{m}$

10. $AC=x=a+\frac{F}{k}\left(\frac{l}{b}\right)^2$

11. $F_3=P$

12. $F_A=-2450\text{N}$，$F_B=14700\text{N}$，$F_E=2450\text{N}$

模 块 四

任务一

10. $\sigma=203.1\text{MPa}$，$\varepsilon=8.3\times10^{-4}$

11. $\sigma_{max}=71.43\text{MPa}$

12. $\sigma_1=-3\text{MPa}$，$\sigma_2=-5\text{MPa}$，$\tau_{max}=2.67\text{MPa}$，$\Delta l_{AB}=-2.574\text{mm}$

13. $\Delta l_{AB}=0.105\text{mm}$

14. $\sigma_{max}=184MPa<[\sigma]=200MPa$，强度足够
15. 当$\alpha=45°$时，$\sigma_{max}=11.2MPa>[\sigma]$，强度不足；
当$\alpha=60°$时，$\sigma_{max}=9.16MPa<[\sigma]$，强度足够
16. $d\geqslant 25mm$
17. $G_{max}=38.6kN$
18. $[G]\leqslant 84kN$
19. $F_A=\frac{4}{3}F$，$F_B=\frac{5}{3}F$

任务二

6. $d\geqslant 12.6mm$
7. $d_{min}=34mm$，$t\leqslant 10.4mm$
8. $l=200mm$，$a=20mm$
9. $n=4$，$b\geqslant 47.3mm$
10. $\tau=30MPa$，$\sigma_j=96MPa$，键的强度足够
11. $d/h=2.4$
12. $\delta=14mm$，$h=45mm$，$\sigma=79.15MPa$，满足强度条件

任务三

8. （1）$T_{max}=1273N\cdot m$
（2）$T_{max}=955N\cdot m$，有利
9. $\tau=135.5MPa$
10. $\tau_A=32.6MPa$，$\tau_{max}=40.8MPa$，$\tau_{min}=0$
11. （1）$\tau_1=9.95MPa$，$\tau_2=3.98MPa$，$\tau_3=1.99MPa$
（2）$\varphi=2.33\times10^{-3}rad$
12. $\tau_{1max}=49.4MPa$，$\tau_{2max}=21.3MPa$，强度足够
$\varphi_{1max}=1.77(°)/m$，$\varphi_{2max}=0.43(°)/m$，刚度足够
13. 54.3mm
14. 216kN·m
15. 33mm
16. $\tau=12.6MPa$，$\theta=0.45(°)/m$，强度和刚度均满足要求

任务四

9. a）$F_{Q1}=0$，$M_1=0$；$F_{Q2}=-qa$，$M_2=-\frac{1}{2}qa^2$；$F_{Q3}=-qa$，$M_3=\frac{1}{2}qa^2$；

b）$F_{Q1}=0$，$M_1=Fa$；$F_{Q2}=0$，$M_2=Fa$；$F_{Q3}=-F$，$M_3=Fa$；$F_{Q4}=-F$，$M_4=0$；$F_{Q5}=0$，$M_5=0$

c）$F_{Q1}=-qa$，$M_1=0$；$F_{Q2}=-qa$，$M_2=-qa^2$；$F_{Q3}=qa$，$M_3=qa^2$；$F_{Q4}=-qa$，$M_4=0$

d）$F_{Q1}=-qa$，$M_1=-\frac{1}{2}qa^2$；$F_{Q2}=-\frac{3}{2}qa$，$M_2=-2qa^2$；

13. $\sigma_{max}=8.7MPa$
14. $A_{正}=108.2cm^2$，$A_{矩}=85.8cm^2$

15. $d_{max}=39mm$
16. 不安全 $\sigma_{max}^{+}=45MPa>[\sigma_{+}]$
17. 907kN
18. $[F_{max}]=12.5kN$
20. a) $y_C=-\frac{7Fa^3}{2EI}$ b) $y_C=\frac{qa^4}{24EI}$

任务五

10. a) $\sigma_\alpha=-27.3MPa$，$\tau_\alpha=-27.3MPa$
b) $\sigma_\alpha=40MPa$，$\tau_\alpha=10MPa$
c) $\sigma_\alpha=34.82MPa$，$\tau_\alpha=11.6MPa$
11. a) $\sigma_1=57MPa$，$\sigma_2=0$，$\sigma_3=-7MPa$；$\alpha_0=-19.33°$及$70.67°$；$\tau_{max}=32MPa$
b) $\sigma_1=44.1MPa$，$\sigma_2=15.9MPa$，$\sigma_3=0$；$\alpha_0=-22.5°$及$67.5°$；$\tau_{max}=14.1MPa$
c) $\sigma_1=37MPa$，$\sigma_2=0$，$\sigma_3=-27MPa$；$\alpha_0=19.33°$及$-70.67°$；$\tau_{max}=32MPa$
12. a) $\sigma_1=\sigma_2=50MPa$，$\sigma_3=-50MPa$；$\tau_{max}=50MPa$
b) $\sigma_1=50MPa$，$\sigma_2=4.7MPa$，$\sigma_3=-84.7MPa$；$\tau_{max}=67.4MPa$
13. $\tau=18.5MPa$，$\sigma_1=56.26MPa$，$\sigma_2=0$，$\sigma_3=-4.26MPa$
14. a) $\sigma_{xd1}=25MPa$，$\sigma_{xd3}=50MPa$，$\sigma_{xd4}=43.3MPa$
b) $\sigma_{xd1}=11.2MPa$，$\sigma_{xd3}=82.4MPa$，$\sigma_{xd4}=77.4MPa$
c) $\sigma_{xd1}=37MPa$，$\sigma_{xd3}=64MPa$，$\sigma_{xd4}=55.7MPa$
15. (1) $\sigma_{xd3}=100MPa<[\sigma]$，$\sigma_{xd4}=87.2MPa$， $<[\sigma]$，安全
(2) $\sigma_{xd3}=110MPa<[\sigma]$，$\sigma_{xd4}=95.4MPa$， $<[\sigma]$，安全
16. (1) $\sigma_{xd1}=29MPa<[\sigma]$，$\sigma_{xd2}=29MPa$， $<[\sigma]$，安全
(2) $\sigma_{xd1}=30MPa<[\sigma]$，$\sigma_{xd2}=19.5MPa$， $<[\sigma]$，安全
17. $\sigma_{xd3}=300MPa=[\sigma]$，$\sigma_{xd4}=265MPa$， $<[\sigma]$，安全

任务六

6. $\sigma_{max}^{+}=6.75MPa$；$\sigma_{max}^{-}=6.99MPa$
7. $\sigma_{max}=120.9MPa$，超过许用应力0.75%，可以使用
8. $h=64.4mm$
9. (1) 开槽前：$\sigma_{max}=\frac{F}{a^2}$；一边开槽：$\sigma_{max}=\frac{8F}{3a^2}$
(2) 两边开对称槽：$\sigma_{max}=\frac{2F}{a^2}$
10. $\sigma_{max}=145MPa$，安全。
11. $[F]=4.85kN$
12. $x=5.2mm$
13. $d\geqslant64mm$
14. $d=27.5mm$
15. $\sigma_{xd3}=55.5MPa$，安全

任务七

4. 图 a 最大

5. （1）$F_{cr}=37.8\text{kN}$ （2）$F_{cr}=52.6\text{kN}$ （3）$F_{cr}=459\text{kN}$

6. a）$F_{cr}=8.87\text{kN}$ b）$F_{cr}=35.5\text{kN}$ c）$F_{cr}=51.04\text{kN}$

7. a）$\sigma_{cr}=135.4\text{MPa}$ b）$\sigma_{cr}=207\text{MPa}$ c）$\sigma_{cr}=204.7\text{MPa}$ d）$\sigma_{cr}=235\text{MPa}$

8. $F_{cr}=795\text{kN}$

9. $n_g\geqslant 1.94$

10. $n_g=4.42$，压杆稳定

任务八

5. $T_d=90.6\text{KN}$，$\sigma_{dmax}=97.6\text{MPa}$

7. 工字钢的最大动应力 $\sigma_{dmax}=125\text{MPa}$，吊索的最大动应力 $\sigma_{dmax}=27.9\text{MPa}$

8. $\sigma_{dmax}=4.63\text{MPa}$

9. （1）$\sigma=0.0283\text{MPa}$ （2）$\sigma_{dmax}=6.9\text{MPa}$ （3）$\sigma_{dmax}=1.2\text{MPa}$

10. $\sigma_{dmax}=\dfrac{2Gl}{9W}\left(1+\sqrt{1+\dfrac{243EIH}{2Gl^3}}\right)$，$y_{l/2}=\dfrac{23Gl^3}{1296EI}\left(1+\sqrt{1+\dfrac{243EIH}{2Gl^3}}\right)$

11. $\sigma_{dmax}=\sqrt{\dfrac{3EIv^2G}{gaW^2}}$

12. $n_w=2.3<[n_w]=2.5$，不安全。

附录　型　钢　表

附表1　热轧等边角钢（GB/T 706—2008）

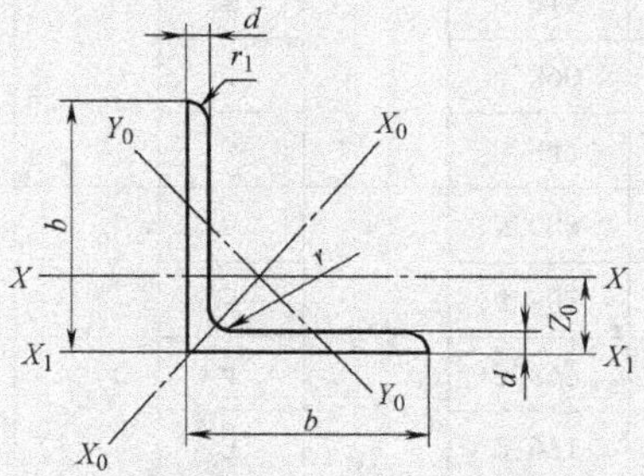

符号意义：

b——边宽
d——边厚
r——内圆弧半径
r_1——边端内弧半径
I——惯性矩
i——惯性半径
W——抗弯截面系数
Z_0——重心距离

型号	截面尺寸/mm			截面面积/cm^2	理论重量/$(kg\cdot m^{-1})$	外表面积/$(m^2\cdot m^{-1})$	惯性矩/cm^4				惯性半径/cm			抗弯截面系数/cm^3			重心距离/cm
	b	d	r				I_x	I_{x1}	I_{x0}	I_{y0}	i_x	i_{x0}	i_{y0}	W_x	W_{x0}	W_{y0}	Z_0
2	20	3	3.5	1.132	0.889	0.078	0.40	0.81	0.63	0.17	0.59	0.75	0.39	0.29	0.45	0.20	0.60
		4		1.459	1.145	0.077	0.50	1.09	0.78	0.22	0.58	0.73	0.38	0.36	0.55	0.24	0.64
2.5	25	3		1.432	1.124	0.098	0.82	1.57	1.29	0.34	0.76	0.95	0.49	0.46	0.73	0.33	0.73
		4		1.859	1.459	0.097	1.03	2.11	1.62	0.43	0.74	0.93	0.48	0.59	0.92	0.40	0.76
3.0	30	3	4.5	1.749	1.373	0.117	1.46	2.71	2.31	0.61	0.91	1.15	0.59	0.68	1.09	0.51	0.85
		4		2.276	1.786	0.117	1.84	3.63	2.92	0.77	0.90	1.13	0.58	0.87	1.37	0.62	0.89
3.6	36	3		2.109	1.656	0.141	2.58	4.68	4.09	1.07	1.11	1.39	0.71	0.99	1.61	0.76	1.00
		4		2.756	2.163	0.141	3.29	6.25	5.22	1.37	1.09	1.38	0.70	1.28	2.05	0.93	1.04
		5		3.382	2.654	0.141	3.95	7.84	6.24	1.65	1.08	1.36	0.70	1.56	2.45	1.00	1.07

（续）

型号	截面尺寸/mm			截面面积/cm^2	理论重量/(kg·m^{-1})	外表面积/(m^2·m^{-1})	惯性矩/cm^4				惯性半径/cm			抗弯截面系数/cm^3			重心距离/cm
	b	d	r				I_x	I_{x1}	I_{x0}	I_{y0}	i_x	i_{x0}	i_{y0}	W_x	W_{x0}	W_{y0}	Z_0
4	40	3	5	2.359	1.852	0.157	3.59	6.41	5.69	1.49	1.23	1.55	0.79	1.23	2.01	0.96	1.09
		4		3.086	2.422	0.157	4.60	8.56	7.29	1.91	1.22	1.54	0.79	1.60	2.58	1.19	1.13
		5		3.791	2.976	0.156	5.53	10.74	8.76	2.30	1.21	1.52	0.78	1.96	3.10	1.39	1.17
4.5	45	3		2.659	2.088	0.177	5.17	9.12	8.20	2.14	1.40	1.76	0.89	1.58	2.58	1.24	1.22
		4		3.486	2.736	0.177	6.65	12.18	10.56	2.75	1.38	1.74	0.89	2.05	3.32	1.54	1.26
		5		4.292	3.369	0.176	8.04	15.2	12.74	3.33	1.37	1.72	0.88	2.51	4.00	1.81	1.30
		6		5.076	3.985	0.176	9.33	18.36	14.76	3.89	1.36	1.70	0.8	2.95	4.64	2.06	1.33
5	50	3	5.5	2.971	2.332	0.197	7.18	12.5	11.37	2.98	1.55	1.96	1.00	1.96	3.22	1.57	1.34
		4		3.897	3.059	0.197	9.26	16.69	14.70	3.82	1.54	1.94	0.99	2.56	4.16	1.96	1.38
		5		4.803	3.770	0.196	11.21	20.90	17.79	4.64	1.53	1.92	0.98	3.13	5.03	2.31	1.42
		6		5.688	4.465	0.196	13.05	25.14	20.68	5.42	1.52	1.91	0.98	3.68	5.85	2.63	1.46
5.6	56	3	6	3.343	2.624	0.221	10.19	17.56	16.14	4.24	1.75	2.20	1.13	2.48	4.08	2.02	1.48
		4		4.390	3.446	0.220	13.18	23.43	20.92	5.46	1.73	2.18	1.11	3.24	5.28	2.52	1.53
		5		5.415	4.251	0.220	16.02	29.33	25.42	6.61	1.72	2.17	1.10	3.97	6.42	2.98	1.57
		6		6.420	5.040	0.220	18.69	35.26	29.66	7.73	1.71	2.15	1.10	4.68	7.49	3.40	1.61
		7		7.404	5.812	0.219	21.23	41.23	33.63	8.82	1.69	2.13	1.09	5.36	8.49	3.80	1.64
		8		8.367	6.568	0.219	23.63	47.24	37.37	9.89	1.68	2.11	1.09	6.03	9.44	4.16	1.68
6	60	5	6.5	5.829	4.576	0.236	19.89	36.05	31.57	8.21	1.85	2.33	1.19	4.59	7.44	3.48	1.67
		6		6.914	5.427	0.235	23.25	43.33	36.89	9.60	1.83	2.31	1.18	5.41	8.70	3.98	1.70
		7		7.977	6.262	0.235	26.44	50.65	41.92	10.96	1.82	2.29	1.17	6.21	9.88	4.45	1.74
		8		9.020	7.081	0.235	29.47	58.02	46.66	12.28	1.81	2.27	1.17	6.98	11.00	4.88	1.78

6.3	63	4	7	4.978	3.907	0.248	19.03	33.35	30.17	7.89	1.96	2.46	1.26	4.13	6.78	3.29	1.70
		5		6.143	4.822	0.248	23.17	41.73	36.77	9.57	1.94	2.45	1.25	5.08	8.25	3.90	1.74
		6		7.288	5.721	0.247	27.12	50.14	43.03	11.20	1.93	2.43	1.24	6.00	9.66	4.46	1.78
		7		8.412	6.603	0.247	30.87	58.60	48.96	12.79	1.92	2.41	1.23	6.88	10.99	4.98	1.82
		8		9.515	7.469	0.247	34.46	67.11	54.56	14.33	1.90	2.40	1.23	7.75	12.25	5.47	1.85
		10		11.657	9.151	0.246	41.09	84.31	64.85	17.33	1.88	2.36	1.22	9.39	14.56	6.36	1.93
7	70	4	8	5.570	4.372	0.275	26.39	45.74	41.80	10.99	2.18	2.74	1.40	5.14	8.44	4.17	1.86
		5		6.875	5.397	0.275	32.21	57.21	51.08	13.31	2.16	2.73	1.39	6.32	10.32	4.95	1.91
		6		8.160	6.406	0.275	37.77	68.73	59.93	15.61	2.15	2.71	1.38	7.48	12.11	5.67	1.95
		7		9.424	7.398	0.275	43.09	80.29	68.35	17.82	2.14	2.69	1.38	8.59	13.81	6.34	1.99
		8		10.667	8.373	0.274	48.17	91.92	76.37	19.98	2.12	2.68	1.37	9.68	15.43	6.98	2.03
7.5	75	5	9	7.412	5.818	0.295	39.97	70.56	63.30	16.63	2.33	2.92	1.50	7.32	11.94	5.77	2.04
		6		8.797	6.905	0.294	46.95	84.55	74.38	19.51	2.31	2.90	1.49	8.64	14.02	6.67	2.07
		7		10.160	7.976	0.294	53.57	98.71	84.96	22.18	2.30	2.89	1.48	9.93	16.02	7.44	2.11
		8		11.503	9.030	0.294	59.96	112.97	95.07	24.86	2.28	2.88	1.47	11.20	17.93	8.19	2.15
		9		12.825	10.068	0.294	66.10	127.30	104.71	27.48	2.27	2.86	1.46	12.43	19.75	8.89	2.18
		10		14.126	11.089	0.293	71.98	141.71	113.92	30.05	2.26	2.84	1.46	13.64	21.48	9.56	2.22
8	80	5		7.912	6.211	0.315	48.79	85.36	77.33	20.25	2.48	3.13	1.60	8.34	13.67	6.66	2.15
		6		9.397	7.376	0.314	57.35	102.50	90.98	23.72	2.47	3.11	1.59	9.87	16.08	7.65	2.19
		7		10.860	8.525	0.314	65.58	119.70	104.07	27.09	2.46	3.10	1.58	11.37	18.40	8.58	2.23
		8		12.303	9.658	0.314	73.49	136.97	116.60	30.39	2.44	3.08	1.57	12.83	20.61	9.46	2.27
		9		13.725	10.774	0.314	81.11	154.31	128.60	33.61	2.43	3.06	1.56	14.25	22.73	10.29	2.31
		10		15.126	11.874	0.313	88.43	171.74	140.09	36.77	2.42	3.04	1.56	15.64	24.76	11.08	2.35

（续）

型号	截面尺寸/mm			截面面积/cm²	理论重量/(kg·m⁻¹)	外表面积/(m²·m⁻¹)	惯性矩/cm⁴				惯性半径/cm			抗弯截面系数/cm³			重心距离/cm
	b	d	r				I_x	I_{x1}	I_{x0}	I_{y0}	i_x	i_{x0}	i_{y0}	W_x	W_{x0}	W_{y0}	Z_0
9	90	6	10	10.637	8.350	0.354	82.77	145.87	131.26	34.28	2.79	3.51	1.80	12.61	20.63	9.95	2.44
		7		12.301	9.656	0.354	94.83	170.30	150.47	39.18	2.78	3.50	1.78	14.54	23.64	11.19	2.48
		8		13.944	10.946	0.353	106.47	194.80	168.97	43.97	2.76	3.48	1.78	16.42	26.55	12.35	2.52
		9		15.566	12.219	0.353	117.72	219.39	186.77	48.66	2.75	3.46	1.77	18.27	29.35	13.46	2.56
		10		17.167	13.476	0.353	128.58	244.07	203.90	53.26	2.74	3.45	1.76	20.07	32.04	14.52	2.59
		12		20.306	15.940	0.352	149.22	293.76	236.21	62.22	2.71	3.41	1.75	23.57	37.12	16.49	2.67
10	100	6	12	11.932	9.366	0.393	114.95	200.07	181.98	47.92	3.10	3.90	2.00	15.68	25.74	12.69	2.67
		7		13.796	10.830	0.393	131.86	233.54	208.97	54.74	3.09	3.89	1.99	18.10	29.55	14.26	2.71
		8		15.638	12.276	0.393	148.24	267.09	235.07	61.41	3.08	3.88	1.98	20.47	33.24	15.75	2.76
		9		17.462	13.708	0.392	164.12	300.73	260.30	67.95	3.07	3.86	1.97	22.79	36.81	17.18	2.80
		10		19.261	15.120	0.392	179.51	334.48	284.68	74.35	3.05	3.84	1.96	25.06	40.26	18.54	2.84
		12		22.800	17.898	0.391	208.90	402.34	330.95	86.84	3.03	3.81	1.95	29.48	46.80	21.08	2.91
		14		26.256	20.611	0.391	236.53	470.75	374.06	99.00	3.00	3.77	1.94	33.73	52.90	23.44	2.99
		16		29.627	23.257	0.390	262.53	539.80	414.16	110.89	2.98	3.74	1.94	37.82	58.57	25.63	3.06
11	110	7		15.196	11.928	0.433	177.16	310.64	280.94	73.38	3.41	4.30	2.20	22.05	36.12	17.51	2.96
		8		17.238	13.535	0.433	199.46	355.20	316.49	82.42	3.40	4.28	2.19	24.95	40.69	19.39	3.01
		10		21.261	16.690	0.432	242.19	444.65	384.39	99.98	3.38	4.25	2.17	30.68	49.42	22.91	3.09
		12		25.200	19.782	0.431	282.55	534.60	448.17	116.93	3.35	4.22	2.15	36.05	57.62	26.15	3.16
		14		29.056	22.809	0.431	320.71	625.16	508.01	133.40	3.32	4.18	2.14	41.31	65.31	29.14	3.24

12.5	125	8	14	19.750	15.504	0.492	297.03	521.01	470.89	123.16	3.88	4.88	2.50	32.52	53.28	25.86	3.37
		10		24.373	19.133	0.491	361.67	651.93	573.89	149.46	3.85	4.85	2.48	39.97	64.93	30.62	3.45
		12		28.912	22.696	0.491	423.16	783.42	671.44	174.88	3.83	4.82	2.46	41.17	75.96	35.03	3.53
		14		33.367	26.193	0.490	481.65	915.61	763.73	199.57	3.80	4.78	2.45	54.16	86.41	39.13	3.61
		16		37.739	29.625	0.489	537.31	1048.62	850.98	223.65	3.77	4.75	2.43	60.93	96.28	42.96	3.68
14	140	10	14	27.373	21.488	0.551	514.65	915.11	817.27	212.04	4.34	5.46	2.78	50.58	82.56	39.20	3.82
		12		32.512	25.522	0.551	603.68	1099.28	958.79	248.57	4.31	5.43	2.76	59.80	96.85	45.02	3.90
		14		37.567	29.490	0.550	688.81	1284.22	1093.56	284.06	4.28	5.40	2.75	68.75	110.47	50.45	3.98
		16		42.539	33.393	0.549	770.24	1470.07	1221.81	318.67	4.26	5.36	2.74	77.46	123.42	55.55	4.06
15	150	8		23.750	18.644	0.592	521.37	899.55	827.49	215.25	4.69	5.90	3.01	47.36	78.02	38.14	3.99
		10		29.373	23.058	0.591	637.50	1125.09	1012.79	262.21	4.66	5.87	2.99	58.35	95.49	45.51	4.08
		12		34.912	27.406	0.591	748.85	1351.26	1189.97	307.73	4.63	5.84	2.97	69.04	112.19	52.38	4.15
		14		40.367	31.688	0.590	855.64	1578.25	1359.30	351.98	4.60	5.80	2.95	79.45	128.16	58.83	4.23
		15		43.063	33.804	0.590	907.39	1692.10	1441.09	373.69	4.59	5.78	2.95	84.56	135.87	61.90	4.27
		16		45.739	35.905	0.589	958.08	1806.21	1521.02	395.14	4.58	5.77	2.94	89.59	143.40	64.89	4.31
16	160	10	16	31.502	24.729	0.630	779.53	1365.33	1237.30	321.76	4.98	6.27	3.20	66.70	109.36	52.76	4.31
		12		37.441	29.391	0.630	916.58	1639.57	1455.68	377.49	4.95	6.24	3.18	78.98	128.67	60.74	4.39
		14		43.296	33.987	0.629	1048.36	1914.68	1665.02	431.70	4.92	6.20	3.16	90.95	147.17	68.24	4.47
		16		49.067	38.518	0.629	1175.08	2190.82	1865.57	484.59	4.89	6.17	3.14	102.63	164.89	75.31	4.55
18	180	12		42.241	33.159	0.710	1321.35	2332.80	2100.10	542.61	5.59	7.05	3.58	100.82	165.00	78.41	4.89
		14		48.896	38.383	0.709	1514.48	2723.48	2407.42	621.53	5.56	7.02	3.56	116.25	189.14	88.38	4.97
		16		55.467	43.542	0.709	1700.99	3115.29	2703.37	698.60	5.54	6.98	3.55	131.13	212.40	97.83	5.05
		18		61.055	48.634	0.708	1875.12	3502.43	2988.24	762.01	5.50	6.94	3.51	145.64	234.78	105.14	5.13

（续）

型号	截面尺寸/mm			截面面积/cm²	理论重量/(kg·m⁻¹)	外表面积/(m²·m⁻¹)	惯性矩/cm⁴				惯性半径/cm			抗弯截面系数/cm³			重心距离/cm
	b	d	r				I_x	I_{x1}	I_{x0}	I_{y0}	i_x	i_{x0}	i_{y0}	W_x	W_{x0}	W_{y0}	Z_0
20	200	14	18	54. 642	42. 894	0. 788	2103. 55	3734. 10	3343. 26	863. 83	6. 20	7. 82	3. 98	144. 70	236. 40	111. 82	5. 46
		16		62. 013	48. 680	0. 788	2366. 15	4270. 39	3760. 89	971. 41	6. 18	7. 79	3. 96	163. 65	265. 93	123. 96	5. 54
		18		69. 301	54. 401	0. 787	2620. 64	4808. 13	4164. 54	1076. 74	6. 15	7. 75	3. 94	182. 22	294. 48	135. 52	5. 62
		20		76. 505	60. 056	0. 787	2867. 30	5347. 51	4554. 55	1180. 04	6. 12	7. 72	3. 93	200. 42	322. 06	146. 55	5. 69
		24		90. 661	71. 168	0. 785	3338. 25	6457. 16	5294. 97	1381. 53	6. 07	7. 64	3. 90	236. 17	374. 41	166. 65	5. 87
22	220	16	21	68. 664	53. 901	0. 866	3187. 36	5681. 62	5063. 73	1310. 99	6. 81	8. 59	4. 37	199. 55	325. 51	153. 81	6. 03
		18		76. 752	60. 250	0. 866	3534. 30	6395. 93	5615. 32	1453. 27	6. 79	8. 55	4. 35	222. 37	360. 97	168. 29	6. 11
		20		84. 756	66. 533	0. 865	3871. 49	7112. 04	6150. 08	1592. 90	6. 76	8. 52	4. 34	244. 77	395. 34	182. 16	6. 18
		22		92. 676	72. 751	0. 865	4199. 23	7830. 19	6668. 37	1730. 10	6. 78	8. 48	4. 32	266. 78	428. 66	195. 45	6. 26
		24		100. 512	78. 902	0. 864	4517. 83	8550. 57	7170. 55	1865. 11	6. 70	8. 45	4. 31	288. 39	460. 94	208. 21	6. 33
		26		108. 264	84. 987	0. 864	4827. 58	9273. 39	7656. 98	1998. 17	6. 68	8. 41	4. 30	309. 62	492. 21	220. 49	6. 41
25	250	18	24	87. 842	68. 956	0. 985	5268. 22	9379. 11	8369. 04	2167. 41	7. 74	9. 76	4. 97	290. 12	473. 42	224. 03	6. 84
		20		97. 045	76. 180	0. 984	5779. 34	10426. 97	9181. 94	2376. 74	7. 72	9. 73	4. 95	319. 66	519. 41	242. 85	6. 92
		24		115. 201	90. 433	0. 983	6763. 93	12529. 74	10742. 67	2785. 19	7. 66	9. 66	4. 92	377. 34	607. 70	278. 38	7. 07
		26		124. 154	97. 461	0. 982	7238. 08	13585. 18	11491. 33	2984. 84	7. 63	9. 62	4. 90	405. 50	650. 05	295. 19	7. 15
		28		133. 022	104. 422	0. 982	7709. 60	14643. 62	12219. 39	3181. 81	7. 61	9. 58	4. 89	433. 22	691. 23	311. 42	7. 22
		30		141. 807	111. 318	0. 981	8151. 80	15705. 30	12927. 26	3376. 34	7. 58	9. 55	4. 88	460. 51	731. 28	327. 12	7. 30
		32		150. 508	118. 149	0. 981	8592. 01	16770. 41	13615. 32	3568. 71	7. 56	9. 51	4. 87	487. 39	770. 20	342. 33	7. 37
		35		163. 402	128. 271	0. 980	9232. 44	18374. 95	14611. 16	3853. 72	7. 52	9. 46	4. 86	526. 97	826. 53	364. 30	7. 48

注：截面图中的 $r_1=1/3d$ 及表中 r 的数据用于孔型设计，不做交货条件。

附表 2 热轧不等边角钢（GB/T 706—2008）

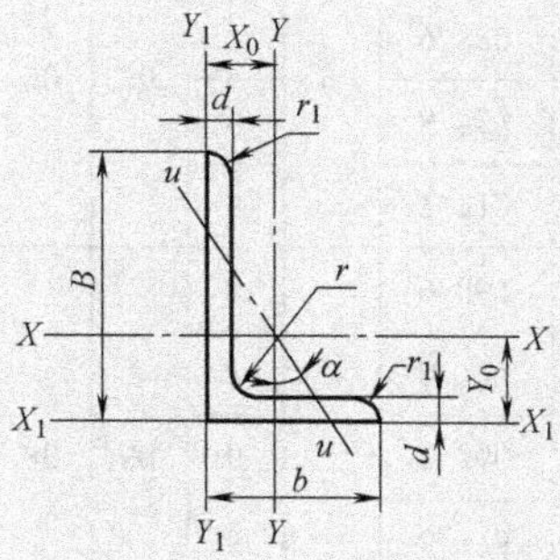

符号意义：

B——长边宽度
b——短边宽度
d——边厚
r——内圆弧半径
r_1——边端内弧半径

I——惯性矩
i——惯性半径
W——抗弯截面系数
X_0——重心距离
Y_0——重心距离

型号	截面尺寸/mm				截面面积/cm^2	理论重量/(kg·m^{-1})	外表面积/(m^2·m^{-1})	惯性矩/cm^4					惯性半径/cm			抗弯截面系数/cm^3			tanα	重心距离/cm	
	B	b	d	r				I_x	I_{x1}	I_y	I_{y1}	I_u	i_x	i_y	i_u	W_x	W_y	W_u		X_0	Y_0
2.5/1.6	25	16	3	3.5	1.162	0.912	0.080	0.70	1.56	0.22	0.43	0.14	0.78	0.44	0.34	0.43	0.19	0.16	0.392	0.42	0.86
			4		1.499	1.176	0.079	0.88	2.09	0.27	0.59	0.17	0.77	0.43	0.34	0.55	0.24	0.20	0.381	0.46	1.86
3.2/2	32	20	3		1.492	1.171	0.102	1.53	3.27	0.46	0.82	0.28	1.01	0.55	0.43	0.72	0.30	0.25	0.382	0.49	0.90
			4		1.939	1.522	0.101	1.93	4.37	0.57	1.12	0.35	1.00	0.54	0.42	0.93	0.39	0.32	0.374	0.53	1.08
4/2.5	40	25	3	4	1.890	1.484	0.127	3.08	5.39	0.93	1.59	0.56	1.28	0.70	0.54	1.15	0.49	0.40	0.385	0.59	1.12
			4		2.467	1.936	0.127	3.93	8.53	1.18	2.14	0.71	1.36	0.69	0.54	1.49	0.63	0.52	0.381	0.63	1.32
4.5/2.8	45	28	3	5	2.149	1.687	0.143	4.45	9.10	1.34	2.23	0.80	1.44	0.79	0.61	1.47	0.62	0.51	0.383	0.64	1.37
			4		2.806	2.203	0.143	5.69	12.13	1.70	3.00	1.02	1.42	0.78	0.60	1.91	0.80	0.66	0.380	0.68	1.47
5/3.2	50	32	3	5.5	2.431	1.908	0.161	6.24	12.49	2.02	3.31	1.20	1.60	0.91	0.70	1.84	0.82	0.68	0.404	0.73	1.51
			4		3.177	2.494	0.160	8.02	16.65	2.58	4.45	1.53	1.59	0.90	0.69	2.39	1.06	0.87	0.402	0.77	1.60
5.6/3.6	56	36	3	6	2.743	2.153	0.181	8.88	17.54	2.92	4.70	1.73	1.80	1.03	0.79	2.32	1.05	0.87	0.408	0.80	1.65
			4		3.590	2.818	0.180	11.45	23.39	3.76	6.33	2.23	1.79	1.02	0.79	3.03	1.37	1.13	0.408	0.85	1.78
			5		4.415	3.466	0.180	13.86	29.25	4.49	7.94	2.67	1.77	1.01	0.78	3.71	1.65	1.36	0.404	0.88	1.82

（续）

型号	截面尺寸/mm				截面面积 /cm^2	理论重量 /(kg·m^{-1})	外表面积 /(m^2·m^{-1})	惯性矩/cm^4					惯性半径/cm			抗弯截面系数/cm^3			tanα	重心距离/cm	
	B	b	d	r				I_x	I_{x1}	I_y	I_{y1}	I_u	i_x	i_y	i_u	W_x	W_y	W_u		X_0	Y_0
6.3/4	63	40	4	7	4.058	3.185	0.202	16.49	33.30	5.23	8.63	3.12	2.20	1.14	0.88	3.87	1.70	1.40	0.398	0.92	1.87
			5		4.993	3.920	0.202	20.02	41.63	6.31	10.86	3.76	2.00	1.12	0.87	4.74	2.07	1.71	0.396	0.95	2.04
			6		5.908	4.638	0.201	23.36	49.98	7.29	13.12	4.34	1.96	1.11	0.86	5.59	2.43	1.99	0.393	0.99	2.08
			7		6.802	5.339	0.201	26.53	58.07	8.24	15.47	4.97	1.98	1.10	0.86	6.40	2.78	2.29	0.389	1.03	2.12
7/4.5	70	45	4	7.5	4.547	3.570	0.226	23.17	45.92	7.55	12.26	4.40	2.26	1.29	0.98	4.86	2.17	1.77	0.410	1.02	2.15
			5		5.609	4.403	0.225	27.95	57.10	9.13	15.39	5.40	2.23	1.28	0.98	5.92	2.65	2.19	0.407	1.06	2.24
			6		6.647	5.218	0.225	32.54	68.35	10.62	18.58	6.35	2.21	1.26	0.98	6.95	3.12	2.59	0.404	1.09	2.28
			7		7.657	6.011	0.225	37.22	79.99	12.01	21.84	7.16	2.20	1.25	0.97	8.03	3.57	2.94	0.402	1.13	2.32
7.5/5	75	50	5	8	6.125	4.808	0.245	34.86	70.00	12.61	21.04	7.41	2.39	1.44	1.10	6.83	3.30	2.74	0.435	1.17	2.36
			6		7.260	5.699	0.245	41.12	84.30	14.70	25.87	8.54	2.38	1.42	1.08	8.12	3.88	3.19	0.435	1.21	2.40
			8		9.467	7.431	0.244	52.39	112.50	18.53	34.23	10.87	2.35	1.40	1.07	10.52	4.99	4.10	0.429	1.29	2.44
			10		11.590	9.098	0.244	62.71	140.80	21.96	43.43	13.10	2.33	1.38	1.06	12.79	6.04	4.99	0.423	1.36	2.52
8/5	80	50	5		6.375	5.005	0.255	41.96	85.21	12.82	21.06	7.66	2.56	1.42	1.10	7.78	3.32	2.74	0.388	1.14	2.60
			6		7.560	5.935	0.255	49.49	102.53	14.95	25.41	8.85	2.56	1.41	1.08	9.25	3.91	3.20	0.387	1.18	2.65
			7		8.724	6.848	0.255	56.46	119.33	46.96	29.82	10.18	2.54	1.39	1.08	10.58	4.48	3.70	0.384	1.21	2.69
			8		9.867	7.745	0.254	62.83	136.41	18.85	34.32	11.38	2.52	1.38	1.07	11.92	5.03	4.16	0.381	1.25	2.73
9/5.6	90	56	5	9	7.212	5.661	0.287	60.45	121.32	18.32	29.53	10.98	2.90	1.59	1.23	9.92	4.21	3.49	0.385	1.25	2.91
			6		8.557	6.717	0.286	71.03	145.59	21.42	35.58	12.90	2.88	1.58	1.23	11.74	4.96	4.13	0.384	1.29	2.95
			7		9.880	7.756	0.286	81.01	169.60	24.36	41.71	14.67	2.86	1.57	1.22	13.49	5.70	4.72	0.382	1.33	3.00
			8		11.183	8.779	0.286	91.03	194.14	27.15	47.98	16.34	2.85	1.56	1.21	15.27	6.41	5.29	0.380	1.36	3.04

10/6. 3	100	63	6	10	9. 617	7. 550	0. 320	99. 06	199. 71	30. 94	50. 50	18. 42	3. 21	1. 79	1. 38	14. 64	6. 35	5. 25	0. 394	1. 43	3. 24
			7		11. 111	8. 722	0. 320	113. 45	233. 00	35. 26	59. 14	21. 00	3. 20	1. 78	1. 38	16. 88	7. 29	6. 02	0. 394	1. 47	3. 28
			8		12. 534	9. 878	0. 319	127. 37	266. 32	39. 39	67. 88	23. 50	3. 18	1. 77	1. 37	19. 08	8. 21	6. 78	0. 391	1. 50	3. 32
			10		15. 467	12. 142	0. 319	153. 81	333. 06	47. 12	85. 73	28. 33	3. 15	1. 74	1. 35	23. 32	9. 98	8. 24	0. 387	1. 58	3. 40
10/8	100	80	6		10. 637	8. 350	0. 354	107. 04	199. 83	61. 24	102. 68	31. 65	3. 17	2. 40	1. 72	15. 19	10. 16	8. 37	0. 627	1. 97	2. 95
			7		12. 301	9. 656	0. 354	122. 73	233. 20	70. 08	119. 98	36. 17	3. 16	2. 39	1. 72	17. 52	11. 71	9. 60	0. 626	2. 01	3. 0
			8		13. 944	10. 946	0. 353	137. 92	266. 61	78. 58	137. 37	40. 58	3. 14	2. 37	1. 71	19. 81	13. 21	10. 80	0. 625	2. 05	3. 04
			10		17. 167	13. 476	0. 353	166. 87	333. 63	94. 65	172. 48	49. 10	3. 12	2. 35	1. 69	24. 24	16. 12	13. 12	0. 622	2. 13	3. 12
11/7	110	70	6		10. 637	8. 350	0. 354	133. 37	265. 78	42. 92	69. 08	25. 36	3. 54	2. 01	1. 54	17. 85	7. 90	6. 53	0. 403	1. 57	3. 53
			7		12. 301	9. 656	0. 354	153. 00	310. 07	49. 01	80. 82	28. 95	3. 53	2. 00	1. 53	20. 60	9. 09	7. 50	0. 402	1. 61	3. 57
			8		13. 944	10. 946	0. 353	172. 04	354. 39	54. 87	92. 70	32. 45	3. 51	1. 98	1. 53	23. 30	10. 25	8. 45	0. 401	1. 65	3. 62
			10		17. 167	13. 476	0. 353	208. 39	443. 13	65. 88	116. 83	39. 20	3. 48	1. 96	1. 51	28. 54	12. 48	10. 29	0. 397	1. 72	3. 70
12. 5/8	125	80	7	11	14. 096	11. 066	0. 403	227. 98	454. 99	74. 42	120. 32	43. 81	4. 02	2. 30	1. 76	26. 86	12. 01	9. 92	0. 408	1. 80	4. 01
			8		15. 989	12. 551	0. 403	256. 77	519. 99	83. 49	137. 85	49. 15	4. 01	2. 28	1. 75	30. 41	13. 56	11. 18	0. 407	1. 84	4. 06
			10		19. 712	15. 474	0. 402	312. 04	650. 09	100. 67	173. 40	59. 45	3. 98	2. 26	1. 47	37. 33	16. 56	13. 64	0. 404	1. 92	4. 14
			12		23. 351	18. 330	0. 402	364. 41	780. 39	116. 67	209. 67	69. 35	3. 95	2. 24	1. 72	44. 01	19. 43	16. 01	0. 400	2. 00	4. 22
14/9	140	90	8	12	18. 038	14. 160	0. 453	365. 64	730. 53	120. 69	195. 79	70. 83	4. 50	2. 59	1. 98	38. 48	17. 34	14. 31	0. 411	2. 04	4. 50
			10		22. 261	17. 475	0. 452	445. 50	913. 20	140. 03	245. 92	85. 82	4. 47	2. 56	1. 96	47. 31	21. 22	17. 48	0. 409	2. 12	4. 58
			12		26. 400	20. 724	0. 451	521. 59	1096. 09	169. 79	296. 89	100. 21	4. 44	2. 54	1. 95	55. 87	24. 95	20. 54	0. 406	2. 19	4. 66
			14		30. 456	23. 908	0. 451	594. 10	1279. 26	192. 10	348. 82	114. 13	4. 42	2. 51	1. 94	64. 18	28. 54	23. 52	0. 403	2. 27	4. 74

（续）

型号	截面尺寸/mm				截面面积/cm^2	理论重量/(kg·m^{-1})	外表面积/(m^2·m^{-1})	惯性矩/cm^4					惯性半径/cm			抗弯截面系数/cm^3			tanα	重心距离/cm	
	B	b	d	r				I_x	I_{x1}	I_y	I_{y1}	I_u	i_x	i_y	i_u	W_x	W_y	W_u		X_0	Y_0
15/9	150	90	8	12	18.839	14.788	0.473	442.05	898.35	122.80	195.96	74.14	4.84	2.55	1.98	43.86	17.47	14.48	0.364	1.97	4.92
			10		23.261	18.260	0.472	539.24	1122.85	148.62	246.26	89.86	4.81	2.53	1.97	53.97	21.38	17.69	0.362	2.05	5.01
			12		27.600	21.666	0.471	632.08	1347.50	172.85	297.46	104.95	4.79	2.50	1.95	63.79	25.14	20.80	0.359	2.12	5.09
			14		31.856	25.007	0.471	720.77	1572.38	195.62	349.74	119.53	4.76	2.48	1.94	73.33	28.77	23.84	0.356	2.20	5.17
			15		33.952	26.652	0.471	763.62	1684.93	206.50	376.33	126.67	4.74	2.47	1.93	77.99	30.53	25.33	0.354	2.24	5.21
			16		36.027	28.281	0.470	805.51	1797.55	217.07	403.24	133.72	4.73	2.45	1.93	82.60	32.27	26.82	0.352	2.27	5.25
16/10	160	100	10	13	23.315	19.872	0.512	668.69	1362.89	205.03	336.59	121.74	5.14	2.85	2.19	62.13	26.56	21.92	0.390	2.28	5.24
			12		30.054	23.592	0.511	784.91	1635.56	239.06	405.94	142.33	5.11	2.82	2.17	73.49	31.28	25.79	0.388	2.36	5.32
			14		34.709	27.247	0.510	896.30	1908.50	271.20	476.42	162.23	5.08	2.80	2.16	84.56	35.83	29.56	0.385	0.43	5.40
			16		29.281	30.835	0.510	1003.04	2181.79	301.60	548.22	182.57	5.05	2.77	2.16	95.33	40.24	33.44	0.382	2.51	5.48
18/11	180	110	10	14	28.373	22.273	0.571	956.25	1940.40	278.11	447.22	166.50	5.80	3.13	2.42	78.96	32.49	26.88	0.376	2.44	5.89
			12		33.712	26.440	0.571	1124.72	2328.38	325.03	538.94	194.87	5.78	3.10	2.40	93.53	38.32	31.66	0.374	2.52	5.98
			14		38.967	30.589	0.570	1286.91	2716.60	369.55	631.95	222.30	5.75	3.08	2.39	107.76	43.97	36.32	0.372	2.59	6.06
			16		44.139	34.649	0.569	1443.06	3105.15	411.85	726.46	248.94	5.72	3.06	2.38	121.64	49.44	40.87	0.369	2.67	6.14
20/12.5	200	125	12		37.912	29.761	0.641	1570.90	3193.85	483.16	787.74	285.79	6.44	3.57	2.74	116.73	49.99	41.23	0.392	2.83	6.54
			14		43.687	34.436	0.640	1800.97	3726.17	550.83	922.47	326.58	6.41	3.54	2.73	134.65	57.44	47.34	0.390	2.91	6.62
			16		49.739	39.045	0.639	2023.35	4258.88	615.44	1058.86	366.21	6.38	3.52	2.71	152.18	64.89	53.32	0.388	2.99	6.70
			18		55.526	43.588	0.639	2238.30	4792.00	677.19	1197.13	404.83	6.35	3.49	2.70	169.33	71.74	59.18	0.385	3.06	6.78

注：截面图中的 $r_1=1/3d$ 及表中 r 的数据用于孔型设计，不做交货条件。

附表 3 热轧普通槽钢（GB/T 706—2008）

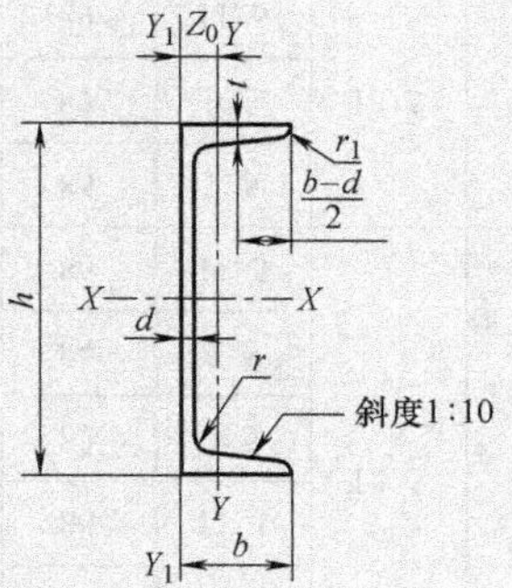

符号意义：
- h——高度
- b——腿宽
- d——腰厚
- t——平均腿厚
- r——内圆弧半径
- r_1——腿端圆弧半径
- I——惯性矩
- W——抗弯截面系数
- i——惯性半径
- Z_0——Y-Y 与 Y_1-Y_1 轴线间距离

型号	截面尺寸 /mm						截面面积 /cm²	理论重量 /(kg·m⁻¹)	惯性矩 /cm⁴			惯性半径 /cm		抗弯截面系数 /cm³		重心距离 /cm
	h	b	d	t	r	r_1			I_x	I_y	I_{y1}	i_x	i_y	W_x	W_y	Z_0
5	50	37	4.5	7.0	7.0	3.5	6.928	5.438	26.0	8.30	20.9	1.94	1.10	10.4	3.55	1.35
6.3	63	40	4.8	7.5	7.5	3.8	8.451	6.634	50.8	11.9	28.4	2.45	1.19	16.1	4.50	1.36
6.5	65	40	4.3	7.5	7.5	3.8	8.547	6.709	55.2	12.0	28.3	2.54	1.19	17.0	4.59	1.38
8	80	43	5.0	8.0	8.0	4.0	10.248	8.045	101	16.6	37.4	3.15	1.27	25.3	5.79	1.43
10	100	48	5.3	8.5	8.5	4.2	12.748	10.007	198	25.6	54.9	3.95	1.41	39.7	7.80	1.52
12	120	53	5.5	9.0	9.0	4.5	15.362	12.059	346	37.4	77.7	4.75	1.56	57.7	10.2	1.62
12.6	126	53	5.5	9.0	9.0	4.5	15.692	12.318	391	38.0	77.1	4.95	1.57	62.1	10.2	1.59
14a	140	58	6.0	9.5	9.5	4.8	18.516	14.535	564	53.2	107	5.52	1.70	80.5	13.0	1.71
14b		60	8.0				21.316	16.733	609	61.1	121	5.35	1.69	87.1	14.1	1.67
16a	160	63	6.5	10.0	10.0	5.0	21.962	17.24	866	73.3	144	6.28	1.83	108	16.3	1.80
16b		65	8.5				25.162	19.752	935	83.4	161	6.10	1.82	117	17.6	1.75
18a	180	68	7.0	10.5	10.5	5.2	25.699	20.174	1270	98.6	190	7.04	1.96	141	20.0	1.88
18b		70	9.0				29.299	23.000	1370	111	210	6.84	1.95	152	21.5	1.84

（续）

型号	截面尺寸/mm						截面面积/cm^2	理论重量/$(kg \cdot m^{-1})$	惯性矩/cm^4			惯性半径/cm		抗弯截面系数/cm^3		重心距离/cm
	h	b	d	t	r	r_1			I_x	I_y	I_{y1}	i_x	i_y	W_x	W_y	Z_0
20a	200	73	7.0	11.0	11.0	5.5	28.837	22.637	1780	128	244	7.86	2.11	178	24.2	2.01
20b		75	9.0				32.837	25.777	1910	144	268	7.64	2.09	191	25.9	1.95
22a	220	77	7.0	11.5	11.5	5.8	31.846	24.999	2390	158	298	8.67	2.23	218	28.2	2.10
22b		79	9.0				36.246	28.453	2570	176	326	8.42	2.21	234	30.1	2.03
24a	240	78	7.0	12.0	12.0	6.0	34.217	26.860	3050	174	325	9.45	2.25	254	30.5	2.10
24b		80	9.0				39.017	30.628	3280	194	355	9.17	2.23	274	32.5	2.03
24c		82	11.0				43.817	34.396	3510	213	388	8.96	2.21	293	34.4	2.00
25a	250	78	7.0				34.917	27.410	3370	176	322	9.82	2.24	270	30.6	2.07
25b		80	9.0				39.917	31.335	3530	196	353	9.41	2.22	282	32.7	1.98
25c		82	11.0				44.917	35.260	3690	218	384	9.07	2.21	295	35.9	1.92
27a	270	82	7.5	12.5	12.5	6.2	39.284	30.838	4360	216	393	10.5	2.34	323	35.5	2.13
27b		84	9.5				44.684	35.077	4690	239	428	10.3	2.31	347	37.7	2.06
27c		86	11.5				50.084	39.316	5020	261	467	10.1	2.28	372	39.8	2.03
28a	280	82	7.5				40.034	31.427	4760	218	388	10.9	2.33	340	35.7	2.10
28b		84	9.5				45.634	35.823	5130	242	428	10.6	2.30	366	37.9	2.02
28c		86	11.5				51.234	40.219	5500	268	463	10.4	2.29	393	40.3	1.95
30a	300	85	7.5	13.5	13.5	6.8	43.902	34.463	6050	260	467	11.7	2.43	403	41.1	2.17
30b		87	9.5				49.902	39.173	6500	289	515	11.4	2.41	433	44.0	2.13
30c		89	11.5				55.902	43.883	6950	316	560	11.2	2.38	463	46.4	2.09

32a	320	88	8.0	14.0	14.0	7.0	48.513	38.083	7600	305	552	12.5	2.50	475	46.5	2.24
32b		90	10.0				54.913	43.107	8140	336	593	12.2	2.47	509	49.2	2.16
32c		92	12.0				61.313	48.131	8690	374	643	11.9	2.47	543	52.6	2.09
36a	360	96	9.0	16.0	16.0	8.0	60.910	47.814	11900	455	818	14.0	2.73	660	63.5	2.44
36b		98	11.0				68.110	53.466	12700	497	880	13.6	2.70	703	66.9	2.37
36c		100	13.0				75.310	59.118	13400	536	948	13.4	2.67	746	70.0	2.34
40a	400	100	10.5	18.0	18.0	9.0	75.068	58.928	17600	592	1070	15.3	2.81	879	78.8	2.49
40b		102	12.5				83.068	65.208	18600	640	114	15.0	2.78	932	82.5	2.44
40c		104	14.5				91.068	71.488	19700	688	1220	14.7	2.75	986	86.2	2.42

注：表中 r、r_1 的数据用于孔型设计，不做交货条件。

附表 4 热轧工字钢（GB 707—1988）

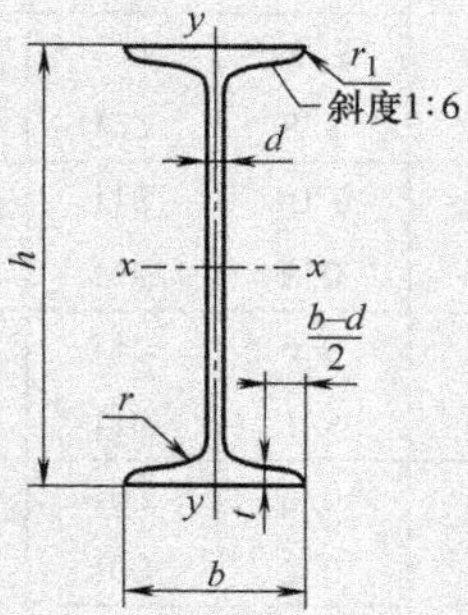

符号意义：h——高度；
b——腿宽度；
d——腰厚度；
t——平均腿厚度；
r——内圆弧半径；
r_1——腿端圆弧半径；
I——惯性矩；
W——抗弯截面系数；
i——惯性半径；
S——半截面的静力矩。

型号	尺寸/mm						截面面积 /cm²	理论重量 /(kg·m⁻¹)	参考数值						
									x-x				y-y		
	h	b	d	t	r	r_1			I_x /cm⁴	W_x /cm³	i_x /cm	I_x: S_x /cm	I_y /cm⁴	W_y /cm³	i_y /cm
10	100	68	4.5	7.6	6.5	3.3	14.345	11.261	245	49.0	4.14	8.59	33.0	9.72	1.52
12.6	126	74	5.0	8.4	7.0	3.5	18.118	14.223	488	77.5	5.20	10.8	46.9	12.7	1.61

（续）

型号	尺寸/mm						截面面积 /cm²	理论重量 /(kg·m⁻¹)	参考数值						
									x-x				y-y		
	h	b	d	t	r	r_1			I_x /cm⁴	W_x /cm³	i_x /cm	I_x: S_x /cm	I_y /cm⁴	W_y /cm³	i_y /cm
14	140	80	5.5	9.1	7.5	3.8	21.516	16.890	712	102	5.76	12.0	64.4	16.1	1.73
16	160	88	6.0	9.9	8.0	4.0	26.131	20.513	1130	141	6.58	13.8	93.1	21.2	1.89
18	180	94	6.5	10.7	8.5	4.3	30.756	24.143	1660	185	7.36	15.4	122	26.0	2.00
20a	200	100	7.0	11.4	9.0	4.5	35.578	27.929	2370	237	8.15	17.2	158	31.5	2.12
20b	200	102	9.0	11.4	9.0	4.5	39.578	31.069	2500	250	7.96	16.9	169	33.1	2.06
22a	220	110	7.5	12.3	9.5	4.8	42.128	33.070	3400	309	8.99	18.9	225	40.9	2.31
22b	220	112	9.5	12.3	9.5	4.8	46.528	36.524	3570	325	8.78	18.7	239	42.7	2.27
25a	250	116	8.0	13.0	10.0	5.0	48.541	38.105	5020	402	10.2	21.6	280	48.3	2.40
25b	250	118	10.0	13.0	10.0	5.0	53.541	42.030	5280	423	9.94	21.3	309	52.4	2.40
28a	280	122	8.5	13.7	10.5	5.3	55.404	43.492	7110	508	11.3	24.6	345	56.6	2.50
28b	280	124	10.5	13.7	10.5	5.3	61.004	47.888	7480	534	11.1	24.2	379	61.2	2.49
32a	320	130	9.5	15.0	11.5	5.8	67.156	52.717	11100	692	12.8	27.5	460	70.8	2.62
32b	320	132	11.5	15.0	11.5	5.8	73.556	57.741	11600	726	12.6	27.1	502	76.0	2.61
32c	320	134	13.5	15.0	11.5	5.8	79.956	62.765	12200	760	12.3	26.3	544	81.2	2.61
36a	360	136	10.0	15.8	12.0	6.0	76.480	60.037	15800	875	14.4	30.7	552	81.2	2.69
36b	360	138	12.0	15.8	12.0	6.0	83.680	65.689	16500	919	14.1	30.3	582	84.3	2.64
36c	360	140	14.0	15.8	12.0	6.0	90.880	71.341	17300	962	13.8	29.9	612	87.4	2.60
40a	400	142	10.5	16.5	12.5	6.3	86.112	67.598	21700	1090	15.9	34.1	660	93.2	2.77
40b	400	144	12.5	16.5	12.5	6.3	94.112	73.878	22800	1140	16.5	33.6	692	96.2	2.71
40c	400	146	14.5	16.5	12.5	6.3	102.112	80.158	23900	1190	15.2	33.2	727	99.6	2.65
45a	450	150	11.5	18.0	13.5	6.8	102.446	80.420	32200	1430	17.7	38.6	855	114	2.89
45b	450	152	13.5	18.0	13.5	6.8	111.446	87.485	33800	1500	17.4	38.0	894	118	2.84
45c	450	154	15.5	18.0	13.5	6.8	120.446	94.550	35300	1570	17.1	37.6	938	122	2.79

50a	500	158	12.0	20.0	14.0	7.0	119.304	93.654	46500	1860	19.7	42.8	1120	142	3.07
50b	500	160	14.0	20.0	14.0	7.0	129.304	101.504	48600	1940	19.4	42.4	1170	146	3.01
50c	500	162	16.0	20.0	14.0	7.0	139.304	109.354	50600	2080	19.0	41.8	1220	151	2.96
56a	560	166	12.5	21.0	14.5	7.3	135.435	106.316	65600	2340	22.0	47.7	1370	165	3.18
56b	560	168	14.5	21.0	14.5	7.3	146.635	115.108	68500	2450	21.6	47.2	1490	174	3.16
56c	560	170	16.5	21.0	14.5	7.3	157.835	123.900	71400	2550	21.3	46.7	1560	183	3.16
63a	630	176	13.0	22.0	15.0	7.5	154.658	121.407	93900	2980	24.5	54.2	1700	193	3.31
63b	630	178	15.0	22.0	15.0	7.5	167.258	131.298	98100	3160	24.2	53.5	1810	204	3.29
63c	630	180	17.0	22.0	15.0	7.5	179.858	141.189	102000	3300	23.8	52.9	1920	214	3.27

注：截面图和表中标注的圆弧半径 r 和 r_1 值，用于孔型设计，不作为交货条件。

参 考 文 献

[1] 哈尔滨工业大学理论力学教研室．理论力学（Ⅰ）[M]．8版．北京：高等教育出版社，2016.

[2] 刘鸿文．材料力学（Ⅰ）[M]．6版．北京：高等教育出版社，2017.

[3] 刘鸿文．材料力学（Ⅱ）[M]．6版．北京：高等教育出版社，2017.

[4] 贾启芬，刘习军．理论力学 [M]．4版．北京：机械工业出版社，2017.

[5] 王胜永，田淑侠．工程力学 [M]．郑州：郑州大学出版社，2017.

[6] 王永廉．材料力学 [M]．3版．北京：机械工业出版社，2015.

[7] 季纬英，杨林娟．工程力学 [M]．北京：化学工业出版社，2013.

[8] 景英锋．工程力学 [M]．北京：北京邮电大学出版社，2013.

[9] 张春梅，段翠芳．工程力学 [M]．2版．北京：机械工业出版社，2021.

[10] 王永廉，唐国兴．理论力学 [M]．3版．北京：机械工业出版社，2019.

[11] 北京科技大学，东北大学．工程力学（材料力学）[M]．4版．北京：高等教育出版社，2008.

[12] 纪炳炎，周康年．工程力学（材料力学）学习指导及习题全解 [M]．4版．北京：高等教育出版社，2016.

[13] 顾晓勤，谭朝阳．工程力学（静力学与材料力学）[M]．2版．北京：机械工业出版社，2019.

[14] 北京科技大学，东北大学．工程力学（静力学）[M]．4版．北京：高等教育出版社，2008.

[15] 王永廉，唐国兴，王晓军．理论力学学习指导与题解 [M]．2版．北京：机械工业出版社，2013.

[16] 刘习军，贾启芬．理论力学同步学习辅导与习题全解 [M]．北京：机械工业出版社，2018.

[17] 顾晓勤，谭朝阳．理论力学 [M]．2版．北京：机械工业出版社，2020.

[18] 顾晓勤，谭朝阳．材料力学 [M]．2版．北京：机械工业出版，2020.